4주완성 합격마스터

산업안전지도사

2차 전공필수

2차 | 건설안전공학
　　　　단답형 및 논술형

안우현(안길웅) 편저

도서출판 **오스틴북스**

머리말

산업안전지도사 2차 시험을 준비하는 분들께

이 책은 산업안전지도사 2차 자격증 시험을 준비하는 분들을 위한 교재입니다. 산업안전지도사 자격증은 현장 안전 관리에 필요한 지식과 능력을 갖춘 전문가로서 활동할 수 있는 자격을 부여합니다. 2차 시험은 주관식 문제로 구성되어 있으며, 이 책은 보다 효율적인 공부를 위해 각 내용을 그림으로 시각화하여 설명하려 노력하였습니다.

저는 이 책을 통해 산업안전지도사 활동을 위해 필요한 넓은 범위의 안전 지식을 다루되, 너무 깊게 파고들지 않고 중요한 개념과 실무적인 내용에 집중하여 쉽게 이해할 수 있도록 구성하였습니다.

공부하는 방법으로는 매일 반복하여 읽고 일정 부분을 공부하되, 내용을 이해하려고 노력하는 것을 권장합니다. 내용을 이해하기 위해서는 글의 내용을 정리하여 이미지화하고, 남에게 설명할 수 있도록 연습하는 것이 중요합니다. 남에게 설명할 수 있다는 것은 자신이 정확히 알고 있다는 것을 의미합니다. 이렇게 하면 단기적으로는 정보를 습득하고, 장기기억으로 옮길 수 있습니다.

저의 목표는 여러분이 안전 관련 지식을 체계적으로 습득하고, 실전에서의 문제 해결 능력을 향상시켜 안전한 작업 환경을 조성할 수 있도록 돕는 것입니다.

이 책이 여러분의 산업안전지도사 자격증 취득에 보탬이 되길 진심으로 바랍니다. 여러분의 노력과 열정이 결실을 맺도록 최선을 다하겠습니다.

감사합니다.

안전명장지도사사무소 대표 안우현(안길웅)

산업안전지도사 2차
건설안전공학

▶ ▶ ▶ 차 례

제1장 가설공사 ·· 14

제2장 건설기계 ·· 42

제3장 토공사 ··· 60

제4장 철근콘크리트공사 ·· 110

제5장 철골공사 ··· 150

제6장 초고층공사 ·· 166

제7장 해체공사 ··· 178

제8장 터널공사 ··· 186

제9장 교량공사 ··· 210

제10장 산업안전보건기준에 관한 규칙 ·· 222

제11장 표준안전 작업지침 ··· 260

제12장 산업안전보건법 ··· 322

제13장 건설기술진흥법 ··· 364

제14장 기출문제 ·· 376

시험안내

1. 시험일정 및 시행지역

가. 시험일정
※ 홈페이지((www.q-net.or.kr/site/indusafe)참조

나. 시행지역
- 1차 시험: 서울, 부산, 대구, 광주, 대전
- 2·3차 시험: 서울에서만 시행

※ 시험장소는 원서접수 시 산업안전지도사 홈페이지에서 확인 가능

2. 응시자격 및 결격사유

가. 응시자격 : 없음
- 단, 지도사 시험에서 부정행위를 한 응시자에 대해서는 그 시험을 무효로 하고, 그 처분을 한 날부터 5년간 시험응시자격을 정지함

나. 지도사 등록 결격사유 (산업안전보건법 제145조 제3항)
- 다음 각 호의 어느 하나에 해당하는 사람
  1. 피성년후견인 또는 피한정후견인
  2. 파산선고를 받고 복권되지 아니한 사람
  3. 금고 이상의 실형을 선고받고 그 집행이 끝나거나(집행이 끝난 것으로 보는 경우를 포함한다) 집행이 면제된 날부터 2년이 지나지 아니한 사람
  4. 금고 이상의 형의 집행유예를 선고받고 그 유예기간 중에 있는 사람
  5. 산업안전보건법을 위반하여 벌금형을 선고받고 1년이 지나지 아니한 사람
  6. 산업안전보건법 제154조에 따라 등록이 취소된 후 2년이 지나지 아니한 사람

산업안전지도사

3. 응시원서 접수방법

- Q-Net 산업안전지도사 자격시험 홈페이지를 통한 인터넷 접수만 가능

4. 시험과목 및 시험방법

구 분	시 험 과 목	문항수	시험시간	시 험 방 법
1차 시험 (3과목)	① 공통필수 I (산업안전보건법령) ② 공통필수 II (산업안전일반) ③ 공통필수 III (기업진단·지도)	과목 당 25문항 (총 75문항)	90분	객 관 식 (5지 택일형)
2차 시험 (전공필수 - 택1)	① 기계안전공학 ② 전기안전공학 ③ 화공안전공학 ④ 건설안전공학	- 단답형 5문항 - 논술형 4문항 (3문항 작성, 필수2/택1)	100분	단답형 및 논술형
3차 시험	면접시험: 전문지식과 응용능력, 산업안전·보건제도에 대한 이해 및 인식 정도, 지도·상담 능력 등		1인당 20분 내외	면 접

※ 시험관련 법률 등을 적용하여 정답을 구하여야 하는 문제는 "시험시행일" 현재 시행중인 법률 등을 적용하여야 함

시험안내

5. 합격기준(산업안전보건법 시행령 제105조)

구분	합격결정기준
1,2차 시험	매 과목 100점을 만점으로 하여 매 과목 40점 이상, 전 과목 평균 60점 이상 득점한 자
3차 시험	10점 만점에 6점 이상 득점한 자

6. 시험의 일부면제(산업안전보건법 시행령 제104조)

가. 다음 각 호의 어느 하나에 해당하는 사람에 대한 시험의 면제는 해당 분야의 업무영역별 지도사 시험에 응시하는 경우로 한정함

1. 「국가기술자격법」에 따른 건설안전기술사, 기계안전기술사, 산업위생관리기술사, 인간공학기술사, 전기안전기술사, 화공안전기술사: 별표 32에 따른 전공필수 · 공통필수Ⅰ 및 공통필수Ⅱ 과목

※ 인간공학기술사는 공통필수Ⅰ 및 공통필수Ⅱ 과목만 면제하고 전공필수(제2차 시험)는 반드시 응시

2. 「국가기술자격법」에 따른 건설 직무분야(건축 중 직무분야 및 토목 중 직무분야로 한정한다), 기계 직무분야, 화학 직무분야, 전기·전자 직무분야(전기 중 직무분야로 한정한다)의 기술사 자격 보유자 : 별표 32에 따른 전공필수 과목

3. 「의료법」에 따른 직업환경의학과 전문의 : 별표 32에 따른 전공 필수 · 공통필수Ⅰ 및 공통필수Ⅱ 과목

4. 공학(건설안전 · 기계안전 · 전기안전 · 화공안전 분야 전공으로 한정한다), 의학(직업환경의학 분야 전공으로 한정한다), 보건학(산업위생 분야 전공으로 한정한다) 박사학위 소지자 : 별표 32에 따른 전공필수 과목

5. 제2호 또는 제4호에 해당하는 사람으로서 각각의 자격 또는 학위 취득 후 산업안전 · 산업보건 업무에 3년 이상 종사한 경력이 있는 사람 : 별표 32에 따른 전공필수 및 공통필수Ⅱ 과목

산업안전지도사

※ 산업안전·보건업무는 다음의 업무에 한하여 인정

> ① 안전·보건 관리자로 실제 근무한 기간
> ② 산업안전보건법에 따라 지정·등록된 산업안전·보건 관련 기관 종사자의 실제 근무한 기간
> ※ 안전·보건관리전문기관, 재해예방지도기관, 안전·보건진단기관, 작업환경측정기관, 특수건강진단기관 등 (지정서로 확인)
> ③ 기업체에서 실제 안전관리 또는 보건관리 업무를 수행한 기간
> ※ 품질·환경 업무, 시설(안전)점검 등 산업안전보건법상의 안전·보건관리 업무와 무관한 경력기간은 제외하고, 경력증명서상에 '안전관리' 또는 '보건관리'라고 기재되어 있으며 수행기간이 구체적으로 기재되어 있을 경우에 한해 인정

6. 「공인노무사법」에 따른 공인노무사 : 별표 32에 따른 공통필수Ⅰ 과목
7. 산업안전(보건)지도사 자격 보유자로서 다른 지도사 자격 시험에 응시하는 사람 : 별표 32에 따른 공통필수Ⅰ 및 공통필수Ⅲ 과목
8. 산업안전(보건)지도사 자격 보유자로서 같은 지도사의 다른 분야 지도사 자격 시험에 응시하는 사람 : 별표 32에 따른 공통필수Ⅰ, 공통필수Ⅱ 및 공통필수Ⅲ 과목

※ '별표32'는 붙임 참조

▶ 나. 제1차 또는 제2차 필기시험에 합격한 사람에 대해서는 다음 회의 자격시험에 한정하여 합격한 차수의 필기시험을 면제한다.

▶ 다. 경력 및 면제요건 산정 기준일: 서류심사 마감일

 시험안내

7. 2차시험 출제기준(산업안전보건법 시행령 별표32)

과목명		출제범위
산업안전일반	기계안전공학	• 기계·기구·설비의 안전 등(위험기계·양중기·운반 기계·압력용기 포함) • 공장자동화설비의 안전기술 등 • 기계·기구·설비의 설계·배치·보수·유지기술 등
	전기안전공학	• 전기기계·기구 등으로 인한 위험 방지 등(전기방폭설비 포함) • 정전기 및 전자파로 인한 재해예방 등 • 감전사고 방지기술 등 • 컴퓨터·계측제어 설비의 설계 및 관리기술 등
	화공안전공학	• 가스·방화 및 방폭설비 등, 화학장치·설비안전 및 방식기술 등 • 정성·정량적 위험성 평가, 위험물 누출·확산 및 피해 예측 등 • 유해위험물질 화재폭발 방지론, 화학공정 안전관리 등
	건설안전공학	• 건설공사용 가설구조물·기계·기구 등의 안전기술 등 • 건설공법 및 시공방법에 대한 위험성 평가 등 • 추락·낙하·붕괴·폭발 등 재해요인별 안전대책 등 • 건설현장의 유해·위험요인에 대한 안전기술 등

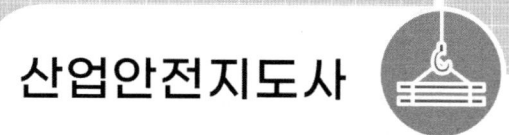

8. 건설안전공학분야 1차·2차시험 통계자료

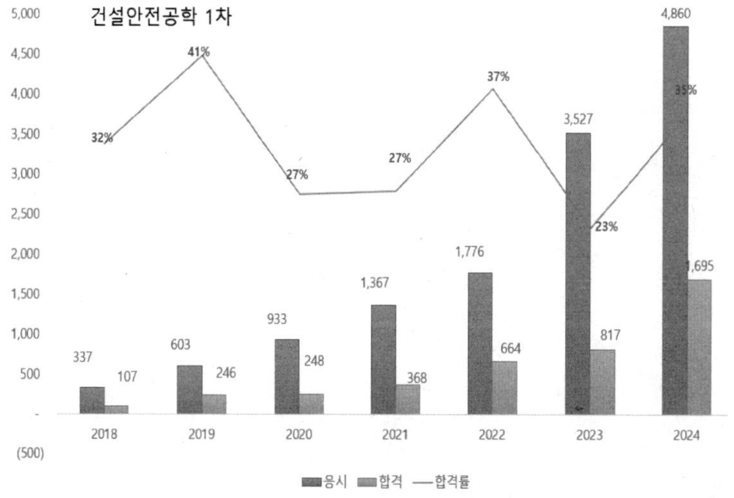

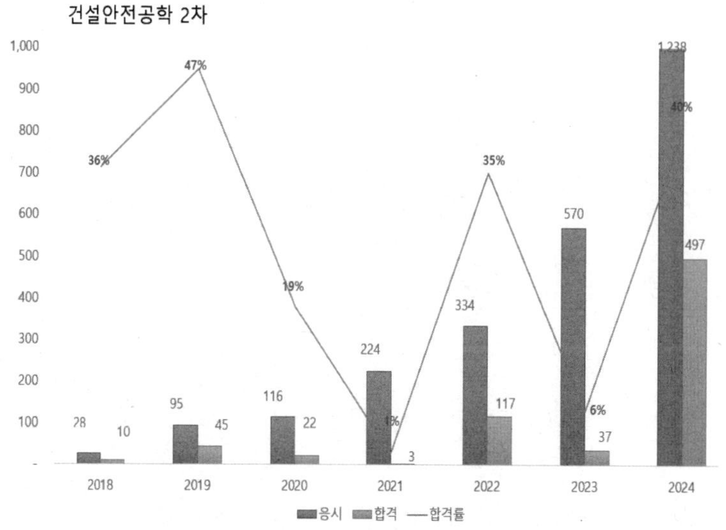

건설안전공학 1차

연도	응시	합격	합격률
2018	337	107	32%
2019	603	246	41%
2020	933	248	27%
2021	1,367	368	27%
2022	1,776	664	37%
2023	3,527	817	23%
2024	4,860	1,695	35%

건설안전공학 2차

연도	응시	합격	합격률
2018	28	10	36%
2019	95	45	47%
2020	116	22	19%
2021	224	3	1%
2022	334	117	35%
2023	570	37	6%
2024	1,238	497	40%

한권으로 끝내는
산업안전지도사 2차 건설안전공학

제 1 장

가설공사

1. 총칙
2. 가설통로
3. 비계
4. 가설도로
5. 안전가시설

제01장 가설공사

1. 총칙

01-1-1	가설공사의 분류
1. 개요	
	가설공사란 영구 구조물의 축조를 위해 임시로 설치하는 시설 또는 구조물의 공사
2. 가설공사의 분류(가설공사 표준안전 작업지침)	
	1) 가설비계
	-통나무/강관/강관틀/달비계/달대비계/말비계/이동식비계
	2) 가설통로
	-통로발판/경사로/가설계단/사다리/승강용 트랩
	3) 가설도로
	-가설도로/우회로/표지 및 기구

01-1-2	가설재의 구비요건
1. 가설재의 구비요건(가설재의 3요소)	
	1) 안전성
	- 충분한 강도 확보
	2) 시공성(작업성)
	- 구조안전성 확보된 경량화된 구조
	3) 경제성
	- 조립 및 해체 용이

01-1-3	가설구조물의 특징	기출 6회-9-1)
1. 가설구조물의 특징		
	① 적은 연결구조	
	② 불완전 결합	
	③ 정밀도 낮은 조립	
	④ 작업의 편의성을 위해 부재 미설치 및 임의 해체	
	⑤ 과소단면의 재료 사용	

01-1-4	가설공사 재해예방대책	기출 6회-9-3)
1. 가설공사 재해예방대책		
	① 관리감독자 지정하에 작업	
	② 안전보호구 착용	
	③ 재료.기구.공구 등 불량품 없을 것	
	④ 작업순서 등 사전 주지	
	⑤ 출입금지 안전표지 부착	
	⑥ 악천후 시 작업중지	
	⑦ 추락재해 방지시설 설치	
	⑧ 상하동시 작업 시 유도자 배치	
	⑨ 재료.기구 등 인양시 달줄,달포대 사용	
	⑩ 부근 전력선 절연방호조치	
	⑪ 통로에 기자재 적치금지	
	⑫ 정리정돈	

01-1-5 가설구조물의 안전성 확보

1. 가설구조물의 안전성 확보
    - 1) 자재 안전
        - ① 안전인증 여부 확인
        - ② 재사용 가설재 성능 확인
    - 2) 구조 안전
        - ① 가설구조물 설계안전성 검토
        - ② 설치기준 준수 및 점검
    - 3) 작업안전
        - ① 관리.감독 철저
        - ② 안전작업방법 준수

01-1-6 안전인증 및 자율안전확인신고대상 가설기자재

1. 안전인증 및 자율안전확인신고대상 가설기자재 (방호장치 안전인증 고시)
    - 1) 안전인증 대상 품목
        - ① 파이프서포트 및 동바리용 부재
        - ② 조립식 비계용 부재
        - ③ 이동식 비계용 부재
        - ④ 작업발판
        - ⑤ 조임철물 : 클램프
        - ⑥ 받침철물 : 조절용, 피벗형
        - ⑦ 조립식 안전난간
    - 2) 자율안전확인 대상 품목 (방호장치 자율안전기준 고시)
        - - 선반지주, 단관비계용 강관, 고정형 받침철물, 달기체인, 달기틀, 방호선반
        - 엘리베이터 개구부용 난간틀, 측벽용 브래킷

01-1-7 재사용 가설기자재의 폐기기준 및 성능기준

1. 재사용 가설기자재 (KOSHA C - 25 - 2018)
    - ① 1회이상 사용 → 강재 파이프서포트, 강관비계용 부재
    - ② 장기간 보관 → 조립형 비계 및 동바리부재, 일반구조용 압연강재
2. 폐기기준 및 성능기준
    - ① 폐기기준 : 시험성능기준 미달되거나 변형,손상,부식등 정비 불가능
    - ② 성능기준 : 안전인증규격과 자율안전확인 규격 이상
3. 검사의뢰
    - ① 휨, 인장, 압축하중 등 시험
    - ② 규격별 3개 샘플링
    - ③ KS F 8001에 기준한 시험으로 실시

01-1-8 건설기술진흥법상 가설구조물의 구조적 안전성 확인   기출 8회-4

1. 개요
    - 가설구조물을 사용할 때에는 관계전문가로부터 구조적 안전성 확인을 받아야 함
2. 가설구조물의 구조적 안전성 확인대상 (시행령 제101조의2)
    - ① 높이 31m이상 비계
    - ② 브래킷 비계
    - ③ 작업발판 일체형 거푸집, 5m이상 거푸집 및 동바리
    - ④ 터널지보공, 2m이상 흙막이 지보공
    - ⑤ 동력을 이용하여 움직이는 가설구조물
    - ⑥ 10m이상 외부작업 위한 작업발판 및 안전시설물을 일체화한 가설구조물
    - - SWC, ACS, RCS 등
    - ⑦ 공사현장에서 제작 조립.설치하는 복합형 가설구조물
    - - 합벽거푸집, 터널라이닝 거푸집 등

| 01-1-9 | 산업안전보건법상 설계변경의 요청 | 기출 7회-9 |

1. 개요
  - 수급인은 가설구조물의 붕괴위험이 있다고 판단시 전문가의 의견을 들어 도급인에게 설계변경 요청

2. 설계변경 요청 대상 (시행령 제58조)
  ① 31m이상인 비계
  ② 작업발판 일체형 거푸집 또는 5m이상 거푸집 동바리
  ③ 터널지보공 또는 2m이상인 흙막이 지보공
  ④ 동력 이용하여 움직이는 가설구조물

3. 수급인이 의견을 들어야 하는 전문가
  - 건축구조, 토목구조, 토질 및 기초기술사, 건설기계기술사

4. 설계변경요청시 첨부서류
  ① 설계변경대상 도면
  ② 당초 설계문제점 및 변경이유서
  ③ 당초 전문가 안전성의 검토의견서
  ④ 설계변경 요하는 증명 서류

2. 가설통로

01-2-1 가설통로의 종류

1. 개요

공사기간 중 근로자의 안전한 이동 경로와 재료의 운반을 위한 임시로 설치한 통로

2. 가설통로의 종류

① 가설 수평통로
② 경사로
③ 가설계단
④ 사다리
⑤ 승강용 트랩

- 90° 고정식사다리
- 75° 이동식사다리
- 45° 가설계단
- 30° 경사로(미끄럼 방지장치 설치)
- 15° 경사로(미끄럼 방지장치 미설치)
- 0°

▲ 기울기에 따른 통로의 구조

01-2-2 가설통로 설치기준

1. 가설통로의 설치기준 (산업안전보건기준에 관한 규칙 제23조)

① 견고한 구조
② 경사 30도 이하
③ 15도 초과 시 미끄럼방지 조치
④ 안전난간 설치
⑤ 수직갱 내 15m 이상의 통로는 10m 이내마다 계단참 설치
⑥ 8m 이상인 비계다리에는 7m 이내마다 계단참 설치

▲ 비계다리 설치도

▲ 수직갱 내 통로

01-2-3 통로 발판 (가설 수평통로)

1. 통로발판 설치기준 (가설공사 표준안전 작업지침 제15조)

① 근로자가 작업 및 이동의 충분한 넓이가 확보
② 추락의 위험이 있는 곳 안전난간, 철책을 설치
③ 장선 위에서 겹침이음, 겹침길이 20cm 이상
④ 발판 1개에 지지물은 2개 이상
⑤ 작업발판 최대폭 1.6미터 이내
⑥ 작업발판 위 돌출된 못, 옹이, 철선 등 제거
⑦ 구조에 따라 최대 적재하중을 정하고 초과 적재금지

겹침 길이 20cm
장선
최대폭 1.6m 이내

01-2-4 경사로 사용 작업 중 위험요인

1. 경사로 사용 작업 중 위험요인

① 경사로 각도가 너무 높아서 승강 중 넘어짐
② 바닥판의 틈새로 자재 떨어짐
③ 미끄럼 방지조치를 하지 않아 승강 중 미끄러짐
④ 측면 개구부에 안전난간 미설치로 승강 중 개구부로 떨어짐
⑤ 설치 시 안전작업수칙 미준수하여 작업 중 떨어짐
⑥ 경사로 지지물이 견고하지 못하여 승강 중 가설경사로 무너짐

01-2-5 가설경사로

1. 가설경사로 설치기준(가설공사 표준안전작업지침 제14조)

   ① 시공 하중, 폭풍, 진동 등 외력 대응 설계
   ② 경사 30도 이하
   ③ 경사 15도 초과 시 미끄럼방지 조치
   ④ 경사로 폭 90cm이상
   ⑤ 추락방지용 안전난간 설치
   ⑥ 7m마다 계단참 설치
   ⑦ 지지기둥 3m이내 마다 설치
   ⑧ 발판 끝은 장선에 결속
   ⑨ 발판 폭 40cm이상 틈 3cm이내
   ⑩ 항상 정비 및 안전통로 확보

   ▲ 가설경사로 설치도

01-2-6 가설계단 사용 작업 중 위험요인

1. 가설계단 사용 작업 중 위험요인

   ① 가설계단 단부에 안전난간 미설치로 이동 중 떨어짐
   ② 가설계단 지지물이 가설계단 하중을 견디지 못하고 넘어짐
   ③ 가설계단 바닥의 돌출물에 이동 중 걸려 넘어짐
   ④ 계단 측면 자재·공구 등 떨어짐 방지조치를 하지 않아 자재·공구 등 떨어짐

01-2-7 가설계단

1. 가설계단의 설치기준(산업안전보건기준에 관한 규칙 제26조 ~ 제30조)

   ① 계단, 계단참 강도 : 500kgf/㎡ 이상, 안전율 4이상
   ② 바닥은 공구 등 낙하할 위험 없는 구조
   ③ 폭 1m 이상
   ④ 계단참 : 높이 3m 이내마다 1.2m 이상
   ⑤ 높이 2m 이내 장애물 없도록 조치
   ⑥ 높이 1m 이상 시 안전난간 설치

   ▲ 가설계단 설치도

01-2-8 이동식 사다리 사용 작업 중 위험요인

1. 이동식 사다리 사용 작업 중 위험요인

   ① 사다리 하단에 미끄럼 방지 미조치로 바닥에서 미끄러지면서 떨어짐
   ② A형 사다리에 벌어짐 방지 미조치로 벌어지면서 떨어짐
   ③ 2인 이상 올라가 작업 중 균형 잃고 떨어짐
   ④ 사다리 이동 중 고압 전선에 접촉하여 감전
   ⑤ 사다리 설치 각도 불량으로 승강 중 넘어짐
   ⑥ 발판(답단) 간격이 일정하지 않아 승·하강 중 실족하여 떨어짐
   ⑦ 작업발판 대용으로 사용하여 부러지면서 떨어짐
   ⑧ 상단 미고정으로 사다리 상부가 탈락되면서 넘어짐

01-2-9 사다리

1. 사다리 종류(가설공사 표준안전 작업지침)
- ① 고정식 사다리
- ② 옥외용 사다리
- ③ 목재 사다리
- ④ 철재 사다리
- ⑤ 이동식 사다리
- ⑥ 기계 사다리
- ⑦ 연장 사다리

01-2-10 사다리 안전작업

1. 사다리 작업 시 준수사항(가설공사 표준안전작업지침 제24조)
- ① 수리될 수 없는 사다리는 작업장 외로 반출
- ② 연장길이 60cm 이상
- ③ 감시자 배치
- ④ 벽돌 받침대 사용금지
- ⑤ 미끄러운 장화나 신발 착용 금지
- ⑥ 무거운 짐을 운반금지
- ⑦ 금속사다리는 전기설비가 있는 곳 사용금지
- ⑧ 사다리를 다리처럼 사용금지

01-2-11 A형 이동식 사다리

1. 개요
- A형 이동식 사다리는 경작업, 고소작업대, 비계등 설치곤란, 협소한 장소에서 사용

2. A형 이동식 사다리 안전 작업지침
- ① 평탄, 견고하고 미끄럼이 없는 바닥에 설치
- ② 최대길이 3.5m 이하 A형 사다리에서만 작업
- ③ 안전모 착용, 2m 이상의 작업 시 안전대 착용
- ④ 2인 1조 작업 및 최상부 발판 작업 금지

*작업높이별 안전작업 지침

1.2m 미만	1.2m ~ 2m 미만	2m ~ 3.5m 이하	3.5m 초과
안전모 착용	안전모 착용	안전모 착용	작업발판으로 사용금지
	2인1조 작업	2인1조 및 안전대 착용	
	최상부 발판에서 작업금지	최상부 발판 및 그 하단 디딤대 작업금지	

01-2-12 이동식 사다리

기출 15회-5

1. 이동식 사다리 사용하여 작업 시 안전조치사항 (산업안전보건기준에 관한 규칙 제42조)
- ① 평탄하고 견고하며 미끄럽지 않은 바닥에 설치할 것
- ② 넘어짐 방지 조치할 것
  - 이동식 사다리를 견고한 시설물에 연결하여 고정
  - 아웃트리거(전도방지용 지지대)를 설치
  - 다른 근로자가 이동식 사다리를 지지
- ③ 제조사가 정한 최대사용하중을 초과하지 않는 범위 내에서만 사용할 것
- ④ 사다리를 설치한 바닥면에서 높이 3.5m 이하의 장소에서만 작업할 것
- ⑤ 최상부 발판 및 그 하단 디딤대에 올라서서 작업금지(1m이하 사다리 제외)
- ⑥ 작업높이 2m 이상 시 안전모와 안전대를 함께 착용할 것
- ⑦ 사용 전 변형 및 이상 유무 등 점검, 이상 발견 즉시 수리 등 조치를 할 것

01-2-13 사다리식 통로

1. 사다리식 통로 설치기준 (산업안전보건기준에 관한 규칙 제24조)

① 견고한 구조	② 손상.부식 없는 재료 사용
③ 일정한 발판 간격 유지	④ 발판과 벽 사이 15cm 이상
⑤ 폭 30cm 이상	⑥ 넘어짐, 미끄러짐 방지 조치
⑦ 상단 연장 길이 60cm 이상	⑧ 10m이상 통로 5m이내 마다 계단참 설치

⑨ 기울기 75도 이하, 고정식 사다리식 통로의 기울기는 90도 이하
- 고정식 사다리식 통로 7m이상인 경우의 조치
가. 등받이울이 있어도 근로자 이동에 지장이 없는 경우
　: 바닥으로부터 높이가 2.5미터 되는 지점부터 등받이울을 설치할 것
나. 등받이울이 있으면 근로자가 이동이 곤란한 경우
　: 한국산업표준에서 정하는 기준에 적합한 개인용 추락 방지 시스템을 설치하고
　　한국산업표준에서 정하는 기준에 적합한 전신안전대를 사용하도록 할 것
⑩ 접이식사다리 접힘방지 철물 조치

01-2-14 사다리식 통로

1. 사다리식 통로 설치기준(산업안전보건기준에 관한 규칙 제24조)

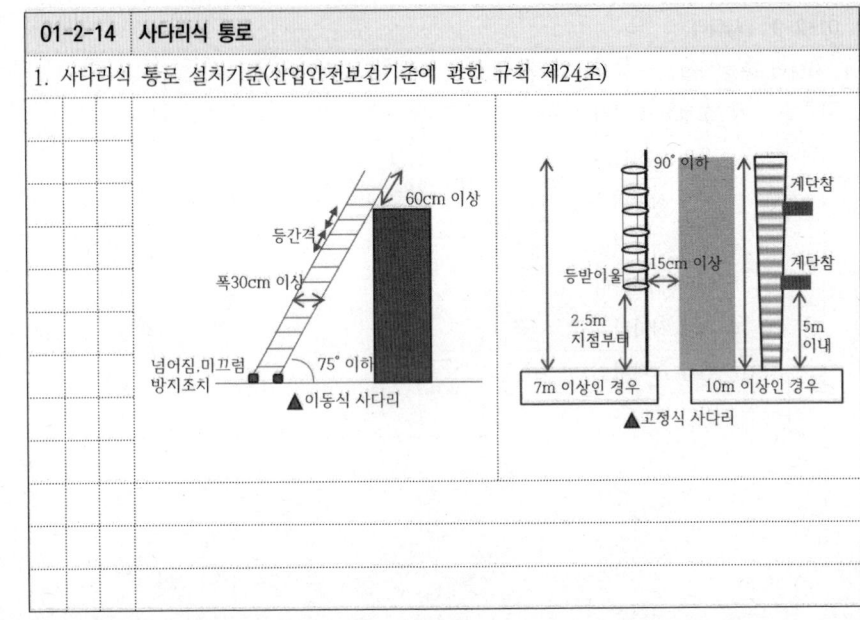

▲이동식 사다리　　▲고정식 사다리

01-2-15 승강용 트랩 사용 작업 중 위험요인

1. 승강용 트랩 사용 작업 중 위험요인

① 철골 기둥 세우고 승·하강용 트랩 설치하려다가 떨어짐
② 안전대 걸이시설 미설치로 안전대를 걸지 않고 승·하강 중 떨어짐
③ 트랩 발판 간격이 일정하지 않아서 승·하강 중 실족하여 떨어짐
④ 악천후 시에 승·하강용 트랩을 따라 승·하강 중 떨어짐
⑤ 트랩의 용접 부위가 탈락되어 떨어짐

01-2-16 승강용 트랩

기출 8회-1

1. 개요

철골건립 작업시 수직방향으로 이동하기 위한 수단의 철골기둥에 사다리 형태의 가설통로 설치

2. 승강용 트랩 설치기준 (철골공사표준안전작업지침)

① Ø16 강봉, D16 철근 승강용 트랩 설치
② 수직 이동용 안전대 부착설비 설치
③ 단 간격 25~30㎝, 폭 30㎝ 이상
④ 일정 간격으로 참을 설치
⑤ 승강트랩은 지상 작업을 원칙
⑥ 안전대 부착설비는 지상조립
⑦ 수직이동용 트랩은 각 기둥마다 설치

▲승강용 트랩

▲안전대 부착설비

3. 비계

01-3-1 비계의 종류

1. 개요
   - 통로나 작업발판 설치를 위해 구조물의 주위에 조립, 설치되는 가설구조물
2. 비계의 종류
   - ① 조립식비계
     - 강관비계, 강관틀비계, 시스템비계
   - ② 이동식비계
     - 달비계, 달대비계, 말비계, 이동식비계

01-3-2 비계공사 재해유형

1. 비계공사 재해유형
   - ① 비계 설치.해체중 고압선에 감전
   - ② 작업발판 단부에 안전난간 미설치로 떨어짐
   - ③ 강관비계 수직재 침하방지조치 미실시 무너짐
   - ④ 강관비계 강풍 등 횡력에 의한 넘어짐
   - ⑤ 시스템비계 자재 과적재로 무너짐
   - ⑥ 벽이음 미설치 및 임의 해체 좌굴에 의한 무너짐
   - ⑦ 이동식비계 탑승채로 이동중 넘어짐
   - ⑧ 이동식비계 승강설비 미설치로 떨어짐
   - ⑨ 달비계 안전대 미부착으로 떨어짐
   - ⑩ 달비계 주로프 끊어져 떨어짐
   - ⑪ 달대비계 용접 불량으로 떨어짐

01-3-3 비계작업 안전요건

1. 비계작업 안전요건
   1) 안전성 확보
      - ① 무너짐 방지 - 구조검토, 침하방지 조치 등
      - ② 흔들림 방지 - 가새, 벽이음 철물 등 보강
      - ③ 떨어짐 방지 - 작업발판, 안전난간대, 추락방호망 설치 및 안전대 착용 등
      - ④ 낙하 방지 - 발끝막이판, 수직보호망 등 낙하방지시설 설치 및 출입금지조치
   2) 시공성(작업성) 확보
      - ① 경량화, 작업 및 통해 방해하지 않는 구조
      - ② 적정 장소에 작업대 설치
   3) 경제성 확보
      - ① 가설 및 철거 신속, 용이
      - ② 현장 가공 불필요
      - ③ 내용 연수 높은 재료 사용

01-3-4 비계 등의 조립· 해체 및 변경

1. 달비계, 5m이상 비계 조립 등 작업 시 준수사항(산업안전보건기준에 관한 규칙 제57조)

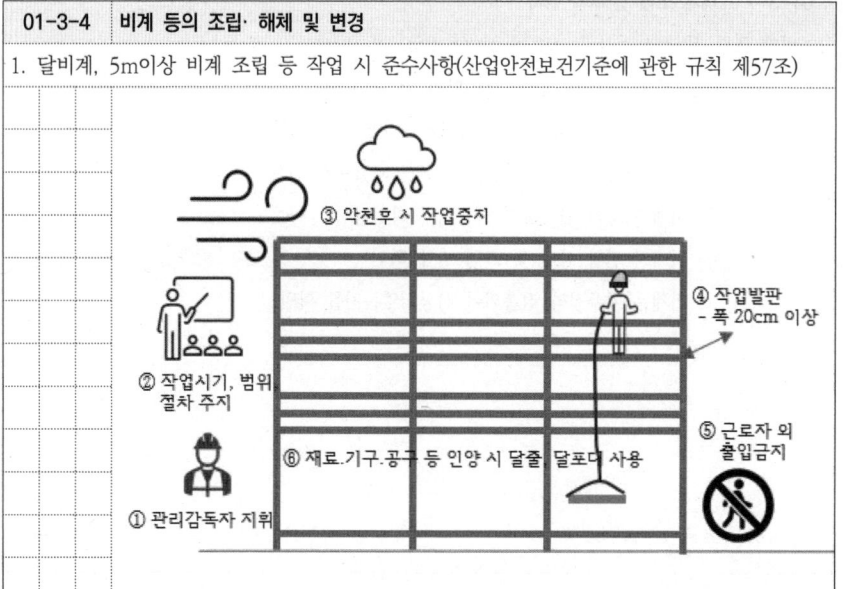

01-3-5 비계의 점검 및 보수

1. 비계의 점검사항 (산업안전보건기준에 관한 규칙 제58조)

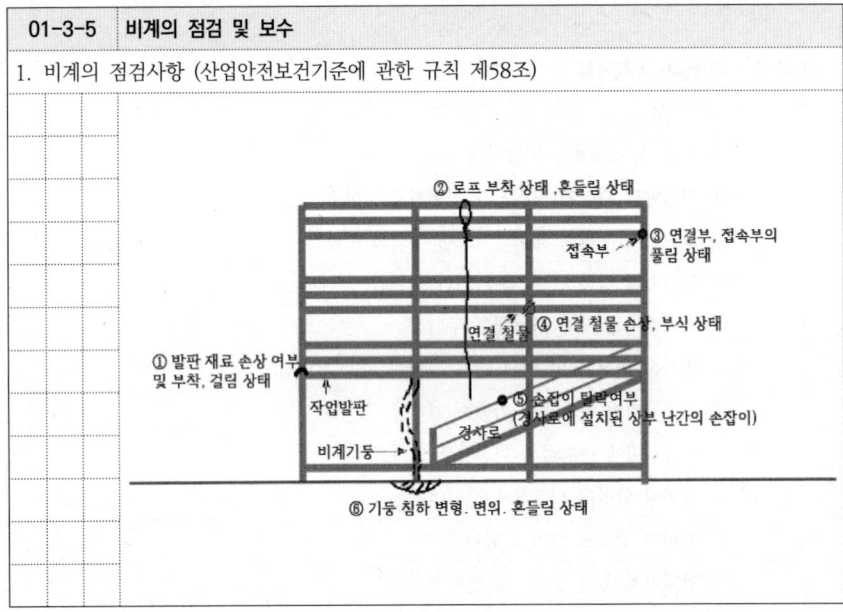

01-3-6 비계 정기검사

1. 비계 정기검사 (KCS 21 60 05)

   ① 비계기둥의 좌굴 여부 및 수직도를 확인
   ② 비계 각 부분의 접속부, 교차부 결합 상태 및 클램프의 조임 상태를 확인
   ③ 비계에 설치된 각종 망의 결합 상태를 확인
   ④ 작업발판에 최대 적재하중을 초과하는지 여부를 확인
   ⑤ 안전난간 및 작업발판의 탈락 여부를 확인

01-3-7 비계 조립 전·후의 검사

1. 비계 조립 전·후의 검사 (KCS 21 60 05)

   ① 재료가 규격에 적합 여부 확인
   ② 재료에 녹, 변형 또는 손상 등에 의한 결점 여부 확인
   ③ 시공상세도에 따라 적합하게 설치 되었는지 검사
   ④ 비계 기초의 침하방지조치 여부 확인
   ⑤ 비계의 결합 상태 및 조임 상태 확인
   ⑥ 비계는 거푸집과 접촉되어 시공되었는지를 확인

01-3-8 악천후 시의 검사

1. 악천후 전의 검사 (KCS 21 60 05)

   ① 벽이음재나 버팀재 등 상황 점검
   ② 비계에 설치된 추락방호망, 수직보호망 및 작업발판 등은 해체하거나 풍하중에 대하여 안전하도록 보강
   ③ 벽 이음재나 비계 구성부재가 소정의 위치 확인 및 필요 시 버팀목 등 보강

2. 악천후 후의 검사

   ① 비계 위에 떨어져 있는 자재, 공구 등 유무 확인
   ② 전선 등이 걸려 있는지를 확인
   ③ 작업발판 등이 날리거나, 어긋나 있는지를 확인
   ④ 안전난간 등의 탈락 유무를 확인
   ⑤ 벽 이음재나 클램프 등이 이완되거나 어긋남이 없는지를 확인
   ⑥ 비계기둥이 침하되었는지를 확인
   ⑦ 각 부재들의 손상, 설치 및 결함 상태를 확인

01-3-9 강관비계

1. 개요
   - 강관을 이음철물, 연결철물을 이용하여 조립한 비계

2. 강관비계 조립 시 준수사항 (산업안전보건기준에 관한 규칙 제59조)
   - ① 기둥 침하방지 조치
     - 밑받침 철물 사용하거나 깔판.깔목 사용하여 밑둥잡이 설치
   - ② 접속부, 교차부는 적합한 부속철물 사용 및 고정 철저
   - ③ 교차가새 보강
   - ④ 벽이음 및 버팀을 설치
     - 수직 5m, 수평 5m
     - 강관, 통나무 등 사용
     - 인장재와 압축재로 구성된 경우 : 인장재와 압축재의 간격 1m 이내
   - ⑤ 가공전로와의 접촉방지 조치
     - 가공전로 근접하여 설치 시 가공전로 이설, 절연용 방호구 장착

01-3-10 강관비계 조립 시 준수사항

1. 강관비계 조립 시 준수사항 (가설공사 표준안전 작업지침 제8조)
   - ① 하단부 깔판 사용, 밑둥잡이 설치
   - ② 기둥간격 띠장방향 : 1.5-1.8m/ 장선방향: 1.5m이하
   - ③ 비계 최고점부터 31m 아래지점 : 2본 설치
   - ④ 띠장간격 : 1.5m이하/첫단 2m이하
   - ⑤ 장선간격 : 1.5m이하
   - ⑥ 기둥간 적재하중 400kg이하
   - ⑦ 벽연결 5*5m이내
   - ⑧ 가새 : 기둥 10m마다 45도
   - ⑨ 안전난간설치
   - ⑩ 작업대 추락 및 낙하물 방지 조치
   - ⑪ 가설기자재 성능검정 규격 사용

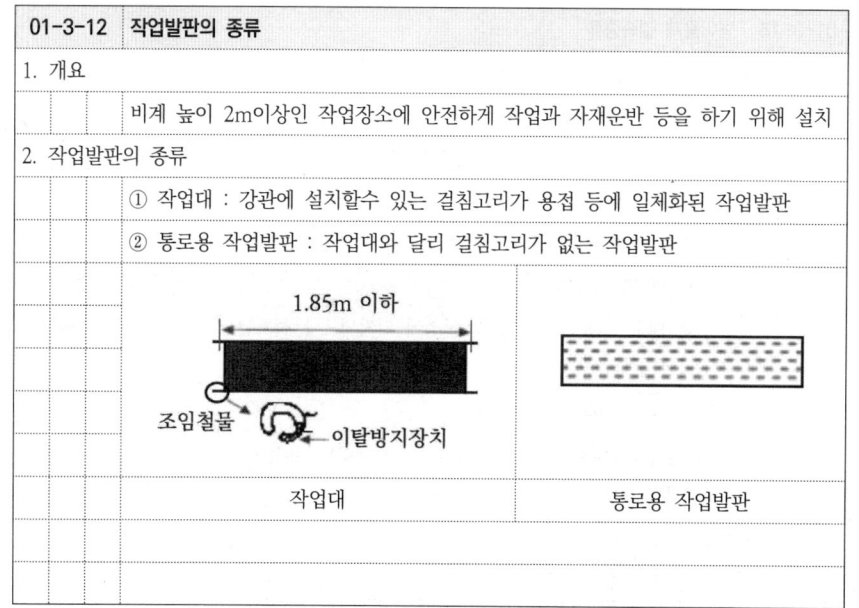

01-3-11 강관비계의 구조   기출 14회-2

1. 강관비계의 설치기준 (산업안전보건기준에 관한 규칙 제60조)
   - ① 기둥간격 : 띠장방향 1.85m 이하, 장선방향 1.5m 이하
   - ② 띠장간격 : 2.0m 이하
   - ③ 최고부에서 31m 되는 지점 하부기둥 강관 2본
   - ④ 기둥간 400kg 초과 적재금지

▲ 강관비계 조립도(정면)   ▲ 측면

01-3-12 작업발판의 종류

1. 개요
   - 비계 높이 2m이상인 작업장소에 안전하게 작업과 자재운반 등을 하기 위해 설치

2. 작업발판의 종류
   - ① 작업대 : 강관에 설치할수 있는 걸침고리가 용접 등에 일체화된 작업발판
   - ② 통로용 작업발판 : 작업대와 달리 걸침고리가 없는 작업발판

| 작업대 | 통로용 작업발판 |

01-3-13 작업발판의 구조

1. 작업발판 설치기준 (산업안전보건기준에 관한 규칙 제56조)

   ① 견고한 재료
   ② 폭 40cm이상, 발판 간 틈 3cm 이하
   ③ 추락위험 시 안전난간 설치
   ④ 하중을 견딜수 있는 지지물 사용
   ⑤ 2이상의 지지물에 연결, 고정
   ⑥ 작업발판 이동시 위험방지조치

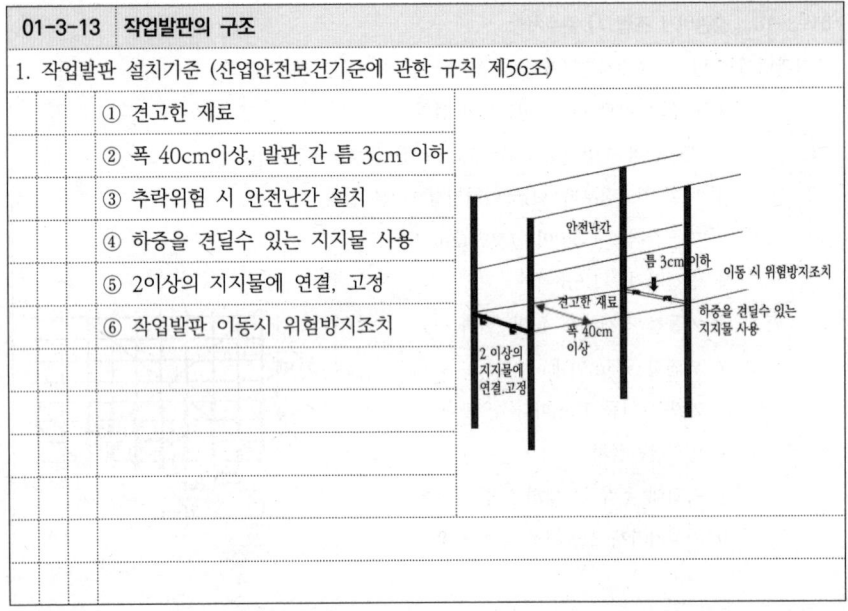

01-3-14 벽이음재

1. 개요

   비계와 영구구조체 사이를 강관, 클램프, 앵커 및 벽연결용 철물 등의 부재를 사용하여 연결함으로써 풍하중, 충격하중 등에 안전하도록 설치하는 부재

2. 벽이음재의 역할

   ① 비계 넘어짐 방지
   ② 비계 흔들림 방지
   ③ 비계 변형 및 좌굴방지

01-3-15 벽이음재 결속종류

1. 벽이음재 결속종류 (KCS 21 60 05)

   ① 박스형 벽 이음재
   - 건물의 기둥과 같은 부재에 강관과 클램프를 사용하여 사각형 형태로 결속

   ② 립형 벽 이음재
   - 강관과 클램프를 갈고리 형태로 조립하여 건물에 결속

   ③ 관통형 벽 이음재
   - 건물 개구부 내부의 바닥 및 천정에 지지되도록 설치된 강관 또는 강제 파이프 서포트에 개구부를 가로지르는 강관을 클램프로 결속

   ④ 창틀용 벽 이음재
   - 마주보는 창틀면에 강관, 쐐기 또는 잭 등을 사용하여 지지한 후에 비계에 결속

01-3-16 벽이음재 시공 시 유의사항

1. 벽이음재 시공 시 유의사항 (KCS 21 60 05)

   ① 벽이음재의 간격은 벽 이음재의 성능과 작용하중에 의해 결정
   ② 수직재와 수평재의 교차부에서 비계면에 대하여 직각이 되도록 수직재에 설치
   ③ 전체를 한 번에 풀지 말고, 부분적으로 순서에 맞게 해체
   ④ 띠장에 부착된 벽 이음재는 비계기둥으로부터 300mm 이내에 부착
   ⑤ 벽이음재로 사용되는 앵커는 비계 구조체가 해체될 때까지 존치
   ⑥ 벽이음재의 배치는 풍하중의 영향을 받는 보호망의 설치 유무와 벽이음재의 종류를 고려

01-3-17 외줄비계, 쌍줄비계, 돌출비계의 벽이음재 설치 시 준수사항

1. 벽이음재의 설치 시 준수사항 (산업안전보건기준에 관한 규칙 제59조)

   ① 강관비계의 조립간격 준수

강관비계의 종류	수직방향	수평방향
단관비계	5m	5m
틀비계	6m	8m

   ② 강관·통나무 등의 재료를 사용하여 견고한 것으로 할 것

   ③ 인장재와 압축재로 구성된 경우 : 인장재와 압축재의 간격을 1m 이내로 할 것

01-3-18 벽연결용 철물의 구조

1. 벽연결용 철물의 구조 (방호장치 안전인증 고시)

   - 벽연결용 철물은 주재, 조임철물 및 부착철물로 구성

   ① 최대사용길이 1,200㎜ 이하

   ② 주재 길이 조절가능 : 이탈방지 기능

   ③ 조임철물의 판두께가 3.0㎜ 이상

   ④ 주재와 부착철물의 사이는 독립구조

   ⑤ 선단에 나사가 있는 부착철물에 있어서는 나사의 지름이 나사산까지 포함하여 9.0㎜ 이상

   (참고)

시험성능 기준	인장재 : 인장강도(9,810N 이상)
	인장·압축재 : 인장강도(9,810N 이상), 압축강도(9,810N 이상)
	압축재 : 압축강도(9,810N 이상)

01-3-19 교차가새

1. 개요

   강관비계 조립 시 비계기둥과 띠장을 일체화하고 무너짐 방지를 위해 설치한 부재

2. 교차가새 역할

   ① 전도 방지

   ② 수직하중에 대한 좌굴 저항

   ③ 수평하중에 대한 부재 응력 배분

3. 교차가새 설치시 유의사항

   ① 대칭 배치

   ② 기둥간격 10m마다 45각도로 설치

   ③ 띠장과 비계기둥에 연결

   ④ 안전인증 제품 사용

01-3-20 강관틀비계

1. 개요

   강관 등으로 미리 제작한 틀을 현장에서 조립한 비계

2. 강관틀비계 조립 시 준수사항 (산업안전보건기준에 관한 규칙 제62조)

   ① 비계기둥 밑둥 밑받침 철물 사용

   - 고저차 조절형 밑받침 철물 사용

   ② 주틀 간 간격 1.8m 이하

   - 높이 20m 초과, 중량물 적재 수반 작업

   ③ 교차가새 설치

   ④ 최상층 및 5층 이내마다 수평재 설치

   ⑤ 벽이음 설치

   - 수직6m, 수평8m

   ⑥ 버팀기둥 설치

   - 길이 4m, 높이 10m 초과 시 10m 이내마다

01-3-21	강관틀비계 조립 시 준수사항

1. 강관틀비계 조립 시 준수사항 (가설공사 표준안전 작업지침 제9조)
   - ① 비계기둥 밑둥에 밑받침 철물 사용
   - 고저차에는 조절형 밑받침 철물 사용
   - ② 높이 제한 - 40m 이하
   - ③ 주틀 간 간격 1.8m 이하
   - ④ 교차가새 설치
   - ⑤ 최상층 및 5층 이내마다 수평재 설치
   - ⑥ 벽이음 설치
   - 수직6m, 수평8m
   - ⑦ 버팀기둥 설치
   - 길이 4m, 높이 10m 초과 시 10m 이내마다

01-3-22	시스템 비계

1. 개요
   - 수직재, 수평재, 가새재 등 부재를 공장 제작, 현장 조립하여 사용하는 가설 구조물

2. 시스템 비계의 구조 (산업안전보건기준에 관한 규칙 제69조)
   - ① 수직재·수평재·가새재를 견고하게 연결하는 구조
   - ② 수직재와 받침철물의 연결부의 겹침길이는 받침철물 전체길이의 3분의 1 이상
   - ③ 수평재는 수직재와 직각으로 설치
   - ④ 수직재와 수직재의 연결철물은 이탈되지 않도록 견고한 구조
   - ⑤ 벽 연결재의 설치간격은 제조사가 정한 기준에 따라 설치

01-3-23	시스템 비계

1. 시스템 비계의 구조 (산업안전보건기준에 관한 규칙 제69조)

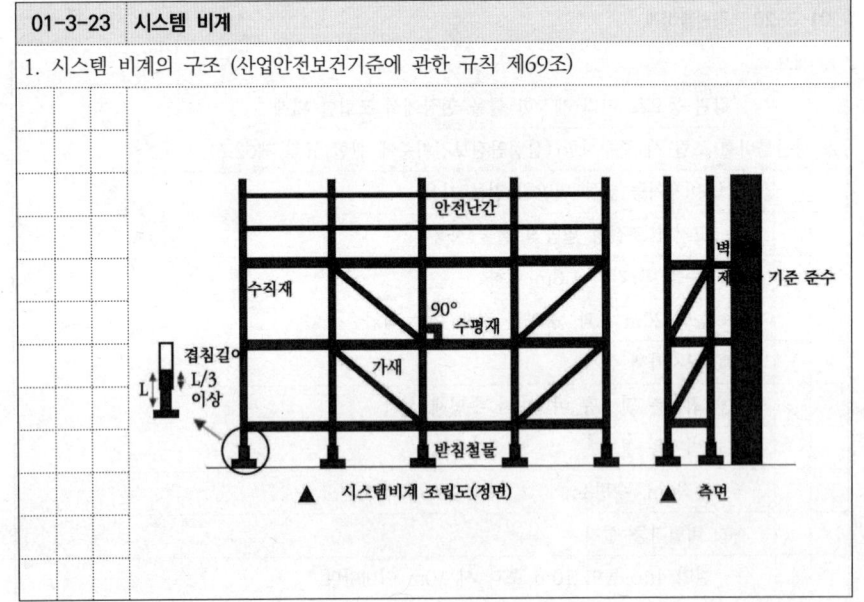

▲ 시스템비계 조립도(정면)   ▲ 측면

01-3-24	시스템 비계 조립 작업 시 준수사항

1. 시스템 비계 조립 작업 시 준수사항 (산업안전보건기준에 관한 규칙 제70조)
   - ① 비계 기둥 밑둥에 밑받침 철물 사용
   - 고저차 : 조절형 밑받침 철물 사용
   - ② 경사진 바닥 설치 시 피벗형 받침 철물 또는 쐐기 등을 사용
   - ③ 가공전로 접촉 방지조치
   - 가공전로를 이설, 가공전로에 절연용 방호구 설치
   - ④ 반드시 지정된 통로 이용 주지
   - ⑤ 같은 수직면상의 위와 아래 동시 작업 금지
   - ⑥ 작업발판에는 제조사가 정한 최대적재하중을 초과하여 적재금지
   - ⑦ 최대적재하중이 표기된 표지판을 부착

01-3-25 시스템 비계 조립 작업 시 준수사항

1. 시스템 비계 조립 작업 시 준수사항 (산업안전보건기준에 관한 규칙 제70조)

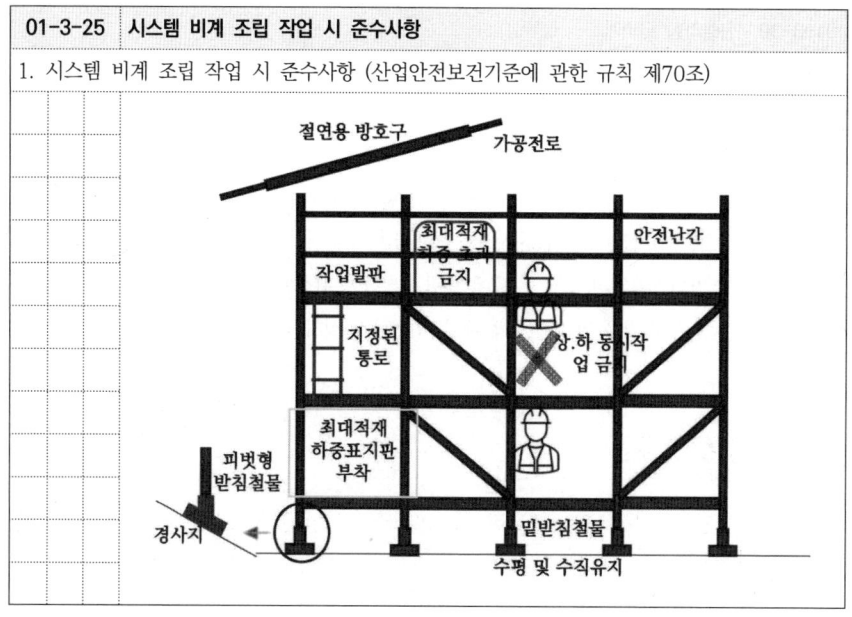

01-3-26 달비계의 종류

1. 개요

본구조물에 와이어로프, 섬유로프 등으로 작업대를 매단형태의 비계

2. 달비계의 종류

① 곤돌라형 달비계
② 작업의자형 달비계

▲ 곤돌라형 달비계   ▲ 작업의자형 달비계

01-3-27 달비계 사용 작업 중 위험요인

1. 달비계 사용 작업 중 위험요인

① 달비계 지지로프가 손상되거나 부식되어 작업 중 끊어짐
② 안전대를 구명줄에 걸지 않고 작업 중 떨어짐
③ 작업용 지지로프의 결속부가 풀리면서 떨어짐
④ 작업용 지지로프의 고정 구조물이 부서지면서 떨어짐
⑤ 안전모 미착용하고 벽체 등에 충돌
⑥ 안전작업절차를 무시하고 무리하게 작업 중 떨어짐
⑦ 달비계 위에 사다리 사용하여 작업 중 떨어짐

01-3-28 달비계의 재해예방대책

1. 달비계의 재해예방대책

① 달비계 위에 사다리나 디딤판 등의 사용 금지
② 허용하중 이상의 근로자 탑승 금지
③ 추락방지대 안전인증제품 사용
④ 탑승전 안전대를 미리 수직 구명줄에 걸고 탑승
⑤ 안전모, 안전대 등 개인보호구 착용
⑥ 관리감독자의 관리·감독 아래 작업

01-3-29 달비계 조립하여 사용 시 준수사항

1. 달비계 조립하여 사용 시 준수사항 (가설공사 표준안전 작업지침 제10조)
   ① 안전담당자의 지휘하에 작업을 진행
   ② 와이어로우프 및 강선의 안전계수는 10 이상
   ③ 소선 10%이상 절단, 7%이상의 지름 감소된 와이어로프 사용금지
   ④ 승강하는 경우 작업대는 수평을 유지
   ⑤ 허용하중 이상의 작업원 탑승 금지
   ⑥ 권양기에는 제동장치 설치
   ⑦ 작업발판은 40센티미터 이상, 발끝막이판 설치
   ⑧ 안전난간 설치
   ⑨ 달비계 위에서는 각립사다리 등을 사용금지
   ⑩ 난간 밖에서 작업금지
   ⑪ 달비계의 전도방지 장치 설치
   ⑫ 구명줄 설치

01-3-30 곤돌라형 달비계

1. 곤돌라형 달비계 설치 시 준수사항 (산업안전보건기준에 관한 규칙 제63조)
   ① 이음매 있는 와이어로프 사용금지
   ② 균열있는 달기체인 사용금지
   ③ 심하게 손상·변형, 부식있는 달기강선, 강대 사용금지
   ④ 틈새가 없고 폭 40cm이상의 작업발판 사용
   ⑤ 작업발판은 비계의 보 등에 연결,고정하여 뒤집힘 방지조치
   ⑥ 안전대 착용 및 구명줄에 체결, 안전난간 설치 등 추락 방지조치

01-3-31 작업의자형 달비계

1. 개요
   매달린 외줄 달기 섬유로프에 부착되어 지지되는 작업대를 이용하여 작업
2. 작업의자형 달비계 설치 시 준수사항 (산업안전보건기준에 관한 규칙 제63조)
   ① 견고한 작업대 제작
   ② 작업대 뒤집힘 방지를 위해 4개 모서리 로프 연결
   ③ 로프는 2개 이상의 견고한 고정점 결속
   ④ 로프와 구명줄은 다른 고정점에 결속
   ⑤ 하중에 견디는 작업용 섬유로프, 구명줄 및 고정점 사용
   ⑥ 근로자 조종하여 작업대 하강하도록 할 것
   ⑦ 고정점의 작업을 알리는 경고표지를 부착
   ⑧ 로프 모서리에 보호 덮개 조치
   ⑨ 꼬임이 끊어진, 손상, 부식된 로프 사용금지
   ⑩ 안전대 착용 및 구명줄에 체결 등 추락 방지조치

01-3-32 작업의자형 달비계

1. 작업의자형 달비계 설치 시 준수사항 (산업안전보건기준에 관한 규칙 제63조)

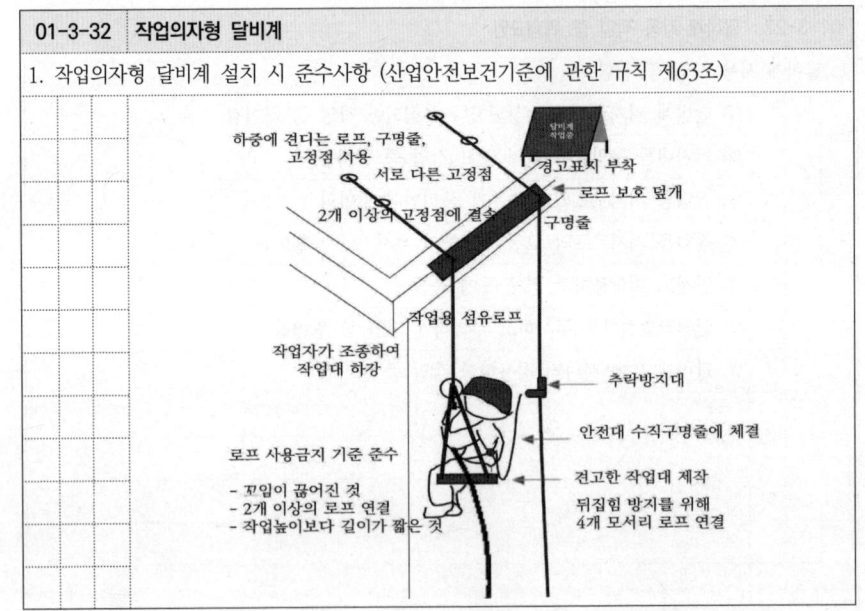

01-3-33 달비계의 와이어로프 등 사용금지 기준　　　　기출 10회-1

1. 곤돌라형 달비계의 와이어로프 등 사용금지 기준 (산업안전보건기준에 관한 규칙 제63조)

   ① 와이어로프
   - 이음매가 있는것
   - 소선수가 10%이상 절단된 것
   - 지름이 꼬인 것
   - 심하게 변형 부식된 것
   - 열과 전기충격에 손상된 것

   ② 달기체인
   - 지름의 감소 10% 초과
   - 균열, 심하게 변형
   - 늘어난 길이 5% 초과 (기준장 5량)

   ③ 달기강선/강대
   - 꼬임이 끊어진 것
   - 심하게 손상, 부식된 것

2. 작업의자형 달비계의 작업용 섬유로프

   ① 꼬임이 끊어진 것　　② 2개 이상의 로프를 연결한 것
   ③ 작업높이보다 길이가 짧은 로프　　④ 심하게 손상, 부식된 것

01-3-34 달대비계

1. 개요

   본구조물에 강관비계, 철골 등으로 작업대를 직접 매달거나 지지하는 형태

2. 달대비계의 종류

   ① 전면형 달대비계
   ② 통로형 달대비계
   ③ 상자형 달대비계(보용, 기둥용, 접이식)
   ④ 이동식 천장 달대비계

01-3-35 달대비계 사용 작업 중 위험요인

1. 달대비계 사용 작업 중 위험요인

   ① 비계에 자재를 과다하게 적재하여 달대비계 떨어짐
   ② 비계를 무겁게 제작하여 무리하게 이동시키려다 떨어짐
   ③ 비계 위에 사다리나 디딤판 등의 사용하다가 떨어짐
   ④ 안전대 고리를 안전대 부착설비에 미체결로 작업 중 떨어짐
   ⑤ 비계의 고정부 견고하게 체결하지 않아 떨어짐
   ⑥ 비계의 작업발판에 발끝막이판 미설치로 자재·공구 등이 떨어짐

01-3-36 달대비계 재해예방대책

1. 달대비계 재해예방대책

   ① 안전난간 밖에서 작업금지
   ② 허용하중 이상의 근로자 탑승 금지
   ③ 달대비계 위에 사다리나 디딤판 등의 사용 금지
   ④ 관리감독자의 관리·감독 아래 작업
   ⑤ 안전모, 안전대 등 개인보호구 착용

01-3-37	달대비계 조립하여 사용 시 준수사항

1. 달대비계 조립하여 사용 시 준수사항 (가설공사 표준안전 작업지침 11조)
   ① 달대비계를 매다는 철선은 #8 소성철선을 사용
   ② 4가닥 정도로 꼬아서 하중에 대한 안전계수가 8 이상 확보
   ③ 철근을 사용할 때에는 19mm 이상
   ④ 안전모와 안전대를 착용

01-3-38	말비계

1. 개요
   건축물의 천장과 벽면의 실내 내장 마무리 등을 위해 바닥에서 일정 높이의 발판을 설치 사용하는 비계

2. 말비계 조립.사용시 준수사항 (가설공사 표준안전 작업지침 제12조)
   ① 사다리의 각부는 수평하게 놓아서 상부가 한쪽으로 기울지 않도록 함.
   ② 각부에는 미끄럼 방지장치
   ③ 제일 상단에 올라서서 작업금지

01-3-39	말비계 조립.사용시 준수사항	기출 5회-4

1. 말비계 조립.사용시 준수사항 (산업안전보건기준에 관한 규칙 제67조)
   ① 지주부재의 하단에는 미끄럼 방지장치
   ② 근로자 양측 끝부분에 올라서서 작업금지
   ③ 지주부재와 수평면의 기울기를 75도 이하
   ④ 지주와 지주 사이 고정 보조부재 설치
   ⑤ 높이 2미터 초과 시 작업발판 폭 40cm 이상

01-3-40	이동식 비계

1. 개요
   이동식 비계용 주틀의 하단에 발바퀴를 부착하여 이동할 수 있도록 조립한 비계

2. 이동식 비계 설치도 (가설공사 표준안전 작업지침 제13조)

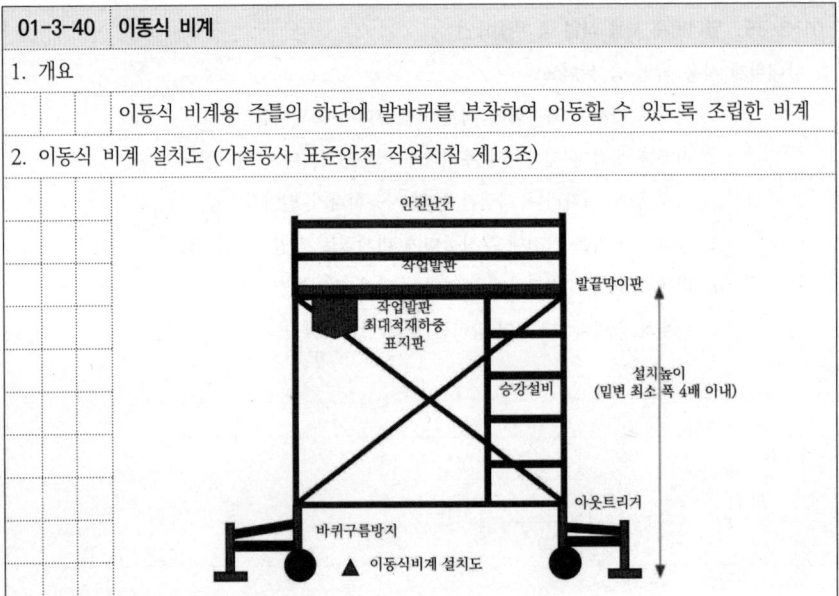

▲ 이동식비계 설치도

01-3-41 이동식 비계 사용 작업 중 위험요인

1. 이동식 비계 사용 작업 중 위험요인
   ① 과다하게 높이 조립하여 사용 중 넘어짐
   ② 승·하강용 사다리를 설치하지 않고 비계 가새를 밟고 승강 중 떨어짐
   ③ 아웃트리거 미 설치로 작업 중 비계 넘어짐
   ④ 작업발판 끝부분에서 안전난간을 설치하지 않아 작업 중 떨어짐
   ⑤ 자재, 공구 등을 작업발판으로 올리던 중 떨어짐
   ⑥ 근로자가 탄 채로 이동 중 이동식 비계 넘어짐
   ⑦ 작업발판 불량하게 고정하여 작업 중 발판 탈락

01-3-42 이동식 비계 재해예방대책

1. 이동식 비계 재해예방대책
   ① 재료, 공구를 올리고 내릴 때에는 포대, 로프 등을 이용
   ② 작업장소 부근의 고압선은 적절한 방호조치 실시
   ③ 안전인증제품 사용
   ④ 상·하 동시작업 시 충분한 연락 실시
   ⑤ 바퀴 멈춤장치를 사용하여 바퀴 고정시키거나 쐐기 등 활용하여 불시 이동 방지
   ⑥ 작업자 탑승상태로 이동 금지

01-3-43 이동식 비계 조립. 사용 시 준수사항

1. 이동식 비계 조립. 사용 시 준수사항 (가설공사 표준안전작업지침 제13조)
   ① 안전담당자의 지휘하에 작업
   ② 비계의 최대높이는 밑변 최소폭의 4배 이하
   ③ 불의의 이동을 방지하기 위한 제동장치
   ④ 승강용 사다리는 견고하게 부착
   ⑤ 작업대의 발판은 전면에 빈틈없이 설치
   ⑥ 최대 적재하중을 표시
   ⑦ 부재의 접속부, 교차부는 확실하게 연결
   ⑧ 작업대에는 안전난간 및 낙하물 방지조치를 설치
   ⑨ 고압선 등이 있는가를 확인하고 적절한 방호조치
   ⑩ 이동할 때에는 작업원이 없는 상태 및 충분한 인원배치
   ⑪ 재료, 공구의 오르내리기에는 포대, 로우프 등을 이용
   ⑫ 상하동시 작업 시 충분한 연락 취하며 작업

01-3-44 이동식 비계 조립하여 작업 시 준수사항

기출 15회-2

1. 이동식 비계 조립하여 작업 시 준수사항 (산업안전보건기준에 관한 규칙 제68조)
   ① 불시 이동, 전도방시 조치
   - 브레이크, 쐐기 등으로 바퀴 고정
   - 견고한 시설물에 고정하거나 아웃트리거 설치
   ② 승강용 사다리 설치
   ③ 최상부 안전난간 설치
   ④ 작업발판 위 안전난간 딛고 작업 또는 받침대 및 사다리 사용하여 작업금지
   ⑤ 최대 적재 250kg 초과 금지

4. 가설도로

01-4-1 가설도로

1. 개요
   - 공사를 위한 진입도로 및 현장 내에 가설하는 도로

2. 공사용 가설도로 설치 시 준수사항 (산업안전보건기준에 관한 규칙 제379조)
   - ① 도로는 장비와 차량이 안전하게 운행할 수 있도록 견고하게 설치할 것
   - ② 도로와 작업장이 접하여 있을 경우에는 울타리 등을 설치할 것
   - ③ 도로는 배수를 위하여 경사지게 설치하거나 배수시설을 설치할 것
   - ④ 차량의 속도제한 표지를 부착할 것

01-4-2 가설도로

1. 공사용 가설도로 설치하여 사용 시 준수사항 (가설공사 표준안전작업지침)
   - ① 도로의 표면은 장비 및 차량이 안전운행할 수 있도록 유지·보수
   - ② 장비 진입로, 경사로 등은 주행하는 차량통행에 지장을 주지 않도록 설치
   - ③ 도로와 작업장높이에 차가 있을 때는 바리케이트 또는 연석 등을 설치
   - ④ 배수시설의 도로 중앙부를 약간 높게 설치
   - ⑤ 운반로는 장비운행에 적합한 도로 폭 유지, 커브는 도로폭 보다 좀더 넓게 설치
   - ⑥ 커브 구간은 차량의 속도 제한하여야 함
   - ⑦ 최고 허용경사도는 10% 초과금지(부득이한 경우 제외)
   - ⑧ 전기시설(교통신호등), 신호수, 표지판, 바리케이트, 노면표지 등 제공
   - ⑨ 먼지가 일어나지 않도록 물을 뿌려주고 겨울철에는 눈이 쌓이지 않도록 조치

01-4-3 우회로

1. 우회로 설치하여 사용 시 준수사항 (가설공사 표준안전작업지침)
   - ① 교통량 유지하도록 계획
   - ② 시공중인 교량이나 높은 구조물 밑 통과 금지 (부득이한 경우 필요한 안전조치)
   - ③ 교통법규에 적합한 신호등과 교통통제
   - ④ 우회로는 항시 유지·보수 되도록 점검 실시, 필요한 경우 가설등 설치
   - ⑤ 우회로의 사용이 완료되면 모든 것을 원상복구

01-4-4 가설도로 표지 및 기구

1. 개요
   - 사업주는 안전표지 및 기구 사용함에 있어서 다음 각 호에 적합한 것을 사용

2. 표지 및 기구 (가설공사 표준안전작업지침)
   - ① 교통안전 표지규칙
   - ② 방호장치(반사경, 보호책, 방호설비)

5. 안전가시설

01-5-1 안전가시설

1. 개요
    - 근로자의 떨어짐이나 자재.공구 등 물건의 떨어짐, 부딪힘 등 재해예방 목적으로 임시로 설치하는 시설

2. 안전가시설의 종류
    - ① 추락방호망
    - ② 낙하물방지망
    - ③ 방호선반
    - ④ 안전난간
    - ⑤ 수직형 추락방망
    - ⑥ 수직보호망
    - ⑦ 개구부 보호덮개

01-5-2 추락방호망 설치·해체 및 유지·보수 중 위험요인

1. 추락방호망 설치·해체 및 유지·보수 중 위험요인
    - ① 추락방호망 설치 중 비계의 벽 연결이 불량하여 비계와 같이 무너짐
    - ② 안전작업 절차 미숙지 상태에서 무리하게 작업 중 떨어짐
    - ③ 용접불꽃 및 충격등의 손상이 있는 방호망 존치하여 파단으로 떨어짐
    - ④ 떨어짐 위험이 있는 개구부에 추락방호망 등을 미설치하여 작업 중 떨어짐
    - ⑤ 추락방호망 등을 근로자가 임의로 해체하여 작업 중 떨어짐
    - ⑥ 테두리 보와 지지로프가 약하여 사람, 물체가 떨어질 경우 끊어짐

01-5-3 방호선반 설치·해체 및 유지·보수 작업 중 위험요인

1. 방호선반 설치·해체 및 유지·보수 작업 중 위험요인
    - ① 하부 근로자 통제 미실시로 낙하물에 맞음
    - ② 방호선반 지지용 브라켓의 연결부가 탈락하면서 근로자와 함께 떨어짐
    - ③ 작업절차를 미준수하여 작업 중 떨어짐
    - ④ 안전대 고리를 해체하고 방호선반 해체 중 떨어짐
    - ⑤ 방호선반 위에 안전대를 미착용하고 올라섰다가 떨어짐
    - ⑥ 비계 구조물이 방호선반의 무게를 견디지 못하고 무너짐

01-5-4 추락방호망 및 낙하물방지망, 방호선반 설치.해체 시 재해예방대책

1. 추락방호망 및 낙하물방지망, 방호선반 설치.해체 시 재해예방대책
    - ① 각 부재는 가설재 성능검정 규격 이상의 소재를 사용
    - ② 작업 전 작업방법 등의 작업계획을 수립 및 근로자 교육
    - ③ 작업 전 안전대 부착설비 설치
    - ④ 반드시 하부작업을 금지하고, 근로자 출입통제 조치 실시
    - ⑤ 안전대를 착용하고 이동 및 작업

01-5-5	추락방호망		

1. 개요

　　고소작업 중 떨어짐 위험방지를 위하여 수평으로 설치하는 방호망

2. 추락방호망의 구조 (추락재해방지 표준작업안전지침 제3조)

　① 방망, 테두리 및 달기로프, 시험용사 구성
　② 그물코 10cm이하
　③ 시험용사 : 방망 폐기시 방망사의 강도 점검
　④ 테두리로프, 달기로프 강도 : 1500kg 이상
　⑤ 방망사 강도 ( ) : 폐기시 강도

그물코 크기(cm)	매듭없는 방망(kg)	매듭있는 방망(kg)
10	240 (150)	200 (135)
5		110 (60)

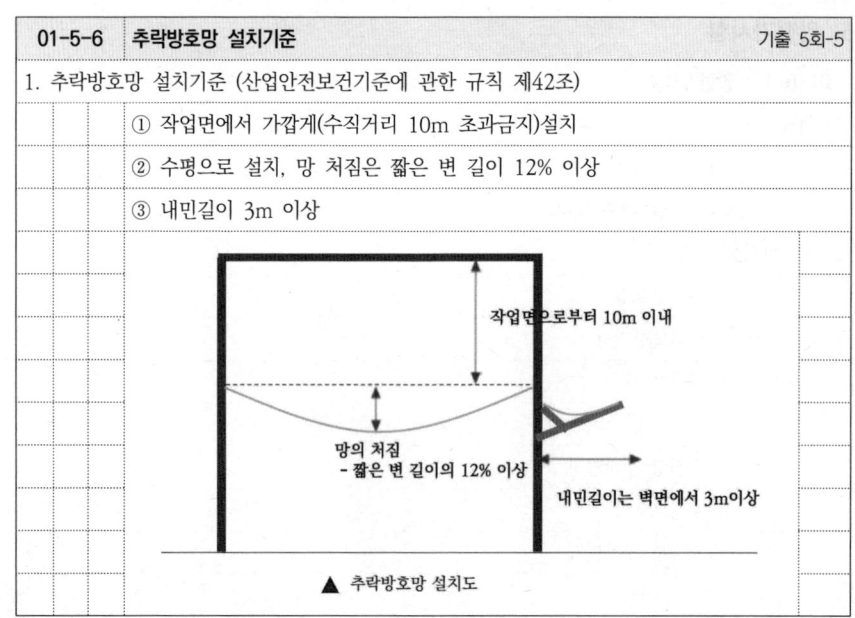

▲ 추락방호망 구성

01-5-6	추락방호망 설치기준	기출 5회-5

1. 추락방호망 설치기준 (산업안전보건기준에 관한 규칙 제42조)

　① 작업면에서 가깝게(수직거리 10m 초과금지)설치
　② 수평으로 설치, 망 처짐은 짧은 변 길이 12% 이상
　③ 내민길이 3m 이상

▲ 추락방호망 설치도

01-5-7	추락방호망의 관리	

1. 추락방호망의 관리 (KCS 21 70 15)

　① 설치된 후 성능에 영향을 미치는 사고가 발생할 시 성능확인 검사
　② 장비, 도구 및 건설 폐기물 등이 떨어졌을 경우에는 즉시 제거하여 성능을 유지
　③ 설치 후 1년 이내에 검사실시, 그 이후로 6개월 이내마다 정기적으로 검사
　④ 강도 손실이 초기 인장강도의 30 % 이상인 경우에는 폐기
　⑤ 인체 또는 인체 상당의 낙하물에 의한 충격을 받은 것은 사용금지. 즉시 교체

01-5-8	안전대 부착설비	

1. 개요

　　추락위험이 있는 높이 2m이상의 장소에서 안전대를 착용시킨 경우 안전대를
　　걸어 사용할 수 있는 설비(부착설비: 건립중인 구조체, 전용철물, 지지로프 등)

2. 안전대 부착설비 설치 시 유의사항 (KCS 21 70 10)

　① 높이 1.2m 이상, 수평방향 7m 이내의 간격으로 강관 등을 사용
　　　인장강도 14.7kN이상인 안전대걸이용 로프 설치
　② 바닥면으로부터 안전대 로프 길이의 2배이상의 높이에 있는 구조물 등에 설치
　③ 부착설비의 위치는 반드시 벨트의 위치보다 높게 설치
　④ 한줄의 지지로프를 1인 이용
　⑤ 안전난간을 지지로프의 지지대로 사용금지

01-5-9 최하사점

1. 개요

   추락 시 로프를 지지한 위치에서 신체의 하사점까지의 거리

2. 최하사점

   h = 로프길이 + 로프의 신장길이 + 작업자 키의 1/2

   ① H 〉 h : 안전
   ② H = h : 위험
   ③ H 〈 h : 중상, 사망

   - 로프 지지위치
   - 로프길이 ℓ
   - 로프 신장길이 $\ell * \alpha$
   - 작업자 키의 1/2
   - 바닥면

01-5-10 낙하물 방지망

1. 개요

   작업 중 재료, 공구 등 낙하물 피해 방지를 위해 벽체 및 비계 외부에 설치하는 망

2. 낙하물 방지망 설치기준 (산업안전보건기준에 관한 규칙 제14조)

   ① 높이 10미터 이내마다 설치
   ② 내민 길이는 벽면으로부터 2미터 이상
   ③ 각도는 20도 이상 30도 이하

   ▲ 낙하물방지망 설치도

01-5-11 낙하물 방지망 설치기준

1. 낙하물 방지망 설치기준 (KOSHA C - 26 - 2017)

   ① 그물코의 크기는 2cm 이하
   ② 첫 단은 가능한 낮게 설치
   ③ 매 10m 이내마다 설치
   ④ 내민 길이는 비계 외측으로부터 수평거리 2m 이상
   ⑤ 긴결재의 강도는 15kN 이상의 인장력에 견딜 수 있는 로프
   ⑥ 방망의 겹침 폭은 30cm 이상
   ⑦ 최하단의 방망은 그물코 크기가 0.3cm 이하
   ⑧ 낙하물 방지망이 수평면과 이루는 각도는 20°~30°

01-5-12 낙하물 방지망의 관리

2. 낙하물 방지망의 관리

   ① 설치 후 3개월 이내마다 정기적으로 검사를 실시
   ② 인장강도 시험 실시, 강도손실이 초기 인장강도의 30% 이상인 경우에는 폐기
   ③ 망 주위의 용접불꽃이 튀지 않도록 하여야 하며, 망의 손상여부 점검
   ④ 망에 적재되어 있는 낙하물 등은 즉시 제거하고, 망은 항상 깨끗이 유지관리

01-5-13	방호선반
1. 개요	낙하물 위험이 있는 장소에 근로자, 통행인 및 통행차량이 재해예방을 위해 설치
2. 설치 위치에 따른 방호선반	① 외부비계용 방호선반
	② 출입구 방호선반
	③ 인화공용 리프트 주변 방호선반
	④ 가설통로 상부 방호선반

01-5-14	방호선반의 설치기준
1. 방호선반의 설치기준 (KOSHA C - 27 - 2011)	
	① 풍압, 진동, 충격 등 탈락되지 않게 견고히 설치
	② 수평으로 설치하는 방호선반 위 60㎝ 이상 난간 설치
	③ 바닥판은 틈새가 없도록 설치
	④ 가능한 낮은 위치(높이 8m이내)
	⑤ 내민 길이 2m 이상

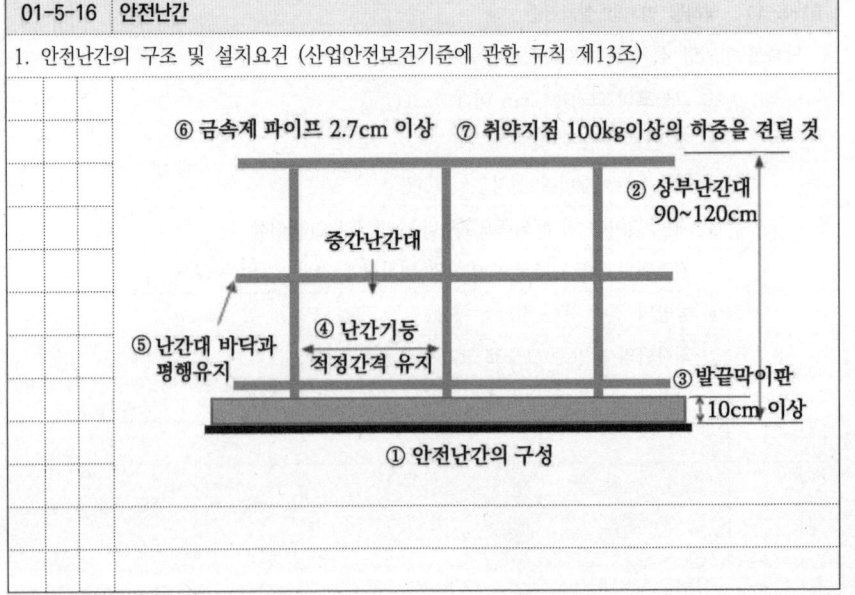

▲ 방호선반 설치도

01-5-15	안전난간
1. 개요	떨어짐의 우려가 있는 장소에 기둥재와 수평난간대를 현장에서 조립.설치하는 난간
2. 안전난간의 구조 및 설치요건 (산업안전보건기준에 관한 규칙 제13조)	
	① 구성: 상부/중간난간대, 발끝막이판, 난간기둥
	② 상부 난간대(H) 90cm이상
	-H : 120cm이하이면 B : 상부와 바닥면 중간
	-H : 120cm이상이면 B : 2단이상 설치(60cm이하)
	-난간기둥 25cm 이하 시 중간난간대 생략 가능
	③ 발끝막이판(h): 바닥면부터 10cm 이상
	④ 난간기둥: 난간대를 떠받칠수 있는 적정한 간격
	⑤ 난간대는 바닥면과 평행
	⑥ 난간대 2.7cm이상 금속제파이프
	⑦ 취약지점에서 100kg이상의 하중에 견디는 구조

01-5-16	안전난간
1. 안전난간의 구조 및 설치요건 (산업안전보건기준에 관한 규칙 제13조)	

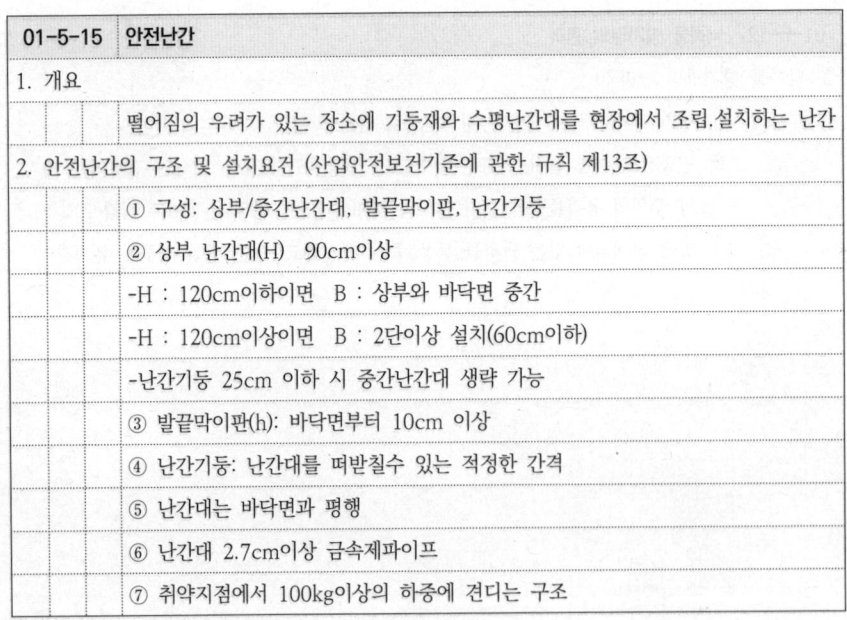

① 안전난간의 구성

01-5-17 안전난간

1. 안전난간의 설치위치 (추락재해방지 표준작업안전지침 제25조)
   - ① 중량물 취급 개구부
   - ② 작업대
   - ③ 가설계단의 통로
   - ④ 흙막이 지보공의 상부 등

2. 하중 작용위치 및 하중의 값

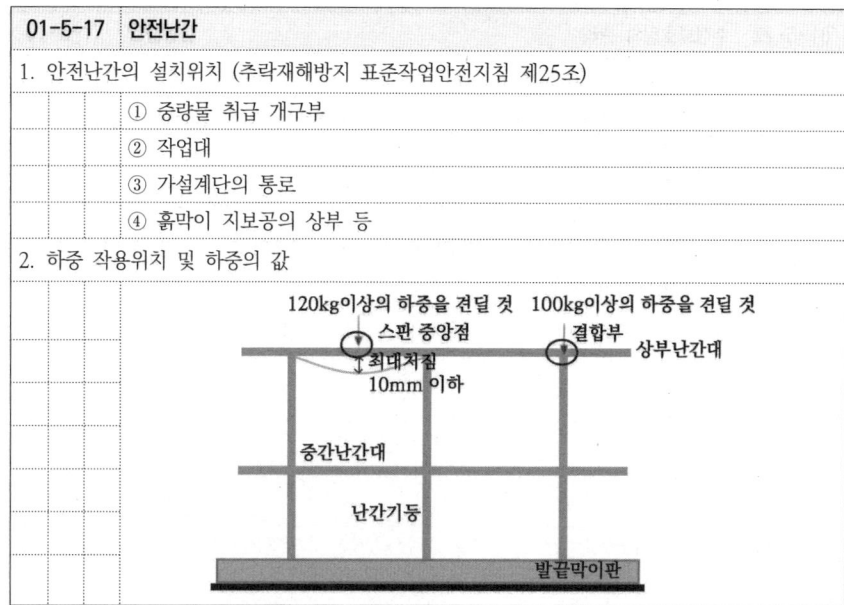

01-5-18 안전난간 사용 시 주의사항

1. 안전난간 사용 시 주의사항 (추락재해방지 표준작업안전지침 제35조)
   - ① 안전난간은 함부로 제거 금지
   - ② 작업형편상 부득이 제거할 경우에는 작업종료 즉시 원상복구
   - ③ 안전난간을 안전대의 로프, 지지로프 등 자재 운반용 걸이로서 사용금지
   - ④ 안전난간에 재료 등을 기대어 적재금지
   - ⑤ 상부난간대 또는 중간대를 밟고 승강금지

01-5-19 수직형 추락방망

1. 개요
   작업자가 위험장소에 접근하지 못하도록 수직으로 설치/ 추락 위험 방지하는 방망

2. 구조 및 재료 (KOSHA C - 110 - 2018)
   - ① 종류

메시시트형, 그물망형	밴드형

   - ② 방망 나비(수직높이) : 1500mm이상
   - ③ 길이 : 5000mm이하
   - ④ 방망사, 테두리 로프, 달기 로프의 재료는 인조섬유를 사용
   - ⑤ 연결부는 내식성 재료 또는 도금 처리된 재료

01-5-20 수직형 추락방망 설치방법

1. 수직형 추락방망 설치방법 (KOSHA C - 110 - 2018)
   - ① 앵커, 버클 등을 이용 벽체나 기둥에 견고히 설치
   - ② 달기로프 수직방향 간격은 750mm 이내마다 고정
   - ③ 바닥에는 길이 방향으로 3m 이내마다 테두리 로프 고정
   - ④ 수직방향 1.5m 이상 설치
   - ⑤ 버클 등을 이용하여 정기적 인장력 보정

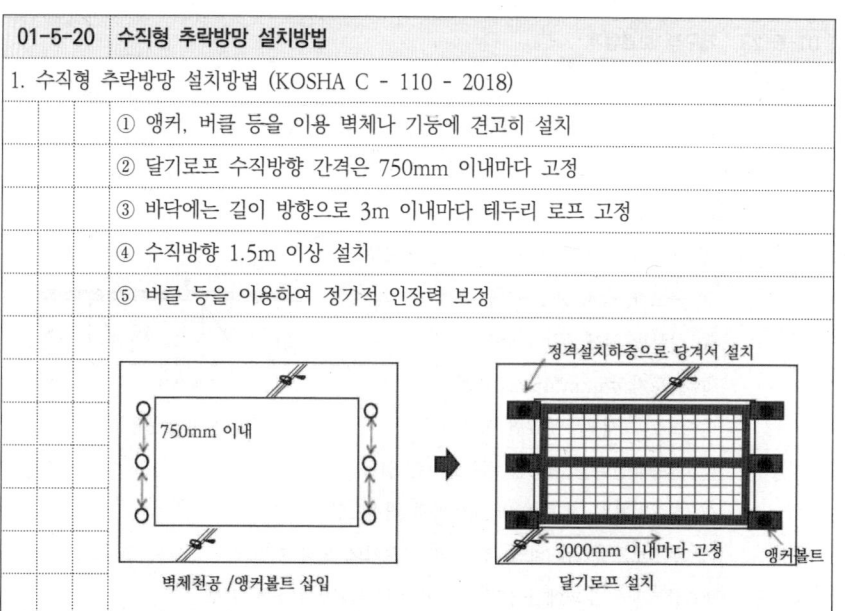

01-5-21 수직보호망

1. 개요
   - 가설 구조물 바깥면에 설치하여 낙하물 비산방지 위하여 수직으로 설치하는 보호망

2. 수직보호망 설치 시 준수사항 (KOSHA C - 29 - 2017)
   ① 용단, 용접 등의 작업이 예상 시 난연, 방염성이 있는 수직보호망을 설치
   ② 지지대에 설치할 때 설치간격은 35cm 이하, 밀실하게 설치
   ③ 고정 긴결재는 인장강도 0.98 kN 이상
   ④ 긴결방법은 사용기간 동안 강풍 등 반복되는 외력에 견디는 구조
   ⑤ 통기성이 적은 보호망 예상 최대풍압력과 지지대의 내력을 검토, 벽이음을 보강

01-5-22 수직보호망의 관리

1. 수직보호망의 관리 (KCS 21 70 15)
   ① 설치 후 3개월 이내마다 정기적으로 검사(마모 및 손상 시 즉시교체, 보수.보강)
   ② 연결재의 상태는 1개월마다 정기적으로 검사
   ③ 악천후 시는 수직 보호망, 지지재 등의 이상 유무를 검사
   ④ 수직 보호망 근처에서 용접작업을 할 경우는 용접불꽃 또는 용단파편에 의한 망의 손상이 없는지 검사
   ⑤ 재료의 반입 등으로 수직 보호망을 제거하는 경우에는 작업종료 후 즉시 복원

01-5-23 개구부 보호덮개

1. 개요
   - 소형 바닥 개구부로 떨어지는 것을 방지위해 설치하는 덮개

2. 개구부 보호덮개 설치기준 (KCS 추락재해 방지시설)
   ① 개구부 주변 정리 정돈
   ② 개구부 크기 200mm이상인 곳에 설치
   ③ 근로자, 장비 등 2배이상 무게 견디게 설치
   ④ 상부판 두께 12mm이상
   ⑤ 스토퍼 45mm*45mm이상
   ⑥ 스토퍼 개구부에 2면 이상 밀착
   ⑦ 형광페인트를 사용한 위험표지판 설치
   ⑧ 철근사용시 간격 100mm이하의 격자모양
   ⑨ 수평보호덮개는 바람, 장비 및 근로자에 의해 이탈되지 않도록 설치
   ⑩ 상부판 스토퍼에서 100mm 이상 구조체에 걸침폭 확보

▲ 개구부 보호덮개 설치도

MEMO

한권으로 끝내는
산업안전지도사 2차 건설안전공학

제 2 장

건설기계

1. 총칙
2. 차량계 건설기계
3. 양중기
4. 차량계 하역운반기계

제 02 장 건설기계

1. 총칙

02-1-1 건설현장 사망사고 다발하는 5대 건설기계의 종류

1. 건설현장 사망사고 다발하는 5대 건설기계의 종류
   ① 굴착기
   ② 고소작업대
   ③ 트럭류
   ④ 이동식크레인
   ⑤ 지게차

02-1-2 건설기계

1. 개요
   건설기계(장비)란 건설공사에 사용하는 기계

2. 건설기계의 종류 (건설기계관리법)

①불도저	②굴착기	③로더
④지게차	⑤스크레이퍼	⑥덤프트럭
⑦기중기	⑧모터그레이더	⑨롤러
⑩노상안정기	⑪콘크리트 뱃칭플랜트	⑫콘크리트 피니셔
⑬콘크리트 살포기	⑭콘크리트 믹서트럭	⑮콘크리트 펌프
⑯아스팔트 믹싱플랜트	⑰아스팔트 피니셔	⑱아스팔트 살포기
⑲골재살포기	⑳쇄석기	㉑공기압축기
㉒천공기	㉓항타 및 항발기	㉔자갈채취기
㉕준설선	㉖특수건설기계	㉗타워크레인

02-1-3 건설기계관리법의 특수건설기계 (참고)

1. 개요
   건설기계의 종류와 유사한 구조 및 기능 가진 기계로서 국토교통부장관이 정함.

2. 특수건설기계의 지정
   ① 도로보수트럭 : 아스팔트 살포장치, 아스콘 이송장치를 가진 기계
   ② 노면파쇄기 : 도로 파쇄장치를 가진 기계
   ③ 노면측정장비 : 도로의 포장상태 등 측정할 수 있는 장치를 가진 기계
   ④ 콘크리트 믹서 트래일러 : 콘크리트 혼합장치를 가진 기계
   ⑤ 아스팔트 콘크리트 재생기 : 아스팔트 굴착, 재생하는 기계
   ⑥ 수목이식기 : 수목채취 및 운반
   ⑦ 터널용 고소작업차 : 타이어식으로 붐, 버켓 등을 갖춘 기계
   ⑧ 트럭지게차 : 조종석 포함한 들어올림장치를 가진 기계

02-1-4 작업 목적별 분류

1. 작업 목적별 분류 (KOSHA C - 48 - 2022)

구분	작업의 종류		건설기계의 종류
차량계 건설기계	굴착		불도저, 굴착기, 크램쉘
	굴착·싣기		파워셔블, 굴착기, 로더, 크램쉘, 드래그라인
	굴착·운반		불도저, 스크레이퍼, 로더, 스크레이퍼도저
	정지		불도저, 모터그레이더
	도랑파기		트렌치, 굴착기
	다짐		롤러(로드, 진동, 탬핑, 타이어)
	기초 공사	항타	항타기, 항발기
		천공	천공기, 어스드릴, 어스오거, 리버스 서큘레이션드릴
		지반강화	샌드레인머신, 페이퍼드레인머신, 팩드레인머신
	콘크리트 타설		콘크리트 펌프, 콘크리트 펌프카
	골재 채취·살포		쇄석기, 자갈채취기, 골재살포기
특정공사용 건설기계	양중		크레인(타워, 지브, 이동식), 호이스트, 건설 리프트
	기타		아스팔트 피니셔, 크롤러드릴, 고소작업차 등

02-1-5 건설기계 재해발생 주요 원인

1. 건설기계 재해발생 주요 원인

① 사전 작업계획 미수립
② 안전관리수칙 불이행
③ 기계의 정비 및 수리의 결함
④ 감독자 및 관리자의 부적절한 지시
⑤ 과도한 조작 및 운전조작 불량
⑥ 건설기계 작업반경 내 출입금지 미실시
⑦ 사용방법 및 작업방법 부적합
⑧ 작업원 상호간의 신호·연락 불충분
⑨ 운전 미숙 및 운전 부주의
⑩ 작업장소 및 건설장비 설치상태 불량

02-1-6 건설기계 재해형태별 원인
기출 8회-9-1)

1. 건설기계 충돌사고 원인

① 작업지휘자의 감독 소홀
② 운전 미숙 및 운전 부주의
③ 작업계획 미수립
④ 유도자 또는 신호수 미배치
⑤ 작업반경 내 출입금지 조치 미실시
⑥ 건설기계 작업반경 내 출입금지 미실시
⑦ 사용방법 및 작업방법 부적합
⑧ 야간작업 시 조명상태 불량 등

02-1-7 건설기계 재해형태별 원인
기출 8회-9-3)

1. 건설기계 떨어짐사고 원인

① 운전석 외 근로자 탑승
② 승강사다리 및 탑승설비 등의 결함
③ 승·하차 시 자세 불량
④ 운전자의 장비 동작 불량
⑤ 악천후 시 무리한 작업 진행
⑥ 조립 시 안전대 부착설비 미설치
⑦ 작업자 안전수칙 미준수

02-1-8 건설기계 재해형태별 원인
기출 8회-9-2)

1. 건설기계 전도사고 원인

① 연약지반에서 아우트리거 및 받침판 등 미설치
② 가설도로 유지관리 미흡
③ 급선회, 급조작 등 운전결함
④ 경사지 등 장비 정차위치 선정 불량
⑤ 적재하중을 초과한 과적운행
⑥ 장비능력, 성능을 무시한 작업진행
⑦ 절·성토 작업 중 연약지반 운행

02-1-9 건설기계 재해형태별 원인 기출 8회-9-4)

1. 건설기계 맞음사고 원인
   ① 인양작업 반경 내 출입금지 미실시
   ② 훅(Hook) 해지장치 미설치
   ③ 감시자 또는 신호수 미배치
   ④ 화물 결속방법 불량
   ⑤ 적재하중을 초과한 과하중 인양
   ⑥ 달기로프 등 달기구의 결함
   ⑦ 과부하 방지장치 등 방호장치 기능 상실

02-1-10 건설기계 재해형태별 원인 기출 8회-9-5)

1. 건설기계 감전 및 기타사고 원인
   1) 감전
      ① 작업반경 내 고압전선의 방호조치 미실시
      ② 송전 배선으로부터 이격거리 미준수
      ③ 작업 사전조사 미실시
      ④ 고압선 주변작업 시 신호수 미배치
   2) 기타사고
      ① 작업지휘자 미지정
      ② 작업계획 미수립
      ③ 지하매설물 방호조치 미실시
      ④ 지하매설물 사전조사 미실시

02-1-11 건설기계 재해예방 대책

1. 건설기계 재해예방 대책
   ① 작업계획수립 및 관리
   ② 작업지휘자 작업 전·중·후 점검 실시
   ③ 현장반입시 장비 점검
   ④ 작업 종료 후 조치사항 준수
   ⑤ 용도외 사용금지
   ⑥ 운반 시 작업 안전수칙 준수

02-1-12 작업계획수립 및 관리

1. 작업계획수립 및 관리
   ① 운행경로, 작업방법, 작업범위 등 포함하여 작성
   ② 건설기계와 근로자 동시 작업 시 유도자·감시자 배치
   ③ 건설기계 투입 전 가설도로, 굴착노견 등 전도 위험장소 안전조치 실시
   ④ 작업계획 수립 후 내용을 근로자에게 교육 실시

02-1-13 작업지휘자 작업 전, 중, 후 및 현장반입 시 점검사항

1. 작업지휘자 작업 전, 중, 후 및 현장반입 시 점검사항

작업 전	① 이동경로 및 지반상태 점검	② 작업반경 내 지장물 현황 점검
	③ 규격, 성능 점검	④ 안전장치의 설치상태 등 점검
작업 중	① 작업반경 내 출입금지 조치	② 신호방법, 신호자 위치, 복장 확인
	③ 운전원의 과속, 난폭운전 통제	④ 상·하 동시작업 통제
	⑤ 건설기계의 용도 외 사용 통제	⑥ 악천후 시 무리한 작업 통제
	⑦ 작업지휘자의 배치 상태 확인	⑧ 부적절한 작업방법 통제
	⑨ 운전자 및 작업자 안전수칙 준수 상태 확인	
작업 후	① 브레이크 작동, 시건상태 확인	② 경사지에 정지 시 고임목 설치
	③ 작업장치(버킷, 포크, 디퍼 등)를 지면에 내려놓을 것	
	④ 건설기계를 견고하고 평탄한 장소에 주차	
현장 반입	① 전조등, 경보장치, 낙하물 보호장치 등 안전장치의 이상 유무를 확인	
	② 건설기계의 능력, 정비상황 등을 확인한다.	

2. 차량계 건설기계

02-2-1	차량계 건설기계	기출 4회-7-1)
1. 개요		
	동력원을 사용하여 불특정 장소로 이동할 수 있는 건설기계	
2. 차량계 건설기계의 구분		
	① 트랙터계 건설기계 ② 쇼벨계 건설기계	
3. 차량계 건설기계의 종류 (산업안전보건기준에 관한 규칙 별표6)		
	① 도저형	② 모터그레이더	③ 스크레이퍼
	④ 로더	⑤ 굴착기	⑥ 콘크리트 펌프카
	⑦ 덤프트럭	⑧ 골재채취 및 살포용	⑨ 항타기 및 항발기
	⑩ 도로포장용 기계	⑪ 크레인형 굴착기계(크램쉘, 드래그라인 등)	
	⑫ 콘크리트 믹서트럭	⑬ 지반 다짐용 (타이어롤러, 매커덤롤러, 탠덤롤러 등)	
	⑭ 준설용 건설기계	⑮ 천공용 (어스드릴, 어스오거, 크롤러드릴, 점보드릴 등)	
	⑯ 지반 압밀침하용 (샌드드레인머신, 페이퍼드레인머신, 팩드레인머신 등)		
	⑰ 기타 : 이외 유사한 구조,기능의 건설작업에 사용		

02-2-2	차량계 건설기계 안전수칙	기출 4회-7-3)
1. 차량계 건설기계 안전수칙 (공통사항) (KOSHA C - 48 - 2013)		
	① 기계의 종류 및 능력, 운행경로, 작업방법 등의 작업계획을 수립	
	② 작업 전 운전자 및 근로자 안전교육을 실시	
	③ 장비별 주용도 외 사용을 제한	
	④ 작업반경 내에 작업관계자 외 출입을 금지	
	⑤ 전도, 전락 방지를 위한 노폭의 유지, 지반의 침하방지 조치	
	⑥ 유자격 운전자를 배치	
	⑦ 유도자를 배치하고, 일정한 방법으로 신호	
	⑧ 지정된 제한속도를 준수	
	⑨ 정비·수리시 작업지휘자를 배치하며, 안전지주 또는 안전블록을 사용	
	⑩ 운전석 이탈 시 엔진을 정지시키고 브레이크 작동 등 이탈방지조치	
	⑪ 승차석 이외 근로자 탑승을 금지	
	⑫ 안전도 및 최대사용하중 준수	

02-2-3	굴착기	
1. 개요		
	토사 굴착을 주목적으로 하는 장비, 별도의 장치부착을 통해 파쇄·절단작업 등 가능	
2. 주요 사망사고 유형		
	① 후진하던 굴착기에 작업자가 부딪힘	
	② 버킷 이탈방지용 안전핀 미체결로 버킷이 떨어져 맞음	
	③ 작업 중 굴착기가 넘어지면서 운전석에서 이탈한 운전자 깔림	
	④ 굴착기 버킷에 탑승하여 고소작업 중 떨어짐	
	⑤ 버킷에 자재 운반 중 줄걸이가 이탈하여 자재에 맞음	
	⑥ 굴착 경사면에서 작업 중 부동침하에 의해 굴착기 아래로 굴러 떨어짐	

02-2-4	굴착기 안전수칙	
1. 굴착기 안전수칙 (산업안전보건기준에 관한 규칙)		
	① 굴착기 붐.암.버킷 등의 선회로 위험장소는 관계 근로자 외 출입금지	
	② 후사경과 후방영상표시장치 설치 등의 충돌위험 방지	
	③ 좌석안전띠 착용	
	④ 버킷 탈락방지용 안전핀 체결	
	⑤ 굴착기 인양작업 가능조건 및 안전수칙 준수	

① 후사경, ② 후방영상표시장치, 훅 해지장치, 안전핀, 퀵커플러

02-2-5 굴착기를 이용한 인양작업 허용기준
기출 14회-6-2)

1. 굴착기를 이용한 인양작업 허용기준 (산업안전보건기준에 관한 규칙 제221조의5)

   ① 퀵커플러 또는 작업장치에 달기구(훅, 걸쇠 등)가 부착되어 인양작업이 가능하도록 제작된 굴착기

   ② 제조사에서 정한 정격하중이 확인되는 굴착기를 사용할 것

   ③ 해지장치 사용 등 작업 중 인양물 낙하 우려가 없을 것

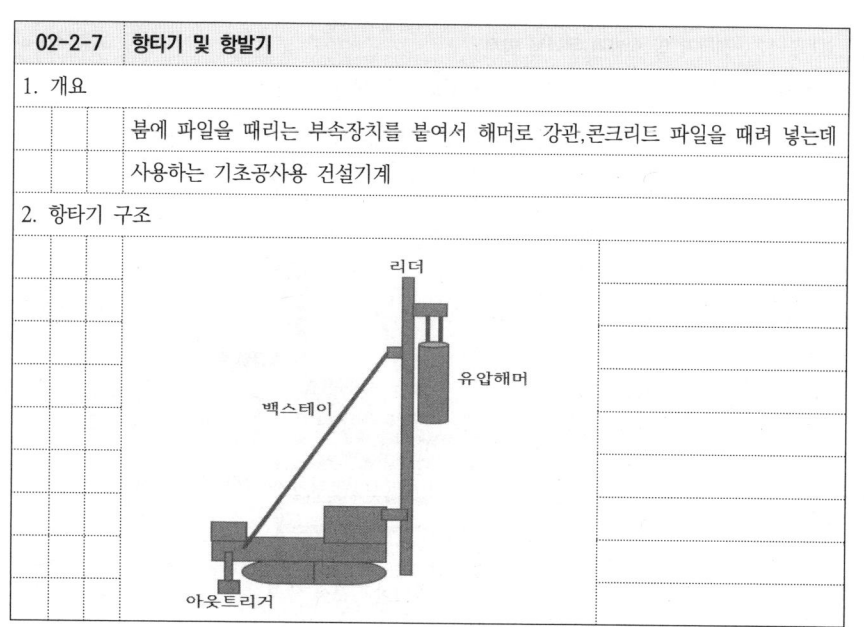

훅 해지장치

02-2-6 굴착기를 이용한 인양작업 시 조치사항
기출 14회-6-3)

1. 굴착기를 이용한 인양작업 시 조치사항 (산업안전보건기준에 관한 규칙 제221조의5)

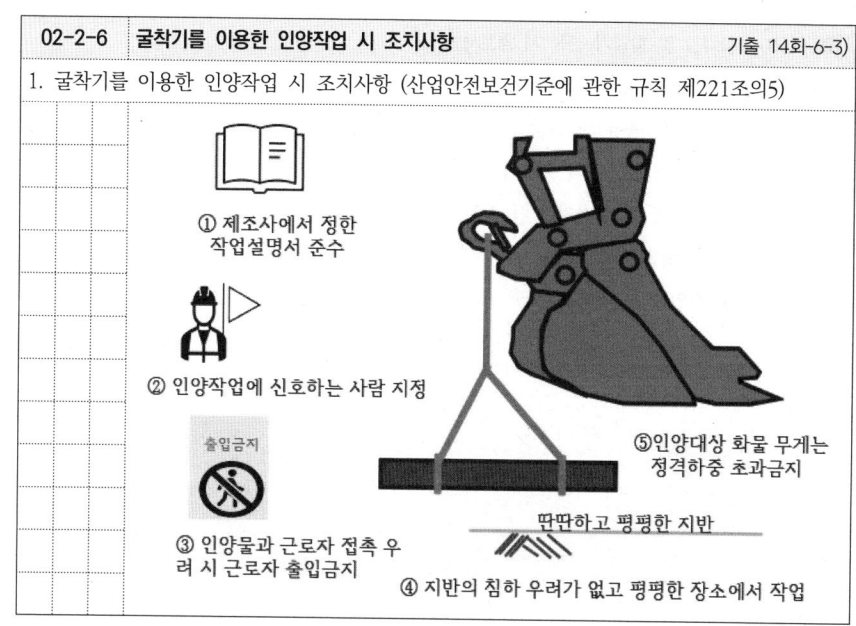

① 제조사에서 정한 작업설명서 준수
② 인양작업에 신호하는 사람 지정
③ 인양물과 근로자 접촉 우려 시 근로자 출입금지
④ 지반의 침하 우려가 없고 평평한 장소에서 작업
⑤ 인양대상 화물 무게는 정격하중 초과금지

딴딴하고 평평한 지반

02-2-7 항타기 및 항발기

1. 개요

   붐에 파일을 때리는 부속장치를 붙여서 해머로 강관,콘크리트 파일을 때려 넣는데 사용하는 기초공사용 건설기계

2. 항타기 구조

   리더
   유압해머
   백스테이
   아웃트리거

02-2-8 항타기 및 항발기 작업 시 재해발생 유형 및 방지대책

1. 항타기 및 항발기 작업 시 재해발생 유형 및 방지대책

   1) 와이어로프 파단으로 해머 낙하하여 맞음

      ① 와이어로프 마모 상태 작업 전 점검

      ② 해머가 떨어질 위험이 있는 장소 작업금지

   2) 부등침하로 항타.항발기 넘어져 깔림

      ① 연약지반의 깔판 설치 등 부등침하 방지조치

      ② 가설물등의 내력확인 및 보강으로 무너짐 방지조치

02-2-9 항타기 및 항발기 선정 시 검토사항

1. 항타기 및 항발기 선정 시 검토사항
   ① 말뚝의 종류 및 형상
   ② 타격력과 말뚝의 지지력
   ③ 시공법 및 현장지반 등 작업장 주변사항
   ④ 말뚝 및 항타기의 중량
   ⑤ 작업량 및 작업기간

02-2-10 항타기.항발기 조립. 해체 시 준수사항

1. 항타기.항발기 조립. 해체 시 준수사항 (산업안전보건기준에 관한 규칙 제207조)
   ① 권상기에 쐐기장치, 역회전방지용 브레이크를 부착할 것
   ② 권상기가 들리거나 미끄러지거나 흔들리지 않도록 설치할 것
   ③ 그 밖에 사항은 제조사에서 정한 설치·해체 작업 설명서에 따를 것

02-2-11 항타기 및 항발기 조립.해체 작업 시 점검사항

기출 12회-4

1. 항타기 및 항발기 조립.해체 작업 시 점검사항 (산업안전보건기준에 관한 규칙 제207조)

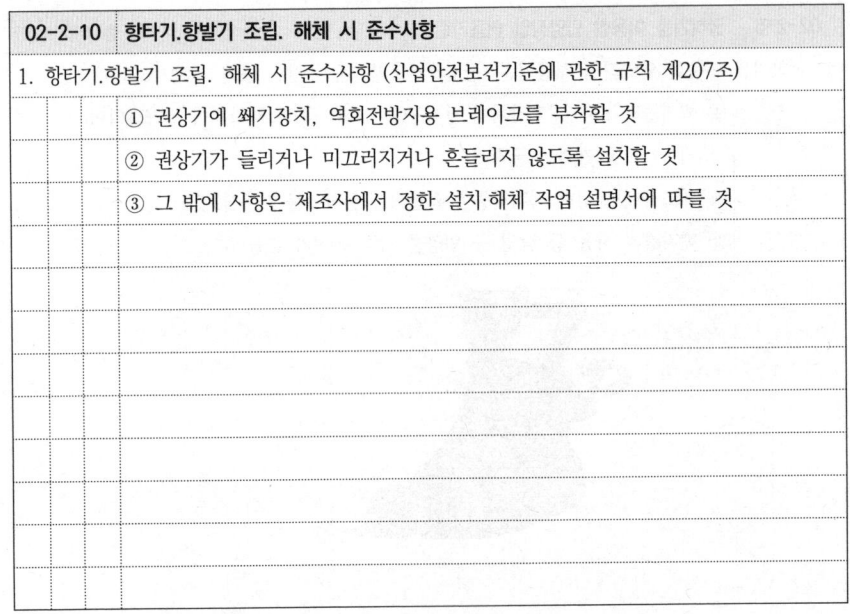

① 본체 연결부 풀림 또는 손상 유무
② 권상용 와이어로프, 드럼 및 도르래의 부착상태의 이상유무
③ 권상장치의 브레이크 및 쐐기장치 기능의 이상유무
④ 권상기 설치상태 이상유무
⑤ 리더의 버팀의 방법 및 고정상태의 이상유무
⑥ 본체.부속장치 및 부속품의 강도 적합여부
⑦ 본체. 부속장치 및 부속품에 심한 손상, 마모, 변형 또는 부식 여부

02-2-12 항타기 및 항발기 무너짐 방지

기출 4회-4

1. 항타기 및 항발기 무너짐의 방지 (산업안전보건기준에 관한 규칙 제209조)

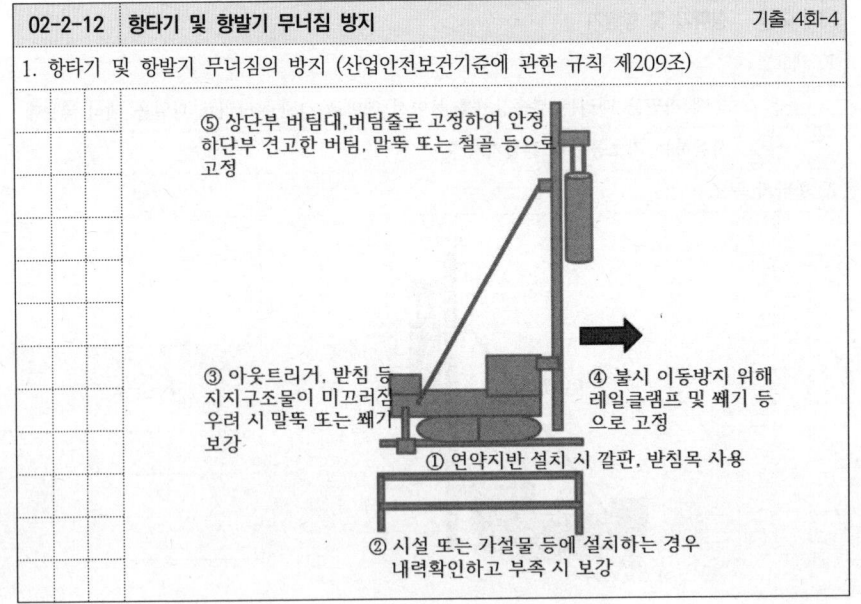

① 연약지반 설치 시 깔판, 받침목 사용
② 시설 또는 가설물 등에 설치하는 경우 내력확인하고 부족 시 보강
③ 아웃트리거, 받침 등 지지구조물이 미끄러질 우려 시 말뚝 또는 쐐기 보강
④ 불시 이동방지 위해 레일클램프 및 쐐기 등으로 고정
⑤ 상단부 버팀대.버팀줄로 고정하여 안정 하단부 견고한 버팀, 말뚝 또는 철골 등으로 고정

02-2-13	항타기, 항발기의 권상용 와이어로프

1. 권상용 와이어로프의 사용금지 기준 (산업안전보건기준에 관한 규칙 제210조~211조)

   1) 이음매가 있는 등

   | 이음매가 있는것 | 소선수가 10%이상 절단된 것 | 지름이 감소된 것 | 꼬인 것 | 심하게 변형 부식된 것 | 열과 전기충격에 손상된 것 |

   2) 안전계수 5미만 인것

02-2-14	항타기 또는 항발기 권상용 와이어로프

1. 항타기 또는 항발기에 권상용 와이어로프 사용 시 준수사항

   (산업안전보건기준에 관한 규칙 제212조)

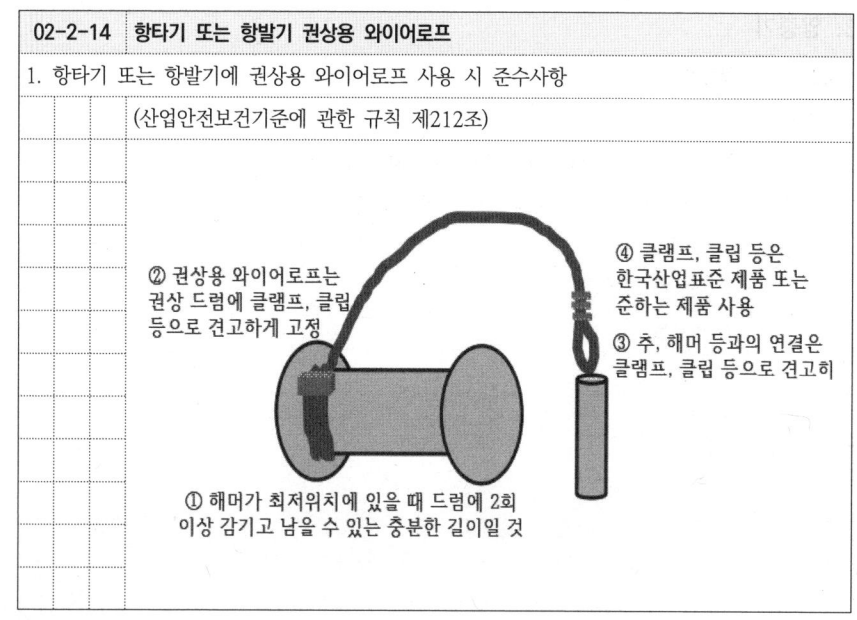

② 권상용 와이어로프는 권상 드럼에 클램프, 클립 등으로 견고하게 고정

④ 클램프, 클립 등은 한국산업표준 제품 또는 준하는 제품 사용

③ 추, 해머 등과의 연결은 클램프, 클립 등으로 견고히

① 해머가 최저위치에 있을 때 드럼에 2회 이상 감기고 남을 수 있는 충분한 길이일 것

02-2-15	콘크리트 펌프카

1. 개요

   콘크리트 믹서 트럭에서 생콘크리트를 호퍼로 받아 펌프에 의해 파이프를 통하여 압송하는 기계

2. 콘크리트 펌프카 주요 위험요인 및 재해예방대책

   ① 붐 조정 시 주변 전선에 의해 감전사고
   - 주변 유해위험물 여부 사전파악하여 안전한 작업 실시

   ② 지반침하, 아웃트리거 손상으로 인한 펌프카 넘어짐 사고
   - 지반 및 지층상태 등 사전조사 하여 보강계획
   - 아웃트러거 양방향 및 전부확장 실시 및 침하방지의 받침목 설치

   ③ 건축물 난간 등에서 작업 시 호스의 요동, 선회로 맞아 작업자 떨어짐 사고
   - 안전난간 설치 및 안전대 부착설비 설치

   ④ 붐대의 최대 이동거리를 넘겨 타설중 붐대 파단으로 인한 맞음 사고
   - 기계의 구조, 사용상 안전도 기준 준수

02-2-16	콘크리트 타설장비 사용 시의 준수사항

1. 콘크리트 타설장비 사용 시의 준수사항 (산업안전보건기준에 관한 규칙 제335조)

   ① 작업시작 전 점검하고 이상을 발견하였으면 즉시 보수할 것

   ② 호스의 요동·선회로 인한 추락방지를 위해 안전난간 설치 등 조치

   ③ 붐 조정 시 주변의 전선 등에 의한 위험을 예방하기 위한 조치를 할 것

   ④ 지반 침하나 아웃트리거 등 손상으로 인한 장비의 넘어짐 방지 조치를 할 것

3. 양중기

02-3-1	양중기	
1. 개요		
		중량물을 매달아 상하 및 좌우(수평,선회)로 운반하는 기계
2. 양중기의 종류 (산업안전보건기준에 관한 규칙 제132조)		
	① 크레인	
	② 이동식 크레인	
	③ 리프트	
	④ 곤돌라	
	⑤ 승강기	

02-3-2	타워크레인	
1. 개요		
		동력을 사용하여 중량물을 매달아 운반하는 것을 목적으로 하는 기계
2. 타워크레인 종류		
	1) 지브형태에 따른 분류	
	① T형	
	② 러핑(Luffing)형	
	2) 설치방법에 따른 분류	
	① 고정형	
	② 상승형	

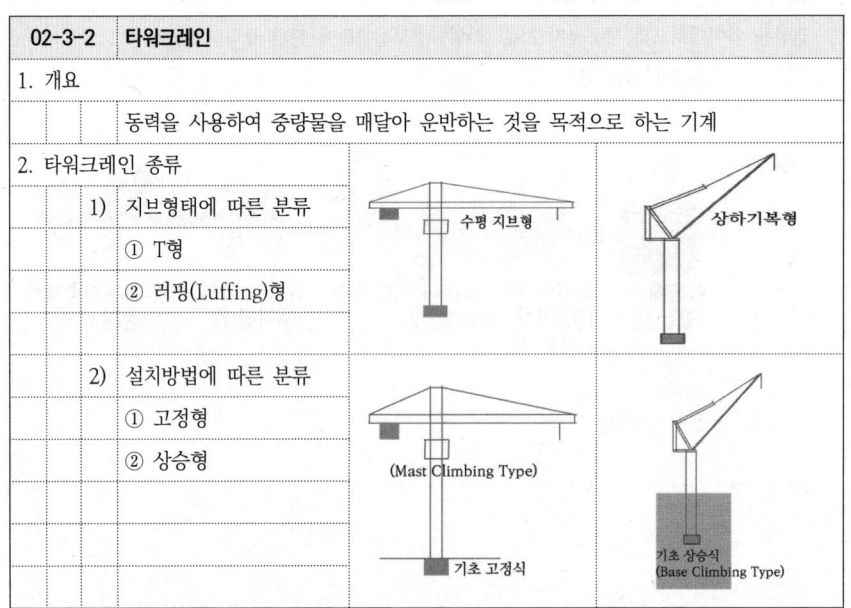

02-3-3	타워크레인 지지방식	기출 5회-7 / 14회-5
1. 개요 (산업안전보건기준에 관한 규칙 제142조)		
	타워크레인을 자립고 이상의 높이로 설치하는 경우 건축물 등의 벽체에 지지	
	부득이한 경우 와이어로프에 의하여 지지할 수 있다.	
2. 벽체에 지지방식의 준수사항		
	① 서면심사 서류, 제조사 설치작업설명서 준수	
	② 기종별.모델별 공인된 표준방법으로 설치	
	③ 고정은 매립, 관통방법 지지	
	④ 시설물 지지 시 시설물의 구조적 안정성 확인	
3. 와이어로프 지지방식의 준수사항		
	① 전용 지지프레임을 사용	
	② 설치각도 60도 이내/지지점은 4개소 이상	
	③ 클립·샤클 고정기구를 사용	
	④ 가공전선에 근접설치 금지	

02-3-4	타워크레인 설치.해체작업 기술적 위험요인	기출 7회-8-2)
1. 타워크레인 설치.해체작업 기술적 위험요인		
	1) 상승작업	
	① 텔레스코픽 중 양쪽 지브 불균형	
	② 텔레스코픽 케이지 상부 고정핀 2개소 미체결	
	③ 마스트 대차레일 상차 상태 불량	
	④ 마스트가 대차레일에서 이탈	
	2) 설치작업	
	① 텔레스코픽 슈 장착 불완전	
	② 마스트 받침목지지, 고정 불량	
	3) 해체작업	
	① 메인지브 인양위치 선정 부적합, 지브 파단	
	② 지브 해체 중 와이어로프 파단으로 지브 낙하	

02-3-5 크레인 인상 작업방법 기출 7회-8-1)

1. 크레인 인상 작업방법 (KOSHA M - 82 - 2011)
   ① 해당 매뉴얼을 참고하여 작업
   ② 작업종료 시 텔레스코픽 케이지의 보조 핀, 볼트는 정상 핀, 볼트로 교체
   ③ 보조핀이 체결된 상태에서는 권상작업금지
   ④ 텔레스코핑 유압펌프가 작동 시 타워크레인 작동금지
   ⑤ 마스트를 볼트로 체결 시 토크 값이 되도록 하고, 핀인 경우는 정확히 조립
   ⑥ 설치가 완료되면 작업책임자는 타워크레인 설치확인서(기초앵커 및 시공상태 및 주요 구조부의 외관상태 등의 검사항목 관련)를 받아야 한다.

02-3-6 크레인 설치. 조립. 해체 시 조치사항 기출 7회-8-3)

1. 타워크레인 설치. 조립. 해체 시 조치사항 (산업안전보건기준에 관한 규칙 제141조)

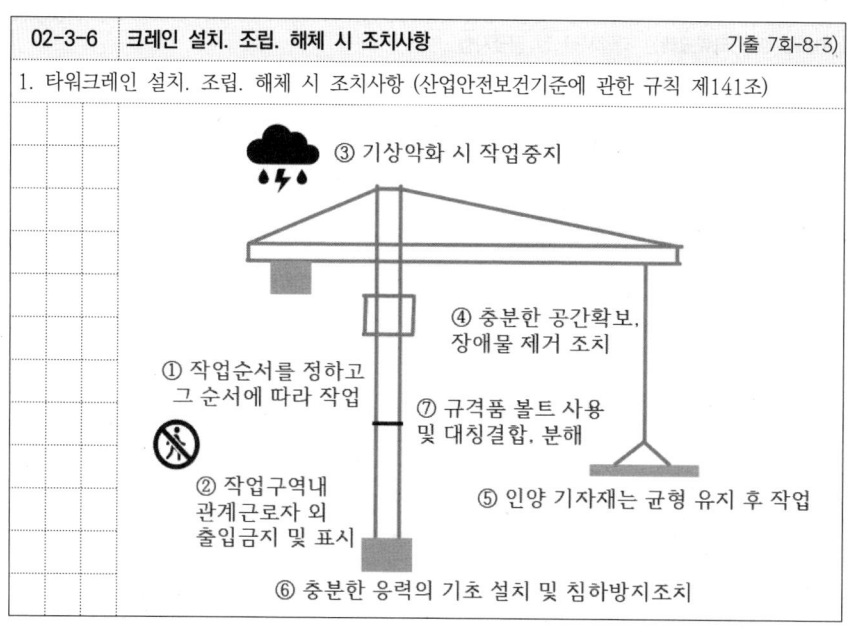

① 작업순서를 정하고 그 순서에 따라 작업
② 작업구역내 관계근로자 외 출입금지 및 표시
③ 기상악화 시 작업중지
④ 충분한 공간확보, 장애물 제거 조치
⑤ 인양 기자재는 균형 유지 후 작업
⑥ 충분한 응력의 기초 설치 및 침하방지조치
⑦ 규격품 볼트 사용 및 대칭결합. 분해

02-3-7 크레인 사용 작업 시 조치사항 기출 3회-4

1. 크레인 작업 시의 조치사항 (산업안전보건기준에 관한 규칙 제146조)
   ① 인양 하물을 바닥에서 끌어당김 작업금지
   ② 위험물 용기 보관함에 담아 안전하게 매달아 운반
   ③ 고정된 물체 분리·제거 작업금지
   ④ 출입을 통제/인양 하물 작업자 위로 통과하지 않도록 할 것
   ⑤ 인양할 하물이 보이지 않을 경우 동작금지

2. 조종석이 설치되지 아니한 크레인의 조치사항
   ① 제작 및 안전기준(고용부장관 고시)의 무선원격제어기, 펜던트 스위치 설치·사용
   ② 작동요령 등 안전조작 사항을 근로자에게 주지시킬 것

02-3-8 타워크레인 설치.조립.해체 작업계획서

1. 타워크레인 설치.조립.해체 작업계획서의 내용 (산업안전보건기준에 관한 규칙 별표4)
   ① 타워크레인의 종류, 형식
   ② 설치, 조립, 해체순서
   ③ 작업도구, 장비, 가설설비 및 방호설비
   ④ 작업인원의 구성 및 작업근로자의 역할범위
   ⑤ 타워크레인 지지방법

02-3-9 타워크레인 작업시작 전 점검사항

1. 타워크레인 작업시작 전 점검사항 (산업안전보건기준에 관한 규칙 별표3)
   ① 권과방지장치, 브레이크, 클러치 및 운전장치의 기능
   ② 주행로의 상측 및 트롤리가 횡행하는 레일의 상태
   ③ 와이어로프가 통하고 있는 곳의 상태

02-3-10 이동식크레인

기출 13회-9-1)

1. 개요
   - 원동기 내장, 불특정 장소로 이동가능
   - 동력을 사용하여 중량물을 매달아 상하, 좌우로 운반이 가능한 기계

2. 이동식크레인의 종류 (KOSHA C - 69 - 2012)
   ① 트럭 크레인
   ② 크롤러 크레인
   ③ 트럭 탑재형(카고 크레인)
   ④ 험지형 크레인
   ⑤ 전지형 크레인

02-3-11 이동식 크레인의 선정 시 고려사항

기출 13회-9-2)

1. 이동식 크레인의 선정 시 고려사항 (KOSHA C - 69 - 2012)
   ① 중량물 작업계획 등 작업과 관련된 위험성평가를 수행하여 장비를 선정
   ② 작업 조건, 주변의 환경, 공간 확보, 제작사의 사용 기준 등 사전 검토장비 선정
   ③ 크레인 반출·입로와 장비 조립 및 설치 장소, 작업장 지지력과 지하매설물 확인
   ④ 지브와 인양물 및 기존 구조물의 상호 간섭을 고려하여 설치위치 선정

02-3-12 이동식 크레인의 작업 전 확인사항

기출 13회-9-3)

1. 이동식 크레인의 작업 전 확인사항 (KOSHA C - 69 - 2012)
   ① 크레인의 수평도를 확인하고 아웃트리거를 설치할 위치의 지반 상태를 점검
   ② 권과방지장치, 경보장치, 브레이크, 클러치 및 조정장치 와이어로프가 통하고 있는 곳의 상태 등을 점검
   ③ 작업 장소 주변의 인양작업에 간섭될 수 있는 장애물 여부를 점검
   ④ 인양반경 증가에 따른 크레인 인양 능력을 사전에 검토
   ⑤ 이동식 크레인의 정격하중과 인양물의 중량을 확인
   ⑥ 이동식 크레인 작업 반경 내에 관계자 외의 출입을 통제 조치를 확인
   ⑦ 카고 크레인에 버켓 연결하여 사용시 주요 부재의 볼트 체결부 및 용접부 점검

02-3-13	이동식크레인 작업 시 위험요인

1. 이동식크레인 작업 시 위험요인
   ① 지반침하에 장비 넘어짐 위험
   ② 훅해지장치 및 줄걸이 파손으로 중량물 떨어짐 위험
   ③ 작업반경내 근로자 부딪힘 위험
   ④ 고압전선에 접촉으로 감전위험
   ⑤ 작업반경초과로 장비 넘어짐 위험
   ⑥ 작업방법불량의 붐변형에 중량물 떨어짐 위험

02-3-14	이동식크레인 작업 시 안전대책

1. 이동식크레인 작업 시 안전대책
   ① 작업 전 작업자 교육, 작업방법, 방호장치 등 필요한 사항 조치 실시
   ② 중량물 취급 작업계획을 수립
   ③ 정격하중, 속도, 경고표시 등 부착
   ④ 과부하방지장치, 권과방지장치, 비상정지장치, 제동장치 등의 방호장치 점검
   ⑤ 줄걸이 작업안전(와이어로프 체결, 안전율 등) 확인
   ⑥ 유도자 및 신호수 배치
   ⑦ 인양작업 하부구역에 출입 통제
   ⑧ 작업자를 운반하거나 달아 올린 상태에서 작업금지
   ⑨ 훅 해지장치를 사용하여 인양물의 이탈방지 조치

02-3-15	건설작업용 리프트

1. 개요
   건물 외벽에 가이드레일 따라 상하로 움직이는 운반구를 매달아 사람, 화물을 운반
2. 건설작업용 리프트 종류
   1) 용도에 따른 분류
      ① 화물용
      ② 인화 공용
   2) 동력전달방식에 따른 분류
      ① 와이어로프
      ② 랙 및 피니언

02-3-16	건설작업용 리프트 안전장치

1. 건설작업용 리프트 안전장치
   ① 낙하방지장치
   ② 3상 전원차단장치
   ③ 출입문 연동장치
   ④ 완충장치
   ⑤ 방호울 출입문 연동장치
   ⑥ 권과방지장치
   ⑦ 과부하방지장치
   ⑧ 비상정지장치

02-3-17 리프트 설치.해체 작업 시 재해발생 유형 및 방지대책

1. 리프트 설치.해체 작업 시 재해발생 유형 및 방지대책

   1) 운반구 과상승으로 인한 운반구 낙하
      ① 마스트의 연결상태를 확인 후 작업 실시
      ② 작업지휘자 운반구 과상승 여부 확인할 수 있는 장소에서 작업지휘
      ③ 비상정지장치 작동 여부 확인
      ④ 운반구 이탈방지를 위해 권과방지장치 설치

   2) 마스트 수평지지대 선해체로 인한 붕괴
      ① 수평지지대 설치 간격(제조사 매뉴얼 기준) 준수
      ② 순차적으로 해체

02-3-18 리프트의 설치.조립.수리.점검 또는 해체 작업 시 조치사항

1. 리프트의 조립 등의 작업 시 조치사항 (산업안전보건기준에 관한 규칙 제156조)

〈조치사항〉
① 작업지휘자 선임 및 지휘작업 실시
② 작업구역 내 관계근로자 외 출입금지 및 표시
③ 기상악화 시 작업중지

〈작업지휘자 이행사항〉
① 작업방법과 근로자 배치 및 해당작업 지휘
② 재료결함, 기구 및 공구 점검하고 불량품 제거
③ 안전대 등 보호구 착용 감시

02-3-19 건설작업용 리프트 설치 시 유의사항

1. 건설작업용 리프트 설치 시 유의사항 (KOSHA C - 48 - 2013)

   ① 조립작업은 지정된 작업 지휘자의 지휘하에 실시
   ② 기초와 마스트는 볼트로 견고하게 고정
   ③ 마스트 지지는 최하층 6m이내, 중간층 18m이내 마다, 최상부층 반드시 설치
   ④ 지상 방호울은 1.8 미터 높이까지 설치
   ⑤ 접지 실시
   ⑥ 악천후 시에는 작업중지

02-3-20 건설작업용 리프트 사용 시 준수사항

1. 건설작업용 리프트 사용 시 준수사항

   ① 안전인증 : 적재하중 0.5톤 이상인 리프트를 제조·설치·이전
   ② 안전검사 : 설치한 날로부터 6개월마다
   ③ 안전인증 및 안전검사 기준에 적합하지 않은 리프트 사용 제한
   ④ 방호장치 기능 및 정상작동 여부 확인
   ⑤ 방호장치를 해체, 사용 정지 금지
   ⑥ 정격하중 표시 및 적재하중 초과 적재·운행 금지
   ⑦ 순간풍속이 35m/s 초과 시 : 받침의 수를 증가시키는 등 붕괴방지조치

4. 차량계 하역운반기계

02-4-1 차량계 하역운반기계

1. 개요
   - 화물이나 사람을 싣고 다른 장소로 운반하는 기계
2. 차량계 하역운반기계의 종류 (산업안전보건기준에 관한 규칙)
   - ① 지게차
   - ② 구내운반차
   - ③ 고소작업대(차량, 시저형)
   - ④ 화물자동차(트럭)

02-4-2 지게차

1. 개요
   - 차체 앞에 설치된 포크 사용하여 화물 적재, 하역, 운반작업에 사용하는 운반기계
2. 지게차의 방호장치 (산업안전보건법 시행규칙 제98조)
   - ① 백레스트
   - ② 전조등
   - ③ 헤드가드
   - ④ 안전벨트
   - ⑤ 후미등

02-4-3 지게차 재해유형별 원인

1. 지게차 재해유형별 원인 (KOSHA M - 185 - 2015)
   1) 화물의 낙하
      - ① 편하중 적재
      - ② 미숙한 운전 조작
      - ③ 급선회 및 급출발,급정지
   2) 부딪힘
      - ① 시야의 미확보
      - ② 출입통제 미확보
      - ③ 안전장치 미부착
   3) 지게차 넘어짐
      - ① 급선회
      - ② 요철 바닥면 정비 미흡
      - ③ 화물 과적재

02-4-4 지게차 작업 시 안전조치

1. 지게차 작업 시 안전조치 (KOSHA M - 185 - 2015)
   - ① 안전장치 부착
   - ② 적정한 화물 적재로 운전자 시야 확보
   - ③ 제한속도 지정 및 준수
   - ④ 승차석 외 탑승금지
   - ⑤ 전용통로 확보
   - ⑥ 급선회 금지
   - ⑦ 좌석안전띠 착용

02-4-5 지게차 안정조건

1. 지게차 안정조건 (KOSHA M - 185 - 2015)

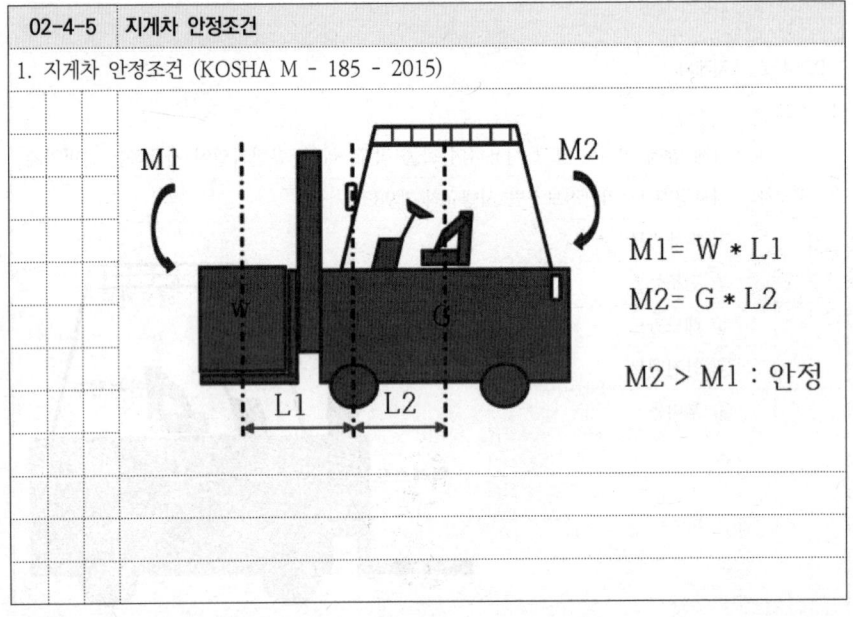

$M1 = W * L1$

$M2 = G * L2$

$M2 > M1 : 안정$

02-4-6 지게차 작업상태별 안정도

1. 지게차 주행·하역작업 시 안정도 기준 (KOSHA M - 185 - 2015)

작업	전후 안정도(구배)	좌·우 안정도(구배)
하역	4% 이내	6% 이내
주행	18% 이내	(15 + 1.1 V)% 이내 V(최고속도)

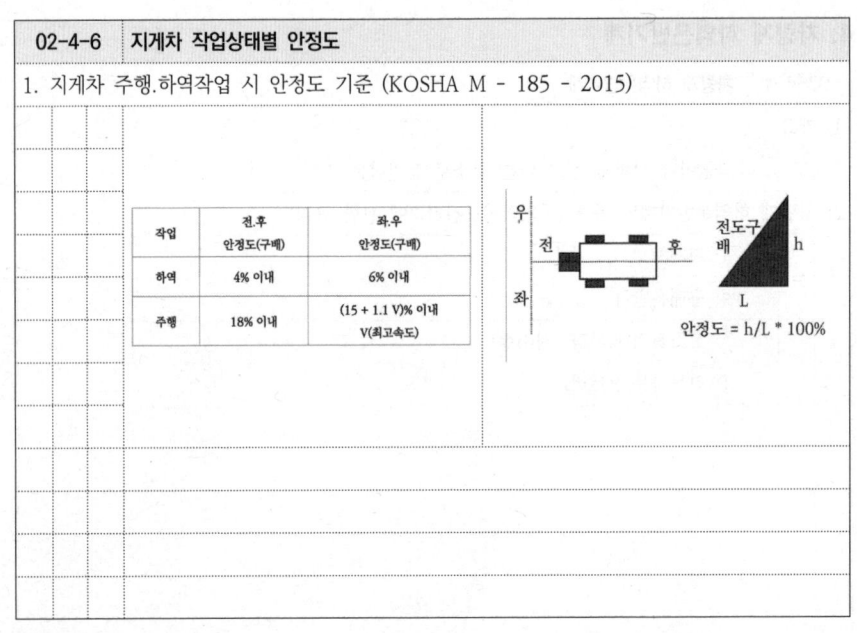

안정도 = h/L * 100%

02-4-7 지게차 헤드가드 기준

1. 지게차 헤드가드 기준 (산업안전보건기준에 관한 규칙 제180조)

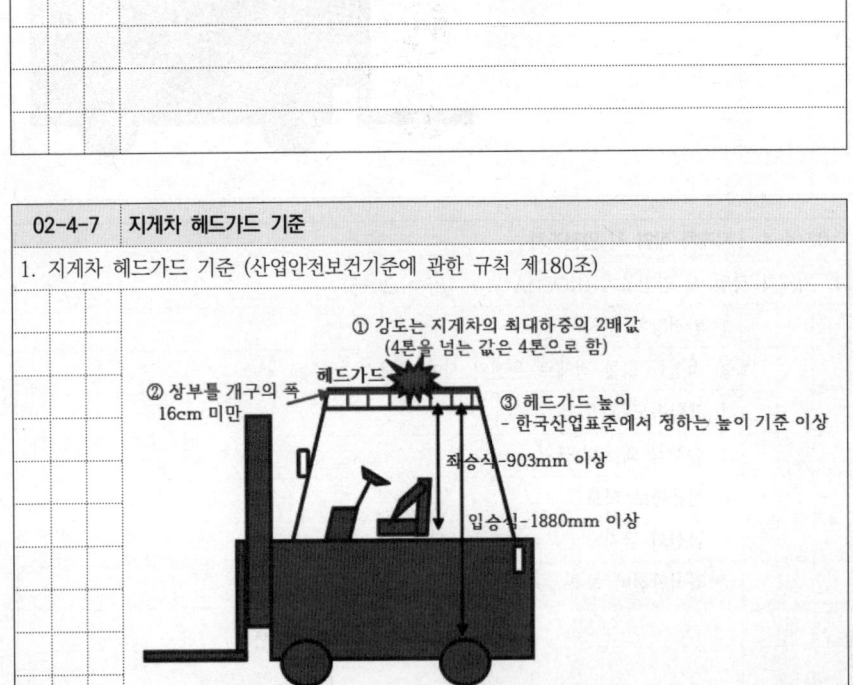

① 강도는 지게차의 최대하중의 2배값 (4톤을 넘는 값은 4톤으로 함)
② 상부틀 개구의 폭 16cm 미만
③ 헤드가드 높이
 - 한국산업표준에서 정하는 높이 기준 이상
 좌승식 -903mm 이상
 입승식 -1880mm 이상

02-4-8 고소작업대

기출 9회-6-1)

1. 개요

 작업대, 연장구조물(지브), 차대로 구성되며 사람을 작업 위치로 이동시켜주는 설비

2. 고소작업대의 종류

 ① 차량탑재형　　　② 시저형

3. 주요 사망사고 유형

 1) 차량탑재형

  ① 지반침하 또는 작업대 적재하중 초과로 고소작업대 넘어짐

  ② 안전대를 착용하지 않고 작업대에서 작업 중 떨어짐

  ③ 붐 등 주요구조부 파손으로 근로자 떨어짐

  ④ 붐이 고압전선에 접촉되어 감전

 2) 시저형

  ① 작업대가 상승하면서 천장과 고소작업대 난간 사이에 끼임

  ② 경사로에서 작업 중 고소작업대 넘어짐

02-4-9 고소작업대 재해예방대책

1. 고소작업대 재해예방대책

   ① 고소작업대 종류, 작업경로 및 방법 등 고려하여 작업계획서 수립
   ② 작업지휘자 또는 유도자를 배치
   ③ 안전모 및 안전대 착용
   ④ 작업대 정격하중 준수
   ⑤ 작업구간에 관계 작업자 외 출입금지
   ⑥ 안전인증 여부 확인
   ⑦ 아웃트리거 설치위치의 지반상태 확인 및 수평도 확인
   ⑧ 작업대 안전난간의 파손 및 해체 금지
   ⑨ 조작스위치 오조작 방지용 안전덮개 설치

02-4-10 고소작업대 설치기준

기출 9회-6-2)

1. 고소작업대 설치기준 (산업안전보건기준에 관한 규칙 제186조)

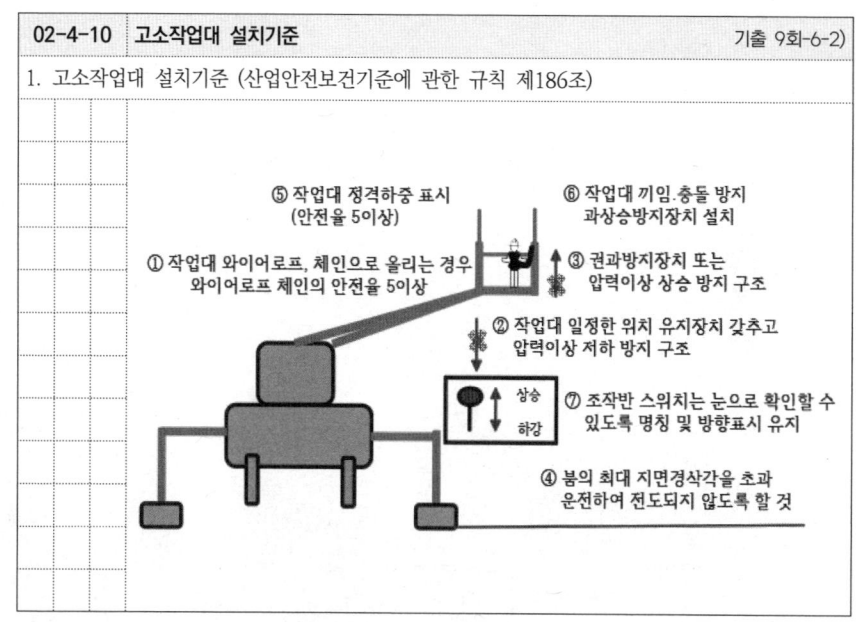

02-4-11 고소작업대 이동 시 준수사항

기출 9회-6-3)

1. 고소작업대 이동 시 준수사항 (산업안전보건기준에 관한 규칙 제186조)

   ① 작업대를 가장 낮게 내릴 것
   ② 작업자를 태우고 이동하지 말 것
   - 다만, 유도하는 사람을 배치하고 짧은 구간을 이동하는 경우에는 작업대를 가장 낮게 내린 상태에서 작업자를 태우고 이동할 수 있다.
   ③ 이동통로의 요철상태 또는 장애물의 유무 등을 확인할 것

02-4-12 고소작업대 사용 시 준수사항

1. 고소작업대 사용 시 준수사항 (산업안전보건기준에 관한 규칙 제186조)

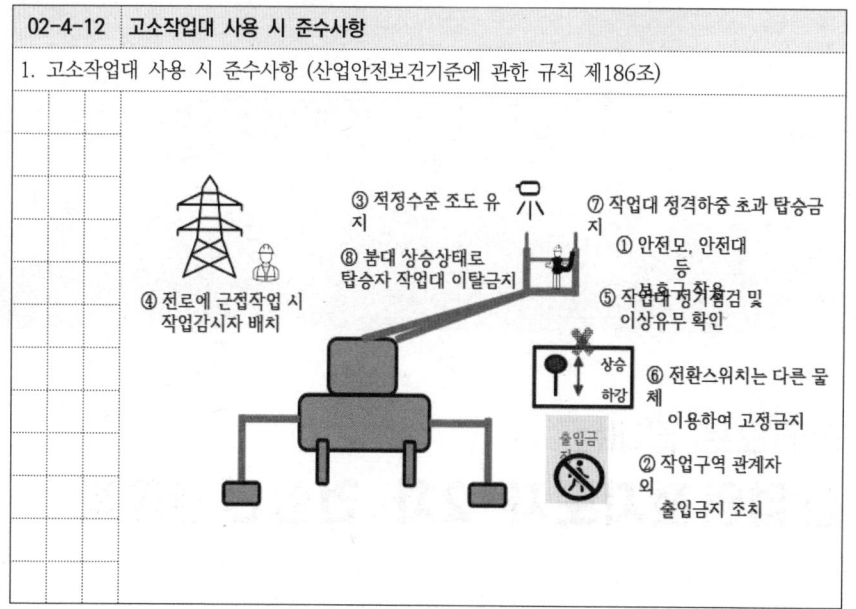

한권으로 끝내는
산업안전지도사 2차 건설안전공학

제 3 장

토공사

1. 토질
2. 굴착. 흙막이
3. 기초
4. 사면
5. 옹벽

제 03 장 토공사

1. 토질

03-1-1 흙의 분류

1. 개요
   - 흙의 구성하는 입자크기와 구성분포는 흙의 역학적 거동에 영향 미침
2. 흙의 분류
   1) 입경에 따른 분류 – 조립토(입상토) : 자갈, 모래
                      – 세립토(점성토) : 실트, 점토
   2) 입도분포 – 체분석 결과와 비중계분석 결과를 합하여 얻어진 입도분포곡선
              – 균등계수, 곡률계수
   3) 공학적 분류
      ① 통일분류법
      ② AASHTO분류법

03-1-2 흙의 구조

1. 개요
   - 흙의 배치상태와 흙입자 사이에 작용하는 힘(배열 및 결합상태)
2. 사질토의 입자구조

단립구조	봉소구조
흙입자 / 간극	흙입자 / 간극

3. 점성토의 입자구조

면모구조	이산구조

03-1-3 흙의 성질

1. 흙의 성질
   1) 기본적 성질
      - 비중, 입도, 연경도 등 물성이 변하지 않는 성질
   2) 상대적 성질
      - 함수비, 공극비 등 외적영향에 따라 변함

03-1-4 흙의 삼상도

1. 개요
   - 흙은 흙입자, 물, 공기와의 관계를 공학적으로 이용하기 위해 나타낸 것
2. 흙의 삼상도

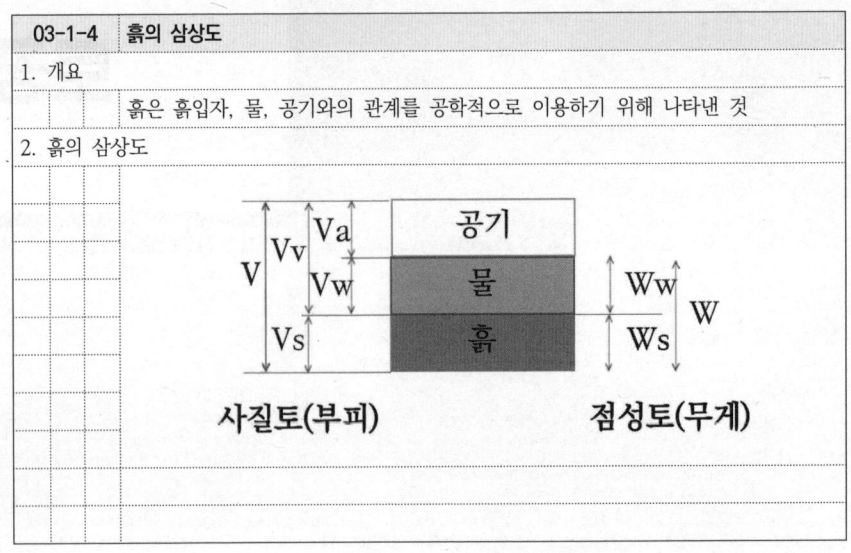

사질토(부피)　　　점성토(무게)

03-1-5 간극비

1. 개요
흙 입자만의 체적에 대한 간극의 체적비

2. 간극비 Mechanism

간극비 클 경우	전단강도 小	보일링, 히빙 우려
	상대밀도 小	압밀침하
	투수성 大	부등침하, 액상화

03-1-6 함수비

1. 개요
흙 입자만의 중량에 대한 물의 중량을 백분율

$$W = \frac{W_w(물의 중량)}{W_s(흙의 중량)} * 100\%$$

2. 함수비에 따른 흙의 체적변화

수축작용(shrinking) ← 자연상태 → 사질토 : 팽창(bulking) / 점성토 : 팽윤(swelling)

함수비 감소 ← → 함수비 증가

03-1-7 포화도

1. 개요
간극 부피 중에서 물이 차지하는 부피의 비를 백분율

$$S = \frac{V_w(물의 용적)}{V_V(간극의 용적)} * 100\%$$

2. 포화도 100%일 경우 (S=100%)

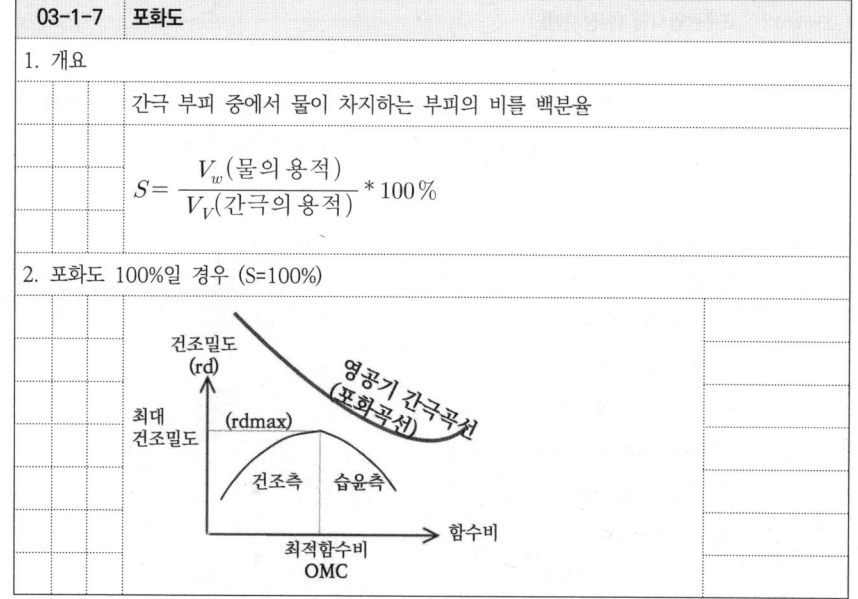

03-1-8 상대밀도(Dr)

1. 개요
사질토의 조밀한 정도를 나타냄

2. 상대밀도(Dr) 구하는 식
1) 간극비 이용

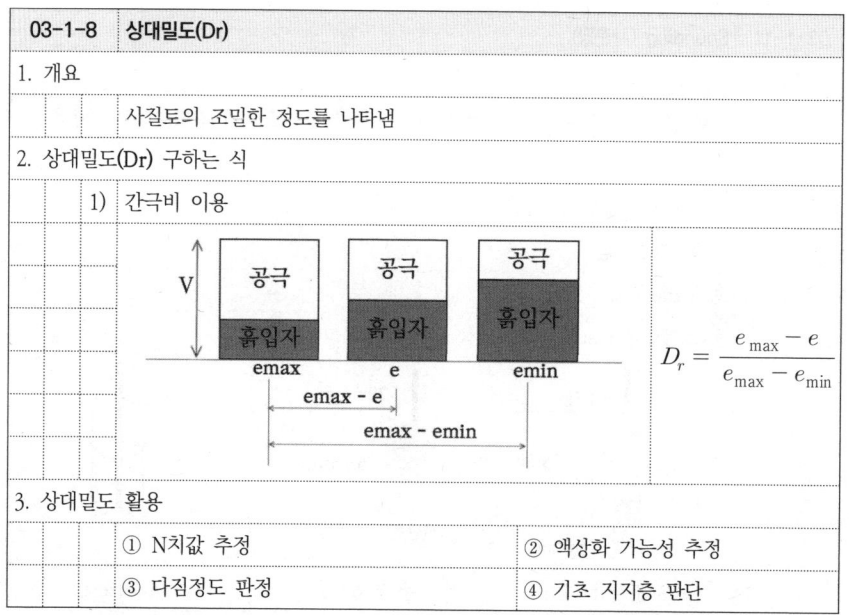

$$D_r = \frac{e_{max} - e}{e_{max} - e_{min}}$$

3. 상대밀도 활용

① N치값 추정	② 액상화 가능성 추정
③ 다짐정도 판정	④ 기초 지지층 판단

03-1-9 지반조사

1. 개요

지반의 특성을 규명하여 안전하고 경제적인 설계.시공 수행을 위해 실시

2. 지반조사 순서

보 링	사운딩	토질주상도	지내력시험
• 오거 • 수세식 • 회전식 • 충격식	• S.P.T • 베인테스트 • 콘관입	• 지층구성 • 지하수위 • N치 • 토질샘플	• 평판재하 • 현장CBR • 수정CBR

03-1-10 보링

1. 개요

지반을 천공하는 과정에서 채취된 시료 분석 지반구성, 지층두께, 심도 등 조사

2. 목적

① 압밀침하 가능성 판단
② 구조물 기초형식, 말뚝의 길이 결정
③ 지하수위 확인
④ 지반의 경연 추정

3. 보링 간격 및 깊이

① 간격 : 15-50m(3개소 이상)/ 중간지점 추가 시추
② 깊이 : 20m이상, 지지층 이상

03-1-11 Sounding (사운딩)

1. 개요

저항체를 지중에 관입, 회전, 인발하여 지반 저항치로 지반 강도추정 시험방법

2. 종류

① 표준관입시험
② 콘 관입시험
③ Vane test
④ 스웨덴식 test

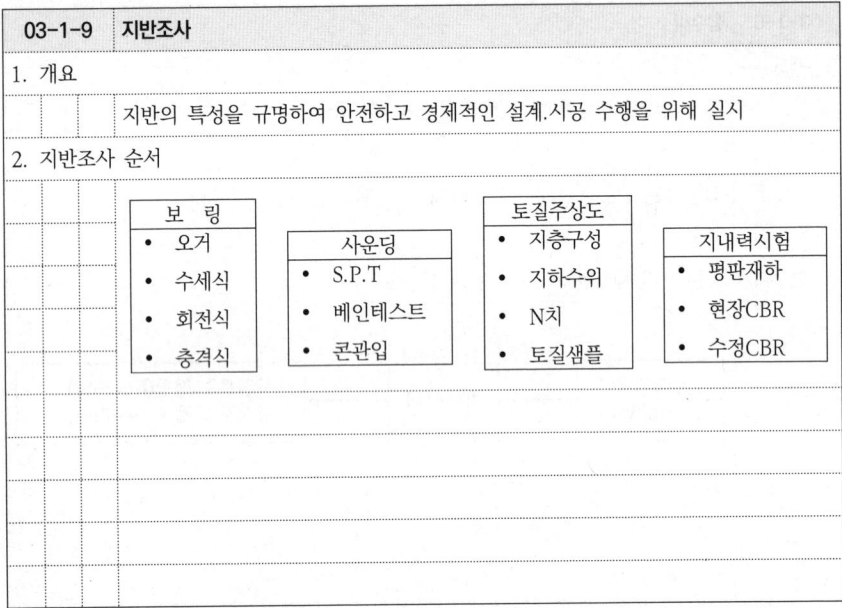

표준관입시험   콘 관입시험   Vane test

03-1-12 표준관입시험 (현장시험)

1. 개요

흙의 다짐상태를 알기위해 63.5kg 해머를 75cm 높이에서 자유낙하시켜 샘플러 30cm 관입시키는 데 필요한 해머의 타격횟수 N치 구하는 시험

2. 시험순서

① 시험면 터고르기
② 보링
-하부 슬라임 제거
③ 표준관입시험
-예비타격 후 본타격
-본타격 1회마다 누계관입량 측정
-타격횟수한도 50회
④ 시험결과 기록

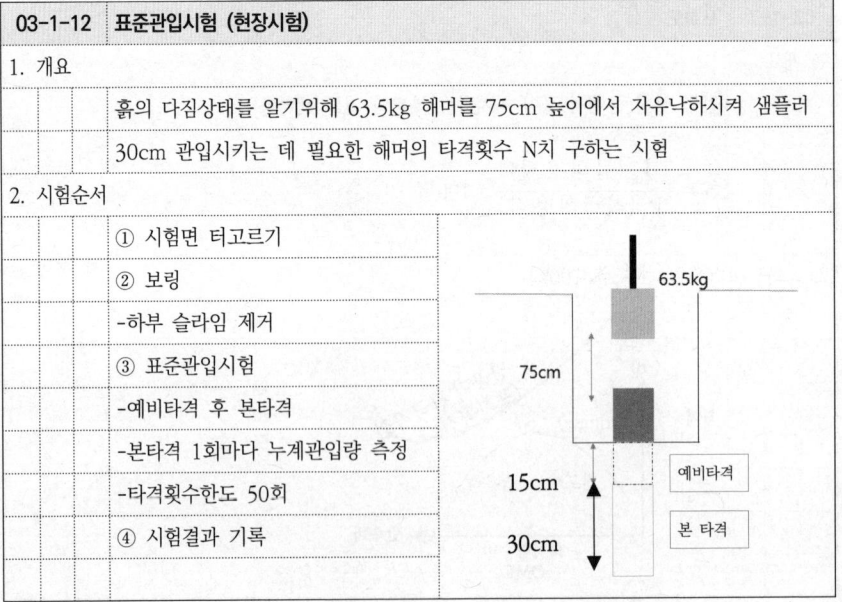

03-1-13 토질주상도

1. 개요
   시추조사와 채취된 시료결과를 토질분포, 흙의 층상 등을 주상도 작성

2. 토질주상도의 활용
   ① 지층파악
   ② 지하수위 확인
   ③ N값의 확인
   ④ 흙막이 공법 선정

03-1-14 토질시험

1. 개요
   공사 착수전 지반에 대한 데이터를 얻기 위한 것으로 현장에서 채취한 시료를 대상으로 행하는 시험

2. 토질시험

물리적 시험	역학적 시험	지지력 시험
① 비중시험	① 투수시험	① 다짐시험
② 함수량시험	② 압밀시험	② CBR시험
③ 입도시험	③ 직접전단시험	
④ 액성.소성.수축한계	④ 일축압축시험	
⑤ 밀도시험	⑤ 삼축압축시험	

03-1-15 입경가적곡선 (입도분포곡선)

1. 개요
   체가름 시험, 비중계을 통해 토사 시료의 입경분포를 곡선으로 도식화

2. 입경가적곡선

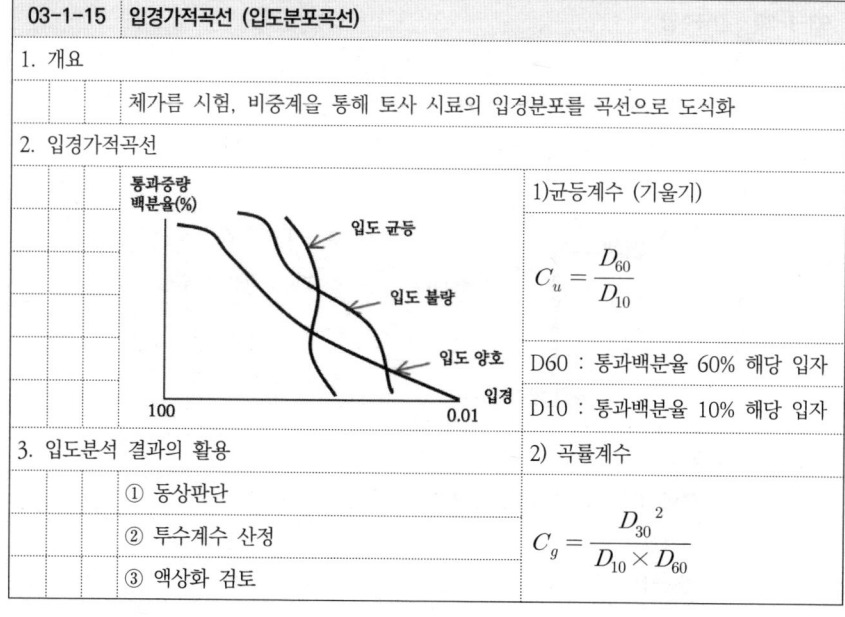

1) 균등계수 (기울기)

$$C_u = \frac{D_{60}}{D_{10}}$$

D60 : 통과백분율 60% 해당 입자
D10 : 통과백분율 10% 해당 입자

2) 곡률계수

$$C_g = \frac{D_{30}^2}{D_{10} \times D_{60}}$$

3. 입도분석 결과의 활용
   ① 동상판단
   ② 투수계수 산정
   ③ 액상화 검토

03-1-16 흙의 연경도 (Atterbeg한계)

1. 개요
   점성토의 함수비에 따른 상태가 변화하는 성질

2. 흙의 연경도(Atterbeg한계)

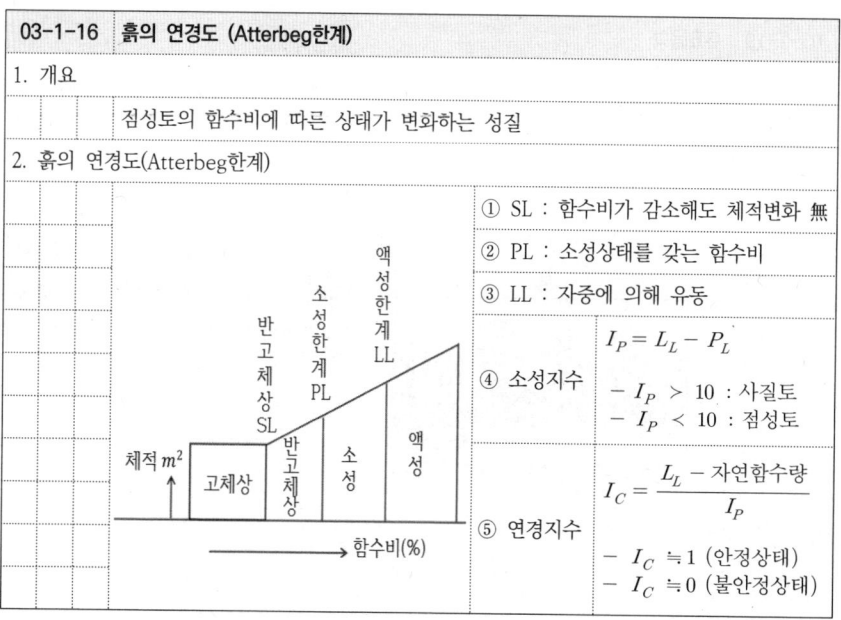

① SL : 함수비가 감소해도 체적변화 無
② PL : 소성상태를 갖는 함수비
③ LL : 자중에 의해 유동

④ 소성지수

$$I_P = L_L - P_L$$

- $I_P > 10$: 사질토
- $I_P < 10$: 점성토

⑤ 연경지수

$$I_C = \frac{L_L - 자연함수량}{I_P}$$

- I_C ≒ 1 (안정상태)
- I_C ≒ 0 (불안정상태)

03-1-17 전단강도

1. 개요
: 흙이 응력을 받아 파괴될 때, 흙 내부의 파괴면을 따라 발생한 전단응력

모어-쿨롱의 이론에 따르면 전단강도는 흙 입자 사이에 작용하는 점착력(C)과 마찰에 의해서 결정

2. 토질별 전단강도

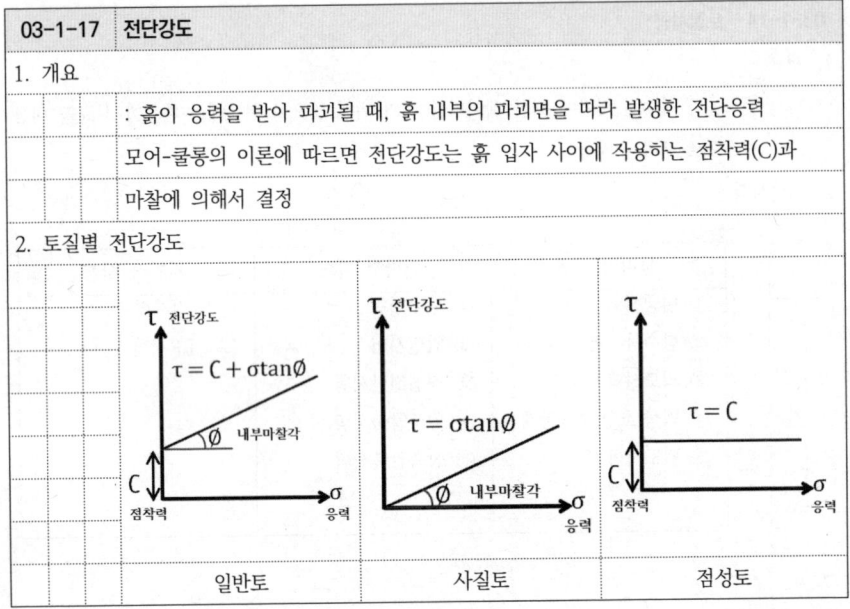

| 일반토 | 사질토 | 점성토 |

03-1-18 흙의 전단시험

1. 흙의 전단시험의 종류 및 활용

1) 실내시험
   ① 직접전단시험(1면전단, 2면전단) : 강도정수(점착력, 내부마찰각) 값 측정
   ② 일축압축시험 : 예민비, 비배수 압축강도 측정
   ③ 삼축압축시험 : 강도정수(점착력, 내부마찰각) 값 측정

2) 현장시험
   ① 표준관입시험 : N치
   ② 베인전단시험 : 점착력
   ③ 콘 관입시험 : 콘 지지력

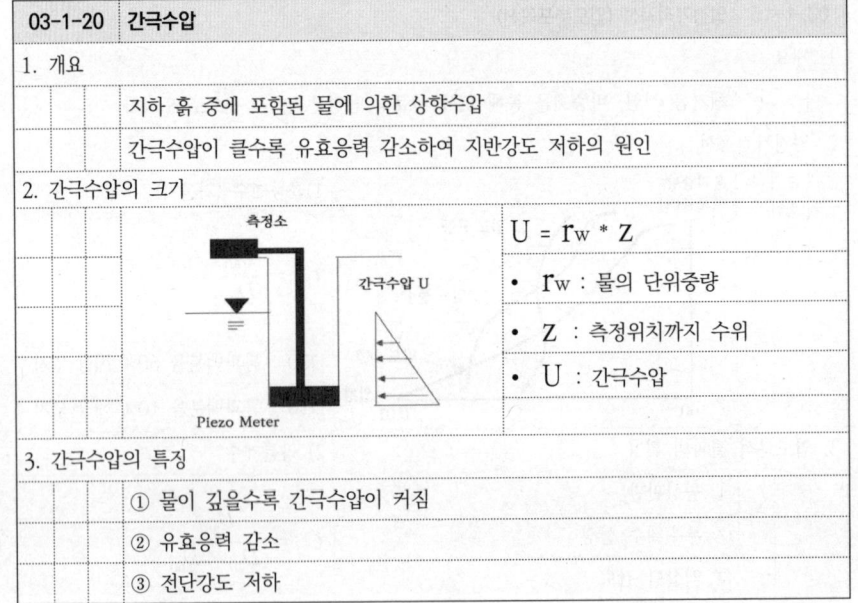

전단시험　　일축압축시험　　삼축압축시험

03-1-19 유효응력

1. 개요
흙 입자끼리 접촉점에 작용하는 압력으로 하중 재하시 토립자가 부담하는 하중

2. 유효응력

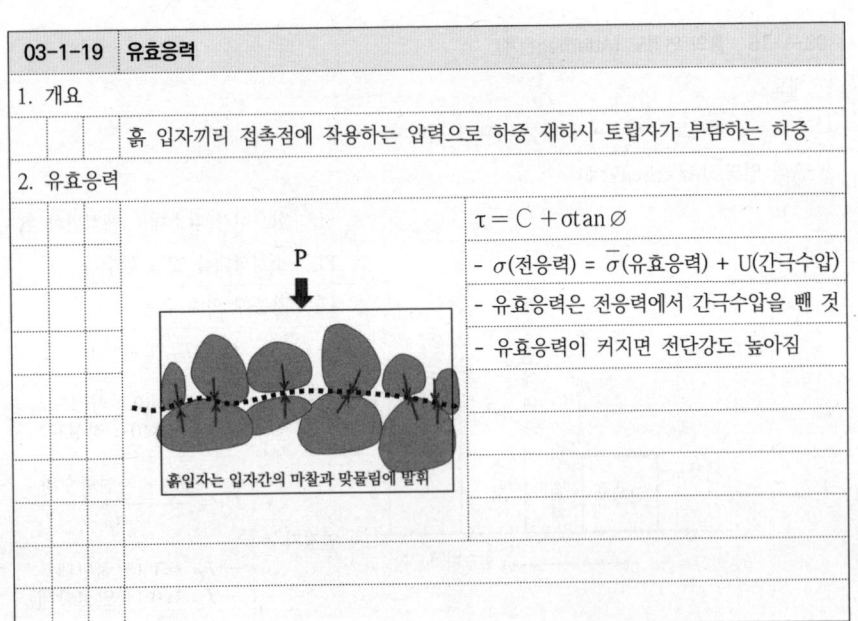

- $\tau = C + \sigma\tan\varnothing$
- σ(전응력) $= \bar{\sigma}$(유효응력) $+ U$(간극수압)
- 유효응력은 전응력에서 간극수압을 뺀 것
- 유효응력이 커지면 전단강도 높아짐

03-1-20 간극수압

1. 개요
지하 흙 중에 포함된 물에 의한 상향수압

간극수압이 클수록 유효응력 감소하여 지반강도 저하의 원인

2. 간극수압의 크기

$U = r_w * Z$

- r_w : 물의 단위중량
- Z : 측정위치까지 수위
- U : 간극수압

3. 간극수압의 특징
① 물이 깊을수록 간극수압이 커짐
② 유효응력 감소
③ 전단강도 저하

03-1-21 평판재하시험(P.B.T)

1. 개요
지반에 재하판을 통해 하중을 가한 후 하중-침하량의 관계에서 지반의 지지력 구하는 원위치 시험

2. 시험방법

① 시험하중=설계하중*2~3
② 15분간 침하량 1/100mm 이하이면 다음 단계하중 재하
③ 지지력 계수 K(kg/㎠)
   = 시험하중(kg/㎠)/ 침하량(cm)

03-1-22 CBR (California Bearing Ratio)

1. 개요
노상토의 지지력 상태파악 및 재료선정, 포장설계에 사용되는 데이터를 얻기 위해 준비한 시료로 관입시험을 실시   CBR= 시험하중/표준하중 * 100%

2. CBR 분류
1) 실내 CBR
   ① 선정(수침) CBR : 재료선정에 사용
   ② 수정(설계) CBR : 연성포장 두께 설계
2) 현장 CBR
   - 노상토 지지력 확인

▲ 다짐곡선   ▲ 다짐횟수별 rd-CBR곡선

03-1-23 점성토, 사질토 지반의 전단강도 특성

1. 점성토, 사질토 지반의 전단강도 특성

점성토	사질토
① 예민비	① 액상화
② 동상현상	② 상대밀도
③ thixotropy	③ quick sand
④ heaving	④ boiling
⑤ leaching	⑤ piping
⑥ 압밀침하	⑥ dilatancy

03-1-24 예민비

1. 개요
흙을 교란시키면 흙의 구조배열이 변하여 불교란 상태보다 전단강도가 감소하는 비

2. 예민비

예민비 st = qu/qur

(불교란 : 흐트러지지 않은 시료)

(교란 : 이긴시료)

① 점성토의 연약정도 파악

② 예민비가 클수록 공학적 성질 불량

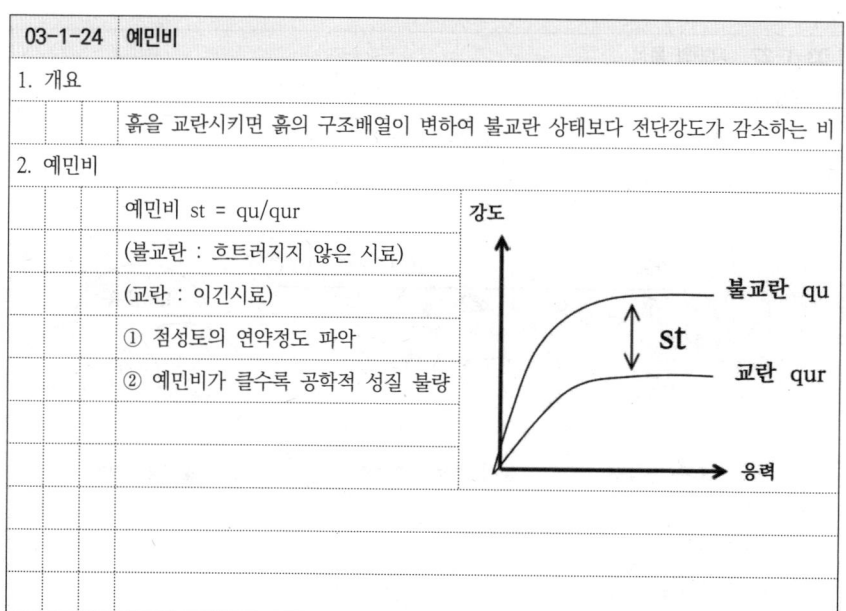

03-1-25 Thixotropy (강도 회복 현상)

1. 개요
강도가 저하된 교란상태의 점토는 시간 경과에 따라 강도가 서서히 회복되는 현상

2. Thixotropy (강도 회복 현상)

3. Thixotropy 메카니즘

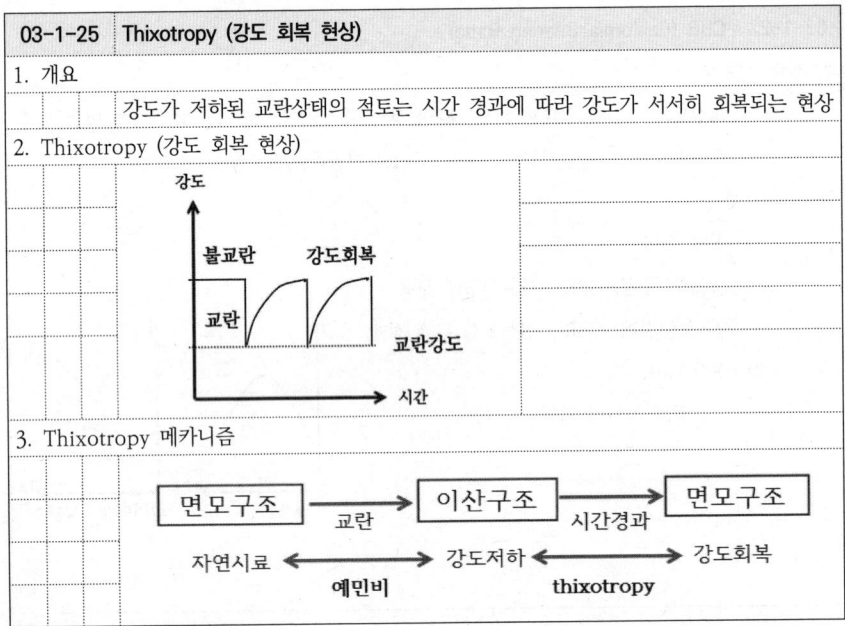

03-1-26 액상화

1. 개요
느슨하고 포화 사질토 지반에서 지진, 충격 등으로 간극수압 상승으로 유효응력이 감소하여 지반이 액체 상태로 변화하는 현상

2. 액상화 발생 Mechanism

느슨한 사질토층	→	과잉간극수압
순간적인 외력발생		입자부유 (액상화)
전단변형		간극수 배출 후 침하

3. 액상화 피해
① 부등침하
② 구조물 부상
③ 지반 이동
④ 지하매설물 파손

03-1-27 지반의 동상

1. 개요
흙속의 간극수가 얼어서 지표면이 부풀어 오르는 현상

2. 지반의 동상발생 메카니즘

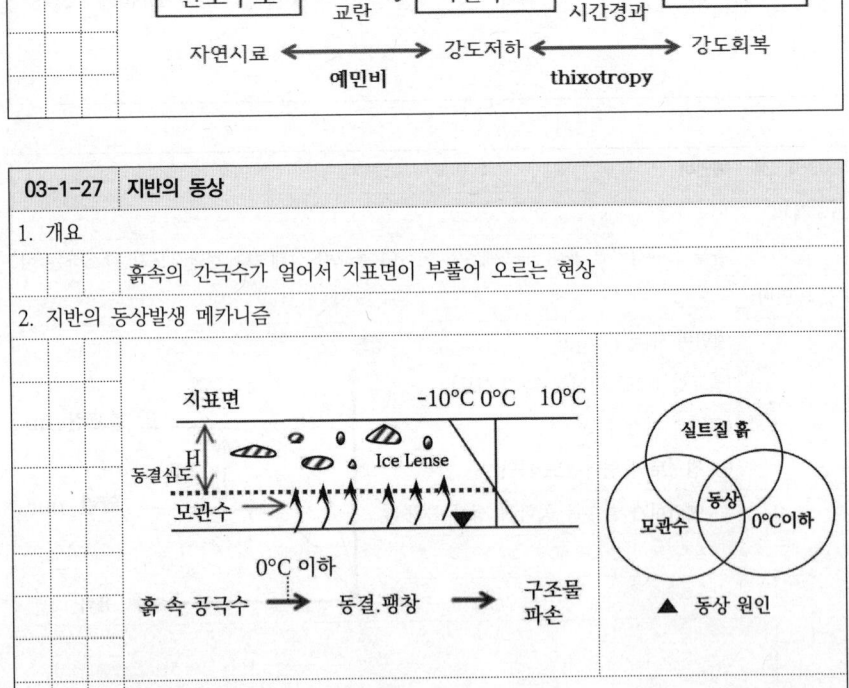

03-1-28 융해현상 (=연화현상)

1. 개요
기온 상승으로 동결된 지반이 녹아 배수가 되지 않아 연약해지는 현상

2. 융해현상 메카니즘

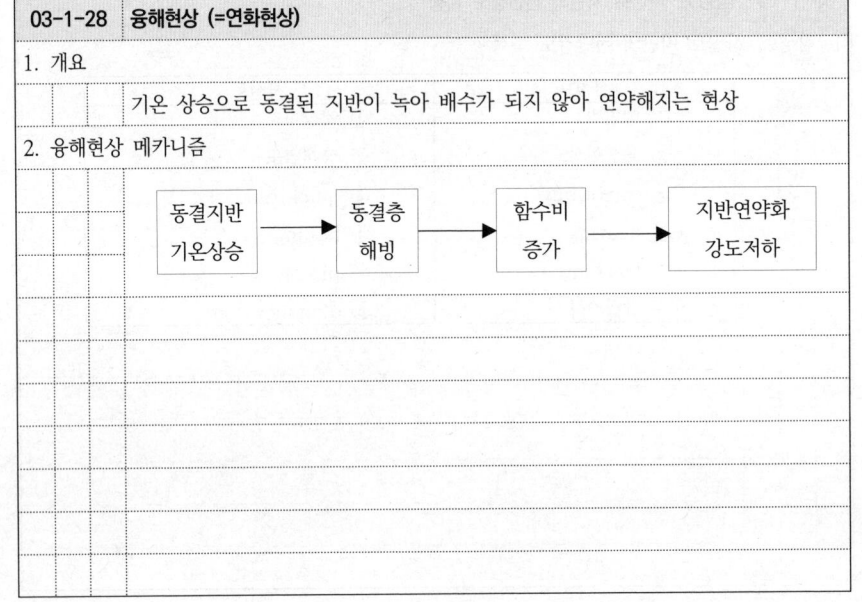

03-1-29 다짐, 압밀

1. 개요
① 다짐은 사질토 지반에서 공기 배출되어 압축되는 현상(밀도증가, 전단강도 증진)
② 압밀은 점토 지반에서 간극수 배출되어 압축되는 현상

2. 다짐과 압밀 비교

구분	다짐	압밀
원리	공기/물/흙 → 공기 제거 → 물/흙	공기/물/흙 → 간극수 제거 → 공기/물
지반	사질토	점토
하중	동적하중	정적하중
거동주체	토립자	간극수
침하속도	즉시침하	장기간 침하
형태	탄성침하, 탄성변형	압밀침하, 소성변형
공법	진동, 충격	배수, 탈수공법

03-1-30 1차압밀, 2차압밀

1. 개요
압밀은 점토지반에서 흙속에 간극수가 배출되며 압축되는 현상

2. 1차압밀, 2차압밀

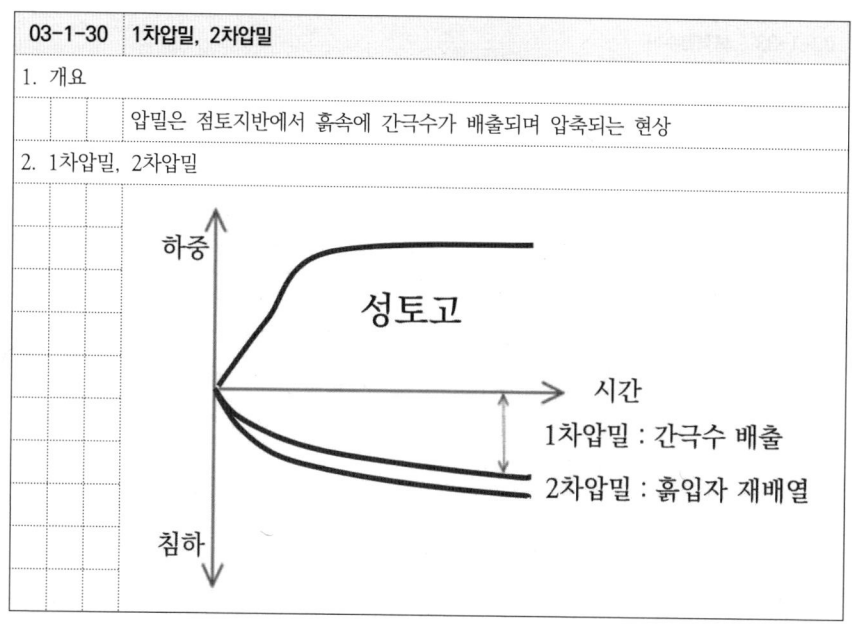

1차압밀 : 간극수 배출
2차압밀 : 흙입자 재배열

03-1-31 다짐 공법

1. 개요
흙에 에너지를 가하여 공극을 줄이고 밀도를 증대시키는 것

2. 다짐공법의 종류

전압다짐(점성토)	① 불도저 - 예민비 높은 점성토
	② 타이어롤러 - 고함수비 점성토
	③ 로드 롤러 - 노상노반다짐
진동다짐(사질토)	- 진동 롤러, 진동 컴팩터, 진동 타이어롤러
충격다짐(협소장소)	- Rammer, Tamper

03-1-32 다짐곡선

1. 개요
함수비와 다져진 흙의 건조단위중량과의 관계 곡선

2. 다짐곡선

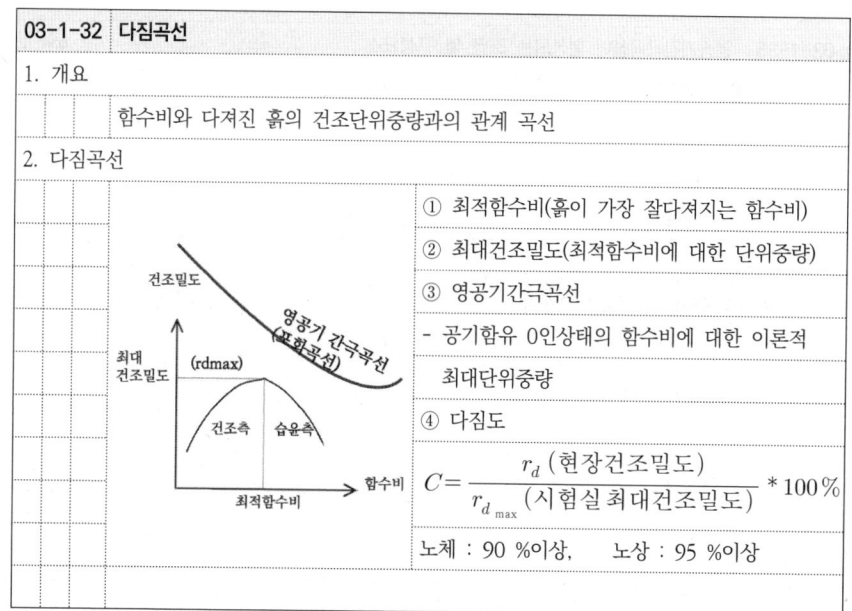

① 최적함수비(흙이 가장 잘다져지는 함수비)
② 최대건조밀도(최적함수비에 대한 단위중량)
③ 영공기간극곡선
- 공기함유 0인상태의 함수비에 대한 이론적 최대단위중량
④ 다짐도

$$C = \frac{r_d \,(\text{현장건조밀도})}{r_{d\,max}\,(\text{시험실 최대건조밀도})} * 100\%$$

노체 : 90 %이상,   노상 : 95 %이상

03-1-33 최적함수비

1. 개요

    다짐곡선의 정점에 해당하는 함수비로서 흙이 가장 잘 다져지는 함수비

2. 최적 함수비(O.M.C)

    ① 건조밀도 가장 높은 꼭지점을 최대 건조밀도
    ② 최대건조밀도시의 함수비를 최적함수비
    ③ 함수비가 감소 : 건조측, 증가 : 습윤측
    ④ 최적함수비의 상태로 다짐시 가장 효과적
    ⑤ 건조측 다짐 (도로, 토공)
    ⑥ 습윤측 다짐 (댐, 제방)

03-1-34 영공기간극곡선

1. 개요

    공극내 공기함유율이 0(s=100%)인 경우 함수비에 대한 이론적 최대단위중량

2. 영공기간극곡선

    ① 다짐곡선은 항상 영공기간극곡선 왼쪽에 위치
    ② 다짐곡선과 영공기 간극곡선은 평행

03-1-35 영공기간극곡선이 형성되는 조건 및 구성요소   기출 6회-2

1. 흙의 다짐 시 영공기간극곡선(zero air void curve)이 형성되는 조건

    ① 포화도 100%
    ② 흙의 종류 : 세립질 흙의 다짐과정에서 형성
    ③ 다짐에너지

2. 영공기간극곡선의 구성요소 2가지

    ① 건조밀도(rd)
    ② 함수비(w)

03-1-36 Proof Rolling

1. 개요

    노상.노반에 일정 하중의 차량이나 롤러를 주행, 윤하중에 의한 침하량을 측정하여
    지지력이나 시공의 균일성을 시험

2. Proof Rolling 방법, 장비

구분	방법	장비
1차 Proof Rolling	변형 발생부위 조사 (4km/hr)	타이어 롤러 (10톤)
2차 Proof Rolling	다짐 부족부위 (2km/hr)	덤프 (15톤)
벤켈만 빔	변형량 시험	3m 직선자

03-1-37 연약지반

1. 개요

　상부구조물을 지지할수 없는 상태의 지반으로 강도가 약하고 압축되기 쉬운 지반

2. 연약지반 판단기준

	사질토			점성토		
	N치	일축압축강도	상대밀도	N치	일축압축강도	점착력
	10 이하	1.0	35	4	0.5	0.25

03-1-38 연약 지반개량 공법

1. 개요

　지반의 지지력을 증대시키기 위한 것

2. 연약 지반개량 공법 선정 FLOW

개량목적 결정 → 개량지반 파악 → 시공가능성 파악 → 경제성 고려
- 침하저감
- 침하촉진

- 사질토
- 점성토
- 준설매립

- 장비 주행성
- 지반 두께

- 저감과 촉진병용

03-1-39 사질토 지반개량 공법

1. 사질토 지반개량 공법

　1) 침하저감
　　① 진동다짐공법
　　② 모래다짐말뚝공법
　　③ 쇄석말뚝공법
　　④ 약액주입공법
　2) 침하촉진
　　① 동다짐공법
　　② 폭파다짐공법
　　③ 전기충격공법

03-1-40 점성토 지반개량 공법

1. 점성토 지반개량 공법

　1) 침하저감
　　① 치환공법 : 굴착, 미끄럼, 폭파
　　② 심층혼합처리공법 : 강제교반, 고압분사
　　③ 생석회말뚝공법
　　④ 동치환공법
　2) 침하촉진
　　① 선행재하공법
　　② 연직배수공법
　　③ 진공압밀(대기압공법)

03-1-41 준설매립토 지반개량 공법

1. 준설매립토 지반
    1) 표층개량
        ① 표층배수
        - 트렌치공법 / 수평 진공배수 공법 / Suction Device공법
        ② 표층보강
        - 토목섬유/ 네트/ 성토
        ③ 표층혼합
    2) 심층개량
        ① 침하저감 : 심층혼합처리공법
        ② 침하촉진 : 연직배수공법

03-1-42 연약지반의 다짐공법

1. 다짐공법
    1) 진동다짐공법
    - 수평방향으로 진동하는 vibro float로 진동과 물다짐
    2) 모래다짐말뚝공법
    - 구멍속에 모래를 넣어 말뚝형성
    3) 동다짐공법
    - 무거운 추를 자유낙하 충격에너지에 의한 다짐

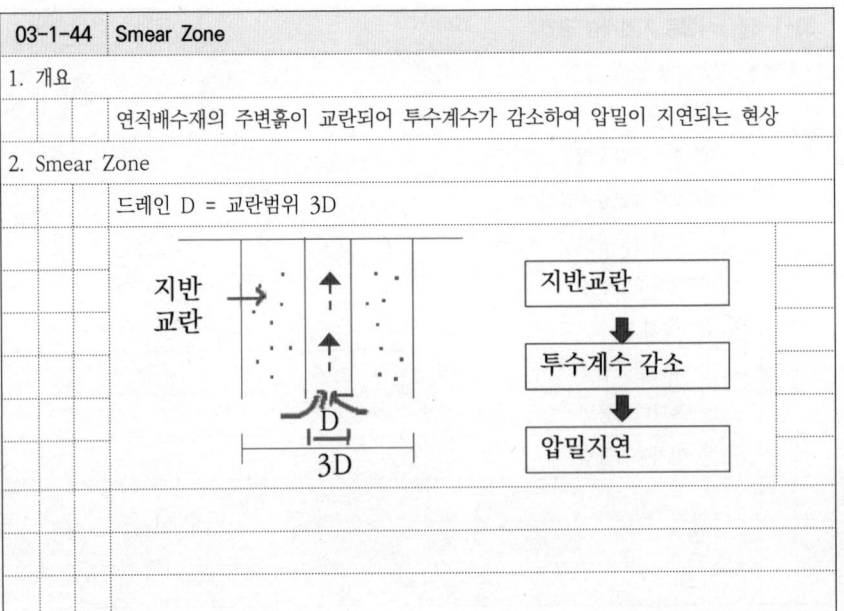

▲ 동다짐 공법

03-1-43 탈수(연직배수공법) 및 강제배수공법

1. 점성토
    1) 탈수(연직배수공법)
    - 투수성이 좋은 수직의 드레인을 박아 간극수 탈수
        ① Sand Drain
        ② Paper Drain
        ③ Pack Drain
        ④ Plastic Drain
2. 사질토
    1) 강제배수공법
    - 진공에 의해 물을 강제적으로 배수
        ① Well Point공법
        ② Deep Well공법

03-1-44 Smear Zone

1. 개요
    연직배수재의 주변흙이 교란되어 투수계수가 감소하여 압밀이 지연되는 현상
2. Smear Zone
    드레인 D = 교란범위 3D

03-1-45 웰 저항 Well Resistance

1. 개요

   연직배수재 속으로 유입된 간극수가 배출 저항 받아 압밀이 지연되는 현상

2. 웰 저항 원리

   간극수 배출속도 〈 유입속도

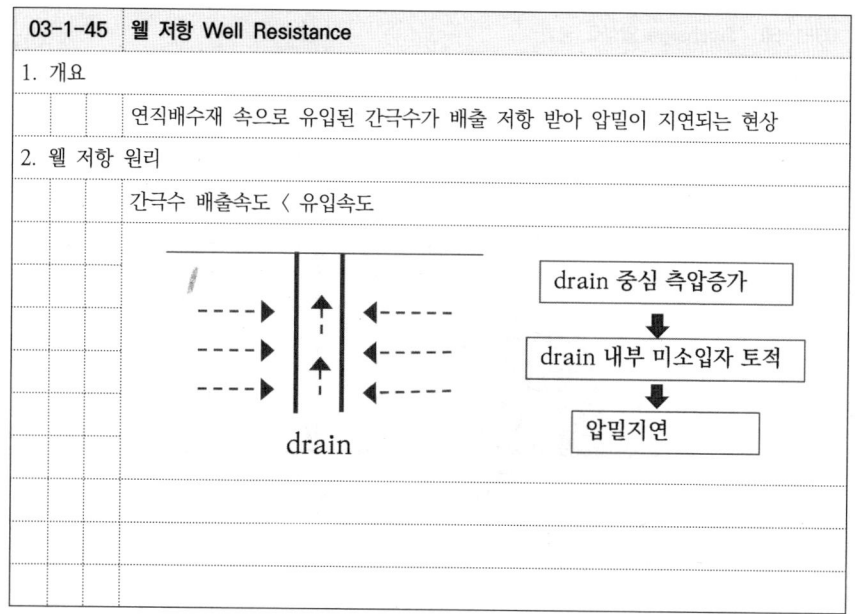

03-1-46 치환공법

1. 개요

   연약지반의 흙을 양질의 토사로 바꾸어 주는 공법

2. 치환공법

   ① 미끄럼치환 - 성토 재하중을 이용 미끄럼작용으로 외부로 밀어내는 공법

   ② 폭파치환 - 폭파에너지 이용

   ③ 굴착치환

03-1-47 고결공법

1. 개요

   고결재를 흙입자 사이의 공극에 주입시켜 흙의 화학적 고결작용을 통하여 지반의 강도증진, 투수성변화 촉진시키는 공법

2. 고결공법

   ① 생석회 말뚝

   ② 동결공법

   ③ 소결공법

03-1-48 재하공법

1. 개요

   연약지반에 미리 성토체를 쌓아 하중 재하 원지반의 압밀침하 촉진

2. 재하공법

   ① Preloading

   ② 사면선단재하

   ③ 압성토 공법

03-1-49 한계성토고

1. 개요
성토시공시 연약지반에 슬라이딩파괴(전단파괴)가 발생하지 않는 범위에서 성토 가능한 높이

2. 급속성토시 문제점 (한계성토고 목적)

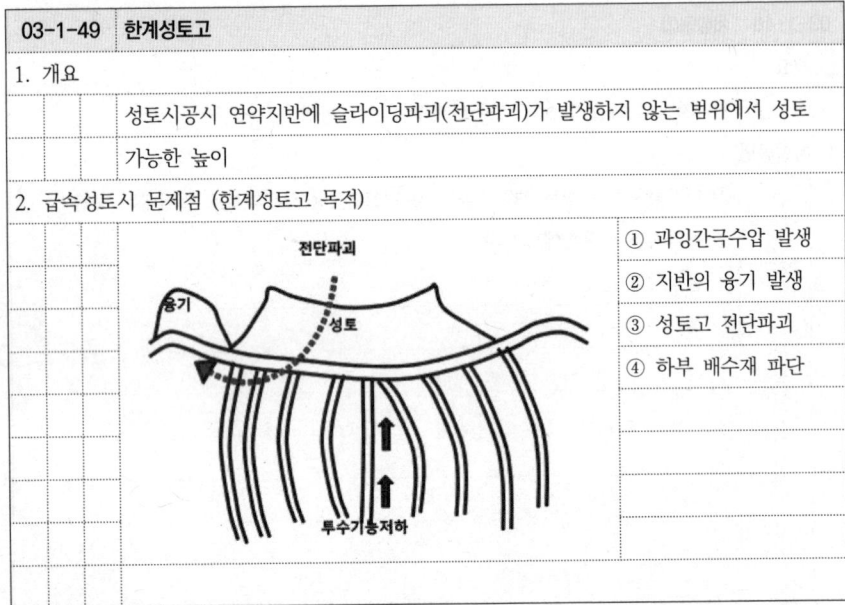

① 과잉간극수압 발생
② 지반의 융기 발생
③ 성토고 전단파괴
④ 하부 배수재 파단

03-1-50 Surcharge 압성토 공법

1. 개요
연약지반에 성토하면 과도한 침하로 측방에 융기 발생하므로 융기부위에 하중을 가해 활동 파괴예방 공법

2. 압성토 공법

03-1-51 연약지반 계측관리

1. 계측관리

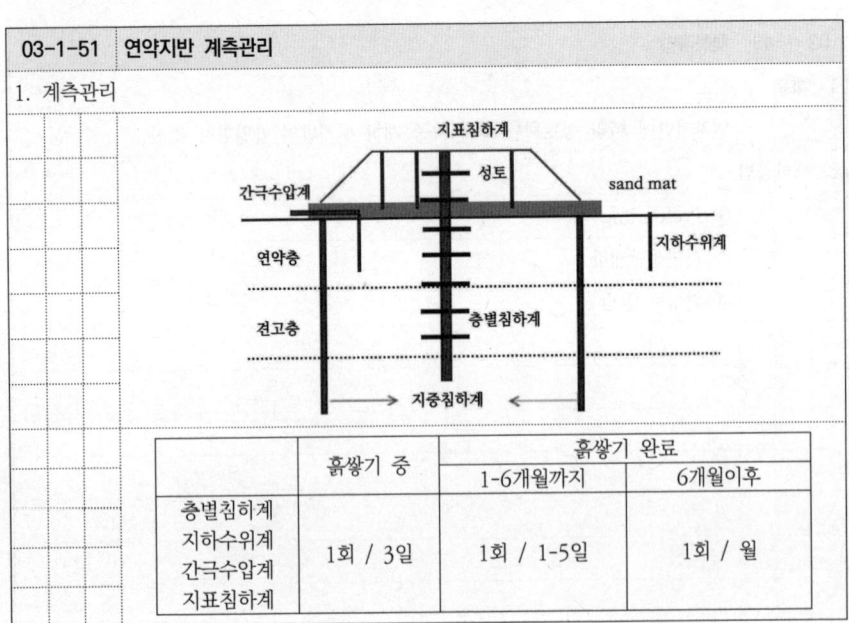

	흙쌓기 중	흙쌓기 완료	
		1-6개월까지	6개월이후
층별침하계 지하수위계 간극수압계 지표침하계	1회 / 3일	1회 / 1-5일	1회 / 월

03-1-52 토량환산계수 기출 11회-1/ 4회-3

1. 개요
자연상태의 흙을 운반, 다짐 시 흙의 체적변화에 따라 토량변화율을 나타내는 계수

2. 토량환산계수 (f) 산정

f = 구하고자 하는 변화율/ 기준이 되는 토량의 변화율

	자연상태 토량(1)	느슨한 토량(L)	다짐 토량(C)
자연상태 토량(1)	1	L	C
느슨한 토량(L)	1/L	1	C/L
다짐 토량(C)	1/C	L/C	1

3. 적용
① 굴착, 적재운반량 산정
② 토공장비 작업량 계산
③ 다져진 성토량 계산

03-1-53 토량변화율   기출 11회-1/ 4회-3

1. 개요
   - 자연상태를 기준으로 다져진상태, 흐트러진상태의 토량 체적비

2. 토량변화율

L값	C값
$L = \dfrac{\text{흐트러진상태의토량}(m^3)}{\text{자연상태의토량}(m^3)}$	$C = \dfrac{\text{다져진상태의토량}(m^3)}{\text{자연상태의토량}(m^3)}$
- 일반 토사 1.1~1.4	- 일반토사 0.85~0.95
- 운반토량 산출 이용	- 성토 시 반입물량 산출 이용

03-1-54 trafficability (장비주행성) / cone 지수

1. 개요
   - 건설장비의 주행성을 지반측면에서 판단하는 기준 / cone 지수로 표시

2. cone 지수
   - ① 사질토 : $q_0 = 4 * N$
   - ① 점성토 : $q_0 = 10 * C$

   $q_0 = 5 * q_u$
   (q_u : 일축압축강도, C : 점착력, N : N치)

3. 장비별 최소 Cone 지수 값
   - ① 덤프 트럭 : 12
   - ② 대형 도저 : 7
   - ③ 중형 도저 : 5
   - ④ 습지 도저 : 3

2. 굴착. 흙막이

03-2-1	굴착공사 재해발생 형태
1. 굴착공사 주요 재해발생 형태	
	① 굴착작업 시 토사 무너짐
	② 굴착기, 항타기 및 항발기 등 차량계 건설기계에 의한 부딪힘
	③ 버팀대 등 흙막이 가시설 설치.해체작업 시 떨어짐
	④ 천공 등 작업 시 토석 떨어짐
	⑤ 흙막이 가시설 등 중량물 운반 시 떨어져 맞음
	⑥ 매설물 파손에 의한 화재, 폭발
	⑦ 계측관리 미흡으로 인한 흙막이 붕괴
	⑧ 지반침하로 인한 덤프트럭 등 넘어짐

03-2-2	굴착공사 재해예방대책
1. 굴착공사 재해예방대책	
	① 사전조사 및 굴착작업계획 수립
	② 관리감독자의 지휘하에 작업
	③ 붕괴 토석 도달범위내 동시작업 금지
	④ 토사붕괴 예방 점검 및 조치 철저
	⑤ 흙막이 시설 및 단부에 추락재해 방지시설 설치
	⑥ 용수발생 시 작업중지, 배수실시, 흙막이 차수 설치 등 조치
	⑦ 작업장 좌우 피난통로 확보
	⑧ 반입 장비.기계에 대한 안전관리 철저
	⑨ 매설물 이설 및 방호조치

03-2-3	굴착작업 사전조사
1. 개요	
	굴착작업계획 수립 전에 굴착장소 및 그 주변지반에 대해 조사
2. 굴착작업 사전조사 사항 (산업안전보건기준에 관한 규칙 별표4)	
	① 지반 형상·지질 및 지층의 상태
	② 균열·함수·용수 및 동결의 유무 또는 상태
	③ 매설물 등의 유무 또는 상태
	④ 지반의 지하수위 상태

03-2-4	토질조사 내용	기출 15회-9-1)
1. 토질조사 내용 (굴착공사 표준안전 작업지침 제3조)		
	① 주변에 기 절토된 경사면의 실태조사	
	② 지표, 토질의 실태조사	
	- 토질구성(표토, 토질, 암질)	
	- 토질구조(지층의 경사, 지층, 파쇄대의 분포, 변질대의 분포)	
	- 지하수 및 용수의 형상 등	
	③ 사운딩	
	④ 시추	
	⑤ 물리탐사(탄성파조사)	
	⑥ 토질시험 등	

03-2-5	굴착작업계획 수립내용

1. 굴착작업계획 수립내용 (산업안전보건기준에 관한 규칙 별표4)

① 굴착방법 및 순서, 토사등 반출 방법
② 필요한 인원 및 장비 사용계획
③ 매설물 이설 및 보호대책
④ 사업장내 연락방법, 신호방법
⑤ 흙막이 지보공 설치방법 및 계측계획
⑥ 작업지휘자의 배치계획
⑦ 그 밖에 안전.보건에 관련된 사항

03-2-6	굴착작업 시 위험방지

1. 굴착작업 시 토사붕괴, 낙하위험 방지조치 (산업안전보건기준에 관한 규칙 제340조)

① 흙막이 지보공 설치
② 방호망 설치
③ 근로자 출입금지

03-2-7	굴착작업 시 토사등의 붕괴.낙하 예방 점검사항

1. 굴착작업 시 토사등의 붕괴.낙하 예방 점검사항 (산업안전보건기준에 관한 규칙 제338조)

① 작업장소 및 그 주변의 부석·균열의 유무
② 함수·용수 및 동결의 유무 또는 상태의 변화

03-2-8	굴착면의 붕괴 등에 의한 위험방지

1. 굴착면의 붕괴 등에 의한 위험방지 조치 (산업안전보건기준에 관한 규칙 제339조)

① 굴착면 기울기 기준 준수
② 측구 설치
③ 굴착경사면에 빗물 등의 침투에 의한 붕괴예방조치

▲ 붕괴 위험방지조치

▲ 지반의 종류별 굴착면의 기울기
(1.8 모래, 1.2 그 밖의 흙, 1 연암 및 풍화암, 0.5 경암)

03-2-9	토석붕괴의 원인	기출 15회-9-2)
1. 토석이 붕괴되는 외적 원인 (굴착공사 표준안전 작업지침 제28조)		
	① 사면, 법면의 경사 및 기울기의 증가	
	② 절토 및 성토 높이의 증가	
	③ 공사에 의한 진동 및 반복 하중의 증가	
	④ 지표수 및 지하수의 침투에 의한 토사 중량의 증가	
	⑤ 지진, 차량, 구조물의 하중작용	
	⑥ 토사 및 암석의 혼합층두께	
2. 토석이 붕괴되는 내적 원인		
	① 절토 사면의 토질·암질	
	② 성토 사면의 토질구성 및 분포	
	③ 토석의 강도 저하	

03-2-10	붕괴의 형태	
1. 붕괴의 형태 (굴착공사 표준안전 작업지침 제29조)		
	① 토사의 미끄러져 내림(Sliding)은 완만한 경사에서 완만한 속도로 붕괴	
	② 토사 붕괴의 형태는 사면 천단부 붕괴, 사면중심부 붕괴, 사면하단부 붕괴	
	③ 얕은 표층의 붕괴는 지표수와 지하수가 침투하여 경사면이 부분적 붕괴	
	④ 절토 경사면 암반은 파쇄가 진행됨에 따라서 붕괴	
	⑤ 풍화하기 쉬운 암반은 표층부 침식 및 절리발달에 의해 붕괴	
	⑥ 깊은절토 법면 붕괴는 심층부 단층이 전단력, 점착력 저하에 붕괴	
	⑦ 성토 경사면은 빗물, 지표수 침투되어 공극수압 증가 단위중량 증가로 붕괴	

03-2-11	토사 붕괴의 형태	
1. 개요		
	붕괴(collapse)란 파괴토체(비탈면 파괴면 상부에 존재하는 흙의 덩어리)가	
	비탈면에서 떨어져 나가 비탈끝 방향으로 이동한 상태	
1. 토사 붕괴의 형태 (굴착공사 표준안전 작업지침 제29조)		

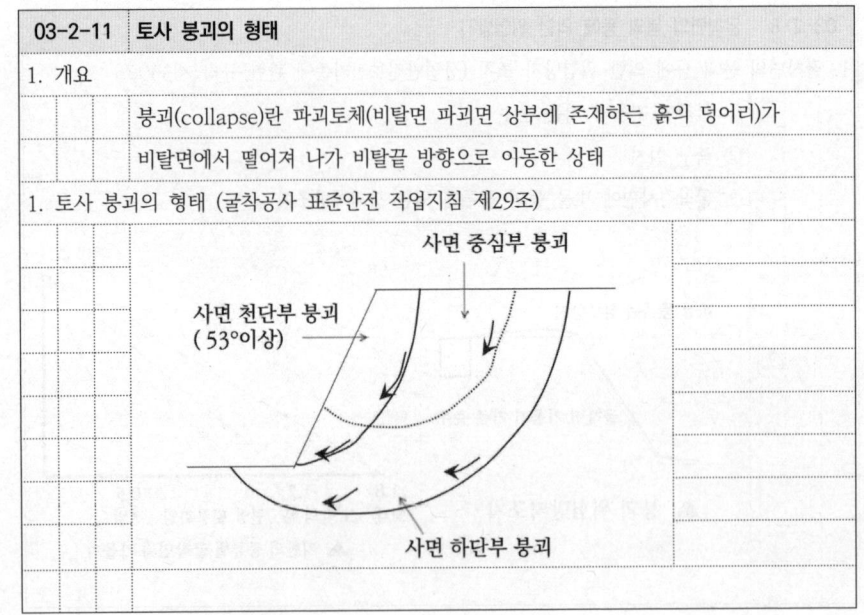

03-2-12	토사 붕괴 메카니즘	
1. 토사 붕괴 메카니즘 (굴착공사 표준안전 작업지침 제29조)		

$$\tau = C + \bar{\sigma}tan\emptyset$$

$$\bar{\sigma} = \sigma - u$$

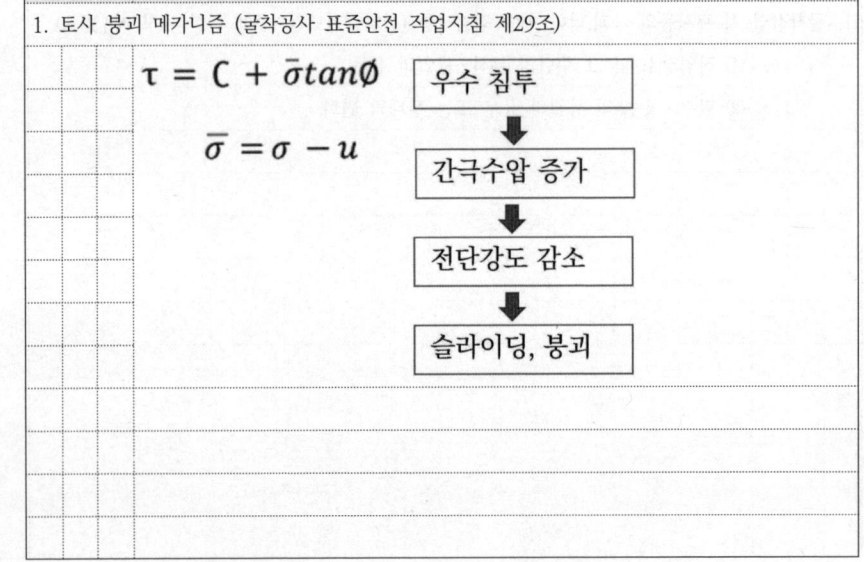

03-2-13 경사면의 안정성 검토

1. 경사면의 안정성 검토사항 (굴착공사 표준안전 작업지침 제30조)
   ① 지질조사 : 층별 또는 경사면의 구성 토질구조
   ② 토질시험 : 최적함수비, 삼축압축강도, 전단시험, 점착도 등의 시험
   ③ 사면붕괴 이론적 분석 : 원호활절법, 유한요소법 해석
   ④ 과거의 붕괴된 사례유무
   ⑤ 토층의 방향과 경사면의 상호관련성
   ⑥ 단층, 파쇄대의 방향 및 폭
   ⑦ 풍화의 정도
   ⑧ 용수의 상황

03-2-14 토사 붕괴 예방조치

1. 토사 붕괴 예방조치 (굴착공사 표준안전 작업지침 제31조)
   ① 적절한 경사면의 기울기 계획
   ② 경사면의 기울기 당초 계획과 차이 발생 즉시 재검토하여 계획 변경
   ③ 활동할 가능성의 토석 제거
   ④ 경사면의 하단부에 압성토 등 보강공법으로 활동 저항
   ⑤ 말뚝(강관, H형강, 철근 콘크리트)을 타입하여 지반을 강화

03-2-15 토사붕괴 예방하기 위한 점검사항   기출 15회-9-3)

1. 토사붕괴 예방하기 위한 점검사항 (굴착공사 표준안전 작업지침 제32조)
   ① 전 지표면의 답사
   ② 경사면의 지층 변화부 상황 확인
   ③ 부석의 상황 변화의 확인
   ④ 용수의 발생 유·무 또는 용수량의 변화 확인
   ⑤ 결빙과 해빙에 대한 상황의 확인
   ⑥ 각종 경사면 보호공의 변위, 탈락 유·무
   ⑦ 점검시기는 작업전 중·후, 비온 후, 인접 작업구역에서 발파한 경우에 실시

03-2-16 굴착작업의 분류

1. 개요
   굴착이란 인력이나 장비를 동원하여 지반을 파는 작업
2. 굴착작업의 분류
   ① 인력굴착
   ② 기계굴착
   ③ 발파굴착

03-2-17 인력굴착 작업 시 준비사항

1. 인력굴착 작업 시 준비사항 (굴착공사 표준안전 작업지침 제5조)
   - ① 작업계획, 작업내용 검토
   - ② 근로자 소요인원 계획
   - ③ 굴착 예정지의 장애물 이설, 제거, 거치보전 계획 수립
   - ④ 지하매설물에 대한 방호조치
   - ⑤ 기기, 공구 및 자재 수량 검토 및 반입방법 계획
   - ⑥ 토사 반출방법을 계획
   - ⑦ 신호체제 확립
   - ⑧ 지하수 유입에 대한 대책 수립

03-2-18 인력굴착 작업 시 준수사항

1. 인력굴착 작업 시 준수사항 (굴착공사 표준안전 작업지침 제6조)
   - ① 안전담당자 지휘하에 작업
   - ② 지반 종류별 굴착면의 높이, 기울기로 진행
   - ③ 굴착면 및 흙막이지보공의 상태 주의하여 작업
   - ④ 굴착면 및 굴착심도 기준 준수
   - ⑤ 굴착 토사나 자재 등 경사면, 토류벽 천단부 주변 적재금지
   - ⑥ 매설물, 장애물 등에 대책 강구
   - ⑦ 용수 등의 배수시설 설치
   - ⑧ 수중펌프 등 전동기기의 누전차단기를 설치 및 작동 확인
   - ⑨ 산소 결핍의 우려 시 안전보건규칙 밀폐공간 내 작업 시의 조치 규정 준수
   - ⑩ 도시가스 누출, 메탄가스 등의 발생 우려 시 화기 사용금지

03-2-19 트렌치 굴착

1. 개요
   - 상하수도 관로 등 매설하기 위해 굴착깊이에 비해 폭을 좁게 굴착하는 것

2. 트렌치 굴착작업 시 준수사항 (굴착공사 표준안전 작업지침 제8조)
   - ① 방호울 설치하여 접근금지 및 안전표지판 설치
   - ② 흙막이 지보공을 설치, 미설치 시 1.5m 이하로 굴착
   - ③ 2m 이상 굴착 시 1m 이상의 폭 확보
   - ④ 흙막이널판만 사용 시 널판길이의 1/3이상 근입장 확보
   - ⑤ 작업책임자의 지시에 따라 지하매설물 방호조치 후 굴착
   - ⑥ 굴착면 천단부 굴착토사, 자재 등 적재금지
   - ⑦ 브레이커 파쇄작업 시 진동 방지 장갑 착용
   - ⑧ 1.5미터 이상 굴착 시 사다리 등 승강설비 설치
   - ⑨ 뒷채움은 30cm 이내마다 충분한 다짐 등 시방 준수
   - ⑩ 굴착된 도랑 내에서 휴식 금지

03-2-20 기계굴착 작업 시 준비사항 기출 13회-3

1. 기계굴착 작업 시 준비사항 (굴착공사 표준안전 작업지침 제10조)
   - ① 공사의 규모, 주변환경, 토질, 공사기간 등 고려한 적절한 기계 선정
   - ② 작업 전 기계 정비 및 점검
     - 헤드가드, 브레이크, 타이어, 경보장치, 부속장치의 상태
   - ③ 정비상태 불량한 기계 투입금지
   - ④ 장비 진입로 및 주행로 확보/ 다짐도, 노폭, 경사도 등 상태 점검
   - ⑤ 굴착된 토사의 운반통로, 장비 운행시 근로자의 비상대피처 등 대책 강구
   - ⑥ 기계 작업반경 내 근로자 출입금지 방호설비, 감시인 배치
   - ⑦ 발파, 붕괴 시 대피장소 확보
   - ⑧ 장비 연료 및 정비용 기구 공구 등 보관장소 적절한지 확인
   - ⑨ 운전자 자격 확인
   - ⑩ 굴착된 토사를 덤프트럭 등 운반할 경우 유도자와 교통정리원 배치

03-2-21 기계굴착 작업 시 준수사항

1. 기계굴착 작업 시 준수사항 (굴착공사 표준안전 작업지침 제11조)

   ① 운전자외 승차 금지/ 운전석 승강장치를 부착
   ② 운전 전 제동장치 등 작동 확인/ 규정된 속도 준수
   ③ 정격용량 초과 가동금지/ 연약지반 작업 시 담당자 배치
   ④ 주행로는 충분한 폭을 확보, 노면의 배수조치
   ⑤ 매설물 확인은 인력 굴착을 선행한 후 기계 굴착 실시
   ⑥ 갱이나 지하실 등 환기 조치
   ⑦ 전선 등 인접하여 붐 선회 작업 시 회전반경, 높이제한 등 방호조치
   ⑧ 위험장소에는 장비 및 근로자, 통행인이 접근금지 표지판을 설치, 감시인 배치
   ⑨ 작업종료 시 바켓을 지면에 내려 놓고 바퀴에 고임목 등으로 받쳐 전락 방지
   ⑩ 작업목적 이외 사용금지
   ⑪ 부속장치 안전담당자가 점검/ 수리 시 안전지주, 안전블록 사용
   ⑫ 헤드가아드 등 견고한 방호장치를 설치 및 전조등, 경보장치 등 부착

03-2-22 굴착기계등에 의한 위험방지

1. 굴착기계 등을 사용하여 굴착작업 시 조치사항 (산업안전보건기준에 관한 규칙 제342조)

   ① 가스도관, 지중전선로 등 공작물이 파손 위험 시 굴착기계 사용 중지
   ② 운행경로 및 토석 적재장소의 출입방법 등 관계 근로자에게 주지시킬 것

03-2-23 발파작업 시 준수사항

1. 발파작업 시 준수사항 (굴착공사 표준안전 작업지침 제12조)

   ① 발파작업은 설계 및 시방에서 정한 발파기준을 준수
   ② 암질변화 구간 시험발파를 선행
   ③ 암질에 따른 발파 시방을 작성하고 진동치, 속도, 폭력 등 발파 영향력을 검토
   ④ 암질변화 구간 및 이상암질의 출현시 암질판별 실시
   ⑤ 발파허용진동치 준수
   ⑥ 발파시방 변경 시 시험발파 실시하고 진동파속도, 폭력, 폭속 등의 조건에 의해 적정한 발파시방이어야 함.

03-2-24 깊은 굴착작업 착공 전 조사사항

1. 깊은 굴착작업 착공 전 조사사항 (굴착공사 표준안전 작업지침 제15조)

   ① 지질 상태 검토 후 작업책임자와 굴착공법 및 안전조치계획 수립
   ② 지질조사 자료 정밀 분석
   ③ 착공지점의 매설물 확인, 이설 및 거치보전 계획
   ④ 지하수위가 높은 경우 토압 계산에 의하여 차수벽 설치계획 수립
   ⑤ 복공구조의 시설은 적재하중 고려, 구조계산에 의한 지보공 설치
   ⑥ 10.5m 이상 굴착 시 계측기기의 설치
   ⑦ 변위량 허용범위 초과의 긴급조치(배면토압 경감조치, 지보공 보완 등)
   ⑧ 히빙, 보일링 사전 긴급대책 강구
   ⑨ 시험발파에 의한 발파시방 준수, 무진동 파쇄방식 계획수립
   ⑩ 배수계획 수립

03-2-25 깊은 굴착작업 시 확인사항

1. 깊은 굴착작업 시 확인사항 (굴착공사 표준안전 작업지침 제16조)
   ① 신호수를 정하고 표준신호방법에 의해 신호
   ② 작업 책임자 배치
   ③ 작업 전 책임자 점검 및 결과 기록
   ④ 산소결핍 위험 시 안전담당자 배치, 산소농도 측정 및 기록
   ⑤ 조명 및 위험 개소 확인

03-2-26 깊은 굴착작업 시 준수사항

1. 깊은 굴착작업 시 준수사항 (굴착공사 표준안전 작업지침 제18조)
   ① 굴착은 계획된 순서에 의해 작업
   ② 작업 전 산소농도 측정(18% 이상), 발파후 환기설비 작동시켜 가스배출 후 작업
   ③ 연결고리구조의 쉬이트파일 틈새 없도록 설치
   ④ 쉬이트파일의 설치시 수직도 1/100 이내
   ⑤ 쉬이트파일의 설치는 양단의 요철부분 겹치고 소정의 핀으로 지반에 고정
   ⑥ 링은 쉬이트파일에 볼트로 긴결하여 설치
   ⑦ 토압이 커서 링의 변형에 스트러트 보강
   ⑧ 용수 신속하게 배수
   ⑨ 수중펌프 감전방지용 누전차단기 설치

03-2-27 지하매설물 인접굴착 작업 시 준수사항

1. 지하매설물 인접굴착 작업 시 준수사항 (굴착공사 표준안전 작업지침 제21조)
   ① 도면 등의 매설물 위치 파악한 후 줄파기작업
   ② 매설물 노출되면 관계기관, 소유자 및 관리자에게 확인시키고 방호조치
   ③ 매설물 이설 및 위치변경, 교체 등은 관계기관과 협의
   ④ 최소 1일 1회 이상은 순회 점검(와이어로우프의 인장상태, 접합부분 확인)
   ⑤ 매설물 관계기관과 협의하여 매설물 파손 방지대책 강구
   ⑥ 가스관과 송유관 등이 매설된 경우 화기사용 금지

03-2-28 굴착공사 시 지하 매설물로 인해 발생할 수 있는 사고 유형

기출 5회-1

1. 굴착공사 시 지하 매설물로 인해 발생할 수 있는 사고 유형
   ① 가스배관 폭발사고
   ② 기름유출로 인한 환경오염 및 화재폭발
   ③ 감전사고
   ④ 통신선로 파손에 의한 통신두절
   ⑤ 상.하수도관 파열로 인한 지반 함몰

03-2-29 매설물 등 파손에 의한 위험방지

1. 매설물 등 파손에 의한 위험방지 조치 (산업안전보건기준에 관한 규칙 제341조)

   ① 매설물 이설, 방호조치

   ② 관리감독자 지휘하에 방호작업 실시

   ▲ 가스관 방호조치

03-2-30 기존구조물에 인접한 굴착 작업시 준수사항

1. 기존구조물에 인접한 굴착 작업시 준수사항 (굴착공사 표준안전 작업지침 제23조)

   ① 기존구조물의 기초상태, 지질조건 및 구조형태 조사

   ② 작업방식, 공법 등 충분한 대책과 작업상의 안전계획을 확인한 후 작업

   ③ 기존구조물 인접 및 하부 굴착 시 진동, 침하, 전도등 외력에 대한 안전성 확인

03-2-31 기존구조물의 지지방법 준수사항

1. 기존구조물의 지지방법 준수사항 (굴착공사 표준안전 작업지침 제24조)

   ① 기존구조물 하부에 파일, 가설슬라브 구조 및 언더피닝공법

   ② 붕괴방지 파일 등에 브라케트를 설치, 지반보강재 충진하여 지반 침하 방지

   ③ 침하예상 시 약액 주입공법, 수평·수직보강 말뚝공법

   ④ 웰포인트 공법 적용 시 그라우팅, 화학적 고결방법

   ⑤ 작업장 주위에 비상투입용 보강재 등 준비

03-2-32 언더피닝

1. 개요

   인접구조물 기초보다 깊게 굴착 시 인접구조물 기초보강 공법

2. 언더피닝 공법 종류

   ① 2중 널말뚝공법

   ② 차단벽 설치 공법

   ③ 현장 콘크리트 말뚝 공법

   ④ 강재 말뚝공법

   ⑤ 주입공법 : 약액주입, LW공법

   ⑥ 배수공법 : well point

03-2-33 언더피닝(Underpinning)공법 적용을 필요로 하는 경우   기출 7회-3

1. 언더피닝(Underpinning)공법 적용을 필요로 하는 경우
   - ① 기존 건축물의 침하에 따른 복원을 위해
   - ② 기존 건축물의 증축으로 인한 지지력 보강을 할 때
     - 사용목적이나 구조적 요구사항이 변경되는 경우
     - 지하 상황의 변화에 의한 지지력이 저하되는 경우
   - ③ 터파기 시 인접건물의 침하 사전에 방지하고자 할 때
     - 인접건물보다 깊게 터파기 시 히빙, 보일링현상에 의해 흙막이가 붕괴되어 인접건물 주위지반이 침하될수 있는 것을 사전에 막기 위해

03-2-34 지반굴착공법의 종류

1. 지반굴착공법의 종류
   - ① 사면 개착 : 굴착부지 여유 시 흙막이, 지보공 없이 굴착
   - ② 버팀보식 개착 : 흙막이벽설치 + 지보공(버팀대, 띠장 등)으로 지지하며 굴착
   - ③ 어스앵커식 개착 : 흙막이벽설치 + 어스탱커
   - ④ 역타공법 : 슬러리월을 본체구조물로 사용 + 지하, 지상 동시 축조해가는 공법

03-2-35 흙막이 공법   기출 14회-3

1. 개요
   - 흙막이 배면에 작용하는 토압에 대응하는 구조물

2. 흙막이공법 분류

벽체형식에 따른 분류	지지 구조형식에 따른 분류
① 엄지말뚝+흙막이 판 벽체	① 자립식
② 강널말뚝(steel sheet pile) 벽체	② 버팀구조 형식
③ 소일시멘트 벽체(soil cement wall)	③ 지반앵커 형식
④ CIP(Cast In Placed Pile)	④ 네일링 형식
⑤ 지하연속벽체	⑤ 경사고임대 형식

03-2-36 흙막이 벽 배면의 지반보강 그라우팅

1. 개요
   - 흙막이 벽 배면의 지반을 강화하여 지반 침하 방지

2. 흙막이 벽 배면의 지반보강 그라우팅
   - ① JSP 공법
   - ② LW 공법
   - ③ SGR 공법
   - ④ 숏크리트 공법

03-2-37 흙막이공법 선정 시 고려사항 기출 12회-8-1)

1. 흙막이공법 선정 시 고려사항
   ① 지형과 지반조건
   ② 지하수위와 투수성
   ③ 주변구조물과 매설물 현황
   ④ 교통조건, 공사비, 공기, 시공성
   ⑤ 공사 시의 소음과 진동
   ⑥ 굴착배면의 지하수위 저하
   ⑦ 주변지반 침하가 미치는 주변 및 환경영향

03-2-38 흙막이 가시설 설치.해체작업 시 주요 재해발생 형태

1. 흙막이 가시설 설치.해체작업 시 주요 재해발생 형태
   ① 버팀대 등 흙막이 가시설 설치.해체작업 시 떨어짐
   ② 천공 장비 사용 시 지반침하에 의한 넘어짐
   ③ 버팀대 등 흙막이 가시설 설치.해체작업 시 떨어짐
   ④ 천공 등 작업 시 토석 떨어져 맞음
   ⑤ 흙막이 가시설 등 중량물 운반 시 떨어져 맞음
   ⑥ 흙막이 설치 불량으로 인한 붕괴
   ⑦ 토압 등 지반 이상현상에 의한 붕괴

03-2-39 흙막이 가시설 설치.해체작업 재해예방대책

1. 흙막이 가시설 설치.해체작업 재해예방대책
   ① 사전조사 및 굴착작업계획 수립
   ② 관리감독자의 지휘하에 작업
   ③ 붕괴 토석 도달범위내 동시작업 금지
   ④ 토사붕괴 예방 점검 및 조치 철저
   ⑤ 흙막이 시설 및 단부에 추락재해 방지시설 설치
   ⑥ 용수발생 시 작업중지, 배수실시, 흙막이 차수 설치 등 조치
   ⑦ 작업장 좌우 피난통로 확보
   ⑧ 반입 장비.기계에 대한 안전관리 철저
   ⑨ 매설물 이설 및 방호조치

03-2-40 흙막이 지보공 붕괴 등의 위험 방지 기출 12회-8-3)

1. 흙막이 지보공 붕괴 등의 위험 방지를 위한 점검사항 (안전보건규칙 제347조)
   ① 부재의 손상·변형·부식·변위 및 탈락의 유무와 상태
   ② 버팀대의 긴압(緊壓)의 정도
   ③ 부재의 접속부·부착부 및 교차부의 상태
   ④ 침하의 정도

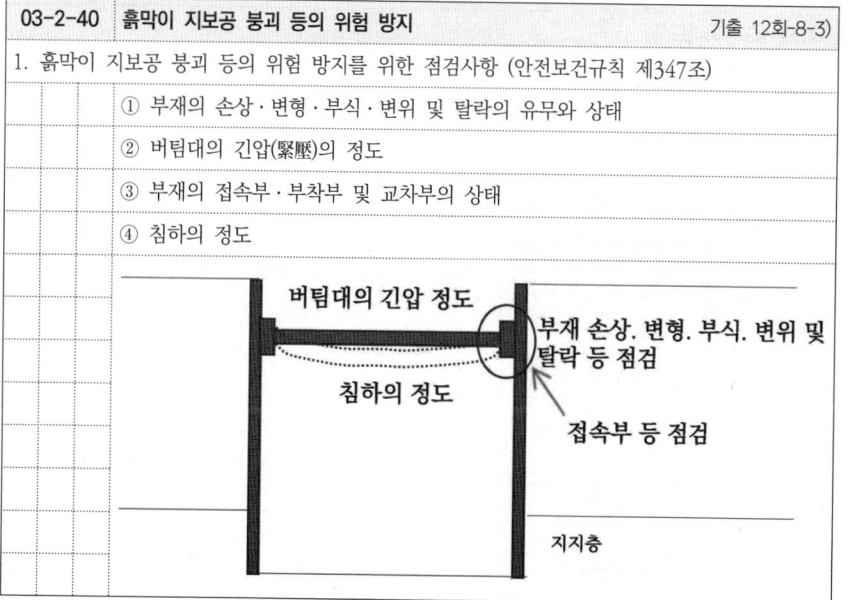

03-2-41 Slurry wall (지하연속벽)

1. 개요
지중 굴착, 철근망 삽입, 콘크리트 타설하여 연속적으로 흙막이 벽체 조성

2. 종류
① 벽식 – 안정액 이용하여 공벽붕괴방지
② 주열식 – 현장타설 콘크리트파일 주열벽 형성(SCW, CIP)

3. 시공순서

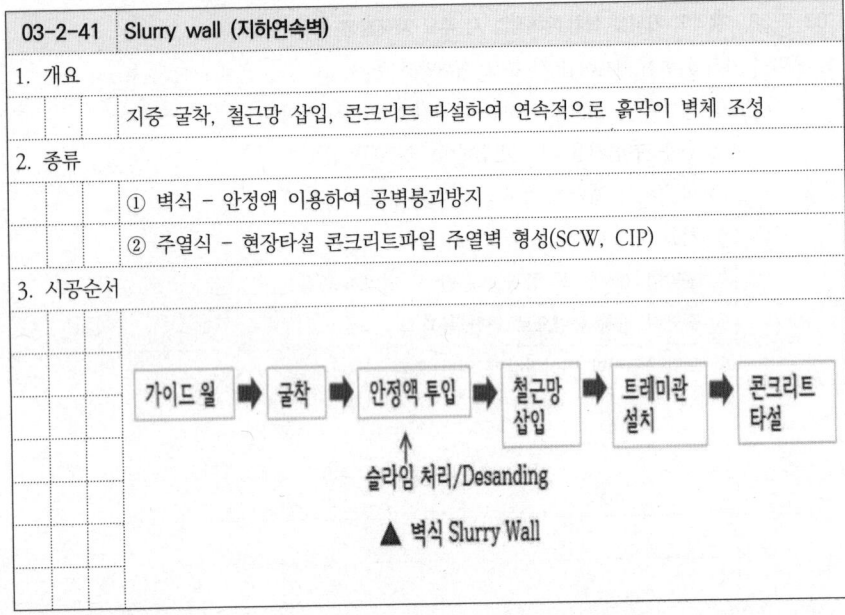

▲ 벽식 Slurry Wall

03-2-42 주열식 Slurry Wall 공법

1. 주열식 Slurry Wall 공법

1) SCW(Soil Cement Wall) 공법
   - 3축오거로 천공 후 지반 흙과 모르타르를 혼합, 보강재 삽입하여 흙막이벽 형성

   (H-Pile 보강재)

2) CIP(Cast In Place Pile) 공법
   - 시추기로 천공 H-Pile과 철근망 삽입 후 콘크리트 타설하여 흙막이벽 형성

   (H-Pile / 철근망)

03-2-43 가이드 월

1. 개요
지하 연속벽 시공 전 지표면의 붕괴방지, 수직도 유지 등을 위해 설치

2. 가이드 월의 역할
① 벽체의 수직도 유지
② 지표면 붕괴방지
③ 철근망 거치대 역할
④ 내외측 토압방지
⑤ 굴착장비 위치보호

03-2-44 안정액   기출 7회-4

1. 개요
굴착공벽의 붕괴를 막고 지반을 안정시키는 비중이 큰 액체

2. 안정액의 역할
① 공벽 붕괴방지
② 부유물 침전 방지
③ 굴착부 마찰 저감
④ 굴착토사 분리배출

3. 안정액의 요구성능
① 굴착벽면 조막성 – 불투성 막
② 적당한 비중
③ 화학적 안정성 : 양이온, Ca이온 영향 ==> 응집 (열화)
④ 물리적 안정성 : 실린더 속 10시간 이상 정치시 불안정

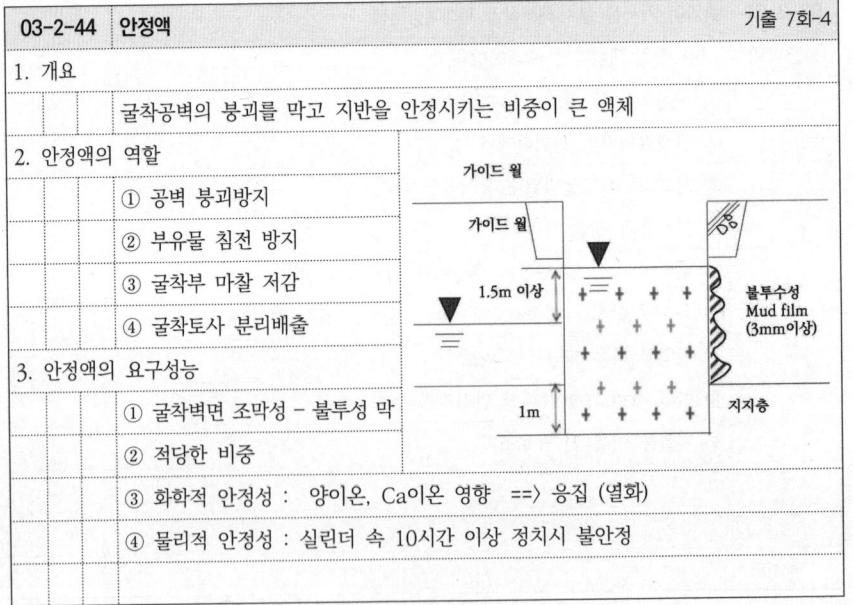

03-2-45 Slime 및 Desanding

1. 개요
   - Slime은 수중굴착시 흙의 고운입자가 안정액과 혼합하여 가라앉은 부유물질
   - Desanding은 슬라임 1차처리(안정액의 품질관리)

2. Slime의 영향
   ① 벽체 하부 지수성 저하
   ② 콘크리트 유동성 저하
   ③ 철근망 부상 초래

3. Desanding
   ① 슬라임 처리
   ② gel화 방지
   ③ 콘크리트 치환능력 향상
   ④ 모래함유율 5%이하 까지 실시

03-2-46 흙막이 시공시 문제점

1. 흙막이 시공시 문제점
   ① 연약 점성토지반의 히빙
   ② 사질토지반의 보일링
   ③ 지반침하 및 앵커시스템 파괴
   ④ 사면활동에 의한 파괴
   ⑤ 지하수 유입 및 유출
   ⑥ 토류벽체의 과도한 수평변위
   ⑦ 뒤채움불량에 배면 지반침하
   ⑧ 좌굴에 의한 띠장 파괴

03-2-47 흙막이 시공시 인접구조물 지반침하, 흙막이 붕괴 원인

1. 흙막이 시공시 인접구조물 지반침하, 흙막이 붕괴 원인
   ① 계측관리 미흡으로 인한 흙막이 변형
   ② 근입깊이 부족등의 시공관리 미흡으로 인한 히빙, 보일링 발생
   ③ 흙막이 배면의 뒷채움 불량
   ④ 강제배수로 지하수위 저하
   ⑤ 피압수 상승
   ⑥ 우수침투로 인한 주동토압 상승
   ⑦ 과굴착

03-2-48 흙막이 시공시 인접구조물 지반침하, 흙막이 붕괴 방지대책

1. 흙막이 시공시 인접구조물 지반침하, 흙막이 붕괴 방지대책
   ① 흙막이벽의 근입깊이 증가
   ② 흙막이 배면 과대 상재하중 제거
   ③ 소단 설치하여 수동토압 증대
   ④ 계측관리 철저
   ⑤ 토류판 배면 약액주입으로 뒷채움 철저
   ⑥ 흙막이 스트러트 좌굴 방지대책 실시
   ⑦ 히빙, 보일링 방지대책 강구
   ⑧ 우수침투 방지대책 실시
   ⑨ 흙막이 강성 확보

03-2-49	소단

1. 개요

   절.성토 및 지하 터파기 시 안정성 확보를 위해 구배를 수평으로 완화한 평탄부분

2. 소단설치 목적

   ① 흙막이 수동토압 증대

   ② 사면 안정성 확보

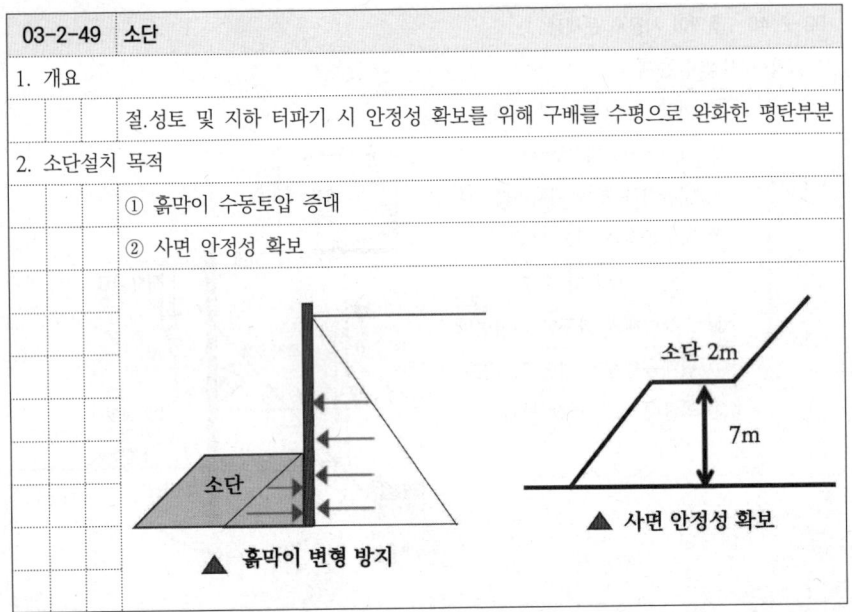

▲ 흙막이 변형 방지   ▲ 사면 안정성 확보

03-2-50	히빙현상　heaving

1. 개요

   흙막이 벽체 내외부의 흙의 중량 차이로 인해 굴착 저면이 부풀어 오르는 현상

2. 히빙현상

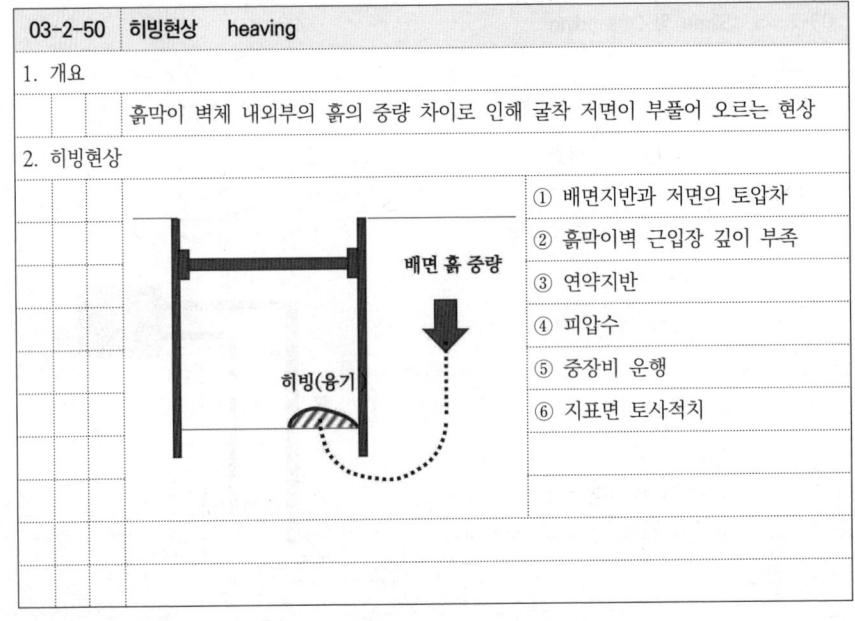

① 배면지반과 저면의 토압차
② 흙막이벽 근입장 깊이 부족
③ 연약지반
④ 피압수
⑤ 중장비 운행
⑥ 지표면 토사적치

03-2-51	boiling 현상

1. 개요

   사질토 지반의 흙막이 배면 지하수위가 굴착저면보다 높을 때 굴착저면 흙과 물이 위로 솟구쳐 오르는 현상

2. boiling 현상

   ① 배면지반과 저면과의 수위차
   ② 포화지반
   ③ 흙막이벽 근입장 깊이 부족
   ④ 굴착저면 사질지반
   ⑤ 피압수

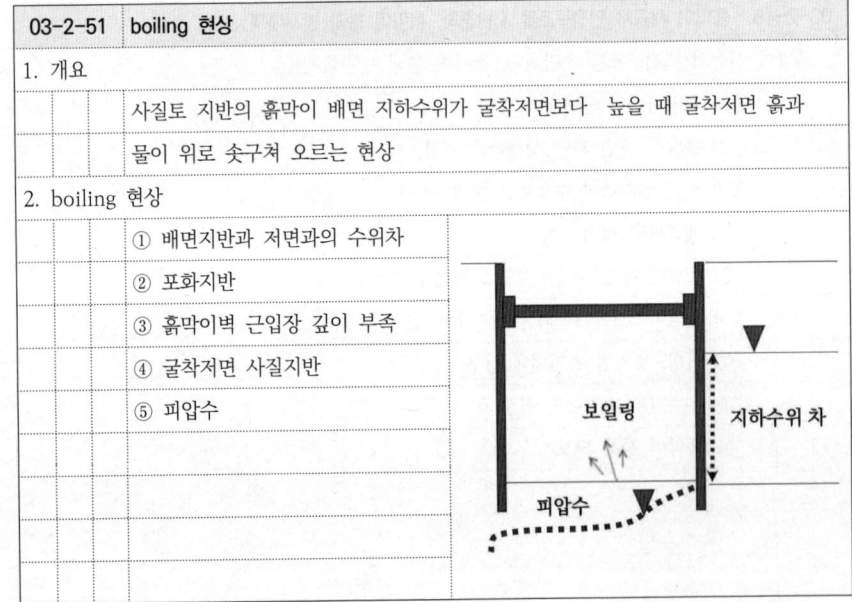

03-2-52	piping 현상

1. 개요

   흙막이 배면에 pipe 모양의 물의 통로가 생겨 흙이 세굴되어 지반침하

2. piping 현상

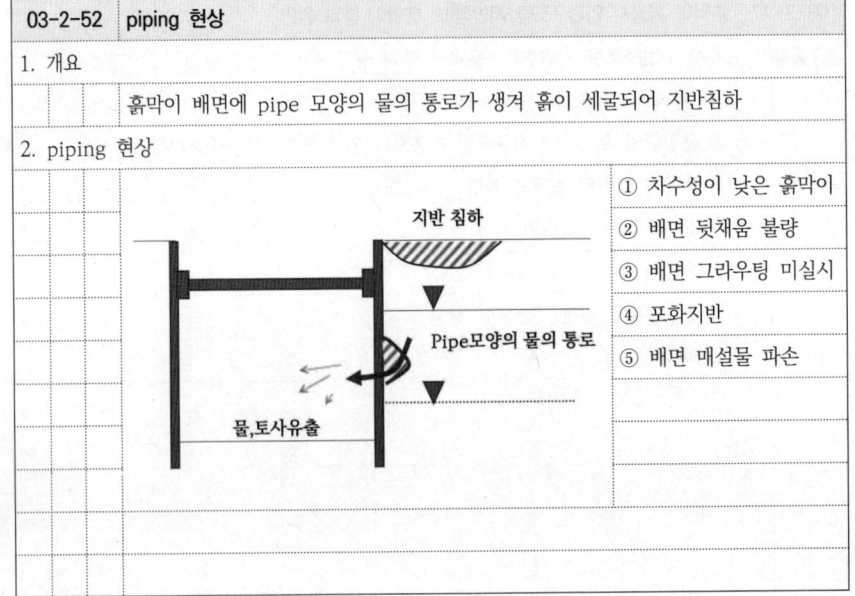

① 차수성이 낮은 흙막이
② 배면 뒷채움 불량
③ 배면 그라우팅 미실시
④ 포화지반
⑤ 배면 매설물 파손

03-2-53 피압수

1. 개요
지반 내 상.하의 불투수층 사이에 높은 압력을 갖는 지하수

2. 피압수 문제점
① 터파기의 용출현상
② 슬러리월의 공벽붕괴
③ 부력발생

(사질토 / 불투수층 / 피압수 / 불투수층)

03-2-54 투수계수

1. 개요
물이 흙의 간극을 통과하여 이동하는 속도

2. Darcy의 법칙
Q= KiA

Q : 침투유량   K : 투수계수

A : 단면적

투수계수 大 ----→ 압밀침하속도 빠름

동수 구배 $i = h/L$

수두 h

투수계수 K
시료 단면적 A

L

03-2-55 침투압

1. 개요
침투수가 흐를 때 흙입자에 가하는 마찰력

2. 침투압
침투압 = 물의 단위중량 * 동수구배 * 심도

침투압 상승 ----→ 분사현상(Quicksand) ------→ 보일링 ------→ 수리구조물 붕괴

3. 용도
① 양압력 산정
② 파이핑 판정

03-2-56 한계동수구배

1. 개요
흙 중의 유효응력이 "0" 일때의 동수구배

상향 침투압이 증가되어 분사현상이 발생할때의 동수구배

2. 한계동수구배
한계동수구배 = (흙의 비중-1)/(1+간극비)

03-2-57 유선망

1. 개요
   유선(물침투 경로)과 등수두선(수두가 같은점 연결선)으로 이루어진 망

2. 유선망

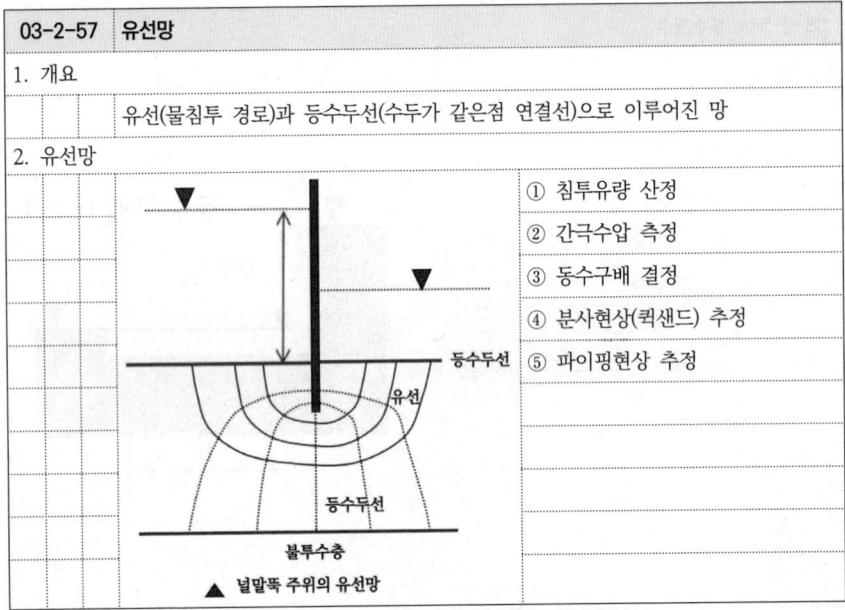

① 침투유량 산정
② 간극수압 측정
③ 동수구배 결정
④ 분사현상(퀵샌드) 추정
⑤ 파이핑현상 추정

03-2-58 Earth Anchor

1. 개요
   흙막이벽 배면을 천공하고 앵커체를 설치하여 주변지반과의 마찰저항으로 토압 및 수압에 저항하는 공법

2. Earth Anchor 구조

03-2-59 Earth Anchor 지지공법의 시공단계별 위험요인

1. Earth Anchor 지지공법의 시공단계별 위험요인
   ① 근로자 작업 시 강선에 찔림 위험
   ② 정착길이 부족으로 무너짐 위험
   ③ 용접작업 중 감전
   ④ 인장력 부족에 따른 흙막이 무너짐 위험
   ⑤ 천공장비 넘어짐 위험

03-2-60 Earth Anchor 지지공법 시공 시 안전대책

1. Earth Anchor 지지공법 시공 시 안전대책
   ① Anchor체는 피아노 강선 형태로 찔림 방지조치 철저
   ② 천공 중 지하매설물 파손 예방을 위해 사전조사 철저
   ③ 정착길이 확보(고정단, 자유단 길이 적정성 검토)
   ④ 천공장비 소단의 지지력 확보
   ⑤ 가설전기 점검
   ⑥ 앵커체 최대 인장력은 항복강도 90% 이내에서 유지되도록 관리
   ⑦ 인장시 강선 파단위험에 주의

03-2-61 Earth Anchor 지지공법 시공 시 안전점검 사항

1. Earth Anchor 지지공법 시공 시 안전점검 사항
   ① 앵커 강선 절단시 띠장 탄성 변형 가능성 점검
   ② 제거식 앵커 강선 인출시 후방 안전거리 확보
   ③ 띠장 브라켓 여유길이, 횡변위 가능성 확인 후 작업 여부
   ④ 파일과 띠장 간격재 해체시 띠장의 탈락 가능성(탄성내재 확인 등)

03-2-62 흙막이 계측   기출 12회-8-2/ 7회-5

1. 개요
   계측이란 설계 및 시공 시에 발생되는 오차, 오류를 보완하기 위해 기구 활용하여 구조물과 지반 등의 거동을 측정하는 행위

2. 흙막이 계측기 종류 (KOSHA C - 103 - 2014)

   (경사계, 균열계, 변형률계, 하중계, 지하수위계, 지중경사계, 지중침하계, 간극수압계, 토압계)

03-2-63 굴착공사 안전을 위한 계측기 배치위치 선정시 고려사항   기출 10회-3

1. 굴착공사 안전을 위한 계측기 배치위치 선정시 고려사항
   ① 굴착이 우선 실시되어 굴착에 따른 지반거동을 미리 파악할 수 있는 곳
   ② 지반조건이 충분히 파악되어 있고, 구조물의 전체를 대표할 수 있는 곳
   ③ 중요구조물 등 지반에 특수한 조건이 있어서 공사에 따른 영향이 예상되는 곳
   ④ 교통량이 많은 곳. 다만, 교통 흐름의 장해가 되지 않는 곳
   ⑤ 지하수가 많고, 수위의 변화가 심한 곳
   ⑥ 시공에 따른 계측기의 훼손이 적은 곳

03-2-64 TOP DOWN 공법   기출 9회-8-2

1. 개요
   지하구조물, 지상구조물을 동시에 구축하는 공사/ 도심지내 주로 사용

2. TOP DOWN 공법 종류 (KOSHA C - 60 - 2015)
   ① 완전 탑다운 공법(Full Top Down)
   - 지하층 전체를 탑다운 공법으로 시공하는 공법
   ② 부분 탑다운 공법(Partial Top Down)
   - 지하층 일부분만 탑다운 공법을 적용하고 나머지 구간은 오픈 컷 공법을 적용
   ③ S.P.S 공법(Strut as Permanent System Method)
   - 지보공 역할을 철골기둥과 보를 이용하여 지보공 역할, 콘크리트 구축
   ④ C.W.S 공법(Buried Wale Continuous Wall System
   - 매립형 띠장공법은 매립형 철골띠장과 슬래브 강막작용을 이용한 역타공법

03-2-65	TOP DOWN 공법 장.단점	기출 9회-8-1)
1. TOP DOWN 공법 장.단점		
	1) 장점	
	① 지상, 지하 동시작업으로 공기단축	
	② 인접건물에 악영향(소음.진동) 적음	
	③ 1층바닥 작업장으로 활용	
	④ 1층 슬래브 선시공하여 우천시 시공가능	
	2) 단점	
	① 공사비 고가	
	② 구조이음 등 기술적으로 난해	
	③ 지하환기, 조명시설 필요	
	④ 철저한 계측관리 요함	
	⑤ 협소한 지하공간으로 굴착장비 선정에 제약	

03-2-66	TOP DOWN 공법 시공순서	
1. TOP DOWN 공법 시공순서		

지하연속벽 → 기둥공사(R.C.D) → 1층 슬래브 및 굴착공사 → 지상층 골조 / 지하층 골조 → 마감공사

03-2-67	TOP DOWN 공사 시 유해.위험요인	
1. TOP DOWN 단위 작업별 유해.위험요인 (KOSHA C - 60 - 2015)		
	1) 지하연속벽 작업	
	① 굴착면 토사유출로 지반침하 발생 시 중장비 넘어짐 위험	
	② 철근망 인양 시 줄걸이방법 불량으로 철근망 떨어져 맞음 위험	
	2) R.C.D 작업	
	- 케이싱 내부로 근로자 떨어짐 위험	
	3) 1층 슬래브 및 굴착작업	
	① 토사 반출작업 시 토사등 떨어져 맞음 위험	
	② 협소한 지하공간으로 굴착장비에 부딪힘 위험	
	4) 골조작업	
	- 철골기둥과 보철근간 접합부 처리 미흡으로 인한 붕괴사고 위험	
	5) 마감작업	
	- 지하층 밀폐공간 작업 시 질식 위험	

03-2-68	TOP DOWN 단위 작업별 안전대책	기출 9회-8-3)/ 7회-1
1. TOP DOWN 단위 작업별 안전대책 (KOSHA C - 60 - 2015)		
	1) 지하연속벽 작업	
	① 굴착면 붕괴방지 및 토사유출 방지를 위한 안정액 관리	
	② 철근망의 조립상태 사전점검 및 철근망 지지할수 있는 줄걸이 방법으로 인양	
	2) R.C.D 작업	
	- 케이싱 상부에 덮개를 설치하거나 주위에 방호울 등 안전시설물 설치	
	3) 1층 슬래브 공사 및 굴착작업	
	① 사용 장비별로 낙하비래 방지대책수립, 골조작업과 복합적 안전관리 수행	
	② 암반 굴착작업은 굴착방법별로 안전작업대책 수립. 시행	
	4) 골조작업	
	- 구조물 붕괴 방지를 위한 구조전문가와 지속적으로 검토 및 보강작입 확인	
	5) 마감공사	
	- 지하층 밀폐공간작업 보건프로그램 시행	

3. 기초

03-3-1 기초공법 분류

1. 개요
구조물의 하중을 지반에 안전하게 전달시키는 최하부 구조부분

2. 기초공법 분류

1) 얕은(직접)기초		-독립기초	
		-매트기초	
		-보상기초	
2) 깊은(말뚝)기초	-재료별	-기성말뚝	-RC, PC, PHC, 강
		-현장타설	-굴착
			-Prepacked공법(CIP,MIP,PIP)
	-공법별	-타입,압입	-레이몬드, 페데스탈, 프랭키
		-매입	-SIP, 중굴
		-굴착	-인력 : 심초공법
			-기계 : 베노토, RCD, 어스드릴
		-케이슨	

03-3-2 얕은기초, 깊은기초

1. 얕은기초, 깊은기초 종류

얕은기초	푸팅기초	독립기초, 복합기초, 연속기초
	전면기초	
깊은기초		선단지지말뚝, 마찰말뚝

2. 얕은기초, 깊은기초 비교

구분	얕은기초	깊은기초
정의	$\dfrac{D}{B} \leq 1$	$\dfrac{D}{B} > 1$
하중	직접전달	pile 등
지반	양호	연약지반

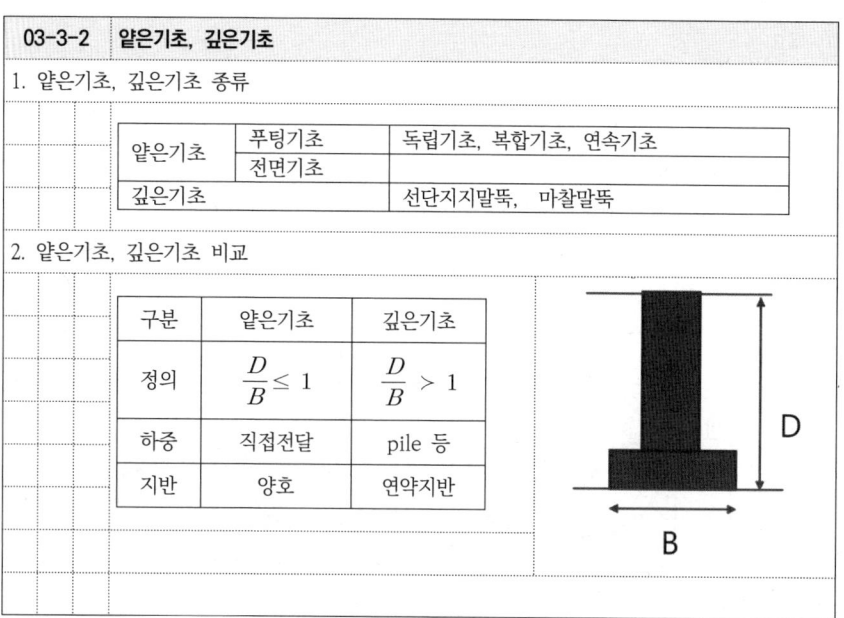

03-3-3 기초 허용지지력

1. 개요
극한 지지력에 대하여 소정의 안전율을 가지며 침하량이 허용치 이하가 되게 하는 하중강도의 최대치를 의미

2. 기초 허용지지력

1) 허용지지력 $(Ra) = \dfrac{극한지지력\,(Ru)}{안전율\,(Fs)}$

   ① 얕은기초 - 지지력에 의해 결정
   ② 깊은기초 - 침하에 의해 결정

2) 극한지지력 (Ru)
   = 선단지지력 (Rb) + 주면마찰력 (Rs)

03-3-4 Top Base공법

1. 개요
짧은 팽이형 콘크리트 파일을 연속압입 설치, 쇄석다짐 후 상부 철근 결속 후 콘크리트 매트 기초타설

2. 원리

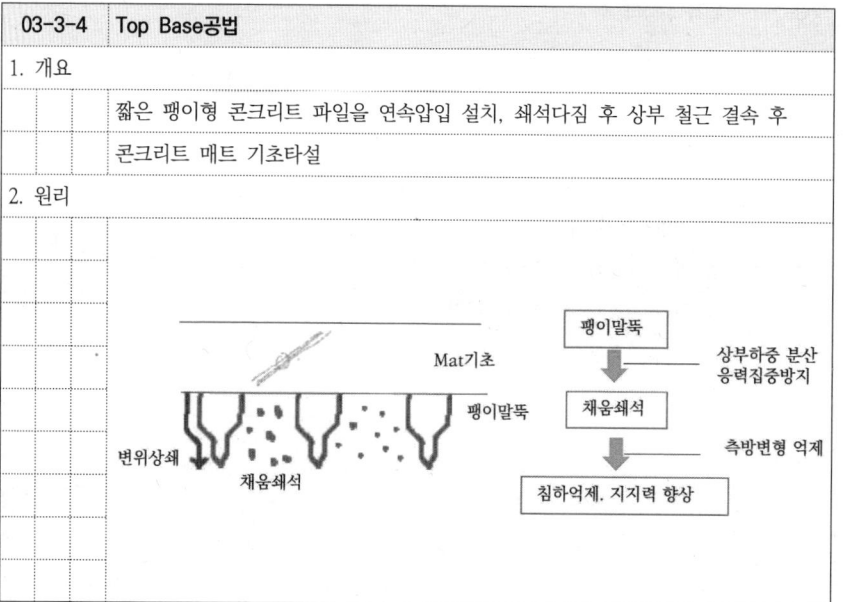

03-3-5 얕은기초 지반 파괴형태   기출 8회-3

1. 개요
   구조물이 과도한 침하로 흙의 극한전단강도가 발휘되는 형태

2. 얕은기초 지반 파괴형태

구분	전반전단파괴	국부전단파괴	관입전단파괴
파괴	전반	국부	관입
토질	단단한 점토, 조밀한 모래	연한 점토, 느슨한 모래	초연약지반
	융기	부분융기	-
변형 형태			

03-3-6 말뚝의 기능상 분류

1. 말뚝의 기능상 분류
   1) 지지말뚝
      ① 상부구조물 하중을 선단지지력에 의해 지지
      ② 현장콘크리트타설 말뚝
   2) 마찰말뚝
      ① 말뚝 타입하여 주면마찰력에 의해 지지
      ② 기성콘크리트 말뚝
   3) 무리말뚝, 다짐말뚝
      ① 말뚝을 무리지어 박아 무른지반 다짐효과

03-3-7 말뚝 시항타

1. 개요
   본항타 관리기준 수립을 위한 시험

2. 시항타 목적
   ① 말뚝 설계의 적정성 확인
   ② 지반조건 확인
   ③ 항타장비 적합성 확인
   ④ 항타 시공 최종 관입량 확정
   ⑤ 지지력 추정

03-3-8 말뚝의 지지력 재하시험의 분류

1. 개요
   말뚝 지지력은 선단부 지지력과 주면 마찰력의 합
   재하시험은 실물시험으로 지지력을 직접적으로 산출

2. 재하시험의 분류
   1) 정재하시험
      ① 압축재하시험
      ② 인발시험
      ③ 수평재하시험
   2) 동재하시험
      ① 초기항타 : 항타에너지, 말뚝건전도 확인
      ② 재항타 : 항타종료 일정시간 후 지지력 변화 확인

03-3-9 정재하 시험, 동재하 시험

1. 개요
1) 정재하시험 : 타입된 말뚝에 실제 하중으로 재하 하여 지지력 측정
2) 동재하시험 : 항타시 말뚝 변형률과 가속도 분석.측정

2. 정재하 시험, 동재하 시험의 비교

구분	정재하 시험	동재하 시험
원리	실제 하중 재하	타격시 변형률, 가속도계 분석
시험방법	복잡	간단
적용	기성말뚝, 현장타설말뚝	기성말뚝
특징	신뢰성	시공성
시험기준	구조물 별로 1회 (동당 1개소) -250본당 : 1회	전체말뚝의 1%이상 -100개소 미만 최소 1개 실시

03-3-10 동재하 시험

1. 개요

항타시 응력과 속도를 분석,측정하여 말뚝의 지지력을 결정

2. 시험방법

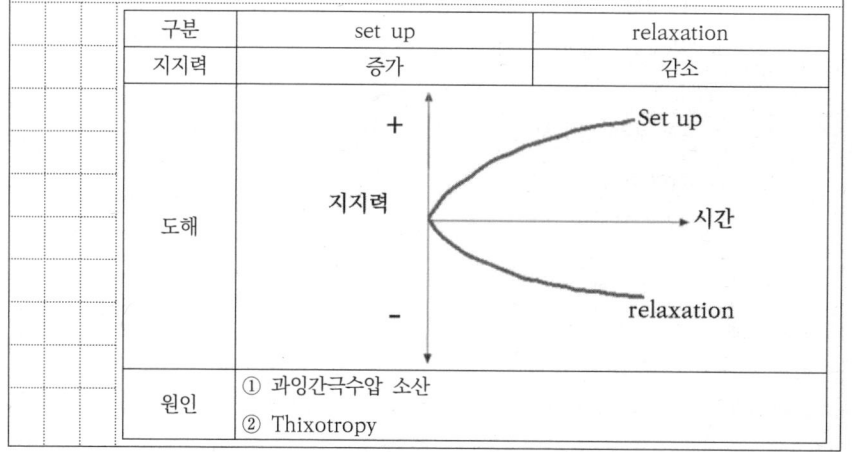

① 초기 동재하 : 파일수량의 1%이상
- 파일지지력 판단(약 80%) : 셋업효과
- 허용지지력 80% 미만 시 관입심도 낮추는 방안 및 추가시험
② 재항타동재하 : 7일 이후 실시
- 주면마찰력20% + 선단지지 판단

03-3-11 말뚝의 건전도 시험

1. 개요

말뚝 지지력에 영향을 줄 수 있는 결함을 감지하기 위해 실시하는 비파괴 시험

2. 말뚝의 건전도 시험의 종류

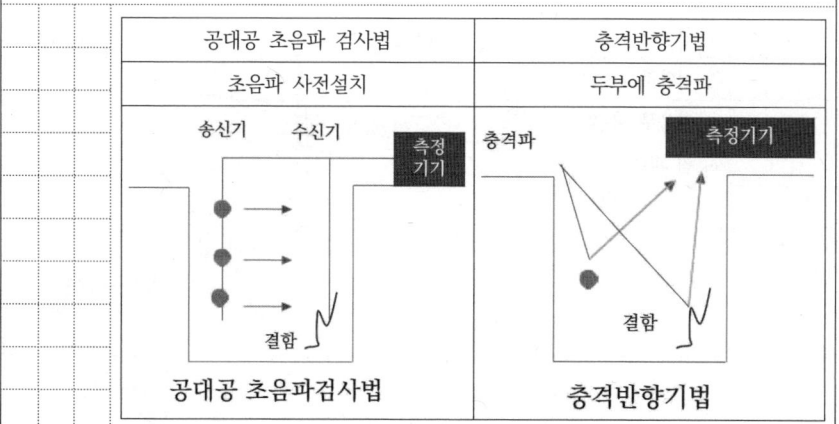

03-3-12 Time Effect

1. 개요

항타 후 시간이 경과하면서 말뚝 지지력이 증가 또는 감소하는 현상

2. Time Effect 분류

구분	set up	relaxation
지지력	증가	감소
도해	\multicolumn{2}{c}{지지력-시간 그래프 (Set up: +, relaxation: -)}
원인	① 과잉간극수압 소산 ② Thixotropy	

03-3-13 정마찰력, 부마찰력, 중립점

1. 개요
1) 정마찰력 : 말뚝 주면에 상향으로 작용하는 마찰력
2) 부마찰력 : 말뚝의 주위 지반이 침하 시 말뚝 주면에 하향으로 작용하는 마찰력
3) 중립점 : 지반의 압밀침하와 말뚝의 침하가 같은 위치

2. 정마찰력, 부마찰력, 중립점

부마찰력 = Rp < NF + P (지지력 증대)

정마찰력 = Rp + PF > P (지지력 증대)

03-3-14 부마찰력

1. 개요
말뚝의 주위 지반이 침하 시 말뚝 주면에 하향으로 작용하는 마찰력

2. 부마찰력의 원인 및 방지대책

원인	방지대책
① 연약층 두꺼울 때	① 진동 지반교란 방지-preloading
② 지하수위 저하	② 이중관 말뚝 사용
③ 연약지반 시공시	③ 무리말뚝
④ 과재 하중	④ 지표면 적재금지
⑤ 파일이음부의 시공불량	⑤ 표면 역청제 도포
⑥ 진동교란 영향	⑥ 표면적이 적은 말뚝 사용
⑦ 침하 지반	⑦ 이음부 강성확보
⑧ 파일간격이 조밀	⑧ 배수공법(수압 변화방지)
	⑨ 연약지반 개량

03-3-15 기성콘크리트 말뚝박기 공법의 종류

1. 기성콘크리트 말뚝박기 공법의 종류
1) 타입(항타)공법
 ① 타격공법 : : 드롭, 디젤 등 햄머
 ② 진동공법 : 바이브로 햄머
2) 매입공법
 ① 프리-보링공법 : SIP
 ② 중굴공법
 ③ 회전공법

03-3-16 말뚝의 파손형태

1. 말뚝의 파손형태
① 두부 파손
② 종방향 균열
③ 횡방향 균열
④ 선단부 파손
⑤ 이음부 파손
⑥ 휨 파손

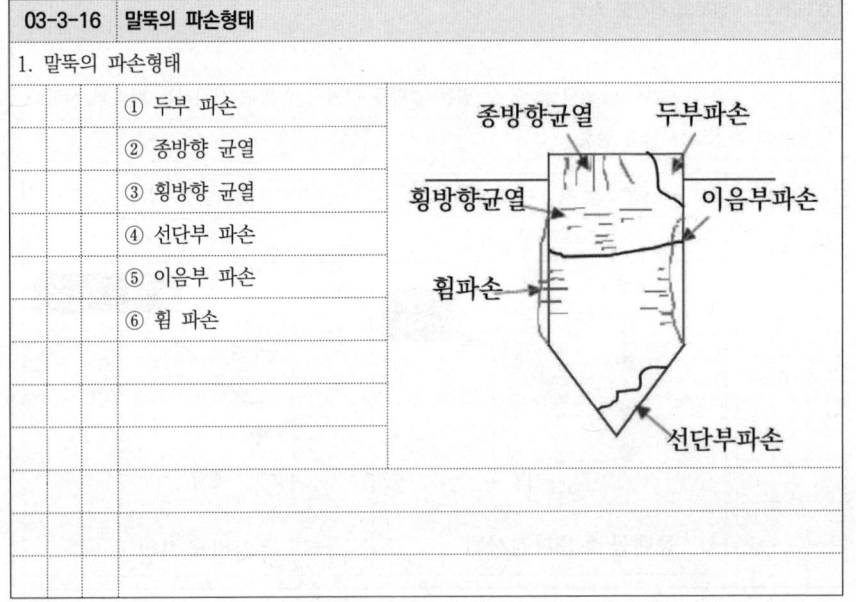

03-3-17 말뚝 파손원인

기출 7회-7-1)

1. 말뚝 파손 원인
   - ① 햄머 용량 과다
   - ② 과잉 항타
   - ③ 쿠션재 보강 부족
   - ④ 편타
   - ⑤ 말뚝 강도 부족
   - ⑥ 이음불량
   - ⑦ 지반 내 지장물
   - ⑧ 파일 적재중 파손

03-3-18 말뚝 파손 방지대책

기출 7회-7-2)

1. 말뚝 파손 방지대책
   - ① 적정 햄머 용량 선택
   - ② 타격에너지, 낙하고 조정
   - ③ 쿠션재 두께 확보
   - ④ 수직도 유지, 축선일치
   - ⑤ 말뚝강도 확보
   - ⑥ 이음부 시공 관리 철저
   - ⑦ 지반조건에 맞는 시공법 선정
   - ⑧ 운반, 보관, 취급 주의

   (도해: 햄머용량 확인 편타 금지 / 축선일치 / 적정 낙하고 / 쿠션재 두께 / 연직도 확인 / 이음부 용접 철저)

03-3-19 기초침하의 분류

1. 기초침하의 분류

구분	균등침하	전도침하	부등침하
기초	강성기초	편심하중	연성기초
지반	균질한 지반	불균질 지반	불균질 지반, 점토
도해			

1) 총침하량 = ① + ② + ③
   - ① 즉시침하량 : 기초에 하중이 가해질 때 지반 압축
   - ② 압밀침하량 : 시간경과에 따라 간극수 배출로 체적 감소
   - ③ 2차침하량 : 유기질토, 점성토에서 Creep에 의한 침하

03-3-20 기초침하의 원인

1. 기초침하의 원인
   - ① 구조물 하중에 의한 지중응력 증가
   - ② 함수비 증가로 인한 지반 지지력 저하
   - ③ 기초파손에 의한 지내력 저하
   - ④ 지중공간의 함몰
   - ⑤ 동상 후 지반 연화로 지지력 저하

03-3-21 구조물 부등침하 원인 및 방지대책   기출 9회-7/ 4회-5

1. 부등침하 원인 및 방지대책

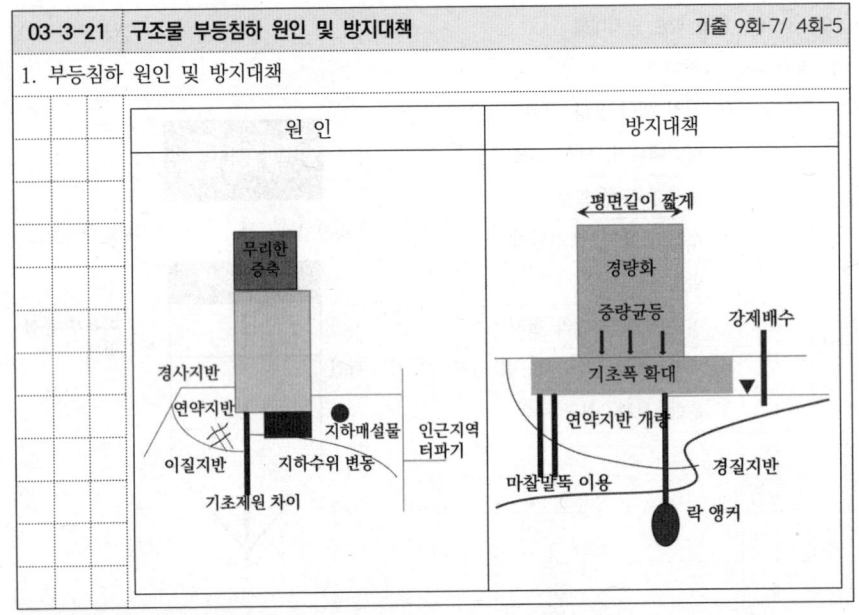

03-3-22 부력

1. 개요

   부력 : 지하수위 하부의 지하층이 받는 상향의 압력

2. 부력

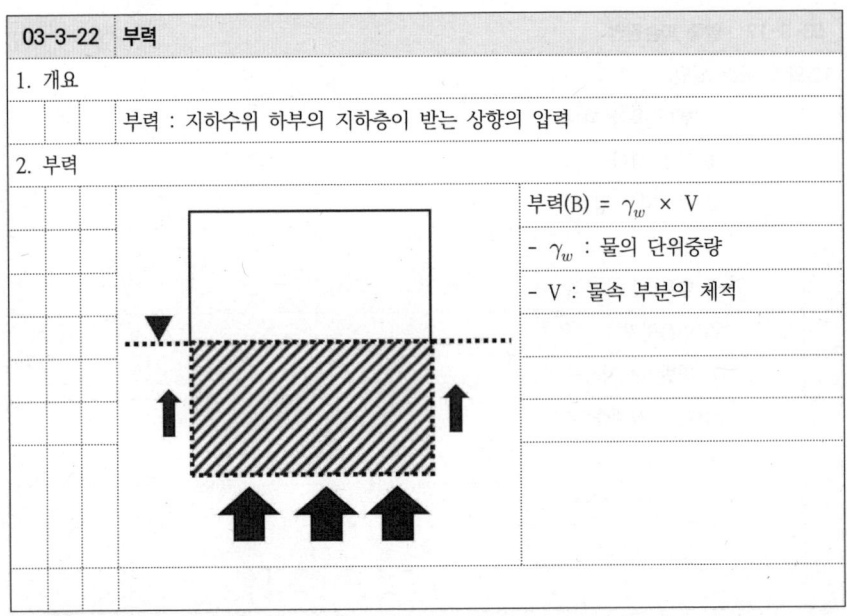

- 부력(B) = $\gamma_w \times V$
- γ_w : 물의 단위중량
- V : 물속 부분의 체적

03-3-23 지하구조물의 부상원인 및 방지대책

1. 지하구조물의 부상원인 및 방지대책

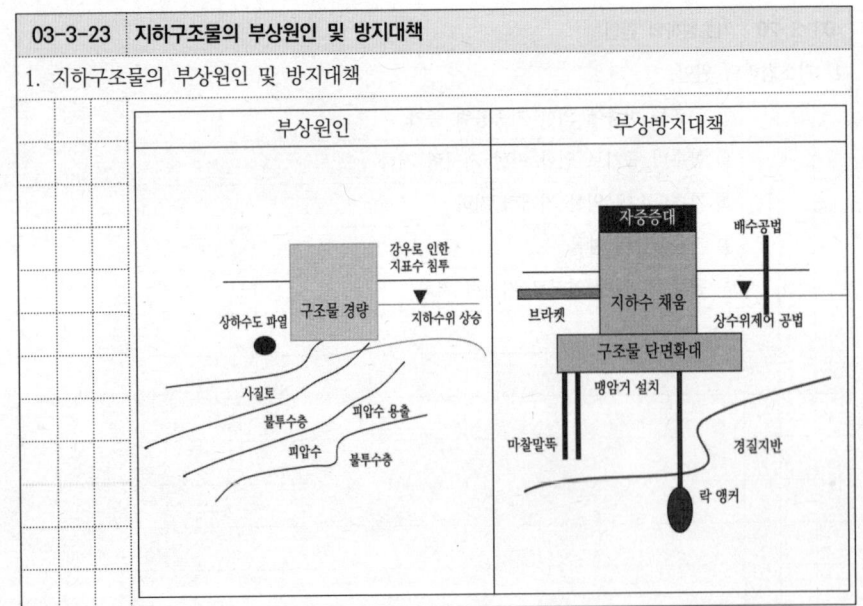

03-3-24 지하수 처리공법

1. 지하수 처리공법의 종류

   1) 배수공법

      ① 중력배수 - 집수정, deep well

      ② 강제배수 - well point, 진공deep well

   2) 영구배수공법

      ① drain mat

      ② trench + 다발관

   3) 상수위 제어공법

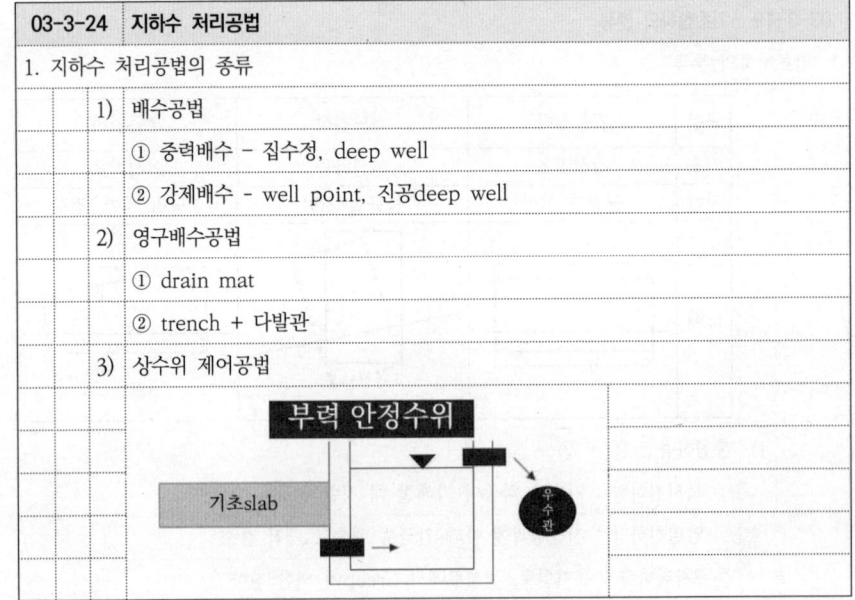

4. 사면

03-4-1 비탈면(사면) 분류

1. 개요
   - 비탈면은 지반의 경사진 면으로 인공비탈면과 자연비탈면으로 구분
2. 인공비탈면 분류
   - ① 쌓기 비탈면
   - ② 깎기 비탈면
3. 규모에 따른 분류
   - ① 2종 시설물
   - : 비탈면높이 30m 이상, 연장 100m 이상인 깎기비탈면
   - (비탈면에 설치되는 높이가 5m 이상, 연장 100m 이상인 옹벽시설물도 해당)
   - ② 대규모 깎기비탈면 : 비탈면높이가 20m 이상인 깎기비탈면
   - ③ 대규모 쌓기비탈면 : 비탈면높이가 10m 이상인 쌓기비탈면

03-4-2 쌓기비탈면 파괴형태   기출 14회-7-1)

1. 개요
   - 파괴(failure) : 지반내부의 응력상태가 지반의 강도를 초과할 때 발생
   - (지반의 균열이나 과도한 변형상태)
2. 쌓기비탈면 파괴형태

비탈면 내 파괴   비탈면 선단파괴   비탈면 저부파괴

유동   평면파괴

03-4-3 깎기비탈면 파괴형태   기출 3회-3-2)

1. 깎기비탈면 파괴형태

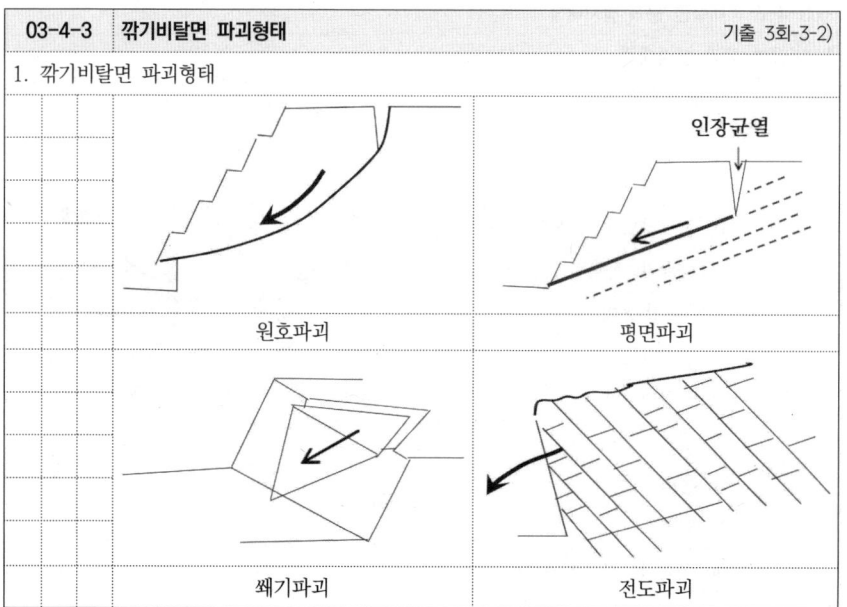

원호파괴   평면파괴

쐐기파괴   전도파괴

03-4-4 비탈면 붕괴 유형

1. 비탈면 붕괴 유형
   - ① 토사 비탈면의 붕괴 : 구성지반이 토층으로 이루어진 사면에서의 붕괴
   - -절토 비탈면의 붕괴 : 인위적으로 지반을 절취하여 생성된 사면에서의 붕괴
   - -성토 비탈면의 붕괴 : 흙을 쌓아서 만든 사면에서의 붕괴
   - ② 암반 비탈면의 붕괴 : 구성지반이 암반으로 이루어진 사면에서의 붕괴

03-4-5　land creep, land sliding (산사태)

1. 비교

구분	land creep	land sliding
원인	지하수위상승→전단강도 감소	호우, 지진 → 전단응력 증가
지형	완경사면 (5-10°)	급경사면 (30° 이상)
발생시기	강우 후 시간 경과시	호우중, 호우직후, 지진발생시
활동속도	느리다	빠르다
형태	연속적	순간적
규모	대규모	소규모
대책	절토, 압성토, 토류벽 옹벽, E/A, S/N	지하수위 저하공법, 옹벽 억지공법(pile), E/A, S/N,

03-4-6　토사 붕괴의 형태　　　　기출 3회-3-1)

1. 개요
붕괴(collapse)란 파괴토체(비탈면 파괴면 상부에 존재하는 흙의 덩어리)가 비탈면에서 떨어져 나가 비탈끝 방향으로 이동한 상태

2. 토사 붕괴의 형태

- 사면 중심부 붕괴
- 사면 천단부 붕괴 (53°이상)
- 사면 하단부 붕괴

03-4-7　비탈면 붕괴원인　　　　기출 14회-7-2),3)

1. 비탈면 붕괴원인 (굴착공사 표준안전 작업지침 제28조)

1) 외적원인 (전단응력 증가)
   ① 사면, 법면의 경사 및 기울기의 증가
   ② 절토 및 성토 높이의 증가
   ③ 공사에 의한 진동 및 반복 하중의 증가
   ④ 지표수 및 지하수의 침투에 의한 토사 중량의 증가
   ⑤ 지진, 차량, 구조물의 하중작용
   ⑥ 토사 및 암석의 혼합층두께

2) 내적원인 (전단강도 감소)
   ① 절토 사면의 토질·암질
   ② 성토 사면의 토질구성 및 분포
   ③ 토석의 강도 저하

03-4-8　비탈면 붕괴 방지대책

1. 비탈면 붕괴 방지대책

1) 억제(보호)공법
   ① 식생공
   ② 숏크리트
   ③ 콘크리트 격자블록
   ④ 돌쌓기, 돌붙임

2) 억지(보강)공법
   ① 억지말뚝
   ② 소일네일링
   ③ 앵커
   ④ 옹벽
   ⑤ 압성토
   ⑥ 절취 등 경사면 완화

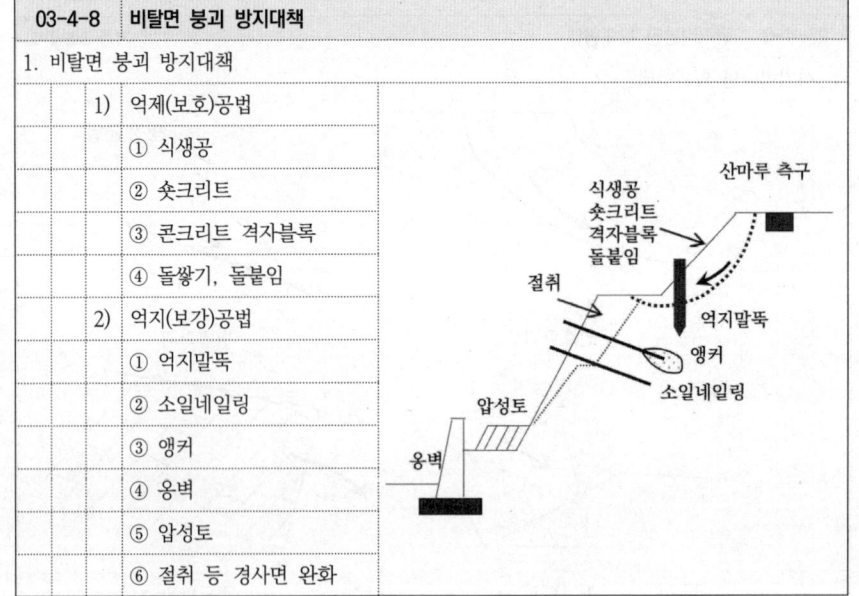

03-4-9	비탈면 안정성 확보 방안

1. 비탈면 안정성 확보 방안
   ① 보강공법 : 앵커, 네일, 록볼트, 억지말뚝
   ② 옹벽공법 : 콘크리트 옹벽, 보강토 옹벽, 돌망태 옹벽, 기대기 옹벽, 돌쌓기 옹벽
   ③ 표면보호공법 : 격자블록 및 돌붙이기, 콘크리트 뿜어붙이기, 비탈면 녹화
   ④ 비탈면 배수시설 : 지표수 배수시설, 지하수 배수시설
   ⑤ 비탈면 안전시설 : 낙석방지망, 낙석방지울타리, 낙석방지옹벽, 피암터널

03-4-10	비탈면의 안정성 검토사항

1. 비탈면의 안정성 검토사항
   ① 지질조사 : 층별 또는 경사면의 구성 토질구조
   ② 토질시험 : 최적함수비, 삼축압축강도, 전단시험, 점착도 등의 시험
   ③ 사면붕괴 이론적 분석 : 원호활절법, 유한요소법 해석
   ④ 과거의 붕괴된 사례유무
   ⑤ 토층의 방향과 경사면의 상호관련성
   ⑥ 단층, 파쇄대의 방향 및 폭
   ⑦ 풍화의 정도
   ⑧ 용수의 상황

03-4-11	암반의 분류방법

1. 암반의 분류방법
   ① 지질학적 암석명에 의한 분류
   ② 공학적 특성을 이용한 점수배점을 이용한 분류 (RMR, SMR 등)
   ③ 강도 및 풍화도를 이용한 분류
   ④ 불연속면의 상태에 따른 분류
   ⑤ 탄성파 속도 및 시공성에 따른 분류방법 등

03-4-12	CORE 회수율 (TCR : test core recovery)

1. 개요
   코어로 시료 채취 시 파쇄되지 않은 상태로 회수되는 정도
   지반의 물성 및 역학적 특성을 파악

2. CORE 회수율

$$TCR = \frac{회수된\ Core\ 길이}{시추한\ 암석\ 길이} * 100$$

   ① RQD 판정
   ② 절리와 층리의 간격파악
   ③ 함유물의 유무
   ④ 암석의 강도 추정

03-4-13 RQD

1. 개요

    암반의 상태를 나타내는 암질지수표

2. RQD 공식

$$RQD = \frac{10cm\ 이상\ cone\ 길이\ 합계}{총\ 시추길이} * 100$$

3. RQD 암질상태

RQD	0-25	25-50	50-75	75-90	90-100
상태	매우 나쁨	나쁨	보통	양호	매우 양호

4. RQD 활용

① Q-SYSTEM 값 산정

② RMR 값 산정

③ 암반사면 구배결정

03-4-14 RMR - Rock mass rating (암반분류법)

1. 개요

    절리, 지하수, RQD 등 평가하여 암반을 5등급으로 분류하는 방법

2. 평가항목

절리상태	절리간격	RQD	일축압축강도	지하수 상태
30 %	20 %	20 %	15 %	15 %

3. 암반등급 분류

등급	I	II	III	IV	V
평가점수	81-100	61-80	41-60	21-40	20이하
상태	매우양호	양호	보통	불량	매우불량

03-4-15 Q-system (암반분류법) 기출 8회-2

1. 개요

    RQD, 불연속면, 불연속면 기울기, 불연속면 변화정도, 지하수 감소계수, 응력감소계수 반영하여 암반을 분류하는 방법

2. 평가방법

$$Q = \frac{RQD}{J_n} \frac{J_r}{J_a} \frac{J_w}{SRF}$$

J_n : 절리군 수
J_r : 절리면 거칠기
J_a : 절리면 변질정도
J_w : 절리내 지하수감소계수
SRF : 응력감소계수

03-4-16 SMR (slope mass rating)

1. 개요

    사면의 등급에 따라 예상되는 파괴형태, 안정성을 예비적으로 평가

2. 암반사면 분류에 의한 사면거동 예측

$$SMR = R + (F_1 + F_2 + F_3) * F_4$$

F_1 : 사면과 절리의 주향방향 차이
F_2 : 사면의 경사방향과 절리의 경사각 차이
F_3 : 절리의 경사
F_4 : 사면의 절취 방법

3. SMR 의한 분류 등급

등급	I	II	III	IV	V
SMR	81-100	61-80	41-60	21-40	0-20
판정	매우 양호	양호	보통	불량	매우 불량
예상 파괴	-	-	쐐기 파괴	평면파괴 큰 쐐기형파괴	대규모 평면파괴 토사형 파괴

03-4-17 불연속면

1. 개요
물리적으로 서로 분리가 된 면으로 인장강도가 존재하지 않는 면(절리, 단층 등)

2. 불연속면 절리와 단층 비교

구분	절리	단층
규모	수cm ~ 수십 m	수십 m ~ 수 km
	지반 횡압력	지각변동
종류	-	정단층, 역단층, 주향단층
영향	암석 붕락	대규모 암반붕괴

3. 불연속면의 방향에 따른 암반 붕괴형태

불연속면	다수+불규칙	일방향	이방향	역방향
붕괴형태	원형	평면	쐐기	전도

03-4-18 암반사면 안전성 평가방법   기출 9회-5

1. 암반사면 안전성 평가방법

1) 현장조사
   ① 지형, 지반, 지질상태, 불연속면, 절리면, 풍화
   ② 표준관입시험, 시료채취
2) 현장시험 - 절리면 경사각, 절리면 거칠기
   슈미트 해머, tilt test, pointload test, profile guage test
3) 암석시험 - 일축압축시험, 삼축압축시험, 절리면 전단시험
4) 사면안정해석
   ① 평사투영법 - 개략적 사면안정 해석
   ② 한계평형법 - 정밀 사면안정 해석
5) 암반분류법 평가 - RMR, Q-system, SMR분류법

03-4-19 절토사면 낙석발생 유형 및 원인

1. 절토사면 낙석발생 유형

탈락형 낙석 / 뜬돌형 낙석

2. 절토사면 낙석발생 원인
① 불연속면(절리, 편리, 층리 등의 갈라진 틈)의 이완현상
② 동결, 융해현상
③ 진동, 충격
④ 구배불량
⑤ 지하수 용출

03-4-20 절토사면 낙석대책 방호공법

1. 절토사면 낙석대책 방호공법
① 피암터널
  - 낙석 규모가 큰 곳
  - 이격부 여유가 없는 곳
② 낙석방지망
③ 낙석방지울타리
④ 낙석방지옹벽

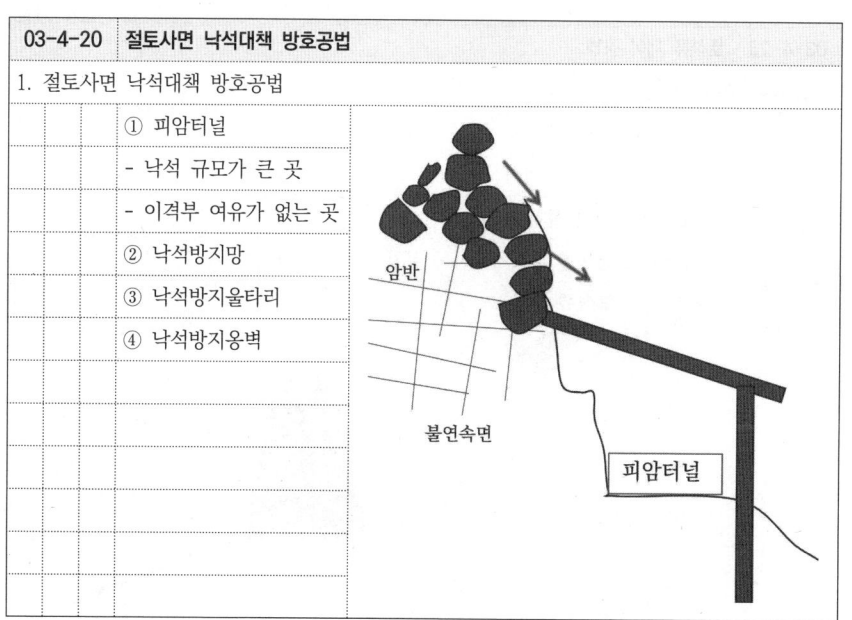

03-4-21	절토 작업 시 준수사항

1. 절토 작업 시 준수사항

① 상부 붕락 위험장소의 작업금지
② 상·하부 동시작업 금지
③ 높은 굴착면은 계단식 굴착, 폭 2m의 소단 설치
④ 2m 이상의 굴착면은 안전대 착용, 붕괴 쉬운 지반은 보강
⑤ 급경사 통로는 사다리 설치, 상·하부 지지물로 고정하여 도괴방지
⑥ 용수 발생 시 즉시 작업 책임자에게 보고
⑦ 우천, 해빙으로 토사 붕괴 우려 시 작업 전 점검, 굴착 천단부 중량물 방치금지
⑧ 경사면 비닐덮기 등 보호 조치
⑨ 발파암반 낙석방지 방호망, 몰타르 주입, 그라우팅, 록볼트 등 방호시설 설치
⑩ 경사면 도수로, 산마루측구 등 배수시설, 안전시설 및 안전표지판 설치
⑪ 벨트콘베이어 사용 시 완만한 경사, 콘베이어 양단면 스크린 설치로 토사 전락방지

03-4-22	토석류

1. 개요

강우시 지반내로 침투된 강우에 의해 지반의 유효응력이 감소하여 파괴된 토체가 비탈면 표면을 따라 마치 유체와 같이 흘러내리는 것

2. 토석류의 형태

03-4-23	토석류 제어 공법

1. 토석류 제어 공법

① 토석류 파쇄공 설치
② 사방댐, 네트공법 설치
③ 토석류 스크린 설치(Rake)
④ 토석류 흐름방향 우회- 토사둑 설치

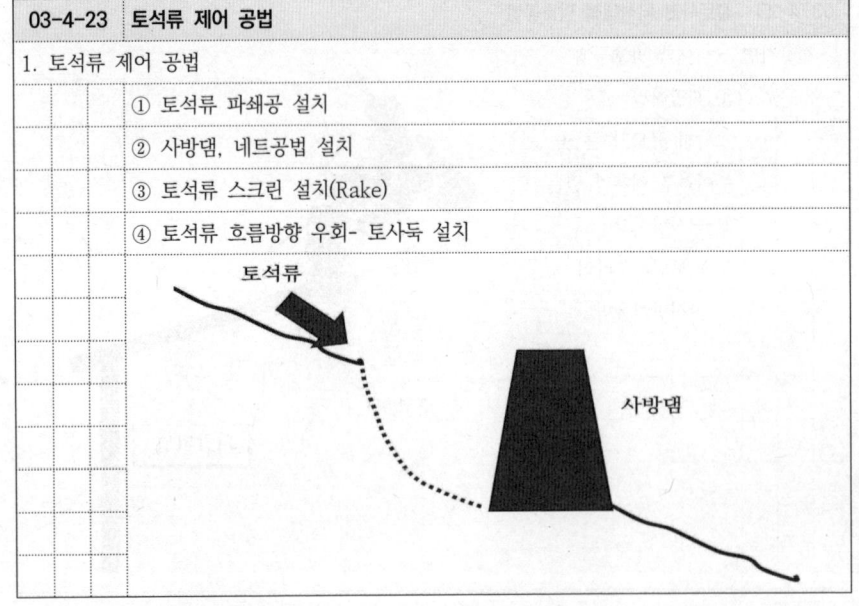

5. 옹벽

03-5-1 옹벽의 분류

1. 개요
   - 옹벽은 토압에 저항하는 구조물로 토지의 최적 이용을 목적으로 설치
2. 옹벽의 분류
   1) 콘크리트 옹벽
      - 중력식 옹벽, 반중력식 옹벽, 캔틸레버 옹벽, 부벽식 옹벽
   2) 보강토 옹벽
      - 판넬식, 블록식 보강토 옹벽
   3) 돌망태 옹벽
   4) 돌(블록)쌓기 옹벽
   5) 기대기 옹벽

03-5-2 옹벽축조 작업 시 준수사항

1. 옹벽축조 작업 시 준수사항
   ① 수평방향 연속시공을 금지, 단위시공 최소화하여 분단시공
   ② 굴착 즉시 버팀 콘크리트를 타설, 기초 및 본체구조물 축조
   ③ 절취경사면 낙석 우려 및 장기간 방치 시 숏크리트, 록볼트, 넷트, 등으로 방호
   ④ 작업위치 좌우에 대피통로 확보

03-5-3 토압계수 (earth pressure coefficient)

1. 개요
   - 연직응력에 대한 수평응력의 비율로서, 정지, 수동, 주동토압계수로 구분
2. 토압계수의 종류
   ① 주동토압(active earth pressure)
      - 옹벽이 뒤채움 반대방향으로 변위가 발생할 때 옹벽배면에 발생하는 토압
   ② 정지토압(at rest earth pressure)
      - 옹벽의 변위가 없을 때 옹벽 배면에 작용하는 토압
   ③ 수동토압(passive earth pressure)
      - 옹벽이 뒤채움 방향으로 변위가 발생할 때 옹벽배면에 발생하는 토압

03-5-4 옹벽의 붕괴 원인

1. 옹벽의 붕괴 원인
   ① 옹벽의 안정성 미확보
   ② 기초지반의 지지력 부족
   ③ 과도한 토압
   ④ 배수불량
   ⑤ 뒷굽길이 부족
   ⑥ 뒷채움 불량
   ⑦ 높이 부적정

03-5-5 옹벽의 붕괴방지대책

1. 옹벽의 붕괴방지대책

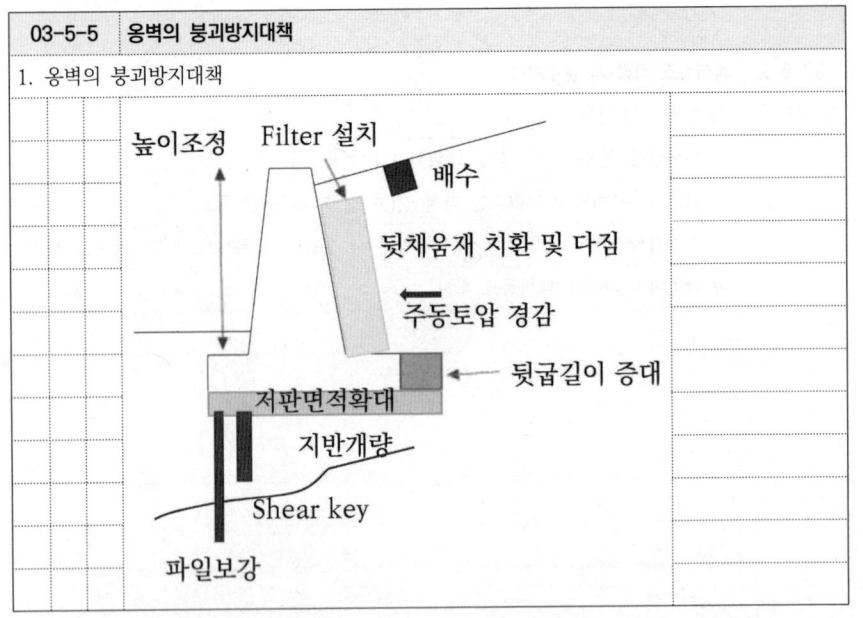

03-5-6 옹벽의 안정성 검토

1. 옹벽의 안정성 검토

검토항목	안전율
활동	FS = 활동저항력/활동력 > 1.5
전도	FS = 저항모멘트/활동모멘트 > 2.0
지지력	FS = 지반의 극한지지력/지반반력 > 3.0
전체안정성	FS > 1.5

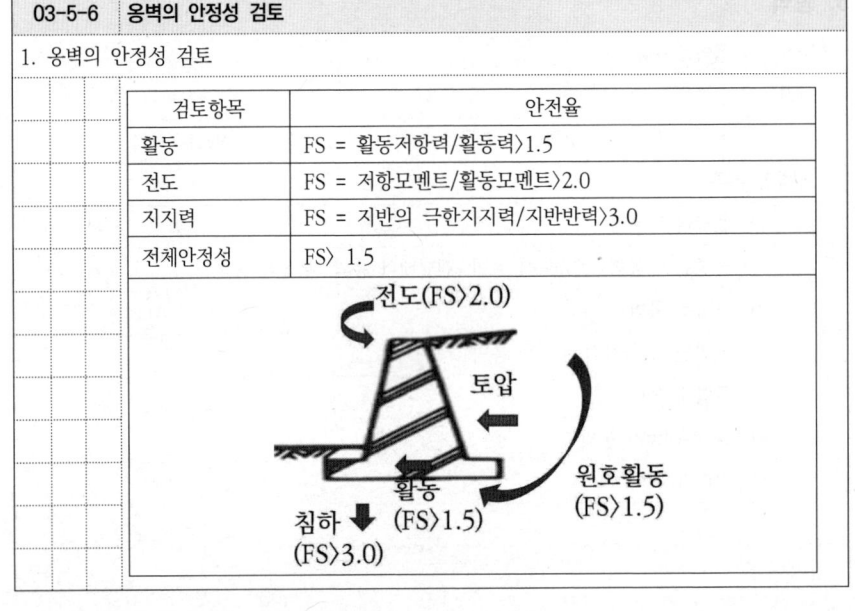

03-5-7 보강토옹벽(reinforced soil retaining wall)   기출 5회-6-1)

1. 개요
금속 또는 섬유 보강재를 이용하여 층층이 쌓아올린 옹벽

2. 보강토 옹벽의 구성요소

① 전면벽체
- 블록식, 판넬식

② 보강재
- 금속, 토목섬유, 지오그리드

③ 뒷채움재
- 내부마찰각 큰 사질토

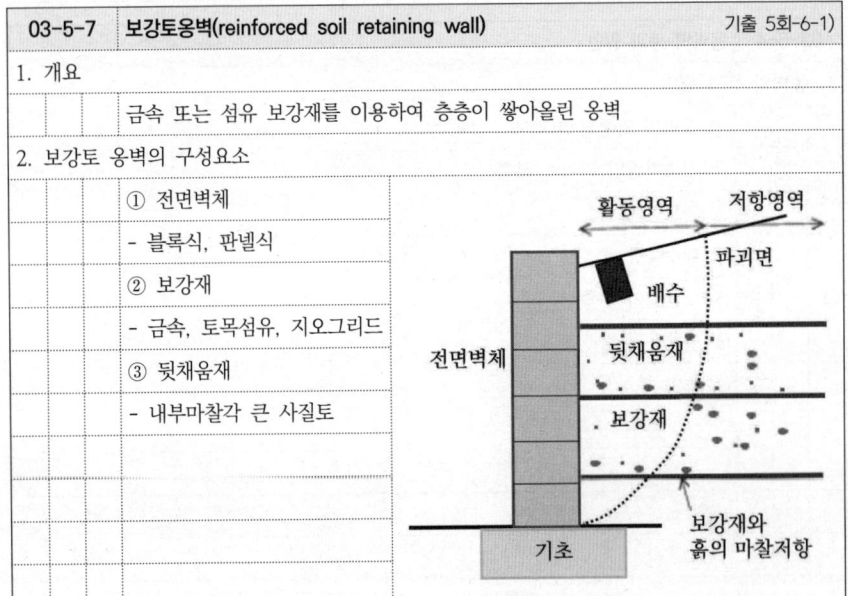

03-5-8 보강토 옹벽 파괴유형   기출 5회-6-3)

1. 보강토 옹벽 파괴유형 (KDS 11 80 10)

1) 외적파괴 형태
   ① 활동
   ② 전도
   ③ 침하
   ④ 원호활동

2) 내적파괴 형태
   ① 수평움직임의 인발파괴
   ② 보강재 파단
   ③ 인발파괴

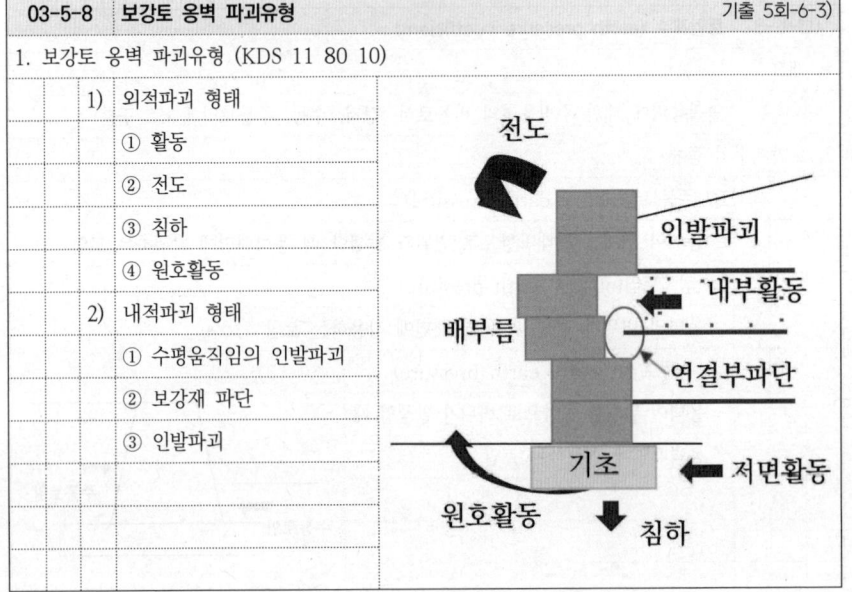

03-5-9	보강토 옹벽 붕괴원인	
1. 보강토 옹벽 붕괴유형별 원인		
	1)	보강토체 변형, 균열
		① 뒷채움 재료 및 다짐불량
		② 침투수
	2)	침하 및 부등침하
		- 연약지반처리 미흡 등 기초지지력 부족
	3)	국부적 붕괴
		- 배면 침투수 유입으로 전면판 붕괴
	4)	보강토체 붕괴
		- 우수 유입 수압증가
	5)	전체사면 붕괴
		- 전체사면 안정성 검토 미실시

03-5-10	보강토 옹벽 붕괴방지대책	기출 5회-6-4)
1. 보강토 옹벽 붕괴방지대책		
	① 양질재료 선정 및 다짐철저	
	② 연약지반 개량	
	③ 배수시설	
	④ 양질의 뒷채움재 사용	
	⑤ 지표수유입 차단	
	⑥ 외적안정성 검토	
	- 활동, 전도, 지지력, 전체안정성	
	⑦ 내적안정성 검토	
	- 인발파괴, 보강재 파단	

03-5-11	보강토옹벽 우수로 인한 붕괴메카니즘
1. 보강토옹벽 우수로 인한 붕괴메카니즘	

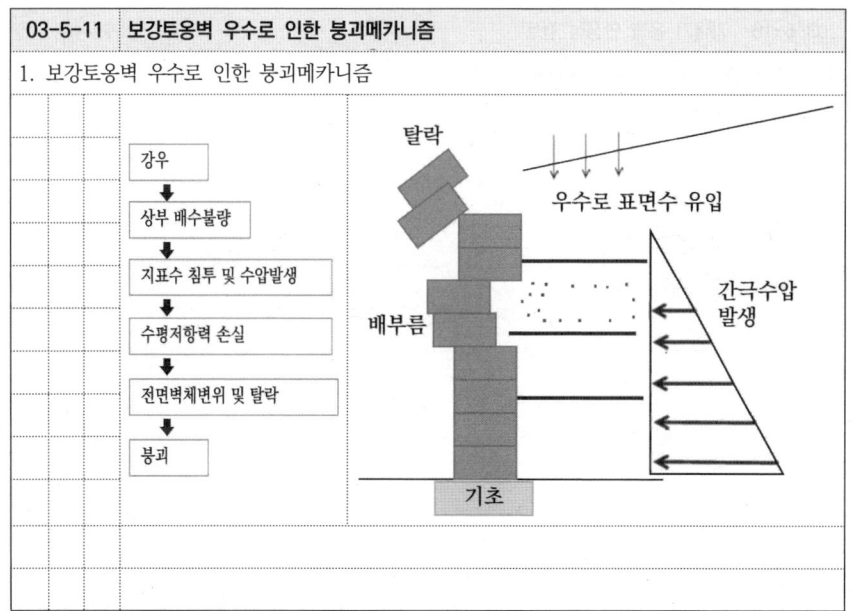

03-5-12	보강토옹벽 배수시설관리
1. 보강토옹벽 배수시설관리	
	① 전면벽체 배면 자갈, 쇄석 등 배수층
	② 배면 집수용 토목섬유 배수재
	③ 보강토체 내부 수평배수층
	④ 배수용 뒷채움재
	⑤ 지표면 배수구
	⑥ 지하 배수구(암거)

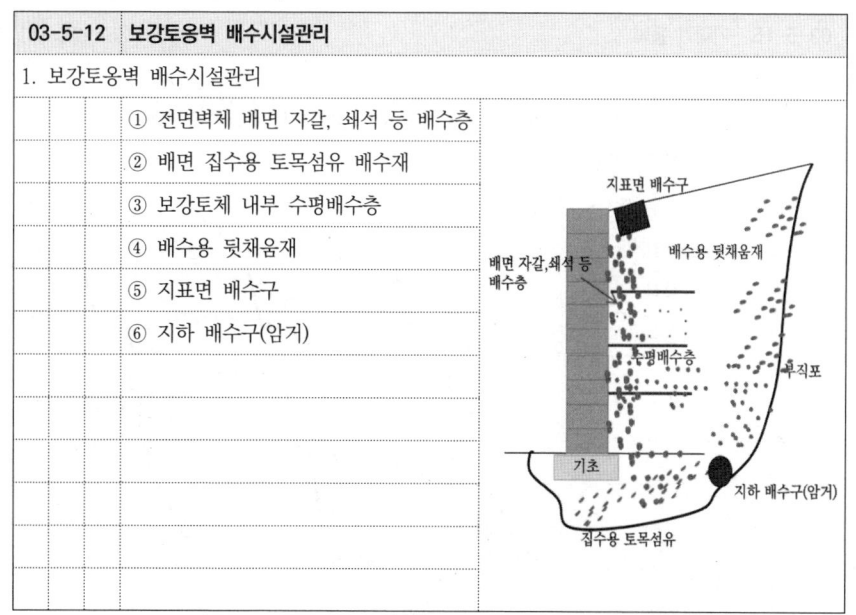

| 03-5-13 | 보강토 옹벽의 안정성 검토 | 기출 11회-7 |

1. 내적안전성 검토사항
   ① 인발파괴
   ② 보강재파단
   ③ 내적활동
   ④ 보강재와 전면벽체의 연결부 파단
   ⑤ 앵커체와 보강재체의 결부의 안전성 검토

2. 외적안정성 검토사항
   ① 저면활동에 대한 검토
   ② 전도에 대한 검토
   ③ 지지력에 대한 검토
   ④ 전체안정성에 대한 검토
   ⑤ 기초지반의 침하에 대한 안정성 검토

| 03-5-14 | 보강토 옹벽 계측관리 | |

1. 보강토 옹벽 계측항목
   ① 균열
   ② 전도
   ③ 변형
   ④ 배부름
   ⑤ 지하수위
   ⑥ 침하

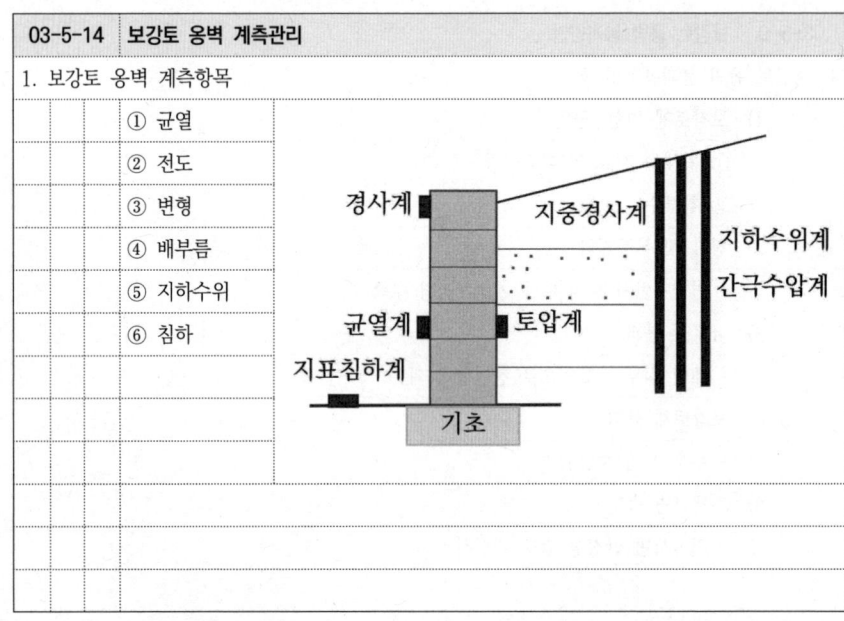

| 03-5-15 | 기대기 옹벽 | 기출 4회-1-1) |

1. 개요
   불안정한 깎기비탈면 표면을 보호하기 위한 목적으로 콘크리트 벽체를 설치하여 암괴 지지시키고 붕괴 방지 목적의 옹벽

2. 기대기 옹벽의 종류 (KCS 11 80 20)
   ① 밑다짐식
   ② 합벽식
   ③ 계단식

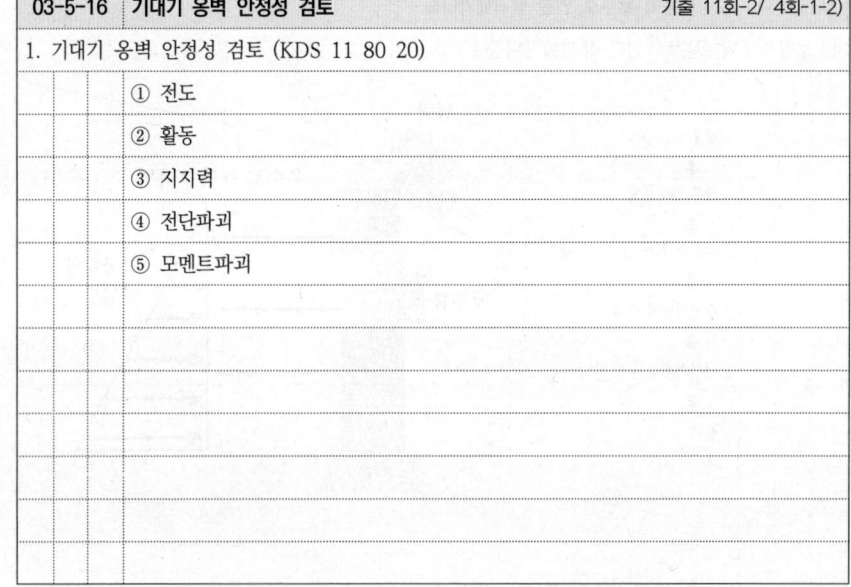

| 03-5-16 | 기대기 옹벽 안정성 검토 | 기출 11회-2/ 4회-1-2) |

1. 기대기 옹벽 안정성 검토 (KDS 11 80 20)
   ① 전도
   ② 활동
   ③ 지지력
   ④ 전단파괴
   ⑤ 모멘트파괴

MEMO

한권으로 끝내는
산업안전지도사 2차 건설안전공학

제 4 장

철근콘크리트 공사

1. 거푸집 및 동바리
2. 철근
3. 콘크리트

제04장 철근콘크리트공사

1. 거푸집 및 동바리

04-1-1 거푸집의 종류

1. 개요
   - 부어넣는 콘크리트가 소정의 형상, 치수를 유지하며 콘크리트가 적합한 강도에 도달하기까지 지지하는 가설구조물

2. 거푸집의 종류

	일반거푸집	목재, 금속재, 알루미늄	
	특수거푸집 (전용품, 대형품)	① 벽전용	갱 폼, 클라이밍 폼
		② 바닥전용	테이블 폼, 플라잉 폼
		③ 벽+바닥	터널 폼
		④ 연속공법	수직 : 슬라이딩 폼, 슬립 폼
			수평 : 트래블링 폼
		⑤ 무지주공법	보우빔, 페코빔
		⑥ 바닥판공법	데크플레이트, 와플폼, half slab, w식
	작업발판	갱 폼, 슬립 폼, 클라이밍 폼, 터널 라이닝 폼	
	일체형 거푸집	그 밖에 거푸집과 작업발판이 일체로 제작된 거푸집 등 (ACS, RCS등)	

04-1-2 거푸집의 구비조건

1. 거푸집의 구비조건
   ① 수밀성
   ② 외력.측압 안정성
   ③ 강성,치수 정확성
   ④ 조립해체 간편성
   ⑤ 이동용이, 전용성

04-1-3 긴결재, 격리재, 간격재의 정의

1. 긴결재, 격리재, 간격재의 정의
   ① 긴결재(폼타이)
   - 거푸집이 굳지 않은 콘크리트 측압에 저항할 수 있도록 잡아주는 부재
   ② 격리재(세퍼레이터)
   - 거푸집이 안쪽으로 축소되어 단면이 작아지는 것을 방지하는 부재
   ③ 간격재(스페이서)
   - 철근과 거푸집의 간격을 유지시켜 피복두께 확보를 도와주는 부재

04-1-4 거푸집 조립 시의 안전조치

1. 거푸집 조립 시 준수사항 (산업안전보건 기준에 관한 규칙 제331조의2)
   ① 거푸집을 조립하는 경우에는 거푸집이 콘크리트 하중이나 그 밖의 외력에 견딜 수 있거나, 넘어지지 않도록 견고한 구조의 긴결재, 버팀대 또는 지지대를 설치하는 등 필요한 조치를 할 것
   ② 거푸집이 곡면인 경우에는 버팀대의 부착 등 그 거푸집의 부상방지 조치

04-1-5	거푸집 등을 조립 등의 작업 시 준수사항	기출 12회-7-2)

1. 거푸집 등을 조립 등의 작업 시 준수사항 (콘크리트공사표준안전작업지침 제6조)
   ① 안전담당자를 배치
   ② 작업장 내의 통로 확인
   ③ 재료, 기구, 공구 인양 시 달줄, 달포대 사용
   ④ 악천후 작업 중지
   ⑤ 작업원 이외의 통행 제한, 슬라브 거푸집 조립 인원 한곳에 집중 배치금지
   ⑥ 사다리, 이동식 틀비계 사용하여 작업 시 항상 보조원 대기
   ⑦ 거푸집 제작장 별도 마련

04-1-6	연속거푸집 조립 등 작업 시 안전대책	

1. 연속거푸집 조립 등 작업 시 안전대책
   ① 관리감독자 지휘 감독
   ② 가설구조물 안전성 검토
   ③ 야간작업 계획수립(조명, 작업자 휴식, 이동통로 설치계획)
   ④ 바람등 풍압에 대한 안전성 검토
   ⑤ 충분한 강도 climbing (80kgf/m2)
   ⑥ 피뢰침 설치
   ⑦ 추락방지, 낙하방지시설 설치
   ⑧ 안전모, 안전대 체결

04-1-7	작업발판 일체형 거푸집	기출 6회-6-1)

1. 작업발판 일체형 거푸집 (산업안전보건 기준에 관한 규칙 제331조의3)
   ① 갱 폼(gang form)
   ② 슬립 폼(slip form)
   ③ 클라이밍 폼(climbing form)
   ④ 터널 라이닝 폼(tunnel lining form)
   ⑤ 그 밖에 거푸집과 작업발판이 일체로 제작된 거푸집 등

04-1-8	작업발판 일체형 거푸집의 안전조치	기출 6회-6-2)

1. 갱 폼의 조립등의 작업 시 준수사항 (산업안전보건 기준에 관한 규칙 제331조의3)
   ① 근로자에게 작업절차 주지시킬 것
   ② 구조물 내부에서 갱폼 작업발판으로 출입할 수 있는 이동통로 설치
   ③ 갱 폼의 지지,고정철물 이상유무 수시점검 및 교체
   ④ 조립,해체시 갱폼 인양장비에 매단 후 작업
   ⑤ 근로자 탑승 채 갱폼의 인양작업 금지

2. 갱 폼외 조립등의 작업 시 준수사항
   ① 거푸집 연결 및 지지재의 변형 여부 등 확인
   ② 조립 등 작업장소 출입금지 조치
   ③ 콘크리트 양생기간 준수 및 거푸집 이탈, 낙하 방지를 위해 견고하게 지지
   ④ 인양 장비에 매단 후 작업하는 등 낙하.붕괴.전도 위험방지 조치

| 04-1-9 | 갱폼해체 및 반출작업 시 위험성 평가의 위험요인 | 기출 8회-6-1) |

1. 인적요인
   ① 반출차량 적재함에 적재중 차량 적재함에서 추락
   ② 안전모 등 개인보호구 미착용하고 작업중 부딪히거나 추락
   ③ 작업자가 무리하게 갱폼 외부로 나와 작업중 추락
   ④ 안전대 미착용하고 갱폼 해체작업 중 갱폼과 벽체 사이로 추락

| 04-1-10 | 갱폼해체 및 반출작업 시 위험성 평가의 위험요인 | 기출 8회-6-2) |

1. 물적요인
   ① 인양용 보조로프가 파단되면서 갱폼 낙하
   ② 갱폼 해체중 갱폼상의 볼트등의 낙하
   ③ 전동공구로 절단 및 볼트 해체중 누전으로 감전
   ④ 고압가스절단기로 갱폼 해체중 화재

| 04-1-11 | 갱폼해체 및 반출작업 시 위험성 평가의 위험요인 | 기출 8회-6-3) |

1. 작업방법
   ① 해체작업 하부에 통제조치하지 않고 갱폼 해체중 자재 낙하
   ② 해체 인양하여 운반중 돌풍에 의한 갱폼 낙하
   ③ 타워크레인으로 갱폼 체결하지 않고 볼트 해체하던 중 갱폼과 함께 낙하
   ④ 관리감독자 미배치 상태에서 작업중 갱폼 또는 자재 낙하
   ⑤ 갱폼을 1줄걸이로 체결하여 갱폼 요동에 의한 충돌

| 04-1-12 | 갱폼해체 및 반출작업 시 위험성 평가의 위험요인 | 기출 8회-6-4) |

1. 기계장비
   ① 지게차로 상차작업 중 후진하는 지게차에 충돌
   ② 인양용 후크에 해지장치 없이 사용중 로프가 후크에서 탈락하면서 갱폼 낙하

04-1-13 갱 폼

1. 개요
   - 동일 단면 구조물에서 외부벽체 거푸집과 거푸집 설치·해체작업 및 미장·치장(견출)
   - 작업발판용 케이지(Cage)를 일체로 제작하여 사용하는 대형 거푸집

2. 갱폼 조립 등 작업 시 안전대책
   - ① 관리책임자가 해체작업 지휘
   - ② 인양고리 비파괴검사 확인, 용접불량 확인
   - ③ 하부 출입금지 경계표시, 감시자 배치
   - ④ 작업발판 고정 확인
   - ⑤ 안전난간대, 수직사다리 설치
   - ⑥ 양중용 wire rope 점검
   - ⑦ 악천후시 작업중지
   - ⑧ 전단볼트 사전 해체 금지
   - ⑨ 갱폼 해체전 콘크리트 강도 확인

(그림: 인양고리, 상부케이지, 하부케이지, 볼트)

04-1-14 거푸집 및 동바리 점검사항

1. 거푸집 점검사항 (콘크리트공사표준안전작업지침 제7조)
   - ① 직접 거푸집을 제작, 조립한 책임자가 검사
   - ② 기초 거푸집을 검사할 때에는 터파기 폭
   - ③ 거푸집의 형상 및 위치 등 정확한 조립상태
   - ④ 거푸집에 못이 돌출되어 있거나 날카로운 것 돌출된 사항

2. 지주(동바리) 점검사항
   - ① 부동침하 방지조치
   - ② 강관지주(동바리) 사용 시 접속부 나사 등의 손상상태
   - ③ 이동식 틀비계 사용 시 바퀴의 제동장치

04-1-15 콘크리트 타설 시 거푸집 점검사항

1. 콘크리트 타설 시 거푸집 점검사항 (콘크리트공사표준안전작업지침 제7조)
   - ① 거푸집의 부상 및 이동방지 조치
   - ② 건물의 보, 요철부분, 내민부분의 조립상태 및 콘크리트 타설시 이탈방지장치
   - ③ 청소구의 유무 확인 및 콘크리트 타설시 청소구 폐쇄 조치
   - ④ 거푸집의 흔들림을 방지하기 위한 턴 버클, 가새 등의 필요한 조치

04-1-16 거푸집의 해체작업 시 준수사항

1. 거푸집의 해체작업 시 준수사항 (콘크리트공사표준안전작업지침 제9조)
   - ① 해체 순서에 의해 실시, 안전담당자를 배치
   - ② 콘크리트 자중, 시공중 기타 하중에 충분한 강도를 가질 때까지는 해체금지
   - ③ 안전 보호장구를 착용
   - ④ 관계자 외 출입금지
   - ⑤ 상하 동시 작업금지
   - ⑥ 구조체 무리한 충격, 지렛대 사용금지
   - ⑦ 거푸집의 낙하 충격으로 인한 돌발적 재해 방지
   - ⑧ 박혀있는 못, 날카로운 돌출물 즉시 제거
   - ⑨ 재사용, 보수할 것 선별, 분리하여 적치, 정리정돈

04-1-17 동바리의 유형

1. 개요
   - 타설 된 콘크리트가 소정의 강도를 얻을 때까지 거푸집 및 장선·멍에를 적정
   - 위치에 유지시키고, 상부하중을 지지하는 부재

2. 동바리의 유형
   ① 파이프 서포트
   ② 강관틀 지주
   ③ 조립 강주식 지주
   ④ 윙 서포트
   ⑤ 수평지지보(보우빔/ 페코빔)
   ⑥ 시스템 서포트

04-1-18 동바리 조립 시의 안전조치

1. 동바리 조립 시 준수사항 (산업안전보건 기준에 관한 규칙 제332조)
   ① 침하방지조치 - 받침목, 깔판의 사용, 버림 콘크리트 타설 등
   ② 동바리 상하 고정 및 미끄럼 방지조치
   ③ 상부·하부의 동바리 수직선상에 위치하도록 하여 깔판·받침목에 고정시킬 것
   ④ 개부구 상부에 동바리 설치 시 견고한 받침대 설치
   ⑤ U헤드가 없는 동바리의 상단에 U헤드 설치하고 멍에 전도 및 이탈방지 조치
   ⑥ 동바리의 이음은 같은 품질의 재료를 사용할 것
   ⑦ 강재의 접속부 및 교차부는 볼트·클램프 등 전용철물을 사용
   ⑧ 깔판, 받침목은 2단 이상 설치 금지(거푸집의 형상에 따른 부득이한 경우 제외)
   ⑨ 깔판, 받침목을 이어서 사용하는 경우에는 그 깔판·받침목을 단단히 연결할 것

04-1-19 동바리로 사용하는 파이프 서포트 조립 시의 안전조치

1. 개요
   - 외관, 내관, 꽂기핀으로 구성되어 있으며 내관에는 받이판, 외관에는 바닥판이
   - 용접되어 지지하는 구조 (산업안전보건 기준에 관한 규칙 제332조의2)

2. 동바리로 사용하는 파이프 서포트 조립 시 준수사항
   ① 3개이상 이어서 사용금지
   ② 이어서 사용 시 4개이상의 전용철물
   ③ 3.5m초과 시 2m이내마다 수평연결재 2개 방향 설치 및 변위방지 조치

   ① 3개이상 이어서 사용금지
   H〉3.5m
   ② 4개 이상의 전용철물
   ③ 수평연결재 2개 방향 설치
   2m 이내

04-1-20 동바리로 사용하는 강관틀의 경우 조립 시의 안전조치

1. 개요
   - 슬래브 거푸집의 층고가 높은 경우에 강관틀을 동바리 부재로 조립

2. 동바리로 사용하는 강관틀의 조립 시 준수사항 (산업안전보건 기준에 관한 규칙)
   ① 강관틀과 강관틀 사이에 교차가새를 설치
   ② 최상단 및 5단 이내마다 동바리의 측면과 틀면의 방향 및 교차가새의 방향에서 5개 이내마다 수평연결재를 설치하고 변위를 방지할 것
   ③ 최상단 및 5단 이내마다 동바리의 틀면의 방향에서 양단 및 5개틀 이내마다 교차가새의 방향으로 띠장틀을 설치할 것

04-1-21 동바리로 사용하는 조립강주의 경우 조립 시의 안전조치

1. 개요

    층고가 높거나 스팬이 긴 경우, 슬래브 두께가 매우 커서 지지력이 큰 지주가 요구될 때 강주를 조립하여 사용하는 구조

2. 동바리로 사용하는 조립강주의 조립 시 준수사항 (산업안전보건 기준에 관한 규칙)

    ① 높이가 4미터를 초과하는 경우에는

    높이 4미터 이내마다 수평연결재를

    2개 방향으로 설치 및 변위를 방지할 것

04-1-22 시스템 동바리 조립 시의 안전조치

1. 개요

    규격화·부품화된 수직재, 수평재 및 가새재 등의 부재를 현장에서 조립

2. 시스템 동바리 조립 시 준수사항 (산업안전보건 기준에 관한 규칙)

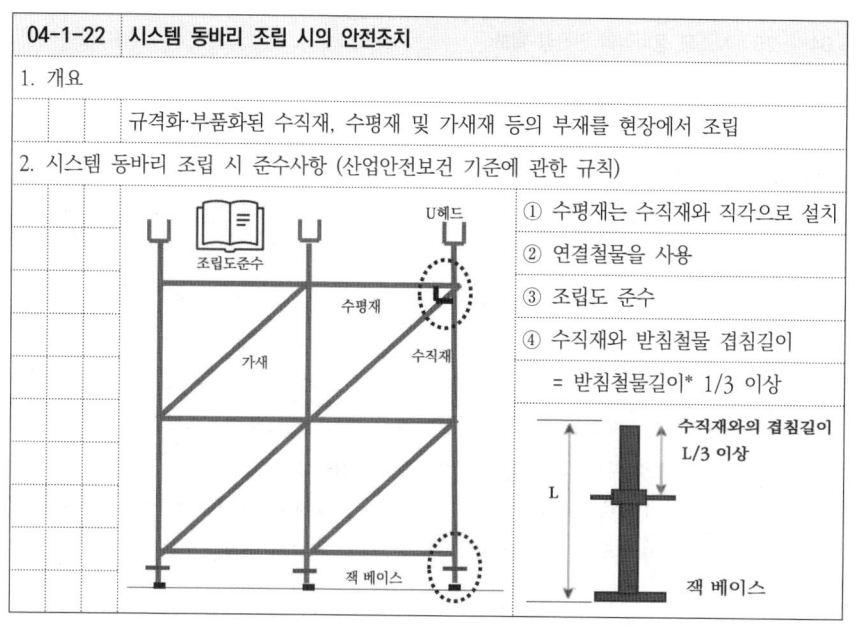

① 수평재는 수직재와 직각으로 설치

② 연결철물을 사용

③ 조립도 준수

④ 수직재와 받침철물 겹침길이

= 받침철물길이* 1/3 이상

04-1-23 보 형식의 동바리의 경우 조립 시의 안전조치

1. 개요

    강제 갑판, 철재트러스 조립 보 등 수평으로 설치하여 거푸집을 지지하는 동바리

2. 보(Beam)형식의 동바리 종류

    ① 호리 빔(Horry Beam)
    ② 페코 빔(Pecco Beam)
    ③ 보우 빔(Bow Beam)

3. 보(Beam) 동바리 조립 준수사항

    ① 접합부 결침길이 확보

    지지물에 고정시켜 미끄러짐 방지

    ② 동바리 사이에 수평연결재 설치

    ③ 설계도서 준수하여 설치

04-1-24 거푸집 및 동바리 조립·해체 등 작업 시의 준수사항

1. 거푸집 및 동바리 조립·해체 등 작업 시의 준수사항 (산업안전보건 기준에 관한 규칙)

    ① 해당 작업을 하는 구역에는 관계 근로자가 아닌 사람의 출입을 금지할 것

    ② 비, 눈, 그 밖의 기상상태의 불안정한 경우에는 작업 중지할 것

    ③ 재료, 기구 또는 공구 등을 올리거나 내리는 경우 달줄·달포대 등을 사용

    ④ 낙하·충격에 의한 돌발적 재해를 방지하기 위하여 버팀목을 설치하고

    거푸집 및 동바리를 인양장비에 매단 후에 작업을 하도록 조치를 할 것

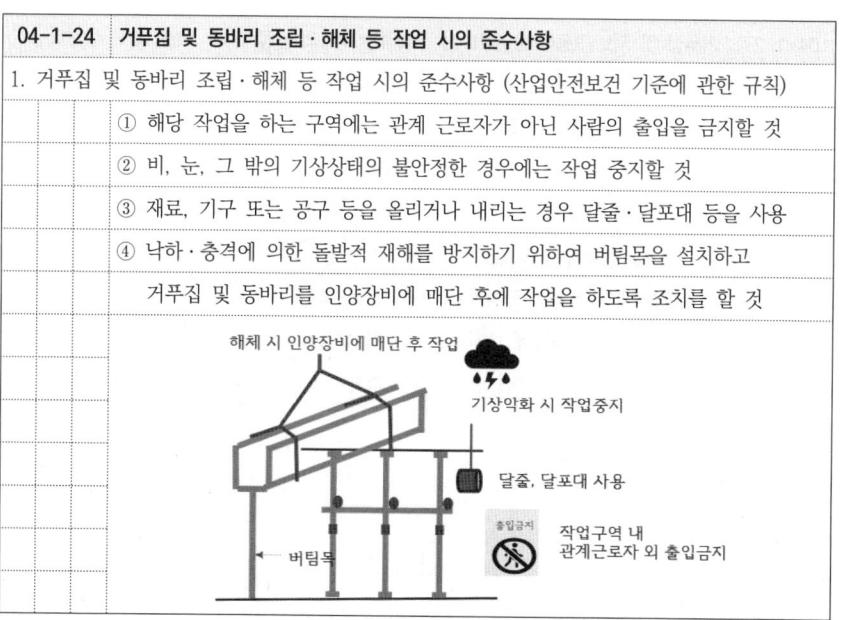

04-1-25 시스템 동바리의 안전성 확보   기출 12회-9-1)

1. 지주 형식 동바리 시공 시 준수사항

① 동바리를 설치하는 높이는 단변길이의 3배 초과금지
　-수평버팀대 설치로 전도 및 좌굴에 대한 구조안전성 확인된 경우 3배 초과가능
② U헤드 밑면으로부터 최상단 수평재 윗면, 조절형 받침철물 윗면으로부터
　최하단 수평재 밑면까지의 순간격이 400mm 이내가 되도록 설치
③ 수평재와 수평재 사이에 수직재의 연결부위가 2개소 이상 되지 않도록 설치
④ 가새재는 수평재 또는 수직재에 핀. 클램프 등으로 견고하게 결합하여 이탈방지
⑤ 동바리 최하단에 설치하는 수직재는 받침철물의 조절너트와 밀착하게 설치
⑥ 멍에는 U헤드의 중심에 위치(편심하중 방지), 전도되거나 이탈되지 않도록 고정
⑦ 변형 및 부식 등 심하게 손상된 자재는 사용금지
⑧ 경사진 바닥에 설치할 경우 고임재 등을 이용하여 동바리 바닥이 수평이 되도록
　하여야 하며, 고임재는 미끄러지지 않도록 바닥에 고정

04-1-26 시스템 동바리의 안전성 확보   기출 12회-9-2)

1. 보 형식 동바리 시공 시 준수사항

① 양단은 지지물에 고정하여 움직임 및 탈락을 방지하여야 한다.
② 보와 보 사이에는 수평연결재를 설치하여 움직임을 방지하여야 한다.
③ 보조 브라켓 및 핀 등의 부속장치는 소정의 성능과 안전성을 확보
　시공하여야 한다.
④ 보 설치지점은 콘크리트의 연직하중 및 보의 하중을 견딜 수 있는 견고한
　곳이어야 한다.
⑤ 보는 정해진 지점 이외의 곳을 지점으로 이용해서는 아니 된다.

04-1-27 거푸집 및 지보공(동바리) 설계 시 고려하는 하중의 종류   기출 10회-4/ 3회-6-1)

1. 거푸집 및 지보공(동바리) 설계 시 고려하는 하중의 종류

① 연직방향 하중 : 거푸집, 지보공(동바리), 콘크리트, 철근, 작업원, 타설용 기계
　기구, 가설설비등의 중량 및 충격하중
② 횡방향 하중 : 작업할때의 진동, 충격, 시공오차 등에 기인되는 횡방향 하중
　이외에 필요에 따라 풍압, 유수압, 지진 등
③ 콘크리트의 측압 : 굳지않은 콘크리트의 측압
④ 특수하중 : 시공중에 예상되는 특수한 하중
⑤ 상기 1~4호의 하중에 안전율을 고려한 하중

04-1-28 거푸집 동바리 안전성 검토   기출 3회-6-2)

1. 거푸집 동바리 안전성 검토 (KOSHA C - 20 - 2006)

하중계산 ➡ 응력계산 ➡ 단면계산

1) 하중계산

① 연직하중 : 고정 + 작업하중
② 콘크리트 측압
③ 풍하중
④ 수평하중 : 풍압, 유수압
⑤ 특수하중 : 편심하중, 매설물의 양압력, 장비하중 등

2) 응력계산

- 휨모멘트, 전단력, 최대처짐량

3) 단면계산

- 장선, 멍에 등 간격, 동바리좌굴 검토

04-1-29 거푸집 동바리 설계 시 붕괴 유발요인

1. 설계 시 붕괴 유발요인
   ① 하중조합에 의한 해석 미실시
   ② 설계하중에 대한 안전성 검토 누락
   ③ 좌굴 안전성 검토 미흡
   ④ 측압에 대한 Form tie 안전성 미검토

04-1-30 거푸집 동바리 안전성 확보 방안

1. 설계 시 안전성 확보 방안
   ① 구조검토 및 조립도 작성.이행 준수
   ② 모든 설계하중 안전성 검토
   ③ 하중조합 안전성 검토
   ④ 재사용 허용응력 저감 적용
   ⑤ 2차원,3차원 구조해석 안전성 검토

04-1-31 거푸집 동바리 시공 시 붕괴 유발요인

1. 시공 시 붕괴 유발요인
   ① 조립도 이행 미 준수
   ② 콘크리트 타설 안전수칙 미 준수
   ③ 수직재 좌굴하중 감소 방지조치 미흡
   ④ 수평연결재 설치기준 미 준수
   ⑤ 수직재 연결핀 미 설치
   - 타설중 부상변형에 따른 인발력 안정성 미비

04-1-32 좌굴

1. 개요
   축방향 압축력을 받는 기둥이 횡방향으로 변형하는 것

2. 좌굴 원인
   ① 세장비가 큰 부재
   ② 하중의 집중
   ③ 편심하중 작용

3. 거푸집 동바리 좌굴 방지대책
   ① 가새 설치
   ② 수평연결재 2m마다 2방향 설치
   ③ 수직도 관리로 편심하중 방지
   ④ 집중하중 방지(자재적치 제거)
   ⑤ 강성을 갖춘 부재 선정

04-1-33 측압

1. 개요
   - 콘크리트 유동성에 의해 수직부재에 작용하는 수평방향의 압력

2. 측압 상승 요인
   ① 슬럼프 클수록
   ② 타설속도 빠를수록
   ③ 단면두께 클수록
   ④ 폼 간격 클수록

3. 측압 산정식 (KCS 14 20)
   1) 일반콘크리트용 측압
      $P = W * H$
      W : 굳지않은콘크리트 단위중량
      H : 타설높이

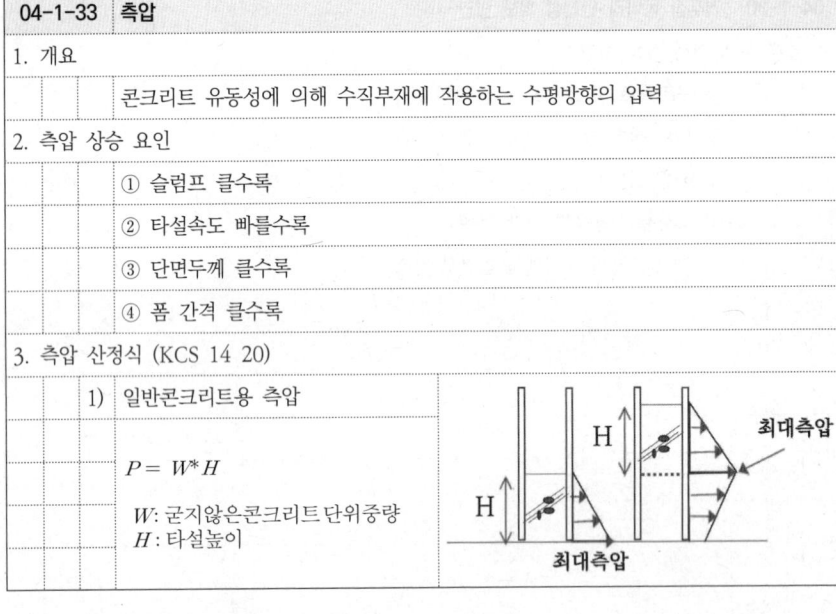

04-1-34 측압 산정식

1. 일반콘크리트용 외 측압 산정식 (KCS 14 20)
   1) 슬럼프가 175 mm 이하이고, 1.2 m 깊이 이하의 일반적인 내부진동다짐으로 타설되는 기둥 및 벽체의 콘크리트 측압

   ① 기둥의 측압

   ② 타설 속도가 2.1m/h 이하이고, 타설 높이가 4.2m 미만인 벽체의 측압

   $$P = C_W\, C_C \left[7.2 + \frac{790R}{T+18}\right]$$

   P : 콘크리트 측압 (KN/m^2)
   C_W : 단위중량 계수
   C_C : 화학첨가물 계수
   R : 타설속도 (m/hr)
   T : 타설되는 콘크리트 온도

   ③ 타설 속도가 2.1m/h 이하이면서 타설 높이가 4.2m 초과하는 벽체 및 타설 속도가 (2.1~4.5)m/h인 모든 벽체의 측압

   $$P = C_W\, C_C \left[7.2 + \frac{1160 + 240R}{T+18}\right]$$

   다만, 측압의 최소값은 $30\, C_W\ KN/m^2$ 이상이고, 최대값은 $W * H$ 값 이하

04-1-35 수평연결재 설치 이유

1. 개요
   - 동바리 좌굴을 방지하기 위함.(좌굴시험을 실시하니 대부분 좌굴 2m지점 발생)

2. 수평연결재 설치 이유

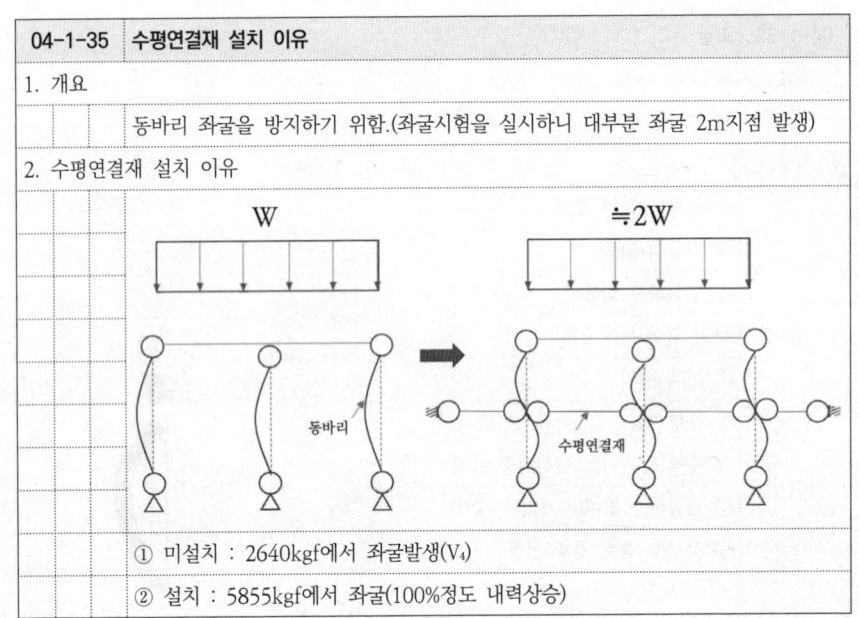

① 미설치 : 2640kgf에서 좌굴발생(V_4)
② 설치 : 5855kgf에서 좌굴(100%정도 내력상승)

04-1-36 수평연결재 2방향 설치 이유

1. 수평연결재 2방향 설치 이유
   ① 수평연결재 변위방지
   ① 동바리의 좌굴방지
   ② 동바리 수직도 향상
   ③ 동바리 이탈방지
   ④ 진동,충격에 저항
   ⑤ 전체 안정성 확보

04-1-37 가새의 역할

1. 개요
   - 4변형으로 짜여진 뼈대의 변형을 방지하기 위해 대각방향으로 댄 보강재
   - 수평력(풍하중,지진 등)에 저항하여 4변형이 마름모꼴의 변형 방지

2. 가새의 역할
   - ① 수평력에 의한 변형방지
   - ② 수직력에 의한 좌굴방지
   - ③ 구조체의 안전성 확보

※ 가설구조물의 접합부(연결부)는 모두 핀(힌지)연결이므로 가새가 없는 구조물은 불안정 구조체

핀(힌지)연결 : 모멘트(휨) 저항력이 없는 구조

04-1-38 거푸집과 동바리의 존치기간에 영향을 미치는 요인   기출 13회-4

1. 거푸집과 동바리의 존치기간에 영향을 미치는 요인
   - ① 시멘트의 성질
   - ② 콘크리트의 배합
   - ③ 구조물의 종류와 중요도
   - ④ 부재의 종류 및 크기
   - ⑤ 부재가 받는 하중
   - ⑥ 콘크리트 내부의 온도와 표면 온도의 차이

04-1-39 거푸집 존치기간

1. 개요
   - 콘크리트 타설 후 소요강도 확보될 때까지 외력,자중에 영향 없도록 존치하는 기간

2. 거푸집 존치기간

부재	① 압축강도 시험		② 압축강도 시험(X)			
	콘크리트 압축강도		평균기온	조강	보통(1종)	고로(2종)
기초,보, 기둥, 벽 등 측면	5MPa이상 *내구성 중요구조물(10MPa이상)		20˚ 이상	2일	4일	5일
수평부재 밑면	단층	fck*2/3배이상, 최소 14MPa이상	10˚-20˚	3일	6일	8일
	다층	설계기준 강도 이상				

3. 거푸집 존치기간 판단방법
   - ① 슈미트 해머
   - ② 공시체(봉함양생) 압축강도
   - ③ 적산온도

04-1-40 콘크리트 적산온도

1. 개요
   - 콘크리트 강도 예측관리기법, 양생온도와 양생시간을 함수로 나타낸 것

2. 적산온도

$$M = \sum (\theta + 10) * \Delta t \quad (\Delta t : 시간, \theta : \Delta t 동안 온도)$$

3. 적산온도
   - ① 압축강도 추정
   - ② 초기 양생기간의 산정
   - ③ 거푸집 존치기간 산정

2. 철근

04-2-1	철근콘크리트 구조 성립이유
1. 개요	
	인장력에 취약한 콘크리트를 인성재료인 철근으로 보강하여 일체화 시킨 구조
2. 철근콘크리트 구조 성립이유	
	① 선팽창계수 유사($1*10^{-5}$mm/℃)
	② 구조적 상호보완
	③ 철근부식방지
	④ 내화성
	⑤ 부착력 확보

04-2-2	철근의 구비조건
1. 철근의 구비조건	
	① 콘크리트와 부착성
	② 강도 및 항복점 큰 것
	③ 부식 저항성
	④ 연성이 크고, 가공 용이성
	⑤ 용접 용이성

04-2-3	철근 종류
1. 철근 종류	

	표면 매끈, 보조철근으로 사용	(Ø10)
① 원형철근	표면 매끈, 보조철근으로 사용	(Ø10)
② 이형철근	표면 돌기(마디,리브) 부착력 증대	D10(10mm)
③ 고강도철근	항복강도 SD400(400MPa)	
④ 나사형철근	나선방향의 마디 형성	
⑤ 내진용철근	내진성능 확보	
⑥ 용접용철근	용접성능 확보, 철근이음용	

2. 사용 용도에 따른 철근 종류

① 주철근	설계하중에 의해 단면적이 결정(정철근, 부철근)
② 전단철근	사인장 응력 대응(절곡철근, 스터럽)
③ 나선철근	기둥 좌굴방지
④ 가외철근	건조수축,크리프에 의한 인장응력 대비의 보조철근
⑤ 온도철근	온도변화, 건조수축등 균열 발생 제어

04-2-4	정철근, 부철근
1. 개요	
	1) 정철근 : (+) 정모멘트에 저항
	2) 부철근 : (-) 부모멘트에 저항
2. 배치 위치	
	1) 정철근
	① slab, 보 하부
	② 라멘구조의 중앙하부
	③ 옹벽의 벽체 배면
	2) 부철근
	① slab, 보, 상부
	② 라멘구조의 측벽 상부
	③ 연속교 지점 상부

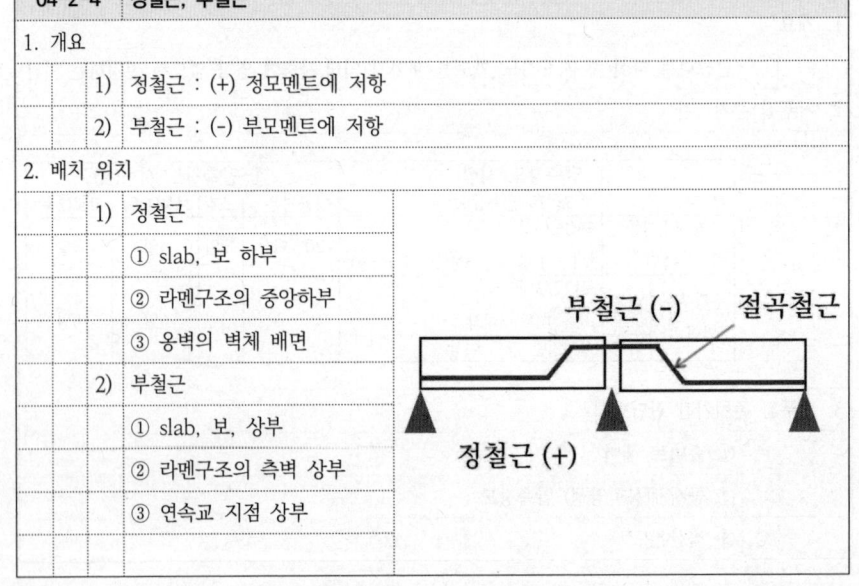

04-2-5	철근의 응력-변형도 곡선		기출 3회-2
1. 개요			
	하중에 의해 응력과 변형의 관계를 나타낸 곡선(역학적 성질 파악)		
2. 철근의 응력-변형도 곡선			

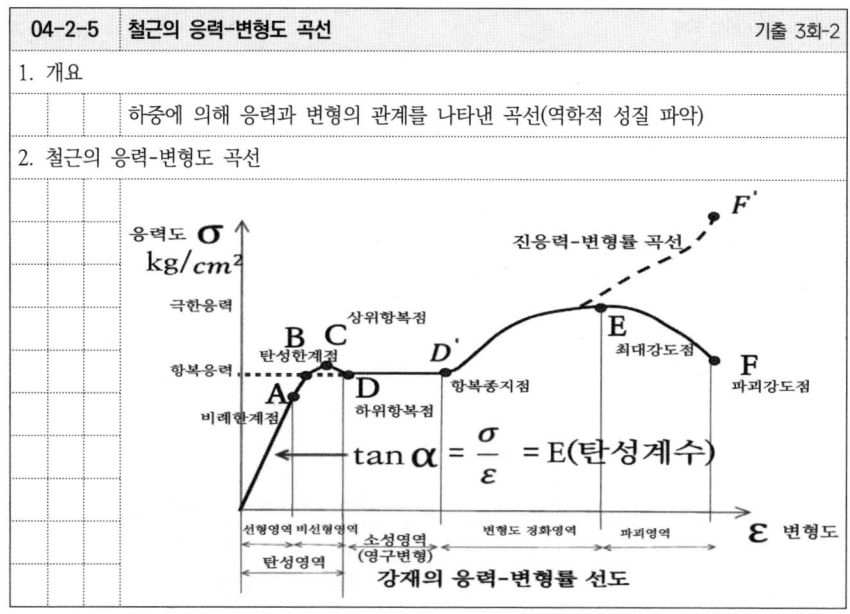

04-2-6	철근 이음		
1. 철근 이음 위치			
	① 응력이 적은곳		
	② 보 : 압축측에서 이음		
	③ 기둥 : 하단 50cm이상 / 기둥높이 3/4이하		
2. 철근 이음 공법의 종류			

1) 겹침이음	겹침길이 최소 30cm이상	
2) 용접이음	① 겹침용접	
	② 맞댐용접	
	③ 가스압접	
3) 기계적이음	① sleeve 압착	길이 5d이상
	② 약액주입법	슬리브내부에 약액충진
	③ 나사식이음	
	④ cad weld	D35이상 이음
	⑤ G-Loc Splice	

04-2-7	철근 정착길이
1. 개요	
	구조물의 인장응력을 콘크리트에 충분히 전달하는데 필요한 매입길이
	(철근 항복강도까지 발휘될수 있게 하는 최소한 묻힘길이)
2. 정착길이	

3. 정착위치			
	① 기둥 철근 → 기초	② 지중보 철근 → 기초, 기둥	
	③ 보 철근 → 기둥	④ 벽 철근 → 기둥, 보, 바닥판	
	⑤ 작은보 철근 → 큰보	⑥ 바닥 철근 → 보, 벽체	

04-2-8	부착강도
1. 개요	
	철근과 콘크리트의 경계면의 강도(철근 활동 저항성 확보)
2. 부착강도에 영향을 주는 요인(증가)	
	① 피복두께 두꺼울수록
	② 철근 주장이 클수록(가는 철근 여러다발 사용)
	③ 콘크리트 강도 클수록
	④ 물시멘트비 작을수록
	⑤ 다짐(공기 및 잉여수 제거)
	⑥ 철근표면상태
	⑦ 정착길이 길수록
	⑧ 부식도 약 2%까지는 증가

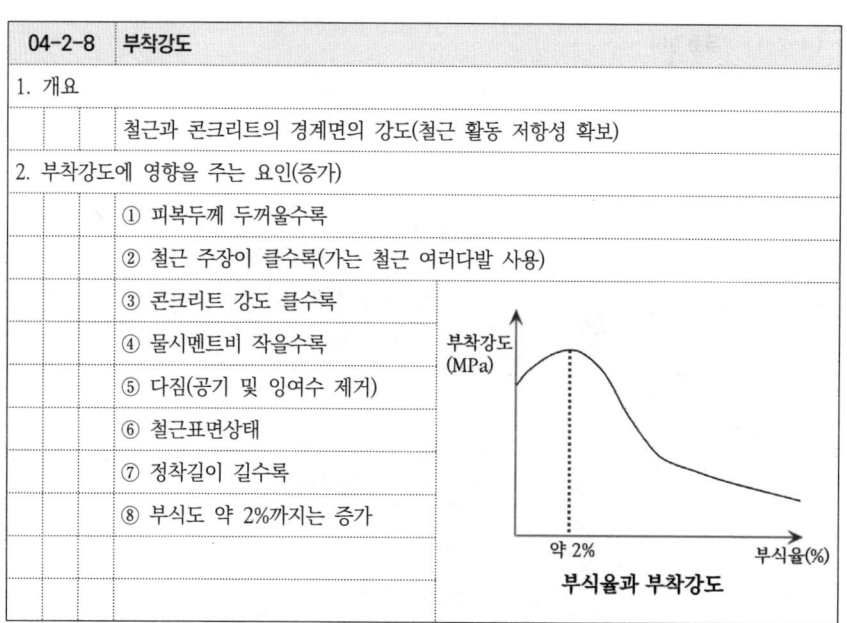

부식율과 부착강도

04-2-9 철근 순간격

1. 개요
인접한 철근의 외면에서 외면까지의 거리

2. 철근 순간격(최소 간격이상) 유지 필요성
① 골재 유동성 확보
① 전단균열 방지
② 재료분리 방지
② 철근의 부착력 확보
③ 소요강도 확보

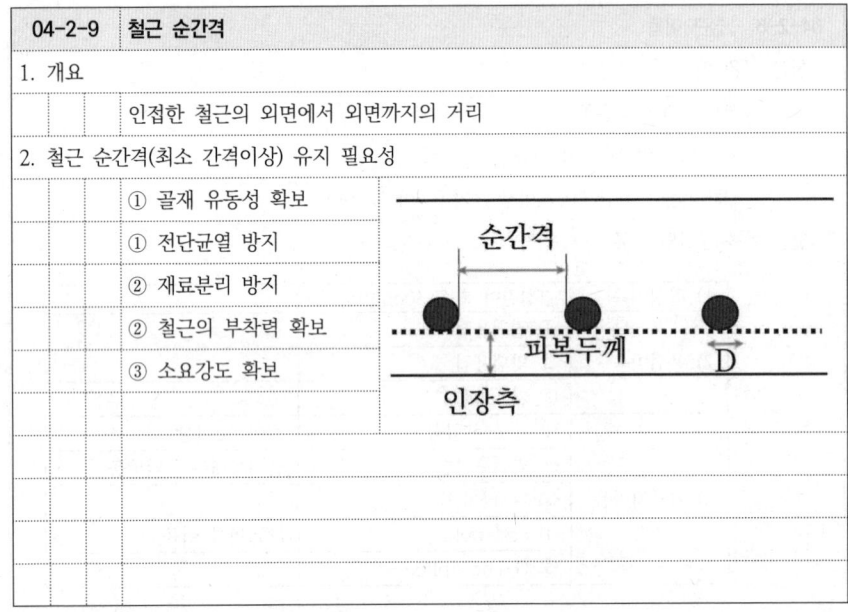

04-2-10 피복두께

기출 5회-2

1. 개요
콘크리트 표면에서 가장 근접한 철근 표면까지의 거리

2. 피복두께 유지 필요성
① 내구성 확보
② 내화성 확보
③ 골재 유동성 확보
④ 소요강도 확보
⑤ 방청성
⑥ 부착성 확보

수중	100mm	
흙에 영구히 묻힘부위	75mm	
흙에 접하는 부위	D19이상	50mm
	D16이하	40mm
흙에 접하지 않는 부위	슬래브, 벽체, 장선	D35초과 40mm
		D35이하 20mm
	보, 기둥	40mm
	쉘, 절판 부재	20mm

최소 피복두께 기준

04-2-11 유효깊이

1. 개요
콘크리트 압축측 표면에서 철근 중심까지의 거리

2. 유효깊이 부족 시 문제점
① 단면성능 부족에 의한 휨강성 저하
② 구조내력 저하
③ 처짐 증가
④ 구조물 내구성 저하

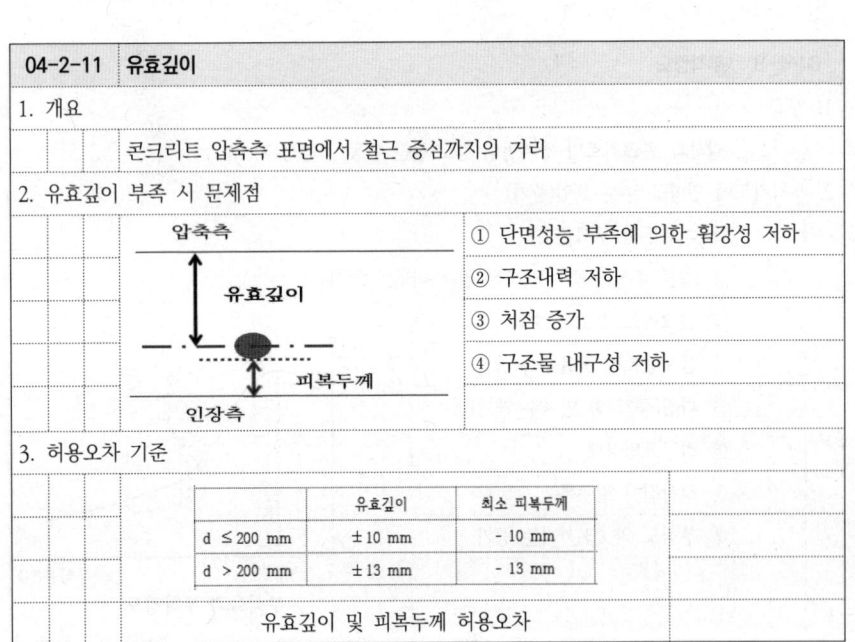

3. 허용오차 기준

	유효깊이	최소 피복두께
d ≤ 200 mm	±10 mm	- 10 mm
d > 200 mm	±13 mm	- 13 mm

유효깊이 및 피복두께 허용오차

04-2-12 균형철근비, 과소철근보, 과다철근보

1. 개요
철근비는 콘크리트 단면적과 철근의 단면적의 비율

2. 균형철근비, 과소철근보, 과다철근보
① 균형철근비
- 철근이 항복함과 동시에 압축연단의 콘크리트 변형률이 0.003에 도달하여 파괴될때의 철근비

② 과소철근보
- 콘크리트가 극한변형률(압축)에 도달했을때의 철근은 이미 항복한 상태가 되도록 설계된 보

③ 과다철근보
- 철근이 항복하지 않도록 설계된 보

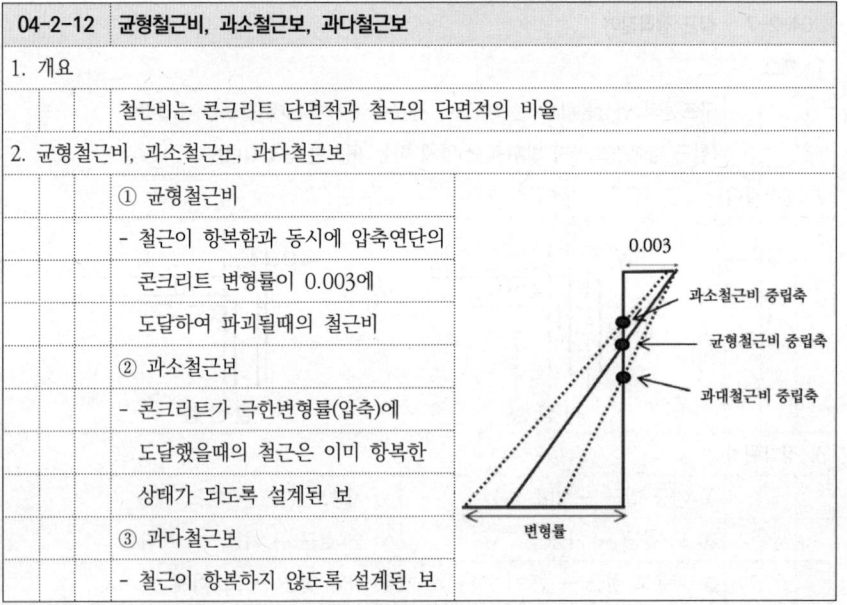

04-2-13 철근비에 따른 콘크리트 파괴유형

1. 철근비에 따른 콘크리트 파괴유형

구분	철근비	파괴유형	특징
과소철근비 Pmin	$\rho < \rho_b$	연성파괴	철근 먼저 항복
평형철근비 Pb	$\rho = \rho_b$	평형파괴	동시 항복
과대철근비 Pmax	$\rho > \rho_b$	취성파괴	콘크리트 먼저 항복

2. 연성파괴와 취성파괴

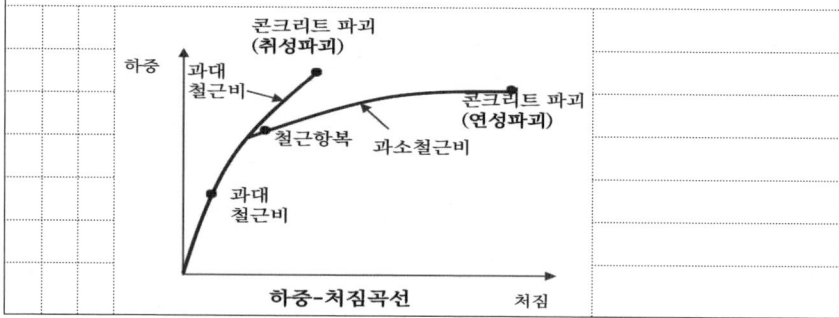

하중-처짐곡선

04-2-14 최대철근비 및 최소철근비 규정 이유

1. 최대철근비 및 최소철근비 규정 이유

① $Pb >$ 적게 배근 - 철근먼저 항복 후 콘크리트 파괴 (연성파괴)

② 지나치게 작게 배근 - 철근 먼저 항복, 압축측 콘크리트 갑자기 파괴 (취성파괴)

2. 최대철근비, 최소철근비 규정

① $\rho_{max} = 0.75\rho_b$

② 둘중 큰 값

$\rho_{min} = \dfrac{0.25\sqrt{f_{ck}}}{fy}$

$\rho_{min} = \dfrac{1.4}{fy}$

철근항복 ⇨ 보처짐 발생 ⇨ 균열 진전 관찰 가능 ⇨ 사전 징후 감지 및 대피 가능

연성파괴 유도 메카니즘

04-2-15 부동태막

1. 개요

콘크리트에 둘러 쌓인 철근 표면에 20-60Å(옹스트롬) 정도의 두께로 이루어진 부식하기 어려운 성질을 가진 막

2. 부동태막 파괴 원인 및 방지대책

수화열반응 : $CaO + H_2O \rightarrow Ca(OH)_2 + 125\,cal/g$

중성화 : $Ca(OH)_2 + CO_2 \rightarrow CaCO_3 + H_2O$

원 인	방지대책
콘크리트 중성화 ⇩ 부동태막 파괴 ⇩ 철근 부식 ⇩ 팽창압 (2.5배) ⇩ 균열. 누수	① 중성화 방지 ② 피복두께 확보 ③ 염화물 함유량 기준치 준수 ④ 철근 : 방청제, 에폭시 코팅 ⑤ 내염철근 사용 ⑥ 콘크리트 표면 코팅 등

04-2-16 철근의 부식

1. 개요

물리.화학적 반응에 의한 부동태막 파괴로 부식촉진제(물,산소,전해질)로 전기화학적 반응에 의한 부식발생

2. 부식 메카니즘

부식의 진행	부식 화학식
중성화,염해,물리,화학적 작용 ⇩ 부동태막 파괴 ⇩ 전기화학적 반응 ⇩ 철근 부식	양극반응 $Fe \rightarrow Fe^{++} + 2e^-$ 음극반응 $H_2O + \dfrac{1}{2}O_2 + 2e^- \rightarrow 2OH^-$ ↓ $Fe(OH)_2$; 수산화제1철 ↓ $\dfrac{1}{2}H_2O + \dfrac{1}{4}O_2$ $Fe(OH)_3$; 수산화제2철 ↓ 부식

04-2-17 철근 부식 원인

1. 철근 부식 원인
   ① 중성화에 의한 부식
   - PH농도 8.5-9.5이하 → 부동태막 파괴
   ② 염해에 의한 부식
   - 염화이온 → 부동태막 파괴
   ③ 전류에 의한 침식
   - 구조물 전류 흐를때 철근에서 콘크리트로 전류가 흘러 부식
   ④ 물리적, 화학적 작용에 의한 크랙
   - 동결융해, 알칼리골재반응, 기계적작용

04-2-18 철근 부식 방지대책

1. 철근 부식 방지대책
   ① 양질재료 사용 및 혼화재료
   ② 밀실한 콘크리트 타설 및 양생철저
   ③ 철근부식방지
   - 에폭시 코팅처리/피복두께 증가/ 단위수량감소 등
   ④ 해사 사용시 염분제거 철저
   ⑤ 염화물량 허용치 이하로 사용
   - 비빔시 콘크리트 중의 염화물 이온량 : $0.3kg/m^3$이하
   - 상수도 물을 혼합수로 사용 시 : $0.04kg/m^3$이하
   - 콘크리트 중의 염화물이온량의 허용상한치 : $0.6kg/m^3$이하
   - 잔골재의 염화물이온량 : 0.02%

04-2-19 철근 도괴 사고원인 및 대책

1. 철근 도괴 사고원인 및 대책
   1) 도괴 사고원인
      ① 무리한 철근조립
      ② 자립도 및 강성부족
      ③ 도괴방지 장치 미비
      ④ 이음위치 부적절
      ⑤ Footing 철근 상부 중량물 적치
   2) 도괴방지대책
      ① 철근 조립도 작성 및 준수
      ② 이음위치 검토
      ③ 수직철근 짧게 자립도 확보
      ④ 중량물 적치 금지
      ⑤ 도괴방지조치 철저

04-2-20 철근 도괴 방지 조치

1. 철근 도괴 방지 조치
   ① 버팀대 설치
   ② 앵커 및 버팀줄
   ③ 가새 철근 설치

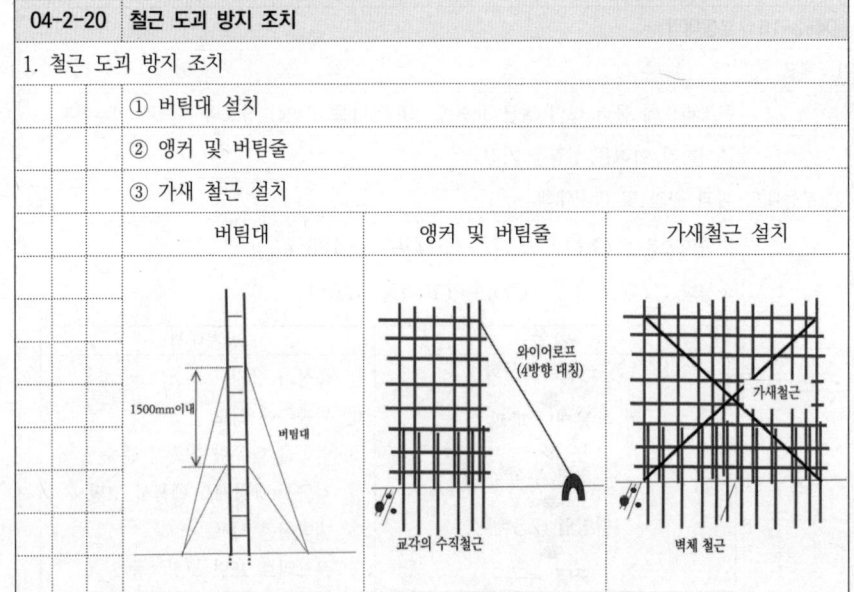

04-2-21	철근 운반, 가공, 조립 시 주요 유해·위험요인
1. 철근 운반, 가공, 조립 시 주요 유해·위험요인	
	① 인력운반 시 무리한 동작 및 부적합한 자세로 근골격계질환 위험
	② 인양 작업 시 와이어로프가 결손되어 철근 떨어짐 위험
	③ 절단기계의 누전으로 감전 위험
	④ 철근절곡기 오작동으로 끼임 위험
	⑤ 가스 압접기 사용 중 토치에 화상 위험
	⑥ 가스 압접기에 손가락 끼임 위험
	⑦ 조립 중 무너지면서 철근에 깔림 위험
	⑧ 조립 중 작업발판이 탈락하면서 떨어짐 위험

04-2-22	철근 운반 시 안전사고 발생원인	기출 8회-7-1)
1. 인력운반		
	① 무리한 무게를 1인이 운반	
	② 긴철근을 묶지않은 상태로 운반	
	③ 공동작업 시 신호 미준수	
	④ 철근을 던지는 행위	
	⑤ 주변 전선과의 이격거리 미준수	
2. 기계운반		
	① 작업책임자 미 배치	
	② 신호체계 미준수	
	③ 관계근로자 이외 출입통제 미조치	
	④ 허용하중 미검토로 과다 인양	
	⑤ 1줄걸이 체결로 인한 낙하	
	⑥ 비계나 거푸집에 대량의 철근운반하여 과다적재	

04-2-23	철근 가공 시 안전사고 발생원인	기출 8회-7-2)
1. 철근 가공 시 안전사고 발생원인		
	① 가공기의 접지시설 미설치로 인한 감전	
	② 가공장 주변 작업원 이외 출입 통제 미조치	
	③ 밴딩작업중 가공장 울타리 미설치로 인한 주변 근로자와 충돌	
	④ 무리한 자세로 절단	
	⑤ 훼손된 햄머 사용	
	⑥ 가공 고정틀에 철근 접합 미확인으로 탄성에 의한 스프링 작용	
	⑦ 안전보호구 미착용	
	⑧ 가연성 물질 인접 시 소화기 미비치	

04-2-24	철근 조립 시 안전사고 발생원인	기출 8회-7-3)
1. 철근 조립 시 안전사고 발생원인		
	① 버팀재 등 도괴방지 미조치	
	② 2인 1조 조립작업 미실시	
	③ 작업발판 미설치	

04-2-25 철근 운반, 가공, 조립 시 재해예방대책   기출 8회-7-4)

1. 철근 운반, 가공, 조립 시 재해예방대책
   ① 인력에 의한 중량물 취급방법 등 안전교육 실시
   ② 와이어로프 손상 점검후 작업 실시
   ③ 절단기계 사용 전 누전여부 확인하고 누전차단기 연결
   ④ 절곡기에 오작동 방지위해 보호덮개 설치
   ⑤ 가스 압접기 사용 시 안전작업 절차 준수
   ⑥ 버팀대 설치 등 도괴 위험 방지 조치
   ⑦ 적합한 구조의 작업발판 설치 및 작업발판 위 과다적재 금지

04-2-26 철근가공 및 조립작업 시 준수사항

1. 철근가공 및 조립작업 시 준수사항 (콘크리트공사표준안전작업지침 제11조)
   ① 철근가공 작업장 주위 작업책임자가 상주, 작업원 이외는 출입을 금지
   ② 작업자 안전모 및 안전보호장구 착용
   ③ 가공작업 고정틀에 정확한 접합을 확인
   ④ 아아크(Arc)용접 배전판, 스위치는 쉽게 조작 가능한 곳 설치, 접지상태 확인

04-2-27 철근 절단 작업 시 준수사항

1. 햄머절단 작업 시 준수사항 (콘크리트공사표준안전작업지침 제11조)
   ① 햄머자루 금, 쪼개진 부분 확인, 사용 중 햄머 빠지지 아니하도록 튼튼하게 조립
   ② 햄머부분 마모, 훼손된 것 사용금지
   ③ 무리한 자세로 절단금지
   ④ 절단기의 절단 날이 마모로 미끄러질 우려 시 사용금지

2. 가스절단 작업 시 준수사항
   ① 해당 자격 소지자가 작업, 보호구 착용
   ② 호스는 겹침,구부러짐, 밟히지 않도록 하고 전선은 피복 손상 확인
   ③ 호스, 전선는 다른 작업장을 거치지 않는 짧은 길이 확인
   ④ 가연성 물질 인접작업 시 소화기 비치

04-2-28 인력으로 철근을 운반 시 준수사항

1. 인력으로 철근을 운반 시 준수사항 (콘크리트공사표준안전작업지침 제12조)
   ① 1인당 무게는 25kg 정도 적절, 무리한 운반 삼가
   ② 2인 이상이 1조가 되어 어깨메기로 하여 운반
   ③ 부득이 긴 철근을 1인이 운반 시 한쪽을 어깨에 메고 한쪽끝을 끌면서 운반
   ④ 양끝을 묶어 운반
   ⑤ 내려 놓을 때 천천히 내려놓고 던지지 않아야 함.
   ⑥ 공동 작업은 신호에 따라 작업

04-2-29 기계 이용하여 철근을 운반 시 준수사항

1. 기계 이용하여 철근을 운반 시 준수사항 (콘크리트공사표준안전작업지침 제12조)
   ① 운반작업 시 작업 책임자를 배치하여 수신호, 표준신호 방법에 의해 시행
   ② 달아 올릴때에 로우프와 기구의 허용하중을 검토하여 과다 인양금지
   ③ 비계나 거푸집 등에 대량의 철근 적재금지
   ④ 달아 올리는 부근에 관계근로자 이외 출입 금지
   ⑤ 권양기의 운전자는 현장책임자가 지정

   2줄 겹쳐서 묶음   달포대

   묶은 와이어의 걸치기 예

04-2-30 철근을 운반할 때 감전사고 등을 예방하기 위한 준수사항

1. 철근을 운반할 때 감전사고 등을 예방하기 위한 준수사항

   (콘크리트공사표준안전작업지침 제12조)
   ① 철근 운반하는 바닥 부근에 전선 배치 금지
   ② 주변 전선과의 이격거리는 최소한 2m 이상
   ③ 운반장비 전선의 배선상태 확인 후 운행

04-2-31 철근 조립·해체 등 작업 시의 준수사항

1. 철근 조립·해체 등 작업 시의 준수사항 (산업안전보건 기준에 관한 규칙 제333조)
   ① 양중기로 철근을 운반할 경우에는 두 군데 이상 묶어서 수평으로 운반할 것
   ② 작업위치의 높이가 2미터 이상일 경우에는 작업발판을 설치하거나
      안전대를 착용하게 하는 등 위험 방지를 위하여 필요한 조치를 할 것

   훅 해지장치
   2줄 걸이

3. 콘크리트

04-3-1 콘크리트

1. 개요
   - 시멘트+물+잔골재+굵은골재+혼화재료 구성
2. 양질의 콘크리트
   - ① 강도
   - ② 내구성
   - ③ 시공성
3. 양질의 콘크리트 제조
   - ① 양질의 재료
   - ② 배합설계
   - ③ 시공(혼합, 운반, 타설, 양생, 다짐)

04-3-2 응결과 경화

1. 개요
   - 응결 : 시멘트가 물과 접촉, 수화반응에 따라 유동성을 상실 후 굳어질 때까지 과정
   - 경화 : 응결 과정 이후의 강도 발현 과정
2. 응결과 경화

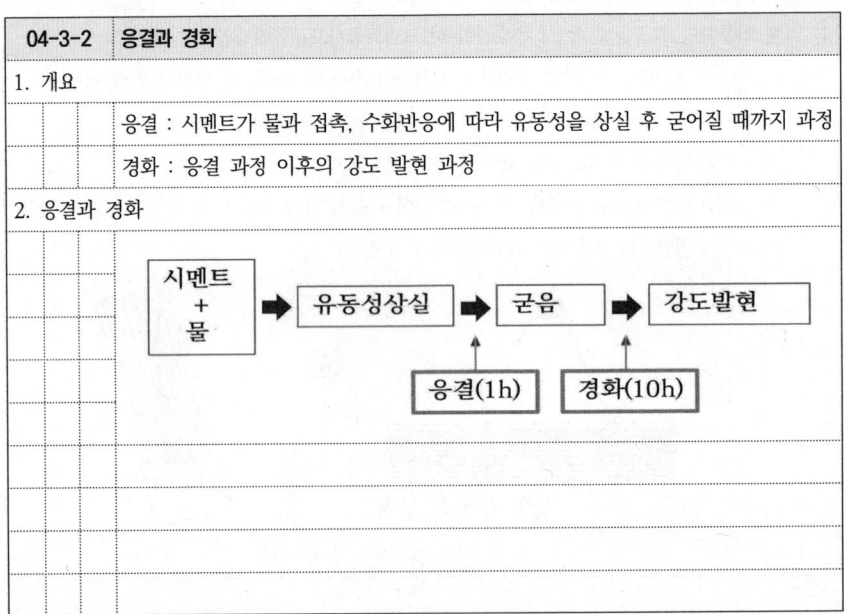

04-3-3 시멘트 종류

1. 시멘트 종류
   1) 포틀랜드 시멘트
      - ① 1종 - 보통 포틀랜드 시멘트
      - ② 2종 - 중용열
      - ③ 3종 - 조강
      - ④ 4종 - 저열
      - ⑤ 5종 - 내황산염
   2) 특수시멘트
      - 초속경 시멘트/알루미나 시멘트
   3) 혼합시멘트
      - ① 실리카
      - ② 플라이애쉬
      - ③ 고로 슬래그

04-3-4 시멘트의 주성분

1. 개요
   - 포틀랜드시멘트의 주성분은 함량에 따라 석회(CaO), 실리카(SiO_2), 알루미나(Al_2O_3) 및 산화철(Fe_2O_3)
2. 시멘트 주성분

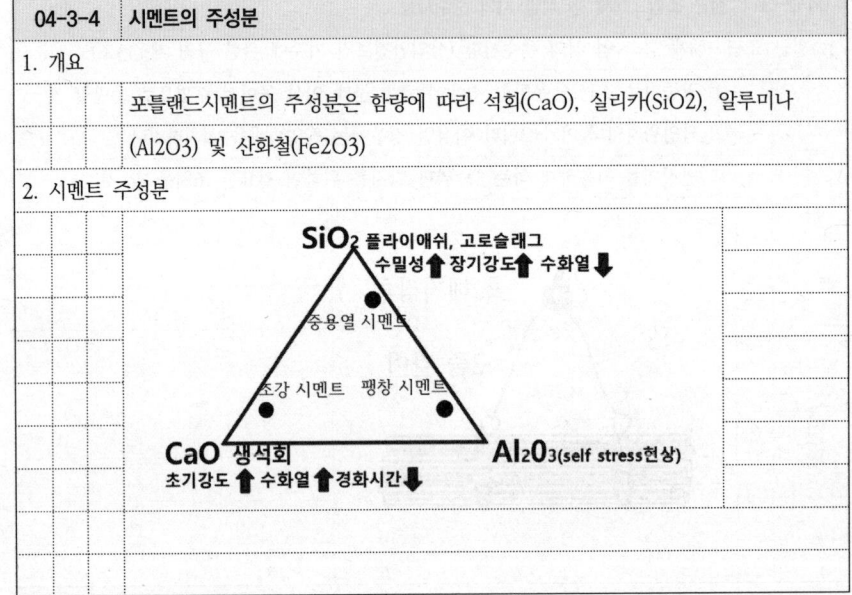

04-3-5 시멘트의 화학적 구성물

1. 시멘트의 화학적 구성물
   - ① 규산 3석회(C3S 앨라이트)
     - 조기강도, 수화속도 빠르나, 수화열은 크다
   - ② 규산 2석회(C2S 벨라이트)
     - 장기강도에 영향, 수화속도 늦음, 수화열 작다
   - ③ 알루민산 3석회(C3A 알루미네이트)
     - 초기강도에 영향, 수화속도 빠르며, 수화열 크다.
   - ④ 알루민산 철사석회(C4AF 페라이트)
     - 강도발현에 영향을 주지 않음

04-3-6 물시멘트비와 물결합재비   기출 6회-1

1. 개요
   - 물시멘트비 : 시멘트풀 속의 물과 시멘트의 중량비
   - 물결합재비 : 시멘트풀 속의 물과 결합재의 중량비

2. 물시멘트비와 물결합재비

구분	W/C	W/B
결합재	물+ 시멘트	물+ 시멘트 + 혼화재
물양	많다	적다
수화열	높다	낮다
강도	보통	단기강도 : 다소낮음 /장기강도 : 높음

3. 콘크리트 물결합재비 최소화 대책
   - ① 굵은골재 최대치수 크게
   - ② 잔골재율 작게
   - ③ 단위수량 작게
   - ④ 감수제 사용

구분	W/B
내구성	60%
수밀성	50%
탄산화저항성	55%

04-3-7 공기량 규정 목적

1. 공기량 규정 목적

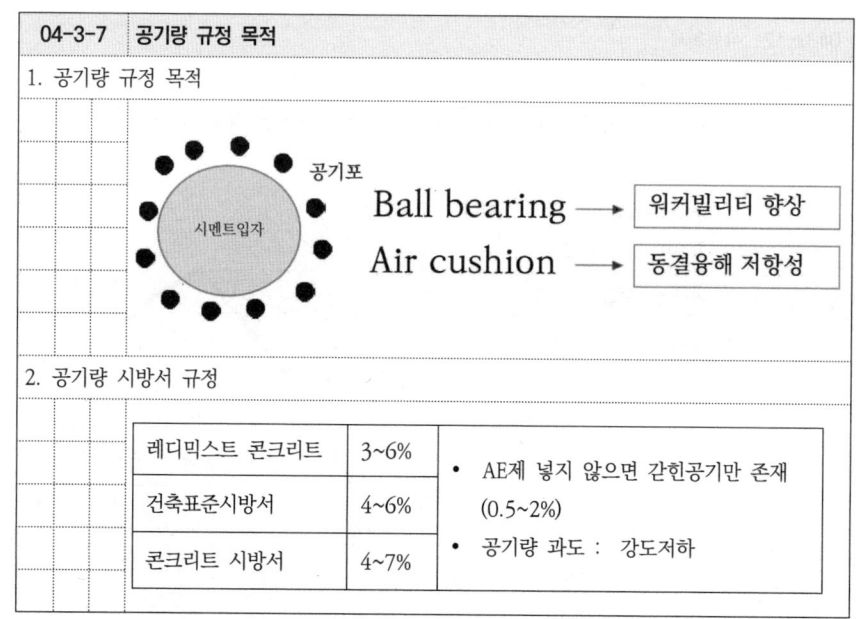

2. 공기량 시방서 규정

레디믹스트 콘크리트	3~6%
건축표준시방서	4~6%
콘크리트 시방서	4~7%

- AE제 넣지 않으면 갇힌공기만 존재 (0.5~2%)
- 공기량 과도 : 강도저하

04-3-8 골재의 흡수량

1. 개요
   - 절대건조상태에서 표면건조포화상태가 될 때까지의 흡수하는 수량

2. 골재의 함수상태

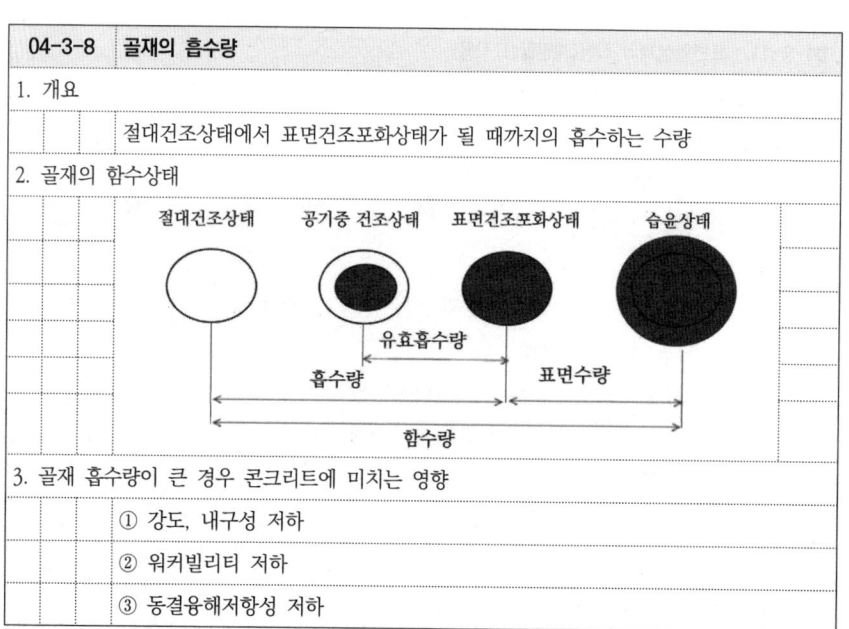

3. 골재 흡수량이 큰 경우 콘크리트에 미치는 영향
   - ① 강도, 내구성 저하
   - ② 워커빌리티 저하
   - ③ 동결융해저항성 저하

04-3-9 혼화재료

1. 개요
콘크리트의 성능개선 및 부여하기 위해 사용

2. 혼화재료 구분

구분	사용량	배합설계	종류
① 혼화재	5% 이상	고려	포졸란, fly ash, 고로 slag, 실리카퓸
② 혼화제	5% 미만	무시	AE제, 감수제, 유동화제, 응결경화제

3. 사용목적
① 콘크리트 성질개선 (내구성, 수밀성, 강도)
② 단위수량, 단위시멘트량 감소
③ 방청 및 AAR저항성 증가

04-3-10 감수제

1. 개요
계면활성 작용에 의해 시멘트 입자를 분산시켜 워커빌리티를 향상시킴으로써 단위수량을 감소시키는 혼화제

2. 감수제 종류 및 효과

1) 종류
  - AE제/감수제/AE감수제/고성능 AE감수제

2) 효과
  ① 워커빌리티 향상
  ② 수화열저감
  ③ 재료분리 및 블리딩 감소
  ④ 수밀성 증대
  ⑤ 동결융해 저항성 증대

04-3-11 표면활성제의 작용(계면활성 작용)

1. 표면활성제의 작용(계면활성 작용)

Ball Bearing	응집	반발	분산

① 기포작용(주로 AE제)
 - 발생된 기포가 Ball Bearing 역할로 시공성 개선
 - 기포가 내부 수분 동결로 인한 체적 팽창압을 소산
② 분산작용(주로 감수제, AE감수제)

04-3-12 유동화제

1. 개요
w/c를 변화시키지 않고 워커빌리티를 개선할 목적으로 사용

2. 특징
① slump가 21cm 까지 직선상승
② 워커빌리티 향상
③ 내구성, 수밀성 증대
④ 건조수축 균열 감소

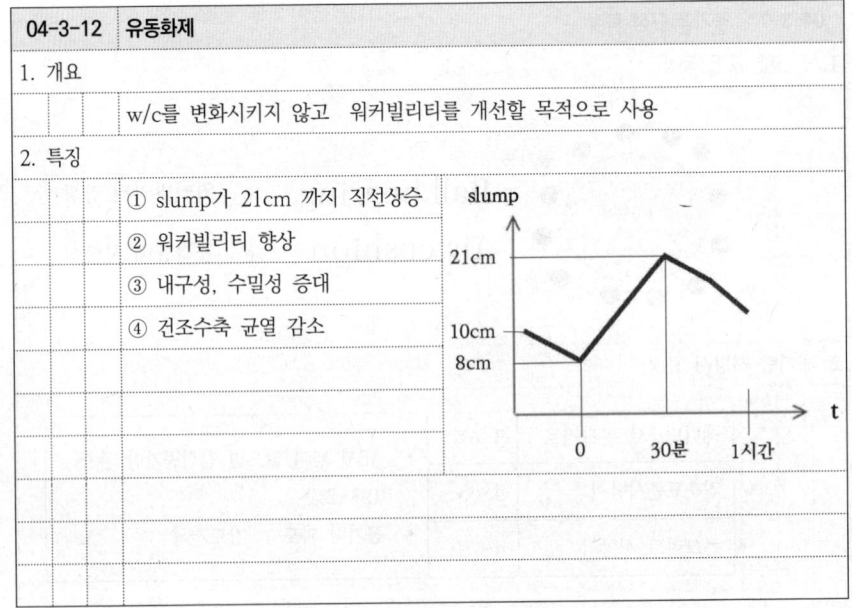

04-3-13 배합설계

1. 개요
   - 콘크리트 각 재료의 비율, 사용량을 정하는 것
2. 배합설계 목적 (=콘크리트 요구조건)
   - ① 강도, 내구성, 수밀성 확보 ② 균열저항성 ③ 워커빌리티 ④ 경제성
3. 배합설계 흐름도

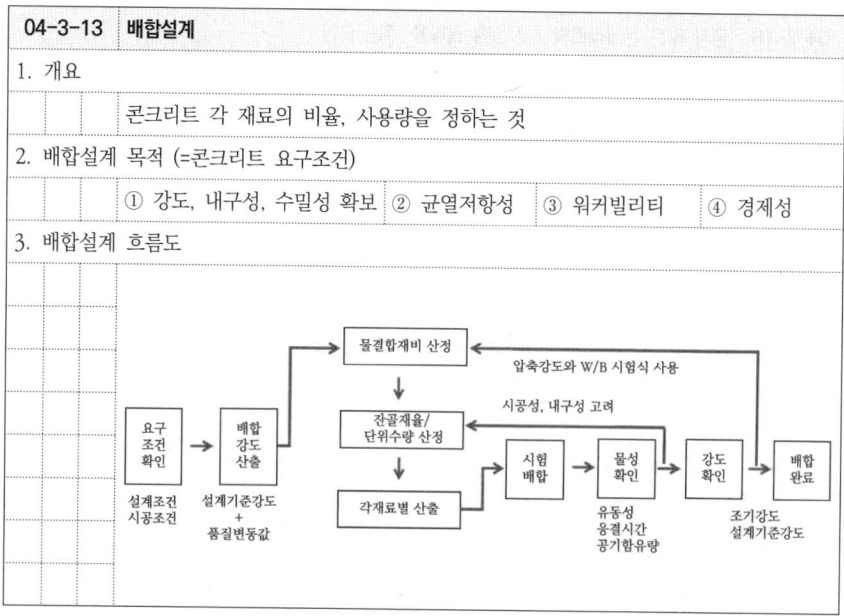

04-3-14 콘크리트 강도의 종류

1. 콘크리트 강도의 종류
   1) 설계기준강도(fck) : 구조 설계에 기준이 되는 압축강도
   2) 내구성 기준 압축강도 : 내구성 설계에 있어 기준이 되는 압축강도
   3) 품질기준강도(fcq) : 설계기준강도와 내구성 기준압축강도 중 큰값 결정된 강도
   4) 배합강도(fcr) : 콘크리트 배합을 정하는 경우 목표로 하는 압축강도
      ① $fck \leq 35$MPa 인 경우

      $fcr \geq fcq + 1.34\,S$ 중 큰값 (S: 압축강도 표준편차)
      $fcr \geq (fcq - 3.5) + 2.33S$

      ② $fck > 35$MPa 인 경우

      $fcr \geq fcq + 1.34\,S$ 중 큰값 (S: 압축강도 표준편차)
      $fcr \geq 0.9 fcq + 2.33S$

   5) 호칭강도 : 기온, 습도, 양생 등 시공적인 영향 보정값을 고려하여 주문한 강도
   6) 기온보정강도 : 설계기준강도 측정 재령까지 예상평균 기온에 따르는 강도 보정

04-3-15 시방배합, 현장배합

1. 개요
   1) 시방배합 : 시방서 또는 책임기술자가 지시하는 배합
   2) 현장배합 : 시방배합을 현장의 재료상태를 고려하여 적합하게 조정한 배합
2. 비교

구분		시방배합	현장배합
기준		시방서	현장골재 고려
골재 입도	잔골재	5mm 체 100% 통과	5mm 체 거의통과, 일부 남음
	굵은골재	5mm 체 100% 남는것	5mm 체 거의남고, 일부만 통과
골재함수상태		표면건조 포화상태	기건상태, 습윤상태
단위량		1 m3	1 batch

04-3-16 빈배합, 부배합

1. 개요
   1) 빈배합 : 단위시멘트량 150 ~ 250 kg/m3
   2) 부배합 : 단위시멘트량 300 kg/m3 이상
2. 특징 비교

빈배합	부배합
① 강도저하	① 강도, 내구성 저하
② 수화열 작다	② 수화열 크다
③ AAR(알칼리골재반응) 줄어든다	③ 측압상승
④ 재료분리 발생	④ 균열발생
⑤ 비빔시간 길어진다	⑤ pre cooling, pipe cooling
⑥ 서중콘크리트 유리	⑥ 한중콘크리트 유리
	⑦ 비경제적 배합

04-3-17 콘크리트의 성질

1. 개요
   1) 굳지않은 콘크리트는 믹싱 후부터 응결에 따라 일정 강도를 나타내기 까지
   2) 굳은 콘크리트는 시간의 경과에 따라 강도가 증진되는 콘크리트

2. 콘크리트의 성질

미경화 콘크리트	경화 콘크리트
① workability(시공성)	① 강도 - 압축강도, 인장강도, 휨, 전단, 철근부착강도, 피로강도
② consistancy(반죽질기)	② 탄성계수
③ compactibility(다짐성)	③ creep
④ finishability(마감성)	④ 콘크리트 중량
⑤ mobility(유동성)	⑤ 체적변화 - 건조수축, 온도변화
⑥ viscosity(점성)	⑥ 수밀성
⑦ plasticity(성형성)	⑦ 내구성
⑧ 재료분리저항성	⑧ 내화성
⑨ 충전성	

04-3-18 굳지 않은 콘크리트의 시공성에 영향을 주는 요인

1. 굳지 않은 콘크리트의 시공성에 영향을 주는 요인
   ① 단위수량이 크면 시공연도 증가 재료분리 가능성이 커짐
   ② 시멘트 분말도 적으면 시공연도 증가, 블리딩 감소
   ③ 비빔시간 불충분하면 시공연도 불량
   ④ 쇄석사용 시 시공연도 감소
   ⑤ 잔골재율이 크면 시공연도 증가

04-3-19 콘크리트 품질관리시험

1. 개요
   시공 및 사용자재에 대한 품질시험·검사활동뿐 아니라 설계도서와 불일치된 부적합공사를 사전 예방하기 위한 활동

2. 품질관리시험(=콘크리트의 받아들이기 품질검사)

항목	판정기준	시기 및 횟수
슬럼프	±25mm	1회/일, 120㎥마다 또는 배합이 다를 때 마다
슬럼프 플로	±100mm	
공기량	±1.5%	
온도	한중 : 5-20℃/ 서중 : 35℃이하	
단위수량	185kg/㎥이하	
염화물함유량	0.3kg/㎥이하	바닷모래 사용 2회/일

04-3-20 슬럼프 시험

1. 개요
   굳지않은 콘크리트의 반죽질기를 측정하여 워커빌리티 판단 시험

2. 시험방법
   ① 슬럼프 콘 수밀평판 중앙 설치
   ② 콘크리트 1/3씩 25회 다짐하며 채움
   ③ 탈형 후 무너져 내린 높이 측정

3. 슬럼프 표준값

종류	일반적인 경우	단면 큰 경우
철근 콘크리트	80 - 150mm	60 - 120mm
무근 콘크리트	50 - 150mm	50 - 100mm

04-3-21 슬럼프 플로

1. 개요
   - 고유동 콘크리트의 워커빌리티 판단
2. 시험방법
   - ① 슬럼프 콘 수밀평판 중앙 설치
   - ② 콘크리트를 넣은 후 들어올림
   - ③ 원모양으로 퍼진 지름을 측정

04-3-22 공기량 시험방법 및 판정

1. 개요
   - 적정한 공기량 확보시 워커빌리티 향상, 동결융해 저항성 증가
2. 공기량 시험방법 및 판정
   - ① 시료를 용기안에 넣고 다짐
   - ② 뚜껑을 닫고 주수한 다음 초기압력에 일치시킨다.
   - ③ 겉보기 공기량을 측정
   - ④ 공기량을 산출하고 결과 판정
   - 보통 콘크리트 : 3 ~ 6%
   - 경량 콘크리트 : 3.5 ~ 6.5%

04-3-23 단위수량

1. 개요
   - 굳지 않은 콘크리트 1㎥ 중에 포함된 물의 양(골재중의 수량을 제외)
2. 단위수량이 콘크리트의 시공성에 미치는 영향
   - ① 단위수량이 클수록 콘크리는 묽어져서 반죽질기가 크게 되어 재료분리 발생
   - ② 단위수량이 적을수록 된 반죽이 되어 유동성이 저하
3. 단위수량 시험방법 및 시기
   1) 시험. 검사방법
      - ① 정전용량법 : 정전용량과 수분율의 관계로 측정
      - ② 마이크로파법 : 물분자에 의한 파의 감쇄 원리로 측정
      - ③ 단위용적질량법(에어미터법) : 단위 용적 질량의 변화량 이용
      - ④ 모르타르 고주파가열법 : 고주파 가열장치(전자렌지) 이용
   2) 시험횟수 : 1회/일, 120㎥마다 또는 배합이 변경될 때마다
   3) 판정기준 : 시방배합 단위수량 ±20kg/㎥ 이내

04-3-24 염화물 함유량 측정시험

1. 개요
   - 바닷모래를 사용하는 경우 (2회/일) 측정, 굳지 않은 콘크리트의 품질검사
2. 염화물이 철근 콘크리트에 미치는 영향
   - ① 철근의 부동태막 파괴되어 철근 부식→체적팽창에 의한 균열→장기강도 저하
   - ② 건조수축 증가
   - ③ 내구성 저하
3. 염화물 함유량 측정시험
   - ① 흡광광도법
   - ② 전위차 적정법
   - ③ 시험지법
   - ④ 질산은 적정법
   - ⑤ 이온전극법
4. 염화물의 허용량

비빔시 콘크리트 중의 염화물 이온량	0.3kg/㎥이하
상수도의 물을 혼합수로 사용 시	0.04kg/㎥이하
콘크리트 중의 염화물 이온량	0.6kg/㎥이하
잔골재의 염화물 이온량	0.02%

04-3-25 콘크리트 압축강도

1. 개요
   - 재령 28일의 표준양생 공시체로 압축강도 확인

2. 압축강도 시험시기 및 횟수
   - ① 1회/일
   - ② 구조물의 중요도와 공사의 규모에 따라 120 m³ 마다 1회
   - ③ 배합이 변경될 때마다

3. 압축강도 판정기준
   1) fck ≤ 35 MPa
      - ① 연속 3회 시험값의 평균이 호칭강도 이상
      - ② 1회 시험값(공시체 3개 압축강도 평균값)이 (호칭강도- 3.5MPa) 이상
   2) fck > 35 MPa
      - ① 연속 3회 시험값의 평균이 호칭강도 이상
      - ② 1회 시험값(공시체 3개 압축강도 평균값)이 호칭강도의 90% 이상

04-3-26 콘크리트 압축강도 영향요인

1. 개요
   - 콘크리트는 압축강도가 다른 강도에 비해 상당히 크고, 다른 강도 개략적 추정

2. 콘크리트 압축강도 영향을 주는 요인
   - ① 재료의 품질 영향 : 시멘트, 골재, 물, 혼화재료 등
   - ② 배합 영향 : 물시멘트비, 슬럼프, 공기량 등
   - ③ 시공방법 영향 : 재료계량, 비빔, 운반, 타설, 다짐, 양생
   - ④ 재령의 영향 : 경과시간(재령)에 따라 증가
   - ⑤ 시험방법 영향 : 공시체의 표면의 영향, 재하속도

04-3-27 압축강도 불합격 시 조치

1. 압축강도 불합격 시 조치
   - ① 관리재령의 연장 검토
   - ② 비파괴시험 실시
   - ③ 문제된 부분의 코어 채취하여 압축강도 시험
   - ④ 코어의 압축강도 평균 호칭강도의 85%초과하고 각각의 값이 75%초과
   - ⑤ 코어의 압축강도가 불합격 시 재하시험 실시
   - ⑥ 재하시험 결과 불합격의 경우 구조물 보강등의 조치

04-3-28 콘크리트 비파괴시험

1. 콘크리트 비파괴시험
   - ① 강도법 - 슈미트해머 타격 20회 평균값
   - ② 초음파법 - 음속의 크기에 따라 강도 측정
   - ③ 복합법 - 강도법 + 초음파법 병용
   - ④ 전기법 - 전기적 저항 및 전위차 이용하여 철근부식 감지
   - ⑤ 방사선법 - X선, γ선 내부 투과 철근위치 및 내부결함 조사
   - ⑥ 레이더법 - 레이더를 침투시켜 탐사, 공동 및 층분리 발견

04-3-29 콘크리트 타설 시 유해.위험요인

1. 콘크리트 타설 시 유해.위험요인

    ① 콘크리트 운반차량에 끼임 위험
    ② 타설 중 슬래브 단부에서 떨어짐 위험
    ③ 타설 중 철근 등에 걸려 넘어짐 위험
    ④ 타설용 호스의 요동으로 부딪힘 위험
    ⑤ 편타설로 인한 슬래브 무너짐 위험
    ⑥ 압송관 연결부가 분리되면서 맞음 위험
    ⑦ 다짐기 누전으로 인한 감전 위험
    ⑧ 펌프카 넘어짐 위험

04-3-30 콘크리트 타설 시 재해예방대책

1. 콘크리트 타설 시 재해예방대책

    ① 운반차량 후진 시 유도자 배치
    ② 타설장소 개구부, 슬래브 단부 안전난간 등 떨어짐 방지조치
    ③ 철근배근 상부 이동에 필요한 작업발판 설치
    ④ 콘크리스 압송압력 기준치 이하로 유지
    ⑤ 분산타설 및 동바리 변형 등 점검
    ⑥ 작업 전 압송관 연결부 상태 사전 점검
    ⑦ 다짐기 누설전류 측정 및 누전차단기 설치
    ⑧ 펌프카 아웃트리거 설치 등 넘어짐 방지조치

04-3-31 콘크리트 타설 시 안전수칙

1. 콘크리트 타설 시 안전수칙 (콘크리트공사표준안전작업지침 제13조)

    ① 타설순서 계획에 의하여 실시
    ② 콘크리트를 치는 도중에는 거푸집등 이상 유무 확인
    ③ 타설속도는 콘크리트 표준시방서 준수
    ④ 손수레 타설 위치까지 천천히 운반하여 거푸집에 충격 방지
    ⑤ 손수레로 운반 시 적당한 간격을 유지
    ⑥ 손수레 운반 통로에 방해물 즉시 제거
    ⑦ 콘크리트의 운반, 타설기계 성능 확인
    ⑧ 콘크리트의 운반, 타설기계는 사용 전, 중, 후 반드시 점검
    ⑨ 거푸집 변형, 탈락에 의한 붕괴사고 방지를 위해 타설순서를 준수
    ⑩ 지나친 진동은 거푸집 도괴를 유발하므로 전동기 적절히 사용

04-3-32 펌프카에 의해 콘크리트를 타설 시 안전수칙

기출 12회-7-3)

1. 펌프카에 의해 콘크리트를 타설 시 안전수칙 (콘크리트공사표준안전작업지침 제14조)

    ① 차량안내자를 배치하여 레미콘트럭과 펌프카를 유도
    ② 펌프 배관용 비계를 사전점검, 이상 시 보강 후 작업
    ③ 펌프카의 배관상태를 확인, 장비 사양의 적정호스 길이 초과금지
    ④ 호스 선단 요동방지 위해 확실히 붙잡고 타설
    ⑤ 콘크리트 비산에 주의하여 타설
    ⑥ 펌프카의 붐대를 조정 시 주변 전선 확인, 이격 거리 준수
    ⑦ 아웃트리거 사용 시 지반 부동침하로 인한 펌프카 전도 방지 조치
    ⑧ 펌프카 전후 식별 용이한 안전표지판 설치

04-3-33 콘크리트 타설작업 시 준수사항 기출 15회-8-1)

1. 콘크리트 타설작업 시 준수사항 (산업안전보건기준에 관한 규칙 제334조)
   ① 작업 전 거푸집 및 동바리의 변형·변위 및 지반의 침하 점검 및 보수할 것
   ② 작업 중 변형·변위 등의 감시자를 배치, 이상 시 작업 중지 및 대피시킬 것
   ③ 거푸집 붕괴의 위험이 발생할 우려가 있으면 충분한 보강조치를 할 것
   ④ 콘크리트 양생기간을 준수하여 거푸집 및 동바리를 해체할 것
   ⑤ 편심이 발생하지 않도록 골고루 분산하여 타설할 것

04-3-34 콘크리트 타설장비 사용 시의 준수사항 기출 15회-8-2)

1. 콘크리트 타설장비 (산업안전보건기준에 관한 규칙 제335조)
   ① 콘크리트 플레이싱 붐(placing boom)
   ② 콘크리트 분배기
   ③ 콘크리트 펌프카 등

2. 콘크리트 타설장비 사용 시의 준수사항
   ① 작업 전 콘크리트타설장비를 점검하고 이상을 발견하였으면 즉시 보수할 것
   ② 난간 등에서 작업 시 호스의 요동·선회로 인한 추락 위험 방지를 위해 안전난간설치 등 필요한 조치를 할 것
   ③ 붐 조정 시 주변의 전선 등에 의한 위험을 예방하기 위한 적절한 조치를 할 것
   ④ 지반 침하나 아웃트리거 등 손상으로 장비 넘어짐 위험 방지 조치를 할 것

04-3-35 콘크리트 양생

1. 개요
   콘크리트 자체물성 및 설계 소요강도가 발현 될 수 있는 기간까지의
   보양 및 보온조치

2. 양생의 종류
   ① 습윤양생 : 수분을 가하여 양생
   ② 막양생 : 방수막 형성하여 수분증발 방지
   ③ 증기양생 : 고온의 증기로 수화반응 촉진
   ④ 전열양생 : 전열선을 거푸집에 배치하여 콘크리트 냉각방지
   ⑤ 오토클레이브 양생 : 고온·고압의 가마 속에서 양생(콘크리트 말뚝)

04-3-36 콘크리트 양생작업 시 유해.위험요인

1. 콘크리트 양생작업 시 유해.위험요인
   ① 어두운 조명에 부딪힘 및 넘어짐 위험
   ② 갈탄사용으로 유독가스에 의한 질식위험
   ③ 열풍기 외함에 누전으로 인한 감전
   ④ 열풍기 과열에 의한 화재위험
   ⑤ 개구부, 슬래브 단부에서 떨어짐 위험
   ⑥ 양생 중인 지하 밀폐공간 출입 중 산소결핍에 의한 질식위험

04-3-37 콘크리트 양생. 보양 시 안전조치 사항

1. 콘크리트 양생. 보양 시 안전조치 사항 (KOSHA C - 24 - 2011)
   ① 콘크리트 양생용 열풍기는 누전차단기 및 접지선 연결
   ② 갈탄사용은 가급적 지양하고 부득이 사용 시 적절한 환기조치
   ③ 갈탄 교체 시 관리감독자의 지휘에 따라 실시
   ④ 양생 장소 출입 시 호흡용보호구 착용
   ⑤ 화재예방조치 및 소화기 비치
   ⑥ 야간작업을 위해 조명시설 설치
   ⑦ 지하밀폐공간 출입 시 사전 환기 실시 및 유해가스와 산소농도 측정
   ⑧ 개구부 덮개 및 슬래브 단부 떨어짐 방지조치 실시

04-3-38 재료분리

1. 개요
   콘크리트 구성요소가 골고루 분포되어 있지 않고 균질성 상실한 상태
2. 재료분리 발생시 문제점
   ① 강도저하
   ② 철근 부착강도 저하
   ③ 내구성 저하
   ④ 수밀성 저하
   ⑤ bleeding, laitance

04-3-39 블리딩

1. 개요
   골재나 시멘트가 침강하여 혼합수 일부가 상승하는 현상
2. 블리딩의 문제점
   ① 철근과 콘크리트 부착강도 저하
   ② 침하균열
   ③ 수밀성 저하

04-3-40 Water Gain 기출 8회-5

1. 개요
   블리딩 현상에 의해 발생, 물이 상승하여 표면에 고이는 현상
2. Water Gain의 문제점
   ① 균열발생
   ② 수밀성 저하
   ③ 재료분리 발생
   ④ 내구성 저하
3. Water Gain의 방지대책
   ① 단위수량 적게하고 된비빔콘크리트
   ② 물결합재비 적게
   ③ AE제 및 감수제를 사용
   ④ 1회 타설높이 낮게하고 과도한 다짐 방지
   ⑤ 타설속도 바르지 않고 적당하게

04-3-41 레이턴스(Laitance)

1. 개요
   콘크리트 타설 후 블리딩현상으로 표면에 물과 함께 떠오르는 미세한 물질

2. 레이턴스의 문제점
   ① 이어치기 부분의 부착강도 저하
   ② 철근부식 및 중성화의 요인
   ③ 내구성 저하
   ④ 방수공사의 하자발생

04-3-42 rock pocket (=곰보현상)

1. 개요
   철근과 거푸집 사이 간격이 좁을 때 굵은 골재가 하부로 이동하지 못해 공극 발생 철근이 노출되는 현상

2. rock pocket 원인
   ① 철근 치우침, 굽은 철근으로 피복두께 부족
   ② 다짐 부족
   ③ 스페이서 탈락
   ④ 굵은골재 최대치수 부적절

3. rock pocket 방지대책
   ① 양질의 AE제 사용
   ① 다짐기준 준수
   ② 간격재 기준 준수
   ③ 피복두께 확보

04-3-43 Air pocket (표면 기포자국)

1. 개요
   콘크리트 타설 시 다짐이 충분하지 않을 경우 내부에 남아있는 공기방울

2. Air pocket과 rock pocket이 구조물에 미치는 영향
   ① 피복두께 감소 : 철근의 부식촉진 및 내화성능 저하
   ② 구조내력 감소 : 부착강도 저하

04-3-44 cold joint

1. 개요
   먼저 타설한 콘크리트 표면이 경화한 상태에서 나중에 타설한 콘크리트 사이에 완전히 일체화가 되지 않은 시공 불량 이음부

2. cold joint로 인한 피해
   ① 내구성 저하
   ② 관통균열로 인한 누수 및 철근부식
   ③ 탄산화 촉진

3. cold joint의 원인 및 방지대책

원인	방지대책
① 콘크리트 공급 지연	① bleeding, laitance 제거
② 타설인력부족 및 다짐부족	② 레미콘 도착 시간 엄수
③ 분말도 높은 시멘트(조기응결)	③ 응결지연제 사용
④ 여름철 기온 상승	④ 이어치기 소요 시간 엄수
⑤ 넓은 지역의 순환타설 시간초과	⑤ 재료분리 방지

04-3-45 콘크리트 균열 요인에 따른 분류

1. 균열 요인에 따른 분류
    1) 발생원인에 의한 분류
        ① 설계조건 : 설계기준 미비, 오류 등
        ② 시공조건 : 시공 부주의, 초과하중, 피복두께 오류 등
        ③ 재료조건 : 시멘트, 혼화재료, 골재 등의 품질관리 미흡 등
        ④ 사용환경 : 온.습도 변화, 동결융해, 중성화, 염해 등
    2) 내력 영향에 의한 분류
        ① 구조적 : 하중에 의한 균열, 단면 및 철근량 부족에 의한 균열
        ② 비구조적 : 소성수축 균열, 침하균열, 온도균열, 건조수축 균열, 미세균열 등
    3) 발생시기에 의한 분류
        ① 경화 중 균열 : 재료분리, 소성수축 균열, 침하균열, 자기수축 균열, 온도균열 등
        ② 경화 후 균열 : 건조수축 균열, 화학반응에 의한 균열, 동결융해에 의한 균열 등

04-3-46 침하균열

1. 개요

    블리딩에 의해 콘크리트 상면이 침하하여 철근을 따라 표면에 생기는 균열

2. 침하균열 개념도

    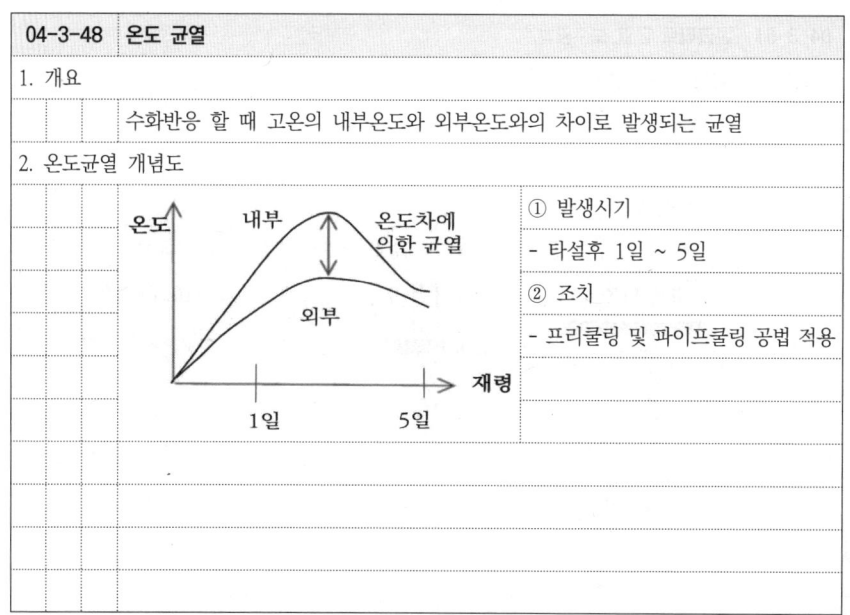

    ① 발생시기
    - 타설후 약 1 - 3시간
    ② 조치
    - 탬핑으로 균열 폐색 조치

04-3-47 소성수축 균열

1. 개요

    타설 직후 표면에서의 급속한 수분 증발로 인해 수분 증발속도가 콘크리트 표면의 블리딩 속도보다 빠를 때 발생되는 균열

2. 소성수축균열 개념도

    ① 발생시기
    - 타설후 2시간 ~ 약1일
    ② 조치
    - 비닐시트 등으로 수분 급속 증발 방지

04-3-48 온도 균열

1. 개요

    수화반응 할 때 고온의 내부온도와 외부온도와의 차이로 발생되는 균열

2. 온도균열 개념도

    ① 발생시기
    - 타설후 1일 ~ 5일
    ② 조치
    - 프리쿨링 및 파이프쿨링 공법 적용

04-3-49 건조수축 균열

1. 개요
콘크리트 내부 잉여수의 증발에 의해 발생되는 균열

2. 건조수축 균열의 발생과정

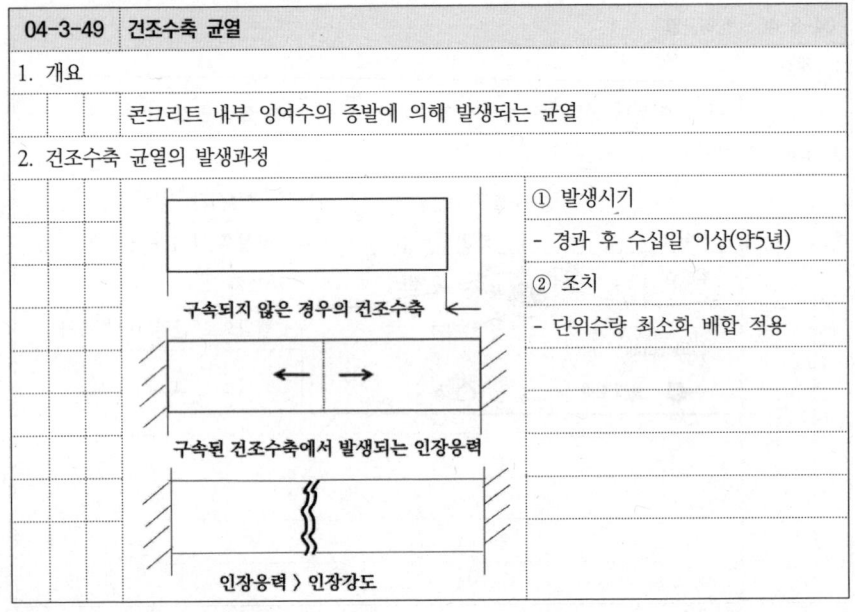

① 발생시기
- 경과 후 수십일 이상(약5년)

② 조치
- 단위수량 최소화 배합 적용

04-3-50 균열 조사

2. 균열 조사
1) 균열길이

균열 최초발견 시 균열 양끝단에 표시하고 날짜를 표기

균열 재관찰 시 또는 진행 시도 동일하게 관리

2) 균열폭

균열폭 측정 : 균열스케일, 균열현미경 등 사용

균열폭 변동 측정 시 초기값 측정위치 구조물에 기록

2. 균열폭에 따른 보수공법 선정

균열폭(mm)	표면처리공법	주입공법	충전공법
0.2미만	◎		◎
0.2 - 0.3미만	◎	◎	◎
0.3 - 1.0미만		◎	
1.0이상			◎

04-3-51 콘크리트 균열 보수공법

1. 콘크리트 균열 보수공법(비구조적 균열)
① 표면처리
② 주입공법
③ 충전공법
④ 단면복구공법 : 철근부식 제거 및 방청 처리후 폴리머시멘트 모르타르 이용

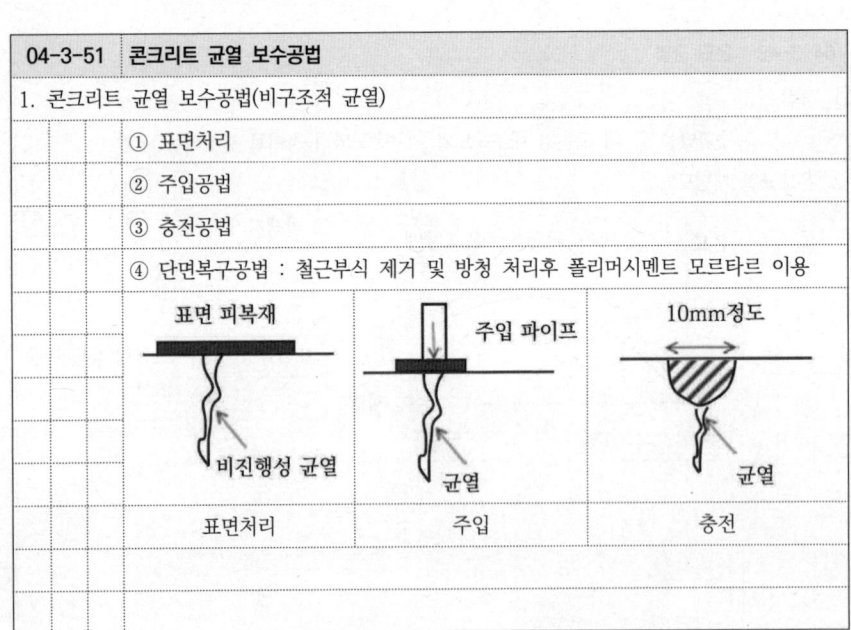

표면처리 　　주입 　　충전

04-3-52 콘크리트 균열 보강공법

1. 콘크리트 균열 보강공법(구조적 균열)
① 강재 Anchor 공법
② Prestress 공법
③ 강판부착 공법
④ 탄소섬유 쉬트 보강공법

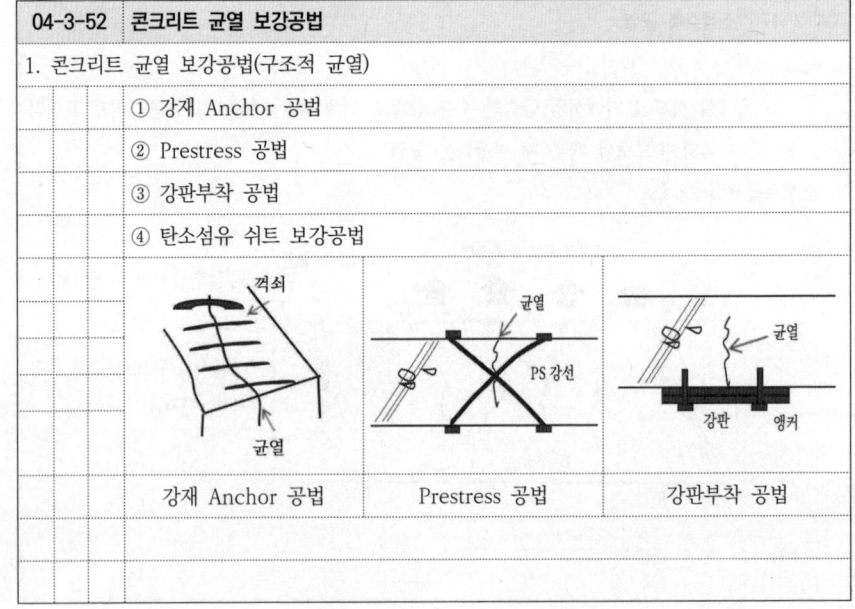

강재 Anchor 공법 　　Prestress 공법 　　강판부착 공법

04-3-53 콘크리트 구조물의 내구성능 평가   기출 12회-2

1. 내구성능 평가 시 고려해야 하는 성능저하인자
① 염해
② 탄산화
③ 동결융해
④ 화학적 침식
⑤ 알칼리 골재 반응

04-3-54 염해

1. 개요
콘크리트 내부에 축적된 염분이 철근의 부식을 촉진, 균열등 손상 입히는 현상

2. 염해의 메카니즘
염화이온(Cl-)침투 → 부동태 피막 파괴 → 철근의 전기화학적 반응 → 철근의 부식

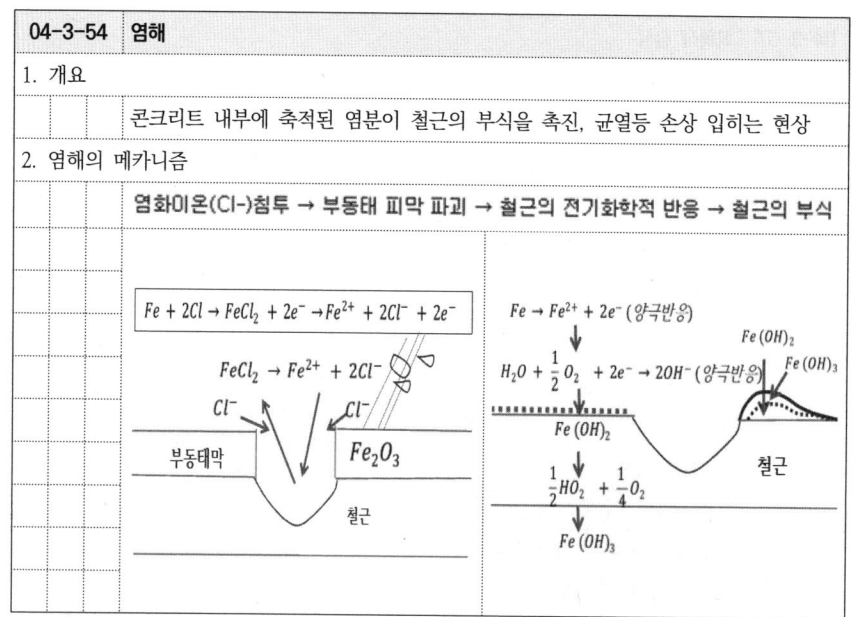

04-3-55 탄산화

1. 개요
강알칼리성 콘크리트가 CO2와 반응하여 중성화되고 철근부식에 대한 보호성능이 사라지는 열화현상

2. 탄산화 메카니즘
탄산가스 침투 -> 중성화 -> 부동태막 파괴 -> 철근부식 -> 부피팽창 -> 균열

탄산화(중성화) Ca(OH)2 + CO2 =>Ca(OH)3 + H2O(수분증발)

3. 탄산화 속도
X(탄산화 깊이mm)= $A\sqrt{T}$

4. 탄산화 영향인자
① 피복두께
② 비중이 낮은 골재
③ 물시멘트비 클수록
④ 마감재 유무

04-3-56 동결융해

1. 개요
함유된 수분이 동결에 의해 팽창(9%),융해에 의해 수축이 반복되며 열화되는 현상

2. 동결융해 깊이 증대에 따른 성능저하

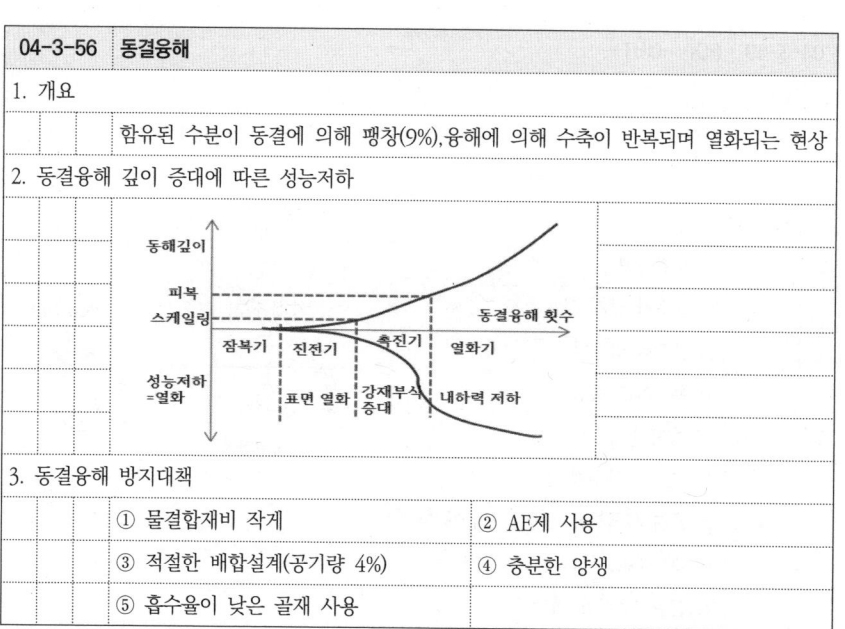

3. 동결융해 방지대책
① 물결합재비 작게
② AE제 사용
③ 적절한 배합설계(공기량 4%)
④ 충분한 양생
⑤ 흡수율이 낮은 골재 사용

04-3-57 화학적 침식

1. 개요
콘크리트 재료들이 서로 화학반응하거나, 외부환경에의해 화학반응을 일으켜 강도저하, 열화되는 현상

2. 화학적 침식 분류
① 팽창현상 화학적 침식(황산칼슘)
② 부식현상 화학적 침식(황산)

$CaSO_4$(황산칼슘) 생성 반응식
$$MgSO_4 + Ca(OH)_2 \rightarrow CaSO_4 + Mg(OH)_2$$
$$NaSO_4 + Ca(OH)_2 \rightarrow CaSO_4 + 2NaOH$$

Ettringite 생성 반응식
$$CaSO_4 + C_3A \rightarrow Ettringite$$

3. 화학적 침식 방지대책
① 저알칼리 시멘트 사용
② 반응성 없는 굵은 골재 사용
③ 철근 코팅
④ AE, AE감수제 사용
⑤ 염화물 이온량 규정치 이하
⑥ 피복두께 두껍게

04-3-58 알칼리 골재반응

1. 개요
시멘트 중의 알칼리 성분과 골재 등의 실리카 광물질이 화학반응 하여 실리카 겔이 형성되어 수분을 계속 흡수하며 팽창균열을 유발하는 반응

2. 알칼리 골재반응 원인

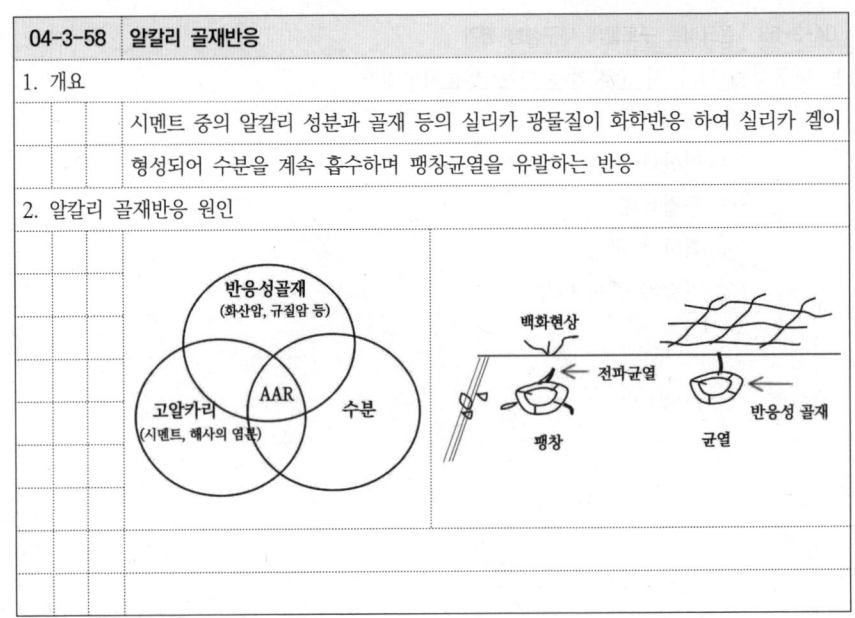

04-3-59 POP-OUT

1. 개요
경화된 콘크리트 표면의 굵은골재가 수분을 흡수하여 동결팽창되면서 외부로 빠져나오는 현상

2. POP-OUT 원인
① 동결융해
② 흡수성 골재 사용
③ 알칼리 골재반응
④ 콘크리트 폭열

3. POP-OUT 방지대책
① AE, AE감수제
② 골재 세척사용, 반응성 골재 차단
③ 내화피복, 섬유보강 콘크리트
④ 단위시멘트량 적게

04-3-60 프리스트레스트 콘크리트 (PSC)

1. 개요
외력에 의한 인장응력을 상쇄시키기 위해 미리 압축응력 도입한 부재

2. 프리스트레스트 콘크리트 (PSC)의 특징
① 장스팬 구조 가능
② 탄력성, 복원성 우수
③ 균열저항성 증대
④ 구조물 자중 경감
⑤ 부식위험성 적고 내구성 확보

3. 프리스트레스트 콘크리트 (PSC) 공법의 종류

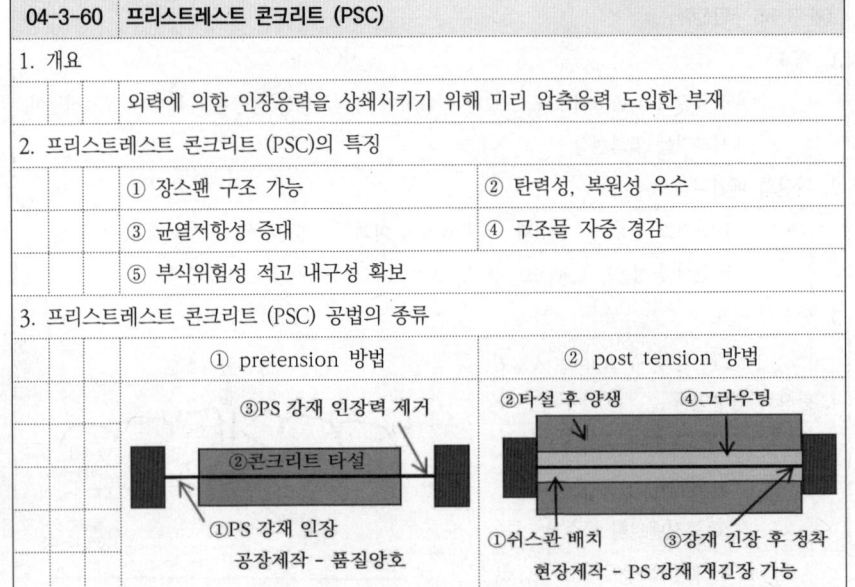

① pretension 방법	② post tension 방법
공장제작 - 품질양호	현장제작 - PS 강재 재긴장 가능

04-3-61 프리스트레스트 콘크리트 (PSC) 손실

1. 프리스트레스트 콘크리트 (PSC) 손실 분류

단기손실(프리스트레스 도입 시 손실)	장기손실(도입 후 손실)
① 콘크리트의 탄성변형	① 콘크리트의 건조수축
② 강재와 시스의 마찰	② 콘크리트의 크리프
③ 정착단의 활동	③ 강재의 릴렉세이션

2. 손실 저감방안
① PS강재 코팅
② 콘크리트와 부착성 증대
③ 인장강도 클 것
④ 부식저항성 증대

04-3-62 PS강재의 종류 및 요구성질

1. PS강재의 종류
① 강선 : 프리텐션공법에 사용(∅2.9~9)
② 강연선 : 강선을 꼬아서 만든것
③ 강봉 : 포스트텐션공법에 사용(∅9.2~32), 응력이완 작은 장점
④ 인장강도의 크기 : 강연선〉강선(고강도철근의 4배)〉강봉(고강도철근의 2배)

2. PS강재의 요구성질
① 인장강도 큰 것
② 항복비(항복강도/인장강도) 큰 것
③ 응력이완 작은 것
④ 부착강도 큰 것
⑤ 응력부식에 대한 저항성 큰 것
⑥ 연신율이 큰 것

04-3-63 응력이완 (relaxation)

1. 개요
PS강재를 긴장 후 시간경과에 따라 인장응력 감소되는 현상

2. 응력이완의 문제점
① 부재 균열
② 변형, 처짐
③ 내구성 저하

3. 응력이완의 분류

순 릴렉세이션	겉보기 릴렉세이션	응력이완 값
= $\frac{인장응력의 변화량}{최초 인장응력} * 100\%$	순 릴렉세이션 + 2차응력 손실	강선, 강연선 : 3%이하 강봉 : 1.5% 이하

① 순 릴렉세이션 : 변형률을 일정하게 유지했을 때 일정한 변형하에서 발생
② 겉보기 릴렉세이션 : 콘크리트 크리프와 건조수축에 의해 변형률이 일정하게 유지 못하고 시간경과에따라 변형률이 감소

04-3-64 응력부식

1. 개요
프리스트레스 콘크리트에서 외부 응력 또는 내부 응력의 존재하에서 PS 강선 부식이 현저하게 촉진되는 현상

2. 응력부식 요인
① 과도한 녹, 표면의 홈
② roll 상태의 휨응력 집중
③ 단면 취약부
④ 용접에 의한 잔류응력

3. 응력부식 방지대책
① 그라우팅 신속 실시
② 코팅 처리
③ 응력 분산 및 단면보강
④ 잔류응력 제거

04-3-65 서중콘크리트

1. 개요
   - 일 평균 25℃ 초과할 경우 적용하는 콘크리트

2. 서중콘크리트 시공 시 문제점
   ① 공기량 감소
   ② 슬럼프 감소
   ③ cold joint발생
   ④ 소성수축균열 및 건조수축균열
   ⑤ 단위수량증가로 내구성 및 강도 저하

04-3-66 한중 콘크리트

1. 개요
   - 일 평균기온이 4℃ 이하 또는 타설 완료 후 24시간 동안 일최저기온 0℃ 이하 예상되는 조건일 때 시공하는 콘크리트/ 초기동해 방지를 위한 보양조치가 중요

2. 동해 원인
   ① 빙점이하 기온에서 타설
   ② 흡수율이 큰골재 사용
   ③ 물시멘트비가 큰 경우
   ④ 얼음, 눈 등 혼입

3. 기온에 따른 시공방법

기온	시공방법
0~4℃	간단한 주의와 보온
-3~0℃	재료(물, 골재)의 가열 + 적절한 보온
-3℃이하	재료(물, 골재)의 가열 + 적절한 보온 + 급열

04-3-67 한중 콘크리트 타설 시 주요위험요인

1. 한중 콘크리트 타설 시 주요위험요인
   1) 양생, 보양 시 연료별 위험요인
      ① 갈탄 : 일산화탄소에 의한 질식위험
      ② 메탄올 연료 : 유해가스로 인한 시신경장해 및 화재위험
      ③ 열풍기(등유, 전기) : 산소농도 결핍에 의한 질식 및 감전위험
   2) 방동제를 음용수로 오인하여 섭취로 인한 중독

04-3-68 한중 콘크리트 타설 시 주요위험에 대한 안전대책

1. 양생, 보양 시 안전대책
   ① 갈탄 연료 사용 지양
   ② 질식 재해예방교육 실시
   ③ 출입 전 산소 및 일산화탄소 농도 측정
   ④ 출입 시 공기호흡기 등 착용
   ⑤ 열풍기 감전 재해예방조치 : 누전기/접지
   ⑥ 화재예방 조치 및 소화기 비치
   ⑦ 제조사의 사용법, 사용상 주의사항 준수

2. 방동제 취급 시 안전대책
   ① 드럼통 및 소분용기에 MSDS경고표지 부착
   ② 취급장소 MSDS비치, 게시
   ③ MSDS교육 실시

04-3-69 매스콘크리트 기출 10회-6-1), 2)

1. 개요
   - 부재 혹은 구조물의 치수가 커서 시멘트의 수화열에 의한 온도 상승 및 강하를 고려하여 설계·시공해야 하는 콘크리트이다.

2. 매스콘크리트의 내부구속과 외부구속
   - ① 내부구속
   - 콘크리트 단면 내의 온도 차이에 의한 변형의 부등분포에 의해 발생하는 구속작용
   - ② 외부구속
   - 새로 타설된 콘크리트 블록의 온도에 의한 자유로운 변형이 외부로부터 구속되는 작용

04-3-70 매스콘크리트의 온도균열 발생 원인

1. 매스콘크리트의 온도균열 발생 원인
   - ① 부재의 단면치수가 클수록
   - ② 분말도가 높은 시멘트 사용
   - ③ 단위 시멘트량이 많을수록
   - ④ 콘크리트 내·외부 온도차가 클수록
   - ⑤ 수화 발열량이 클수록

04-3-71 설계측면의 매스콘크리트 온도균열 방지대책 기출 10회-6-3)

1. 설계측면
   - ① 신축이음이나 수축이음을 계획
   - ② 온도철근 배치
   - ③ 온도균열 지수관리 (ICR)

04-3-72 콘크리트 생산측면의 매스콘크리트 온도균열 방지대책 기출 10회-6-3)

1. 콘크리트 생산(재료 및 배합) 측면
   - ① 저발열형 시멘트, 냉각수, 저온 골재
   - ② 굵은골재 최대치수 크게
   - ③ AE감수제 지연형, 고성능 AE감수제 지연형, 감수제 지연형 사용
   - ④ 단위시멘트량 최소화

04-3-73 시공측면의 매스콘크리트 온도균열 방지대책   기출 10회-6-3)

1. 콘크리트의 시공측면
   ① 블록분할 및 이음위치 검토
   ② 레미콘 운반시간 준수
   ③ 타설온도 가능한 한 낮게
   ④ pre cooling(시멘트, 골재,물 사전 냉각)
   ⑤ pipe cooling(냉각수 파이프를 통해 순환)
   ⑥ 단열보온양생(겨울철)
   ⑦ 차양막 설치

04-3-74 온도균열지수

1. 개요
   인장강도를 온도응력 최대값으로 나눈값

2. 온도균열지수

$$ICR = \frac{인장응력}{온도응력}$$

   ① 균열방지 : 1.5 이상
   ② 균열제한 : 1.2~1.5
   ③ 유해한 균열 제한 : 0.7~1.2
   ④ 유해한 균열발생 : 0.7 미만

온도균열지수와 발생확률

04-3-75 고강도 콘크리트

1. 개요
   설계기준강도 40Mpa이상(경량콘크리트 27Mpa이상)인 콘크리트

2. 고강도 콘크리트 특징

1) 장점	2) 단점
① 부재 경량화 가능	① 강도별현에 변동이 커서 취성파괴 우려
② 소요단면 감소	② 내화 취약(폭렬현상)
③ 크리프현상 감소	③ 품질변화 우려

3. 고강도 제조원리

   고성능감수제(단위수량감소) + 실리카 흄 플라이애쉬 고로슬래그(수화생성물 증가) = 고강도화(모세관공극 감소)

04-3-76 고강도 콘크리트 폭렬현상 및 방지대책

1. 개요
   화재 시 내부 수분이 고열에 의해 팽창한 수증기가 외부로 빠져나가지 못하고 표면이 박리, 비산해서 단면결손이 발생하는 현상

2. 폭렬현상 메카니즘
   화재발생 → 수증기압 상승 → 수증기압이 인장강도 초과 → 표면 박리 → 단

3. 폭렬현상 방지대책(= 내화성 증진방안)
   ① 내화피복
   ② 내화도료
   ③ Metal Lath 시공
   ④ 탄소섬유 시트 바름
   ⑤ 유기섬유 혼입

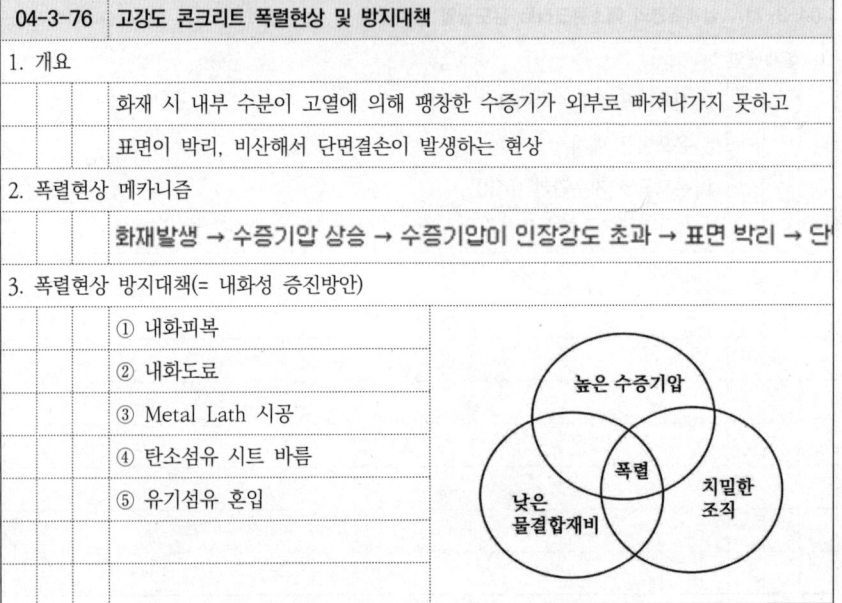

04-3-77 무량판 슬래브 종류 및 특징

1. 개요
기둥만 있고 보가 없는 상태의 슬래브로 하중을 견디는 구조

2. 무량판 슬래브 종류

Flat slab(주두 있는 경우)	Flat plate slab(주두가 없는 경우)
Drop pannel / 주두	

3. 무량판 슬래브의 특징
① 구조 간단
② 실내 이용률 높다
③ 층고를 낮출 수 있다
④ 접합부 강성 적다

연직하중에 대한 펀칭전단파괴

한권으로 끝내는
산업안전지도사 2차 건설안전공학

산업안전지도사 2차 건설안전공학(단답형 및 논술형)

제 5 장

철골공사

1. 공사전 검토사항
2. 건립전의 준비
3. 건립작업
4. 재해방지 가설설비

제05장 철골공사

1. 공사전 검토사항

05-1-1 철골공사 전에 검토사항

1. 철골공사 전에 검토사항 (철골공사표준안전작업지침)

1) 설계도 및 공작도 확인	① 건립형식 및 건립작업상 문제점, 관련 가설설비 ② 건립기계 종류 및 건립공정 ③ 건립작업방법의 난이도 ④ 건립순서 ⑤ 공작도에 포함되어야 할 사항 ⑥ 풍압 등 외력에 대한 자립도
2) 건립 계획	① 지반 및 지형, 주변 건축물 밀집 등 현지조사 ② 건립기계의 인양범위 ③ 재해방지 시설 설치방법 ④ 신호방법, 악천후에 대비 처리방법

05-1-2 철골 공작도에 포함할 사항   기출 5회-3

1. 개요

   건립후에 가설부재나 부품을 부착하는 것은 위험한 작업이므로 사전에 계획하여 공작도에 포함

2. 철골 공작도에 포함할 사항 (철골공사표준안전작업지침)

   ① 외부비계받이 및 화물승강설비용 브라켓
   ② 기둥 승강용 트랩
   ③ 구명줄 설치용 고리
   ④ 건립에 필요한 와이어 걸이용 고리
   ⑤ 기둥 및 보 중앙의 안전대 설치용 고리
   ⑥ 난간 및 방망 설치용 부재
   ⑦ 비계 연결용 부재
   ⑧ 방호선반 설치용 부재
   ⑨ 양중기 설치용 보강재

   ▲ 기둥 승강용 트랩 (30cm 이내, Ø16 트랩, 30cm 이상)

05-1-3 철골 자립도 검토 대상 구조   기출 15회-6-1) / 13회-5

1. 개요

   구조안전의 위험이 큰 철골구조물은 건립 중 강풍에 의한 풍압 등 외압에 대한 내력이 설계에 고려되었는지 확인 (철골공사표준안전작업지침)

2. 철골 자립도 검토 대상 구조물 (=풍압 등 외력에 대한 내력 검토 대상)

   ① 높이 20미터 이상의 구조물
   ② 구조물의 폭과 높이의 비가 1:4 이상인 구조물
   ③ 단면구조에 현저한 차이가 있는 구조물
   ④ 연면적당 철골량이 50kg/m2 이하인 구조물
   ⑤ 기둥이 타이플레이트(tie plate)형인 구조물
   ⑥ 이음부가 현장용접인 구조물

05-1-4 철골건립계획수립 시 검토사항

1. 철골건립계획수립 시 검토사항 (철골공사표준안전작업지침)

   ① 입지조건
   - 현장인근 위해 여부, 차량 통행시 지장 여부, 작업반경내 지장물(가옥,전선 등)
   ② 건립기계 선정
   - 출입로, 설치장소, 기계조립면적/ 이동식 크레인 주행통로 / 건립기계의 인양범위
   ③ 건립순서 계획
   - 현장건립순서와 공장제작 순서 일치/ 후속작업 지장 받지않도록 계획 등
   ④ 운반로의 교통체계 또는 장애물에 의한 부재반입의 제약 등 고려 1일작업량 결정
   ⑤ 악천후 시 작업중지 및 강풍시 낙하,비래방지 조치
   - 풍속 : 10분간의 평균풍속이 1초당 10미터 이상
   - 강우량 : 1시간당 1밀리미터 이상
   ⑥ 재해방지 설비의 배치 및 설치방법
   ⑦ 신호방법, 악천후에 대비한 처리방법

2. 건립전의 준비

05-2-1 철골공사 FLOW CHART

1. 개요

   철골부재를 사용하여 제작, 조립, 도장, 내화피복, 마감작업 등의 공정 거치는 것

2. 철골공사 FLOW CHART

   앵커볼트 설치 → 철골기둥 세우기 → 보 설치 → 데크플레이트 설치 → 내화 및 도장

   반입, 인양 (→ 철골기둥 세우기)
   검사 (→ 데크플레이트 설치)

05-2-2 앵커볼트

1. 개요

   기초와 철골기둥을 연결하여 기둥을 잡아주며 휨응력을 기초로 전달하는 볼트

2. 앵커볼트 매립공법의 종류

   ① 고정매입법
   - 대규모 공사 적합, 구조안정성 확보, 보수 곤란
   ② 가동매입법
   - 소규모 구조 적합, 위치조정 가능
   ③ 나중매입법
   - 경미한 공사 적합, 시공간단, 보수 용이
   ④ 용접법
   - 경미한 구조 적합

05-2-3 기초공사 앵커볼트 작업 시 주요 위험요인 및 안전대책

1. 기초공사 앵커볼트 작업 시 주요 위험요인

   ① 앵커볼트의 매립 정밀도 미확보로 구조적 문제
   ② 기초철근 등에 걸려서 근로자 넘어짐

2. 기초공사 앵커볼트 작업 시 안전대책

   ① 앵커볼트의 매립 정밀도 확보
   ② 기초철근 상부에 적정한 작업발판 설치

05-2-4 앵커 볼트 매립 정밀도 범위

1. 앵커 볼트 매립 정밀도 범위 ((철골공사표준안전작업지침))

   ① 기둥중심은 기준선 및 인접기둥의 중심에서 5mm이상 벗어나지 않을 것
   ② 인접기둥간 중심거리의 오차는 3mm 이하일 것
   ③ 앵커볼트는 정위치에서 2mm 이상 벗어나지 않을 것
   ④ Base Plate 하단은 기준높이 및 인접기둥 높이에서 3mm이상 벗어나지 않을 것

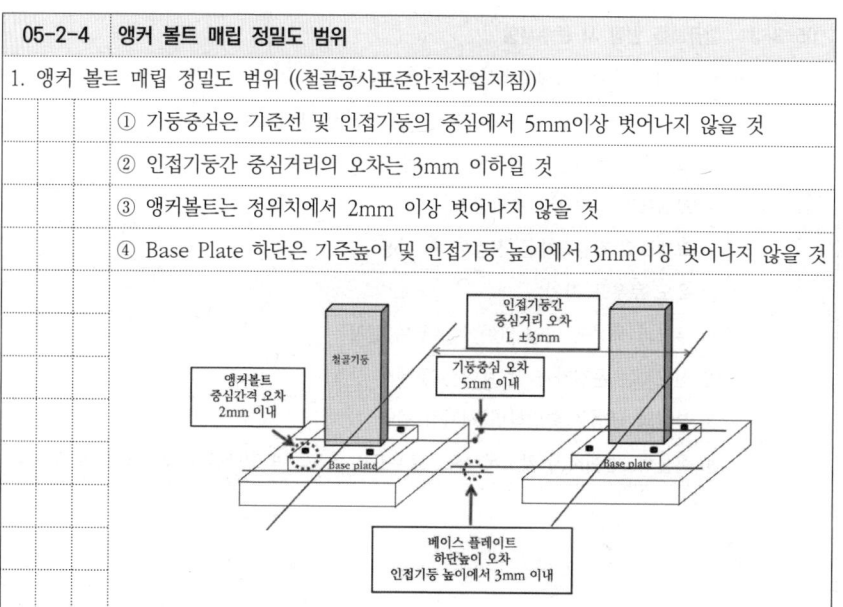

3. 건립작업

05-3-1	철골반입 시 준수사항		
1. 철골반입 시 준수사항 (철골공사표준안전작업지침)			
		① 다른 작업에 장해가 되지 않는 곳에 철골 적치	
		② 받침대는 적치될 부재 중량 고려	
		③ 부재 반입시는 건립의 순서 등을 고려하여 반입	
		④ 부재 하차시 쌓여있는 부재 도괴방지 조치	
		⑤ 부재 인양 시 부재 무너지지 않도록 주의	
		⑥ 전선 등 다른 장해물에 접촉할 우려는 없는지 확인	
		⑦ 적치높이는 적치 부재 하단폭의 1/3이하	

05-3-2	철골기둥 인양 시 준수사항	기출 15회-6-2
1. 철골기둥 인양 시 준수사항 (철골공사표준안전작업지침)		
	① 인양 와이어 로우프와 샤클, 받침대, 유도 로우프, 조임기구 등을 준비	
	② 발디딜 곳, 손잡을 곳, 안전대 설치장치 등을 확인	
	③ 기둥 인양용 덧댐 철판을 부착	
	④ 덧댐 철판에 와이어 로우프를 설치할 때에는 샤클을 사용	
	⑤ 와이어 로우프를 걸 경우는 보호용 꿰재 사용	
	⑥ 후크에 인양 와이어 로우프를 걸 때에는 중심에 걸도록하고, 해지판 설치	
	⑦ 기둥을 일으켜 세우기 전에 기둥의 밑부분에 미끄럼방지를 위한 깔판을 삽입	
	⑧ 권상, 수평이동 및 선회시 부재 이동 범위 내 사람 유무 확인 후 실시	
	⑨ 인양 및 부재에 로우프를 매는 작업은 경험이 충분한 자가 실시	
	⑩ 통신, 신호체계를 수립하고 충분한 사전 교육을 하여야 한다	
	⑪ 작업책임자는 건립기계와 인양작업자를 동시에 관찰할 수 있는 지점에 위치	

05-3-3	철골보를 인양 시 준수사항	
1. 철골보를 인양 시 준수사항 (철골공사표준안전작업지침)		
		① 와이어로프 매달기 각도 60도, 2열 매달고 체결지점 수평부재의 1/3기점
		② 크램프는 부재를 수평으로 하는 두 곳의 위치에 사용
		③ 크램프의 정격용량 초과금지
		④ 크램프의 작동상태를 점검한 후 사용
		⑤ 유도 로우프 확인
		⑥ 후크의 중심에 인양 와이어 로우프 설치
		⑦ 신호자는 운전자가 잘 보이는 곳에서 신호
		⑧ 부재의 균형을 확인하면 서서히 인양
		⑨ 흔들림, 선회하지 않도록 유도 로우프로 유도하며 장애물에 닿지 않도록 주의

05-3-4	철골공사 현장건립공법	
1. 개요		
	H-Beam 등 철골부재를 공장에서 제작 후 현장에 반입하여 적정한 건립공법에 따라 설치하는 것	
2. 철골공사 현장건립공법의 종류		
	① Lift up 공법	
	① 스테이지 조립공법	
	② 스테이지 조출공법	
	③ 현장조립공법	
	④ 병립공법	
	⑤ 지주공법	

05-3-5	철골작업의 작업제한 기준
1. 철골작업의 작업제한 기준 (산업안전보건 기준에 관한 규칙 제383조)	
	① 풍속 : 10m/s
	② 강우 : 1mm/hr
	③ 강설 : 1cm/hr

05-3-6	철골기둥 세우기작업 시 주요 위험요인 및 안전대책
1. 철골기둥 세우기작업 시 주요 위험요인	
	① 인양작업 시 로프파단으로 부재낙하로 맞음
	② 인양작업 중 회전으로 근로자 부딪힘
	③ 가조립 후 철골기둥 넘어짐
2. 철골기둥 세우기작업 시 안전대책	
	① 작업 전 인양로프 점검
	② 유도로프 설치하여 회전방지조치
	③ 4면 와이어로프 설치 등 넘어짐 방지조치

05-3-7	철골 건립시 넘어짐 방지조치
1. 철골 건립시 넘어짐 방지조치	
	① 자립도 검토
	② 불균형 모멘트 등 구조안전성 검토
	③ 넘어짐 방지용 Wire rope설치
	④ 주각부 앵커볼트 2중너트로 시공
	⑤ 가설보 및 가설브레이싱 설치
	⑥ 가볼트 시간최소화, 조기폐합구조

05-3-8	보 설치작업 시 주요 위험요인 및 안전대책
1. 보 설치작업 시 주요 위험요인	
	① 볼트구멍이 일치하지 않아 수정작업 중 떨어짐
	② 인양작업 중 회전으로 근로자 부딪힘
	③ 볼트체결, 인양로프 해체작업 중 떨어짐
2. 철골기둥 세우기작업 시 안전대책	
	① 수정작업을 하지 않도록 인양전 제작정밀도 등 확인
	② 유도로프 설치하여 회전방지조치
	③ 부재 인양 전 안전대 부착설비 설치

05-3-9 철골보 설치 시 준수사항   기출 15회-6-3

1. 철골보 설치 시 준수사항
① 안전대 승강용 트랩에 걸어 추락 방지
② 2인 1조로 작업
③ 기둥 상단부, 보 연결부 등 안전대 부착설비 설치
④ 볼트 구멍이 맞지 않을 경우는 신속히 지지용 드래프트 핀을 타입
⑤ 무리한 힘을 가하여 볼트구멍 손상금지
⑥ 해체한 와이어 로우프는 후크에 걸어 내리며 밑으로 던져서는 안된다

05-3-10 고장력 볼트

1. 개요
고장력간 재료로 만든 볼트와 너트를 조임하여 부재를 연결하는 볼트

2. 고장력 볼트 접합방식
① 마찰접합 - 접합면의 마찰내력
② 인장접합 - 볼트의 인장내력
③ 지압접합 - 볼트의 전단력과 지압내력

3. 조임방법

반입검사 → 접합부 조립 → 1차조임(80% 조임) → 금매김 → 본조임 → 검사

- 반입검사: 외관검사, 장력확인
- 접합부 조립: 틈새처리 등 조립정밀도 확인, 볼트구멍 수정, 마찰면 확인(미끄럼계수/거칠기 확보)
- 본조임: 토크관리법, 너트회전법
- 검사: 육안(전수검사), 토크값 ±10%, 너트회전량 120±30도

05-3-11 볼트 체결 점검 및 조치방안

1. 볼트 체결 점검 및 조치방안

점검내용	조치방안
① 가볼트 불균등체결	- 볼트군 1/2이상 균등체결
② 이음판 및 휨	- 이음판 교체
③ 볼트길이부족	- 체결여장 나사산 3개이상 확보
④ 접합면	- 페인트, 기름, 뜬녹 제거
⑤ 접합면 틈새처리	- 틈 1mm이상 끼움판 삽입
⑥ 볼트 조임	- 회전량 부족: 추가조임, 회전량 과다: 교체
⑦ 앵커볼트	- 이중너트 체결 관리철저

05-3-12 용접작업의 유해. 위험성

1. 용접작업의 유해. 위험성
① 고열.불티에 의한 화재. 폭발
② 충전부 접촉에 의한 감전
③ 용접흄, 유해가스, 유해광선, 소음, 고열에 의한 건강장해
④ 유독물 체류장소 및 밀폐장소에서의 중독 또는 산소결핍
⑤ 용접작업에 의한 화상

05-3-13 용접접합

1. 개요
짧은 시간내에 국부적으로 가열하여 두 강재를 용융상태에서 접합

2. 용접이음의 종류
① 맞댐용접(그루브용접)
② 모살용접(필릿용접)

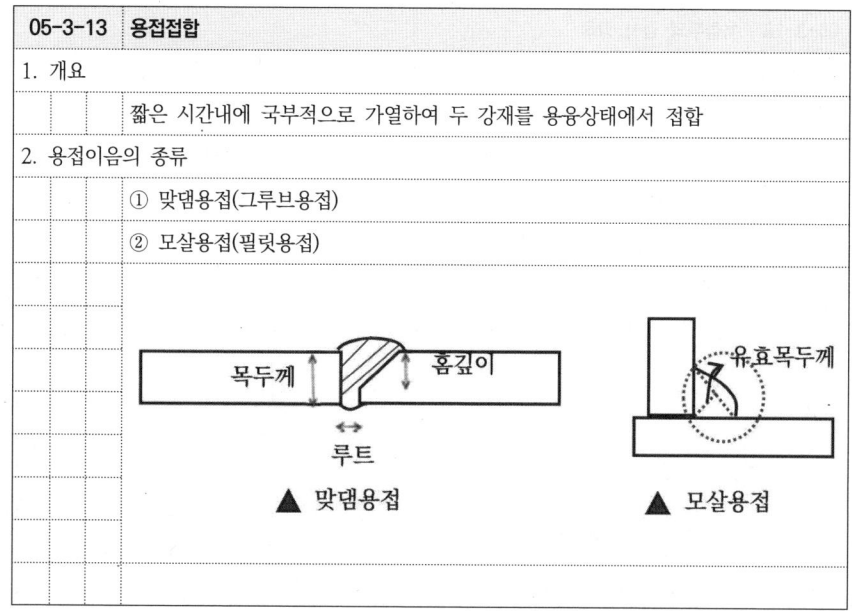

▲ 맞댐용접　　▲ 모살용접

05-3-14 용접방법의 종류

1. 용접방법의 종류

용접방법	개요	Shield
① 피복 Arc용접	전압을 걸어 아크 발생 그 열로 용접봉, 모재 녹여 용접(수동)	용접봉 피복재
② CO2 Arc용접	코일 와이어가 아크 발생 모재와 와이어를 용접(반자동)	co2 가스
③ Submerged Arc용접	접합부 용제를 뿌리고 용접봉 아크열에 용접봉을 녹여 접합(자동용접)	분말모양의 Flux

05-3-15 scallop

1. 개요
용접선 교차로 인한 열응력 집중 방지를 위하여 부채꼴 모양의 모따기 홈

2. scallop 목적
① 용접선 교차 방지
② 용접 균열 방지
③ 용접 열응력 집중 방지
④ 용접결함, 용접변형 방지

05-3-16 End Tab (엔드탭)

1. 개요
용접결함을 사전에 방지하기 위해 용접선 시작, 종점부에 수평으로 부착하는 보조 강판

2. 시공 시 유의사항
① 용접 후 엔드탭 제거, 그라인더로 다듬질
② 모재와 같은 개선 형상을 가진판 사용
③ 용접 양단부 처리 엔드탭 위에서 50mm이상

05-3-17 가우징

1. 개요

    가용접부 및 용접결함부의 제거 등을 위해 금속 표면에 홈을 파는 것

2. 가우징 종류

    ① 아크에어 가우징 : 아크열로 용융시킨 금속을 압축 공기로 불어내는 방식

    ② 가스 가우징 : 가스 불꽃과 산소로 홈을 파는 방법

3. 아크에어 가우징 작업 시 위험요인 및 안전대책

주요 위험요인	안전대책
① 보호구 미착용으로 눈 상해 위험	① 보호안경 및 보안면 착용
② 불꽃 비산에 의한 화재위험	② 불꽃비산방지 조치 및 화재예방대책
③ 강렬한 소음으로 소음성 난청 위험	③ 귀마개 등 보호구 착용
④ 감전위험	④ 누전차단기 설치 및 접지 실시

05-3-18 용접부의 검사 항목

1. 용접부의 검사 항목

    ① 용접 전

    - 홈의 각도, 간격 치수, 부재 밀착, 트임새 모양, 모아대기법, 구속법

    ② 용접 중

    - 아크전압, 용접속도, 용접봉, 운봉

    ③ 용접 후

    - 균열, 언더컷, 육안검사, 비파괴검사, 스터드용접 검사

05-3-19 용접결함의 종류

1. 용접이음 형식에 따른 용접결함의 종류

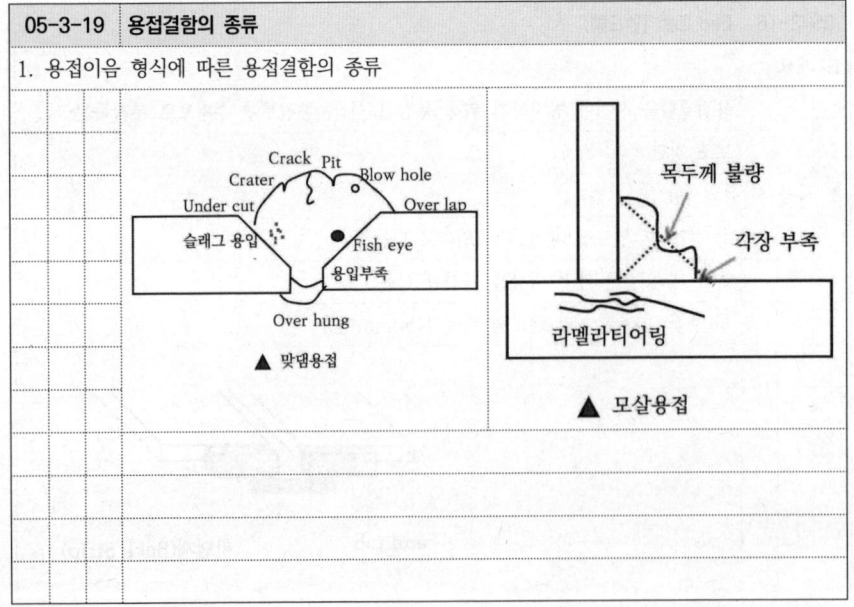

▲ 맞댐용접

▲ 모살용접

05-3-20 용접결함의 원인 및 방지대책

1. 용접결함의 원인 및 방지대책

원인	방지대책
① 용접전류 불안정	① 적정전류 공급
② 운봉속도 부적당	② 용접속도 준수
③ 용접각도 불량	③ 용접공 기능교육
④ 예열 부족	④ 예열 및 후열 실시
⑤ 이음부 이물질	⑤ 용접면 청소 철저
⑥ 숙련도 미숙	⑥ 숙련도 확인
⑦ 용접봉 결함	⑦ 적당한 용접봉 선택
⑧ 모재불량	⑧ end tap 사용

05-3-21 용접 예열

1. 개요
   용접결함 방지를 목적으로 용접 전 모재를 가열하는 것

2. 용접 예열의 목적
   ① 부재간 이질감 해소
   ② 잔류응력 제거
   ③ 수축균열 예방
   ④ 급격한 용접으로 인한 팽창균열 방지
   ⑤ 저온 균열 예방
   ⑥ 냉각 속도 완화

05-3-22 용접결함 비파괴검사법
기출 13회-6-1)

1. 용접결함 비파괴검사법의 종류
   ① 침투탐상시험(PT)
   ② 자분탐상검사(MT)
   ③ 방사선투과시험
   ④ 자동초음파탐상검사(PAUT)
   ⑤ 초음파탐상검사(UT)

05-3-23 침투탐상시험
기출 13회-6

1. 개요
   표면 결함 탐지하는 기법으로 침투액이 모세관현상에 의하여 침투하게 한 후 현상액을 적용하여 육안으로 식별

2. 특징
   ① 거의 모든 재료에 적용 가능
   ② 현장 적용이 용이, 제품의 크기 형상 등에 크게 제한 받지 않음
   ③ 장비 및 방법이 단순

   - 침투액도포->닦은후->검사액 도포
   - 표면결함 검출

   ▲ 침투탐상법

05-3-24 자분탐상검사(MT)
기출 13회-6

1. 개요
   검사대상을 자화시키면 불연속부에 누설자속이 형성되며 이 부위에 자분을 도포하면 자분이 집속됨

2. 특징
   ① 강자성체에만 적용 가능
   ② 장치 및 방법이 단순
   ③ 결함의 육안 식별 가능
   ④ 신속하고 저렴

   ▲ 자분탐상법

05-3-25 방사선투과법(RT) 기출 13회-6

1. 개요
   투과성 방사선을 시험체에 조사하였을 때 투과 방사선의 강도의 변화 건전부와
   결함부의 투과선량의 차에 의한 필름상의 농도차로 결함 검출

2. 특징
   ① 영구적인 기록 수단
   ② 표면결함 및 내부결함 검출가능
   ③ 방사선안전관리 요구

   ▲ 방사선투과법

05-3-26 자동초음파탐상검사(PAUT) 기출 13회-6

1. 개요
   여러 초음파 진동자 배열 후, 각 진동자의 초음파 발진시간 지연을 제어 기존
   UT와 달리 여러 개의 탐촉자로 구성된 배열 탐촉자를 사용하여 전파각도와
   집속위치를 조절하고 신호처리를 통해 시험체 내부의 영상 확인

2. 특징
   ① 시험체 내부 영상 실시간 확인 가능
   ② 검사결과 영구 기록 및 보존
   ③ 공기단축 및 방사선 피폭 위험 감소

05-3-27 초음파탐상검사(UT) 기출 13회-6

1. 개요
   초음파를 시험체에 내보내어 시험체 내에 존재하는 불연속부를 검출

2. 특징
   ① 결함의 위치 및 크기 추정 가능
   ② 표면 및 내부결함 탐상 가능
   ③ 자동화 가능

   ▲ 초음파탐상법

05-3-28 용접변형의 종류

1. 개요
   용접에 의한 온도변화 과정에서 이음부에 응력변화로 생기는 현상

2. 용접변형의 종류
   ① 면 내의 수축변형
   - 가로수축(루트간격이 넓을 때)
   - 세로수축(긴부재 용접시)
   - 회전변형(용접되지 않는 개선부분의 변형)
   ② 면 외의 수축변형
   - 횡굽힘변형(온도분포 불균일)
   - 종굽힘변형(좌우 용접선 수축차)
   - 좌굴변형(수축응력으로 판이 좌굴)
   - 비틀림변형(냉각된 후 높은 응력)

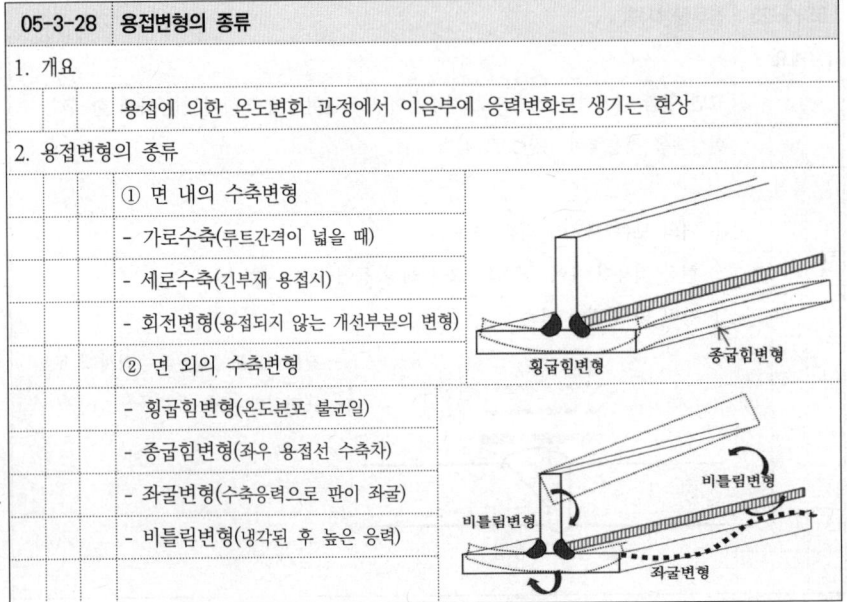

05-3-29 용접변형의 원인 및 방지대책

1. 용접변형의 원인
① 용착금속의 냉각과정의 수축
② 용접열에 의한 모재 소성변형
③ 용융금속의 응고시 모재의 열팽창
④ 용접순서와 용접방법

2. 용접변형의 방지대책
① 역변형법 : 용접 전 역변형 미리 적용
② 억제법 : 보강재, 보조판 덧붙임
③ 피닝법 : 망치로 두들겨 잔류 응력 분산
④ 예열 실시
⑤ 용접순서 변경
⑥ 적정 전류 사용
⑦ 설계 시 용접부 저감

05-3-30 용접. 용단 시 불티의 특성

1. 용접. 용단 시 불티의 특성
① 수천개 발생.비산
② 높이에 따라 최대 11m까지 흩어짐
③ 축열에 의해 화재발생
④ 3000도이상의 고온체
⑤ 산소압력, 절단속도, 풍속 등에 따라 불티양과 크기 상이
⑥ 발화원 불티크기 0.2-3mm

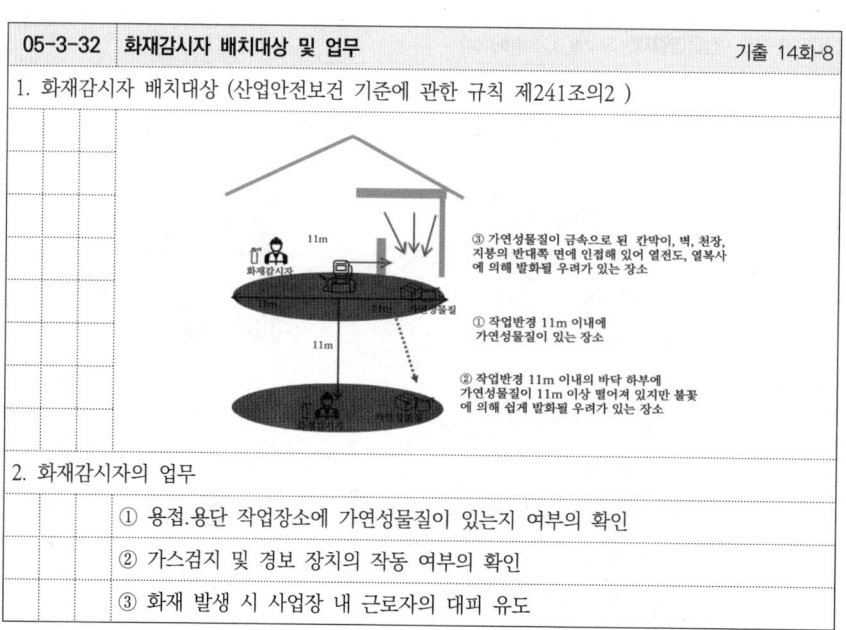

▲ 절단불티 비산거리

05-3-31 용접작업 시 화재예방조치

1. 용접작업 시 화재예방조치
① 화재감시자 지정.배치
 - 확성기, 휴대용 조명기구 및 화재 대피용마스크 등 대피용 방연장비를 지급
② 작업 준비 및 작업 절차 수립
③ 작업장 내 위험물의 사용·보관 현황 파악
④ 인근 가연성물질에 대한 방호조치 및 소화기구 비치
⑤ 용접불티 비산방지덮개, 용접방화포 등 불꽃, 불티 등 비산방지조치
⑥ 작업근로자에 대한 화재예방 및 피난교육 등 비상조치

05-3-32 화재감시자 배치대상 및 업무   기출 14회-8

1. 화재감시자 배치대상 (산업안전보건 기준에 관한 규칙 제241조의2)

③ 가연성물질이 금속으로 된 칸막이, 벽, 천장, 지붕의 반대쪽 면에 인접해 있어 열전도, 열복사에 의해 발화될 우려가 있는 장소

① 작업반경 11m 이내에 가연성물질이 있는 장소

② 작업반경 11m 이내의 바닥 하부에 가연성물질이 11m 이상 떨어져 있지만 불꽃에 의해 쉽게 발화될 우려가 있는 장소

2. 화재감시자의 업무
① 용접.용단 작업장소에 가연성물질이 있는지 여부의 확인
② 가스검지 및 경보 장치의 작동 여부의 확인
③ 화재 발생 시 사업장 내 근로자의 대피 유도

05-3-33 데크플레이트

1. 개요
   - 콘크리트 타설 하중에 견딜 수 있는 구조성능을 갖도록 아연도금 강판, 선재 등
   - 강재류를 요철형태의 파형으로 성형한 판

2. 데크플레이트의 구조원리
   ① 콘크리트 타설 시 거푸집 기능
   ② 경화 시 콘크리트와 일체화 되는 합성구조

05-3-34 데크플레이트 설치 작업 시 주요 위험요인 및 안전대책

1. 데크플레이트 설치 작업 시 주요 위험요인
   ① 인양작업 시 로프파단으로 부재낙하로 맞음
   ② 데크플레이트지지 미흡으로 인한 이동 중 떨어짐
   ③ 데크플레이트 걸침길이 미확보로 인한 타설 시 무너짐
   ④ 집중타설로 인한 무너짐
   ⑤ 철골부재상에 과다 적재로 인한 무너짐

2. 데크플레이트 설치 작업 시 안전대책
   ① 작업전 로프점검 및 낙하위험구역 출입통제 조치
   ② 깔기 작업 후 용접 실시 및 안전대부착설비 설치
   ③ 양단 걸침길이 확보 및 앵글 등 보강조치
   ④ 과타설 방지 및 분산타설
   ⑤ 과다적재 금지조치

05-3-35 전단연결재(=Shear Connector)

1. 개요
   - 합성보(콘크리트 슬래브 + 강재 보)의 연결부위에 응력변형 감쇠시키기 위해 설치

2. Shear Connector의 효과
   ① 합성보의 일체성 확보
   ② 접합부 강성확보(슬라브 들뜸방지)
   ③ 피로하중 감소
   ④ 전단력 저항

3. Shear Connector의 시공방법 및 검사
   ① 데크플레이트 설치 후 현장 용접
   ② 최소간격 : 6d
   ③ 최대간격 : 슬라브 두께의 8배
   ④ 수직도 유지
   ⑤ 불합격 5-10cm 인접부 재시공

05-3-36 철골 내화피복

1. 개요
   - 화재에 취약한 철골을 내화성능을 갖는 재료로 피복

2. 내화피복공법의 종류
   ① 습식공법 : 타설, 조적, 미장, 뿜칠공법
   ② 건식공법
   ③ 합성공법
   ④ 도장공법

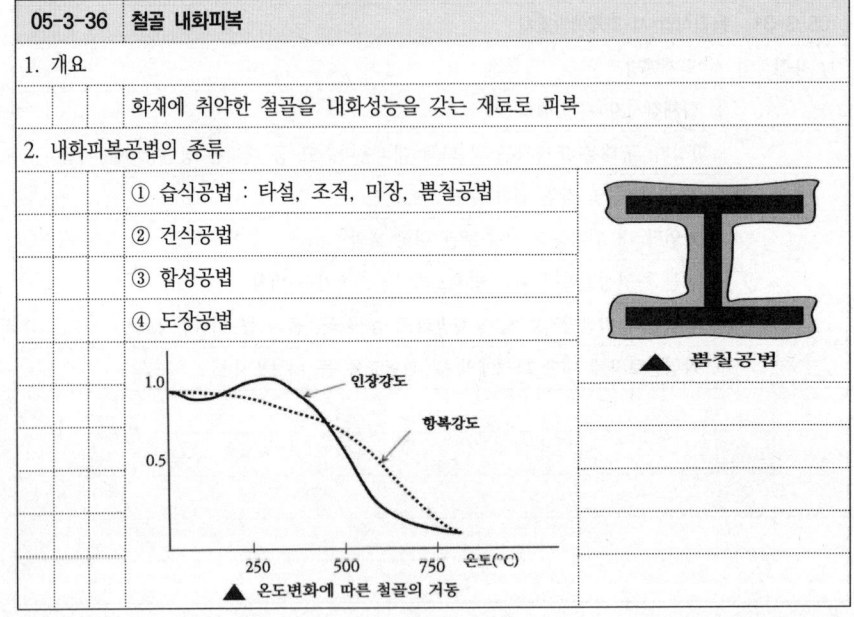

▲ 뿜칠공법

▲ 온도변화에 따른 철골의 거동

05-3-37 내화 및 도장작업 시 주요 위험요인 및 안전대책

1. 내화 및 도장작업 시 주요 위험요인
   - ① 뿜칠호스 등 자재 운반 중 개구부로 떨어짐
   - ② 고소작업대 안전작업 미준수로 인한 끼임
   - ③ 고소작업대 안전난간 미설치로 인한 떨어짐

2. 내화 및 도장작업 시 안전대책
   - ① 자재 운반 중 개구부 떨어짐 방지조치
   - ② 고소작업대 과상승방지 장치 설치
   - ③ 고소작업대 안전난간 설치

05-3-38 내화뿜칠 측정방법 및 판정기준

1. 내화뿜칠 측정방법
   - ① 시공 시
   - - 핀을 이용하여 시공면적 5㎡당 1개소 확인
   - ② 시공 후
   - - 코어채취
   - - 측정빈도 : 1500㎡ 마다 부위별 1회, 1500㎡ 미만 2회이상

2. 내화뿜칠 판정기준

불합격 판정	조치
① 측정된 값이 설계값보다 25% 이하	① 피복두께 부족시 뿜칠 추가 시공
② 측정된 값이 설계값보다 6mm 미만	② 두께 및 표면상태 불량시 재시공
③ 측정된 평균값이 설계값 미만	

4. 재해방지 가설설비

05-4-1	철골공사 중 재해방지를 위한 준수사항
1. 철골공사 중 재해방지를 위한 준수사항	
	① 용도, 사용장소 및 조건에 따라 재해방지설비 설치
	② 고속작업에 따른 추락방지용 방망 설치
	③ 구명줄의 마닐라 로우프 16mm이상 설치하여 1인 1가닥의 사용
	④ 낙하 비래 및 비산방지 설비는 지상층의 철골 건립 개시 전에 설치
	⑤ 외부 비계 불필요 공법 시에도 낙하비래 및 비산방지설비를 철골보 이용하여 설치
	⑥ 화기 사용 시 불연재료의 울타리 설치, 석면포로 주위 덮은 등의 조치
	⑦ 철골 내부 낙하비래방지시설을 설치 시 3층 간격마다 수평으로 철망을 설치
	⑧ 기둥 제작 시 16mm 철근 이용 승강용 트랩 설치, 안전대 부착설비 겸용

05-4-2	철골공사 시 재해방지 설비
1. 철골공사 시 재해방지 설비 (철골공사표준안전작업지침)	
1)	추락방지
	① 비계, 달비계, 수평통로, 안전난간대 등 작업대
	② 추락방지용 방망
	③ 난간, 울타리
	④ 안전대부착설비, 안전대, 구명줄
2)	비래,낙하 및 비산방지
	① 방호철망, 방호울타리, 가설앵커설비
	② 석면포 등 불꽃의 비산방지

MEMO

한권으로 끝내는
산업안전지도사 2차 건설안전공학

제 6 장

초고층공사

1. 초고층공사 개요
2. 커튼월
3. 초고층 가설구조물 및 양중장비의 안전관리(CPB, 타워크레인)
4. 안전관리

제 06 장 초고층공사

1. 초고층공사 개요

06-1-1 초고층 건축물

1. 개요
   - 층수가 50층 이상 또는 높이가 200미터 이상인 건축물

2. 초고층 건축물공사의 특징
   ① 풍속 영향의 가설재 설치 및 자재 보관 등에 있어 특별관리가 필요
   ② 높이 증가에 따라 상승식 자재의 온도변화에 따른 수축 고려
   ③ 고소작업으로 인한 고속양중장비 설치 요구
   ④ 콘크리트를 압송하기 위한 고성능 압출장비의 운용 요구
   ⑤ 자중에 의한 하부 구조물 압축변위 고려
   ⑥ 고소작업 및 개구부가 증가되어 위험요소 증가
   ⑦ 동일 수직선상에 동시작업으로 인한 안전시설 요구
   ⑧ 많은 인원, 자재가 투입으로 협소한 작업공간의 효율적 공간운영 계획 요구

06-1-2 초고층 건설현장 재해발생 특성

1. 초고층 건설현장 재해발생 특성
   ① 낙하물의 피해범위와 강도 크다
   ② 협소한 작업공간에서 많은 장비들의 운영으로 충돌, 전도 위험성 높음
   ③ 각종 대형, 고압 기계장비의 붕괴 시 중대사고 발생 가능성 높음
   ④ 콘크리트 양생부족으로 인한 붕괴 가능성 높음
   ⑤ 화재 시 피난 곤란

06-1-3 초고층 건축물 공사의 안전관리 요구사항

1. 초고층 건축물 공사의 안전관리 요구사항

특성	안전관리	비고
① 부재의 축소	취성파괴 품질관리	고강도콘크리트, 철골, SRC
② 풍속의 영향	가시설 구조안전성 검토	ACS
③ 인양장비	고도에 따른 설치	T/C, 리프트
④ 콘크리트 타설	압송력 증가에 따른 배관설치	CPB
⑤ 안전시설	고소, 풍속 등 안전시설계획	낙하물방지망, 추락방지망
⑥ 화재	대피경로, 대피장소, 소화시설	

06-1-4 코어월 선행공법의 특징

1. 개요
   - ACS폼, Slip폼 등을 사용하여 코어부 RC공사를 철골공사보다 먼저 시공하는 공법

2. 코어월 선행공법의 특징
   ① 거푸집 전용횟수 증가
   ② 양중장비 필요없음
   ③ 하부 후속 작업자를 위한 낙하. 비래 등 방지조치 요구
   ④ 코어월 선행으로 추락위험이 높음
   ⑤ 연결부위 시공정밀도 요구

▲ 코어월 선행공법 구조

06-1-5 횡력의 제어시스템

1. 개요

　　초고층 건축물의 풍하중 및 지진 등으로 인한 횡변위를 제어하기 위해 횡강성을 증대시킨 시스템

2. 횡력의 제어시스템의 종류

　　① 아웃리거(Outrigger) : 코어월과 외주부 기둥을 연결하는 트러스 보

　　② 벨트 트러스(Belt Truss) : 외주부 기둥들을 연결하여 주는 트러스 보

Outrigger 및 Belt Wall

06-1-6 초고층 건물의 진동 제어시스템

1. 개요

　　구조물에 제진장치를 설치하여 진동을 제어하는 시스템

2. 진동 제어시스템의 종류

① TMD (Tuned mass damper)	② TLCD (Tuned liquid column damper)
mass / Spring Damper	Liquid

2. 커튼월

06-2-1 커튼월의 분류

1. 개요
   - 공장생산 부재로 건물골조에 고정철물(패스너)을 사용, 부착시킨 비내력 외부벽체

2. 커튼월의 분류
   1) 재료에 의한 분류
      ① 금속커튼월
      ② PC(Precast concrete curtain wall)커튼월
   2) 구조방식에 의한 분류
      ① Mullion 방식
      ② Panel 방식
   3) 조립방법에 의한 분류
      ① Stick wall Method
      ② Unit Wall Method
      ③ Window Wall Method

06-2-2 커튼월 구조방식에 의한 분류 (기출 10회-5)

1. 커튼월 구조방식에 의한 분류

① 멀리온 방식	② 패널 방식
- 수직부재 구조체에 구축하고 패널 설치	- 벽유닛을 하나의 패널로 제작
- 간단한 양중장비로 설치가 가능	- 대형화 될수록 설치 효율의 저하

06-2-3 커튼월 조립방식에 의한 분류 (기출 10회-5)

1. 커튼월 조립방식에 의한 분류
   1) Unit Wall
      - 구성부재 전부 공장 제작 후 현장에서 설치하는 방식
      - 운반·취급 곤란, 시공오차 흡수 곤란
   2) Stick Wall
      - 구성부재를 현장에서 조립하여 창틀이 구성되는 방식
      - 운반·취급 용이, 현장시공으로 하자 발생 우려
   3) Window Wall
      - 창호 주변이 패널로 구성되어 창호의 구조가 패널 트러스에 연결
      - 부분적 보수 용이, 복잡 부위의 설계 곤란

06-2-4 금속 커튼월의 설치 시 안전조치 사항 (기출 8회-8-1)

1. 금속 커튼월의 설치 시 안전조치 사항 (KOSHA C - 55 - 2015)
   ① 설치 전 위험성평가를 실시
   ② 양중방법 및 작업반 구성 등의 안전작업계획서 작성
   ③ 커튼월 낙하사고 예방을 위한 콘크리트 설계압축강도 이상일 때 실시
   ④ 40cm이상의 작업발판 설치
   ⑤ 고령자 고소작업 배치 제한
   ⑥ 구조물 먹메김 시 돌출물 사전 확인
   ⑦ 크레인 전담 신호수 배치 및 양중용 로프이상 유무 점검
   ⑧ 공구 낙하방지를 위한 공구함 사용

06-2-5 금속 커튼월 작업공정 단위별 안전조치사항 *기출 8회-8-2)*

1. 고정용 부착철물 및 유니트 설치 시 안전조치사항
   1) 고정용 부착철물 설치
      ① 타 작업공종에 지장이 없도록 견고히 설치
      ② 콘크리트 타설전 철물변형 수정조치
      ③ 강풍 등 커튼월변형 및 낙하 방지를 위한 접합부 처리 철저
   2) 유니트 설치
      ① 유니트 각종 철물들의 부착여부 확인
      ② 양중시 줄걸이 안전작업 규정 준수
      ③ 유니트 가조립하여 전도, 도괴 방지를 위해 긴결재 설치
      ④ 추락방지시설 설치
      ⑤ 유니트 부재 지지보조용 로프 안전시설 설치

06-2-6 금속 커튼월 작업공정 단위별 안전조치사항 *기출 8회-8-2)*

1. 실란트 작업 및 부재보호.청소 시 안전조치사항
   1) 실란트 작업
      ① 추락재해 예방을 위한 안전대 부착설비 설치
      ② 개인보호구 지급 및 착용
   2) 부재 보호 및 청소
      ① 청소에 필요한 약품 사용 시의 유해여부 확인
      ② 유해요인에 의한 보호구 착용
      ③ 결함 등의 보수 및 보강시 안전작업계획 수립

06-2-7 커튼월 요구성능 및 성능시험

1. 커튼월 요구성능
   ① 구조상 - 내구성, 내풍압성, 내진성, 기밀성, 수밀성
   ② 기능상 - 단열, 채광, 내화, 차음, 결로 등
   ③ 의장상 - 외관미, 외부 환경성
2. 커튼월 성능시험
   ① 풍동시험
   ② mock up test - 실물대 모형
   ③ field test - 기밀, 수밀성능 확인

06-2-8 풍동실험

1. 개요
   외장 System에 가장 많은 영향을 미치는 풍하중에 대한 평가하여 설계 반영
2. 시험방법
   공사 부지 주변의 상황과 건축물의 형상을 축소하여 풍동 내에 설치하여
   과거 100년간의 최대풍속을 가하여 시험
3. 풍동실험의 종류
   ① 외벽 풍압시험
   ② 구조 하중시험 및 고주파 응력시험
   ③ 보행자 풍압영향시험 및 빌딩풍시험

06-2-9 Mock-up test

1. 개요

풍동시험을 근거로 설계한 실물모형을 공사 예정지에서 커튼월의 변위측정 등을 공사 전에 최악의 외기 조건하에서 시험하는 것

2. Mock-up test의 종류

① 기밀시험 : 통기량(한시간 동안 통과한 공기의 양)
② 수밀시험 : 빗물 누수여부 확인(빗물이 실내로 들어오지 않는 한계 풍압)
③ 단열시험 : 열에너지(열관류율, 열전도율)
④ 구조시험 : 풍압력에 유리파손 여부(강한 발람에 버틸수 있는 최대풍압)
⑤ 층간변위시험 : 좌우변위, 상하변위

06-2-10 Field Test (현장시험)

1. 개요

건축물의 외장 커튼월을 설치한 후 설치된 외벽에 대해 시방서에 명시된 요구조건을 충족하는지를 확인하기 위한 시험

2. 시험의 종류

① 기밀성능 시험
② 수밀성능 시험
③ 동압하에서 수밀성능 시험
④ 영구 밀폐성 시험

06-2-11 column shortening (기둥축소 현상)

1. 개요

건물 자중에 의한 구조체의 구조수축 누적현상

2. 기둥축소의 발생원인

1) 철골
 - 탄성 축소량 : 하중, 탄성계수
2) 코어월
 ① 탄성 축소량 : 하중, 탄성계수
 ② 크리프 축소량 : 크리프계수, 하중, 가력시점, 상대습도
 ③ 건조수축 축소량 : 극한건조수축 변형도, 경과시간, 상대습도, 철근비

06-2-12 부등축소 (Differential Column Shortening)

1. 개요

내부 코아전단벽과 외부기둥의 축소량 차이

2. 부등축소에 의한 영향

① 슬래브, 보 처짐 부가응력발생
② 슬래브 기울어짐에 파티션의 손상
③ 아웃리거 부가모멘트 과도발생
④ 커튼월 비틀림의 탈락

3. 부등축소의 발생원인

① 내외부 온도차
② 기둥 구조 상이
③ 내,외부 기둥의 하중차
④ 합성구조 기둥

3. 초고층 가설구조물 및 양중장비의 안전관리(CPB, 타워크레인)

06-2-13 creep

1. 개요

   일정한 크기 하중이 지속될 때 하중의 증가 없어도 시간이 경과함에 따라
   콘크리트 변형이 증가하는 현상

2. 크리프 변형

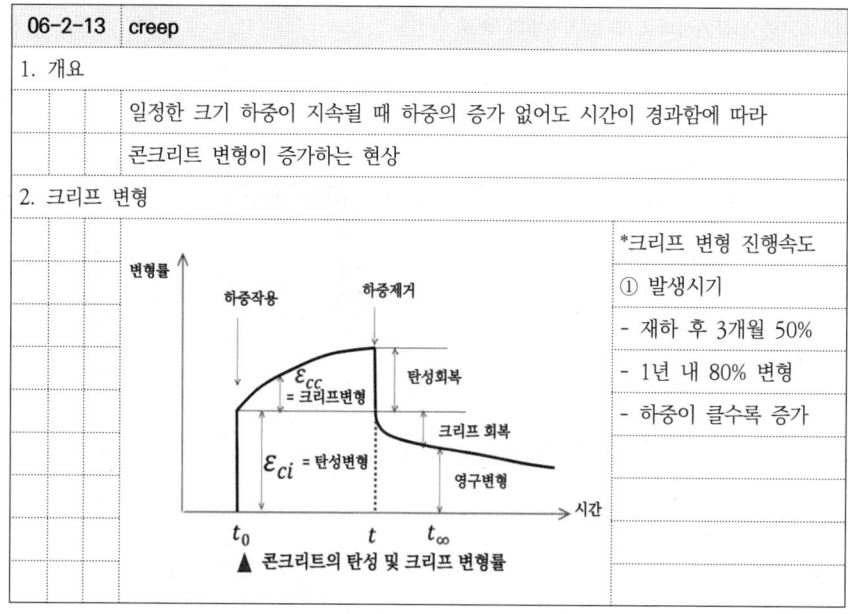

▲ 콘크리트의 탄성 및 크리프 변형률

*크리프 변형 진행속도

① 발생시기
- 재하 후 3개월 50%
- 1년 내 80% 변형
- 하중이 클수록 증가

06-3-1 초고층 건축물의 가설구조물 구조검토대상

1. 초고층 건축물의 가설구조물 구조검토대상

   ① ACS Form의 앵커의 허용인장과 압축강도
   ② ACS Form의 매입 콘크리트 강도
   ③ 타워크레인 및 리프트의 기초 구조검토
   ④ 타워크레인의 상승 Bracket에 대한 구조검토
   ⑤ 타워크레인 및 CPB가 본구조물에 미치는 영향검토
   ⑥ CPB의 Bracket에 대한 구조검토
   ⑦ CPB의 앵커 검토

06-3-2 ACS Form

1. 개요

   양중장비 없이 자체 유압시스템으로 상승하면서 콘크리트를 타설할수 있는 시스템

2. ACS Form 구조

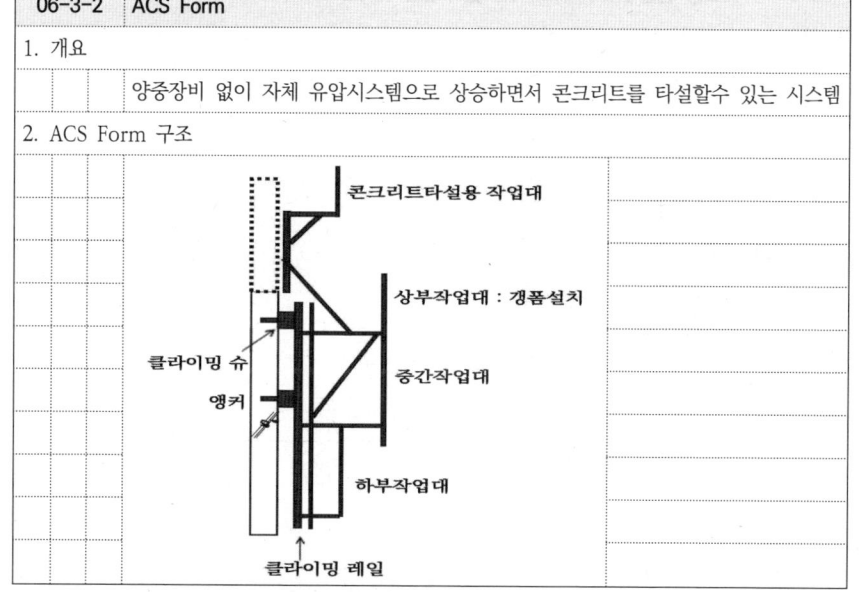

06-3-3 ACS Form 설치 및 상승작업 시 안전조치 사항

1. ACS Form 설치 및 상승작업 시 안전조치 사항 (KOSHA C - 1 - 2011)

   ① 구조검토 실시
   ② 거푸집 상승작업 절차 준수(인양속도, 1회 인양길이 등)
   ③ 작업대에 허용적재하중 표지판 설치 및 과적재 금지
   ④ 작업대 발끝막이판 설치
   ⑤ 발화물질 적재 및 화기 사용 금지
   ⑥ 상승작업 전 클라이밍 슈와 앵커 설치 상태 점검
   ⑦ 유압펌프 이상유무 확인
   ⑧ 콘크리트 양생강도 확인 후 상승
   ⑨ 상승 작업시 지상층 작업자 이동 통제
   ⑩ 강풍발생 시 인양작업 중지

06-3-4 초고층 건물에서의 CPB

1. 개요
   - 콘크리트 타설 단부에서 콘크리트 압송관을 지지하고 선회가 가능하여 작업반경 내에 대량 및 정밀 타설이 가능토록 제작된 설비

2. 초고층 건물에서의 CPB의 특징
   ① 폼에 미치는 충격하중 최소화가능
   ② 높은 수직부분까지 타설가능
   ③ 정밀한 타설 가능
   ④ 배관작업이 불가능한 곳에 설치
   ⑤ 적정한 토출량 유지
   ⑥ 기계화로 타설 간편화

06-3-5 초고층 건물에서의 CPB 설치방법의 종류

1. 초고층 건물에서의 CPB 설치방법의 종류

Core Wall 내부 Type	Slab Open Type	Core Wall 외부 Type	Climbing System Type
ACS 이용하여 설치	슬래브, 벽체 동시 타설에 적용 유리	설치.해체시 위험성 큼	ACS 내부에 설치하여 동시 상승

06-3-6 CPB의 설치 및 상승작업 시 안전조치 사항

1. CPB의 설치 및 상승작업 시 안전조치 사항 (KOSHA)
   ① 구조검토 실시
   ② CPB 상승작업 절차 준수(상승속도, 1회 상승길이 등)
   ③ 콘크리트 양생강도 확인 후 상승
   ④ 상승 후 관리감독자 붐 회전반경 내 타공정 및 장비와의 간섭유무 등 점검
   ⑤ 정기적 압송배관 설치 상태 점검
   ⑥ 강풍 발생 시 지지점 이상유무 확인하고 붕괴에 대한 안전성 확보
   ⑦ 악천후 지난 후 이상유무 확인 후 작업재개
   ⑧ CPB와 펌프 운전자 간의 신호체계 확인

06-3-7 초고층 건물에서의 타워크레인 설치 방법에 따른 분류

1. 타워크레인 설치 방법에 따른 분류

   1) 내부 상승 방식
      ① 코어 지지형
      ② 슬래브 지지형
      ③ 혼합형

   2) 외부 상승 방식
      ① 고정형
      ② 건물 외벽 상승형

06-3-8	타워크레인 설치 방법에 따른 특징

1. 타워크레인 설치 방법에 따른 특징
   1) 외부 고정방식
      ① 높이가 높을수록 마스트의 수 증가
      ② 자중 증가로 높이 제한
      ③ 마스트 상승 작업 용이
   2) 외부 상승방식(내부 코어지지형)
      ① Bracket 이동 및 설치에 따른 작업 장시간 소요
      ② 브라켓 설치 및 해체시 위험성이 높음
      ③ 코어월이 T/C 하중 부담
   3) 내부 상승방식
      ① 추가 마스트 필요없음
      ② 타공정 작업간에 간섭이 적음

06-3-9	양중장비(T/C, 리프트)의 설치 및 상승작업 시 안전조치 사항

1. 양중장비(T/C, 리프트)의 설치 및 상승작업 시 안전조치 사항 ((KOSHA C - 79 - 2015))
   ① 구조검토 실시
   ② 설치.해체 작업방법 준수(자립고 및 벽체지지 방법등)
   ③ T/C 장비 간의 충돌방지센서를 부착
   ④ 관련법에서 정한 검사 실시

4. 안전관리

06-4-1 초고층 건축물 공사 단계별 최소 낙하위험범위

1. 초고층 건축물 공사 단계별 최소 낙하위험범위 (KOSHA C – 79 – 2015)

건축물 높이 h	낙하위험 반경	최소 낙하위험 반경
h ≤ 100m	h/5	12.5m
100m < h ≤ 150m	h/6	20m
150m < h ≤ 200m	h/7	25m
200m < h	h/8	30m

06-4-2 초고층 건물 공사에서의 안전시설의 설치 시 준수사항

1. 초고층 건물에서의 안전시설의 설치 시 준수사항 (KOSHA C – 79 – 2015)

① 낙하물방지망, 추락방지망 등 안전시설물은 충격하중 등에 충분히 견딜 수 있는 지지점 강도를 발현하는 개소에 설치

② 작업발판의 끝에는 발끝막이판을 설치

③ 낙하물방지망은 첫 단만 설치하고 바람의 영향을 고려하여 수직보호망을 설치

④ 낙하방지·방호시설은 반드시 화재예방을 위해 난연재를 사용

⑤ 피난안전구역 및 피난유도시설은 식별이 용이하도록 안내표지판 설치 등의 조치

06-4-3 초고층 피난안전시설

1. 초고층 피난안전시설

① 옥상 광장

② 피난용 승강기

③ 피난안전구역 : 비상조명등 방재시설 구비

④ 방화구획 : 내화구조의 바닥, 벽 및 방화문, 방화셔터가 있는 공간

⑤ 특별피난계단

⑥ 피난층 : 곧바로 지상으로 갈수 있는 출입구가 있는 층

06-4-4 초고층 건축물 공사 피난 안전구역 설치 대상 및 구비설비

1. 개요

피난층 또는 지상으로 통하는 직통계단과 직접연결되는, 건축물의 피난·안전을 위하여 건축물 중간층에 설치하는 대피공간

2. 피난안전구역 설치대상

피난안전구역 → 30개층 이내 1개소

층수의 1/2 상하 5개층 이내에 1개소 설치

초고층(50층 이상/ 200m 이상) 준초고층(30층 – 49층)

3. 구비설비

① 방독면 ② 화재종합방재실과의 통신설비

③ 소화설비 ④ 배연설비(외부 마감이 완료되어 구획이 된 경우에 한함)

⑤ 자동제세동기 등 심폐소생술을 할 수 있는 응급장비

06-4-5 초고층 건축물 공사에서의 소방시설

1. 초고층 건축물 공사에서의 소방시설의 설치 시 준수사항
   ① 화재종합방재실 : 피난층에 설치
   ② 피난안전구역 : 구비설비의 정기적 작동 이상유무 점검
   ③ 소화기구 : 정기적 점검
   ④ 소화기는 바닥면적 33제곱미터 이상으로 구획된 실은 하나 이상을 설치
   ⑤ 비상경보설비 또는 비상방송설비를 설치
   ⑥ ACS폼에는 소화전 설치
   ⑦ 소화기구 사용법 및 화재시 대응방법 기록하여 부착
   ⑧ 각 작업장은 피난구 유도표지

06-4-6 초고층 건축물 공사에서의 화재예방 준수사항

1. 초고층 건축물 공사에서의 화재예방 준수사항 (KOSHA C - 91 - 2015)
   ① 화기작업 허가서를 작성
   ② 위험물질저장 장소 인근 화기사용금지 경고표지판 설치
   ③ 화재위험작업 시 화재감시자 지정
   ④ 용접 불티비산 방지조치
   ⑤ 분전반에는 누전차단기를 설치하는 등 누전으로 인한 화재 방지
   ⑥ 화재 관련 교육 또는 훈련을 매 3개월 마다 1회 이상 실시
   ⑦ 화기를 사용하는 장소에는 소화기를 설치
   ⑧ 전기용품은 과부하가 발생되지 않도록 사용관리

06-4-7 연돌효과

1. 개요
   고층건물의 내.외부 압력차이로 최하층에서 최상층으로 강한 기류 형성

2. 연돌효과

   ① 화재 급속한 확산
   ② 엘리베이터 및 출입문 개폐불량
   ③ 공기유출입에 따른 에너지 손실
   ④ 침기 및 누기에 따른 소음
   ⑤ 누기로 인한 상층부 결로

3. 연돌효과의 저감대책
   ① 출입구 방풍실, 회전문 설치
   ② 외피의 기밀화
   ③ 층간 구획 철저
   ④ 비상 계단문 자동 닫힘장치

한권으로 끝내는
산업안전지도사 2차 건설안전공학

제 7 장

해체공사

1. 해체공법의 종류 및 특징
2. 해체공사전 확인
3. 해체공사 안전시공
4. 해체작업에 따른 공해방지

제 07 장 해체공사

1. 해체공법의 종류 및 특징

07-1-1	해체공법의 종류	기출 12회-6-3),4)
1. 해체공법의 종류 KCS 41 85 01		
	① 기계력에 의한 공법	
	- 브레이커(핸드, 대형), 절단기, 강구에 의한 공법, 다이아몬드 와이어소 공법	
	② 전도에 의한 공법	
	③ 유압력에 의한 공법	
	- 유압식 확대기에 의한 공법, 잭에 의한 공법, 압쇄기에 의한 공법	
	④ 화약, 가스 폭발력에 의한 공법	
	⑤ 전기적 발열력에 의한 공법	
	⑥ 제트력에 의한 공법	

07-1-2	브레이커 공법
1. 개요	
	굴착기에 브레이커를 장착하여 유압 압축력으로 타격
2. 특성	
	① 진동 심하여 슬라브 붕괴 주의
	② 소음문제로 도심지 적용 곤란
	③ 타공법 적용이 곤란한 지하구조물에 적용
	④ 분진 심함

07-1-3	절단공법
1. 개요	
	절단톱, 와이어 쏘 사용, 절단 후 양중장비로 인양하여 지상에서 압쇄하는 공법
2. 특성	
	① 대형, 고층건축물 정밀해체에 적합
	② 소음, 진동, 분진 등 환경적 영향 거의 없음
	③ 예상치 못한 부재파괴나 전도에 주의
	④ 작업효율 매우 우수

07-1-4	전도공법
1. 개요	
	구조물의 일부 파쇄, 절단 후 전도모멘트를 이용하여 전도시켜 해체
2. 특징	
	① 굴뚝, 기둥 및 벽 등 수직부재 해체에 적용
	② 전도위치와 파편 비산거리 예측하여 작업반경 설정 필요
	③ 분진,소음 심함
	④ 안전사고 위험성 높음

07-1-5 압쇄공법

1. 개요
굴착기에 압쇄기를 장착하여 상층에서 하층으로 파쇄.해체

2. 특성
① 소음.진동 다소 유리
② 절단공법에 비해 분진 발생
③ 지상에서 대형 굴착기 이용으로 안전성 우수
④ 도심지에서 가장 많이 사용
⑤ 작업효율 우수
⑥ 살수작업자 재해발생 유의

07-1-6 발파공법

1. 개요
소량의 화약 이용 파괴, 불안정한 상태로 만들어 자체하중으로 붕괴유도

2. 특징
① 폭풍압, 순간 소음, 진동, 분진 발생
② 구조적 안전성 유리
③ 안전사고 발생 적음

07-1-7 해체공사 주로 발생하는 재해유형

1. 해체공사 주로 발생하는 재해유형
① 과도한 성토로 인한 구조물 무너짐
② 철거잔재물 과다적재로 슬라브 무너짐
③ 장비 탑재하여 철거중 슬라브 무너짐
④ 조적벽체 철거중 무너져 깔림
⑤ 살수 작업자 해체물 파편에 맞음
⑥ 살수 작업중 개구부, 단부로 떨어짐
⑦ 살수 작업자 중장비에 부딪힘
⑧ 중장비 이동중 넘어짐
⑨ 비계 전도로 떨어짐
⑩ 석면해체 중 지붕에서 떨어짐
⑪ 폐기물 잔재물 인양 시 낙하하여 맞음

07-1-8 해체 작업 중 구조물 무너짐 예방대책

1. 해체 작업 중 구조물 무너짐 예방대책
① 구조 안전성 검토 후 구조보강 계획수립
② 해체 작업계획서 작성
③ 작업계획서 준수 여부 철저한 관리.감독
④ 철거잔재물 과적재되지 않도록 관리.감독
⑤ 장비 탑재 시 취약부 사전 확인하여 이동 제한
⑥ 장비 작업하는 성토구간의 다짐 철저
⑦ 성토구간의 살수로 인해 토압변화에 대비
⑧ 무너짐 전조증상 수시로 확인하며 작업

07-1-9 해체공사의 안전관리대책

1. 해체공사의 안전관리대책 (KCS 41 85 01)

   ① 해체공사는 안전관리계획서 작성하여 담당원의 승인을 받아야 한다.

   ② 중기 차량은 정기검사, 작업 전 점검을 하고, 유자격자로 하여금 운전을 하도록 하며, 차량 이동 시에는 유도원을 배치하여야 한다.

   ③ 구조재의 부식상태 및 자재의 접합상태를 조사하여 예기치 않은 전도에 의한 사고가 발생하지 않도록 하여야 한다.

   ④ 가스 절단기의 불꽃에 의한 화재의 우려가 있기 때문에 공사현장에는 필히 소화기, 소화용수, 살수설비를 설치한다.

   ⑤ 전도, 기계사용 시 구조적 안정성을 확인함과 동시에 비산에 대한 방호에 주의

   ⑥ 크레인, 차량 등의 중량차는 출입이 많으므로 안전통로 설치

   ⑦ 해체물, 철근 등의 비산, 낙하방지 등의 안전시설 설치

07-2-2 사전조사 및 작업계획서 작성   기출 15회-1

1. 사전조사 및 작업계획서 작성 (산업안전보건 기준에 관한 규칙 별표4)

   1) 사전조사내용
   - 해체건물 등의 구조, 주변상황 등

   2) 작업계획서 내용

   ① 해체의 방법 및 해체 순서도면

   ② 가설설비, 방호설비, 환기설비 및 살수.방화설비 등의 방법

   ③ 사업장 내 연락방법

   ④ 해체물의 처분계획

   ⑤ 해체 작업용 기계.기구 등의 작업계획서

   ⑥ 해체작업용 화약류 등의 사용계획서

   ⑦ 그 밖에 안전.보건에 관련된 사항

2. 해체공사전 확인

07-2-1 해체 작업 flow

1. 해체 작업 flow

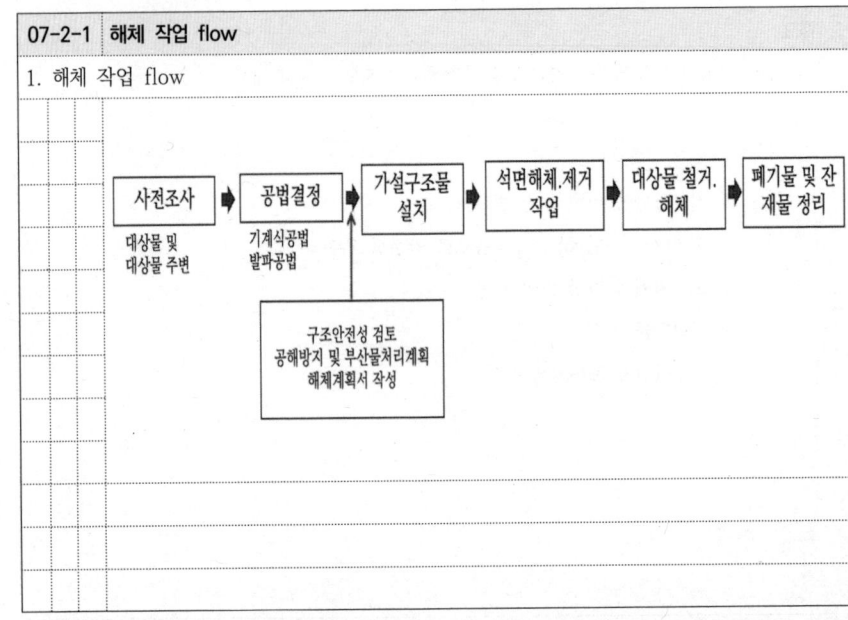

07-2-3 해체 대상 구조물 조사 사항   기출 12회-6-1)/ 10회-2

1. 해체 대상 구조물 조사 사항 (해체공사표준안전작업지침 제14조)

   ① 구조의 특성 및 생수, 층수, 건물높이 기준층 면적

   ② 평면 구성상태, 폭, 층고, 벽 등의 배치상태

   ③ 부재별 치수, 배근상태, 구조적으로 약한 부분

   ④ 해체시 전도의 우려의 내외장재

   ⑤ 설비기구, 전기배선, 배관설비 계통의 상세 확인

   ⑥ 구조물의 설립연도 및 사용목적

   ⑦ 구조물의 노후정도, 재해(화재, 동해 등) 유무

   ⑧ 증설, 개축, 보강 등의 구조변경 현황

   ⑨ 해체공법의 특성에 의한 비산각도, 낙하반경 등의 사전 확인

   ⑩ 진동, 소음, 분진의 예상치 측정 및 대책방법

   ⑪ 해체물의 집적 운반방법

   ⑫ 재이용, 이설을 요하는 부재현황

3. 해체공사 안전시공

07-2-4 부지상황 조사 사항
기출 12회-6-2)

1. 부지상황 조사 사항 (해체공사표준안전작업지침 제15조)
   ① 부지내 공지유무, 해체용 기계설비위치, 발생재 처리장소
   ② 철거, 이설, 보호조치 공사 장애물 현황
   ③ 접속도로의 폭, 출입구 갯수 및 매설물의 종류
   ④ 인근 건물동수 및 거주자 현황
   ⑤ 도로 상황조사, 가공 고압선 유무
   ⑥ 차량대기 장소 유무 및 교통량(통행인 포함.)
   ⑦ 진동, 소음발생 영향권 조사

07-3-1 해체작업계획 수립 시 준수사항

1. 해체작업계획 수립 시 준수사항 (해체공사표준안전작업지침 제16조)
   ① 작업구역내 관계자 외 출입통제
   ② 악천후 시 작업중지
   ③ 사용기계기구 인양, 내릴 때 그물망, 그물포대 사용
   ④ 전도작업 시 낙하위치 검토 및 파편 비산거리 예측하여 작업반경 설정
   ⑤ 다른 작업자의 대피상태 확인 후 전도작업 실시
   ⑥ 해체건물 외곽 방호용 비계 설치, 해체물의 전도, 낙하, 비산의 안전거리 유지
   ⑦ 방진벽, 비산차단벽, 분진억제 살수시설을 설치
   ⑧ 신호규정 준수, 신호방식 등 교육에 의해 숙지
   ⑨ 적정한 위치에 대피소 설치

07-3-2 해체작업 시 준수사항

1. 해체작업 시 준수사항 (산업안전보건기준에 관한 규칙 384조)
   ① 작업 전 구축물등이 넘어지는 위치, 파편의 비산거리 등을 고려하여
      작업 반경 내에 사람이 없는지 미리 확인 및 관계 근로자외 출입 금지해야 함.
   ② 건축물 해체공법 및 해체공사 구조 안전성을 검토한 결과 건축물관리법에 따른
      해체계획서대로 해체되지 못하고 건축물이 붕괴할 우려 시 구조보강계획을
      작성해야 함.

07-3-3 건축물관리법에 따른 해체계획서 포함사항

1. 건축물관리법에 따른 해체계획서 포함사항
   ① 개요
   - 공사개요, 관리조직, 예정공정표 등
   ② 사전준비 단계
   - 건축물주변, 해체대상건축물, 유해물질 및 환경공해 조사
   ③ 건축설비의 이동, 철거, 보호 등
   - 지하매설물 조치계획, 장비이동 계획, 가시설물 설치계획
   ④ 해체공법 및 보강계획
   - 해체공법 선정, 구조안전.보강계획 등
   ⑤ 안전관리 대책
   - 해체작업자, 인접건축물, 주변통행.보행자 안전관리
   ⑥ 환경관리 계획
   - 소음.진동 관리, 해체물 처리 계획, 부지정리 등

07-3-4 건축물관리법 시행규칙에 따른 구조보강계획

1. 개요

   해체공법 및 구조안전성 검토 결과가 건축물의 허용하중을 초과 시 작성

2. 구조보강계획

   ① 해체 대상건축물의 보강 방법

   ② 장비탑재에 따른 해체공법 적용 시 장비동선 계획

   ③ 잭서포트 등의 인양 및 회수 등에 대한 운용 계획

07-3-5 해체공사 가설구조물

1. 해체공사 가설구조물

   ① 도로변의 가설울타리 및 방음벽

   ② 비계

   ③ 방진막(비계와의 이음부 인장강도 1KN이상일 것)

   ④ 낙하물 방지망

   ⑤ 보행자 통행로

   ⑥ 가설전기 및 가설용수

   ⑦ 세륜 및 살수시설

   (그림: 비계, 방진막, 낙하물방지망, 가설울타리, 보행자 통로)

07-3-6 석면 해체.제거 작업절차

1. 석면 해체.제거 작업절차

   ① 경고판 설치

   ② 위생설비 설치

   ③ 비닐보양

   ④ 음압기 설치

   ⑤ 습윤제 살포

   ⑥ 석면대상물 해체.제거

   ⑦ 임시폐기물보관 및 반출

   ⑧ 진공청소

   ⑨ 공기질 측정

07-3-7 석면 해체.제거 작업시 유해위험요인 및 재해예방대책

1. 석면 해체.제거 작업시 유해위험요인

   ① 작업 시 석면분진이 외부로 확산 위험

   ② 석면분진 흡입으로 석면폐 등 질환발생 위험

   ③ 사다리를 이용하여 내장재 해체 중 떨어짐 위험

   ④ 지붕 해체작업 중 취약부 파손으로 인해 떨어짐 위험

4. 해체작업에 따른 공해방지

07-3-8	석면 해체.제거 작업시 재해예방대책
1. 석면 해체.제거 작업시 재해예방대책	
	① 석면해체작업 절차와 방법 등 작업계획수립
	② 습식작업 실시
	③ 지붕 위 작업 시 안전난간설치 및 추락방호조치
	④ 방진마스크 등 개인보호구 착용
	⑤ 이동식비계 등 안전한 작업발판 사용
	⑥ 경고표지 게시
	⑦ 관계자 외 출입금지 조치

석면취급/ 해체작업장

관계자외 출입금지
석면취급,해체 중
보호구/보호복 착용
흡연 및 음식물 섭취금지

07-4-1	해체작업에 따른 소음 및 진동 공해방지
1. 해체작업에 따른 소음 및 진동 공해방지 (해체공사표준안전작업지침 제22조)	
	① 공기압축기 장비의 소음 진동 기준은 관계법 준수
	② 전도물 규모 작게하여 중량 최소화
	③ 햄머의 중량과 낙하높이를 가능한 한 낮게
	④ 현장 내 대형 부재로 해체, 장외에서 잘게 파쇄
	⑤ 방음, 방진 목적의 가시설 설치

07-4-2	공해방지 대책

1. 공해방지 대책

  1) 생활소음. 생활진동 규제기준

  ① 소음기준 (단위: dB)

	조석	주간	야간
주거지	60	65	50
상업지	65	70	50

  ② 진동기준 (단위: dB)

대상지역 \ 시간대별	주간 (06:00~22:00)	심야 (22:00~06:00)
주거지역 등	65이하	60이하
그 밖의 지역	70이하	65이하

  ③ 분진 : - 살수작업, 살수차 운행 / - 방진시설, 분진 측정기 설치
  ④ 지반침하 : 중기 운행시 수반되는 진동 등 고려 대비
  ⑤ 폐기물 처리 : 폐기물관리법에 따라 처리

한권으로 끝내는
산업안전지도사 2차 건설안전공학

제 8 장

터널공사

1. 개요
2. 굴착 및 발파
3. 갱구부
4. NATM 공법
5. 지보재
6. 지보재 보조공법
7. 구조물 공사 및 거푸집
8. 계측
9. 작업환경
10. 공사 시 문제점(여굴, 편압, 붕락사고)

제 08 장 터널공사

1. 개요

08-1-1 터널의 종류
1. 개요
    - 지표 하에 축조되는 도로나 공간으로 이용하는 지하구조물로 단면적이 2㎡ 이상
2. 터널의 종류
    - ① 위치
      - 산악, 지하, 해저, 하저터널 등
    - ② 용도
      - 철도, 도로, 수력발전, 배수, 보도, 상하수도 터널 등
    - ③ 시공방법
      - NATM, TBM, 쉴드, 침매터널 등

08-1-2 터널공법의 분류
1. 터널공법의 분류
    1) NATM 공법(산악 터널)
        - ① 지반자체가 주요 지보재
        - ② 점보드릴로 천공, 발파
    2) 쉴드(Shield) 공법(토사 구간)
        - ① 굴착과 동시에 벽면에 콘크리트 세그를 조립하면서 굴착
        - ② 연약지반 적용가능, 지반침하, 소음, 진동 최소화 가능
    3) TBM 공법(암반 터널)
        - ① Boring Machine을 사용하여 굴진과 동시에 숏크리트 타설
        - ② 여굴이 적고, 터널 변형의 최소화 가능
    4) 침매공법(해저 터널)
        - ① 육상에서 구조체 제작 후 해저로 이동하여 설치
        - ② 누수방지를 위한 연결부 관리 필요

2. 굴착 및 발파

08-2-1 터널 굴착공사의 분류
1. 터널 굴착공사의 분류
    1) 굴착방법
        - ① 인력굴착
        - ② 기계굴착(쇼벨, 로드헤더, 브레이커, 굴착기, TBM)
        - ③ 파쇄굴착(유압, 가스압)
        - ④ 발파굴착
    2) 굴착공법
        - ① 전단면 굴착공법 : 막장 자립이 우수한 경암 지반
        - ② 분할 굴착공법 : 암질이 불량하여 자립시간이 짧은 경우에 적용

08-2-2 터널 굴착방법 및 굴착공법 선정시 고려사항
1. 터널 굴착방법 선정시 고려사항
    - ① 지반조건, 지하수 유입정도, 근접구조물 유무
    - ② 원지반 지보능력
    - ③ 지반침하, 진동 및 소음 등 환경영향 반영
    - ④ 보조공법의 적용성 고려
    - ⑤ 안정성, 시공성, 경제성
2. 터널 굴착공법 선정시 고려사항
    - ① 지반조건에 따른 자립시간
    - ② 터널크기
    - ③ 막장과 굴착면의 안정성
    - ④ 지반의 응력 재분배

08-2-3	기계굴착 방법	기출 10회-7-3)
1. 기계굴착 방법		
	① TBM 굴착	
	② SHIELD 굴착	
	③ Road Header 굴착	
	④ ITC 굴착	
	⑤ 브레이커 굴착	

08-2-4	TBM 굴착	
1. 개요		
	대형 TBM을 사용하여 암반을 압쇄하거나 절삭하는 전단면 굴착공법	
2. 특징		
	① 굴착 단면이 원형인 굴착기를 사용하여 굴진함으로써 소음과 진동으로 인한 환경피해를 최소화	
	② 주변 암반을 지지대로 활용해 역학적으로 안정된 원형 구조를 형성하여 낙반이 적고 비교적 안정성이 높다	
	③ 장대터널 공사 시 공기단축과 공사비 절감효과	

08-2-5	SHIELD 굴착	
1. 개요		
	지반 내에 쉴드(shield)라 부르는 강제 원통모양의 외각을 가진 굴진기를 추진시켜 터널을 구축하는 공법	
2. 특징		
	① 커터헤드가 장착된 강제 원통내에 버럭처리를 위한 컨베이어 시스템을 갖추고 후방에서 세그먼트를 조립하며 터널을 축조하는 방법	
	② 연약토사지반에서 시공이 가능한 안정성을 갖춘 방법	
	③ 하천과 해저, 지하구조물 통과 용이	
	④ 소음과 진동 공해 적으며 연속굴착 작업 시공관리 용이	

08-2-6	기타 기계굴착	
	1) Road Header 굴착	
	① 톱니형 비트가 장착된 커팅헤드부가 회전하면서 터널굴진방향으로 암반을 분쇄시켜 굴착	
	② 주변지반에 진동, 균열 적음	
	③ 원격조작이 가능하며 안정성이 크다.	
	2) ITC 굴착	
	① 버킷과 브레이커를 동시 장착하여 굴착 및 버럭처리 작업 병행하여 굴착	
	② 버킷이 좌우로 회전가능하므로 정밀작업가능	
	③ 지반변화에 대처능력 용이	
	3) 브레이커 굴착	
	① 쇼벨계통의 유압식 굴착장비에 브레이커를 장착하여 대상지반을 유압에 의해 타격하여 굴착	
	② 단면의 부분 굴착 가능	

08-2-7 기계굴착 선정 시 고려사항

1. 개요
   - 로드 헤더(Load Header), 쉬일드머쉰(Shield Machine), 터널보오링머쉰(T.B.M)
   - 굴착기계는 작업 안전 계획수립 후 작업

2. 기계굴착 선정 시 고려사항 (터널공사표준안전작업지침 제14조)
   ① 터널굴착단면의 크기 및 형상
   ② 지질구성 및 암반의 강도
   ③ 작업공간
   ④ 용수상태 및 막장의 자립도
   ⑤ 굴진방향에 따른 지질단층의 변화정도

08-2-8 터널 굴착작업 사전조사 및 작업계획서

1. 터널 굴착작업 사전조사 및 작업계획서 (산업안전보건 기준에 관한 규칙 별표4)

   1) 사전조사 내용
   - 보링(boring) 등 적절한 방법으로 낙반·출수 및 가스폭발 등으로 인한 근로자의 위험을 방지하기 위하여 미리 지형·지질 및 지층상태를 조사

   2) 작업계획서 내용
   ① 굴착의 방법
   ② 터널지보공 및 복공의 시공방법과 용수의 처리방법
   ③ 환기 또는 조명시설을 설치할 때에는 그 방법

08-2-9 터널 굴착작업 사전조사 내용

1. 터널 굴착작업 사전조사 내용 (터널공사표준안전작업지침)

   지반조사 확인 ➡ 추가조사 ➡ 지반보강(필요시)

   지반조사 확인:
   - 시추(보오링) 위치
   - 토층분포상태
   - 투수계수
   - 지하수위
   - 지반의 지지력

   추가조사:
   - 중요구조물의 축조
   - 인접구조물의 지반상태
   - 위험지장물

   지반보강(필요시):
   - 지반보강말뚝공법
   - 지반고결공법
   - 그라우팅

08-2-10 기계굴착 작업안전계획 수립 시 포함사항

1. 기계굴착 작업안전계획 수립 시 포함사항 (터널공사표준안전작업지침 제14조)
   ① 굴착기계 및 운반장비 선정
   ② 굴착단면의 굴착순서 및 방법
   ③ 굴진작업 1주기의 공정순서 및 굴진단위길이
   ④ 버력적재 방법 및 운반경로
   ⑤ 배수 및 환기
   ⑥ 이상 지질 발견시 대처방안
   ⑦ 작업시작전 장비의 점검
   ⑧ 안전담당자 선임

08-2-11 발파공법의 분류

1. 발파공법의 분류

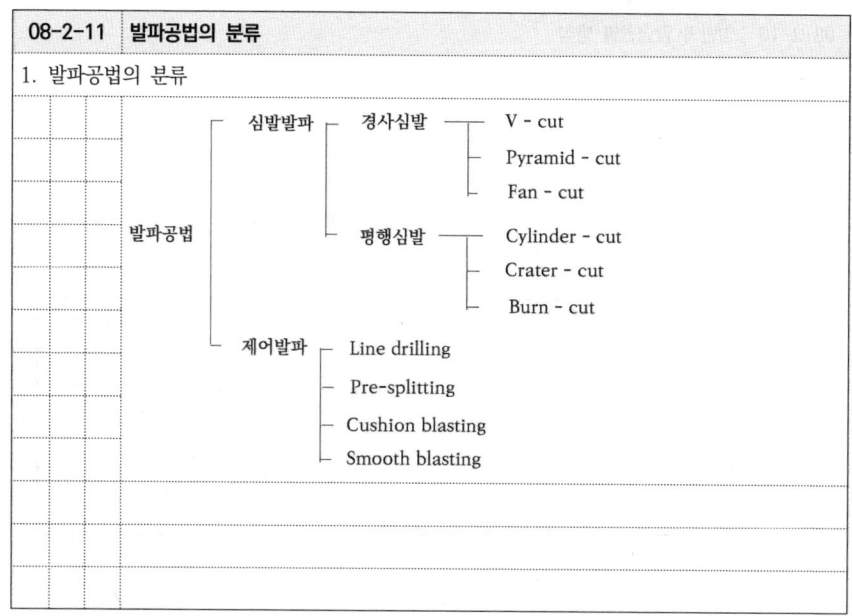

- 발파공법
  - 심발발파
    - 경사심발
      - V - cut
      - Pyramid - cut
      - Fan - cut
    - 평행심발
      - Cylinder - cut
      - Crater - cut
      - Burn - cut
  - 제어발파
    - Line drilling
    - Pre-splitting
    - Cushion blasting
    - Smooth blasting

08-2-12 조절 발파공법(=제어발파)

1. 개요
   적은 장약량으로 공주위에 균열발생 시켜 공과공을 연결하는 파 단면 형성

2. 조절발파 공법 특징
   ① 원지반 손상 및 여굴이 작고 뜬돌이 적다
   ② 비용이 고가이며, 숙련공이 필요

3. 조절발파 공법 종류

공법	특징
① Line drilling	경암에 유리
② Pre-splitting	화강암 등 발파
③ Cushion blasting	연암에 효과적
④ Smooth blasting	여굴량 최소

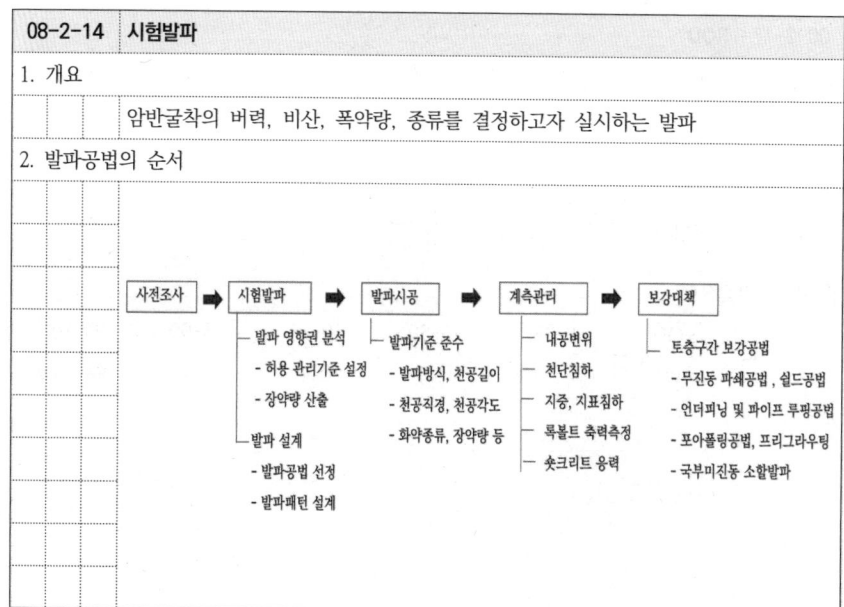

08-2-13 발파공법 선정시 고려사항

1. 발파공법 선정시 고려사항
   ① 진동,소음 등 주변환경에 대한 영향
   ② 천공의 용이성, 천공시간
   ③ 파편의 비산거리, 버력의 크기
   ④ 발파 효율
   ⑤ 막장과 주변암반에 대한 손상(여굴 및 구조물의 안정성)

08-2-14 시험발파

1. 개요
   암반굴착의 버력, 비산, 폭약량, 종류를 결정하고자 실시하는 발파

2. 발파공법의 순서

사전조사 → 시험발파 → 발파시공 → 계측관리 → 보강대책

- 발파 영향권 분석
  - 허용 관리기준 설정
  - 장약량 산출
- 발파 설계
  - 발파공법 선정
  - 발파패턴 설계
- 발파기준 준수
  - 발파방식, 천공길이
  - 천공직경, 천공각도
  - 화약종류, 장약량 등
- 내공변위
  - 천단침하
  - 지중, 지표침하
  - 록볼트 축력측정
  - 숏크리트 응력
- 토층구간 보강공법
  - 무진동 파쇄공법, 쉴드공법
  - 언더피닝 및 파이프 루핑공법
  - 포아폴링공법, 프리그라우팅
  - 국부미진동 소발파

08-2-15 발파 시 연약암질 및 토사층인 경우 검토사항

1. 발파 시 연약암질 및 토사층인 경우 검토사항 (터널공사표준안전작업지침 제6조)
   ① 발파시방의 변경조치
   ② 암반의 암질판별
   ③ 암반지층의 지지력 보강공법
   ④ 발파 및 굴착공법 변경
   ⑤ 시험발파 실시

08-2-16 암반의 암질판별 방식

1. 암반의 암질판별 방식
   ① R.Q.D(%)
   ② R.M.R(%)
   ③ 일축압축강도
   ④ 탄성파 속도

시험방법 암질의 분류	R.Q.D (%)	R.M.R (%)	일축압축강도 (kg/㎠)	탄성파 속도 (km/sec)
풍 화 암	<50	<40	<125	<1.2
연 화 암	50~70	40~60	125~400	1.2~2.5
보 통 암	70~85	60~80	400~800	2.5~3.5
경 암	>85	>80	>800	>3.5

암질의 분류

08-2-17 RQD

1. 개요

   암반의 상태를 나타내는 암질지수표

2. RQD 공식

$$RQD = \frac{10cm \text{ 이상 } cone \text{ 길이 합계}}{\text{총 시추길이}} * 100$$

3. RQD 암질상태

RQD	0-25	25-50	50-75	75-90	90-100
상태	매우 나쁨	나쁨	보통	양호	매우 양호

08-2-18 RMR - Rock mass rating (암반분류법)

1. 개요

   절리, 지하수, RQD 등 평가하여 암반을 5등급으로 분류하는 방법

2. 평가항목

절리상태	절리간격	RQD	일축압축강도	지하수 상태
30 %	20 %	20 %	15 %	15 %

3. 암반등급 분류

등급	I	II	III	IV	V
평가점수	81-100	61-80	41-60	21-40	20이하
상태	매우 양호	양호	보통	불량	매우 불량

3. 갱구부

08-3-1 갱구부

1. 갱구부 범위
① 갱문구조물 배면으로부터 터널길이 방향으로 터널직경의 1~2배 범위
② 토피고 3~5 m에서 터널직경 1.5배의 토피고가 확보되는 범위

(그림: 굴착시점, 토피고 3~5m, 1.5D, 터널직경(D), 갱문, 갱구부(1~2D), 터널 일반부)

2. 갱문의 유형
1) 면벽형 : 중력식 및 날개식
2) 돌출형 : 파라펫트식, 원통 깎기식, 벨마우스식

08-3-2 터널 갱구부의 기능 (기출 5회-9-1)

1. 터널 갱구부의 기능
① 지표수 유입 차단
② 사면활동에 대한 보호
③ 지반의 이완현상 발생 방지
④ 이상응력 발생에 대한 대응

08-3-3 터널 갱구부의 붕괴원인 (기출 5회-9-2)

1. 터널 갱구부의 붕괴원인
① 토피고 부족으로 인한 불안정
② 편토압 발생
③ 지반의 지지력 부족
④ 과다 용수로 인한 강지보재 및 숏크리트 기초부 지반 파괴
⑤ 사면 붕괴

08-3-4 터널 갱구부의 붕괴방지대책 (기출 5회-9-3)

1. 터널 갱구부의 붕괴방지대책
① 토피고 부족으로 인한 안정성 확보
- 굴착 전 : 차수그라우팅공법, Pipe Roof공법, 강관다단그라우팅공법 등
- 굴착 후 : Shotcrete타설, Wire Mesh 등
② 편토압 발생에 대한 대책
- 사면보강공법 : 압성토공법, Soil Nailing, 억지말뚝공법
- 지보공에 의한 보강공법 : Rock Bolt, Pipe Roof 등
③ 지반 지지력 부족에 대한 대책
- 약액 주입공법 : JSP, LW, SGR
④ 과다용수로 인한 강지보재 및 숏크리트 기초부 지반 파괴에 대한 대책
- 배수 공법 : Deep Well, Well Point
⑤ 사면 붕괴에 대한 대책
- 압성토 공법, 억지말뚝 공법, Soil Nailing공법, Earth Anchor 공법

4. NATM 공법

08-3-5	갱구부 보강작업 시 중점 위험요인 및 안전대책
1. 갱구부 보강작업 시 중점 위험요인 및 안전대책	
	① 그라우팅 주입 장비 호스, 연결부 파손에 의한 날아와 맞음
	- 작업전 주입부 및 연결부 점검
	② 그라우팅 혼합기 혼합 도중 혼합기 날에 신체접촉으로 베임
	- 혼합 작업시 혼합기에 톱날 접촉 방지조치
	③ 천공 작업중 회전부 신체 끼임
	- 천공중 장비 주변 출입금지
	④ 갱구부 보링 작업중 작업대 설치 불량에 의한 단부 개구부에서 떨어짐
	- 작업대에 안전난간 설치
	⑤ 천공 장비가 갱구부 경사면을 올라오다 경사면에서 무너짐
	- 천공기 이동 주행로 경사도 검토 및 확인, 작업지휘자 배치 및 주행방향 결정
	⑥ 그라우팅 작업중 경사 사면에서 전도(넘어짐)
	- 경사 사면에서 작업시 안전한 작업발판 설치

08-4-2	NATM 공법 천공 및 발파작업 시 중점 위험요인 및 안전대책
1. NATM 공법 천공 및 발파작업 시 중점 위험요인	
	① 천공 및 장약작업 중 떨어짐
	② 천공 작업 중 회전부 신체 끼임
	③ 발파석 비산에 의한 맞음
	④ 발파 후 부석제거 불량으로 인한 부석 떨어짐
	⑤ 불발 잔류 화약의 임의 충격에 폭발
2. NATM 공법 천공 및 발파작업 시 안전대책	
	① 천공 및 장약작업 시 안전한 작업발판 사용 및 안전난간 설치
	② 천공 중 장비 주변 출입금지조치
	③ 발파시 위험구역 설정 및 비산방지용 차단막 설치
	④ 작업 전 부석 제거 확인
	⑤ 발파 후 잔류 확약 유무 확인

08-4-1	NATM 공법 시공순서
1. 개요	
	터널 단면을 형성하기 위해 폭약에 의한 발파력을 이용하여 계획된 파괴단면을
	형성하여 지반 내로 굴진해 나가는 작업
2. NATM 공법 시공순서(굴진 Cycle)	

천공 → 장약 및 발파 → 환기 → 버력 처리 → 막장관찰 지보 및 굴착패턴 결정 → 지보재 설치 → 계측 및 판정 → (N.G: 추가보강 → 지보재 설치) / (O.K: 라이닝 작업)

08-4-3	터널 환기용량 산출기준
1. 터널 환기용량 산출기준 (터널공사표준안전작업지침 제39조)	
	① 발파 후 가스 배출량에 대한 소요환기량
	② 근로자의 호흡에 필요한 소요환기량
	③ 디젤기관의 유해가스에 대한 소요환기량
	④ 숏크리트 분진에 대한 소요환기량
	⑤ 암반 및 지반자체의 유독가스 발생량

08-4-4 터널 시공 중 환기방식 종류

1. 터널 시공 중 환기방식 종류

소요환기량에 따른 분류	공기흐름에 따른 분류
① 중앙집중환기방식	① 종류식
② 단열식 송풍방식	② 반횡류식
③ 병열식 송풍방식	③ 횡류식

2. 터널 연장에 따른 환기시설 적용

터널 연장	환기시설	비고
500m 이하	자연환기	
500m - 1km	Jet Fan(종류식)	
1km - 2km	단열식 송풍기(반횡류식)	한쪽 덕트만 사용
2km 이상	병열식 송풍기(횡류식)	두 덕트 사용
5km 이상	중앙집중 환기식(종류식)	중앙 수직갱 설치
	연직 송배기식(종류식)	

08-4-5 버력처리 시 준수사항

1. 버력처리 시 준수사항 (터널공사표준안전작업지침 제13조)

① 사토장거리, 운행속도 등의 작업계획을 수립한 후 작업
② 버력적재, 운반 시 운행속도, 회전주의, 후진금지 등 안전표지판 부착
③ 직업안전교육 실시
④ 작업자 이외 출입을 금지하도록 안전담당자 배치
⑤ 버력의 적재, 운반기계에는 경광등, 경음기 등 안전장치 설치
⑥ 버력처리 시 불발화약류가 혼입방지를 위한 확인
⑦ 운반 중 버력이 떨어지는 일이 없도록 무리한 적재금지
⑧ 버력운반로 양호한 노면을 유지하고, 배수로 확보
⑨ 갱내 궤도 운반 시 탈선 재해방지를 위해 궤도 수시로 점검, 보수
⑩ 버력반출용 수직구에 낙석재해 방지위한 낙석주의, 접근금지 등 안전표지판 설치
⑪ 버력 적재장에서는 붕락, 붕괴의 위험이 있는 뜬돌 확인, 제거한 후 작업
⑫ 차량계 운반장비는 작업시작 전 점검, 이상발견 시 즉시 보수

08-4-6 face mapping

1. 개요
막장면의 절취사면 지질구조나 암반상태를 직접 관찰하고 지형, 지질, 지하수 상태, 불연속면 등 기록하는 것

2. face mapping 조사항목
① 암석의 종류, 분포
② 암석의 풍화
③ 용수 유출 유무 및 유출량
④ 암반등급 구분
⑤ 불연속면 분포 현황

3. face mapping 결과 활용
① 계측 보조자료 활용
② 막장 안정성 평가
③ 암반등급 및 보강 결정

08-4-7 암반터널의 지반반응곡선

1. 개요
암반과 지보재 사이의 상호관계를 나타낸 곡선
적절한 지보재 설치방법 및 시기 결정

2. 암반터널의 지반반응곡선

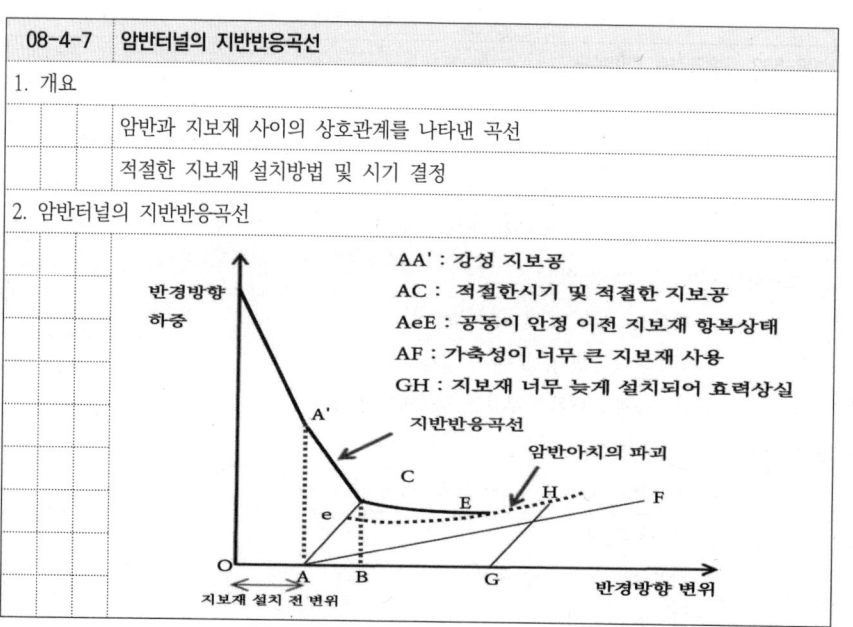

AA' : 강성 지보공
AC : 적절한시기 및 적절한 지보공
AeE : 공동이 안정 이전 지보재 항복상태
AF : 가축성이 너무 큰 지보재 사용
GH : 지보재 너무 늦게 설치되어 효력상실

5. 지보재

08-5-1 터널공사 지보재

1. 개요
지보설계는 암반분류(RMR)에 의한 표준 지보패턴을 선정하되 대규모 단층, 용출수과다, 파쇄대층 등의 구간은 별도의 보조지보재(보조공법)를 시공

2. 터널공사 지보재 종류
① 숏크리트 : 임시 라이닝 역할, 아치형성, 노출지반 풍화방지
② 록볼트 : 주변지반 아치형성, 불연속면 보강
③ 강지보재 : 숏크리트 경화 이전의 하중지지, 숏크리트 강성증대

08-5-2 숏크리트 (기출 10회-7-1)

1. 개요
압축공기 이용 굴착된 지반면에 뿜어 붙이는 콘크리트로 터널 지보재 역할

2. 숏크리트의 기능
① 낙석방지
② 내압효과
③ 응력 집중의 완화
④ 풍화(약화) 방지
⑤ 지반 아치(Ground Arch) 형성

08-5-3 숏크리트 리바운드

1. 개요
압축공기에 의해 뿜어 시공면에 붙일 때 안착을 못하고 반발되서 나오는량

$$반발률 = \frac{반발재 전중량}{뿜어붙임용 재료 전중량} * 100$$

2. 숏크리트 리바운드 발생원인
① 타설면과의 각도 및 거리 부적정
② 타설면 용수발생으로 부착 불량
③ 굵은골재 최대치수 부적정, 물시멘트비 높음

3. 숏크리트 리바운드 저감대책
① 분사각도 직각 및 1m의 분사거리 유지
② 용수처리 철저
③ 굵은골재 적정 치수 확보
④ 물시멘트비 적게

08-5-4 록볼트 (기출 6회-4)

1. 개요
굴착면에 구멍을 뚫어 그 속에 볼트를 끼우고 너트로 고정을 시키는 지보재

2. 록볼트 작용 효과
① 봉합작용: 이완된 암괴를 이완되지 않은 원지반에 고정하여 낙하를 방지
② 보형성작용: 층상의 절리면을 조여서 전단력 전달 가능하게 하여 합성보로 거동
③ 내압작용: 록볼트의 인장력과 같은 힘이 내압으로 벽면에 작용하면 2축응력 상태에 있던 주변 지반이 3축응력 상태로 되는 효과(내하력 저하 억제 작용)
④ 아치형성작용: 내압효과로 굴착주변 지반이 내공 측의 내하력이 큰아치 형성
⑤ 지반보강작용: 지반의 내하력을 증대, 지반의 항복 후에도 잔류강도 향상을 도모

08-5-5 강지보재

1. 개요
   - 굴착직 후 숏크리트가 타설 전에 굴착면의 변위 최소화를 위한 지보재

2. 강지보재 작용 효과
   ① 막장면 Forepoling, 경사볼트 등 보조공법의 반력지지점
   ② 숏크리트, 록볼트의 지보기능 발휘전의 굴착면 안정 도모, 숏크리트 강성 증대
   ③ 지표침하 등 지반변위의 억제
   ④ 큰 지압으로 지보재의 강성 증대

08-5-6 터널 보강작업 시 위험요인 및 안전대책

1. 터널 보강작업 시 위험요인 및 안전대책

   1) 숏크리트 타설

위험요인	안전대책
① 분진 흡입	① 방진마스크, 보안경 등 착용
② 분사 중 압송력에 의한 호스 비래	② 호스 접속부 결속상태 수시 점검
③ 분사작업 중 숏크리트 비산	③ 작업 전 암반의 부석 등 사전조사
④ 장비 후진 시 충돌	④ 후진경보기 설치 및 유도자 배치

   2) 록볼트

위험요인	안전대책
① 천공 시 소음 난청발생	① 귀마개 착용
② 작업대차의 유동으로 대차사이 끼임	② 아웃트리거 설치 등 고정조치

   3) 강지보

위험요인	안전대책
① 인양시 와이어로프 파단 낙하	① 와이어로프 이상 여부 확인
② 부석 낙하	② 부석 제거 후 작업
③ 지보공 설치 지연으로 인한 붕괴	③ 보강작업 조기 실시

08-5-7 뿜어붙이기 콘크리트 작업계획수립 시 포함사항

1. 뿜어붙이기 콘크리트 작업계획수립 시 포함사항 (터널공사표준안전작업지침 제16조)
   ① 사용목적 및 투입장비
   ② 건식공법, 습식공법 등 공법의 선택
   ③ 노즐의 분사출력기준
   ④ 압송거리
   ⑤ 분진방지대책
   ⑥ 재료의 혼입기준
   ⑦ 리바운드 방지대책
   ⑧ 작업의 안전수칙

08-5-8 뿜어붙이기 콘크리트 작업 시 준수사항

1. 뿜어붙이기 콘크리트 작업 시 준수사항 (터널공사표준안전작업지침 제17조)
   ① 대상암반면의 절리상태, 부석, 탈락, 붕락 등의 사전조사
   ② 용수 발생구간은 누수공 설치 등 배수처리, 급결제로 지수
   ③ 압축강도 24시간 이내에 100kgf/㎠ 이상, 28일 강도 200kgf/kg 이상 유지
   ④ 철망 고정용 앵커는 10㎡당 2본
   ⑤ 철망 이음부위 겹침 20㎝ 이상
   ⑥ 철망은 원지반으로부터 1.0㎝ 이상 이격거리 유지
   ⑦ 굴착 후 빠른시간 내 뿜여붙이기 콘크리트하여 지반 이완변형 최소화
   ⑧ 분진마스크, 귀마개, 보안경 등 개인 보호구를 지급하고 착용 여부를 확인
   ⑨ 뿜여붙이기 콘크리트 노즐분사압력은 2~3kgf/㎠
   ⑩ 물의 압력은 압축공기의 압력보다 1kgf/㎠ 높게 유지
   ⑪ 작업전 경계부위에 필요한 방호조치
   ⑫ 콘크리트 낙하로 인한 재해 예방을 위해 적정 비율의 혼합

08-5-9 지반 및 암반의 상태에 따라 뿜어붙이기 콘크리트의 최소 두께 기준

1. 지반 및 암반의 상태에 따라 뿜어붙이기 콘크리트의 최소 두께 기준
   ① 약간 취약한 암반 : 2cm
   ② 약간 파괴되기 쉬운 암반 : 3cm
   ③ 파괴되기 쉬운 암반 : 5cm
   ④ 매우 파괴되기 쉬운 암반 : 7cm(철망병용)
   ⑤ 팽창성의 암반 : 15cm(강재 지보공과 철망병용)

08-5-10 록 볼트 설치작업 시 준수사항

1. 록 볼트 설치작업 시 준수사항 (터널공사표준안전작업지침 제20조)
   ① 설계, 시방에 준하는 적정한 방식 여부 확인(선단정착형, 전면접착형, 병용형)
   ② 현장 부근에서 시험시공, 인발시험 등 시행하여 록 볼트 선정
   ③ 록 볼트 재질은 암반조건, 설계시방 등을 고려하여 선정
   ④ 직경 25mm의 록 볼트 사용
   ⑤ 조기 접착력이 큰 접착제 선정

08-5-11 록 볼트 설치작업 전 검토사항

1. 록 볼트 설치작업 전 검토사항 (터널공사표준안전작업지침 제20조)
   ① 지반의 강도
   ② 절리의 간격 및 방향
   ③ 균열의 상태
   ④ 용수상황
   ⑤ 천공직경의 확대유무 및 정도
   ⑥ 보아홀의 거리정도 및 자립여부
   ⑦ 뿜어붙이기 콘크리트 타설방향
   ⑧ 시공관리의 용이성
   ⑨ 정착의 확실성
   ⑩ 경제성

08-5-12 록 볼트 시공 시 준수사항

1. 록 볼트 시공 시 준수사항 (터널공사표준안전작업지침 제21조)
   ① 굴착 면 직각으로 천공, 볼트 삽입 전 유해한 녹 등 이물질 제거
   ② 삽입 후 즉시 록 볼트의 항복강도 내에서 조임
   ③ 시공후 1일 경과 후 재조임 실시, 소정의 긴장력 도입 확인을 위해 정기적 점검
   ④ 지지판은 지반 붕락방지 위해 암석, 뿜어붙이기 콘크리트 표면에 밀착시공
   ⑤ 뿜어붙이기 콘크리트의 경과 후 빠른 시기에 시공
   ⑥ 용출수 유도, 차수 실시
   ⑦ 경사방향 록 볼트는 소정의 각도 준수
   ⑧ 암반상태, 지질의 상황과 계측결과에 따라 보완 조치
   ⑨ 천공장 규격에 따라 크롤라 드릴 등 천공기 선정
   ⑩ 시공 후 정기적 록 볼트 인발시험
   ⑪ 축력변화 기록, 암반거동 분석하여 록 볼트 추가시공
   ⑫ 개인 보호구 지급 및 착용 상황 확인

08-5-13 계측결과 록 볼트 추가시공 해당하는 경우

1. 계측결과 록 볼트 추가시공 해당하는 경우 (터널공사표준안전작업지침 제21조)
   ① 터널 벽면 변형이 록 볼트 길이의 약 6% 이상으로 판단되는 경우
   ② 인발시험 결과 충분한 인발내력이 얻어지지 않는 경우
   ③ 록 볼트 길이 반 이상으로부터 지반 심부까지 사이 축력분포 최대치인 경우
   ④ 소성영역의 확대가 록 볼트 길이를 초과한 것으로 판단되는 경우

6. 지보재 보조공법

08-6-1 보조공법

1. 개요
   - 보조공법은 굴착 시 지반의 상황, 용수에 의해 지보효과가 저하되는 경우
   - 지보재와 병용하여 적용하는 공법

2. 터널 보조공법 적용대상
   ① 저토피 구간
   ② 지반조사 결과 지반이 연약하여 자립성이 낮을 경우
   ③ 터널 인접구조물 보호를 위해 지표나 지중 변위를 억제해야 할 경우
   ④ 용수로 인한 지반이완 방지
   ⑤ 편압작용 구간

08-6-2 터널공사 지보재 보조공법

1. 터널공사 지보재 보조공법

대책		목적	적용공법
① 지반강화 및 구조적 보강		천단부 안정	강관다단그라우팅
			Forepoling
			Pipe Roof
			경사 Rock Bolt
		막장면, 바닥면 안정	막장면 숏크리트, 록볼트
			가인버트 설치
			약액주입공법
② 용수 대책		지수	약액주입공법
		배수	수발공 시공
			웰 포인트 시공
③ 침하보강		침하 저감	지반 그라우팅 실시

08-6-3 forepoling(포어폴링)

1. 개요
   - 막장면의 연약층 붕괴가 우려시 강관 등 이용하여 천단부를 일시적 보강하는 공법

2. 목적
   ① 굴착 천단부의 안정도모
   ② 막장 전반의 지반보강 및 느슨함 방지

3. 설치기준
   ① 길이 : 굴진장의 2.5-3배
   ② 간격 : 매굴진장 마다
   ③ 범위 : 120°

08-6-4 pipe roof(파이프 루프), 강관다단그라우팅

1. 개요
- 굴착에 따른 변위 최대한 억제하고, 상부시설물 보호하기 위한 공법
- 시멘트 1회 주입시 파이프 루프, 다단주입시 강관다단그라우팅 공법으로 구분

2. 특징
① 토사 지반에도 보강효과가 탁월
② 중량에 비해 휨강성이 크며, 취급 용이

3. 설치기준
① 재질 : 강관
② 길이 : 6m 이상
③ 횡방향 설치간격 : 30-60cm
④ 횡방향 설치범위 : 90-180°
⑤ 종방향 설치각도 : 0-15°

08-6-5 연약지반 굴착 시 준수사항

1. 연약지반 굴착 시 준수사항 (터널공사표준안전작업지침 제15조)
① 막장에 연약지반 발생시 포아폴링, 프리그라우팅 등 지반보강 조치 후 굴착
② 굴착 전 비상시 대비 뿜어붙이기 콘크리트 준비
③ 급결제 항상 준비
④ 철망, 소철선, 마대, 강관 등을 갱내의 찾기 쉬운 곳에 준비
⑤ 막장에는 항상 작업자 배치
⑥ 이상용수 발생, 막장 자립도에 이상 시 즉시 작업 중단 후 조치
⑦ 안전담당자 배치
⑧ 필요시 수평보오링, 수직보오링을 추가 실시

08-6-6 발파 시 연약암반 및 토층 구간의 보강공법

1. 발파 시 연약암반 및 토층 구간의 보강공법 (터널공사표준안전작업지침 제6조)
① 무진동 파쇄공법
② 쉴드공법
③ 언더피닝 및 파이프 루핑공법
④ 포아폴링공법
⑤ 프리그라우팅공법
⑥ 국부미진동 소할발파

08-6-7 언더피닝 및 파이프루핑 보강작업계획수립 시 포함사항

1. 언더피닝 및 파이프루핑 보강작업계획수립 시 포함사항 (터널공사표준안전작업지침 제6조)
① 정밀토층, 지하매설물 등의 사전검토
② 지반지지력구조 계산시 통과차량, 지진 등에 대한 충분한 안전율 적용
③ 강재 지보구간의 경우 취성파괴에 대한 사전 예방대책
④ 재크의 마모, 작동 등의 이상유무 확인
⑤ 가설구조는 응력계, 침하계, 수위계에 의한 주기적 분석의 변위 허용기준 설정
⑥ 언더피닝구간 등의 토사굴착은 사전에 단계별 순서와 토량을 정확하게 산정
⑦ 기계·장비 굴착에 의한 진동 최소화
⑧ 용출수 및 누수 발생 시 급결제 등의 방수 및 배출수 유도시설

7. 구조물 공사 및 거푸집

08-7-1 배수 터널, 비배수 터널

1. 개요
   ① 배수 터널 : 지하수 유도 배수관 설치
   ② 비배수 터널 : 터널 전면 방수막설치, 지하수 유입 전면 차단

2. 개념도 및 특징

배수터널	비배수 터널
부직포+방수 / 유공관	부직포+방수
- 터널 천정, 측면부 방수막	- 전 굴착면 방수막 설치
- 내부 배수구 또는 외부 배수구	

08-7-2 배수 터널과 비배수 터널의 적용조건 기출 6회-3

1. 배수 터널과 비배수 터널의 적용조건

   1) 배수 터널
      ① 지반조건이 양호하여 유입수가 적은 반면 지하수위는 높은 지반조건일 경우
      ② 지하수위가 비교적 높은(수압이 0.6MPa 이상) 경우
      ③ 주변지반 조건 상 과다한 유입수가 예상되는 경우

   2) 비배수 터널
      ① 터널주위의 지반에 침하가 발생하고, 인근 시설물에 영향을 미쳐 사회적 또는 경제적인 손실이 발생할 우려시
      ② 식생의 고사, 지하수원의 고갈방지등 목적으로 지하수위를 보전해야 하는 경우
      ③ 배수형 방수형식 터널을 적용할 조건이라 할지라도 지하수 유입을 차수그라우팅으로 효과적으로 감소시킬 수 없는 경우
      ④ 배수계통 기능유지가 현실적으로 불가능한 경우
      ⑤ 작용하는 지하수 수압이 0.6MPa 이하인 경우

08-7-3 배수 및 지수(차수) 공법 기출 10회-7-2)

1. 배수 및 지수(차수) 공법

   1) 배수공법 - 지하수위를 저하시켜 터널에 작용하는 수압을 해소
      ① Deep Well공법(깊은우물공법)
      ② Well Point공법(강제배수공법)
      ③ 물빼기공(수발공)

   2) 지수공법 : 터널 내 지하수 유입 차단
      ① 약액주입공법
      ② 동결공법
      ③ 압기공법

08-7-4 배수 및 방수계획 수립 시 포함사항

1. 개요

   사업주는 터널내의 누수로 인한 붕괴위험 및 근로자의 직업안전을 위하여 지반조사, 추가조사를 근거로 하여 배수 및 방수계획을 수립한 후 그 계획에 의하여 안전조치를 해야 함.

2. 배수 및 방수계획 수립 시 포함사항 (터널공사표준안전작업지침 제29조)
   ① 지하수위 및 투수계수에 의한 예상 누수량 산출
   ② 배수펌프 소요대수 및 용량
   ③ 배수방식의 선정 및 집수구 설치방식
   ④ 터널내부 누수개소 조사 및 점검 담당자 선임
   ⑤ 누수량 집수유도 계획 또는 방수계획
   ⑥ 굴착상부지반의 채수대 조사

08-7-5 누수에 의한 위험방지

1. 누수에 의한 위험방지 준수사항 (터널공사표준안전작업지침 제29조)
   ① 터널 내의 누수개소, 누수량 측정담당자 선임
   ② 누수 발견 시 토사 유출로 인한 상부 지반의 공극 확인
   ③ 분당 누출 누수량 측정
   ④ 뿜어붙이기 콘크리트 부위에 토사유출의 용수 발생시 즉시 작업을 중단
   ⑤ 지중침하, 지표면 침하 등 계측 결과 확인, 정밀지반 조사 후 급결그라우팅 조치
   ⑥ 집수유도로 설치, 방수 조치

08-7-6 누수 및 용출수 처리 시 확인 사항

1. 누수 및 용출수 처리 시 확인 사항 (터널공사표준안전작업지침 제29조)
   ① 누수에 토사의 혼입 정도 여부
   ② 배면 또는 상부지층의 지하수위 및 지질 상태
   ③ 누수를 위한 배수로 설치시 탈수 또는 토사유출로 인한 붕괴 위험성 검토
   ④ 방수로 인한 지수처리 시 배면 과다 수압에 의한 붕괴의 임계 한도
   ⑤ 용출수량의 단위시간 변화 및 증가량

08-7-7 터널 용수 대책

1. 터널 용수 대책
   1) 용수처리공
   - 숏크리트 시공시 굴착면에서 많은 용수가 나올 때에는 숏크리트 시공 전에 용수를 끌어내는 용수 처리공을 설치(숏크리트 타설면 용수처리방법)
   ① 파이프를 숏크리트 벽면에 설치하여 배수구멍에 의해 배수하는 방법
   ② 반가른 파이프로 물을 끌어내고 파이프 위에서 뿜어내는 방법
   2) 누수처리공
   ① 지수공법: 누수량이 적고 수압이 작은 경우(모르타르, 우레탄 등 도포)
   ② 도수공법 : 누수량이 많고 지수로 처리곤란 시 적용
   ③ 배면처리 공법
   - 누수량이 많고 집중적으로 분출하는 경우 적용
   - 수평시추를 하여 유공관을 삽입하여 배수

08-7-8 그라우팅 공법

1. 개요
   주입재를 지반에 주입하여 지반 강도 및 지수성 증진 등 구조물 안정성 도모

2. 목적
   ① 굴착 시 주변 지반 붕괴방지
   ② 지반 지수성 증진시켜 용수 방지
   ③ 지반 변위 억제

3. 주입약액에 따른 분류
   ① SGR
   ② LW
   ③ 우레탄

08-7-9 라이닝 콘크리트

1. 개요
   - 터널 공사에서 굴착 후 굴착면을 피복하는 데 사용되는 콘크리트

2. 라이닝 콘크리트 역할
   ① 구조체로서 역학적 기능
   ② 외력 저항(수압, 토압)
   ③ 내구성 향상 및 미관
   ④ 터널 내 점검 및 보수관리 기능

08-7-10 터널 콘크리트 라이닝의 구조적 역할(기능)
기출 11회-3

1. 터널 콘크리트 라이닝의 구조적 역할(기능)
   ① 터널의 변형이 수렴하지 않은 상태에서 콘크리트라이닝을 시공하는 경우에는 터널의 안정에 필요한 구속력
   ② 콘크리트라이닝 시공 후 수압, 상재 하중 등에 의한 외력에 지지
   ③ 지질의 불균일성, 지보재 품질의 저하, 록볼트의 부식 등 불확정 요소의 안전성
   ④ 사용 개시후 외력의 변화와 지반, 지보재의 열화에 대한 구조물로서의 내구성
   ⑤ 비배수형 터널에서의 내압기능

08-7-11 콘크리트 라이닝 공법 선정 시 검토사항

1. 콘크리트 라이닝 공법 선정 시 검토사항
   ① 지질, 암질상태
   ② 단면형상
   ③ 라이닝의 작업능률
   ④ 굴착공법

08-7-12 지반 특성에 따른 콘크리트 라이닝

1. 지반 특성에 따른 콘크리트 라이닝 형상
   - 지반 조건이 악화됨에 따라 변하는 순서로 지반특성과 라이닝 형상 변화

   지반 양호 / 지반 보통 / 지반 불량 / 토압이 큰 경우
   인버트

08-7-13 콘크리트 라이닝 시공 시 사전 검토사항

1. 콘크리트 라이닝 시공 시 사전 검토사항 (터널공사표준안전작업지침 제22조)

① 라이닝 콘크리트 배면과 뿜어붙인 콘크리트면 사이의 공극 방지
② 콘크리트 재료의 혼합 후 타설 완료 때까지의 소요 시간
③ 콘크리트 재료의 분리, 손실, 이물의 혼입 방지 방법의 운반
④ 콘크리트 타설 표면 이물질 사전 제거
⑤ 1구간의 연속 타설, 좌우대칭 같은 높이로 하여 타설로 거푸집에 편압 방지
⑥ 타설 슈트, 벨트컨베이어 등 사용 시 충격, 휘말림 등에 충분한 주의
⑦ 터널 천정부의 처짐으로 인한 공극방지 위해 경화 후 접착 그라우팅 시행

08-7-14 터널 구조물 공사 시 위험요인 및 안전대책

1. 터널 구조물 공사 시 위험요인 및 안전대책

1) 방수작업

① 방수작업 대차에서 작업 중 추락	① 작업 대차 안전가시설 설치
② 방수시트 부착시 화기 사용으로 화재	② 작업장소 인근 소화기 비치
③ 작업대차 이동 중 부딪침	③ 이동경로상 출입금지 조치
④ 탑승한 채 작업대차 이동중 추락	④ 작업자 탑승한 채 작업대차 이동금지

2) 라이닝 철근조립

① 철근 조립 시 작업대차에서 추락	① 작업대차 안전난간대 설치
② 작업대차 상·하 이동 시 추락	② 작업대차 승강설비 설치

3) 라이닝 콘크리트

① 폼 셋팅시 끼임	① 근로자간 신호체계 수립
② 콘크리트 배송관 연결 파손에 맞음	② 배관 연결부 타설전 점검
③ 콘크리트 운반차량 출입 시 끼임	③ 신호수 배치

08-7-15 이동식 거푸집 설치 시 준수사항

1. 이동식 거푸집 설치 시 준수사항 (터널공사표준안전작업지침 제23조)

① 이동식 거푸집 제작 시 작업공간 확보
② 볼트, 너트 등으로 견고히 고정하며, 휨, 비틀림, 전단 등 응력에 대하여 점검
③ 거푸집 이동용 궤도는 침하방지 위해 지반의 다짐, 편평도 사전 점검
④ 장시간 방치 시 유압실린더, 플레이트 등의 파손, 이완 재확인하여 교체, 보강조치
⑤ 타설 충격에 의한 거푸집 변위방지 목적으로 가설앵커, 쐐기설치

08-7-16 조립식 거푸집 설치 시 준수사항

1. 조립식 거푸집 설치 시 준수사항 (터널공사표준안전작업지침 제23조)

① 제작 조립도의 조립순서 준수
② 해체 시 순서에 의해 부재 정리 정돈하고 유해물질 제거
③ 조립, 해체 반복작업에 의한 볼트, 너트의 손상률 사전 검토, 충분한 여분 준비
④ 라이닝플레이트 등의 절단, 변형, 탈락 시 용접 접합 금지
⑤ 벽체 및 천정부 작업시 작업대 설치
⑥ 사다리, 안전난간대, 안전대 부착설비, 이동용 바퀴 및 정지장치 등 설치

8. 계측

08-7-17	거푸집을 조립 시 준수사항
1. 거푸집을 조립 시 준수사항 (터널공사표준안전작업지침 제24조)	
	① 작업 전 콘크리트의 1회 타설량, 타설길이, 타설 속도 고려
	② 거푸집 측면판은 모르타르가 새어나가지 않도록 원지반에 밀착, 고정
	③ 콘크리트 양생 기준 준수
	④ 철근의 앵커구조, 피복규격 등 확인
	⑤ 철근의 변위, 이동방지용 쐐기 설치 상태 확인

08-8-1	터널 계측
1. 개요	
	굴착에 따른 지반, 주변구조물 및 지보재의 변위와 응력의 변화를 알기위한 방법
2. 터널 계측목적	
	① 설계, 시공에 계측 결과를 반영
	② 주변 구조물 영향 파악
	③ 주변 지반 거동 파악
	④ 지보재 효과 파악
	⑤ 소송 관련 근거자료로 활용
	⑥ 향후 공사계획시의 기초자료로 활용

08-8-2	계측관리
1. 개요	
	① 터널작업시 사전에 계측계획을 수립하고 계획에 따라 계측
	② 계측결과를 설계 및 시공에 반영, 측정기준을 명확히 하여 공사 안전성 도모
	③ 일상계측과 대표계측 구분하여 관리
2. 계측 계획수립 시 포함사항 (터널공사표준안전작업지침 제26조)	
	① 측정위치 개소 및 측정의 기능 분류
	② 계측시 소요장비
	③ 계측빈도
	④ 계측결과 분석방법
	⑤ 변위 허용치 기준
	⑥ 이상 변위시 조치 및 보강대책
	⑦ 계측 전담반 운영계획
	⑧ 계측관리 기록분석 계통기준 수립

08-8-3	계측측정 기준	
1. 계측측정 기준 (터널공사표준안전작업지침 제25조)		
	① 터널내 육안조사	② 내공변위 측정
	③ 천단침하 측정	④ 록 볼트 인발시험
	⑤ 지표면 침하측정	⑥ 지중변위 측정
	⑦ 지중침하 측정	⑧ 지중수평변위 측정
	⑨ 지하수위 측정	⑩ 록 볼트 축력측정
	⑪ 뿜어붙이기 콘크리트 응력측정	⑫ 터널내 탄성파 속도 측정
	⑬ 주변 구조물의 변형상태 조사	

08-8-4 계측 항목

1. 개요

일상계측	반드시 실시해야 할 항목
대표계측	지반조건을 고려하여 필요에 따라 선정하는 항목

2. 계측 항목

일상계측	대표계측
① 갱내 관찰조사	① 지중변위 측정
② 내공변위 측정	② 록볼트 축력 측정
③ 전단침하 측정	③ 라이닝 응력 측정
④ 지표침하 측정	④ 지중침하 측정
⑤ 록볼트 인발 시험	⑤ 갱외 측정
	⑥ 갱내 탄성파 속도 측정

08-8-5 계측기 관리 시 준수사항

1. 계측기 관리 시 준수사항 (터널공사표준안전작업지침 제28조)

① 전문교육을 받은 계측 전담원 지정하에 계측

② 계측기 관계자 이외 취급 금지

③ 계측 결과 분석 후 충분한 기술자료 및 표준지침에 의거 하여 조치

9. 작업환경

08-9-1 터널 작업환경 저해요인

1. 터널 작업환경 저해요인
   - ① 조명시설 미흡
     - 시계불량으로 사고 우려
   - ② 환기불량
     - 유해가스 등 건강장해
   - ③ 분진
     - 진폐증 등 직업병
   - ④ 소음
     - 난청 등 청각장해
   - ⑤ 진동
     - 중추신경계 장해

08-9-2 터널 작업환경 안전보건대책

1. 터널 작업환경 안전보건대책

   1) 조명 - 작업면에 대한 조도기준 준수

막장구간	터널중간구간	터널입.출구, 수직구 구간
70 LUX 이상	50 LUX 이상	30 LUX 이상

   2) 환기
   - ① 충분한 용량의 환기계획수립 및 설치
   - ② 환기가스 처리장치 없는 디젤기관 투입금지
   - ③ 발파후 30분이상 환기/ 37도 이하로 환기

   3) 분진
   - ① 천공시 습식드릴사용 및 분진제거 작업방식 선택
   - ② 숏크리트 습식공법 사용
   - ③ 방진마스크, 보안경 등 지급,착용

   4) 소음
   - ① 저소음 장비 사용, 저소음 공법 적용
   - ② 귀마개 등 방음보호구 착용

   5) 진동 - 방진용 보호구 착용

08-9-3 환기시설 설치 시 준수사항

1. 환기시설 설치 시 준수사항 (터널공사표준안전작업지침 제39조)
   - ① 충분한 용량의 환기설비를 설치
   - ② 발파 후 유해가스, 분진 및 내연기관의 배기가스 등을 신속히 환기
   - ③ 발파 후 30분 이내 배기, 송기가 완료
   - ④ 환기가스처리장치가 없는 디젤기관은 터널 내의 투입금지
   - ⑤ 터널 내 기온 37℃ 이하로 환기
   - ⑥ 소요환기량에 충분한 용량의 설비 설치
   - ⑦ 중앙집중환기방식, 단열식 송풍방식, 병열식 송풍방식의 기준에 의한 계획수립

10. 공사 시 문제점(여굴, 편압, 붕락사고)

08-10-1 여굴의 원인과 방지대책

1. 개요

터널 설계 굴착면 외측으로 발생하는 공간으로 필요 이상의 굴착부

2. 여굴의 원인
① 발파에 의한 원인
② 천공기능에 의한 원인
③ 지반조건에 의한 원인
④ 사용장비에 의한 원인

3. 여굴 방지대책
① 정밀폭약 및 적정량 사용
② 제어발파공법 적용
③ 숙련 작업자 활용 및 교육
④ 여굴 예상 선진그라우팅 실시
⑤ 적정 사용장비의 선정

08-10-2 편압

1. 개요

토압이 터널에 대하여 좌우대칭이 아니고, 한측으로 치우쳐 작용하는 것

2. 편압 작용 원인
① 사면활동에 의한 편압
② 사면 절취에 의한 편압
③ 하천의 침식에 의한 편압
④ 하천등의 수위저하에 따른 편압

08-10-3 편압에 대한 대책공법

1. 편압에 대한 대책공법
① 편압경감
 - 터널 상부지반의 절취
② 지반보강
 - 사면보호공
 - 지하수위 저하
③ 저항지압 확보
 - 압성토 설치
 - 보호 콘크리트
④ 라이닝 보강
 - 배면 공동 충진
 - 록볼트 설치
 - 인버트 설치

08-10-4 터널 붕락 유형, 원인

1. 터널 붕락 유형
① 무지보 막장면에서 지하수의 유입과 함께 붕락 발생
② 지반 절리 형상에 따라 막장면과 측벽에서 쐐기 파괴 발생
③ 굴착 저면의 지지력 부족으로 인해 터널이 침하하는 전단 파괴 발생

2. 터널 붕락 사고의 원인
① 막장관찰 결과 미반영 시공
② 연약지반 구간 굴착 시 보강검토 미흡
③ 설치각도가 부적절한 록볼트 시공
④ 록볼트 충진불량
⑤ 과도한 굴진장
⑥ 분할굴착 시 설계기준 미준수
⑦ 용수처리 미흡
⑧ 계측결과에 대한 조치 미흡

| 08-10-5 | 터널 붕락사고 방지대책 |

1. 터널 붕락사고 방지대책
   ① 막장붕괴 우려 시 숏크리트 및 록볼트 시공
   ② 1회 굴진장 짧게 시공
   ③ 연약지반 구간 적절한 보강대책 시행
   ④ 분할 굴착 설계기준 준수
   ⑤ 적절한 보조공법 적용
   ⑥ 약액주입공법 등 용수의 유입 차단
   ⑦ 저토피 구간 가인버트 시공
   ⑧ 자립시간 이내에 적절한 지보공 시공
   ⑨ 계측결과에 대한 적절한 조치 시행

한권으로 끝내는
산업안전지도사 2차 건설안전공학

제 9 장

교량공사

1. 개요
2. 가설공법
3. PSC 교량
4. 문제점
5. 교량의 계측 및 안전성 평가·관리

제09장 교량공사

1. 개요

09-1-1 교량의 분류

1. 교량의 분류
   1) 구조형식에 따른 분류
      ① 라멘교 : 교량의 상부구조와 하부구조를 강결로 연결하여 문형태로 구성한 구조
      ② 거더교 : 거더를 수평으로 걸쳐 배치하고 바닥판을 구성
      ③ 현수교 : 주탑에서 늘어뜨린 주케이블에 거더를 현수재로 연결 지지하는 형식
      ④ 사장교 : 주탑 시공 후 교량 상판을 케이블로 연결 지지하는 형식
      ⑤ 트러스교 : 삼각형으로 연결된 트러스의 강성을 이용한 교량
      ⑥ 아치교 : 본체가 아치로 되어 있는 교량
   2) 설계하중
      1등교(DB-24), 2등교(DB-18), 3등교(DB-13.5)
   3) 사용재료
      콘크리트교, PSC교, 강교 등

09-1-2 트러스트교의 종류   기출 11회-5

1. 트러스트교의 종류
   ① 와렌(Warren)트러스
   - 수직재가 없고 경사재가 상·하향이 교대로 연속배치 되어있는 트러스
   ② 프랫(Pratt)트러스
   - 경사재가 중앙을 향하여 하향으로 배치, 경사재는 인장력, 수직재는 압축력 분담
   ③ 하우(Howe)트러스
   - 트러스의 사재응력이 압축응력을 받도록 부재를 구성한 트러스
   ④ K 트러스
   - 래티스재가 K형상인 트러스
   ⑤ 곡현 프랫 트러스
   - 상현재가 포물선으로 구성되고 양쪽 끝이 하현재와 결합하는 형식
   ⑥ 래티스 트러스
   - 경사재로만 이루어지고 있는 복재를 중복하여 꾸민 형식의 트러스

09-1-3 교량의 구조

1. 개요
   교량은 상부구조, 교좌장치, 하부구조로 구성

2. 교량의 구조

09-1-4 교량의 받침(Bearing)

1. 개요
   교량 상부하중 하부에 전달하고 이동 및 회전으로 발생되는 상부구조의 변위 제어 감소시켜 2차응력 최소화 하는 장치

2. 교량 받침의 기능

	Roller Type	
	회전기능	미끄러짐 기능
① 하중전달		
② 신축기능 : 상대변위를 원활히 흡수		
③ 회전기능 : 활하중에 대한 변위 흡수		

3. 교량 받침 종류별 특징

① Sliding Type	② Rocker Type	③ Roller Type	④ Fixed Type
단경간 교량에 유리	장견간에서 중량 하중이 작용할 때 유리	큰 상부 하중이 작용할 때 유리	교대단부는 이동되지 않고 회전만 가능

09-1-5 Camber

1. 개요
교량 스팬의 처짐을 대비하여 미리 솟음을 주는 것

2. Camber의 목적
① 스팬 자중에 대한 처짐방지
② Creep 변형에 대한 대비

09-1-6 Preflex Beam

1. 개요
camber가 주어진 고강도 강재보에 미리 설계하중을 재하시킨 후 하부 플랜지에 콘크리트 타설하여 제작한 합성 빔

2. 특징
① 거더높이 제한 시 유리
② 충분한 강성(소음.진동 小)

3. 제작순서
camber 처리 - 하중재하 - 하부 플랜지 타설 - 상부 플랜지 콘크리트 타설

2. 가설공법

09-2-1 교량 가설공법   기출 14회-9-1)

1. 교량 가설공법분류
    1) 현장타설공법
        ① F.S.M 공법 (동바리 공법 : Full Staging Method)
        ② I.L.M 공법 (압출공법 : Incremental Launching Method)
        ③ M.S.S 공법 (이동식 지보 공법 : Movable Scaffolding Method)
        ④ F.C.M 공법 (외팔보 공법 : Free Cantilever Method)
    2) 프리캐스트(Precast) 공법
        ① 프리캐스트 거더 공법(PGM)
        ② 프리캐스트 세그먼트 공법(PSM)

09-2-2 F.S.M 공법 (동바리 공법 : Full Staging Method)   기출 13회-8-1)

1. 개요
    경간 전체 동바리나 벤트를 설치하고 콘크리트 타설 및 프리스트레스 주는 공법
2. 특징
    ① 교량 높이(형하고)가 낮은 경우 적합
    ② 양호한 지반
    ③ 동바리의 기초침하, 거푸집 변위 및 타설 중 편심하중에 의한 동바리 변위 관리

09-2-3 ILM, MSS, FCM 교량 가설공법의 특징   기출 13회-8

1. ILM, MSS, FCM 교량 가설공법의 특징

구분	ILM	MSS	FCM
방법	제작장 제작 압출	이동식 거푸집 비계보 이동	이동식 작업차 이동
경간	30-60m	40-50m	50-200m
경제성	고교각	다경간	장경간
안전성	하부조건 무관	비교적 안전	불균형 모멘트 대책
특징	제작장 공간 필요 변단면 시공 불가능 압출마찰 최소화조치	연약지반에 적용 가설장비 대형, 장비고가 교각이 높을수록 경제적	깊은계곡, 하천 F/T 사용대수에 따라 공기조절 가능

09-2-4 I.L.M 공법 (압출공법 : Incremental Launching Method)   기출 13회-8-2)

1. 개요
    작업장에서 일정 길이의 Segment 제작 후 추진 잭으로 밀어 교량을 가설
2. 시공순서 (KOSHA C - 10 - 2016)
    Segment제작 - 추진코 부착 - 압출 - 강재 긴장 - 교좌장치 고정

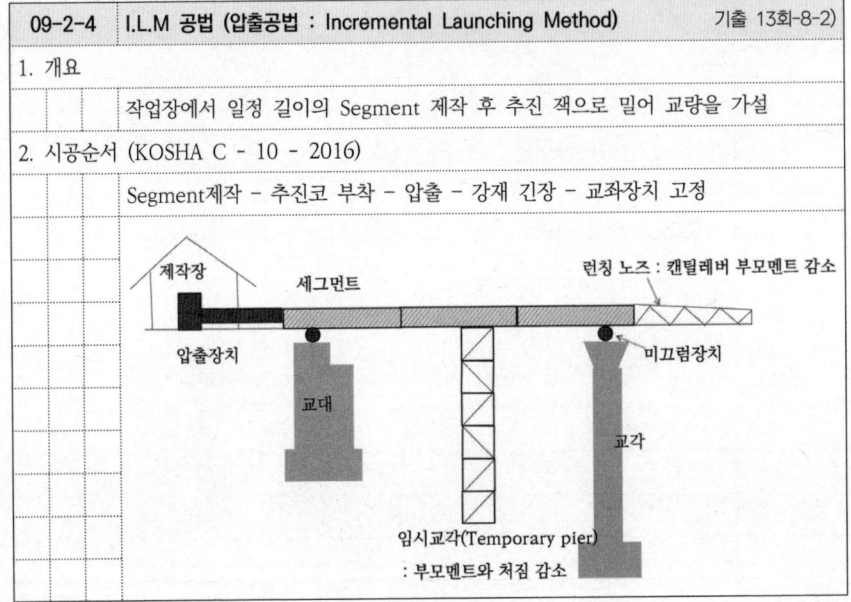

09-2-5 M.S.S 공법 (이동식 지보 공법 : Movable Scaffolding Method) 기출 13회-8-4)

1. 개요
거푸집이 부착된 특수한 이동식 지보(비계보와 추진보)를 이용하여 한 경간씩 이동하면서 시공하는 공법

2. 시공순서 (KOSHA C - 35 - 2011)
교각 브라켓부착 - 거푸집이 부착된 이동식 지보 설치 - 타설/양생 - M.S.S 이동

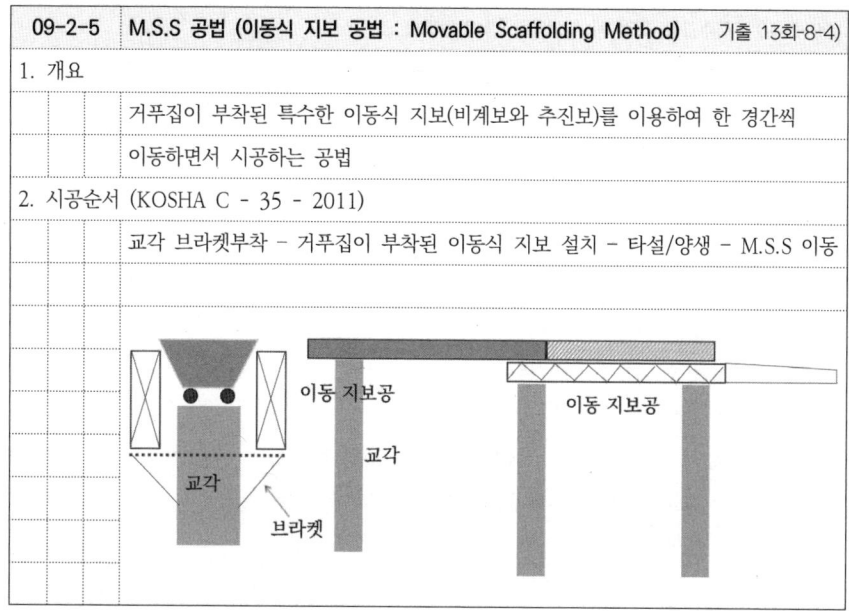

09-2-6 F.C.M 공법 (외팔보 공법 : Free Cantilever Method) 기출 13회-8-3)

1. 개요
교각 위에 Form Traveller를 설치해 교각을 중심으로 좌우 1 Segment씩 상부 구조물을 가설하는 공법

2. 시공순서 (KOSHA C - 67 - 2016)
교각공사 - 주두부 시공 - F/T설치 - Segment 시공 - Key Segment 연결

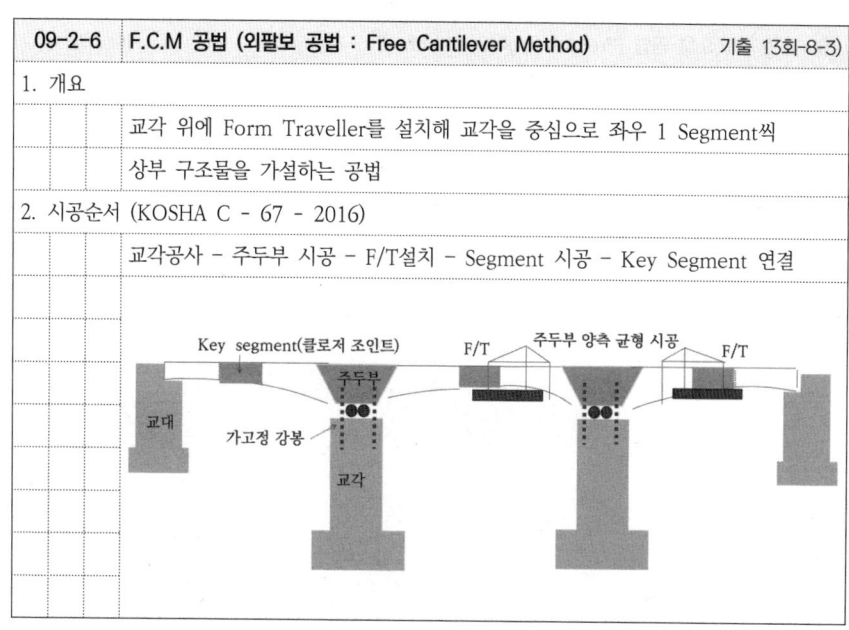

09-2-7 F.C.M 공법의 불균형 모멘트 원인 및 방지대책

1. F.C.M 공법의 불균형 모멘트 원인
① 양측 캔틸레버의 자중차이
② 가설하중의 편재하
③ 한쪽 세그먼트의 선 시공
④ F/T 위치 차이
⑤ 풍하중에 의한 상향력 차이

2. F.C.M 공법의 불균형 모멘트 원인 및 방지대책
① 가벤트 설치
② 스테이 케이블 설치
③ 가고정 콘크리트 블록 설치
④ 가고정 강봉 설치
- 커플러 체결상태, 긴장력 확보
⑤ 양측 균형 시공

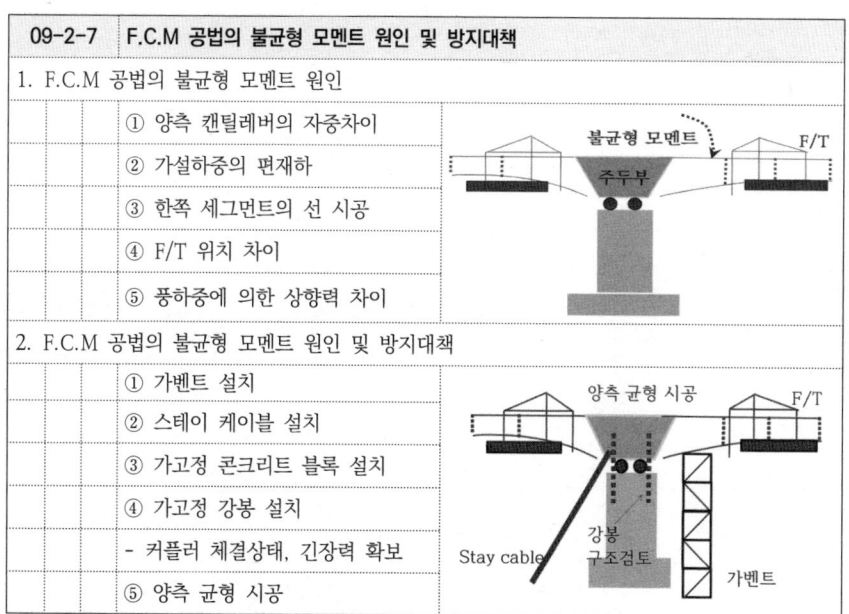

09-2-8 프리캐스트(Precast) 공법

1. 개요
프리캐스트 콘크리트(PC) 공법은 공장이나 현장내에서 제작 후 접합하는 방식

2. 프리캐스트(Precast) 공법 분류
① P.G.M(Precast Girder Method)
- 제작장에서 경간길이로 제작 후 현장에 운반, 가설장비 이용하여 가설
② P.S.M(Precast Segment Method)
- Segment인 거더를 제작장에서 제작 후 가설장비 이용하여 가설

3. 특징
① 대형장비 필요
② 공기단축
③ 기후영향이 없음

09-2-9 P.S.M 공법 (Precast Segment Method) 기출 13회-8-5

1. 개요
Segment를 제작장에서 제작하여 가설 현장으로 거치한 후 강선(Tendon)을 이용하여 세그먼트를 서로 연결시켜 상부 구조를 완성하는 공법

2. 시공순서 (KOSHA C - 3 - 2011)
런칭거더 조립, 설치 – 세그먼트 제작, 운반 – 가설 – 강선 인장. 정착

(그림: Launching Girder, Segment 접합부 시공 정밀 요구, Segment, Tendon, 교각)

09-2-10 특수교량 작업 시 위험요인 및 안전대책

1. 특수교량 작업 시 위험요인
① 강봉 인장시 이상 긴장력에 PS 강선의 튕겨 맞음
② 강선 인장 미흡으로 인한 작업차 이동 따른 무너짐
③ 이동통로 안전조치 미실시에 의한 떨어짐
④ 악천후시 작업 강행으로 작업장 무너짐
⑤ 특수 작업대차 이동 순서 및 절차 무시에 의한 무너짐

2. 특수교량 작업 시 안전대책
① 강봉 인장시 위험구역내 근로자 접근금지
② 강선 인장작업 결과확인
③ 승강용 통로 설치, 안전난간대 설치, 안전대 착용
④ 기상정보 파악, 풍속 10m/s이상시 작업 중지
⑤ 특수 작업대차 이동순서 및 안전작업 절차 준수

09-2-11 강교의 가설공법

1. 개요
상부구조를 볼트,리벳,용접 등으로 강부재를 박스 또는 트러스 구조로 연결

2. 강교의 가설공법 분류
① 지지방식에 의한 분류
: Girder 하부 지지, Girder 상부 지지, 교체 지지, 대형 Block 공법

② 운반 방법에 의한 분류
: 자주식 Crane 이용, 철탑 Crane 설치, Barge 이용, Rail 설치

3. PSC 교량

09-3-1	프리스트레스트 콘크리트(PSC) 교량

1. 개요

PSC 교량이란 PSC 거더를 지상에서 제작한 후 교각에 인양, 거치하여 상부구조를 형성시키는 작업

2. 프리스트레스트 콘크리트 거더 제작순서 (KOSHA C - 41 - 2011)

PSC거더(Prestressed concrete girder)

- 외력에 의한 인장응력을 상쇄시키기 위해 미리 압축응력 도입한 부재

[그림: Post tension 방식 - ①쉬스관 배치, ②타설 후 양생, ③강재 긴장 후 정착, ④그라우팅]

① 쉬스(Sheath)관 : PS강재를 배치하기 위해 콘크리트 타설 전에 미리 배치된 관

② PS강재 : 프리스트레스를 가하기 위한 고강도 강재

09-3-2	PSC거더 긴장 시 주의사항

1. PSC거더 긴장 시 주의사항 (KOSHA C - 41 - 2011)

① 인장장치 후방에는 인장력의 최대반력에 견딜 수 있는 방호벽을 설치

② PSC거더의 전도방지조치

③ 긴장 작업 시에는 작업지휘자를 선임

④ 긴장장치 배면에서의 작업을 금지

⑤ 긴장 작업 시 관계자 이외의 접근을 금지

⑥ 우천 시 쉬트 등으로 덮는 등 조치

09-3-3	장대 PSC교의 가설공법

1. 장대 PSC교의 가설공법

① I.L.M 공법 (압출공법 : Incremental Launching Method)

② M.S.S 공법 (이동식 지보 공법 : Movable Scaffolding Method)

③ F.C.M 공법 (외팔보 공법 : Free Cantilever Method)

④ 프리캐스트 세그먼트 공법(PSM)

09-3-4	PSC교량 작업(거더인양 및 거치) 재해위험요인 및 안전대책

1. PSC교량 작업(거더인양 및 거치)시 재해위험요인

① 인양고리, 로프 파단에 부재 낙하

② 크레인 지브경사각 미준수로 인한 넘어짐

③ 지반 지지력 부족으로 인한 크레인 넘어짐

④ 거더 거치 중 안전대 미착용으로 인한 떨어짐

⑤ 거치 후 전도방지 조치 미실시로 인한 무너짐

2. PSC교량 작업(거더인양 및 거치)시 안전대책

① 고리 사전검사 및 로프 손상.변형 등 사용금지

② 지브 경사각 준수

③ 크레인 작업장소의 지반 보강

④ 거더 거치 시 안전대 부착설비 설치 및 안전대체결

⑤ 거더 거치 후 전도방지 조치

09-3-5 거더(Girder) 인양 및 거치 후 전도방지를 위한 고정방법 기출 14회-9-2)

1. 거더(Girder) 인양 및 거치 후 전도방지를 위한 고정방법

① 와이어로프로 고정
② 삼각프레임으로 고정
③ 전도방지철근으로 고정

▲ PSC거더 전도방지 설치 예

KOSHA C - 41 - 2011

09-3-6 교량의 설치·해체 또는 변경작업 시 준수사항 기출 14회-9-3)

1. 교량의 설치·해체 또는 변경작업 시 준수사항

① 작업을 하는 구역에는 관계 근로자가 아닌 사람의 출입을 금지할 것

② 재료, 기구 또는 공구 등을 올리거나 내릴 경우에는 근로자로하여금 달줄, 달포대 등을 사용하도록 할 것

③ 중량물 부재를 크레인 등으로 인양하는 경우에는 부재에 인양용 고리를 견고하게 설치하고, 인양용 로프는 부재에 두 군데 이상 결속하여 인양하여야 하며, 중량물이 안전 하게 거치되기 전까지는 걸이로프를 해제시키지 아니할 것

④ 자재나 부재의 낙하·전도 또는 붕괴 등에 의하여 근로자 에게 위험을 미칠 우려가 있을 경우에는 출입금지구역의 설정, 자재 또는 가설시설의 좌굴 또는 변형 방지를 위한 보강재 부착 등의 조치를 할 것

4. 문제점

09-4-1	교량의 부반력
1. 개요	
	차량하중 등으로 교량 상판이 들리는 힘
2. 부반력 발생 시 문제점	
	① 교량상부 구조 전도로 낙교
	② 교량 받침기능 상실
3. 부반력 발생 원인	
	① 곡선교의 반경을 크게 한 경우
	② 교량 받침에서 비틀림 모멘트 발생
4. 부반력 제어대책	
	① 케이블로 제어
	② 지점위치 변경
	③ 본체강성 확보
	④ Out-trigger 방법을 사용

(그림: 곡선반경이 클 때 내측지점 상향력, 직각방향, 교축방향, 교대)

09-4-2	신축이음(Expansion Joint) 파손 원인 및 최소화 방안
1. 개요	
	교량 상부구조의 온도 변화에 의한 수축, 팽창 및 콘크리트의 Creep 건조수축 및 활하중에 대비하는 이음
2. 신축이음 파손 원인	
	① 신축이음장치 앵커 시공 불량
	② 신축활동 구속
	③ 신축량 계산 잘못
	④ 신축이음부의 기능 회복 부족
3. 신축이음 파손 최소화 방안	
	① 충분한 양생
	② 적정한 신축장치 선정
	③ 신축장치 간격 준수
	④ 신축 장치부의 청소

09-4-3	교량받침의 파손원인 및 방지대책
1. 교량 받침의 파손 원인	
	① 교좌 설계 오류
	② 교좌장치 마모
	③ 충전모르타르 균열
	④ 집중응력 발생
2. 교량 받침의 파손 방지대책	
	① 정밀 배치
	② 적정한 교좌장치 선정
	③ 받침보호용 커버설치
	④ 무수축 몰탈 품질관리
	⑤ 응력분산 유도
	⑥ 받침경사 고려 시공

09-4-4	교대 측방유동 발생원인
1. 개요	
	교대 하부 연약지반의 전단파괴에 의한 수평 활동
2. 교대 측방유동 판정 방법	
	① 측방이동 수정판정지수에 의한 판정 (한국도로공사)
	② 원호 활동 안전율에 의한 판정 (Terraghi 공식 적용)
3. 교대 측방유동 발생원인	
	① 배면 지반침하
	② 배면 토압증대
	③ 기초처리 불량
	④ 교대 배면 성토재 과대중량

(그림: 배면침하, 교대, 기초, 측방유동)

09-4-5	교대 측방유동 방지대책
1. 교대 측방유동 방지대책	

1) 배면토압경감
   ① 압성토
   ② Approach slab
2) 뒷채움 성토부의 과대중량 경감
   ① 연속파이프 매설
   ② EPS 공법
3) 기초부
   ① 케이슨 기초
   ② 말뚝 시공
4) 연약지반
   ① 약액주입공법
   ② 지반개량

09-4-6	교각의 세굴 발생 원인

1. 개요
   유수에 의해 교각의 침식이 발생하는 현상
2. 교각의 세굴현상

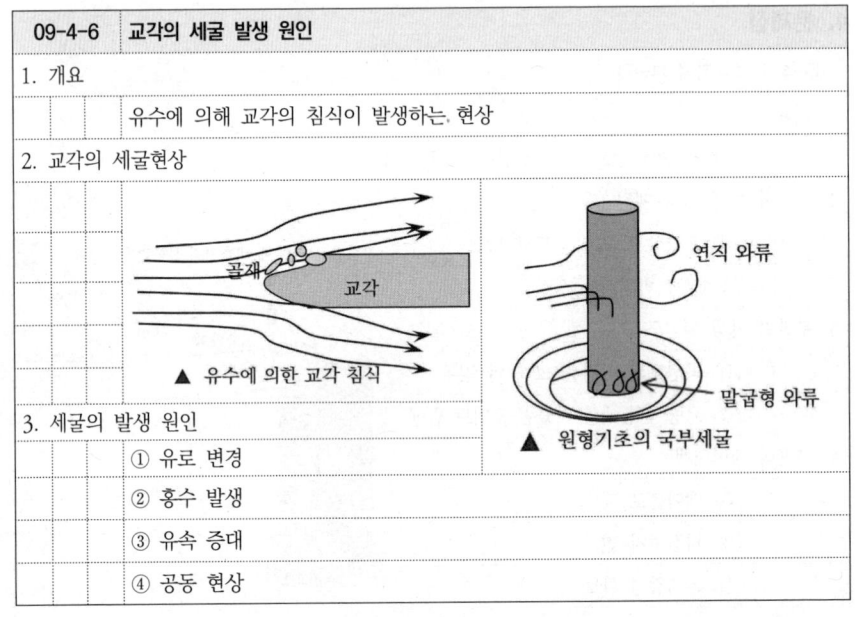

3. 세굴의 발생 원인
   ① 유로 변경
   ② 홍수 발생
   ③ 유속 증대
   ④ 공동 현상

09-4-7	교각의 세굴 방지 대책
1. 교각의 세굴 방지 대책	

① Steel Sheet Pile 시공
② 세굴 방지석 설치
③ Under Pinning 시공
④ 깊은 기초 시공
⑤ 세굴방지 블럭 설치
⑥ Mat 시공
⑦ 하상 라이닝 시공
⑧ 하상정리

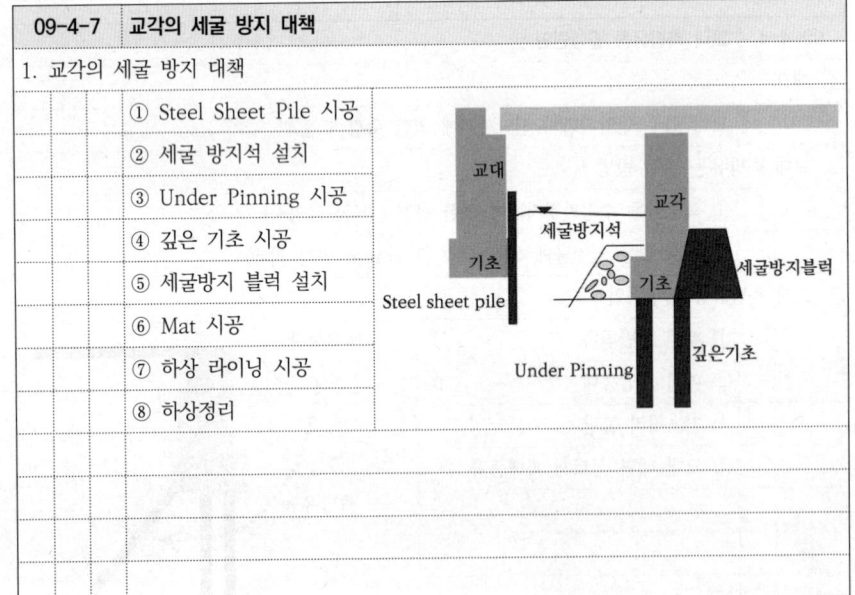

5. 교량의 계측 및 안전성 평가.관리

09-5-1 교량의 영구 계측 시스템

1. 개요
- 교량 유지관리 핵심요소로, 교량에 영구적인 계측 센서를 부착 다양한 정보를 제공, 유지관리 중요한 자료로 확보

2. 교량의 계측기기 종류 및 설치위치
- ① 지진계 : 기초 상단
- ② 풍향 풍속계 : 주탑 중앙
- ③ 가속도계 : 각 경간 및 중앙부
- ④ 변위계 : 각 경간 및 중앙부
- ⑤ 온도계 : 각 경간 중앙 및 지점부
- ⑥ Cable 장력계 : 각 Cable
- ⑦ 반력 측정계 : 각 교좌장치

09-5-2 교량의 안전성 평가

1. 교량의 안전성 평가 목적
- ① 교량의 구조적 결함 및 안전성 내구성 평가
- ② 교량의 수명 연장
- ③ 교량의 유지 관리상 필요한 자료 제공

2. 안전성 평가 방법
- ① 외관조사 : 상판, 교좌장치, 하부구조
- ② 정적 및 동적 재하시험 : 정적재하, 동적재하
- ③ 재하시험 결과 분석 평가
- ④ 내하력 평가
- ⑤ 종합평가, 판정 결과

09-5-3 교량의 내하력 평가 방법

1. 개요
- 기존 교량의 여러 기능 및 강도 등의 외력에 대한 저항능력을 평가하여 교량의 실용성 안전성에 대하여 판단하는 것

2. 내하력 평가
- ① DB 하중 (Differential Balance)
  : DB-24 = 1.8*24 = 43.2Ton (제한 40Ton) 1등교
  : DB-18 = 1.8*18 = 32.4Ton (제한 30Ton) 2등교
- ② DL 하중 (Differential Line): 차선 하중
- ③ 종합평가 : 내하력, 내구성, 사용성 평가

09-5-4 교량의 유지관리 및 보수 보강 방법

1. 유지관리의 수행 방식
- ① 사후 유지관리 방식 : 정밀안전진단
- ② 예방 유지관리 방식 : 일상 점검

2. 교량의 보수 방법
- ① 포장 : Patching, Sealing, 절삭 공법(Milling), 표면처리, 재포장
- ② 철근 콘크리트교(바닥판) : 주입공법, 충진 공법(V-Cut)
- ③ 강교 : 용접, 고장력 볼트

3. 교량의 보강 방법
- ① 콘크리트교 : 종형,횡형 신설, 강판접착, FRP접착, 모르타르 뿜침
- ② 강교 : 보강판, 부재 교환

한권으로 끝내는
산업안전지도사 2차 건설안전공학

제 10 장

산업안전보건 기준에 관한 규칙

제10장 산업안전보건기준에 관한 규칙

제8조(조도) — 기출 9회-3

1. 조도 기준

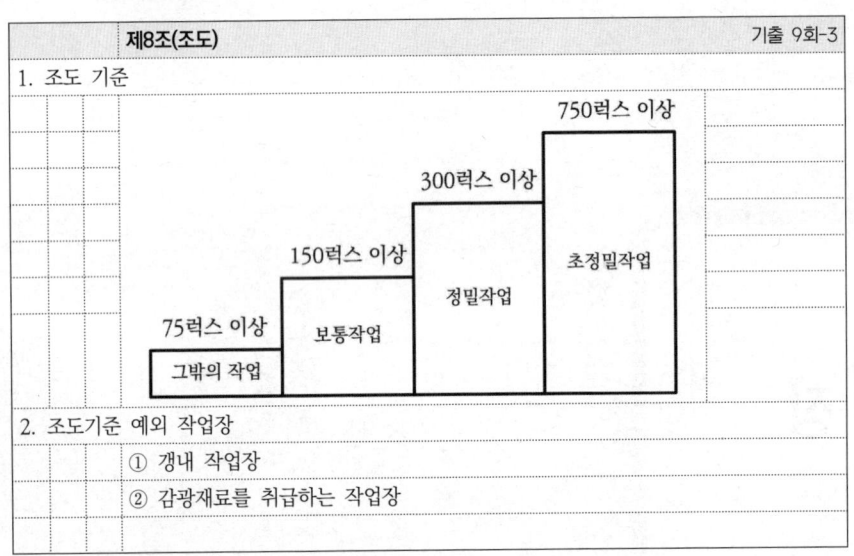

- 75럭스 이상 — 그밖의 작업
- 150럭스 이상 — 보통작업
- 300럭스 이상 — 정밀작업
- 750럭스 이상 — 초정밀작업

2. 조도기준 예외 작업장
   ① 갱내 작업장
   ② 감광재료를 취급하는 작업장

제13조(안전난간의 구조 및 설치요건) — 기출 12회-1

1. 안전난간 설치기준
   ① 상부 난간대, 중간 난간대, 발끝막이판 및 난간기둥으로 구성
   ② 상부 난간대는 90~120 센티미터 이내 지점에 설치
   ③ 발끝막이판 높이 10cm 이상
   ④ 난간기둥은 난간대와 중간난간대 받칠수 있는 적정 간격
   ⑤ 난간대 바닥면과 평행 유지
   ⑥ 금속제 파이프의 2.7cm 이상
   ⑦ 취약지점의 하중 100kg 이상

제14조(낙하물에 의한 위험의 방지)

1. 개요
   1) 작업장에서 낙하물이 근로자에게 위험 미칠 우려 경우 보호망을 설치
   2) 작업으로 인해 물체가 떨어지거나 날아올 위험 있는 경우 낙하물 방지 조치
      ① 낙하물 방지망
      ② 수직보호망 또는 방호선반의 설치
      ③ 출입금지구역의 설정
      ④ 보호구의 착용

2. 낙하물 방지망 및 방호선반 설치 시 준수사항
   ① 높이 10미터 이내마다 설치
   ② 내민 길이는 벽면으로부터 2미터 이상으로 할 것
   ③ 수평면과의 각도는 20도 이상 30도 이하를 유지

제20조(출입의 금지 등)

1. 개요

리프트 등 사용 작업 또는 추락 등 위험 장소에 울타리 설치하는 등 관계 근로자가 아닌 사람의 출입을 금지하여야 함

2. 출입의 금지 구역
   ① 추락위험 장소
   ② 덤프, 포크, 암 등이 갑자기 작동 우려 장소
   ③ 케이블크레인 사용장소 와이어로프의 내각측
   ④ 인양전자석 부착 크레인 하부
   ⑤ 인양전자석 부착 이동식크레인 하부
   ⑥ 리프트 사용장소
      - 운반구 이동 지역/
      - 권상용 와이어로프 내각측
   ⑦ 차량계 하역운반기계 등 화물의 하부
   ⑧ 항타기, 항발기 사용 낙하물 위험지역
   ⑨ 화재, 폭발 위험 장소
   ⑩ 낙반 위험장소
   ⑪ 채석작업 굴착작업장의 하부
   ⑫ 채석작업장 굴착기계 접촉 위험
   ⑬ 해체작업장
   ⑭ 하역작업장
   ⑮ 항만작업장
      - 해치커버 낙하 위험지역
      - 양화장치 붐 전도 위험지역
      - 양화장치등의 화물 낙하 위험
   ⑯ 벌목한 목재 전락 위험지역
   ⑰ 양화장치 사용장소 중 적하, 양하 작업지역
   ⑱ 굴착기 선회시 충돌, 협착 위험지역

제23조(가설통로의 구조)

1. 가설통로의 설치기준
   - ① 견고한 구조
   - ② 경사 30도 이하
   - ③ 15도 초과 시 미끄럼방지 조치
   - ④ 안전난간 설치
   - ⑤ 수직갱 내 15m 이상의 통로는 10m 이내마다 계단참 설치
   - ⑥ 8m 이상인 비계다리에는 7m 이내마다 계단참 설치

제23조(가설통로의 구조)

1. 가설통로의 설치기준

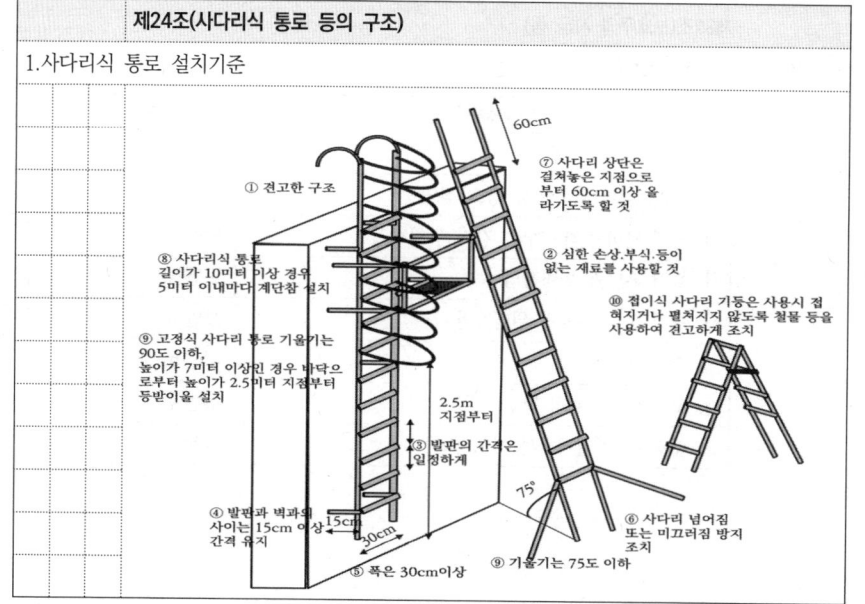

제24조(사다리식 통로 등의 구조)

1. 사다리식 통로 설치기준
   - ⑪ 견고한 구조
   - ⑫ 손상·부식 없는 재료 사용
   - ⑬ 일정한 발판 간격 유지
   - ⑭ 발판과 벽 사이 15cm 이상
   - ⑮ 폭 30cm 이상
   - ⑯ 넘어짐, 미끄러짐 방지 조치
   - ⑰ 상단 연장 길이 60cm 이상
   - ⑱ 10m이상 통로 5m이내 마다 계단참 설치
   - ⑲ 기울기 75도 이하, 고정식 사다리식 통로의 기울기는 90도 이하
   - 고정식 사다리식 통로 7m이상인 경우의 조치
     - 가. 등받이울이 있어도 근로자 이동에 지장이 없는 경우
       : 바닥으로부터 높이가 2.5미터 되는 지점부터 등받이울을 설치할 것
     - 나. 등받이울이 있으면 근로자가 이동이 곤란한 경우
       : 한국산업표준에서 정하는 기준에 적합한 개인용 추락 방지 시스템을 설치하고 한국산업표준에서 정하는 기준에 적합한 전신안전대를 사용하도록 할 것
   - ⑳ 접이식사다리 접힘방지 철물 조치

제24조(사다리식 통로 등의 구조)

1. 사다리식 통로 설치기준

제26조~30조(계단의 강도 ~ 계단의 난간)

1. 개요

   1) 제26조 계단의 강도
      ① 계단 및 계단참을 설치하는 경우 500kg/㎡, 안전율 4이상
      ② 계단 바닥 구멍이 있는 재료인 경우 공구 등이 낙하 위험이 없는 구조

   2) 제27조 계단의 폭
      폭 1m 이상

   3) 제28조 계단참의 설치
      높이가 3m 초과하는 계단에 높이 3m 이내마다 진행방향으로 길이 1.2m 이상 계단참 설치

   4) 제29조 천장의 높이
      높이 2m 이내의 공간에 장애물이 없도록 해야함.

   5) 제30조 계단의 난간
      높이 1m 이상 계단의 개방된 측면에 안전난간 설치

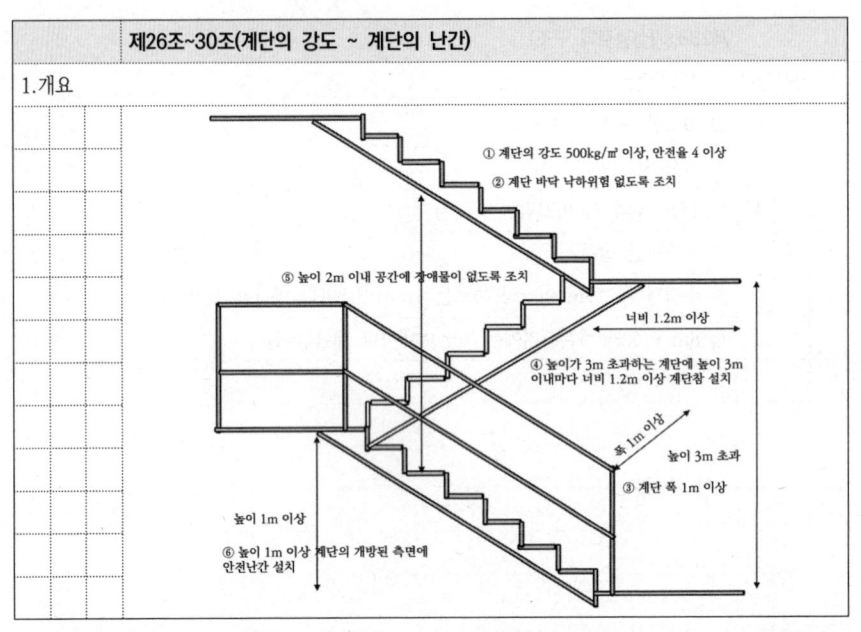

제32조(보호구의 지급 등)

1. 작업내용에 따른 보호구

작업내용	보호구
① 낙하, 비래, 추락위험 작업	안전모
② 높이, 깊이 2m 이상 장소 작업	안전대
③ 물체 낙하·충격, 끼임, 감전 위험작업	안전화
④ 물체 흩날릴 위험작업	보안경
⑤ 용접 불꽃 흩날릴 위험작업	보안면
⑥ 감전 위험 작업	절연용 보호구
⑦ 고열에 화상위험 작업	방열복
⑧ 분진(粉塵) 발생하는 하역작업	방진마스크

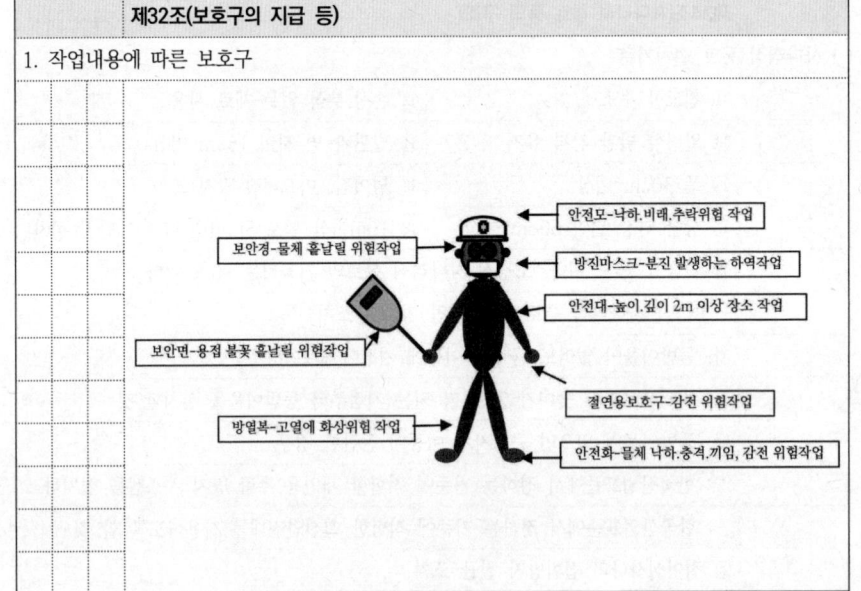

제35조(관리감독자의 유해·위험 방지 업무 등)

1. 개요
   ① 사업주는 법 16조에 따라 관리감독자에게 별표2에서 정하는 바에 따라 유해.위험 방지를 위한 업무를 수행하도록 해야 함.
   ② 별표3에서 정한 바에 따라 작업 시작 전에 필요한 사항을 점검토록 해야 함.
   ③ 점검 결과 이상이 발견되면 즉시 수리하거나 그 밖에 필요한 조치 해야 함.

2. 관리감독자의 유해·위험 방지 업무 (별표 2)

작업의 종류	직무수행 내용
① 크레인 사용 작업	① 안전한 작업방법 결정 및 지휘
② 거푸집 동바리 및 흙막이 지보공 작업	② 재료·기구의 결함 유무를 점검
③ 지반.터널 및 채석 굴착작업	③ 불량품 제거
④ 5미터 이상의 비계 / 달비계 작업	④ 보호구 착용 상황을 감시
⑤ 건물 등 해체작업/ 석면 해체·제거작업	⑤ 근로자 외 출입금지
⑥ 밀폐공간 작업	⑥ 대피방법 등 교육

제35조(관리감독자의 유해·위험 방지 업무 등)제2항

1. 관리감독자의 작업 시작전 점검사항 (별표 3)
   1) 작업의 종류(건설업 중심)
      ① 양중기(크레인, 이동식 크레인, 리프트, 곤돌라)사용 및 고리걸이 작업
      ② 차량계 하역운반기계 중(지게차, 고소작업대, 화물자동차) 사용 작업
      ③ 차량계 건설기계 사용 작업 / 중량물을 취급하는 작업
      ④ 용접·용단 작업 등의 화재위험작업
   2) 점검내용

① 기계.기구 사용 작업	② 용접·용단 작업 등의 화재위험작업
가.방호장치 및 경보장치의 기능	가.작업준비 및 작업절차수립 여부
나.와이어로프 이상유무	나.가연성물질 방호조치 및 소화기구 비치 여부
다.지반상태 등	다.불꽃.불티 등 비산방지 조치 여부
라.아웃트리거 및 바퀴 이상유무	라.인화성 액체 증기, 가스 환기조치 여부
	마.화재예방 및 피난교육 등 비상조치 여부

제36조(사용의 제한)

1. 개요
   사업주는 부적합한 기계.기구.설비 및 방호장치.보호구 등 사용해서는 아니된다.

2. 사용의 제한
   ① 유해하거나 위험한 기계·기구에 대한 방호조치 미실시
   ② 기계·기구 등의 대여자 등의 조치 미실시
   ③ 안전인증기준 부적합
   ④ 자율안전기준 부적합
   ⑤ 안전검사기준 부적합

제37조(악천후 및 강풍 시 작업 중지)

1. 개요
   사업주는 악천후로 인하여 근로자 위험 우려가 있는 경우 작업 중지해야 함.

2. 타워크레인의 작업 중지요건

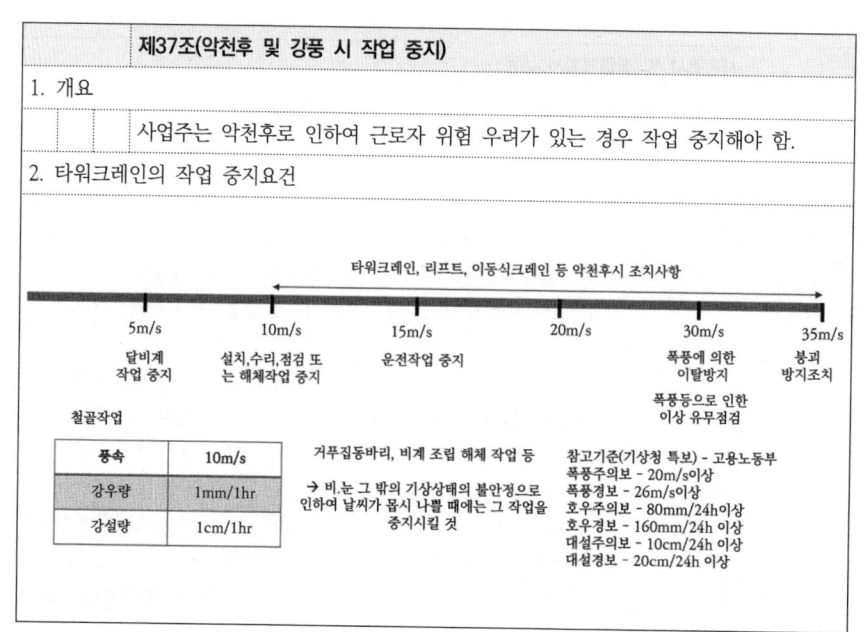

제38조(사전조사 및 작업계획서의 작성 등)

1. 개요
   - 해당 작업, 작업장 지형·지반 및 지층상태 등에 대한 사전조사를 하고 작업계획서를 작성하고 그 계획에 따라 작업을 해야함.

2. 사전조사 및 작업계획서 작성 대상작업(별표 4 건설업 중심)
   ① 타워크레인을 설치·조립·해체
   ② 차량계 하역운반기계 등을 사용하는 작업
   ③ 차량계 건설기계를 사용
   ④ 전기작업
   ⑤ 굴착면 높이가 2미터 이상되는 지반 굴착작업 / 터널굴착작업
   ⑥ 교량작업
   ⑦ 채석작업
   ⑧ 구축물 등의 해체작업
   ⑨ 중량물의 취급 작업

사전조사 및 작업계획서 내용

1. (별표 4 - 제1호, 제2호)

	작업명	사전조사 내용	작업계획서 내용
1)	타워크레인을 설치·조립·해체하는 작업	-	가. 타워크레인의 종류 및 형식 나. 설치·조립 및 해체순서 다. 작업도구·장비·가설설비 및 방호설비 라. 작업인원의 구성 및 작업근로자의 역할 범위 마. 제142조에 따른 지지 방법
2)	차량계 하역운반기계등을 사용하는 작업	-	가. 해당 작업에 따른 추락·낙하·전도·협착 및 붕괴 등의 위험 예방대책 나. 차량계 하역운반기계등의 운행경로 및 작업방법

사전조사 및 작업계획서 내용

1. (별표 4 - 제3호, 제6호)

	작업명	사전조사 내용	작업계획서 내용
3)	차량계 건설기계를 사용하는 작업	해당 기계의 굴러어짐, 지반의 붕괴 등으로 인한 근로자의 위험을 방지하기 위한 해당 작업장소의 지형 및 지반상태	가. 사용하는 차량계 건설기계의 종류 및 성능 나. 차량계 건설기계의 운행경로 다. 차량계 건설기계에 의한 작업방법
4)	굴착작업	가. 형상·지질 및 지층의 상태 나. 균열·함수(含水)·용수 및 동결의 유무 또는 상태 다. 매설물 등의 유무 또는 상태 라. 지반의 지하수위 상태	가. 굴착방법 및 순서, 토사등 반출 방법 나. 필요한 인원 및 장비 사용계획 다. 매설물 등에 대한 이설·보호대책 라. 사업장 내 연락방법 및 신호방법 마. 흙막이 지보공 설치방법 및 계측계획 바. 작업지휘자의 배치계획 사. 그 밖에 안전·보건에 관련된 사항

사전조사 및 작업계획서 내용

기출 15회-1

1. (별표 4 - 제7호, 제10호)

	작업명	사전조사 내용	작업계획서 내용
5)	터널굴착작업	보링 등 적절한 방법으로 낙반·출수 및 가스폭발 등으로 인한 근로자의 위험을 방지하기 위하여 지형·지질 및 지층상태를 조사	가. 굴착의 방법 나. 터널지보공 및 복공(覆工)의 시공방법과 용수(湧水)의 처리방법 다. 환기 또는 조명시설을 설치할 때에는 그 방법
6)	구축물 등의 해체작업	해체건물 등의 구조, 주변 상황 등	가. 해체의 방법 및 해체 순서도면 나. 가설설비·방호설비·환기설비 및 살수·방화설비 등의 방법 다. 사업장 내 연락방법 라. 해체물의 처분계획 마. 해체작업용 기계·기구 등의 작업계획서 바. 해체작업용 화약류 등의 사용계획서 사. 그 밖에 안전·보건에 관련된 사항

제39조(작업지휘자의 지정)

1. 개요

    차량계 하역운반기계 등의 작업계획서를 작성한 경우 작업지휘자를 지정하여 작업계획서에 따라 작업 지휘하도록 해야함.

2. 작업지휘자 지정 대상 작업

    ① 차량계 하역운반기계등을 사용하는 작업

    ② 굴착면의 높이가 2미터 이상이 되는 지반의 굴착작업

    ③ 교량 설치·해체 또는 변경 작업

    - 높이 5m 이상/ 지간 30m 이상

    ④ 구축물 등 해체작업

    ⑤ 중량물의 취급작업

제40조(신호)

1. 개요

    양중기 사용하는 등의 작업 시 일정한 신호방법을 정하여 신호하도록 해야함.

2. 신호 방법 결정 및 준수 작업(건설업 중심)

    ① 양중기(揚重機)를 사용

    ② 차량계 하역운반기계 사용하여 유도자 배치 작업

    ③ 차량계 건설기계 사용하여 유도자 배치 작업

    ④ 항타기 또는 항발기의 운전작업

    ⑤ 중량물을 2명이 취급, 운반 작업

제41조(운전위치의 이탈금지)

1. 개요

    기계를 운전하는 경우 운전자가 운전위치 이탈해서는 아니 된다.

2. 운전위치 이탈금지

    ① 양중기

    ② 항타기 또는 항발기(권상장치에 하중을 건 상태)

    ③ 양화장치(화물을 적재한 상태)

    - 양화장치란 부둣가에서 컨테이너를 선적, 하역하는 데에 이용되는 대형 크레인이나 데릭같은 기계

제42조(추락의 방지)

1. 개요

    ① 추락하거나 넘어질 위험이 있는 장소 등에서 작업을 할 때 비계를 조립하는 등의 방법으로 작업발판을 설치

    ② 사업주는 작업발판을 설치하기 곤란한 경우 추락방호망을 설치

    다만, 추락방호망을 설치하기 곤란한 경우 근로자에게 안전대를 착용 등의 조치

    ③ 사업주는 한국산업표준에서 정하는 성능기준에 적합한 추락방호망을 사용

    ④ 작업발판 및 추락방호망을 설치하기 곤란한 경우에는 3개 이상의 버팀대를 가지고 지면으로부터 안정적으로 세울 수 있는 구조를 갖춘 이동식 사다리를 사용하여 작업을 하게 할 수 있다.

제42조(추락의 방지)제2항 〔기출 13회-7-2〕

1. 추락방호망 설치기준
   - ① 작업면에서 가깝게(수직거리 10m 초과금지)설치
   - ② 수평으로 설치, 망 처짐은 짧은 변 길이 12% 이상
   - ③ 내민길이 3m 이상

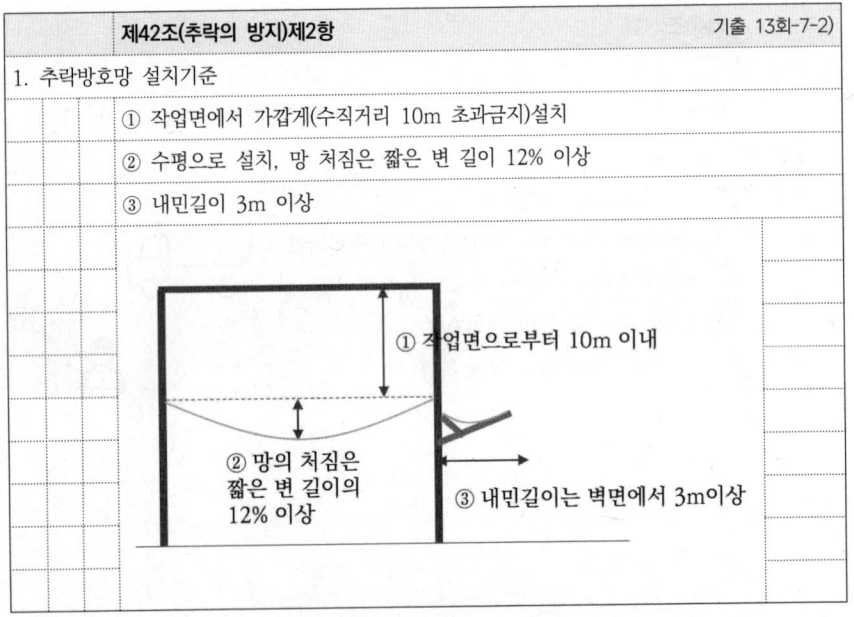

제42조(추락의 방지)제4항 〔기출 15회-5〕

1. 이동식 사다리 설치 및 작업 시 준수해야 하는 조치사항
   - ① 평탄하고 견고하며 미끄럽지 않은 바닥에 이동식 사다리를 설치할 것
   - ② 이동식 사다리의 넘어짐 방지 조치
     - 가. 이동식 사다리를 견고한 시설물에 연결하여 고정할 것
     - 나. 아웃트리거(전도방지용 지지대)를 설치, 아웃트리거가 붙어있는 사다리 설치
     - 다. 이동식 사다리를 다른 근로자가 지지하여 넘어지지 않도록 할 것
   - ③ 제조사가 정하여 표시한 최대사용하중을 초과하지 않는 범위 내에서만 사용
   - ④ 이동식 사다리를 설치한 바닥면에서 높이 3.5미터 이하의 장소에서만 작업
   - ⑤ 이동식 사다리의 최상부 발판 및 그 하단 디딤대에 올라서서 작업하지 않을 것
   - ⑥ 안전모를 착용하되, 높이 2미터 이상인 경우에는 안전모와 안전대를 함께 착용
   - ⑦ 사용 전 변형 및 이상 유무 등을 점검하여 이상이 발견되면 즉시 수리하거나 그 밖에 필요한 조치를 할 것

제43조(개구부 등의 방호 조치)

1. 개요
   작업발판 및 통로의 끝, 개구부로 추락 위험 있는 장소에 "난간등" 방호조치

2. 개구부 등의 방호조치
   - ① 안전난간
   - ② 울타리
   - ③ 수직형 추락방망
   - ④ 덮개 (안전표지판 부착)
   - ⑤ 추락방호망

제43조(개구부 등의 방호 조치) 〔기출 13회-7-1〕

1. 개구부 등의 방호조치 시 준수사항
   - ① 방호 조치를 충분한 강도를 가진 구조로 튼튼하게 설치
   - ② 덮개를 설치하는 경우에는 뒤집히거나 떨어지지 않도록 설치
   - ③ 수직형 추락방망은 한국산업표준에서 정하는 성능기준에 적합한 것을 사용

제44조(안전대의 부착설비 등)

1. 개요

　① 2미터 이상의 장소에서 작업 시 안전대의 부착설비 설비 등을 설치하며, 처지거나 풀리는 것을 방지조치 해야 함.
　② 작업 시작전 이상유무 점검해야 함.

제45조(지붕 위에서의 위험 방지)

1. 지붕 위에서의 위험 방지 조치

　① 지붕의 가장자리 안전난간 설치
　② 채광창 견고한 구조의 덮개를 설치
　③ 강도가 약한 재료(슬레이트) 지붕에는 폭 30cm 이상 발판설치

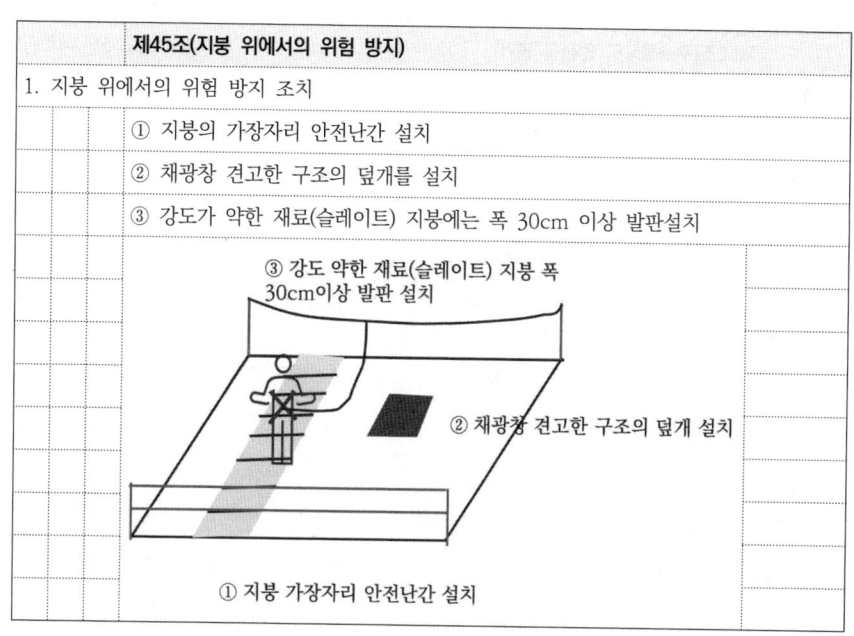

제50조(토사등에 의한 위험 방지)   기출 11회-6-1)

1. 지반 붕괴·토석 낙하에 의한 위험 방지 조치

　① 지반 안전한 경사
　② 토석 제거 및 옹벽, 흙막이 지보공 설치
　③ 빗물, 지하수 배제
　④ 갱내 붕괴위험 경우 지보공을 설치, 부석 제거

▲ 붕괴 방지

▲ 지반의 종류별 굴착면의 기울기

제51조(구축물등의 안전 유지)   기출 11회-6-2)

1. 개요

　사업주는 구축물등이 고정하중, 적재하중, 시공·해체 작업 중 발생하는 하중, 적설, 풍압(風壓), 지진이나 진동 및 충격 등에 의하여 전도·폭발하거나 무너지는 등의 위험을 예방하기 위하여 설계도면, 시방서, 「건축물의 구조기준 등에 관한 규칙」 제2조제15호에 따른 구조설계서, 해체계획서 등 설계도서를 준수하여 필요한 조치를 해야 한다

제52조(구축물등의 안전성 평가) 기출 11회-6-3 / 14회-5

1. 개요
사업주는 구축물등이 다음 각 호의 어느 하나에 해당하는 경우에는 구축물등에 대한 구조검토, 안전진단 등의 안전성 평가를 하여 근로자에게 미칠 위험성을 미리 제거해야 한다.

2. 구축물등의 안전성 평가 대상
① 구축물등의 인근 굴착·항타작업으로 침하·균열 등 붕괴 위험이 예상될 경우
② 구축물등에 지진, 동해, 부동침하 등으로 균열·비틀림 등이 발생했을 경우
③ 구축물등의 무게·적설·풍압, 그 밖에 부가하중 등으로 붕괴위험 있을 경우
④ 화재 등으로 구축물등의 내력이 심하게 저하됐을 경우
⑤ 오랜 기간 사용하지 않던 구축물등을 재사용 시 안전성을 검토해야 하는 경우
⑥ 구축물등의 주요구조부에 대한 설계 및 시공 방법의 전부, 일부 변경하는 경우
⑦ 그 밖의 잠재위험이 예상될 경우

제53조(계측장치의 설치 등)

1. 개요
사업주는 다음 각 호의 어느 하나에 해당하는 경우에는 그에 필요한 계측장치를 설치하여 계측결과를 확인하고 그 결과를 통하여 안전성을 검토하는 등 위험을 방지하기 위한 조치를 해야 한다.

2. 계측장치 설치 대상
① 건설공사에 대한 유해위험방지계획서 심사 시 계측시공을 지시받은 경우
② 건설공사에서 토사나 구축물등의 붕괴로 근로자가 위험해질 우려가 있는 경우
③ 설계도서에서 계측장치를 설치하도록 하고 있는 경우

제55조(작업발판의 최대적재하중)

1. 개요
사업주는 비계의 구조 및 재료에 따라 작업발판의 최대적재하중을 정하고, 이를 초과하여 실어서는 안 된다.

제56조(작업발판의 구조)

1. 개요
사업주는 비계(달비계, 달대비계 및 말비계는 제외한다)의 높이가 2미터 이상인 작업장소에 다음 각 호의 기준에 맞는 작업발판을 설치하여야 한다

2. 작업발판 설치기준
① 발판재료는 작업할 때의 하중을 견딜 수 있도록 견고한 것으로 할 것
② 작업발판의 폭은 40cm 이상으로 하고, 발판재료 간의 틈은 3cm 이하로 할 것
③ 선박 및 보트 건조작업의 경우 30cm이상, 걸침비계 경우 틈 5cm 이하 이경우 틈 사이로 물체 등이 떨어질 우려 있는 곳에 출입금지 등의 조치를 해야 한다.
④ 추락의 위험이 있는 장소에는 안전난간을 설치할 것
⑤ 작업발판의 지지물은 하중에 의하여 파괴될 우려가 없는 것을 사용
⑥ 작업발판재료는 뒤집힘, 떨어지지 않도록 둘 이상의 지지물에 연결, 고정시킬 것
⑦ 작업발판을 작업에 따라 이동시킬 경우에는 위험 방지에 필요한 조치를 할 것

제56조(작업발판의 구조)

1. 작업발판 설치기준

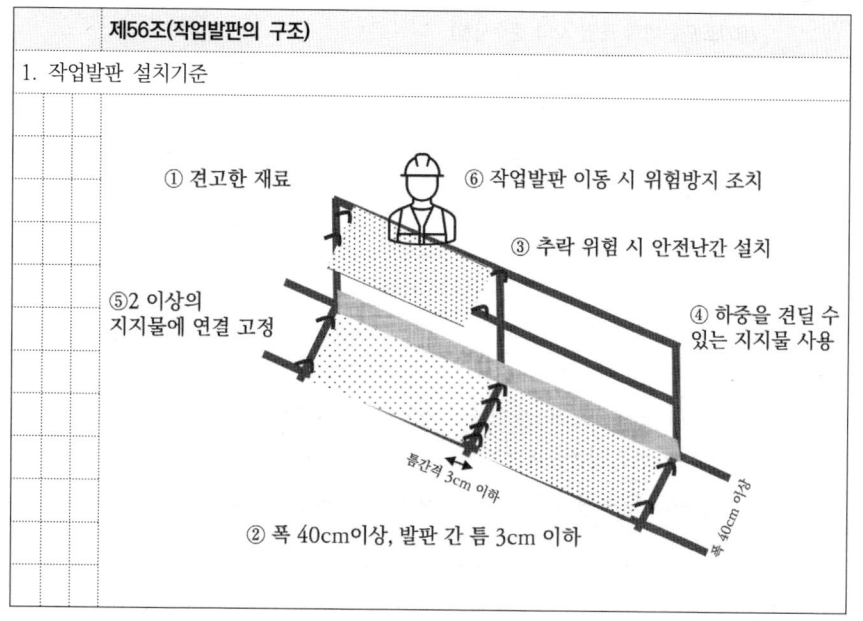

- ① 견고한 재료
- ② 폭 40cm이상, 발판 간 틈 3cm 이하
- ③ 추락 위험 시 안전난간 설치
- ④ 하중을 견딜 수 있는 지지물 사용
- ⑤ 2 이상의 지지물에 연결 고정
- ⑥ 작업발판 이동 시 위험방지 조치

제57조(비계 등의 조립·해체 및 변경)

1. 달비계 또는 높이 5m이상 비계 조립.해체.변경 작업 시 준수사항
    - ① 근로자가 관리감독자의 지휘에 따라 작업
    - ② 조립·해체, 변경의 시기 및 범위, 절차 주지
    - ③ 작업구역 근로자 외 출입금지 조치
    - ④ 악천후 시 작업중지
    - ⑤ 비계 재료 연결, 해체 경우 폭 20cm이상의 작업발판 설치
    - ⑥ 재료·기구, 공구 등 인양 시 달줄, 달포대 사용

제57조(비계 등의 조립·해체 및 변경)

1. 달비계, 5m이상 비계 조립.해체.변경 작업 시 준수사항

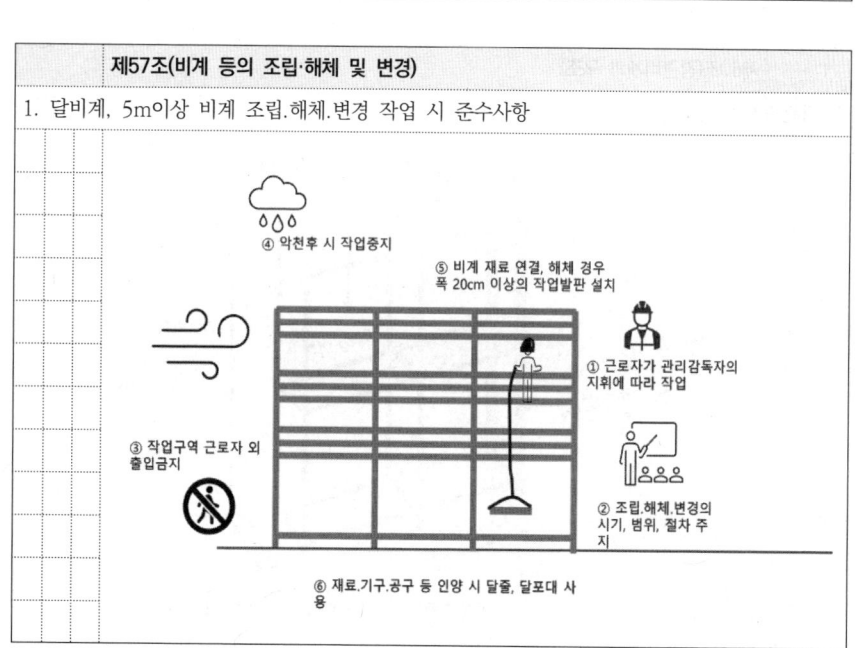

제58조(비계의 점검 및 보수)

1. 개요

   악천후 또는 조립. 해체. 변경 후 비계의 이상 유무 점검 후 즉시 보수해야 함.

2. 비계의 점검사항
    - ① 발판 재료의 손상 여부 및 부착 또는 걸림 상태
    - ② 해당 비계의 연결부 또는 접속부의 풀림 상태
    - ③ 연결 재료 및 연결 철물의 손상 또는 부식 상태
    - ④ 손잡이의 탈락 여부
    - ⑤ 기둥의 침하, 변형, 변위 또는 흔들림 상태
    - ⑥ 로프의 부착 상태 및 매단 장치의 흔들림 상태

제58조(비계의 점검 및 보수)

1. 비계의 점검사항

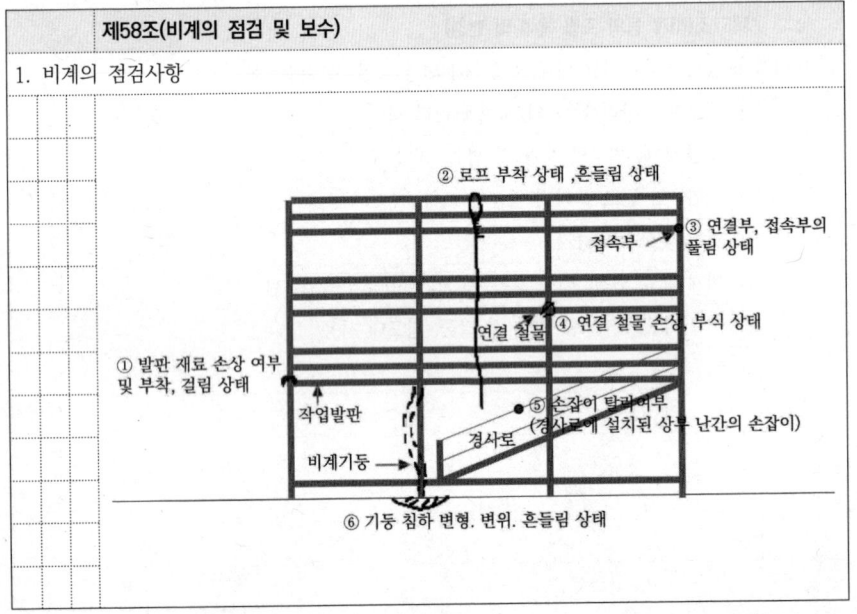

① 발판 재료 손상 여부 및 부착, 걸림 상태
② 로프 부착 상태, 흔들림 상태
③ 연결부, 접속부의 풀림 상태
④ 연결 철물 손상, 부식 상태
⑤ 손잡이 탈락여부 (경사로에 설치된 상부 난간의 손잡이)
⑥ 기둥 침하 변형, 변위, 흔들림 상태

제59조(강관비계 조립 시의 준수사항)

1. 강관비계 조립 시 준수사항

① 기둥 침하방지 조치
 - 밑받침 철물 사용하거나 깔판.깔목 사용하여 밑둥잡이 설치
② 접속부, 교차부는 적합한 부속철물 사용 및 고정 철저
③ 교차가새 보강
④ 벽이음 및 버팀을 설치
 - 수직 5m, 수평 5m
 - 강관, 통나무 등 사용
 - 인장재와 압축재로 구성된 경우 : 인장재와 압축재의 간격 1m 이내
⑤ 가공전로와의 접촉방지 조치
 - 가공전로 근접하여 설치 시 가공전로 이설, 절연용 방호구 장착

제60조(강관비계의 구조) 기출 14회-2

1. 강관비계의 설치기준

① 기둥간격 띠장 방향 1.85미터 이하, 장선방향 1.5미터 이하로 할 것
 다만, 안전성에 대한 구조검토를 실시하고 조립도를 작성하면 띠장 방향 및 장선 방향으로 각각 2.7미터 이하로 할 수 있다.
 가. 선박 및 보트 건조작업
 나. 그 밖에 장비 반입·반출을 위하여 공간 등을 확보할 필요가 있는 등 작업의 성질상 비계기둥 간격에 관한 기준을 준수하기 곤란한 작업
② 띠장 간격은 2.0미터 이하
③ 윗부분으로부터 31m되는 지점 밑부분의 비계기둥 2개의 강관으로 묶어 세울 것
④ 기둥 간 적재하중 400kg이하 초과금지

제60조(강관비계의 구조)

1. 강관비계의 설치기준

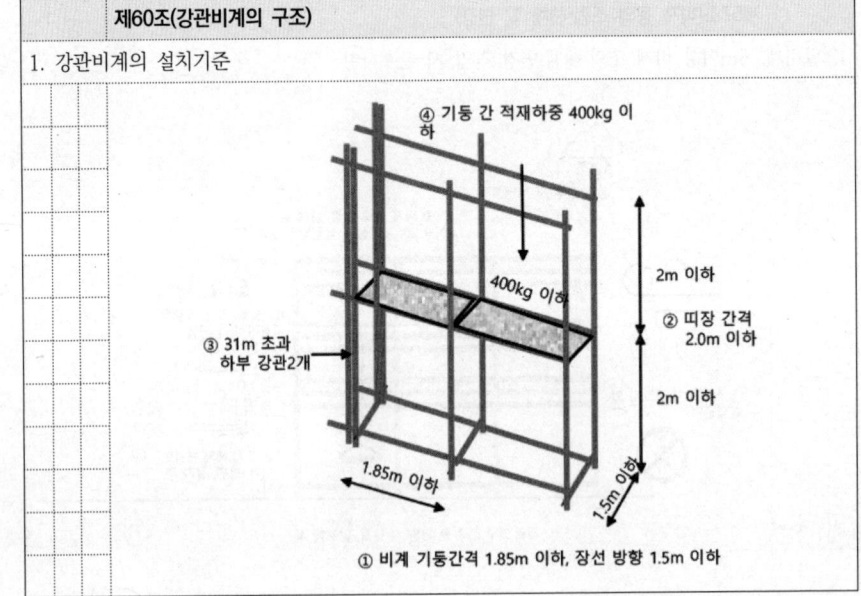

① 비계 기둥간격 1.85m 이하, 장선 방향 1.5m 이하
② 띠장 간격 2.0m 이하
③ 31m 초과 하부 강관2개
④ 기둥 간 적재하중 400kg 이하

제62조(강관틀비계)
1. 개요
강관틀 비계를 조립하여 사용하는 경우 다음 각 호의 사항을 준수하여야 한다.
2. 강관틀 비계 조립시 준수사항
① 밑받침 철물을 사용
- 고저차 : 조절형 밑받침철물을 사용
② 주틀 간의 간격을 1.8m 이하
③ 주틀 간에 교차 가새 설치, 최상층 및 5층 이내마다 수평재를 설치
④ 수직방향 6m, 수평방향 8m 이내마다 벽이음 설치
⑤ 길이 4m 이하 높이 10m를 초과: 10m 이내 마다 띠장 방향으로 버팀기둥 설치

제63조(달비계의 구조)제1항
1. 곤돌라형 달비계 설치 시 준수사항
① 사용금지 기준 준수
② 작업발판 폭 40cm이상/틈새 없도록
③ 발판은 비계 보에 고정하여 뒤집힘 방지
④ 비계가 흔들리거나 뒤집힘 방지 조치
⑤ 근로자 추락방지 조치 – 달비계 구명줄 설치
- 안전대 착용 및 구명줄에 안전대 체결
- 안전난간 설치 가능 시 안전난간 설치

곤돌라형 달비계
1. 곤돌라형 달비계 설치 시 준수사항

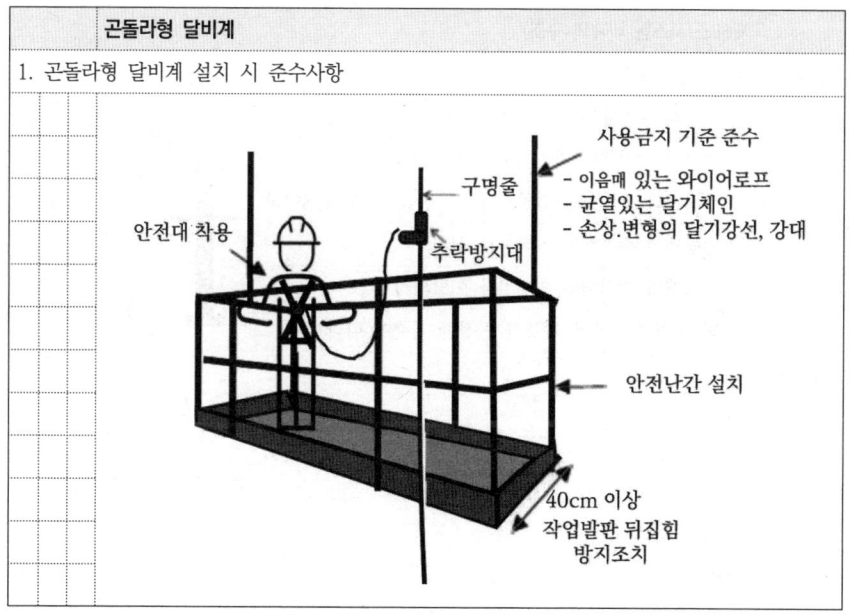

제63조(달비계의 구조)제2항
1. 작업의자형 달비계 설치 시 준수사항
① 견고한 작업대 제작
② 작업대의 4개 모서리 안전한 로프 연결
③ 로프는 2개 이상의 견고한 고정점 결속
④ 로프와 구명줄은 다른 고정점에 결속
⑤ 하중에 견디는 로프, 구명줄, 고정점 사용
⑥ 근로자 조종하여 작업대 하강 할 것
⑦ 고정점에 경고표지 부착
⑧ 로프 모서리에 보호 덮개 조치
⑨ 로프 사용금지 기준 준수
- 꼬임 끊어짐, 손상, 부식된것
- 2개 이상의 연결한 로프 및 작업높이 보다 짧은 것
⑩ 안전대 수직구명줄에 체결

작업의자형 달비계

1. 작업의자형 달비계 설치 시 준수사항

   ③ 로프는 2개 이상 견고한 고정점에 결속
   ⑦ 고정점에 경고표지 부착
   ⑤ 하중에 견디는 로프, 구명줄, 고정점 사용
   ⑧ 로프 모서리에 보호 덮개
   ④ 로프와 구명줄은 다른 고정점에 결속
   구명줄 16mm
   작업줄 22mm
   ⑨ 로프 사용금지 기준 준수
   ⑩ 안전대 수직구명줄에 체결
   ⑥ 근로자 조종하여 작업대 하강할 것
   ① 견고한 작업대 제작
   ② 작업대의 4개 모서리 안전한 로프 연결

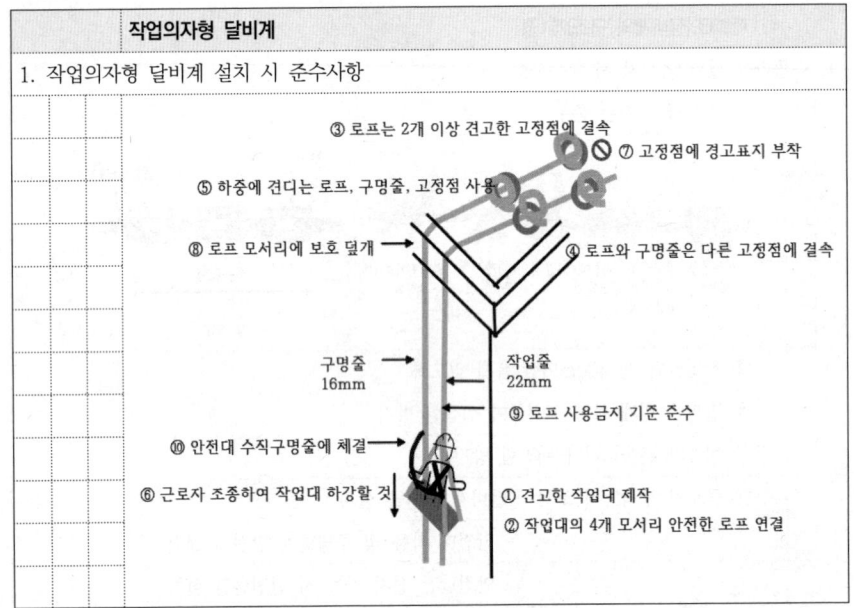

제67조(말비계) 기출 5회-4

1. 말비계 조립. 사용 시 준수사항

   ① 지주부재의 하단에는 미끄럼 방지장치
   ② 양측 끝부분에 올라서서 작업금지
   ③ 지주부재와 수평면의 기울기를 75도 이하
   ④ 지주부재와 지주부재 사이 고정 보조부재 설치
   ⑤ 2m를 초과 시 작업발판폭 40cm 이상

제68조(이동식비계) 기출 15회-2

1. 이동식 비계 조립. 사용 시 준수사항

   ① 불시이동. 전도방지 : 브레이크, 쐐기등 바퀴 고정 후 아웃트리거 설치
   ② 승강용 사다리 설치
   ③ 최상부 안전난간 설치
   ④ 작업발판 위 안전난간 딛고 작업금지 및 사다리 사용금지
   ⑤ 최대적재 250kg 초과금지

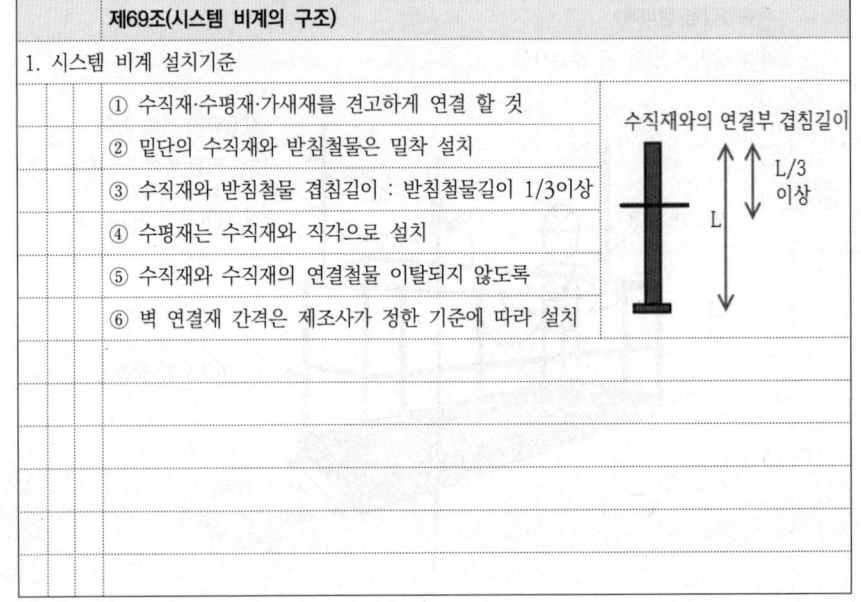

제69조(시스템 비계의 구조)

1. 시스템 비계 설치기준

   ① 수직재·수평재·가새재를 견고하게 연결 할 것
   ② 밑단의 수직재와 받침철물은 밀착 설치
   ③ 수직재와 받침철물 겹침길이 : 받침철물길이 1/3이상
   ④ 수평재는 수직재와 직각으로 설치
   ⑤ 수직재와 수직재의 연결철물 이탈되지 않도록
   ⑥ 벽 연결재 간격은 제조사가 정한 기준에 따라 설치

제70조(시스템비계의 조립 작업 시 준수사항)

1. 시스템 비계 조립 작업 시 준수사항
   - ① 비계 기둥 밑둥에 밑받침 철물 사용
   - 고저차 : 조절형 밑받침 철물 사용
   - ② 경사진 바닥 설치 시 피벗형 받침 철물 또는 쐐기 등을 사용
   - ③ 가공전로 접촉 방지조치
   - 가공전로를 이설, 가공전로에 절연용 방호구 설치
   - ④ 반드시 지정된 통로 이용 주지
   - ⑤ 같은 수직면상의 위와 아래 동시 작업 금지
   - ⑥ 작업발판에는 제조사가 정한 최대적재하중을 초과하여 적재금지
   - 최대적재하중이 표기된 표지판을 부착

시스템 비계

1. 시스템 비계 조립 작업 시 준수사항

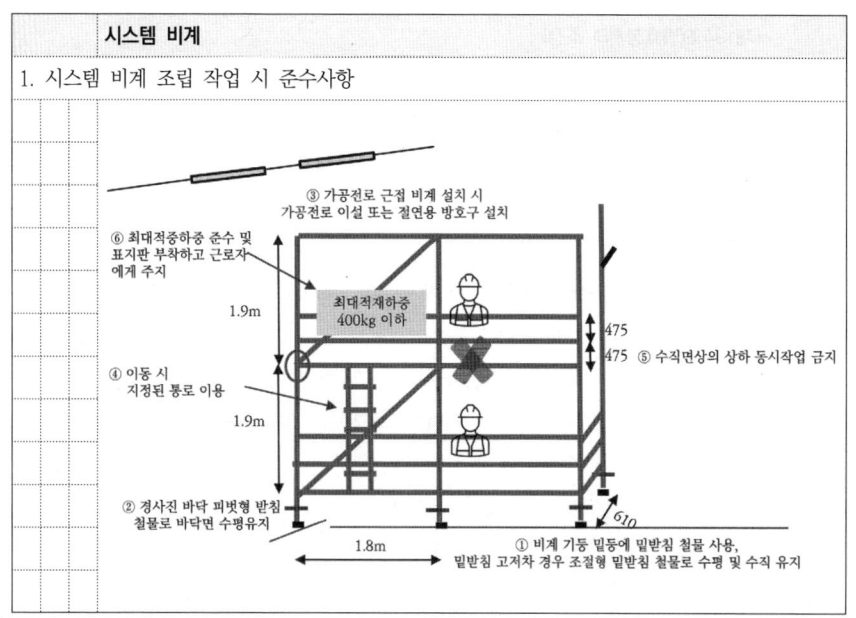

제73조(덕트)   기출 13회-2

1. 개요

   사업주는 분진등을 배출하기 위하여 설치하는 국소배기장치(이동식은 제외한다)의 덕트(duct)가 다음 각 호의 기준에 맞도록 하여야 한다.

2. 국소배기장치의 덕트의 설치기준
   - ① 가능하면 길이는 짧게 하고 굴곡부의 수는 적게 할 것
   - ② 접속부의 안쪽은 돌출된 부분이 없도록 할 것
   - ③ 청소구를 설치하는 등 청소하기 쉬운 구조로 할 것
   - ④ 덕트 내부에 오염물질이 쌓이지 않도록 이송속도를 유지할 것
   - ⑤ 연결 부위 등은 외부 공기가 들어오지 않도록 할 것

제132조(양중기)

1. 개요
   - ① 크레인[호이스트(hoist) 포함]
   - ② 이동식 크레인
   - ③ 리프트(이삿짐운반용 리프트의 경우 적재하중이 0.1톤 이상인 것 한정)
   - ④ 곤돌라
   - ⑤ 승강기

제134조(방호장치의 조정)

1. 개요

   과부하방지장치, 권과방지장치, 비상정지장치 및 제동장치, 그 밖의 방호장치 (승강기의 파이널 리미트 스위치, 속도조절기, 출입문 인터록 등)가 정상적으로 작동될 수 있도록 미리 조정해 두어야 함.

2. 권과방지장치

   ① 크레인, 이동식크레인의 권과방지장치는 훅, 버킷 등이 권상장치의 아랫면과 접촉하지 않도록 0.25미터 이상 조정

   ② 권과방지장치를 설치하지 않은 크레인은 권상용 와이어로프에 위험표시를 하고 경보장치를 설치 하는 등 권상용 와이어로프가 지나치게 감겨서 근로자가 위험해질 상황을 방지하기 위한 조치를 해야 함.

제141조(조립 등의 작업 시 조치사항)

1. 타워크레인 설치. 조립. 해체 시 조치사항

   ① 작업순서를 정하고 그 순서에 따라 작업

   ② 작업구역내 관계근로자 외 출입금지 및 표시

   ③ 기상악화 시 작업 중지

   ④ 충분한 공간 확보, 장애물 제거 조치

   ⑤ 인양 기자재는 균형 유지 후 작업

   ⑥ 충분한 응력의 기초 설치 및 침하방지조치

   ⑦ 규격품 볼트 사용 및 대칭결합, 분해

크레인

1. 크레인 설치. 조립. 해체 시 조치사항

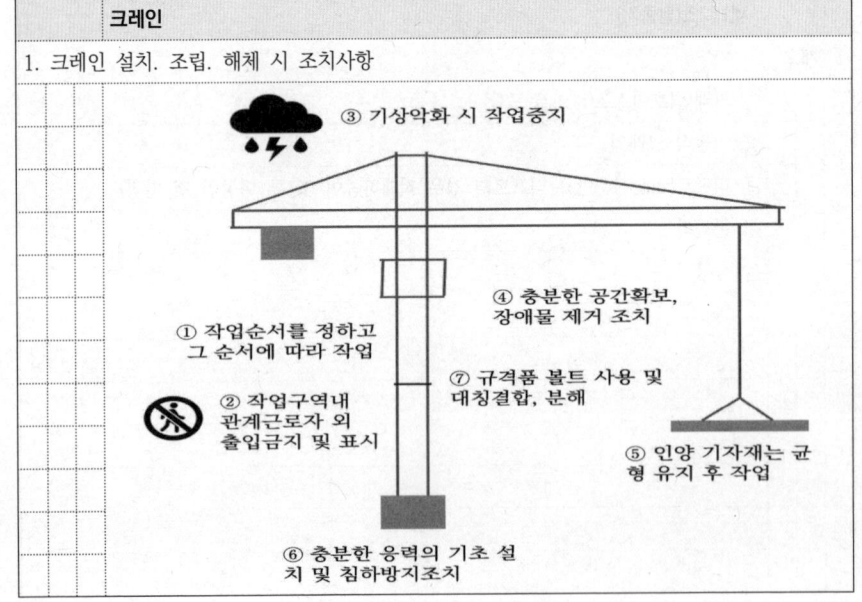

제142조(타워크레인의 지지) 기출 14회-5/ 5회-7

1. 개요

   타워크레인을 자립고 이상의 높이로 설치하는 경우 건축물 등의 벽체에 지지하도록 해야 함. 부득이한 경우 와이어로프에 의하여 지지할 수 있다.

2. 벽체에 지지방식의 준수사항

   ① 서면심사 서류, 제조사 설치작업설명서 준수

   ② 기종별.모델별 공인된 표준방법으로 설치

   ③ 고정은 매립, 관통방법 지지

   ④ 시설물 지지 시 시설물의 구조적 안정성 확인

3. 와이어로프 지지방식의 준수사항

   ① 전용 지지프레임을 사용

   ② 설치각도 60도 이내/지지점은 4개소 이상

   ③ 클립·샤클 고정기구를 사용

   ④ 가공전선에 근접설치 금지

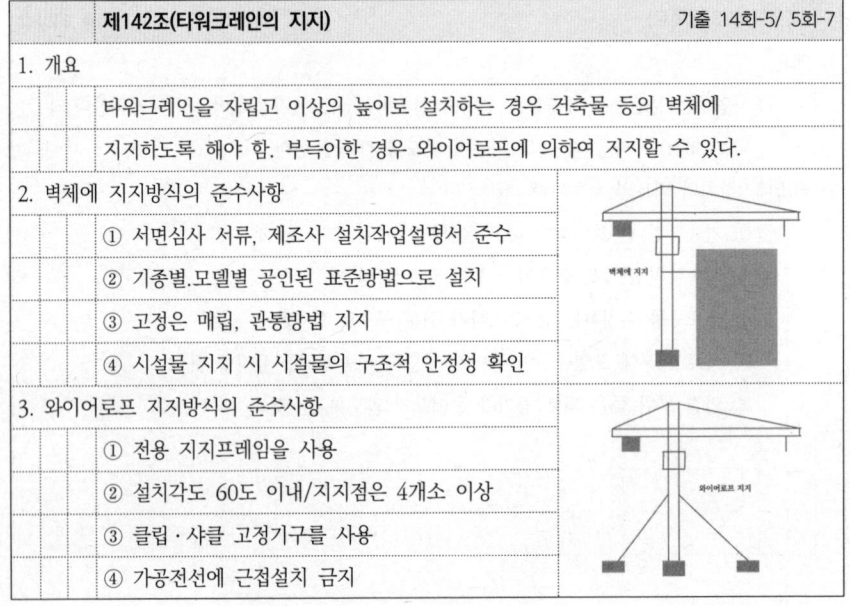

제146조(크레인 작업 시의 조치)

1. 개요
   - 사업주는 크레인을 사용하여 작업 시의 안전조치 사항을 준수하여야 하며,
   - 타워크레인마다 신호업무 담당자를 각각 두어야 함.

2. 크레인 작업 시의 조치사항
   ① 인양 하물을 바닥에서 끌어당김 작업금지
   ② 위험물 용기 보관함에 담아 안전하게 매달아 운반
   ③ 고정된 물체 분리·제거 작업금지
   ④ 출입을 통제/인양 하물 작업자 위로 통과하지 않도록 할 것
   ⑤ 인양할 하물이 보이지 않을 경우 동작금지

3. 조종석이 설치되지 아니한 크레인의 조치사항
   ① 제작 및 안전기준(고용부장관 고시)의 무선원격제어기, 펜던트 스위치 설치·사용
   ② 작동요령 등 안전조작 사항을 근로자에게 주지시킬 것

제146조(크레인 작업 시의 조치)제1항 기출 3회-4

1. 크레인 사용 작업 시 조치사항

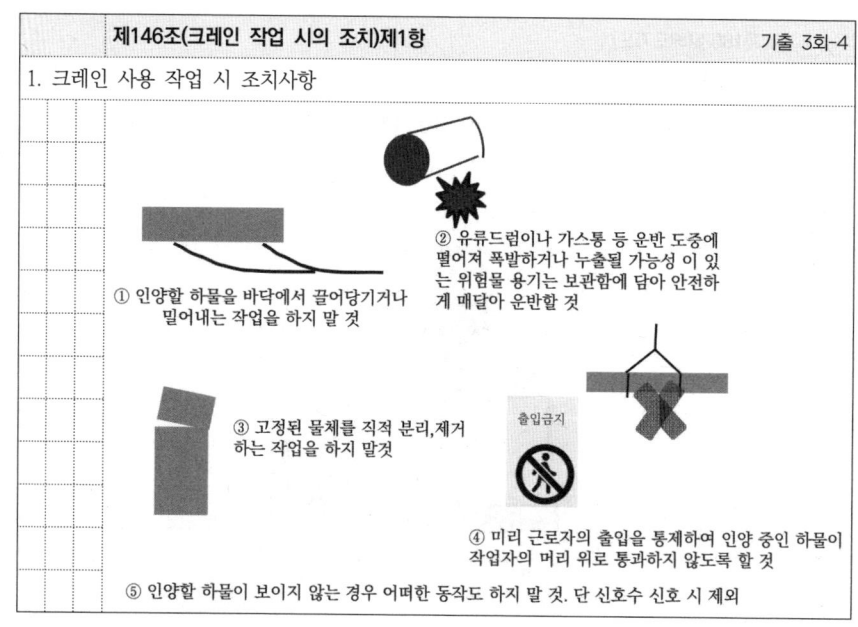

제156조(조립 등의 작업)

1. 리프트의 설치.조립.수리.점검 또는 해체 작업 시 조치사항

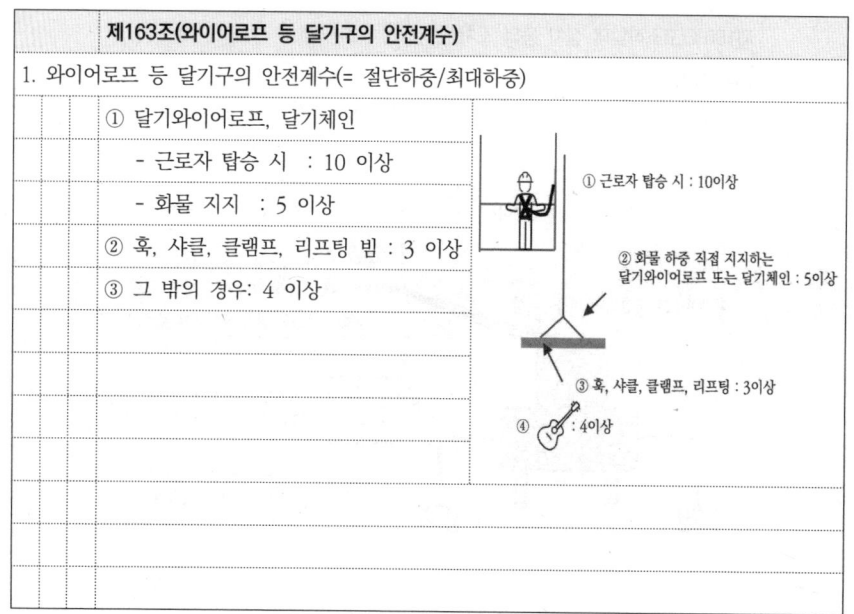

제163조(와이어로프 등 달기구의 안전계수)

1. 와이어로프 등 달기구의 안전계수(= 절단하중/최대하중)

   ① 달기와이어로프, 달기체인
   - 근로자 탑승 시 : 10 이상
   - 화물 지지 : 5 이상
   ② 훅, 샤클, 클램프, 리프팅 빔 : 3 이상
   ③ 그 밖의 경우: 4 이상

제180조(헤드가드)

1. 헤드가드 기준
   ① 강도 최대하중의 2배(4톤을 넘는값은 4톤)의 등분포 정하중에 견딜 수 있을 것
   ② 상부틀의 각 개구의 폭, 길이가 16cm 미만일 것
   ③ 한국산업표준에서 정하는 높이 기준 이상일 것

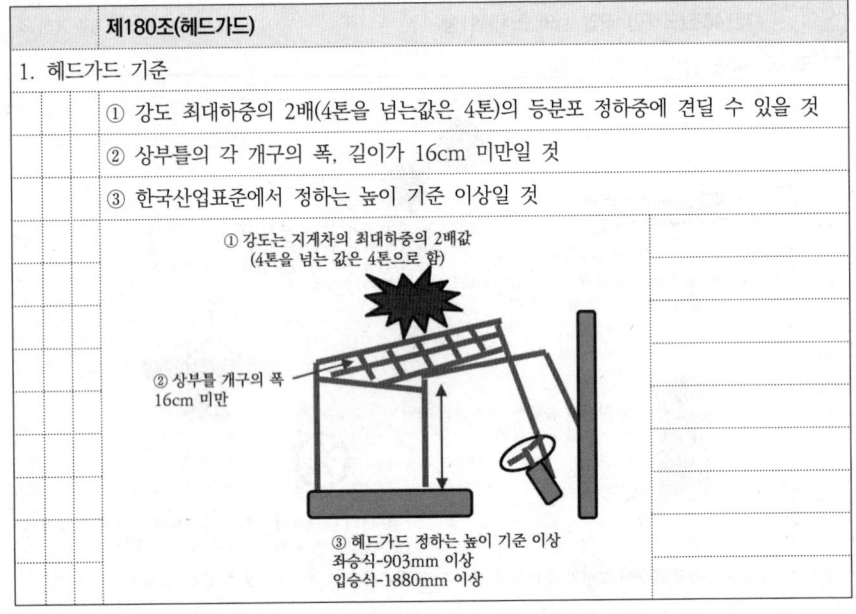

제186조(고소작업대 설치 등의 조치)제1항 기출 9회-6-2)

1. 고소작업대 설치기준
   ① 와이어로프, 체인의 안전율 5 이상
   ② 작업대 일정한 위치 유지장치 갖추고, 압력 이상 저하를 방지할 수 있는 구조
   ③ 권과방지장치 갖추거나, 압력의 이상 상승을 방지할 수 있는 구조
   ④ 붐의 최대 지면경사각을 초과 운전하여 전도되지 않도록 할 것
   ⑤ 작업대 정격하중(안전율 5 이상)을 표시할 것
   ⑥ 작업대에 끼임·충돌 등 재해 예방 위한 가드 또는 과상승방지장치를 설치할 것
   ⑦ 조작반의 스위치는 눈으로 확인할 수 있도록 명칭 및 방향표시를 유지할 것

제186조(고소작업대 설치 등의 조치)

1. 고소작업대 설치기준

제186조(고소작업대 설치 등의 조치)제2항

1. 고소작업대 설치 시 준수사항
   ① 바닥과 고소작업대는 가능하면 수평을 유지하도록 할 것
   ② 갑작스러운 이동을 방지위한 아웃트리거 또는 브레이크 등을 확실히 사용할 것

제186조(고소작업대 설치 등의 조치)제3항   기출 9회-6-3)

1. 고소작업대 이동 시 준수사항

    ① 작업대를 가장 낮게 내릴 것

    ② 작업자를 태우고 이동하지 말 것

    - 다만, 유도하는 사람을 배치하고 짧은 구간을 이동하는 경우에는 작업대를 가장 낮게 내린 상태에서 작업자를 태우고 이동할 수 있다.

    ③ 이동통로의 요철상태 또는 장애물의 유무 등을 확인할 것

제186조(고소작업대 설치 등의 조치)제4항

1. 고소작업대 사용 시 준수사항

    ① 안전모·안전대 등 보호구 착용

    ② 관계자 외 작업구역 출입금지 조치

    ③ 적정수준의 조도를 유지

    ④ 전로에 근접작업 시 작업감시자 배치

    ⑤ 작업대 정기적 점검, 이상 유무를 확인

    ⑥ 전환스위치는 다른 물체 이용하여 고정금지

    ⑦ 작업대는 정격하중을 초과 탑승 금지

    ⑧ 붐대 상승 상태로 탑승자 작업대 이탈금지

고소작업대

1. 고소작업대 사용 시 준수사항

제196조(차량계 건설기계의 정의)

1. 차량계 건설기계의 정의

    차량계 건설기계란 동력원을 사용하여 특정되지 아니한 장소로 스스로 이동할 수 있는 건설기계로서 별표 6에서 정한 기계를 말한다.

2. 차량계 건설기계의 종류 (별표 6)

① 도저형 건설기계	② 모터그레이더
③ 로더	④ 스크레이퍼
⑤ 크레인형 굴착기계	⑥ 굴착기
⑦ 항타기 및 항발기	⑧ 천공용 건설기계
⑨ 지반 압밀침하용 건설기계	⑩ 지반 다짐용 건설기계
⑪ 준설용 건설기계	⑫ 콘크리트 펌프카
⑬ 덤프트럭	⑭ 콘크리트 믹서 트럭
⑮ 도로포장용 건설기계	⑯ 골재 채취 및 살포용 건설기계
⑰ 1호부터 16호 까지와 유사한 구조 기계	

제198조(낙하물 보호구조)

1. 개요
   - 암석이 떨어질 우려 등 위험장소 사용 시 견고한 낙하물 보호 구조를 갖춰야 함.
2. 차량계 건설기계 낙하물 보호구조 설치 대상 (22.10.18 개정- 설치 대상 변경)
   ① 불도저
   ② 트랙터
   ③ 굴착기
   ④ 로더(흙 따위를 퍼올리는 데 쓰는 기계)
   ⑤ 스크레이퍼(흙을 절삭·운반하거나 펴고르는 등의 작업을 하는 토공기계)
   ⑥ 덤프트럭
   ⑦ 모터그레이더(땅 고르는 기계)
   ⑧ 롤러(지반 다짐용 건설기계)
   ⑨ 천공기
   ⑩ 항타기 및 항발기

제207조(조립·해체 시 점검사항)제1항

1. 항타기.항발기 조립. 해체 시 준수사항
   ① 권상기에 쐐기장치, 역회전방지용 브레이크를 부착할 것
   ② 권상기가 들리거나 미끄러지거나 흔들리지 않도록 설치할 것
   ③ 그 밖에 사항은 제조사에서 정한 설치·해체 작업 설명서에 따를 것

제207조(조립·해체 시 점검사항)제2항   기출 12회-4

1. 항타기 및 항발기 조립.해체 작업 시 점검사항
   ① 본체 연결부의 풀림 또는 손상
   ② 권상용 와이어로프·드럼 및 도르래 부착상태
   ③ 권상장치의 브레이크 및 쐐기장치 기능
   ④ 권상기의 설치상태
   ⑤ 리더(leader)의 버팀 방법 및 고정상태
   ⑥ 본체·부속장치, 부속품의 강도가 적합 여부
   ⑦ 본체·부속장치, 부속품에 손상·마모·변형, 부식

제207조(조립·해체 시 점검사항)제2항

1. 조립. 해체 시 점검사항

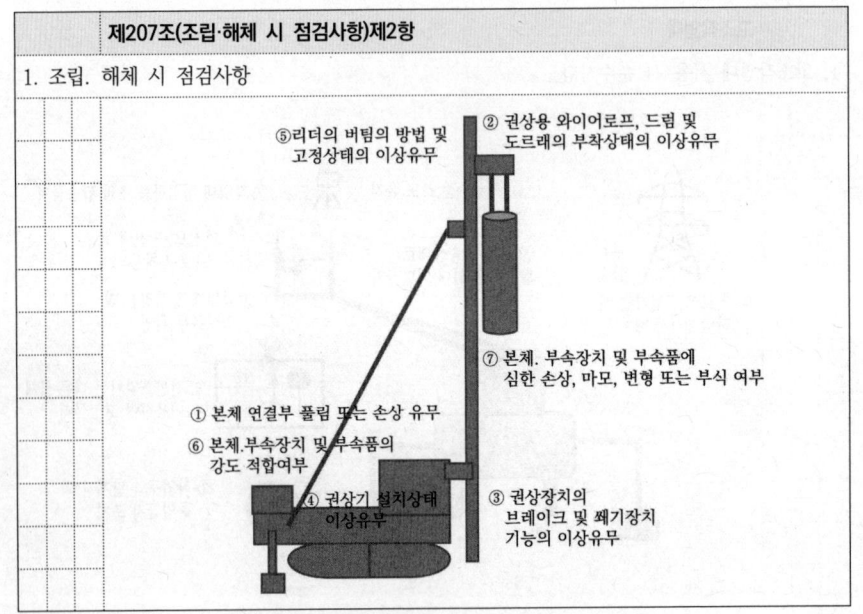

제209조(무너짐의 방지)   기출 4회-4

1. 항타기 및 항발기 무너짐의 방지
   - ① 연약지반 설치 시 아웃트리거 등 침하 방지를 위해 깔판·받침목 사용
   - ② 시설, 가설물 설치 시 내력 확인 및 보강
   - ③ 아웃트리거·받침 등 미끄러짐 방지를 위해 말뚝, 쐐기 사용
   - ④ 불시 이동 방지를 위해 레일 클램프, 쐐기 등으로 고정
   - ⑤ 상단에 버팀대·버팀줄로 고정, 하단은 버팀·말뚝, 철골 등으로 고정

제209조(무너짐의 방지)

1. 무너짐 방지를 위한 준수사항

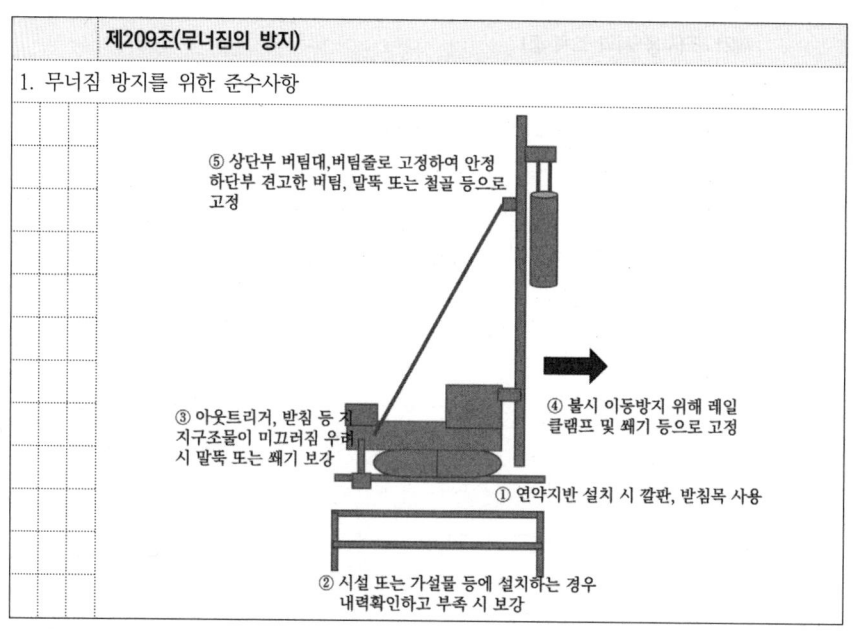

제210조(이음매가 있는 권상용 와이어로프의 사용 금지)

1. 권상용 와이어로프의 사용 금지기준
   - ① 꼬인 것
   - ② 심하게 변형되거나 부식된 것
   - ③ 지름의 7% 초과 감소
   - ④ 소선수가 10% 이상 절단된 것
   - ⑤ 이음매가 있는 것
   - ⑥ 열과 전기충격에 손상된 것

제212조(권상용 와이어로프의 길이 등)

1. 항타기 또는 항발기에 권상용 와이어로프를 사용하는 경우 준수사항

제217조(사용 시의 조치 등)

1. 항타기, 항발기 사용 시 준수사항
   ① 해머 운동으로 인한 호스의 파손 방지위해 해머에 고정
   ② 공기 차단장치를 해머의 운전자가 쉽게 조작할 수 있는 위치에 설치할 것
   ③ 드럼에 권상용 와이어로프가 꼬인 경우 하중을 걸어서는 안됨.
   ④ 하중 건 상태로 정지 시 쐐기장치 사용하여 제동해야 함.

제221조의2(충돌위험 방지조치)   기출 14회-6-1)

1. 개요
   ① 부딪힘 방지를 위해 후사경과 후방영상표시장치 등 설치
   ② 작업 전 후사경과 후방영상표시장치 등의 부착상태와 작동 여부를 확인해야 함.

제221조의3, 제221조의4(좌석안전띠의 착용, 잠금장치의 체결)

1. 개요
   1) 제221조의3(좌석안전띠의 착용)
   사업주는 굴착기를 운전하는 사람이 좌석안전띠를 착용하도록 해야 한다.
   굴착기를 운전하는 사람은 좌석안전띠를 착용해야 한다.
   2) 제221조의4(잠금장치의 체결)
   사업주는 굴착기 퀵커플러에 버킷, 브레이커, 크램셸(clamshell) 등 작업장치를
   장착 또는 교환하는 경우에는 안전핀 등 잠금장치를 체결하고 이를 확인해야 한다.

제221조의5(인양작업 시 조치)제1항   기출 14회-6-2)

1. 굴착기를 이용한 인양작업 허용기준
   ① 퀵커플러 또는 작업장치에 달기구(훅, 걸쇠 등)가 부착되어 인양작업이
      가능하도록 제작된 굴착기
   ② 제조사에서 정한 정격하중이 확인되는 굴착기를 사용할 것
   ③ 해지장치 사용 등 작업 중 인양물 낙하 우려가 없을 것

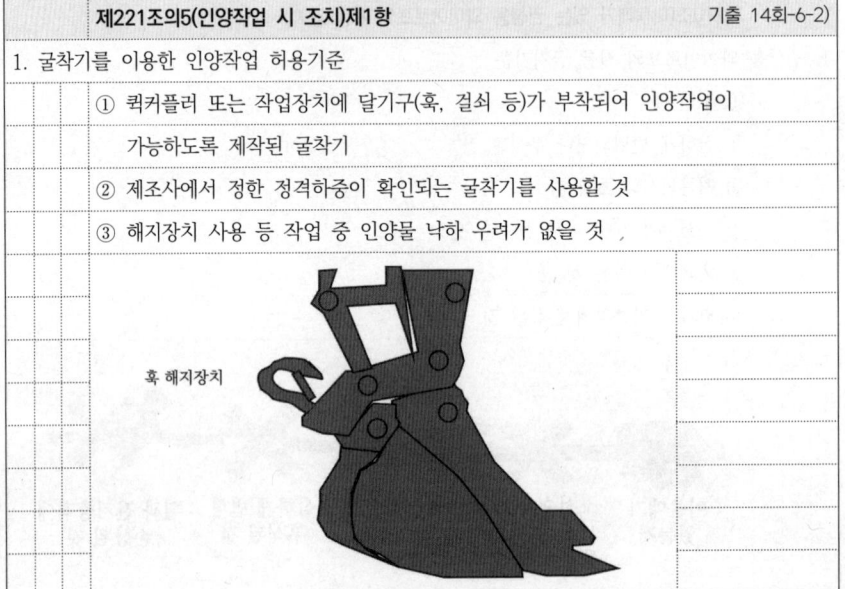

제221조의5(인양작업 시 조치)제2항   기출 14회-6-3

1. 굴착기를 이용한 인양작업 시 조치사항

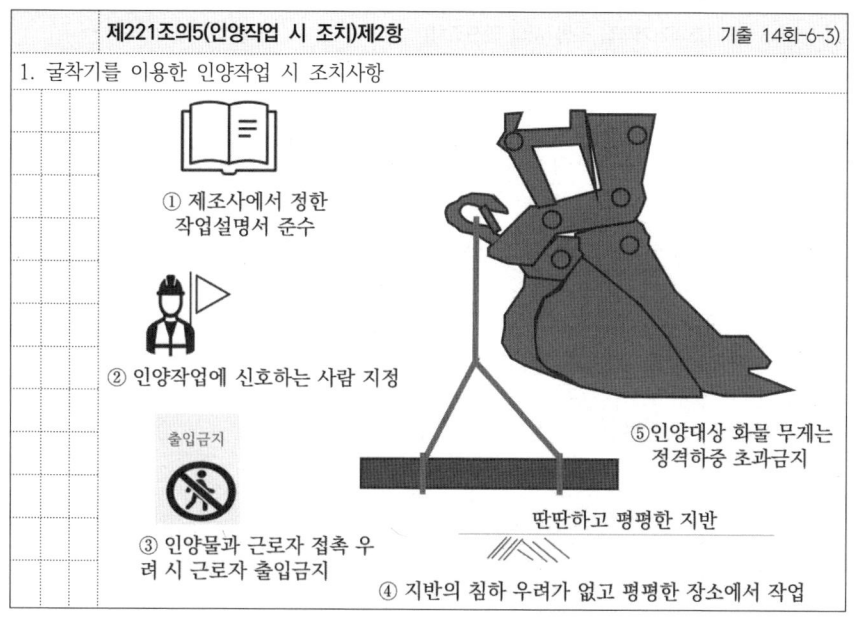

① 제조사에서 정한 작업설명서 준수
② 인양작업에 신호하는 사람 지정
③ 인양물과 근로자 접촉 우려 시 근로자 출입금지
④ 지반의 침하 우려가 없고 평평한 장소에서 작업
⑤ 인양대상 화물 무게는 정격하중 초과금지
(딴딴하고 평평한 지반)

제241조(화재위험작업 시의 준수사항)

1. 가연성물질이 있는 장소에서의 화재위험작업 시 준수사항

① 작업 준비 및 작업 절차 수립
② 작업장 내 위험물의 사용·보관 현황 파악
③ 화기작업에 따른 인근 가연성물질에 대한 방호조치 및 소화기구 비치
④ 용접불티 비산방지덮개, 용접방화포 등 불꽃, 불티 등 비산방지조치
   (용접방화포 : 성능인증을 받은 것 사용)
⑤ 인화성 액체의 증기 및 인화성 가스가 남아 있지 않도록 환기 등의 조치
⑥ 작업근로자에 대한 화재예방 및 피난교육 등 비상조치

제241조의2(화재감시자)   기출 14회-8-3

1. 개요

① 용접·용단 작업 시 화재감시자를 지정하여 배치해야 함.
② 화재감시자에게 업무 수행에 필요한 확성기, 휴대용 조명기구 및 화재 대피용 마스크 등 대피용 방연장비를 지급해야 함.

* 화재 대피용 마스크
① 한국산업표준인증 제품
   - (KS M 6766, 화재용 긴급 대피 마스크)
② 한국소방산업기술원이 정하는 기준 충족하는 것
   - (비상대피용 지급식호흡기구의 KFI 인정 기준)

제241조의2(화재감시자)제1항   기출 14회-8-2

1. 화재감시자 배치대상

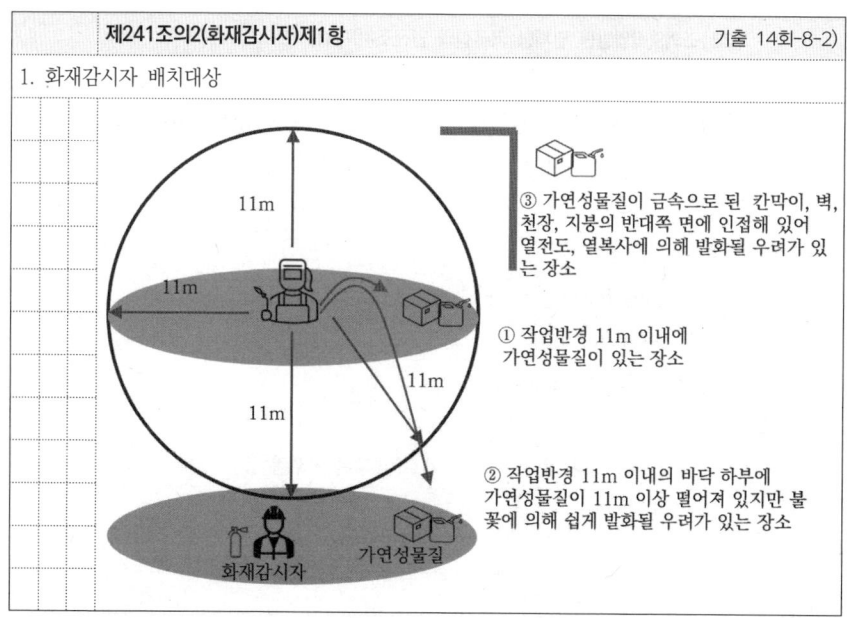

① 작업반경 11m 이내에 가연성물질이 있는 장소
② 작업반경 11m 이내의 바닥 하부에 가연성물질이 11m 이상 떨어져 있지만 불꽃에 의해 쉽게 발화될 우려가 있는 장소
③ 가연성물질이 금속으로 된 칸막이, 벽, 천장, 지붕의 반대쪽 면에 인접해 있어 열전도, 열복사에 의해 발화될 우려가 있는 장소

제241조의2(화재감시자)제2항   기출 14회-8-1)

1. 화재감시자의 업무
   ① 용접.용단 작업장소에 가연성물질이 있는지 여부의 확인
   ② 가스검지 및 경보 장치의 작동 여부의 확인
   ③ 화재 발생 시 사업장 내 근로자의 대피 유도

제331조의2(거푸집 조립 시의 안전조치)

1. 거푸집 조립 시 준수사항
   ① 거푸집을 조립하는 경우에는 거푸집이 콘크리트 하중이나 그 밖의 외력에 견딜 수 있거나, 넘어지지 않도록 견고한 구조의 긴결재, 버팀대 또는 지지대를 설치하는 등 필요한 조치를 할 것
   ② 거푸집이 곡면인 경우에는 버팀대의 부착 등 그 거푸집의 부상방지 조치

제331조의3(작업발판 일체형 거푸집의 안전조치)제1항

1. 개요
   작업발판 일체형 거푸집이란 거푸집의 설치·해체, 철근 조립, 콘크리트 타설, 콘크리트 면처리 작업 등을 위하여 거푸집을 작업발판과 일체로 제작하여 사용하는 거푸집

2. 작업발판 일체형 거푸집
   ① 갱 폼(gang form)
   ② 슬립 폼(slip form)
   ③ 클라이밍 폼(climbing form)
   ④ 터널 라이닝 폼(tunnel lining form)
   ⑤ 그 밖에 거푸집과 작업발판이 일체로 제작된 거푸집 등

제331조의3(작업발판 일체형 거푸집의 안전조치)제2항

1. 갱 폼의 조립등의 작업 시 준수사항
   ① 근로자에게 작업절차 주지시킬 것
   ① 구조물 내부에서 갱폼 작업발판으로 출입할 수 있는 이동통로 설치
   ② 갱 폼의 지지,고정철물 이상유무 수시점검 및 교체
   ③ 조립,해체시 갱폼 인양장비에 매단 후 작업
   ④ 근로자 탑승 채 갱폼의 인양작업 금지

제331조의3(작업발판 일체형 거푸집의 안전조치)제3항

1. 갱 폼외 조립등의 작업 시 준수사항
   ① 거푸집 연결 및 지지재의 변형 여부 등 확인
   ② 조립 등 작업장소 출입금지 조치
   ③ 콘크리트 양생기간 준수 및 거푸집 이탈, 낙하 방지를 위해 견고하게 지지
   ④ 인양 장비에 매단 후 작업하는 등 낙하.붕괴.전도 위험방지 조치

제332조(동바리 조립 시의 안전조치)

1. 동바리 조립 시 준수사항
   ① 침하방지조치 - 받침목,깔판의 사용, 버림 콘크리트 타설 등
   ② 동바리 상하 고정 및 미끄럼 방지조치
   ③ 상부·하부의 동바리 수직선상에 위치하도록 하여 깔판·받침목에 고정시킬 것
   ④ 개부구 상부에 동바리 설치 시 견고한 받침대 설치
   ⑤ U헤드가 없는 동바리의 상단에 U헤드 설치하고 멍에 전도 및 이탈방지 조치
   ⑥ 동바리의 이음은 같은 품질의 재료를 사용할 것
   ⑦ 강재의 접속부 및 교차부는 볼트·클램프 등 전용철물을 사용
   ⑧ 깔판, 받침목은 2단 이상 설치 금지(거푸집의 형상에 따른 부득이한 경우 제외)
   ⑨ 깔판, 받침목을 이어서 사용하는 경우에는 그 깔판·받침목을 단단히 연결할 것

제332조의2(동바리 유형에 따른 동바리 조립 시의 안전조치)

1. 동바리의 유형
   ① 파이프서포트
   ② 강관틀
   ③ 조립강주
   ④ 시스템동바리
   ⑤ 보형식의 동바리

제332조의2(동바리 유형에 따른 동바리 조립 시의 안전조치)제1호

1. 동바리로 사용하는 파이프 서포트 조립 시 준수사항
   ① 3개이상 이어서 사용금지
   ② 이어서 사용 시 4개 이상의 전용철물
   ③ 3.5m초과 시 2m 이내마다
   수평연결재 2개 방향 설치 및
   변위방지 조치

제332조의2(동바리 유형에 따른 동바리 조립 시의 안전조치)제2호

1. 동바리로 사용하는 강관틀 조립 시 준수사항
   ① 강관틀과 강관틀 사이에 교차가새를 설치할 것
   ② 최상단 및 5단 이내마다 동바리의 측면과 틀면의 방향 및 교차가새의 방향에서 5개 이내마다 수평연결재를 설치하고 수평연결재의 변위를 방지할 것
   ③ 최상단 및 5단 이내마다 동바리의 틀면의 방향에서 양단 및 5개틀 이내마다 교차가새의 방향으로 띠장틀을 설치할 것

제332조의2(동바리 유형에 따른 동바리 조립 시의 안전조치)제3호

1. 동바리로 사용하는 조립강주의 조립 시 준수사항
   - 조립강주의 높이가 4미터를 초과하는 경우에는 높이 4미터 이내마다 수평연결재를 2개 방향으로 설치하고 수평연결재의 변위를 방지할 것

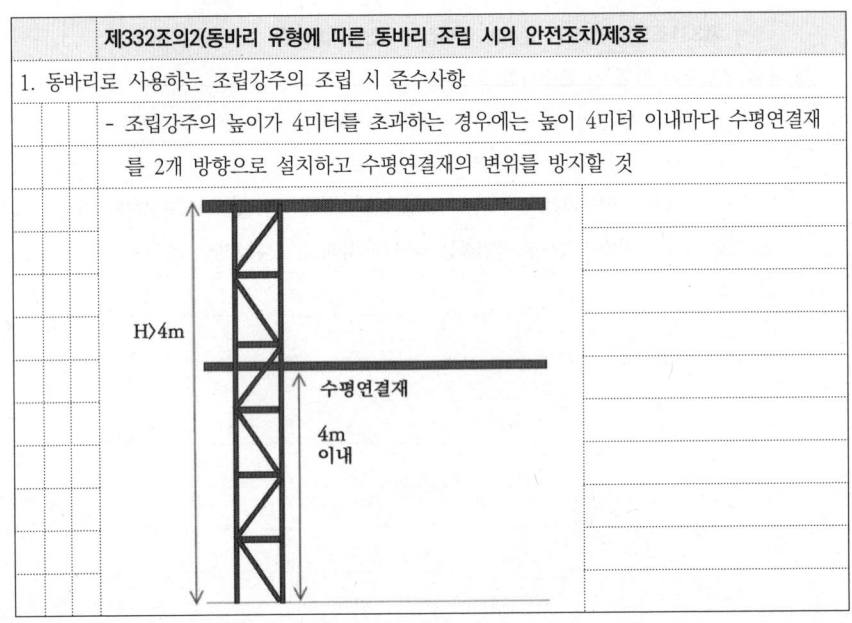

제332조의2(동바리 유형에 따른 동바리 조립 시의 안전조치)제4호

1. 시스템동바리의 조립 시 준수사항
   ① 수평재는 수직재와 직각으로 설치해야 하며, 흔들리지 않도록 견고하게 설치
   ② 연결철물을 사용하여 수직재를 견고하게 연결하고, 연결부위가 탈락 또는 꺾어지지 않도록 할 것
   ③ 수직 및 수평하중에 대해 동바리의 구조적 안정성이 확보되도록 조립도에 따라 수직재 및 수평재에는 가새재를 견고하게 설치할 것
   ④ 동바리 최상단과 최하단의 수직재와 받침철물은 서로 밀착되도록 설치하고 수직재와 받침철물 겹침길이는 받침철물 전체길이의 3분의 1이상 되도록 할 것

시스템동바리

1. 시스템동바리의 조립 시 준수사항

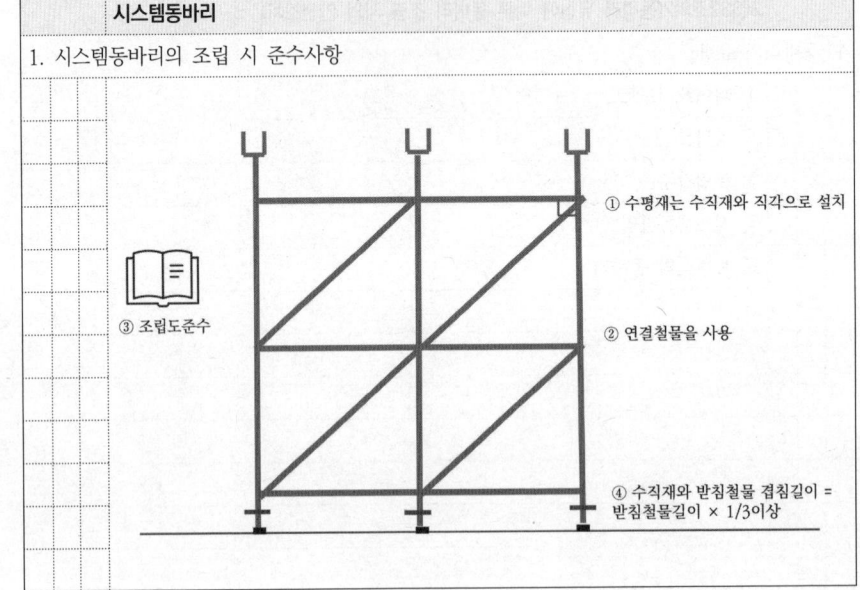

제332조의2(동바리 유형에 따른 동바리 조립 시의 안전조치)제5호
1. 보 형식의 동바리의 경우 조립 시의 안전조치
① 접합부는 충분한 걸침 길이를 확보하고 못, 용접 등으로 양끝을 지지물에 고정시켜 미끄러짐 및 탈락을 방지할 것
② 양끝에 설치된 보 거푸집을 지지하는 동바리 사이에는 수평연결재를 설치하거나 동바리를 추가로 설치하는 등 보 거푸집이 옆으로 넘어지지 않도록 할 것
③ 설계도면, 시방서 등 설계도서를 준수하여 설치할 것

보 형식의 동바리
1. 보 형식의 동바리의 경우 조립 시의 안전조치
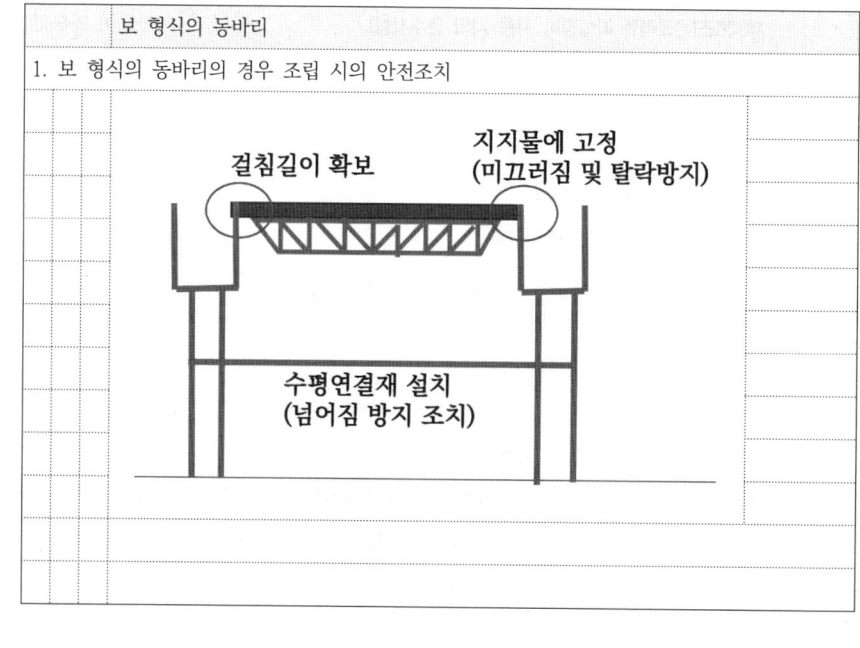

제333조(조립·해체 등 작업 시의 준수사항)
1. 기둥, 보, 벽체, 슬래브 등의 거푸집 및 동바리 조립 또는 해체 작업 시 준수사항
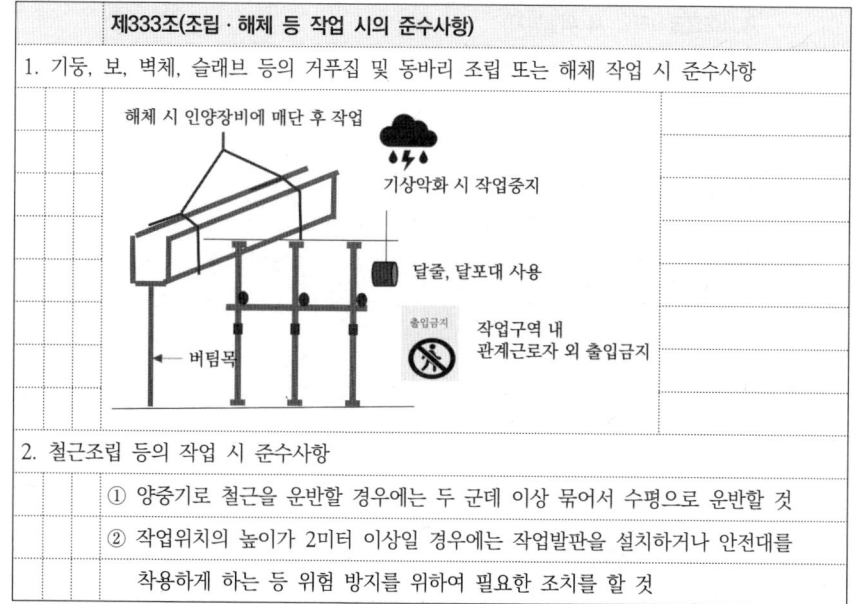
2. 철근조립 등의 작업 시 준수사항
① 양중기로 철근을 운반할 경우에는 두 군데 이상 묶어서 수평으로 운반할 것
② 작업위치의 높이가 2미터 이상일 경우에는 작업발판을 설치하거나 안전대를 착용하게 하는 등 위험 방지를 위하여 필요한 조치를 할 것

제334조(콘크리트의 타설작업) 기출 15회-8-1)
1. 콘크리트 타설작업 시 준수사항
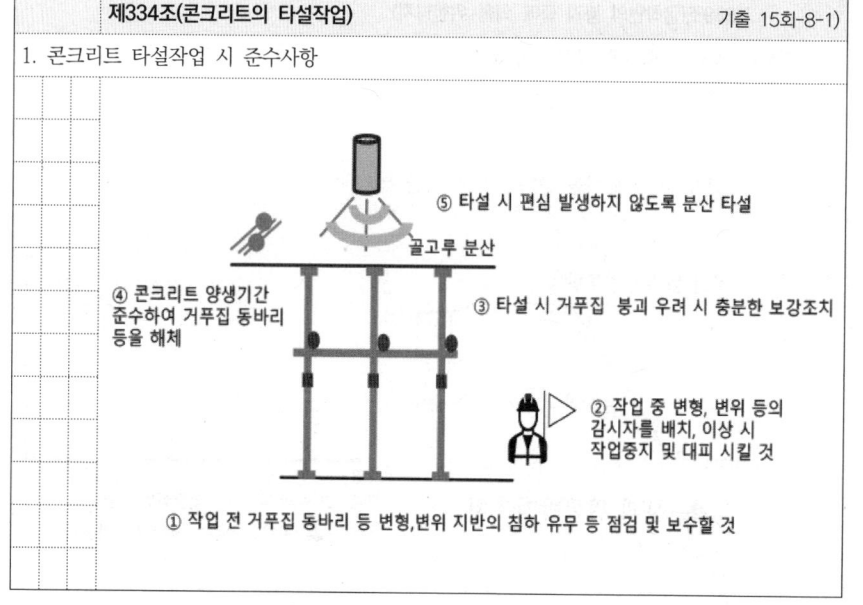

제335조(콘크리트 타설장비 사용 시의 준수사항) 〔기출 15회-8-2〕

1. 개요

   사업주는 콘크리트 타설작업을 하기 위하여 콘크리트 플레이싱 붐(placing boom), 콘크리트 분배기, 콘크리트 펌프카 등(이하 이 조에서 "콘크리트타설장비"라 한다)을 사용하는 경우에는 다음 각 호의 사항을 준수해야 한다

2. 콘크리트 타설장비 사용 시의 준수사항

   ① 작업 시작 전에 콘크리트타설장비를 점검하고 이상을 발견 즉시 보수할 것

   ② 건축물의 난간 등에서 작업하는 근로자가 호스의 요동·선회로 인하여 추락하는 위험을 방지하기 위하여 안전난간 설치 등 필요한 조치를 할 것

   ③ 콘크리트타설장비의 붐을 조정하는 경우에는 주변의 전선 등에 의한 위험을 예방하기 위한 적절한 조치를 할 것

   ④ 작업 중에 지반의 침하나 아웃트리거 등 타설장비 지지구조물의 손상 등으로 넘어질 우려가 있는 경우에는 이를 방지하기 위한 적절한 조치를 할 것

제338조(굴착작업 사전조사 등)

1. 굴착작업 전 점검사항

   ① 작업장소 및 그 주변의 부석·균열의 유무

   ② 함수·용수 및 동결의 유무 또는 상태의 변화

제339조(굴착면의 붕괴 등에 의한 위험방지)

1. 굴착면의 붕괴 등에 의한 위험방지 조치

   ① 굴착면 기울기 기준 준수

   ② 측구 설치

   ③ 굴착경사면에 빗물 등의 침투에 의한 붕괴예방조치

▲ 붕괴 위험방지조치

▲ 지반의 종류별 굴착면의 기울기 (모래 1.8, 그 밖의 흙 1.2, 연암 및 풍화암 1, 경암 0.5)

제340조(굴착작업 시 위험방지)

1. 굴착작업 시 토사붕괴, 낙하위험 방지조치

   ① 흙막이 지보공 설치

   ② 방호망 설치

   ③ 근로자 출입금지

제341조(매설물 등 파손에 의한 위험방지)

1. 개요
   ① 사업주는 매설물·조적벽·콘크리트벽 또는 옹벽 등 건설물에 근접한 장소에서 굴착작업을 할 때에 해당 가설물의 파손 등에 의하여 근로자가 위험해질 우려가 있는 경우에는 해당 건설물을 보강하거나 이설하는 등 해당 위험을 방지하기 위한 조치를 하여야 한다.
   ② 사업주는 굴착작업에 의하여 노출된 매설물 등 파손됨으로써 근로자가 위험해질 우려가 있는 경우에는 해당 매설물 등에 대한 방호조치를 하거나 이설하는 등 필요한 조치를 하여야 한다.
   ③ 사업주는 매설물 등의 방호작업에 대하여 관리감독자에게 해당 작업 지휘하도록 하여야 한다.

제341조(매설물 등 파손에 의한 위험방지)

1. 매설물 등 파손에 의한 위험방지 조치
   ① 매설물 이설, 방호조치
   ② 관리감독자 지휘하에 방호작업 실시

제342조(굴착기계등에 의한 위험방지)

1. 굴착기계등 사용 시 위험방지 조치사항
   ① 가스도관, 지중전선로, 그 외 공작물 파손 시 굴착작업을 중지할 것
   ② 굴착기계등의 운행경로 및 토석적재장소의 출입방법을 정하여 주지시킬 것

제344조(굴착기계등의 유도)

1. 개요
   ① 사업주는 굴착작업을 할 때에 굴착기계등이 근로자의 작업장소로 후진하여 근로자에게 접근하거나 굴러 떨어질 우려가 있는 경우에는 유도자를 배치하여 굴착기계등을 유도하도록 해야 한다.
   ② 굴착기계등의 운전자는 유도자의 유도에 따라야 한다.

제347조(붕괴 등의 위험 방지)

1. 개요
    ① 사업주는 흙막이 지보공을 설치하였을 때에는 정기적으로 점검하고 이상을 발견하면 즉시 보수하여야 한다.
    ② 점검 외에 설계도서에 따른 계측을 하고 계측 분석 결과 토압의 증가 등 이상한 점을 발견한 경우에는 즉시 보강조치를 하여야 한다.

2. 흙막이 지보공 붕괴 등의 위험 방지를 위한 점검사항
    ① 부재의 손상·변형·부식·변위 및 탈락의 유무와 상태
    ② 버팀대의 긴압(緊壓)의 정도
    ③ 부재의 접속부·부착부 및 교차부의 상태
    ④ 침하의 정도

제348조(발파의 작업기준)

1. 발파의 작업기준
    ① 얼어붙은 다이나마이트는 화기에 접근, 고열물 접촉으로 융해되지 않도록 할 것
    ② 화약, 폭약 장전 시 그 부근에서 화기를 사용하거나 흡연을 하지 않도록 할 것
    ③ 장전구는 마찰·충격·정전기 등에 의한 폭발 위험이 없는 안전한 것을 사용
    ④ 발파공 충진재료는 점토·모래 발화성, 인화성의 위험이 없는 재료 사용할 것
    ⑤ 점화 후 장전된 화약류가 폭발하지 아니한 경우 또는 장전된 화약류의 폭발 여부를 확인하기 곤란한 경우에는 다음 각 목의 사항을 따를 것
    가. 전기뇌관에 의한 경우 발파모선을 점화기에서 떼어 재점화되지 않도록 조치 그 때부터 5분 이상 경과한 후가 아니면 화약류의 장전장소 접근금지
    나. 전기뇌관 외의 것에 의한 경우에는 점화한 때부터 15분 이상 경과한 후가 아니면 화약류의 장전장소에 접근시키지 않도록 할 것
    ⑥ 전기뇌관에 의한 발파의 경우 점화하기 전에 화약류를 장전한 장소로부터 30m 이상 떨어진 안전한 장소에서 전선에 대한 저항측정 및 도통시험을 할 것

제369조(작업 시 준수사항)   기출 14회-9-3)

1. 교량의 설치·해체 또는 변경작업 시 준수사항
    ① 작업을 하는 구역에는 관계 근로자가 아닌 사람의 출입을 금지할 것
    ② 재료, 기구 또는 공구 등을 올리거나 내릴 경우에는 달줄, 달포대 등을 사용
    ③ 크레인으로 인양 시 부재에 인양용 고리 설치, 인양용 로프 2곳 이상 결속 중량물이 거치되기 전까지는 걸이로프를 해제시키지 아니할 것
    ④ 자재나 부재의 낙하·전도 또는 붕괴 등에 의하여 근로자에게 위험을 미칠 우려가 있을 경우에는 출입금지구역의 설정, 자재 또는 가설시설의 좌굴 또는 변형 방지를 위한 보강재 부착 등의 조치를 할 것

제379조(가설도로)

1. 공사용 가설도로를 설치 시 준수사항
    ① 도로는 장비와 차량이 안전하게 운행할 수 있도록 견고하게 설치할 것
    ② 도로와 작업장이 접하여 있을 경우에는 울타리 등을 설치할 것
    ③ 도로는 배수를 위하여 경사지게 설치하거나 배수시설을 설치할 것
    ④ 차량의 속도제한 표지를 부착할 것

제383조(작업의 제한)

1. 철골작업 시의 작업중지 기준
   ① 풍속이 초당 10미터 이상인 경우
   ② 강우량이 시간당 1밀리미터 이상인 경우
   ③ 강설량이 시간당 1센티미터 이상인 경우

제495조(석면해체·제거작업 시의 조치)제1호

1. 분무된 석면, 석면이 함유된 보온재, 내화피복재의 해체·제거작업
   ① 창문·벽·바닥 등은 비닐 등 불침투성 차단재로 밀폐하고 해당 장소를 음압으로 유지하고 그 결과를 기록·보존할 것
   ② 석면분진이 흩날리지 않도록 고성능 필터가 장착된 석면분진 포집장치를 가동하는 등 필요한 조치를 할 것(작업장이 실외인 경우에만 해당한다)
   ③ 물이나 습윤제를 사용하여 습식으로 작업할 것
   ④ 평상복 탈의실, 샤워실 및 작업복 탈의실 등의 위생설비를 작업장과 연결하여 설치할 것(작업장이 실내인 경우에만 해당한다)

제495조(석면해체·제거작업 시의 조치)제2호

1. 석면이 함유된 벽체, 바닥타일 및 천장재의 해체·제거작업
   ① 창문·벽·바닥 등은 비닐 등 불침투성 차단재로 밀폐할 것
   ② 물이나 습윤제를 사용하여 습식으로 작업할 것
   ③ 작업장소를 음압으로 유지하고 그 결과를 기록·보존할 것

제495조(석면해체·제거작업 시의 조치)제3호

1. 석면이 함유된 지붕재의 해체·제거작업
   ① 해체된 지붕재는 직접 땅으로 떨어뜨리거나 던지지 말 것
   ② 물이나 습윤제를 사용하여 습식으로 작업할 것
   ③ 난방이나 환기를 위한 통풍구가 지붕 근처에 있는 경우에는 이를 밀폐하고 환기설비의 가동을 중단할 것

제495조(석면해체·제거작업 시의 조치)제4호
1. 석면이 함유된 그 밖의 자재의 해체·제거작업
① 창문·벽·바닥 등은 비닐 등 불침투성 차단재로 밀폐할 것(작업장- 실내)
② 석면분진이 흩날리지 않도록 석면분진 포집장치를 가동하는 등 필요한 조치를 할 것(작업장이 실외인 경우에만 해당한다)
③ 물이나 습윤제를 사용하여 습식으로 작업할 것

제512조(정의) 소음작업 기준
1. 정의
소음작업이란 1일 8시간 작업을 기준으로 85데시벨 이상의 소음이 발생하는 작업
2. 강렬한 소음작업 기준
① 90데시벨 이상의 소음이 1일 8시간 이상 발생하는 작업
② 95데시벨 이상의 소음이 1일 4시간 이상 발생하는 작업
③ 100데시벨 이상의 소음이 1일 2시간 이상 발생하는 작업
④ 105데시벨 이상의 소음이 1일 1시간 이상 발생하는 작업
⑤ 110데시벨 이상의 소음이 1일 30분 이상 발생하는 작업
⑥ 115데시벨 이상의 소음이 1일 15분 이상 발생하는 작업
3. 충격소음작업 기준
① 120데시벨을 초과하는 소음이 1일 1만회 이상 발생하는 작업
② 130데시벨을 초과하는 소음이 1일 1천회 이상 발생하는 작업
③ 140데시벨을 초과하는 소음이 1일 1백회 이상 발생하는 작업

소음작업 기준
1. 소음작업 기준
◆ 소음작업 ─── ◆ 강렬한 소음작업 ─── ◆ 충격소음작업
dB   85   90   95   100   105   110   115   120   130   140
8h   8h   4h   2h   1h   30분   15분   10,000회   1000회   100회

제512조(정의)제4호
1. 진동작업에 해당하는 기계. 기구
① 착암기
② 동력을 이용한 해머
③ 체인톱
④ 엔진 커터(engine cutter)
⑤ 동력을 이용한 연삭기
⑥ 임팩트 렌치(impact wrench)
⑦ 그 밖에 진동으로 인하여 건강장해를 유발할 수 있는 기계·기구

제512조(정의)제5호	
1. 청력보존 프로그램의 포함되어야 할 사항	
	① 소음노출 평가
	② 소음노출에 대한 공학적 대책
	③ 청력보호구의 지급과 착용
	④ 소음의 유해성 및 예방 관련 교육
	⑤ 정기적 청력검사
	⑥ 청력보존 프로그램 수립 및 시행 관련 기록·관리체계
	⑦ 그 밖에 소음성 난청 예방·관리에 필요한 사항

제517조(청력보존 프로그램 시행 등)	
1. 청력보존 프로그램 수립. 시행해야 하는 경우	
	① 근로자가 소음작업, 강렬한 소음작업 또는 충격소음작업에 종사하는 사업장
	② 소음으로 인하여 근로자에게 건강장해가 발생한 사업장

제558조(정의)	
1. 개요	
	① "고열"이란 열에 의하여 근로자에게 열경련·열탈진 또는 열사병 등의 건강 장해를 유발할 수 있는 더운 온도
	② "한랭"이란 냉각원(冷却源)에 의하여 근로자에게 동상 등의 건강장해를 유발할 수 있는 차가운 온도
	③ "다습"이란 습기로 인하여 근로자에게 피부질환 등의 건강장해를 유발할 수 있는 습한 상태
	④ "폭염"이란 근로자에게 열경련·열탈진 또는 열사병 및 그밖의 건강장해를 유발할 수 있는 더운 온도의 기상현상

제559조(고열작업 등)제4항	
1. 폭염작업의 정의	
	폭염으로 인해 체감온도가 31도 이상이 되는 작업장소에서의 장시간 작업
2. 체감온도의 측정	
	① 사업주는 근로자가 작업하는 작업장소의 바닥면으로부터 약 1.2m부터 1.5m 까지의 높이에서 체감온도를 측정
	② 옥외 이동작업 등의 사유로 체감온도의 측정이 곤란한 경우에는 기상청장이 발표하는 체감온도로 정함

제560조(온도·습도 조절 등)

1. 폭염작업을 하는 경우 조치사항
   ① 냉방·통풍 등 온도·습도 조절장치의 설치·가동
   ② 작업시간대의 조정 등 폭염 노출을 줄일 수 있는 조치
   ③ 폭염작업으로 인한 건강장해 예방을 위하여 필요한 적절한 휴식시간의 부여
      (체감온도 33도 이상인 작업장소에서 폭염작업 시 매2시간 이내에 20분 이상의 휴식 부여)

제562조(고열·폭염장해 예방 조치)

1. 고열작업 시 건강장해예방 조치사항
   ① 고열에 순응할 때까지 고열작업시간을 매일 단계적으로 증가시키는 등 필요한 조치를 할 것
   ② 근로자가 온도·습도를 쉽게 알 수 있도록 온도계 등의 기기를 작업장소에 상시 갖추어 둘 것
   ③ 근로자에게 건강장해의 증상 및 예방조치, 응급조치 요령 등에 관한 사항을 고열작업 전에 미리 알릴 것

2. 폭염작업으로 인한 건강장해예방 조치사항
   ① 작업장소에 온·습도계 등 기기를 상시 갖추어 둘 것
   ② 폭염작업에 따른 건강장해의 증상 및 예방조치, 응급조치요령 등에 관한 사항을 폭염작업 전에 미리 알릴 것
   ③ 폭염작업이 이루어진 작업장소에서 측정한 체감온도와 조치사항 기록·보관

제618조(정의)

1. 개요
   ① "밀폐공간"이란 산소결핍, 유해가스로 인한 질식·화재·폭발 등 위험이 있는 장소로서 별표 18에서 정한 장소를 말한다.
   ② "유해가스"란 탄산가스·일산화탄소·황화수소 등 인체 유해영향을 미치는 물질
   ③ "적정공기"란 산소농도 18%이상 23.5% 미만, 탄산가스 농도 1.5%미만, 일산화탄소의 농도가 30ppm 미만, 황화수소의 농도가 10ppm 미만인 공기
   ④ "산소결핍"이란 공기 중의 산소농도가 18% 미만인 상태
   ⑤ "산소결핍증"이란 산소가 결핍된 공기를 들이마심으로써 생기는 증상

제618조(정의)제1호

1. 별표 18
   ① 우물·수직갱·터널·잠함·피트 등 유사한 내부
   ② 장기간 사용하지 않은 우물 등의 내부
   ③ 케이블·가스관 또는 지하 매설물을 수용하기 위한 암거·맨홀, 피트의 내부
   ④ 빗물·하천의 유수 또는 용수가 있거나 있었던 통·암거·맨홀, 피트의 내부
   ⑤ 바닷물이 있었던 열교환기·관·암거·맨홀·둑, 피트의 내부
   ⑥ 장기간 밀폐된 강재(鋼材)의 보일러·탱크·반응탑
   ⑦ 페인트로 도장되어 통풍이 불충분한 시설의 내부
   ⑧ 정화조·침전조·집수조·탱크·암거·맨홀·관, 피트의 내부
   ⑨ 불활성기체가 들어 있거나 있었던 보일러·탱크 또는 반응탑 등 시설의 내부
   ⑩ 갈탄·목탄·연탄난로를 사용하는 콘크리트 양생장소
   ⑪ 화학물질이 들어있던 반응기 및 탱크의 내부
   ⑫ 근로자가 상주하지 않는 공간으로서 출입이 제한되어 있는 장소의 내부 등

제619조(밀폐공간 작업 프로그램의 수립·시행)제1항

1. 밀폐공간 작업프로그램 수립 시 포함사항
   ① 사업장 내 밀폐공간의 위치 파악 및 관리 방안
   ② 밀폐공간 내 질식·중독 등의 유해·위험요인의 파악 및 관리 방안
   ③ 밀폐공간 작업 시 사전 확인이 필요한 사항에 대한 확인 절차
   ④ 안전보건교육 및 훈련
   ⑤ 그 밖에 밀폐공간 작업 근로자의 건강장해 예방에 관한 사항

제619조(밀폐공간 작업 프로그램의 수립·시행)제2항

1. 밀폐공간에서 작업 전 확인사항(작업장 출입구 게시사항)
   ① 작업 일시, 기간, 장소 및 내용 등 작업 정보
   ② 관리감독자, 근로자, 감시인 등 작업자 정보
   ③ 산소 및 유해가스 농도의 측정 결과 및 후속 조치 사항
   ④ 작업 중 불활성가스, 유해가스 누출·유입·발생 가능성 검토 및 후속조치 사항
   ⑤ 작업 시 착용하여야 할 보호구의 종류
   ⑥ 비상연락체계

제619조의2(산소 및 유해가스 농도의 측정)

1. 개요
   ① 작업을 시작(작업을 일시 중단하였다가 다시 시작하는 경우를 포함)하기 전에 밀폐공간의 산소 및 유해가스 농도의 측정 및 평가에 관한 지식과 실무경험이 있는 자를 지정하여 그로 하여금 해당 밀폐공간의 산소 및 유해가스 농도를 측정하여 적정공기가 유지되고 있는지를 평가하도록 해야 한다.
   ② 산소 및 유해가스 농도를 측정 및 평가하는 자에 대하여 작업을 시작하기 전에 다음 각호의 사항의 숙지여부를 확인하고 필요한 교육을 실시해야 한다.
      1. 밀폐공간의 위험성
      2. 측정장비의 이상 유무 확인 및 조작 방법
      3. 밀폐공간 내에서의 산소 및 유해가스 농도 측정방법
      4. 적정공기의 기준과 평가 방법
   ③ 산소 및 유해가스 농도를 측정한 결과 적정공기가 유지되고 있지 아니하다고 평가 시 작업장 환기, 공기호흡기 또는 송기마스크를 지급, 착용 등의 조치

제625조(대피용 기구의 비치)

1. 개요
   사업주는 근로자가 밀폐공간에서 작업을 하는 경우에 공기호흡기 또는 송기마스크, 사다리 및 섬유로프 등 비상시에 근로자를 피난시키거나 구출하기 위하여 필요한 기구를 갖추어 두어야 한다.

제641조(안전한 작업방법 등의 주지)

1. 개요

사업주는 근로자가 밀폐공간에서 작업을 하는 경우에 작업을 시작할 때마다 사전에 다음 각 호의 사항을 작업근로자(제623조에 따른 감시인을 포함한다)에게 알려야 한다.

① 산소 및 유해가스농도 측정에 관한 사항
② 환기설비의 가동 등 안전한 작업방법에 관한 사항
③ 보호구의 착용과 사용방법에 관한 사항
④ 사고 시의 응급조치 요령
⑤ 비상연락처, 구조용 장비의 사용 등 비상시 구출에 관한 사항

MEMO

한권으로 끝내는
산업안전지도사 2차 건설안전공학

제 11 장

표준안전 작업지침

1. 굴착공사 표준안전 작업지침
2. 콘크리트공사 표준안전 작업지침
    2-1. 콘크리트공사 표준안전 작업지침 전부 개정 고시안
3. 철골공사 표준안전 작업지침
4. 해체공사 표준안전 작업지침
5. 터널공사 표준안전 작업지침
6. 발파 표준안전 작업지침

제11장 표준안전 작업지침

1. 굴착공사 표준안전 작업지침

굴착공사 표준안전 작업지침
1. 굴착공사
① 제2장 지질조사
- 제3조 ~ 제4조
② 제3장 굴착작업
- 제5조 ~ 제19조
③ 제4장 구조물 등의 인접작업
- 제20조 ~ 제25조
④ 제5장 보칙
- 제26조 ~ 제35조

제3조(사전조사)   기출 15회-9-1)
1. 사전조사
1) 기본적인 토질에 대한 조사
① 조사대상 : 지형, 지질, 지층, 지하수, 용수, 식생 등
② 조사내용
- 주변에 기 절토된 경사면의 실태조사
- 지표, 토질에 대한 답사 및 조사를 하므로써 토질구성, 토질구조, 지하수 및 용수의 형상 등의 실태 조사
- 사운딩
- 시추
- 물리탐사(탄성파조사)
- 토질시험 등
2) 굴착작업전 가스관, 상하수도관, 지하케이블, 건축물의 기초 등 지하매설물에 대하여 조사하고 굴착시 이에 대한 안전조치를 하여야 한다.

제4조(시공중의 조사)
1. 개요
공사진행중 이미 조사된 결과와 상이한 상태가 발생한 경우 제3조의 조사를 보완(정밀조사) 실시하여야 하며 결과에 따라 작업계획을 재검토하여야 할 경우에는 공법이 결정될 때까지 공사를 중지하여야 한다.

제5조(준비)제1항
1. 공사 전 준비사항
① 작업계획, 작업내용 검토
② 근로자 소요인원 계획
③ 굴착 예정지의 장애물 이설, 제거, 거치보전 계획 수립
④ 지하매설물에 대한 방호조치
⑤ 기기, 공구 및 자재 수량 검토 및 반입방법 계획
⑥ 토사 반출방법을 계획
⑦ 신호체제 확립
⑧ 지하수 유입에 대한 대책 수립

제5조(준비)제2항
1. 일일 준비로서 준수사항
① 불안전한 상태 점검 및 즉시 조치
② 근로자 적절히 배치
③ 사용하는 기기, 공구 등 확인
④ 안전모 및 안전대 착용 등 확인
⑤ 작업방법, 순서 및 안전상의 문제점 교육
⑥ 작업장소에 관계자 이외의 자가 출입금지 조치
⑦ 차량 통로 확보

제6조(작업)
1. 굴착작업 시 준수사항
① 안전담당자 지휘하에 작업
② 지반 종류별 굴착면의 높이, 기울기로 진행
③ 굴착면 및 흙막이지보공의 상태 주의하여 작업
④ 굴착면 및 굴착심도 기준 준수
⑤ 굴착 토사나 자재 등 경사면, 토류벽 천단부 주변 적재금지
⑥ 매설물, 장애물 등에 대책 강구
⑦ 용수 등의 배수시설 설치
⑧ 수중펌프 등 전동기기의 누전차단기를 설치 및 작동 확인
⑨ 산소 결핍의 우려 시 안전보건규칙 밀폐공간 내 작업 시의 조치 규정 준수
⑩ 도시가스 누출, 메탄가스 등의 발생 우려 시 화기 사용금지

제7조(절토)
1. 절토 작업 시 준수사항
① 상부 붕락 위험장소의 작업금지
② 상·하부 동시작업 금지
③ 높은 굴착면은 계단식 굴착, 폭 2m의 소단 설치
④ 2m 이상의 굴착면은 안전대 착용, 붕괴 쉬운 지반은 보강
⑤ 급경사 통로는 사다리 설치, 상·하부 지지물로 고정하여 도괴방지
⑥ 용수 발생 시 즉시 작업 책임자에게 보고
⑦ 우천, 해빙으로 토사 붕괴 우려 시 작업 전 점검, 굴착 천단부 중량물 방치금지
⑧ 경사면 비닐덮기 등 보호 조치
⑨ 발파암반 낙석방지 방호망, 몰타르 주입, 그라우팅, 록볼트 등 방호시설 설치
⑩ 경사면 도수로, 산마루측구 등 배수시설, 안전시설 및 안전표지판 설치
⑪ 벨트콘베이어 사용 시 완만한 경사, 콘베이어 양단면 스크린 설치로 토사 전락방지

제8조(트렌치 굴착)
1. 트렌치 굴착작업 시 준수사항
① 방호울 설치하여 접근금지 및 안전표지판 설치
② 야간에는 충분한 조명시설 설치
③ 흙막이 지보공을 설치, 미설치 시 1.5m 이하로 굴착
④ 2m 이상 굴착 시 1m 이상의 폭 확보
⑤ 흙막이널판만 사용 시 널판길이의 1/3이상 근입장 확보
⑥ 용수는 펌프로 배수
⑦ 굴착면 천단부 굴착토사, 자재 등 적재금지
⑧ 브레이커 파쇄작업 시 진동 방지 장갑 착용
⑨ 작업책임자의 지시에 따라 지하매설물 방호조치 후 굴착
⑩ 뒷채움은 30cm 이내마다 충분한 다짐 등 시방 준수
⑪ 1.5미터 이상 굴착 시 사다리 등 승강설비 설치
⑫ 굴착된 도랑 내에서 휴식 금지

제9조(기초굴착)

1. 기초굴착 작업 시 준수사항
   ① 안전담당자 선임하여, 흙막이벽 구조 및 작업순서 숙지 후 작업
   ② 버팀재의 스트러트, 띠장, 사보강재 설치 후 하부 작업실시
   ③ 기계 굴착과 병행 시 작업분담구역 정하고, 작업반경 내 출입금지 및 신호수 배치
   ④ 버팀재, 사보강재 위로 통행금지
   ⑤ 스트러트 위 중량물 적재금지
   ⑥ 이상 용출수 발생 시 작업 중지
   ⑦ 차수시설 설치, 경사면 추락 및 낙하물 방호조치
   ⑧ 이상토압으로 인한 지보공 변형 발생 즉시 작업책임자에게 보고
   ⑨ 히빙 및 보일링 현상 대비하여 사전조치

제10조(준비)   기출 13회-3

1. 기계 굴착작업 시 준비사항
   ① 공사의 규모, 주변환경, 토질, 공사기간 등 고려한 적절한 기계 선정
   ② 작업 전 기계 정비 및 점검
     - 헤드가드, 브레이크, 타이어, 경보장치, 부속장치의 상태
   ③ 정비상태 불량한 기계 투입금지
   ④ 장비 진입로 및 주행로 확보/ 다짐도, 노폭, 경사도 등 상태 점검
   ⑤ 굴착된 토사의 운반통로, 장비 운행시 근로자의 비상대피처 등 대책 강구
   ⑥ 기계 작업반경 내 근로자 출입금지 방호설비, 감시인 배치
   ⑦ 발파, 붕괴 시 대피장소 확보
   ⑧ 장비 연료 및 정비용 기구 공구 등 보관장소 적절한지 확인
   ⑨ 운전자 자격 확인
   ⑩ 굴착된 토사를 덤프트럭 등 운반할 경우 유도자와 교통정리원 배치

제11조(작업)

1. 기계 굴착작업 시 준수사항
   ① 운전자외 승차 금지/ 운전석 승강장치를 부착
   ② 운전 전 제동장치 등 작동 확인/ 규정된 속도 준수
   ③ 정격용량 초과 가동금지/ 연약지반 작업 시 담당자 배치
   ④ 주행로는 충분한 폭을 확보, 노면의 배수조치
   ⑤ 매설물 확인은 인력 굴착을 선행한 후 기계 굴착 실시
   ⑥ 갱이나 지하실 등 환기 조치
   ⑦ 전선 등 인접하여 붐 선회 작업 시 회전반경, 높이제한 등 방호조치
   ⑧ 위험장소에는 장비 및 근로자, 통행인이 접근금지 표지판을 설치, 감시인 배치
   ⑨ 작업종료 시 바켓을 지면에 내려 놓고 바퀴에 고임목 등으로 받쳐 전락 방지
   ⑩ 작업목적 이외 사용금지
   ⑪ 부속장치 안전담당자가 점검/ 수리 시 안전지주, 안전블록 사용
   ⑫ 헤드가아드 등 견고한 방호장치를 설치 및 전조등, 경보장치 등 부착

제12조(발파 준비)

1. 발파작업 시 준수사항
   ① 발파작업은 설계 및 시방에서 정한 발파기준을 준수하여 실시
   ② 암질변화 구간의 발파는 반드시 시험발파를 선행하여 실시
   ③ 암질에 따른 발파 시방 작성, 진동치, 속도, 폭력 등 발파 영향력을 검토
   ④ 암질변화 구간 및 이상암질의 출현시 반드시 암질판별을 실시
   ⑤ 인접구조물에 대한 피해 및 손상 등을 예방하기 위한 발파허용진동치를 준수
   ⑥ 발파시방을 변경하는 경우 반드시 시험발파를 실시

제13조(발파작업)

1. 개요

    발파작업에서의 재해예방을 위한 화약류의 취급, 운반, 사용 및 관리와 작업상의 안전에 관하여는 「발파 표준안전 작업지침」(고용노동부 고시)을 따른다

제14조(옹벽축조)

1. 옹벽축조 작업 시 준수사항

    ① 수평방향 연속시공을 금지, 단위시공 최소화하여 분단시공

    ② 굴착 즉시 버팀 콘크리트를 타설, 기초 및 본체구조물 축조

    ③ 절취경사면 낙석 우려 및 장기간 방치 시 숏크리트, 록볼트, 넷트, 등으로 방호

    ④ 작업위치 좌우에 대피통로 확보

제15조(착공전 조사)

1. 깊은 굴착작업 착공 전 조사사항

    ① 지질 상태 검토 후 작업책임자와 굴착공법 및 안전조치계획 수립

    ② 지질조사 자료 정밀 분석

    ③ 착공지점의 매설물 확인, 이설 및 거치보전 계획

    ④ 지하수위가 높은 경우 토압 계산에 의하여 차수벽 설치계획 수립

    ⑤ 복공구조의 시설은 적재하중 고려, 구조계산에 의한 지보공 설치

    ⑥ 10.5m 이상 굴착 시 계측기기의 설치

    ⑦ 변위량 허용범위 초과의 긴급조치(배면토압 경감조치, 지보공 보완 등)

    ⑧ 히빙, 보일링 사전 긴급대책 강구

    ⑨ 시험발파에 의한 발파시방 준수, 무진동 파쇄방식 계획수립

    ⑩ 배수계획 수립

제16조(지시확인 등)

1. 깊은 굴착작업 시 확인사항

    ① 신호수를 정하고 표준신호방법에 의해 신호

    ② 작업 책임자 배치

    ③ 작업 전 책임자 점검 및 결과 기록

    ④ 산소결핍 위험 시 안전담당자 배치, 산소농도 측정 및 기록

    ⑤ 조명 및 위험 개소 확인

제17조(설비의 조립)

1. 토사반출용 고정식 크레인 및 호이스트 등을 조립. 사용 시 준수사항

   ① 토사단위 운반 용량에 기준한 버켓, 기계 제원은 안전율 고려한 것
   ② 기초를 튼튼히 하고 각부 파일에 고정
   ③ 윈치는 이동, 침하하지 않도록 설치, 와이어로우프는 설비접촉에 의한 마모 주의
   ④ 잔토 반출용 개구부에 철책, 난간 및 안전표지판 설치
   ⑤ 개구부는 버켓 출입에 지장 없는 작은 것, 버켓 경로는 철근 이용 가이드 설치

제18조(굴착 작업)

1. 깊은 굴착작업 시 준수사항

   ① 굴착은 계획된 순서에 의해 작업
   ② 작업 전 산소농도 측정(18% 이상), 발파후 환기설비 작동시켜 가스배출 후 작업
   ③ 연결고리구조의 쉬이트파일 틈새 없도록 설치
   ④ 쉬이트파일의 설치시 수직도 1/100 이내
   ⑤ 쉬이트파일의 설치는 양단의 요철부분 겹치고 소정의 핀으로 지반에 고정
   ⑥ 링은 쉬이트파일에 볼트로 긴결하여 설치
   ⑦ 토압이 커서 링의 변형에 스트러트 보강
   ⑧ 용수 신속하게 배수
   ⑨ 수중펌프 감전방지용 누전차단기 설치

제19조(자재의 반입 및 굴착토사의 처리)

1. 자재의 반입 및 굴착토사의 처리 시 준수사항

   ① 버켓은 후크에 걸고 이탈 방지를 위해 해지 장치 설치
   ② 버켓에 부착된 토사는 반드시 제거하고 상·하작업
   ③ 후크에 해지장치등을 이용 이탈방지
   ④ 아크용접은 자동전격방지장치와 누전차단기 설치 및 접지
   ⑤ 인양물의 하부 출입금지
   ⑥ 개구부에서 인양물 확인 시 반드시 안전대 착용

제20조(사전조사)

1. 개요

   지하 매설물 인접작업시 매설물 종류, 매설 깊이, 선형 기울기, 지지방법 등에 대하여 굴착작업을 착수하기 전에 사전조사를 실시하여야 한다.

제21조(취급)

1. 지하매설물 인접굴착 작업 시 준수사항
   ① 도면 등의 매설물 위치 파악한 후 줄파기작업
   ② 매설물 노출되면 관계기관, 소유자 및 관리자에게 확인시키고 방호조치
   ③ 매설물 이설 및 위치변경, 교체 등은 관계기관과 협의
   ④ 최소 1일 1회 이상은 순회 점검(와이어로우프의 인장상태, 접합부분 확인)
   ⑤ 매설물 관계기관과 협의하여 매설물 파손 방지대책 강구
   ⑥ 가스관과 송유관 등이 매설된 경우 화기사용 금지

제22조(되메우기)

1. 개요

   노출된 매설물을 되메우기 할 경우는 매설물의 방호를 실시하고 양질의 토사를 이용하여 충분한 다짐을 하여야 한다.

제23조(조사)

1. 기존구조물에 인접한 굴착 작업시 준수사항
   ① 기존구조물의 기초상태, 지질조건 및 구조형태 조사
   ② 작업방식, 공법 등 충분한 대책과 작업상의 안전계획을 확인한 후 작업
   ③ 기존구조물 인접 및 하부 굴착 시 진동, 침하, 전도등 외력에 대한 안전성 확인

제24조(지지)

1. 기존구조물의 지지방법 준수사항
   ① 기존구조물 하부에 파일, 가설슬라브 구조 및 언더피닝공법
   ② 붕괴방지 파일 등에 브라케트를 설치, 지반보강재 충진하여 지반 침하 방지
   ③ 침하예상 시 약액 주입공법, 수평·수직보강 말뚝공법
   ④ 웰포인트 공법 적용 시 그라우팅, 화학적 고결방법
   ⑤ 작업장 주위에 비상투입용 보강재 등 준비

제25조(소규모 구조물)

1. 소규모 구조물의 방호
   ① 맨홀 등은 파일 및 가설가대 설치한 후 매달아 보강
   ② 옹벽, 블록벽은 철거 또는 버팀목 보강

제26조(기울기 및 높이의 기준) 기출 12회-3

1. 기울기 및 높이의 기준
   ① 안전보건규칙 제338조제1항의 별표 11 준수
   굴착면 기울기 기준

지반의 종류	모래	연암 및 풍화암	경암	그 밖의 흙
기울기	1 : 1.8	1 : 1.0	1 : 0.5	1 : 1.2

   ② 사질 지반 굴착면의 기울기를 1:1.5 이상, 높이 5m 미만
   ① 붕괴하기 쉬운 지반 및 매립하거나 반출 시켜야 할 지반의 굴착면 기울기는 1:1 이하, 높이 2m 미만

제27조(대비)

1. 개요

   인근 주민이나 제3자에게 피해를 주지 않도록 충분한 대비해야 함.

제28조(토석붕괴의 원인) 기출 15회-9-2)/ 14회-7-2),3)

1. 토석이 붕괴되는 외적 원인
   ① 사면, 법면의 경사 및 기울기의 증가
   ② 절토 및 성토 높이의 증가
   ③ 공사에 의한 진동 및 반복 하중의 증가
   ④ 지표수 및 지하수의 침투에 의한 토사 중량의 증가
   ⑤ 지진, 차량, 구조물의 하중작용
   ⑥ 토사 및 암석의 혼합층두께

2. 토석이 붕괴되는 내적 원인
   ① 절토 사면의 토질·암질
   ② 성토 사면의 토질구성 및 분포
   ③ 토석의 강도 저하

제29조(붕괴의 형태)

1. 붕괴의 형태
   ① 토사의 미끄러져 내림(Sliding)은 완만한 경사에서 완만한 속도로 붕괴
   ② 토사 붕괴의 형태는 사면 천단부 붕괴, 사면중심부 붕괴, 사면하단부 붕괴
   ③ 얕은 표층의 붕괴는 지표수와 지하수가 침투하여 경사면이 부분적 붕괴
   ④ 절토 경사면 암반은 파쇄가 진행됨에 따라서 붕괴
   ⑤ 풍화하기 쉬운 암반은 표층부 침식 및 절리발달에 의해 붕괴
   ⑥ 깊은절토 법면 붕괴는 심층부 단층이 전단력, 점착력 저하에 붕괴
   ⑦ 성토 경사면은 빗물, 지표수 침투되어 공극수압 증가 단위중량 증가로 붕괴

제30조(경사면의 안정성 검토)

1. 경사면의 안정성 검토사항
   ① 지질조사 : 층별 또는 경사면의 구성 토질구조
   ② 토질시험 : 최적함수비, 삼축압축강도, 전단시험, 점착도 등의 시험
   ③ 사면붕괴 이론적 분석 : 원호활절법, 유한요소법 해석
   ④ 과거의 붕괴된 사례유무
   ⑤ 토층의 방향과 경사면의 상호관련성
   ⑥ 단층, 파쇄대의 방향 및 폭
   ⑦ 풍화의 정도
   ⑧ 용수의 상황

제31조(예방)

1. 토사 붕괴 예방조치
   ① 적절한 경사면의 기울기 계획
   ② 경사면의 기울기 당초 계획과 차이 발생 즉시 재검토하여 계획 변경
   ③ 활동할 가능성의 토석 제거
   ④ 경사면의 하단부에 압성토 등 보강공법으로 활동 저항
   ⑤ 말뚝(강관, H형강, 철근 콘크리트)을 타입하여 지반을 강화

제32조(점검)

기출 15회-9-3)

1. 토사붕괴 예방하기 위한 점검사항
   ① 전 지표면의 답사
   ② 경사면의 지층 변화부 상황 확인
   ③ 부석의 상황 변화의 확인
   ④ 용수의 발생 유·무 또는 용수량의 변화 확인
   ⑤ 결빙과 해빙에 대한 상황의 확인
   ⑥ 각종 경사면 보호공의 변위, 탈락 유·무
   ⑦ 점검시기는 작업전 중·후, 비온 후, 인접 작업구역에서 발파한 경우에 실시

제33조(동시작업의 금지)

1. 개요

    붕괴토석의 최대 도달거리 범위내에서 굴착공사, 배수관의 매설,
    콘크리트 타설작업 등을 할 경우 적절한 보강대책을 강구하여야 한다.

제34조(대피공간의 확보 등)

1. 개요

    붕괴속도는 높이에 비례하므로 수평방향 활동대비 작업장 좌우 피난통로 확보

제35조(2차재해의 방지)

1. 개요

    인명구출 등 구조작업 도중에 대형붕괴의 재차 발생을 방지하기 위하여
    붕괴면의 주변상황을 충분히 확인하고 2중 안전조치 한 후 복구작업에 임해야 함.

2. 콘크리트공사 표준안전 작업지침

콘크리트공사 표준안전 작업지침
1. 콘크리트공사
① 제2장 거푸집 공사
- 제3조 ~ 제10조
② 제3장 철근 공사
- 제11조 ~ 제12조
③ 제4장 콘크리트 공사
- 제13조 ~ 제15조

제3조(일반)
1. 개요
거푸집 및 지보공(동바리)은 소정의 강도와 강성을 가지는 동시에 구조물의 위치, 형상, 치수가 정확하게 확보되어 목적 구조물 조건의 콘크리트가 되도록 설계도에 의해 시공하여야 함.

제4조(하중)	기출 12회-7-1)/ 3회-6-1)
1. 거푸집 및 지보공(동바리)의 설계 시 고려해야 할 하중	
① 연직방향 하중	
- 거푸집, 동바리, 콘크리트, 철근, 작업원, 타설기계기구, 가설설비등의 중량 및 충격하중	
② 횡방향 하중	
- 진동, 충격, 시공오차 등에 기인되는 횡방향 하중, 풍압, 유수압, 지진 등	
③ 콘크리트의 측압	
④ 특수하중 : 시공중에 예상되는 특수한 하중	
⑤ 상기 1~4호의 하중에 안전율을 고려한 하중	

제5조(재료)		
1. 개요		
	강도, 강성, 내구성, 작업성, 타설콘크리트에 대한 영향력 및 경제성을 고려 선정	
2. 거푸집 및 지보공 선정시 고려사항		
1)	목재거푸집	① 흠집 및 옹이 많은 거푸집, 구조적으로 약한 것 사용금지
		② 부러짐, 균열 있는 띠장 사용금지
2)	강재거푸집	① 형상이 찌그러짐, 비틀림 등 교정 후 사용
		② 쇠솔, 샌드 페이퍼 등으로 녹제거, 박리제 사용
3)	지보공	① 현저한 손상, 변형, 부식이 있는 것과 옹이 있는 것 사용금지
		② 각재, 강관 지주는 굽어져 있는 것 사용금지
		③ 강관지주(동바리), 보 조합구조는 최대 허용하중 초과 사용금지
4)	연결재	① 정확하고 충분한 강도가 있는 것
		② 회수, 해체하기가 쉬운 것
		③ 조합 부품수가 적은 것

	제6조(조립)제1호	기출 12회-7-2)
1. 거푸집 등을 조립 등의 작업 시 준수사항		
	① 안전담당자를 배치	
	② 작업장 내의 통로 확인	
	③ 재료, 기구, 공구 인양 시 달줄, 달포대 사용	
	④ 악천후 작업 중지	
	⑤ 작업원 이외의 통행 제한, 슬라브 거푸집 조립 인원 한곳에 집중 배치금지	
	⑥ 사다리, 이동식 틀비계 사용하여 작업 시 항상 보조원 대기	
	⑦ 거푸집 제작장 별도 마련	

	제6조(조립)제2호
1. 강관지주(동바리) 조립 등의 작업 시 준수사항	
	① 거푸집이 곡면일 경우 버팀대 부착 등 거푸집의 변형 방지 조치
	② 지주의 침하 방지, 각부 견고하게 설치
	③ 접속부 및 교차부는 볼트, 클림프 등으로 연결
	④ 3본 이상 이어서 사용금지
	⑤ 3.6m 이상의 경우 1.8m 이내마다 수평연결재 2개 방향 설치
	⑥ 수평연결재의 변위 없도록 이음 부분은 견고하게 연결하여 좌굴 방지
	⑦ 지보공 하부 받침판, 받침목 2단 이상 삽입금지, 이탈되지 않도록 고정

	제6조(조립)제3호
1. 강관틀비계 지보공(동바리) 조립 등의 작업 시 준수사항	
	① 교차 가새 설치
	② 교차방향에서 5개틀 이내마다 수평연결재를 설치
	③ 상단 강재에 단판을 부착시켜 보에 고정
	④ 4m 이내마다 수평연결재 2개 방향 설치

	제7조(점검)제1호
1. 거푸집 점검사항	
	① 직접 거푸집을 제작, 조립한 책임자가 검사
	② 기초 거푸집을 검사할 때에는 터파기 폭
	③ 거푸집의 형상 및 위치 등 정확한 조립상태
	④ 거푸집에 못이 돌출되어 있거나 날카로운 것 돌출된 사항

제7조(점검)제2호

1. 지주(동바리) 점검사항
   ① 부동침하 방지조치
   ② 강관지주(동바리) 사용 시 접속부 나사 등의 손상상태
   ③ 이동식 틀비계 사용 시 바퀴의 제동장치

제7조(점검)제3호

1. 콘크리트 타설 시 점검사항
   ① 거푸집의 부상 및 이동방지 조치
   ② 건물의 보, 요철부분, 내민부분의 조립상태 및 콘크리트 타설시 이탈방지장치
   ③ 청소구의 유무 확인 및 콘크리트 타설시 청소구 폐쇄 조치
   ④ 거푸집의 흔들림을 방지하기 위한 턴 버클, 가새 등의 필요한 조치

제8조(존치기간)

1. 개요
   거푸집의 존치기간은 건설부 제정 토목·건축 표준시방서에 지정된 기간으로 한다.
2. 거푸집널의 해체시기(콘크리트 공사 표준시방서)

① 압축강도 시험		② 압축강도 시험(X)			
부재	콘크리트 압축강도	평균기온	조강	보통(1종)	고로(2종)
기초,보,기둥,벽 등 측면	5MPa이상 *내구성 중요구조물(10MPa이상)	20° 이상	2일	4일	5일
수평부재 밑면 단층	fck*2/3배이상, 최소 14MPa이상	10°-20°	3일	6일	8일
다층	설계기준 강도 이상				

제9조(해체)

기출 3회-9

1. 거푸집의 해체작업 시 준수사항
   ① 해체 순서에 의해 실시, 안전담당자를 배치
   ② 콘크리트 자중, 시공중 기타 하중에 충분한 강도를 가질 때까지는 해체금지
   ③ 안전 보호장구를 착용
   ④ 관계자 외 출입금지
   ⑤ 상하 동시 작업금지
   ⑥ 구조체 무리한 충격, 지렛대 사용금지
   ⑦ 거푸집의 낙하 충격으로 인한 돌발적 재해 방지
   ⑧ 박혀있는 못, 날카로운 돌출물 즉시 제거
   ⑨ 재사용, 보수할 것 선별, 분리하여 적치, 정리정돈

제10조(특수거푸집 및 동바리)

1. 개요

특수 거푸집 및 동바리를 사용할 때에는 건설부제정 표준시방서에 규정된 사항을 따른다.

제11조(가공)

1. 철근가공 및 조립작업 시 준수사항

① 철근가공 작업장 주위 작업책임자가 상주, 작업원 이외는 출입을 금지
② 작업자 안전모 및 안전보호장구 착용
③ 가공작업 고정틀에 정확한 접합을 확인
④ 아아크(Arc)용접 배전판, 스위치는 쉽게 조작 가능한 곳 설치, 접지상태 확인

제11조(가공)제3호

1. 햄머절단 작업 시 준수사항

① 햄머자루 금, 쪼개진 부분 확인, 사용 중 햄머 빠지지 아니하도록 튼튼하게 조립
② 햄머부분 마모, 훼손된 것 사용금지
③ 무리한 자세로 절단금지
④ 절단기의 절단 날이 마모로 미끄러질 우려 시 사용금지

제11조(가공)제4호

1. 가스절단 작업 시 준수사항

① 해당 자격 소지자가 작업, 보호구 착용
② 호스는 겹침,구부러짐, 밟히지 않도록 하고 전선은 피복 손상 확인
③ 호스, 전선는 다른 작업장을 거치지 않는 짧은 길이 확인
④ 가연성 물질 인접작업 시 소화기 비치

제12조(운반)제1호

1. 인력으로 철근을 운반 시 준수사항
   ① 1인당 무게는 25kg 정도 적절, 무리한 운반 삼가
   ② 2인 이상이 1조가 되어 어깨메기로 하여 운반
   ③ 부득이 긴 철근을 1인이 운반 시 한쪽을 어깨에 메고 한쪽끝을 끌면서 운반
   ④ 양끝을 묶어 운반
   ⑤ 내려 놓을 때 천천히 내려놓고 던지지 않아야 함.
   ⑥ 공동 작업은 신호에 따라 작업

제12조(운반)제2호

1. 기계 이용하여 철근을 운반 시 준수사항
   ① 운반작업 시 작업 책임자를 배치하여 수신호, 표준신호 방법에 의해 시행
   ② 달아 올릴때에 로우프와 기구의 허용하중을 검토하여 과다 인양금지
   ③ 비계나 거푸집 등에 대량의 철근 적재금지
   ④ 달아 올리는 부근에 관계근로자 이외 출입 금지
   ⑤ 권양기의 운전자는 현장책임자가 지정

제12조(운반)제3호

1. 철근을 운반할 때 감전사고 등을 예방하기 위한 준수사항
   ① 철근 운반하는 바닥 부근에 전선 배치 금지
   ② 주변 전선과의 이격거리는 최소한 2m 이상
   ③ 운반장비 전선의 배선상태 확인 후 운행

제13조(타설)

1. 콘크리트 타설 시 안전수칙
   ① 타설순서 계획에 의하여 실시
   ② 콘크리트를 치는 도중에는 거푸집등 이상 유무 확인
   ③ 타설속도는 건설부 제정 콘크리트 표준시방서 준수
   ④ 손수레 타설 위치까지 천천히 운반하여 거푸집에 충격 방지
   ⑤ 손수레로 운반 시 적당한 간격을 유지
   ⑥ 운반 통로에 방해물 즉시 제거
   ⑦ 콘크리트의 운반, 타설기계 성능 확인
   ⑧ 콘크리트의 운반, 타설기계는 사용 전, 중, 후 반드시 점검
   ⑨ 거푸집 변형, 탈락에 의한 붕괴사고 방지를 위해 타설순서를 준수
   ⑩ 지나친 진동은 거푸집 도괴를 유발하므로 전동기 적절히 사용

제14조(펌프카)　　　　　　　　　　　　　　기출 12회-7-3)

1. 펌프카에 의해 콘크리트를 타설 시 안전수칙

　　① 차량안내자를 배치하여 레미콘트럭과 펌프카를 유도

　　② 펌프 배관용 비계를 사전점검, 이상 시 보강 후 작업

　　③ 펌프카의 배관상태를 확인, 장비 사양의 적정호스 길이 초과금지

　　④ 호스 선단 요동방지 위해 확실히 붙잡고 타설

　　⑤ 콘크리트 비산에 주의하여 타설

　　⑥ 펌프카의 붐대를 조정 시 주변 전선 확인, 이격 거리 준수

　　⑦ 아웃트리거 사용 시 지반 부동침하로 인한 펌프카 전도 방지 조치

　　⑧ 펌프카 전후 식별 용이한 안전표지판 설치

2-1. 콘크리트공사 표준안전 작업지침 전부 개정 고시안

	콘크리트공사 표준안전 작업지침 전부 개정안 행정예고
1. 개정이유	
	기술 및 산업구조의 변화에 따른 현장 적합성을 고려하여 현장에서 더 이상 쓰이지 않고 있는 낡은 규정은 삭제하고, 실제 현장에 일반화된 작업 방법에 관한 기준은 신설하는 등 규정을 현행화하는 한편,「건설기술 진흥법」의 기준을 준용하는 등 관계 법령과의 정합성 제고를 통해 사업주가 자체적으로 산업재해 예방을 위한 기술을 습득하고, 작업환경을 개선할 수 있도록 표준안전 작업지침을 정비하려는 것임
	# 콘크리트공사 표준안전 작업지침 전부 개정안 행정예고 이므로 참고하시기 바랍니다.

	콘크리트공사 표준안전 작업지침
1. 콘크리트공사	
	① 제1장 총 칙
	- 제2조
	② 제2장 거푸집 및 동바리 공사
	- 제3조 ~ 제13조
	③ 제3장 철근 공사
	- 제14조 ~ 제16조
	④ 제4장 콘크리트 공사
	- 제17조 ~ 제19조
	⑤ 제5장 거푸집 및 동바리 해체
	- 제20조

	제2조(용어의 정의)
1. 용어 정의	
	① 거푸집 및 동바리 : 콘크리트 구조물이 일정 강도에 이르기까지 그 형상을 유지하기 위하여 설치하는 가설구조물
	② 거푸집 : 굳지 않은 콘크리트 구조물이 필요한 강도를 발현할 수 있을 때까지 구조물을 지지하여 구조물의 형상과 치수를 설계도서대로 유지시키기 위한 가설구조물
	③ 동바리 : 타설된 콘크리트가 소정의 강도를 얻기까지 고정하중 및 작업하중 등을 지지하기 위하여 설치하는 부재 또는 작업 장소가 높은 경우 발판, 재료 운반이나 위험물 낙하 방지를 위해 설치하는 임시 지지대
	④ 긴결재 : 기둥거푸집이나 벽체거푸집과 같이 마주보는 거푸집에서 거푸집 측판을 일정한 간격으로 유지시켜 주는 동시에 콘크리트 측압을 최종적으로 지지하는 역할을 하는 인장부재로 매립형과 관통형을 포함한다.
	⑤ 작업발판 일체형 거푸집 : 거푸집의 설치·해체, 철근 조립, 콘크리트 타설, 콘크리트 면처리 작업 등을 위하여 거푸집을 작업발판과 일체로 제작·사용하는 거푸집

	제2조(용어의 정의)
1. 용어 정의	
	⑥ 콘크리트 : 시멘트, 물, 잔골재 및 굵은 골재로 구성되며, 경우에 따라서는 혼화재료를 혼합, 반죽하여 만든 복합체
	⑦ 콘크리트 측압 : 콘크리트를 거푸집에 타설할 때에 굳지 않은 콘크리트의 중량에 의해 타설 높이에 따라 옆을 받치는 거푸집에 작용하는 수평압력
	⑧ 양생 : 모르타르 또는 콘크리트를 타설한 다음 소정의 품질이 될 때까지 습도나 온도, 충격 등에 영향을 받지 않도록 보호하는 것 또는 시공 중 수장재 등의 재면이 손상되지 않게 하는 것
	⑨ 콘크리트 플레이싱 붐 : 고층 콘크리트 구조물 타설을 위해 펌프에서 배관을 통해 압송된 콘크리트를 마스트에 설치된 붐을 이용하여 원하는 위치에 타설하는 장비

제2조(용어의 정의)제1항의 3호

1. 동바리의 종류

    가. "강관 동바리"란 강재 또는 알루미늄 합금재 파이프 서포트를 말한다.

    나. "강관틀 동바리"란 수직재와 횡가재 및 보강재가 일체화된 주틀, 가새재 등으로 조립하여 거푸집을 지지하는 형식의 동바리를 말한다.

    다. "조립강주 동바리"란 규격화·부품화된 수직재, 수평재 및 가새재 등의 부재를 현장에서 조립하여 거푸집을 지지하는 형식의 동바리로 H형강 또는 원형강을 사용한 대형 동바리를 말한다.

    라. "시스템 동바리"란 규격화·부품화된 수직재, 수평재 및 가새재 등의 부재를 현장에서 조립하여 거푸집을 지지하는 형식의 동바리를 말한다.

    마. "보 형식의 동바리"는 강제 갑판(steel deck), 철재 트러스(truss) 조립 보 등 수평으로 설치하여 거푸집을 지지하는 형식의 동바리를 말한다.

제2조(용어의 정의)제1항의 5호

1. 작업발판 일체형 거푸집의 종류

    가. "갱 폼(gang form)"이란 평면상 상·하부 동일 단면 구조물에서 외부벽체 거푸집과 작업발판용 케이지(cage)를 일체로 제작하여 사용하는 대형 거푸집을 말한다.

    나. "슬립 폼(slip form)"이란 수직으로 연속되는 구조물을 시공이음 없이 시공하기 위하여 일정한 크기로 만들어져 연속적으로 이동시키면서 콘크리트를 타설하는 공법에 적용하는 거푸집을 말한다.

    다. "클라이밍 폼(climbing form)"이란 이동식 거푸집의 일종으로서 인양방식에 따라 외부 크레인의 도움 없이 자체에 부착된 유압 구동장치를 이용하여 상승하는 자동상승 클라이밍 폼(self-climbing form) 방식과 크레인에 의해 인양되는 방식으로 구분된다.

    라. "터널 라이닝 폼(tunnel lining form)"이란 터널 내 아치 형태의 단면을 형성하기 위해 설치하는 거푸집으로 강판과 H형강 등 수직재, 수평재, 가새재 등의 부재를 현장에서 조립하여 이동시키면서 콘크리트를 타설하는 데에 사용되는 대형 거푸집

제3조(일반)

1. 거푸집 및 동바리 작업 시 준수사항

    ① 거푸집 및 동바리는 소정의 강도와 강성을 가지는 동시에 완성된 구조물의 위치, 형상, 치수가 정확하게 확보되어 목적 구조물 조건의 콘크리트가 되도록 설계도서에 따라 시공해야 한다.

    ② 관리감독자를 배치하여 유해·위험을 방지하기 위한 업무를 수행하도록 해야 한다.

    ③ 해당 작업을 하는 근로자는 「유해·위험작업의 취업 제한에 관한 규칙」에서 규정한 자격·면허·경험 또는 기능을 갖추어야 한다.

    ④ 해당 작업이 이루어지는 구역에는 관계 근로자가 아닌 사람의 출입을 금지하고 작업내용을 보기 쉬운 곳에 표시해야 한다.

    ⑤ 기상청 날씨 예보를 참고하여 비·눈·바람 또는 그 밖의 기상 상태의 불안정으로 날씨가 몹시 나쁜 경우에는 그 작업을 중지해야 한다.

제4조(재료)

1. 개요

    거푸집 및 동바리의 재료는 강도, 강성, 내구성, 작업성, 콘크리트 측압, 안전성 및 경제성을 고려하여 선정해야 하며, 「산업표준화법」 제12조에 따른 한국산업표준(이하 "한국산업표준"이라 한다)에서 정하는 기준 이상의 것을 사용해야 한다.

	제4조(재료)제1호
	1. 거푸집 선정 시 고려사항
	가. 거푸집(재사용하는 거푸집 포함)은 공인시험기관에서 품질시험을 실시한 것을 사용
	나. 목재 거푸집은 흠집 및 옹이가 많거나 합판의 접착 부분이 떨어져 구조적으로 약한 것을 사용해서는 안 된다.
	다. 목재 거푸집의 띠장은 부러지거나 균열이 있는 것을 사용해서는 안 된다.
	라. 강재 거푸집은 형상이 찌그러지거나, 비틀림 등 변형된 것은 교정한 다음 사용
	마. 강재 거푸집 표면의 녹은 쇠솔(wire brush) 또는 샌드페이퍼(sandpaper) 등으로 닦아내고 박리제(form oil)를 얇게 칠해 두어야 한다.
	바. 강재 거푸집을 재사용하는 경우에는 콘크리트에 접하는 면을 깨끗이 청소하고 볼트 구멍 또는 파손 부위를 수선한 후 사용해야 한다.

	제4조(재료)제2호
	1. 동바리 선정 시 고려사항
	가. 「산업안전보건법」 제84조에 따라 안전인증을 받은 동바리를 사용해야 하며 재사용하는 동바리는 공인시험기관에서 품질시험을 실시한 것을 사용해야 한다.
	나. 현저한 손상, 변형, 부식이 있는 것은 사용해서는 안 된다.
	다. 중심축을 기준으로 일직선 밖으로 굽어있는 동바리를 사용해서는 안 된다.
	(양호 / 불량 그림 - 중심축)
	라. 이음이나 접촉부에서 하중을 안전하게 전달할 수 있는 형식과 재료를 선정

	제4조(재료)제3호
	1. 연결재 선정 시 고려사항
	가. 치수가 정확하고 충분한 강도가 있는 것
	나. 조립, 해체 및 회수가 쉬운 것
	다. 조합 부품 수가 적은 것

	제5조(조립도)
	1. 개요
	거푸집 및 동바리를 조립하는 경우에는 조립도를 작성해야 하고, 그 조립도에 따라 조립해야 한다.
	2. 거푸집 및 동바리의 조립도를 작성 시 고려사항
	① 건설기준에 따른 연직하중, 콘크리트 측압, 풍하중, 수평하중, 특수하중 등의 하중조합 및 안전율을 고려하여 구조를 검토한 후 조립도를 작성해야 한다.
	② 구조적 안전성 확인을 받은 가설구조물 등의 경우 구조적 안전성 확인 당시 제출한 시공상세도면 및 구조계산서를 검토한 후 조립도를 작성해야 한다.
	③ 조립도에는 거푸집 및 동바리를 구성하는 부재의 재질·단면규격·설치간격 및 이음 방법 등을 명시해야 한다.

제6조(거푸집 조립)
1. 거푸집 조립 시 준수사항
① 거푸집의 운반, 조립 작업이 필요한 작업장 내에 충분한 안전통로를 확보
② 개구부 또는 단부에서 거푸집을 운반, 조립하는 경우 추락에 대한 위험방지 조치
③ 고정철물 등을 이용하여 단단하게 고정하여 조립
④ 거푸집이 콘크리트 하중이나 그 밖의 외력에 견딜 수 있고, 넘어지지 않도록 견고한 구조의 긴결재, 버팀대 또는 지지대를 설치하고, 콘크리트 측압 등으로 인해 이탈되지 않도록 견고하게 고정하는 등의 조치
⑤ 작업장 주위에는 작업자 이외의 사람의 통행을 제한하고 바닥 거푸집을 조립할 때는 많은 인원이 한곳에 집중되지 않도록 조치
⑥ 거푸집이 곡면인 경우에는 버팀대의 부착 등 거푸집의 부상방지 조치
⑦ 보의 측판에는 슬래브의 하중이 전달되어 압축응력이 발생함을 고려하여 반드시 구조 검토 결과 또는 설계도서에 명시된 대로 수직·수평재 또는 측판과 측판을 지지하는 긴결재(form-tie) 등의 지지철물을 설치

제7조(작업발판 일체형 거푸집 조립)제1호
1. 갱 폼의 조립등 작업 시 준수사항
가. 조립등의 범위 및 작업절차를 미리 근로자에게 주지시켜야 한다.
나. 근로자가 안전하게 구조물 내부에서 갱 폼의 작업발판으로 출입할 수 있는 이동통로를 만들어야 한다.
다. 갱 폼의 지지 또는 고정철물의 이상 유무를 수시 점검하고 이상이 발견된 경우에는 교체하도록 한다.
라. 갱 폼을 조립하거나 해체하는 경우에는 갱 폼을 인양장비에 매단 후에 작업을 실시하도록 하고, 인양장비에 매달기 전에 지지 또는 고정철물을 미리 해체하지 않도록 한다.
마. 갱 폼 인양 시 작업발판용 케이지에 근로자가 탑승한 상태에서 갱 폼의 인양 작업을 하지 않도록 한다.
바. 해체 작업 중인 갱 폼에는 "해체 중"임을 표시하고 하부에 출입금지 구역을 설정하여 작업자의 접근을 금지해야 한다.

제7조(작업발판 일체형 거푸집 조립)제2호
1. 슬립 폼(slip form), 클라이밍 폼(climbing form), 터널 라이닝 폼(tunnel lining form) 및 그 밖에 거푸집과 작업발판 일체로 제작된 거푸집 등의 조립등 작업 시 준수사항
가. 조립등 작업 시 거푸집 부재의 변형 여부와 연결 및 지지대 이상 유무를 확인
나. 조립등 작업과 관련한 이동·양중·운반 장비의 고장·오조작 등으로 인해 근로자에게 위험을 미칠 우려가 있는 장소에는 근로자의 출입을 금지하는 등 위험 방지 조치
다. 거푸집을 콘크리트면에 지지시킬 경우에 콘크리트의 굳기 정도와 거푸집의 무게, 풍압 등의 영향으로 거푸집의 갑작스러운 이탈 또는 낙하가 발생될 수 있으므로 건설기준에서 정한 콘크리트의 양생기간을 준수하거나 콘크리트면에 견고하게 지지하는 등 필요한 조치를 해야 한다.
라. 연결 또는 지지 형식으로 조립된 부재의 조립등 작업을 하는 경우에는 거푸집을 인양장비에 매단 후에 작업을 하도록 하는 등 낙하·붕괴·전도의 위험 방지를 위하여 필요한 조치를 해야 한다.

제8조(동바리 조립)
1. 동바리 조립 시 준수사항
① 받침목이나 깔판의 사용, 콘크리트 타설, 말뚝박기 등 동바리의 침하 방지 조치
② 동바리의 상하 고정 및 미끄러짐 방지 조치
③ 상부·하부 동바리가 동일 수직선상에 위치하도록 하여 깔판·받침목에 고정 조치
④ 개구부 상부에 동바리 설치하는 경우 상부하중을 견딜 수 있는 견고한 받침대 설치
⑤ U헤드 등의 단판이 없는 동바리의 상단에 멍에 등을 올릴 경우에는 해당 상단에 U헤드 등의 단판을 설치하고, 멍에 등이 전도되거나 이탈되지 않도록 고정 조치
⑥ 동바리의 이음은 하중전달이 확실하고 동등 이상 품질의 재료를 사용
⑦ 강재의 접속부 및 교차부는 볼트·클램프 등 전용 철물을 사용하여 단단히 연결
⑧ 깔판이나 받침목은 2단 이상 끼우지 않도록 한다.(형상에 따른 부득이한 경우 제외)
⑨ 깔판이나 받침목을 이어서 사용하는 경우에는 그 깔판·받침목을 단단히 연결
⑩ 해체한 후 저항할 수 있는 강도를 초과하는 하중이 부재에 재하될 경우에는 사전 구조검토를 통해 하중재하 전 동바리 해체 및 재설치를 결정하는 등 필요한 조치

제9조(강관 동바리 조립)

1. 파이프 서포트를 사용한 강관 동바리 조립 시 준수사항

   ① 동바리의 침하를 방지하고 상·하부가 활동하지 않도록 견고하게 설치
   ② 동바리 하부받침판 또는 받침목은 2단 이상 삽입금지 및 이탈되지 않도록 고정
   ③ 멍에 또는 장선을 지지하는 동바리는 상부받이 판에 못으로 2개소 이상을 고정하여 콘크리트 타설 시 거푸집의 부상으로 인한 동바리의 전도방지 조치
   ④ 강재와 강재의 접속부 및 교차부는 볼트, 클램프 등의 철물로 견고하게 연결
   ⑤ 동바리는 이어서 사용금지(불가피한 경우 동바리는 2개 이하로 연결하여 사용)
   ⑥ 동바리를 이어서 사용하는 경우에는 4개 이상의 볼트 또는 전용 철물을 사용
   ⑦ 높이 3.5m 초과하는 경우 높이 2m 이내마다 수평연결재를 2개 방향으로 설치
   ⑧ 강관 동바리로 설치가 어려울 경우에는 시스템 동바리 또는 조립강주 동바리 등 안전성을 확보할 수 있는 지지구조로 설치
   ⑨ 계단, 램프와 같이 경사진 곳에 동바리 설치 시 경사면의 상·하부에는 쐐기를 설치하거나 피벗(pivot) 받침철물 삽입

제10조(강관틀 동바리 조립)

1. 강관틀 동바리 조립 시 준수사항

   ① 강관틀을 동바리로 사용하는 경우에는 교차가새를 설치하고, 최상층 및 5층 이내마다 종·횡 방향으로 5개틀 이내마다 수평연결재를 설치 및 변위를 방지해야 한다.
   ② 강관틀을 동바리로 사용하는 경우에는 상단의 강재에 단판을 부착시켜 이것을 보 또는 작은 보에 고정해야 한다.

제11조(조립강주 동바리 조립)

1. 조립강주 동바리 조립 시 준수사항

   ① 수직재와 수평재 사이의 연결부는 전용 철물을 이용하여 견고하게 연결해야 한다.
   ② 조립강주를 조립한 후 수직재가 지반에서 이격되지 않도록 유의해야 한다.
   ③ 보 또는 멍에를 상단에 올릴 때에는 상단에 강재단판을 부착하여 보 또는 멍에를 고정시켜야 한다.
   ④ 높이가 4m를 초과할 때에는 4m 이내마다 수평연결재를 2개 방향으로 설치하고, 수평연결재의 변위를 방지하도록 해야 한다.

제12조(시스템 동바리 조립)

1. 시스템 동바리 조립 시 준수사항

   ① 동바리를 지반에 설치 시 지반의 지지력 검토 및 침하 방지 조치
   ② 수직재, 수평재 및 가새재 등의 여러 부재를 연결하는 경우에는 수직도를 유지
   ③ 수평재는 수직재와 직각으로 설치, 이음부나 접속부 등은 흔들리지 않도록 설치
   ④ 연결철물을 사용하여 수직재를 연결, 연결부위가 탈락되거나 꺾이지 않도록 설치
   ⑤ 구조적 안정성이 확보되도록 조립도에 따라 수직재 및 수평재에는 가새재 설치
   ⑥ 시스템 동바리를 설치하는 높이는 단변길이의 3배를 초과하지 않도록 설치
   ⑦ 멍에는 편심하중이 발생하지 않도록 U헤드의 중심에 위치해야 하며, 멍에가 U헤드에서 전도되거나 이탈되지 않도록 쐐기나 못 등으로 고정
   ⑧ 동바리 연결부는 연결핀을 체결, 하중에 의한 부재 이격 및 이탈의 위험 방지 조치
   ⑨ 동바리 최상단의 수직재와 U헤드, 최하단의 수직재와 잭베이스는 서로 밀착 설치, 수직재와 받침철물의 연결부 겹침 길이는 받침철물 길이의 1/3 이상 되도록 조치
   ⑩ 경사진 바닥에 설치 시 고임재 등 이용, 고임재는 미끄러지지 않도록 바닥에 고정

제13조(보 형식의 동바리 조립)

1. 보 형식의 동바리를 조립 시 준수사항
   ① 거푸집 등 측판의 벌어짐 방지를 위해 폼타이, 브라켓, 측판연결 각재 등 설치
   ② 접합부는 충분한 걸침 길이를 확보하고 못, 용접 등으로 양 끝을 지지물에 고정하여 미끄러짐 및 탈락을 방지해야 한다.
   ③ 양 끝에 설치된 보 거푸집을 지지하는 동바리 사이에는 수평연결재를 설치하거나 동바리를 추가로 설치하는 등 보 거푸집이 옆으로 넘어지지 않도록 설치

제14조(가공)제1호-3호

1. 철근 가공 및 조립 작업 시 준수사항
   ① 철근 가공 작업장 주위는 정리 정돈되어 있도록 해야 하며, 작업자 이외의 사람의 출입을 금지해야 한다.
   ② 철근은 상온에서 가공하는 것을 원칙으로 하고, 철근 상세도에 표시된 형상, 치수 및 재질이 일치하도록 해야 한다.
   ③ 철근 절단 작업을 하는 경우 다음 각 목의 사항을 준수해야 한다.
   가. 해머절단을 하는 경우 해머자루에 금이 가거나 쪼개진 부분이 없는지 확인하고, 절단기의 절단날이 마모되어 미끄러질 우려가 있는 것을 사용하지 않도록 해야 한다.
   나. 기계절단 작업 시 기계에는 접지를 하고, 철근 탄력에 의한 재해방지를 위해 철근 절단 시 절단 부위가 튀지 않도록 주의하여 작업을 해야 한다.

제14조(가공)제4호-5호

1. 철근 가공 및 조립 작업 시 준수사항
   ④ 철근 절곡 작업을 하는 경우에는 다음 각 목의 사항을 준수해야 한다.
   가. 오작동 방지를 위한 풋 스위치(foot switch)에 보호덮개를 설치해야 한다.
   나. 철근이 절곡되는 작업 범위 내에 근로자의 접근을 방지해야 한다.
   다. 철근 절곡기에는 접지를 해야 한다.
   라. 철근 절곡기에는 동력차단장치를 설치하고, 동력차단장치가 정상적으로 작동하도록 유지해야 한다.
   ⑤ 철근 이음 작업을 하는 경우에는 다음 각 목의 사항을 준수해야 한다.
   가. 철근 이음에 가스압접 이음, 기계적 이음, 용접 이음, 슬리브 이음 등을 적용할 경우 각각 사전에 준비된 이음 지침에 따르도록 해야 하며, 이음 지침이 구비되지 않은 경우에는 건설기준에 따르도록 해야 한다.
   나. 아크(arc) 용접 이음 작업을 하는 경우 배전반 또는 스위치는 쉽게 조작할 수 있는 곳에 설치해야 하며, 접지상태를 항상 확인해야 한다.

제14조(가공)제6호

1. 철근 가공 및 조립 작업 시 준수사항
   ⑥ 작업장에서 철근 절단·이음 작업 등 화기를 사용할 때는 화재예방을 위해 다음 각 목의 사항을 준수해야 한다.
   가. 작업 준비 및 작업 절차 수립
   나. 작업장 내 위험물의 사용·보관 현황 파악
   다. 화기 작업에 따른 인근 가연성물질에 대한 방호조치 및 소화기구 비치
   라. 용접불티 비산방지덮개 설치, 성능인증을 받은 용접방화포 설치 등 불꽃·불티 등의 비산방지조치
   마. 인화성 액체의 증기 및 인화성 가스가 남아 있지 않도록 환기 등의 조치
   바. 근로자에 대한 화재예방 및 피난교육 등 비상조치
   사. 화재감시자의 지정·배치

제15조(운반)제1호

1. 인력으로 철근을 운반하는 경우 준수사항

   가. 1회 25킬로그램 미만으로 제한하고, 1인당 10회 미만으로 운반하도록 한다.

   나. 2인 이상이 1조가 되어 어깨메기로 하여 운반하는 등 안전을 도모해야 한다.

   다. 철근 다발을 운반하는 경우에는 양끝을 묶어 운반하고, 내려놓을 때는 던지지 않고 천천히 내려놓도록 해야 한다.

   라. 운반하는 작업자가 넘어지지 않도록 실족방지망 등을 설치하여 안전하게 통행할 수 있도록 해야 한다.

제15조(운반)제2호

1. 기계·양중기를 이용하여 철근을 운반하는 경우 준수사항

   가. 운반작업 시 작업 책임자를 배치, 수신호 또는 표준신호 방법에 의하여 시행한다.

   나. 철근을 달아 올리는 경우에는 로프와 기구의 허용하중을 검토하여 과다하게 달아 올리지 않아야 한다.

   다. 철근을 달아 올리는 부근에는 관계 근로자 이외의 사람의 출입을 금지해야 한다.

   라. 비계, 거푸집, 데크플레이트(deck plate) 등 가설구조물에는 철근을 과다하게 적재하지 않아야 한다.

   마. 양중기로 철근을 운반하는 경우에는 두 군데 이상 묶어서 수평으로 운반해야 하며, 작업반경 내 근로자의 출입을 통제해야 한다.

   바. 지게차로 철근을 하역·운반하는 경우에는 편하중이 발생되지 않도록 철근을 포크 중앙에 적재하고 철근이 미끄러지지 않도록 단단히 고정해야 하며, 작업반경 내 근로자의 출입을 통제해야 한다.

제15조(운반)제3호

1. 철근을 운반하는 경우에는 감전 사고 등을 예방하기 위한 준수사항

   가. 철근 운반작업을 하는 바닥 부근에는 전선이 배치되어 있지 않아야 한다.

   나. 철근 운반작업을 하는 주변의 전선은 사용 철근의 최대길이 이상의 높이에 배선되어야 하며 이격거리는 최소한 2미터 이상이어야 한다.

   다. 운반장비는 반드시 전선의 배선 상태를 확인한 후 운행해야 한다.

제16조(조립)

1. 철근을 조립할 때 준수사항

   ① 추락 위험이 있는 장소에서 철근을 조립하는 경우 작업발판과 안전난간을 설치하고, 불가피한 경우 안전대를 착용하도록 하는 등 위험 방지 조치를 해야 한다.

   ② 철근 상세도에 따라 바른 위치에 배치하고, 콘크리트를 타설할 때 움직이지 않도록 충분히 견고하게 조립해야 한다.

   ③ 조립된 철근에 근로자가 접촉함으로써 찔림, 화상 등의 위험이 발생할 우려가 있으면 위험 방지를 위하여 필요한 조치를 해야 한다.

   ④ 철근 조립이 끝난 후 철근상세도에 맞게 조립되어 있는지 확인해야 한다.

   ⑤ 철근을 조립한 다음 장기간 경과한 경우에는 콘크리트 타설 전 다시 조립 검사를 해야 한다.

제17조(타설작업)

1. 콘크리트 타설작업을 하는 경우 준수사항

   ① 콘크리트 타설 전 타설 계획을 수립하고, 타설 계획에 따른 타설 순서를 준수
   ② 콘크리트 타설 전에 해당 작업에 관한 거푸집 및 동바리의 변형·변위 및 지반의 침하유무 등을 점검하고 이상이 있으면 보수·보강해야 한다.
   ③ 작업 중에는 감시자를 배치하여 거푸집 및 동바리의 변형·변위 및 침하유무 등을 확인하고, 이상이 있으면 작업을 즉시 중지하고 근로자를 대피시켜야 한다.
   ④ 콘크리트 타설작업 시 거푸집 및 동바리의 붕괴 발생할 우려 시 충분한 보강 조치
   ⑤ 타설속도는 건설기준에 따르도록 해야 한다.
   ⑥ 설계도서 상의 콘크리트 양생기간을 확보하거나 콘크리트 압축강도를 확인한 후 거푸집 및 동바리를 해체해야 한다.
   ⑦ 콘크리트를 타설하는 경우에는 편심이 발생하지 않도록 골고루 분산하여 타설
   ⑧ 진동기는 적절히 사용되어야 하며, 지나친 진동은 거푸집 변형 및 벌어짐의 원인이 될 수 있으므로 각별히 주의해야 한다.

제18조(양생)

1. 개요

   겨울철 콘크리트 타설 후 보온양생은 열풍기를 사용하도록 하고, 불가피하게 갈탄, 숯탄 및 고체연료 등의 연료를 사용하는 경우에는 다음 각 호의 사항을 준수해야 한다.

2. 양생작업 시 준수사항

   ① 콘크리트 양생작업이 이뤄지는 장소의 출입구에는 출입금지 표지를 설치하는 등 질식, 식, 중독위험이 있음을 알려야 하며, 관리감독자의 허가 없이 들어가지 않도록 한다.
   ② 콘크리트 양생작업이 있는 장소에 출입하기 전에 유해가스 및 산소농도를 측정하고, 질식, 중독위험이 있는 경우 환기 등 필요한 조치를 하도록 한다.
   ③ 유해가스 및 산소농도를 모르거나 적정 공기가 아님에도 불가피하게 양생장소에 출입해야 하는 경우 공기호흡기나 송기마스크를 착용하도록 한다.
   ④ 화재위험이 있는 경우 소화기 및 소화시설을 설치하는 등 필요한 조치를 하도록 한다.

제19조(콘크리트 타설장비)

1. 콘크리트 타설장비를 사용하여 타설하는 경우 준수사항

   ① 작업 전 콘크리트 타설장비의 이상유무를 점검하고 이상을 발견하면 즉시 보수
   ② 콘크리트 펌프카를 사용 시 작업계획서를 작성, 유도자 배치
   ③ 펌프카 배관상태 및 호스 선단 연결작업 확인, 장비 사양의 적정 호스길이 준수
   ④ 펌프카의 붐대를 조정할 때에는 제조사가 정한 매뉴얼을 준수
   ⑤ 주변 전선 등 지장물을 확인한 후 이격거리를 준수하며 조정
   ⑥ 콘크리트 분배기의 적재 하중을 초과하지 않도록 해야 하며, 무리하게 사용금지
   ⑦ 콘크리트 플레이싱 붐은 배관의 노후 상태 및 주요 구조부의 이탈 위험 유무 확인
   ⑧ 플레이싱 붐을 조작하기 전 누전 여부 확인, 감전 재해 예방을 위한 절연조치 실시
   ⑨ 콘크리트 타설장비의 호스 선단이 요동하지 않도록 확실히 붙잡고 타설
   ⑩ 호스의 요동·선회로 인한 추락방지 조치(안전난간 설치 또는 안전대 착용 등)
   ⑪ 공기압송 방법의 펌프카는 콘크리트가 비산하는 경우가 있으므로 주의하여 타설
   ⑫ 지반의 침하, 아웃트리거 손상 등으로 타설장비 넘어짐 방지를 위해 적절한 조치

제20조(해체)

1. 거푸집 및 동바리를 해체하는 경우 준수사항

   ① 해당 작업을 하는 구역에는 관계 근로자가 아닌 사람의 출입을 금지해야 한다.
   ② 비, 눈 또는 그 밖의 기상상태의 불안정으로 날씨가 몹시 나쁜 경우에는 그 작업을 중지해야 한다.
   ③ 거푸집 및 동바리는 콘크리트가 자중 및 시공 중에 가해지는 하중을 지지할 수 있는 강도를 가질 때까지 해체하지 않는 등 건설기준에 따라야 한다.
   ④ 추락 위험 장소에서 해체하는 경우 작업발판과 안전난간을 설치하고, 불가피한 경우 안전대를 착용하도록 하는 등 위험 방지를 위하여 필요한 조치를 해야 한다.
   ⑤ 재료, 기구 또는 공구 등을 올리거나 내리는 경우 근로자로 하여금 달줄·달포대 등을 사용하도록 해야 한다.
   ⑥ 낙하·충격에 의한 돌발적 재해를 방지하기 위하여 버팀목을 설치하고 거푸집 및 동바리를 인양장비에 매단 후에 작업을 하도록 하는 등 필요한 조치를 해야 한다.

3. 철골공사 표준안전 작업지침

		철골공사 표준안전 작업지침	
	1. 제3조 ~ 제16조		
		① 제2장 공사전 검토	
		- 제3조 ~ 제4조	
		② 제3장 철골건립전의 준비	
		- 제5조 ~ 제6조	
		③ 제4장 철골건립작업	
		- 제7조 ~ 제12조	
		④ 제5장 철골공사용 가설설비	
		- 제13조 ~ 제16조	

		제3조(설계도 및 공작도 확인)	
	1. 철골공사 전에 검토사항		
		① 건물높이 등 확인하여 건립형식, 건립작업상의 문제점, 관련 가설설비 등 검토	
		② 건립기계의 종류 및 건립공정을 검토	
		③ 건립작업방법의 난이도	
		④ 건립순서	
		⑤ 기둥 무게중심의 위치를 명확히 하는 등의 필요한 조치	
		⑥ 공작도에 포함되어야 할 사항	
		⑦ 풍압 등 외력에 대한 자립도	

		제3조(설계도 및 공작도 확인)제6호	기출 5회-3
	1. 철골 공작도에 포함할 사항		
		① 외부비계받이 및 화물승강설비용 브라켓	
		② 기둥 승강용 트랩	
		③ 구명줄 설치용 고리	
		④ 건립에 필요한 와이어 걸이용 고리	
		⑤ 난간 설치용 부재	
		⑥ 기둥 및 보 중앙의 안전대 설치용 고리	
		⑦ 방망 설치용 부재	
		⑧ 비계 연결용 부재	
		⑨ 방호선반 설치용 부재	
		⑩ 양중기 설치용 보강재	

		제3조(설계도 및 공작도 확인)제7호	기출 15회-6-1)/ 13회-5
	1. 철골 자립도 검토 대상 구조물		
		① 높이 20미터 이상의 구조물	
		② 구조물의 폭과 높이의 비가 1:4 이상인 구조물	
		③ 단면구조에 현저한 차이가 있는 구조물	
		④ 연면적당 철골량이 50킬로그램/평방미터 이하인 구조물	
		⑤ 기둥이 타이플레이트(tie plate)형인 구조물	
		⑥ 이음부가 현장용접인 구조물	

제4조(건립계획)

1. 철골건립계획수립 시 검토사항
   ① 입지조건
   - 현장인근 위해 여부, 차량 통행시 지장 여부, 작업반경내 지장물(가옥,전선 등)
   ② 건립기계 선정
   - 출입로, 설치장소, 기계조립면적/ 이동식 크레인 주행통로 / 건립기계의 인양범위
   ③ 건립순서 계획
   - 현장건립순서와 공장제작 순서 일치/ 후속작업 지장 받지않도록 계획 등
   ④ 운반로의 교통체계 또는 장애물에 의한 부재반입의 제약 등 고려 1일작업량 결정
   ⑤ 악천후 시 작업중지 및 강풍시 낙하,비래방지 조치
   - 풍속 : 10분간의 평균풍속이 1초당 10미터 이상
   - 강우량 : 1시간당 1밀리미터 이상
   ⑥ 재해방지 설비의 배치 및 설치방법
   ⑦ 신호방법, 악천후에 대비한 처리방법

제5조(앵커 볼트의 매립)

1. 앵커 볼트 매립 시 준수사항
   ① 앵커 볼트 매립 후에 수정하지 않도록 설치
   ② 앵커 볼트 매립정밀도 범위 내 준수
   ③ 앵커 볼트 이동, 변형이 발생하지 않도록 주의하여 콘크리트 타설

제5조(앵커 볼트의 매립)제2호

1. 앵커 볼트 매립 정밀도 범위
   ① 기둥중심은 기준선 및 인접기둥의 중심에서 5mm이상 벗어나지 않을 것
   ② 인접기둥간 중심거리의 오차는 3mm 이하일 것
   ③ 앵커볼트는 정위치에서 2mm 이상 벗어나지 않을 것
   ④ Base Plate 하단은 기준높이, 인접기둥의 높이에서 3mm이상 벗어나지 않을 것

제6조(기본치수의 측정)

1. 철골건립 전 기초 확인사항
   ① 기둥간격, 수직, 수평도 등의 기본치수를 측정
   ② 부정확하게 설치된 앵커 볼트
   ③ 철골기초 콘크리트의 배합강도는 설계기준과 동일한지 확인

제7조(건립준비)

1. 철골건립 준비사항
   ① 낙하물 위험 없는 평탄한 장소 선정하여 정비
   ② 건립작업에 지장이 되는 수목은 제거, 이설
   ③ 인근에 건축물, 고압선 등 방호조치
   ④ 사용전에 기계기구에 대한 정비, 보수 실시
   ⑤ 기계 배치, 윈치 위치, 기계 부착된 앵카 등 고정장치와 기초구조 확인

제8조(철골반입)

1. 철골반입 시 준수사항
   ① 다른 작업에 장해가 되지 않는 곳에 철골 적치
   ② 받침대는 적치될 부재 중량 고려
   ③ 부재 반입시는 건립의 순서 등을 고려하여 반입
   ④ 부재 하차시 쌓여있는 부재 도괴방지 조치
   ⑤ 부재 인양 시 부재 무너지지 않도록 주의
   ⑥ 전선 등 다른 장해물에 접촉할 우려는 없는지 확인
   ⑦ 적치높이는 적치 부재 하단폭의 1/3이하

제9조(기둥의 인양)   기출 15회-6-2)

1. 철골기둥 인양 시 준수사항
   ① 인양 와이어 로우프와 샤클, 받침대, 유도 로우프, 조임기구 등을 준비
   ② 발디딜 곳, 손잡을 곳, 안전대 설치장치 등을 확인
   ③ 기둥 인양용 덧댐 철판을 부착
   ④ 덧댐 철판에 와이어 로우프를 설치할 때에는 샤클을 사용
   ⑤ 와이어 로우프를 걸 경우는 보호용 굄재 사용
   ⑥ 후크에 인양 와이어 로우프를 걸 때에는 중심에 걸도록하고, 해지판 설치
   ⑦ 기둥을 일으켜 세우기 전에 기둥의 밑부분에 미끄럼방지를 위한 깔판을 삽입
   ⑧ 권상, 수평이동 및 선회시 부재 이동 범위 내 사람 유무 확인 후 실시
   ⑨ 인양 및 부재에 로우프를 매는 작업은 경험이 충분한 자가 실시
   ⑩ 통신, 신호체계를 수립하고 충분한 사전 교육을 하여야 한다
   ⑪ 작업책임자는 건립기계와 인양작업자를 동시에 관찰할 수 있는 지점에 위치

제10조(기둥의 고정)제1호

1. 앵커 볼트에 고정시키는 작업순서
   ① 기둥의 인양은 고정시킬 바로 위에서 멈춘 후 손이 닿을 위치까지 내리도록 한다.
   ② 앵커 볼트의 바로 위까지 흔들임이 없도록 유도하면서 방향을 확인
   ③ 기둥 베이스 구멍을 통해 앵커 볼트를 보면서 정확히 유도
   ④ 앵커 볼트 전체 균형을 유지하면서 조임
   ⑤ 기둥에서 내려올 때는 기둥의 트랩을 이용
   ⑥ 인양 와이어 로우프를 풀어 제거할 때에는 안전대를 사용

제10조(기둥의 고정)제2호

1. 다른 철골기둥에 접속시키는 작업순서
   ① 2인 1조로 작업
   ② 기둥이 아래층 기둥의 윗부분까지 인양되면 일단 동작을 정지
   ③ 인양된 기둥이 흔들림, 기둥의 접속방향이 맞지 않을 때는 신호를 명확히 하여 유도
   ④ 기둥의 접속에 앞서 이음철판(splice plate)에 설치된 볼트를 느슨하게 풀어둔다
   ⑤ 아래층 기둥 윗부분 가까이 이동되면 수공구등을 이용하여 정확한 접속위치 유도
   ⑥ 볼트를 필요한 수만큼 신속히 체결
   ⑦ 기둥을 오르내릴 때에는 트랩 이용, 인양 와이어 로프 제거시 안전대 사용

제11조(보의 인양)

1. 철골보를 인양 시 준수사항
   ① 와이어로프 매달기 각도 60도, 2열 매달고 체결지점 수평부재의 1/3기점
   ② 크램프는 부재를 수평으로 하는 두 곳의 위치에 사용
   ③ 크램프의 정격용량 초과금지
   ④ 크램프의 작동상태를 점검한 후 사용
   ⑤ 유도 로우프 확인
   ⑥ 후크의 중심에 인양 와이어 로우프 설치
   ⑦ 신호자는 운전자가 잘 보이는 곳에서 신호
   ⑧ 부재의 균형을 확인하면 서서히 인양
   ⑨ 흔들림, 선회하지 않도록 유도 로우프로 유도하며 장애물에 닿지 않도록 주의

제12조(보의 설치)   기출 15회-6-3)

1. 철골보 설치 시 준수사항
   ① 안전대 승강용 트랩에 걸어 추락 방지
   ② 2인 1조로 작업
   ③ 기둥 상단부, 보 연결부 등 안전대 부착설비 설치
   ④ 볼트 구멍이 맞지 않을 경우는 신속히 지지용 드래프트 핀을 타입
   ⑤ 무리한 힘을 가하여 볼트구멍 손상금지
   ⑥ 해체한 와이어 로우프는 후크에 걸어 내리며 밑으로 던져서는 안된다

제13조(비계)

1. 비계 및 작업발판을 설치 시 준수사항
   ① 달비계 등 전면비계는 추락 방지용 방망을 연결 설치하여 사용
   ② 달기틀 및 달비계용 달기체인은 "가설기자재 성능검정규격"에 적합한 것

제14조(재료 적치장소와 통로)

1. 재료의 적치장소와 통로 설치 시 준수사항

   ① 철골건립 진행에 따라 재료, 공구, 용접기 등 적치장소와 통로 설치
   ② 작업장 연면적 1000평방미터에 1개소 설치
   ③ 작업장 위는 기중기의 선회범위내에서 수평운반거리가 가장 짧게 되도록 계획
   ④ 최대적재하중과 작업내용 검토하여 작업장에 적재되는 자재수량, 배치방법 결정
   ⑤ 건물 외부로 돌출된 작업장은 적재하중과 작업하중을 고려
   ⑥ 작업장 추락, 낙하 방지를 위한 안전설비 설치
   ⑦ 가설통로는 안전성 고려, 설치하며 양측에 난간 설치

제15조(동력 및 용접설비)

1. 동력 및 용접설비 계획 시 고려사항

   ① 크레인용 및 용접용 동력은 최상층까지 이동 가능 한 케이블 등을 준비
   ② 용접량, 용접방법, 용접규격, 용접기의 대수 등을 정확히 계획
   ③ 용접기, 용접봉, 건조기 등은 보관소 별도 설치

제16조(재해방지 설비)

1. 철골공사 중 재해방지를 위한 준수사항

   ① 용도, 사용장소 및 조건에 따라 재해방지설비 설치(표 1)
   ② 고속작업에 따른 추락방지용 방망 설치
   ③ 구명줄의 마닐라 로우프 16mm이상 설치하여 1인 1가닥의 사용
   ④ 낙하 비래 및 비산방지 설비는 지상층의 철골 건립 개시 전에 설치
   ⑤ 외부 비계 불필요 공법 시에도 낙하비래 및 비산방지설비를 철골보 이용하여 설치
   ⑥ 화기 사용 시 불연재료의 울타리 설치, 석면포로 주위 덮은 등의 조치
   ⑦ 철골 내부 낙하비래방지시설을 설치 시 3층 간격마다 수평으로 철망을 설치
   ⑧ 기둥 제작 시 16mm 철근 이용 승강용 트랩 설치, 안전대 부착설비 겸용

제16조(재해방지 설비)제1호

기출 12회-5

1. (표 1) 재해방지설비

	기능	용도, 사용장소, 조건	설비
추락방지	안전한 작업이 가능한 작업대	높이 2m이상의 장소로서 추락의 우려가 있는 작업	비계, 달비계, 수평통로, 안전난간대
	추락자를 보호할 수 있는 것	작업대 설치가 어렵거나 개구부 주위로 난간설치가 어려운 곳	추락방지용 방망
	추락의 우려가 있는 위험장소에서 작업자의 행동을 제한하는 것	개구부 및 작업대의 끝	난간, 울타리
	작업자의 신체를 유지시키는 것	안전한 작업대나 난간설비를 할 수 없는 곳	안전대 부착설비, 안전대, 구명줄
비래낙하 및 비산방지	위에서 낙하된 것을 막는 것	철골건립, 볼트 체결 및 기타 상하작업	방호철망, 방호울타리, 가설앵커설비
	제3자의 위해방지	볼트, 콘크리트 덩어리, 형틀재, 일반자재, 먼지 등이 낙하비산할 우려가 있는 작업	방호철망, 방호시트, 방호울타리, 방호선반, 안전망
	불꽃의 비산방지	용접, 용단을 수반하는 작업	석면포

4. 해체공사 표준안전 작업지침

해체공사 표준안전 작업지침
1. 제3조 ~ 제25조
① 제2장 해체작업용 기계기구
- 제3조 ~ 제13조
② 제3장 해체공사전 확인
- 제14조 ~ 제15조
③ 제4장 해체공사 안전시공
- 제16조 ~ 제21조
④ 제5장 해체작업에 따른 공해방지
- 제22조 ~ 제25조

제3조(압쇄기)
1. 압쇄기 사용 시 준수사항
-압쇄기는 쇼벨에 설치, 유압조작에 의해 콘크리트에 강력한 압축력 가해 파쇄하는 것
① 사전에 압쇄기 중량, 작업충격 고려, 차체 지지력 초과 중량의 압쇄기부착 금지
② 압쇄기 부착과 해체는 선임된 자에 한하여 실시
③ 압쇄기 연결구조부는 수시로 보수점검
④ 배관 접속부의 핀, 볼트 등 연결구조의 안전 점검 실시
⑤ 절단날은 마모가 심하기 때문에 교환대체품목을 항상 비치

제4조(대형브레이커)	기출 13회-1
1. 대형브레이커 사용 시 준수사항	
- 대형 브레이커는 통상 쇼벨에 설치하여 사용	
① 중량, 작업 충격력 고려, 차체 지지력을 초과 중량의 브레이커부착 금지	
② 부착과 해체에는 선임된 자에 한하여 실시	
③ 유압작동구조, 연결구조 등의 주요구조 수시로 보수점검	
④ 수시로 유압호스가 새거나 막힌 곳이 없는가를 점검	
⑤ 해체대상물에 따라 적합한 형상의 브레이커를 사용	

제5조(철제햄머)
1. 철제햄머 사용 시 준수사항
- 햄머를 크레인 등에 부착하여 구조물에 충격을 주어 파쇄하는 것
① 햄머는 해체대상물에 적합한 형상과 중량의 것을 선정
② 햄머는 중량과 작압반경 고려, 차체의 붐, 차체 지지력을 초과하지 않도록 설치
③ 햄머를 매달 와이어로프는 적절한 것을 사용
④ 햄머와 와이어 로우프의 결속은 선임된 자에 한하여 실시
⑤ 킹크, 소선절단 등의 와이어로프는 즉시 교체, 결속부는 사용 전, 후 항상 점검

제6조(화약류)

1. 콘크리트 파쇄용 화약류 취급시 준수사항

   ① 사전 시험발파에 의한 폭력, 진동치속도 등에 파쇄능력, 진동, 소음의 영향력 검토

   ② 소음, 분진, 진동으로 인한 공해대책, 파편에 대한 예방대책을 수립

   ③ 화약류 관계법 규정하는 바에 의해 취급, 화약저장소 설치기준 준수

   ④ 시공순서는 화약 취급절차 준수

제7조(핸드브레이커)

1. 핸드브레이커 사용 시 준수사항

   - 압축공기, 유압의 급속한 충격력에 의거 콘크리트 등을 해체할 때 사용하는 것

   ① 끌의 부러짐을 방지하기 위하여 작업자세는 하향 수직방향으로 유지

   ② 기계는 항상 점검하고, 호스의 꼬임·교차 및 손상여부 점검

제8조(팽창제)

1. 팽창제 사용 시 준수사항

   - 광물의 수화반응에 의한 팽창압을 이용하여 파쇄하는 공법

   ① 팽창제와 물과의 시방 혼합비율을 확인

   ② 천공 직경은 30 내지 50㎜ 정도를 유지

   ③ 천공간격은 콘크리트 강도에 의하여 결정되나 30 내지 70㎝ 정도를 유지

   ④ 건조한 장소에 보관, 직접 바닥에 두지말고 습기를 피하여 저장

   ⑤ 개봉된 팽창제는 사용금지

제9조(절단톱)

1. 절단톱 사용 시 준수사항

   - 회전날 끝에 다이아몬드 입자를 혼합 경화하여 제조된 절단톱

   ① 작업현장은 정리정돈 철저

   ② 절단기에 사용되는 전기시설과 급수, 배수설비를 수시로 정비 점검

   ③ 회전날에는 접촉방지 커버 부착

   ④ 회전날의 조임상태 작업 전 점검

   ⑤ 절단 중 회전날을 냉각시키는 냉각수는 충분한지 점검

   ⑥ 불꽃이 많이 비산, 수증기 발생되면 과열된 것이므로 일시 중단한 후 작업

   ⑦ 절단방향을 직선을 기준하여 절단

   ⑧ 절단기는 매일 점검, 정비

제10조(재키)

1. 재키 사용 시 준수사항
   - 구조물의 부재 사이에 재키를 설치한 후 국소부에 압력을 가해 해체하는 공법
   ① 재키를 설치, 해체 시 선임된 자에 한하여 실시
   ② 유압호스 부분에서 기름이 새거나, 접속부에 이상이 없는지 확인
   ③ 호스의 커플링과 고무가 연결된 곳은 마모율과 균열에 따라 적정 시기 교환
   ④ 정기, 특별, 수시점검을 실시, 결함 사항 즉시 개선, 보수, 교체

제11조(쐐기타입기)

1. 쐐기타입기 사용 시 준수사항
   - 직경 30~40mm 정도의 구멍속에 쐐기를 박아 넣어 구멍을 확대하여 해체하는 것
   ① 쐐기가 휠 우려가 있으므로 굴곡이 없도록 천공
   ② 타입기 삽입부분의 직경과 거의 일치하도록 천공
   ③ 쐐기가 절단 및 변형 시 즉시 교체
   ④ 수시로 보수점검

제12조(화염방사기)

1. 화염방사기 사용 시 준수사항
   - 구조체를 고온으로 용융시키면서 해체하는 것
   ① 고온의 용융물이 비산하고 연기가 많이 발생되므로 화재발생에 주의
   ② 불꽃비산에 의한 인접부분의 발화에 대비하여 소화기 비치
   ③ 방열복, 마스크, 장갑 등의 보호구를 착용
   ④ 산소용기 전도방지조치, 빈용기와 채워진 용기의 저장 분리
   ⑤ 용기내 압력은 항상 섭씨 40도 이하로 보존
   ⑥ 호스는 결속물로 확실하게 결속하고, 균열, 노후된 것은 사용금지
   ⑦ 게이지의 작동 확인, 고장 및 작동불량품은 교체

제13조(절단줄톱)

1. 절단줄톱 사용시 준수사항
   - 와이어에 다이아몬드 절삭날을 부착하여, 고속회전시켜 절단 해체하는 공법
   ① 작업 전 와이어 점검
   ② 절단대상물의 절단면적을 고려하여 줄톱의 크기와 규격 결정
   ③ 절단면에 고온이 발생하므로 냉각수 공급
   ④ 구동축에는 접촉방지 커버를 부착

제14조(해체대상 구조물조사)   기출 12회-6-1)

1. 해체 대상 구조물 조사 사항
   ① 구조의 특성 및 생수, 층수, 건물높이 기준층 면적
   ② 평면 구성상태, 폭, 층고, 벽 등의 배치상태
   ③ 부재별 치수, 배근상태, 구조적으로 약한 부분
   ④ 해체시 전도의 우려의 내외장재
   ⑤ 설비기구, 전기배선, 배관설비 계통의 상세 확인
   ⑥ 구조물의 설립연도 및 사용목적
   ⑦ 구조물의 노후정도, 재해(화재, 동해 등) 유무
   ⑧ 증설, 개축, 보강 등의 구조변경 현황
   ⑨ 해체공법의 특성에 의한 비산각도, 낙하반경 등의 사전 확인
   ⑩ 진동, 소음, 분진의 예상치 측정 및 대책방법
   ⑪ 해체물의 집적 운반방법
   ⑫ 재이용, 이설을 요하는 부재현황

제15조(부지상황 조사)   기출 12회-6-2)

1. 부지상황 조사 사항
   ① 부지내 공지유무, 해체용 기계설비위치, 발생재 처리장소
   ② 철거, 이설, 보호조치 공사 장애물 현황
   ③ 접속도로의 폭, 출입구 갯수 및 매설물의 종류
   ④ 인근 건물동수 및 거주자 현황
   ⑤ 도로 상황조사, 가공 고압선 유무
   ⑥ 차량대기 장소 유무 및 교통량(통행인 포함.)
   ⑦ 진동, 소음발생 영향권 조사

제16조(안전일반)

1. 해체작업계획 수립 시 준수사항
   ① 작업구역내 관계자 외 출입통제
   ② 악천후 시 작업중지
   ③ 사용기계기구 인양, 내릴 때 그물망, 그물포대 사용
   ④ 전도작업 시 낙하위치 검토 및 파편 비산거리 예측하여 작업반경 설정
   ⑤ 다른 작업자의 대피상태 확인 후 전도작업 실시
   ⑥ 해체건물 외곽 방호용 비계 설치, 해체물의 전도, 낙하, 비산의 안전거리 유지
   ⑦ 방진벽, 비산차단벽, 분진억제 살수시설을 설치
   ⑧ 신호규정 준수, 신호방식 등 교육에 의해 숙지
   ⑨ 적정한 위치에 대피소 설치

제17조(압쇄기 사용공법)

1. 압쇄기 사용공법 적용 시 안전을 위한 준수사항
   ① 항시 중기의 안전성 및 지반다짐 확인, 편평도는 1/100이내
   ② 중기전도로 인한 사고방지 조치
   ③ 중기 운전자자격 확인
   ④ 중기 작업반경 및 해체물 낙하 예상 위치 출입 제한
   ⑤ 살수 작업자와 중기 운전자는 서로 상황 확인
   ⑥ 벽과 연결된 비계 외벽해체 직전 철거
   ⑦ 해체물 비산, 낙하방지를 위해 수평 낙하물 방호책 설치
   ⑧ 안전대 부착설비를 하고 안전대 착용
   ⑨ 파쇄작업순서 준수(슬라브, 보, 벽체, 기둥)

제18조(압쇄공법과 대형브레이커 공법병용)

1. 압쇄공법과 대형브레이커 공법병용 시 준수사항

   ① 압쇄기로 슬라브, 보, 내벽 등을 해체
   ② 대형브레이커로 기둥을 해체할 때에는 장비간 안전거리 확보
   ③ 대형브레이커와 엔진으로 인한 소음을 최대한 줄일 수 있는 수단 강구
   ④ 소음, 진동 기준은 관계법에서 정하는 바에 따라 처리

제19조(대형브레이커 공법과 전도공법병용)

1. 대형브레이커 공법과 전도공법병용 시 준수사항

   ① 사전 작업계획에 따라 전도작업, 순서에 의한 단계별 작업을 확인
   ② 전도작업 시 신호를 정하여 작업자에게 주지, 안전한 거리에 대피소 설치
   ③ 전도를 목적으로 절삭할 부분은 시공계획 수립시 결정
   ④ 기둥 전도방향 전면 철근 2본 이상 남겨 반대방향 전도방지
   ⑤ 인장 와이어로우프는 2본 이상
   ⑥ 예정 하중으로 넘어지지 않을 때 절삭부분을 더 깎아내어 자중에 의한 전도 유도
   ⑦ 전도작업 전에 비계와 벽과의 연결재는 철거 여부 확인

제20조(철햄머 공법과 전도공법 병용)

1. 철햄머 공법과 전도공법 병용 시 준수사항

   ① 크레인 설치위치 및 붐 회전반경 및 햄머사양 사전 확인
   ② 철햄머 매단 와이어로우프는 사용 전 점검
   ③ 철햄머 작업반경내와 해체물이 낙하·전도·비산하는 구간 설정, 통행인 출입통제
   ④ 벽과 기둥의 상단을 타격금지
   ⑤ 철햄머의 선회거리와 속도 등의 조건 사전 검토
   ⑥ 방진벽, 비산파편 방지망 설치 등 분진발생 방지 조치
   ⑦ 철근절단 시 안전대 부착설비를 설치, 안전대를 사용하고 무리한 작업금지
   ⑧ 위험작업구간에는 안전담당자 배치

제21조(화약발파 공법)

1. 화약류 취급 시 유의 사항

   ① 폭발물 보관 용기 취급 시 철제기구, 공구 사용금지
   ② 양도양수허가증 수량에 의해 반입, 필요한 분량만 용기로 반출하여 즉시 사용
   ③ 화약류에 충격금지
   ④ 화약류는 화기 부근, 그라인더 사용하고 있는 부근 취급금지
   ⑤ 전기뇌관은 전지, 전선 등 전기설비 부근 접촉금지
   ⑥ 화약, 폭약, 화공약품은 각각 다른 용기에 수납
   ⑦ 남은 화약류 취급소에 반납
   ⑧ 항상 도난에 유의하여 출입자 명부를 비치
   ⑨ 화약류를 현장에 운반 시 포대, 상자 등 사용
   ⑩ 화약, 폭약 및 도화선 등 운반 시 여러 사람이 각 종류별로 별개 용기에 넣어 운반
   ⑪ 운반자의 능력에 알맞는 양으로 운반
   ⑫ 발파기를 사전에 점검하고 작동불가 및 불능시 즉시 교체

제21조(화약발파 공법)제2호

1. 화약 발파공사 시 유의 사항
   - ① 장약전 누설전류와 지전류 및 발화성 물질의 유무 확인
   - ② 전기 뇌관 결선부위 방수 및 누전방지 조치
   - ③ 사전 도통시험으로 도화선 연결상태 점검
   - ④ 출입금지 구역 설정
   - ⑤ 점화 신호(깃발 및 싸이렌 등의 신호)의 확인
   - ⑥ 지발전기뇌관 발파 5분, 그외 발파는 15분 이내에 현장 접근금지
   - ⑦ 폭풍압과 비산석 방지를 위한 방호막 설치
   - ⑧ 불발장약 확인 및 제거 후 후속 발파 실시

제22조(소음 및 진동)

1. 해체작업에 따른 소음 및 진동 공해방지
   - ① 공기압축기 장비의 소음 진동 기준은 관계법 준수
   - ② 전도물 규모 작게하여 중량 최소화
   - ③ 햄머의 중량과 낙하높이를 가능한 한 낮게
   - ④ 현장 내 대형 부재로 해체, 장외에서 잘게 파쇄
   - ⑤ 방음, 방진 목적의 가시설 설치

제23조(분진)

1. 개요

   분진 억제하기 위하여 직접 발생 부분에 물을 뿌리거나 방진 시트, 분진 차단막 등 방진벽을 설치하여야 함.

제24조(지반침하)

1. 개요

   지하실 해체 시 작업 전에 깊이, 토질, 주변 상황 등과 중기 운행 시 수반되는 진동을 고려하여 지반침하에 대비하여야 함.

제25조(폐기물)

1. 개요

   해체작업에서 발생하는 폐기물은 관계법에서 정하는 바에 따라 처리하여야 함.

5. 터널공사 표준안전 작업지침

	터널공사 표준안전 작업지침-NATM공법
1. 제3조 ~ 제40조	
	① 제2장 지반의 조사 : - 제3조 ~ 제5조
	② 제3장 발파 및 굴착 : - 제6조 ~ 제15조
	③ 제4장 뿜어붙이기 콘크리트 : - 제16조 ~ 제17조
	④ 제5장 강아아치 지보공 : - 제18조 ~ 제19조
	⑤ 제6장 록 볼트 : - 제20조 ~ 제21조
	⑥ 제7장 콘크리트 라이닝 및 거푸집 : - 제22조 ~ 제24조
	⑦ 제8장 계 측 : - 제25조 ~ 제28조
	⑧ 제9장 배수 및 방수 : - 제29조 ~ 제34조
	⑨ 제10장 조명 및 환기 : - 제35조 ~ 제40조

	제3조(지반조사의 확인)
1. 개요	
	사업주는 지질 및 지층에 관한 조사를 실시하고 다음 각 호의 사항을 확인해야 함.
2. 지반조사의 확인사항	
	① 시추(보오링) 위치
	② 토층분포상태
	③ 투수계수
	④ 지하수위
	⑤ 지반의 지지력

	제4조(추가조사)
1. 개요	
	사업주는 설계도서의 시추결과표 및 주상도 등에 명시된 시추공 이외에 중요구조물의 축조, 인접구조물의 지반상태 및 위험지장물 등 상세한 지반·지층 상황을 사전에 조사하여야 하며 필요시 발주자와 협의한 다음 추가시추 조사를 실시하여야 한다.

	제5조(지반보강)
1. 개요	
	작업구, 환기구 등 수직갱 굴착계획구간의 연약지층·지반을 정밀 조사 해야 하며, 필요시 발주자와 협의한 다음 지반보강말뚝공법, 지반고결공법, 그라우팅 등의 보강 조치하여 굴착 중 붕괴 대비하여 안전한 공법을 계획하여야 한다.

제6조(일반사항)

1. 개요
   ① 설계 및 시방에서 정한 발파기준을 준수, 발파방식, 천공길이, 천공직경, 장약량 등을 준수하여 과다발파에 의한 모암손실, 과다여굴에 의한 붕괴·붕락을 예방
   ② 발파 구간의 막장 암반 상태 면밀히 확인, 발파 시방에 적합한 암질 여부 판단
   ③ 연약암질 및 토사층인 경우에는 발파를 중지하고 발파시방의 변경조치 등 검토
   ④ 발파허용진동치는 설계기준 및 표준시방서 등에서 정하는 기준 준수
   ⑤ 암질의 변화구간 및 발파시방 변경시 시험발파 실시 후 발파방식 계획 재수립
   ⑥ 기존 구조물의 하부지반 통과 구간의 굴착은 관계법령을 준수
   ⑦ 계측 결과에 따른 보강대책 마련, 이상 시 즉시 작업중지 후 장비. 인력대피 조치

제6조(일반사항)제3항

1. 발파 시 연약암질 및 토사층인 경우 검토사항
   ① 발파시방의 변경조치
   ② 암반의 암질판별
   ③ 암반지층의 지지력 보강공법
   ④ 발파 및 굴착 공법변경
   ⑤ 시험발파 실시

제6조(일반사항)제7항

1. 기존 구조물의 하부지반 통과 구간 굴착 시 확인사항
   ① 시험발파에 의한 진동 영향력에 대하여 정밀 검토
   ② 연약암반 및 토층 구간은 발파를 중지하고 수직·수평보오링 등 정밀조사 후 보강공법을 검토한 후 시공계획 수립
   ③ 언더피닝 및 파이프루핑 보강 시 정밀토층 및 지해매설물 등 사전검토 실시

제6조(일반사항)제7항의 제2호

1. 발파 시 연약암반 및 토층 구간의 보강공법
   ① 무진동 파쇄공법
   ② 쉴드공법
   ③ 언더피닝 및 파이프 루핑공법
   ④ 포아폴링공법
   ⑤ 프리그라우팅공법
   ⑥ 국부미진동 소할발파

제6조(일반사항)제7항의 제3호

1. 언더피닝 및 파이프루핑 보강작업계획수립 시 포함사항
   ① 정밀토층, 지하매설물 등의 사전검토
   ② 지반지지력구조 계산시 통과차량, 지진 등에 대한 충분한 안전율 적용
   ③ 강재 지보구간의 경우 취성파괴에 대한 사전 예방대책
   ④ 잭크의 마모, 작동 등의 이상유무 확인
   ⑤ 가설구조는 응력계, 침하계, 수위계에 의한 주기적 분석의 변위 허용기준 설정
   ⑥ 언더피닝구간 등의 토사굴착은 사전에 단계별 순서와 토량을 정확하게 산정
   ⑦ 기계·장비 굴착에 의한 진동 최소화
   ⑧ 용출수 및 누수 발생 시 급결제 등의 방수 및 배출수 유도시설

제7조(발파작업)

1. 개요

   사업주는 터널공사에 필요한 발파작업에서의 재해예방을 위한 화약류의 취급, 운반, 사용 및 관리와 작업상의 안전에 관하여는 「발파 표준안전 작업지침」 (고용노동부 고시)을 따른다

제13조(버력처리)

1. 버력처리 시 준수사항
   ① 사토장거리, 운행속도 등의 작업계획을 수립한 후 작업
   ② 버력적재, 운반 시 운행속도, 회전주의, 후진금지 등 안전표지판 부착
   ③ 직업안전교육 실시
   ④ 작업자 이외 출입을 금지하도록 안전담당자 배치
   ⑤ 버력의 적재, 운반기계에는 경광등, 경음기 등 안전장치 설치
   ⑥ 버력처리 시 불발화약류가 혼입방지를 위한 확인
   ⑦ 운반 중 버력이 떨어지는 일이 없도록 무리한 적재금지
   ⑧ 버력운반로 양호한 노면을 유지하고, 배수로 확보
   ⑨ 갱내 궤도 운반 시 탈선 재해방지를 위해 궤도 수시로 점검, 보수
   ⑩ 버력반출용 수직구에 낙석재해 방지위한 낙석주의, 접근금지 등 안전표지판 설치
   ⑪ 버력 적재장에서는 붕락, 붕괴의 위험이 있는 뜬돌 확인, 제거한 후 작업
   ⑫ 차량계 운반장비는 작업시작 전 점검, 이상발견 시 즉시 보수

제13조(버력처리)제1호

1. 버력처리 장비 선정 시 고려사항
   ① 굴착단면의 크기 및 단위발파 버력의 물량
   ② 터널의 경사도
   ③ 굴착방식
   ④ 버력의 상상 및 함수비
   ⑤ 운반 통로의 노면상태

제13조(버력처리)제12호

1. 차량계 운반장비 작업시작전 점검사항
   ① 제동장치 및 조절장치 기능의 이상 유무
   ② 하역장치 및 유압장치 기능의 이상 유무
   ③ 차륜의 이상 유무
   ④ 경광, 경음장치의 이상 유무

제14조(기계굴착)제1항

1. 개요
   로드 헤더(Load Header), 쉬일드머쉰(Shield Machine), 터널보오링머쉰(T.B.M)
   굴착기계는 작업 안전 계획수립 후 작업
2. 기계굴착 선정 시 고려사항
   ① 터널굴착단면의 크기 및 형상
   ② 지질구성 및 암반의 강도
   ③ 작업공간
   ④ 용수상태 및 막장의 자립도
   ⑤ 굴진방향에 따른 지질단층의 변화정도

제14조(기계굴착)제2항

1. 기계굴착 작업안전계획 수립 시 포함사항
   ① 굴착기계 및 운반장비 선정
   ② 굴착단면의 굴착순서 및 방법
   ③ 굴진작업 1주기의 공정순서 및 굴진단위길이
   ④ 버력적재 방법 및 운반경로
   ⑤ 배수 및 환기
   ⑥ 이상 지질 발견시 대처방안
   ⑦ 작업시작전 장비의 점검
   ⑧ 안전담당자 선임

제15조(연약지반의 굴착)

1. 연약지반 굴착 시 준수사항
   ① 막장에 연약지반 발생시 포아폴링, 프리그라우팅 등 지반보강 조치 후 굴착
   ② 굴착 전 비상시 대비 뿜어붙이기 콘크리트 준비
   ③ 급결제 항상 준비
   ④ 철망, 소철선, 마대, 강관 등을 갱내의 찾기 쉬운 곳에 준비
   ⑤ 막장에는 항상 작업자 배치
   ⑥ 이상용수 발생, 막장 자립도에 이상 시 즉시 작업 중단 후 조치
   ⑦ 안전담당자 배치
   ⑧ 필요시 수평보오링, 수직보오링을 추가 실시

	제16조(작업계획)
1. 뿜어붙이기 콘크리트 작업계획수립 시 포함사항	
	① 사용목적 및 투입장비
	② 건식공법, 습식공법 등 공법의 선택
	③ 노즐의 분사출력기준
	④ 압송거리
	⑤ 분진방지대책
	⑥ 재료의 혼입기준
	⑦ 리바운드 방지대책
	⑧ 작업의 안전수칙

	제17조(일반사항)
1. 뿜어붙이기 콘크리트 작업 시 준수사항	
	① 대상암반면의 절리상태, 부석, 탈락, 붕락 등의 사전조사
	② 용수 발생구간은 누수공 설치 등 배수처리, 급결제로 지수
	③ 압축강도 24시간 이내에 100kgf/㎠ 이상, 28일 강도 200kgf/㎠ 이상 유지
	④ 철망 고정용 앵커는 10㎡당 2본
	⑤ 철망 이음부위 겹침 20㎝ 이상
	⑥ 철망은 원지반으로부터 1.0㎝ 이상 이격거리 유지
	⑦ 굴착 후 빠른시간 내 뿜어붙이기 콘크리트하여 지반 이완변형 최소화
	⑧ 분진마스크, 귀마개, 보안경 등 개인 보호구를 지급하고 착용 여부를 확인
	⑨ 뿜여붙이기 콘크리트 노즐분사압력은 2~3kgf/㎠
	⑩ 물의 압력은 압축공기의 압력보다 1kgf/㎠ 높게 유지
	⑪ 작업전 경계부위에 필요한 방호조치
	⑫ 콘크리트 낙하로 인한 재해 예방을 위해 적정 비율의 혼합

	제17조(일반사항)제12호
1. 지반 및 암반의 상태에 따라 뿜어붙이기 콘크리트의 최소 두께 기준	
	① 약간 취약한 암반 : 2㎝
	② 약간 파괴되기 쉬운 암반 : 3㎝
	③ 파괴되기 쉬운 암반 : 5㎝
	④ 매우 파괴되기 쉬운 암반 : 7㎝(철망병용)
	⑤ 팽창성의 암반 : 15㎝(강재 지보공과 철망병용)

	제18조(일반사항)
1. 강아아치 지보공 설치 시 준수사항	
	① 설계, 시방에 부합하는 조립도 작성, 조립도에 따라 작업
	② 재질기준, 설치간격, 접합볼트 체결 등의 기준 준수
	③ 부재 운반, 부재 전도, 협착 등 안전조치 후 작업
	④ 설계조건 암반보다 불리한 경우 강아아치 지보공의 간격 축소

제19조(시공)

1. 강아아치 지보공 시공 시 준수사항
   ① 발파 굴착면의 절리발달, 편암붕락 등 파괴응력 발생 전 설치
   ② 지보공의 위치중심, 고저차 수시로 점검
   ③ 지보공 침하 방지의 쐐기, 앵커 등 고정조치
   ④ 상호연결볼트 및 연결재의 용접금지하고 덧댐판으로 볼트 접합
   ⑤ 지보공 받침은 콘크리트 블록 사용
   ⑥ 변형, 부재 이완 시 즉시 보강
   ⑦ 프리그라우팅 및 포아폴링 등 보강작업
   ⑧ 지보공 이동, 뒤틀림 방지를 위해 설치오차 10㎝ 이내의 봉, 파이프 사용
   ⑨ 막장 구조적 불안정 등 비상 상황 대비하여 쐐기목, 급결제, 시멘트 등 준비

제20조(일반사항)

1. 록 볼트 설치작업 시 준수사항
   ① 록 볼트 작업전 지반의 강도 등을 검토 하여 실시
   ② 설계, 시방에 준하는 적정한 방식 여부 확인(선단정착형, 전면접착형, 병용형)
   ③ 현장 부근에서 시험시공, 인발시험 등 시행하여 록 볼트 선정
   ④ 록 볼트 재질은 암반조건, 설계시방 등을 고려하여 선정
   ⑤ 직경 25㎜의 록 볼트 사용
   ⑥ 조기 접착력이 큰 접착제 선정
   ⑦ 원지반의 강도와 암반특성 등을 고려하여 록볼트 간격 및 길이 결정

제20조(일반사항)제1호

1. 록 볼트 설치작업 전 검토사항
   ① 지반의 강도
   ② 절리의 간격 및 방향
   ③ 균열의 상태
   ④ 용수상황
   ⑤ 천공직경의 확대유무 및 정도
   ⑥ 보아홀의 거리정도 및 자립여부
   ⑦ 뿜어붙이기 콘크리트 타설방향
   ⑧ 시공관리의 용이성
   ⑨ 정착의 확실성
   ⑩ 경제성

제20조(일반사항)제6호

1. 록 볼트 삽입간격 및 길이결정 시 고려사항
   ① 원지반의 강도와 암반특성
   ② 절리의 간격 및 방향
   ③ 터널의 단면규격
   ④ 사용목적

제21조(시공)

1. 록 볼트 시공 시 준수사항
   ① 굴착 면 직각으로 천공, 볼트 삽입 전 유해한 녹 등 이물질 제거
   ② 삽입 후 즉시 록 볼트의 항복강도 내에서 조임
   ③ 시공후 1일 경과 후 재조임 실시, 소정의 긴장력 도입 확인을 위해 정기적 점검
   ④ 지지판은 지반 붕락방지 위해 암석, 뿜어붙이기 콘크리트 표면에 밀착시공
   ⑤ 뿜어붙이기 콘크리트의 경과 후 빠른 시기에 시공
   ⑥ 용출수 유도, 차수 실시
   ⑦ 경사방향 록 볼트는 소정의 각도 준수
   ⑧ 암반상태, 지질의 상황과 계측결과에 따라 보완 조치
   ⑨ 천공장 규격에 따라 크롤라 드릴 등 천공기 선정
   ⑩ 시공 후 정기적 록 볼트 인발시험
   ⑪ 축력변화 기록, 암반거동 분석하여 록 볼트 추가시공
   ⑫ 개인 보호구 지급 및 착용 상황 확인

제21조(시공)제8호

1. 계측결과 록 볼트 추가시공 해당하는 경우
   ① 터널 벽면 변형이 록 볼트 길이의 약 6% 이상으로 판단되는 경우
   ② 인발시험 결과 충분한 인발내력이 얻어지지 않는 경우
   ③ 록 볼트 길이 반 이상으로부터 지반 심부까지 사이 축력분포 최대치인 경우
   ④ 소성영역의 확대가 록 볼트 길이를 초과한 것으로 판단되는 경우

제22조(콘크리트 라이닝)

1. 콘크리트 라이닝 시공 시 사전 검토사항
   ① 라이닝 콘크리트 배면과 뿜어붙인 콘크리트면 사이의 공극 방지
   ② 콘크리트 재료의 혼합 후 타설 완료 때까지의 소요 시간
   ③ 콘크리트 재료의 분리, 손실, 이물의 혼입 방지 방법의 운반
   ④ 콘크리트 타설 표면 이물질 사전 제거
   ⑤ 1구간의 연속 타설, 좌우대칭 같은 높이로 하여 타설로 거푸집에 편압 방지
   ⑥ 타설 슈트, 벨트컨베이어 등 사용 시 충격, 휘말림 등에 충분한 주의
   ⑦ 터널 천정부의 처짐으로 인한 공극방지 위해 경화 후 접착 그라우팅 시행

제22조(콘크리트 라이닝)제1호

1. 콘크리트 라이닝 공법 선정 시 검토사항
   ① 지질, 암질상태
   ② 단면형상
   ③ 라이닝의 작업능률
   ④ 굴착공법

제22조(콘크리트 라이닝)제2호

1. 굴착공법에 따른 라이닝 공법

라이닝공법		굴착공법	
측벽선행공법	전단면 공법	아아치선행 공법	상부반단면 선진공법
측벽도갱선진 상부반단면 공법		지설도갱선진 상부반단면 공법	

제23조(거푸집구조의 확인)제1호

1. 이동식 거푸집 설치 시 준수사항

   ① 이동식 거푸집 제작 시 작업공간 확보

   ② 볼트, 너트 등으로 견고히 고정하며, 휨, 비틀림, 전단 등 응력에 대하여 점검

   ③ 거푸집 이동용 궤도는 침하방지 위해 지반의 다짐, 편평도 사전 점검

   ④ 장시간 방치 시 유압실린더, 플레이트 등의 파손, 이완 재확인하여 교체, 보강조치

   ⑤ 타설 충격에 의한 거푸집 변위방지 목적으로 가설앵커, 쐐기설치

제23조(거푸집구조의 확인)제2호

1. 조립식 거푸집 설치 시 준수사항

   ① 제작 조립도의 조립순서 준수

   ② 해체 시 순서에 의해 부재 정리 정돈하고 유해물질 제거

   ③ 조립, 해체 반복작업에 의한 볼트, 너트의 손상률 사전 검토, 충분한 여분 준비

   ④ 라이닝플레이트 등의 절단, 변형, 탈락 시 용접 접합 금지

   ⑤ 벽체 및 천정부 작업시 작업대 설치

   ⑥ 사다리, 안전난간대, 안전대 부착설비, 이동용 바퀴 및 정지장치 등 설치

제24조(시공)

1. 거푸집을 조립 시 준수사항

   ① 작업 전 콘크리트의 1회 타설량, 타설길이, 타설 속도 고려

   ② 거푸집 측면판은 모르타르가 새어나가지 않도록 원지반에 밀착, 고정

   ③ 콘크리트 양생 기준 준수

   ④ 철근의 앵커구조, 피복규격 등 확인

   ⑤ 철근의 변위, 이동방지용 쐐기 설치 상태 확인

제25조(계측의 목적)

1. 개요

   터널 계측은 굴착지반의 거동, 지보공 부재의 변위, 응력의 변화 등에 대한 정밀 측정을 실시하므로서 시공의 안전성을 사전에 확보하고 설계시의 조사치와 비교분석하여 현장조건에 적정하도록 수정, 보완하는데 목적

2. 계측측정 기준

① 터널내 육안조사	② 내공변위 측정
③ 천단침하 측정	④ 록 볼트 인발시험
⑤ 지표면 침하측정	⑥ 지중변위 측정
⑦ 지중침하 측정	⑧ 지중수평변위 측정
⑨ 지하수위 측정	⑩ 록 볼트 축력측정
⑪ 뿜어붙이기 콘크리트 응력측정	⑫ 터널내 탄성파 속도 측정
⑬ 주변 구조물의 변형상태 조사	

제26조(계측관리)

1. 개요

   ① 터널작업시 사전에 계측계획을 수립하고 계획에 따라 계측
   ② 계측결과를 설계 및 시공에 반영, 측정기준을 명확히 하여 공사 안전성 도모
   ③ 일상계측과 대표계측 구분하여 관리

2. 계측 계획수립 시 포함사항

   ① 측정위치 개소 및 측정의 기능 분류
   ② 계측시 소요장비
   ③ 계측빈도
   ④ 계측결과 분석방법
   ⑤ 변위 허용치 기준
   ⑥ 이상 변위시 조치 및 보강대책
   ⑦ 계측 전담반 운영계획
   ⑧ 계측관리 기록분석 계통기준 수립

제27조(계측결과 기록)

1. 개요

   사업주는 계측결과를 시공관리 및 장래계획에 반영할 수 있도록 그 기록을 보존해야 함.

제28조(계측기의 관리)

1. 계측기 관리 시 준수사항

   ① 전문교육을 받은 계측 전담원 지정하에 계측
   ② 계측기 관계자 이외 취급 금지
   ③ 계측 결과 분석 후 충분한 기술자료 및 표준지침에 의거 하여 조치

제29조(배수 및 방수계획의 작성)

1. 개요

   사업주는 터널내의 누수로 인한 붕괴위험 및 근로자의 직업안전을 위하여 지반조사, 추가조사를 근거로 하여 배수 및 방수계획을 수립한 후 그 계획에 의하여 안전조치를 해야 함.

2. 배수 및 방수계획 수립 시 포함사항

   ① 지하수위 및 투수계수에 의한 예상 누수량 산출
   ② 배수펌프 소요대수 및 용량
   ③ 배수방식의 선정 및 집수구 설치방식
   ④ 터널내부 누수개소 조사 및 점검 담당자 선임
   ⑤ 누수량 집수유도 계획 또는 방수계획
   ⑥ 굴착상부지반의 채수대 조사

제30조(누수에 의한 위험방지)

1. 누수에 의한 위험방지 준수사항

   ① 터널 내의 누수개소, 누수량 측정담당자 선임
   ② 누수 발견 시 토사 유출로 인한 상부 지반의 공극 확인, 분당 누출 누수량 측정
   ③ 뿜어붙이기 콘크리트 부위에 토사유출의 용수 발생시 즉시 작업을 중단하고 지중침하, 지표면 침하 등 계측 결과 확인, 정밀지반 조사 후 급결그라우팅 조치
   ④ 집수유도로 설치 또는 방수의 조치

제30조(누수에 의한 위험방지)제4호

1. 누수 및 용출수 처리 시 확인 사항

   ① 누수에 토사의 혼입 정도 여부
   ② 배면 또는 상부지층의 지하수위 및 지질 상태
   ③ 누수를 위한 배수로 설치시 탈수 또는 토사유출로 인한 붕괴 위험성 검토
   ④ 방수로 인한 지수처리 시 배면 과다 수압에 의한 붕괴의 임계 한도
   ⑤ 용출수량의 단위시간 변화 및 증가량

제31조(아아치 접합부 배수유도)

1. 개요

   터널구조상 2중 아아치, 3중 아아치의 구조에 있어서 시공중 가설배수도 유도는 아아치 접합부 상단에 임시 배수 관로 등을 설치하여 배수안전조치를 취하여야 함.

제32조(배수로)

1. 개요

   배수로를 설치하고 지반의 안정조건, 근로자의 양호한 작업조건을 유지해야 함.

제33조(지반보강)

1. 개요

   누수에 의한 붕괴위험 있는 개소에는 약액주입 공법 등 지반보강 조치를 해야 하며 정밀지층조사, 채수대 여부, 투수성 판단 등의 조치를 사전에 실시해야 함.

제34조(감전위험방지)

1. 감전 위험방지 조치

   ① 수중배수 펌프 설치시 펌프 외함에 접지, 수시로 누전상태 등 확인

   ② 전선가설 안전기준 확인

   ③ 충분한 높이 측면에 전선 가설하여 접촉 방지

   ④ 갱내 조명등, 수중펌프, 용접기 등 누전차단기 회로와 연결하며 접지 실시

제35조(조명)

1. 개요

   사업주는 막장의 균열 및 지질상태 터널벽면의 요철정도, 부석의 유무, 누수상황 등 확인할 수 있도록 조명시설을 해야 함.

제36조(조명시설의 기준)

1. 작업면에 대한 조도 기준

작업기준	기준
막장구간	70 LUX 이상
터널중간구간	50 LUX 이상
터널입.출구, 수직구 구간	30 LUX 이상

제37조(채광 및 조명)

1. 개요

    채광 및 조명은 명암의 대조가 심하지 않고, 눈부심 없는 방법으로 설치

    막장 점검, 누수점검, 부석 및 변형 등의 점검을 위해 적절한 조도 유지해야 함.

제38조(조명시설의 정기점검)

1. 개요

    조명설비에 정기, 수시 점검 계획수립하고 단선, 단락, 파손, 누전 등 즉시 조치

제39조(환기)

1. 환기시설 설치 시 준수사항

    ① 충분한 용량의 환기설비를 설치

    ② 발파 후 유해가스, 분진 및 내연기관의 배기가스 등을 신속히 환기

    발파 후 30분 이내 배기, 송기가 완료

    ③ 환기가스처리장치가 없는 디젤기관은 터널 내의 투입금지

    ④ 터널 내 기온 37℃ 이하로 환기

    ⑤ 소요환기량에 충분한 용량의 설비 설치

    중앙집중환기방식, 단열식 송풍방식, 병열식 송풍방식의 기준에 의한 계획수립

	제39조(환기)제1호
1. 환기용량의 산출기준	
	① 발파 후 가스 단위 배출량을 산출하고 이의 소요환기량
	② 근로자의 호흡에 필요한 소요환기량
	③ 디젤기관의 유해가스에 대한 소요환기량
	④ 뿜어붙이기 콘크리트의 분진에 대한 소요환기량
	⑤ 암반 및 지반자체의 유독가스 발생량

	제40조(환기설비의 정기점검)
1. 개요	
	환기설비 정기점검을 실시하고 파손, 파괴, 용량 부족시 보수 또는 교체해야 함.

6. 발파 표준안전 작업지침

	발파 표준안전 작업지침
1. 제2조 ~ 제34조	
	① 제1장 총칙
	- 제2조
	② 제2장 화약류의 취급 등
	- 제3조 ~ 제11조
	③ 제3장 천공 및 장약
	- 제12조 ~ 제14조
	④ 제4장 발파
	- 전기발파 : 제15조 ~ 제21조
	- 비전기발파 : 제22조 ~ 제26조
	- 전자발파 : 제27조 ~ 제31조
	⑤ 제5장 기폭 및 발파 후 처리
	- 제32조 ~ 제34조

	제2조(용어의 정의)
1. 정의	
	① 폭발이란 맹렬한 발열반응과 충격파를 동반하는 화학반응
	② 화약이란 추진적 폭발의 용도로 사용하는 것
	③ 폭약이란 파괴적 폭발의 용도로 사용하는 것
	④ 도폭선이란 섬유, 플라스틱, 금속 등의 관 내부에 폭약을 삽입한 것
	⑤ 최소저항선 장약의 중심에서 자유면에 이르는 최단거리
	⑥ 뇌관이란 화약 또는 폭약을 기폭하는 데 쓰이는 발화·발열용 금속관을 말하며, 기폭방식에 따라 전기뇌관, 비전기뇌관, 전자뇌관 등으로 구분
	⑦ 전기뇌관이란 전기적으로 기폭되는 뇌관
	⑧ 비전기뇌관 전기 없이 시그널튜브에 의한 불꽃 등을 이용하여 기폭되는 뇌관
	⑨ 전자뇌관 집적회로(IC칩)에서 발생하는 전자적 신호로 기폭되는 뇌관
	⑩ 시그널튜브란 비전기식발파기로부터 충격을 받아 폭발하여 연결된 뇌관을 기폭시키는 화공품

	제3조(발파작업책임자)
1. 개요	
	사업주는 화약류를 취급·사용하여 발파작업을 하는 경우 발파작업책임자가 「산업안전보건법 시행령」 제15조제1항에 따른 관리감독자의 업무를 수행하도록 하여야 한다

	제4조(일반 안전기준)
1. 발파작업 시 준수사항	
	① 작업계획서 작성, 작업계획서에 따라 발파작업책임자가 작업을 지휘하도록 할 것
	② 관계 근로자가 아닌 사람의 출입을 금지
	③ 화약류 반입 시 총포화약법 및 제조사의 사용지침에서 정하는 바에 따를 것
	④ 화약류를 사용, 취급 및 관리하는 장소 인근에서는 화기사용, 흡연 등 금지
	⑤ 발파기는 발파작업책임자만 취급할 수 있도록 조치
	발파기에 발파모선을 연결할 때는 발파작업책임자의 지휘에 따를 것
	⑥ 발파 전에는 발파 뇌관의 수량 파악, 발파 후에는 폭발한 뇌관의 수량을 확인
	⑦ 수중발파에 뇌관의 각선은 수심을 고려하여 그 길이를 충분히 확보
	⑧ 도심지 등 주의를 요하는 장소에서는 발파 전에 공인기관, 이에 상응하는 자의 입회하에 시험발파를 실시하여 안전성을 검토

제4조(일반 안전기준)제1호
1. 발파 작업계획서 작성 시 포함사항
① 발파 작업장소의 지형, 지질 및 지층의 상태
② 발파작업 방법 및 순서(발파패턴 및 규모 등 중요사항을 포함한다)
③ 발파 작업장소에서 굴착기계등의 운행경로 및 작업방법
④ 토사·구축물 등의 붕괴 및 물체가 떨어지거나 날아오는 것을 예방 안전조치
⑤ 뇌우나 모래폭풍이 접근하고 있는 경우 화약류 취급이나 사용 등 모든 작업을 중지하고 근로자들을 안전한 장소로 대피하는 방안
⑥ 발파공별 시차 두고 발파하는 지발식 발파를 할 때 비산, 진동 등의 제어대책

제5조(진동 및 파손 등)제1항
1. 진동 및 파손 등의 우려가 있는 경우 준수사항
① 시설 인근 발파는 주변 상태와 발파위력을 고려하여 소음과 진동 최소화할 것
② 시설소유자, 점유자, 사용자에게 발파계획의 내용과 시기 및 통제조치를 알리고, 필요한 조치를 할 때까지 발파작업을 금지
③ 건설공사 설계기준 등 관계 법령에서 정하는 진동 허용기준을 준수할 것
④ 관계 전문가로부터 발파에 따른 진동을 측정, 분석한 기록지 확인. 보관할 것

제5조(진동 및 파손 등)제2항
1. 소음과 진동 최소화를 위한 고려사항
① 관계 전문가에게 자문하여 소음.진동의 영향을 최소화할 수 있는 화약류 결정
② 자유면을 가능한 한 많이 활용하여 적정한 최소저항선과 장약량을 결정할 것
③ 폭발음 경감을 위해 토제 쌓거나, 풍향, 풍속을 고려하고 지발 뇌관 사용할 것
④ 공발현상을 최소화하기 위해 충분한 전색작업과 보호매트 등을 사용할 것
⑤ 비전기발파의 경우 뇌관 및 번치커넥터의 기폭에 의한 소음 최소화조치를 할 것

제6조(발파방법의 선정)
1. 발파방법의 선정 시 고려사항
① 발파방법을 변경하는 경우 또는 연약암질, 토사층 및 암질의 변화구간에서 발파하는 경우 사전에 발파에 의한 영향력 등을 조사하기 위한 시험발파를 실시하여 가장 안전한 발파방법을 고려할 것
② 관계 전문가에게 자문 하여 화약류 사용 및 발파방법을 적용할 것
③ 레이다, 무선 송수신 시설이 있거나, 측정 결과 누설전류의 위험이 있는 경우에 전기뇌관의 사용을 지양할 것
④ 물이 고여 있거나 지하수 용출이 있는 장소 또는 수공에 장약해야 하는 경우에 전기뇌관의 사용을 지양할 것
⑤ 온천지역 등의 고온공에서 장약해야 하는 경우 제조사에서 정한 기준 준수
⑥ 정전기 발생의 우려가 있는 장소 또는 우천, 낙뢰에 의한 누설전류로 인해 폭발의 위험성이 높은 장소에서는 비전기뇌관 또는 전자뇌관을 사용할 것

제7조(화약류의 저장 및 운반)

1. 개요

    ① 건설공사, 채석장 등 발파작업 현장에서 화약류를 사용할 때는 「총포화약법」 제25조에 따른 화약류저장소로부터 매일 발파에 필요한 최소량을 화약류취급소로 운반하도록 하여야 한다.

    ② 그 밖에 화약류의 저장 및 운반에 관한 구체적인 사항은 「총포화약법」에 따른다

제8조(화약류취급소)

1. 화약류취급소의 운용 및 화약류 보관 시 준수사항

    ① 화약류취급소 이외의 장소에 화약류 방치, 보관하지 않도록 할 것

    ② 화약류취급소 및 인근 약포에 뇌관류를 삽입하거나, 삽입된 약포 취급 금지

    ③ 관계 근로자가 아닌 사람의 출입을 금지할 것

    ④ 화약류취급소에 보관한 화약류의 피탈, 도난 방지조치를 할 것

    ⑤ 화약류취급소 인근 흡연, 화기사용 등 화재의 위험을 초래하는 행위 금지

    ⑥ 방화수, 방화사 및 소화기 등을 비치하여 둘 것

    ⑦ 화약류 취급 대장을 비치하여 발파작업책임자가 화약류의 보관, 사용 및 잔류수량 등을 기록하게 할 것

    ⑧ 화약류취급소에 화약류 취급상 안전수칙을 근로자가 보기 쉬운 곳에 게시할 것

제9조(사업장 내 운반)

1. 화약류 운반 시 준수사항

    ① 갱내 또는 발파장소로 운반 시 정해진 포장, 상자 사용할 것

    ② 폭약과 뇌관은 1인이 동시에 운반하지 않도록 할 것

    ③ 운반하는 자의 체력에 적당하도록 소량을 운반하도록 할 것

    ④ 화기나 전선의 부근을 피하고, 던지거나, 넘어지거나, 떨어뜨리거나, 부딪히는 등 충격을 주지 않도록 주의할 것

    ⑤ 빈 화약류 용기 및 포장재료는 제조사에서 정한 기준에 따라 처분할 것

    ⑥ 전기뇌관 운반 시 준수사항

    - 각선의 피복 등이 벗겨지거나 손상되지 않도록 용기에 넣을 것

    - 건전지 또는 전선의 피복이 벗겨진 전기기구를 휴대하지 말 것

    - 전등선, 동력선 기타 누전의 우려가 있는 것에 접근시키지 말 것

제10조(화약류의 취급)

1. 화약류 취급 시 준수사항

    ① 정신질환자 등의 화약류 취급 금지할 것

    ② 화약류는 두드리거나, 던지거나, 떨어뜨리는 등 충격을 주지 않도록 항상 주의

    ③ 화기 사용, 불꽃 발생작업 장소의 부근, 누전 위험 장소 화약류 취급금지

    ④ 화약류 상자를 열 때 철제기구 등으로 두드리거나 충격을 주어 열지 말 것

    ⑤ 수납용기 부도체 구조로 하고 내부에는 철재류가 드러나지 않도록 할 것

    ⑥ 방수 처리를 하지 않은 화약류는 습기가 있는 곳에 두지 말 것

    ⑦ 폭약과 뇌관은 각각 다른 용기에 수납할 것

    ⑧ 굳어진 폭약은 부드럽게 하여 사용할 것

    ⑨ 발파작업 현장에는 여분의 화약류를 들고 들어가지 말 것

    ⑩ 사용하고 남은 화약류는 신속하게 화약류취급소로 운반하여 보관할 것

    ⑪ 전기뇌관은 동력선, 휴대전화 등 누전의 우려가 있는 물체에 닿지 않도록 할 것

    ⑫ 비전기뇌관 열을 차단할 수 있는 재료로 덮는 등의 조치를 할 것

제11조(화약류의 검사)

1. 화약류를 사용하기 전 점검 및 검사사항
   ① 굳어지면 불발과 잔류를 발생하므로 딱딱해진 것은 부드럽게 풀어 관리할 것
   ② 흡습 또는 이상 경화된 불량 화약류는 사용하지 말 것
   ③ 액체가 흘러내리지 않았는지 등 흡습으로 인한 불량 화약류 여부를 확인할 것
   ④ 불량 화약류 표시하고, 제조사에서 정한 안전한 방법으로 처리할 것
   ⑤ 각선의 상처, 도통의 유무 또는 전기저항을 확인할 것
   ⑥ 전기뇌관 0.01A 이하의 전류를 가진 도통시험기로 도통 유무를 측정하고 검사를 마친 전기뇌관의 양단은 반드시 단락하여 둘 것
   ⑦ 시그널 튜브의 상처, 뇌관 관체의 손상 등의 이상 여부 확인할 것
   ⑧ 도폭선 흡습, 피복의 상처, 헐거움 등의 이상 여부를 확인할 것
   ⑨ 뇌관 ID 및 통신 상태를 점검하여 이상 여부를 확인할 것

제12조(천공)

1. 천공작업 시 준수사항
   ① 발파공의 크기는 사용할 화약류의 직경보다 클 것
   ② 1차 발파된 지역에서 천공작업을 하는 경우 다음 각 목의 사항을 따를 것
   - 전 지역에 폭파되지 않은 화약 유무 조사, 확인될 때까지 천공하지 말 것
   - 천공 구멍에 천공기, 곡괭이 또는 금속재 봉 등을 삽입하지 말 것
   - 불발된 발파공에서부터 15m 이내에서는 동력 기계 이용한 천공작업 금지할 것
   ③ 천공작업과 장약작업은 같은 작업장소에서 병행금지
   ④ 천공작업 먼지는 물을 뿌리는 등 습식으로 제거할 것
   ⑤ 추락 방지 조치를 할 것
   ⑥ 오거 및 천공기가 작동할 때는 관계 근로자가 아닌 사람의 출입을 금지할 것
   ⑦ 천공기 이동 시 송전선 아래나 그 주위로 이동할 때는 특히 주의할 것
   ⑧ 천공작업을 하는 때에는 회전체에 끼이지 않도록 주의할 것

제13조(장약)제1항

1. 장약작업 시 준수사항
   ① 장약작업 장소 인근에서는 화기사용 및 흡연을 하지 않도록 할 것
   ② 인근에서는 전기용접 작업이나 동력을 사용하는 기계를 사용하지 않을 것
   ③ 장약작업을 하는 근로자가 안전모 등 적절한 보호구를 착용하도록 할 것
   ④ 기존의 발파에 사용된 발파공에는 장약하지 않도록 할 것
   ⑤ 약포 간에 간격이 없도록 구멍길이의 차를 측정하면서 장약을 수행하도록 할 것
   ⑥ 장약봉 부도체를 사용, 약포보다 약간 굵고, 적당한 길이로 준비하게 할 것
   ⑦ 장약은 뇌관의 각선 등이 충격 또는 손상되지 않도록 주의
   ⑧ 각선의 길이는 결선작업을 고려하여 충분한 길이의 것을 사용하게 할 것
   ⑨ 초유폭약 장약 중 이물의 혼입방지조치를 강구할 것
   ⑩ 초유폭약 장약한 후에는 신속하게 기폭할 것
   ⑪ 뜬돌(부석) 등의 유무를 확인, 제거 조치 후 작업
   ⑫ 장약작업 중에는 관계 근로자가 아닌 사람의 출입을 금지할 것

제13조(장약)제2항

1. 발파공 점검 시 준수사항
   ① 발파공의 위치, 상태 및 깊이를 확인할 것
   ② 이물질이 들어가지 않게 하고, 이물질이 들어간 발파공은 공저까지 청소
   ③ 초유폭약을 사용 시 흡습 또는 이물의 혼입을 방지하기 위한 조치를 할 것

제13조(장약)제3항

1. 폭약을 발파공에 장약한 후 틈을 메우기 위한 전색작업 시 준수사항

   ① 전색물은 적정한 수분을 함유한 모래나 점토 등 불연성 재료를 사용할 것

   ② 불완전한 발파 및 발파 후 가스 유출방지하기 위해 충분한 양의 전색물 사용

   ③ 공발이 발생하지 않도록 다짐 작업을 충분히 할 것

제13조(장약)제4항

1. 전기발파를 하는 경우의 장약작업 시 준수사항

   ① 궤도, 철재류 접지극에 뇌관의 각선을 연결하지 말 것

   ② 수공에 장약할 때 전기뇌관을 사용하는 경우에는 결선부에 방수제를 도포 내수 테이프를 감는 등 방수 처리하여 누설전류로 인한 위험방지 조치를 할 것

제13조(장약)제5항

1. 온천지역, 섭씨 65도 이상의 고온공에 장약작업 시 준수사항

   ① 화약제조업자의 지도를 받아 고온공에 적합한 화공품을 선정할 것

   ② 천공을 충분히 밀폐시키고 천공 내의 온도를 측정할 것

   ③ 암반의 물을 뿌려 암반의 온도를 섭씨 40도 이하로 낮출 것

   ④ 장약부터 발파까지의 시간을 가능한 한 짧게 하여, 암반이 60도 전에 발파할 것

제14조(장전기의 사용)제1항

1. 장전기를 사용 시 준수사항

   ① 내부 청소가 용이한 구조의 장전기를 사용할 것

   ② 뇌관을 삽입한 기폭약포는 장전기 호스로 장약하지 말 것

   ③ 초유폭약을 사용 시 본체가 스테인리스강 장전기를 사용

   ④ 아연 등과 같이 초유폭약의 분해를 조장하는 물질을 이용하지 않을 것

제14조(장전기의 사용)제2항

1. 전기발파를 하는 경우의 장전기 사용 시 유의사항
   ① 비닐, 고무의 장전기 호스 사용, 발파공보다 60cm 이상 긴 것을 사용할 것
   ② 접지가 가능한 구조 사용
   ③ 장약 시 정전기가 소산될 수 있도록 할 것
   ④ 정전기에 의해 전기뇌관이 기폭되는 것을 방지할 것

제15조(작업 순서)

1. 개요

   천공, 장약, 결선, 도통시험·저항측정 등 회로점검, 근로자 대피,
   발파기와 모선의 연결, 기폭, 발파결과 확인의 순서로 시행한다.

제16조(발파기재의 검사)

1. 개요

   전기뇌관, 발파기, 도통시험기, 저항측정기, 발파모선, 보조모선, 누설전류검지기 등
   발파기재를 준비하여 건조한 곳에 보관하여야 한다.

2. 발파 전 발파기재의 확인사항
   ① 사용하고자 하는 전기식 발파기의 능력을 측정하고 이상 유무를 확인할 것
   ② 발파모선의 저항이 크면 뇌관에 전달되는 전류가 작아짐을 고려하여 발파모선의
      규격을 신중히 선택하고, 절연저항과 피복의 파손 여부를 확인할 것
   ③ 모든 결선 부위는 전류의 누설이나 전선의 단선을 방지하기 위하여 절연테이프
      로 감아주거나 나무상자 등 절연물에 고정하여 지면으로부터 이격시킬 것
   ④ 발파모선을 뇌관에 연결하기 전에 단선 또는 단락 여부를 확인할 것

제17조(뇌관의 삽입)

1. 개요
   ① 전기뇌관은 저항 측정, 저항치(오차 ±0.1옴)를 확인한 후 약포에 삽입
      발파모선에 연결하기 전까지 각선의 양단을 단락하여 두어야 한다.
   ② 뇌관의 삽입작업은 발파작업 현장에서 하고, 화약류취급소 등에서 미리
      수행해서는 아니 된다.

제18조(발파모선의 배선)

1. 개요

    발파모선을 배선하는 경우 기폭장소에서 발파장소까지의 주 통로에는 철제기재 등 장해물을 두지 않도록 하고 갱내의 측벽에 달아매는 등 통행에 방해가 되지 않도록 배선하여야 한다

제19조(저항의 측정)

1. 저항 측정 시 준수사항

    ① 도통시험, 저항측정은 장약장소와 30m 이상 떨어진 장소에서 실시할 것

    ② 저항측정기에 발파모선의 양단을 연결하여 저항을 측정하고 분리하였을 때 무한대 저항이 나타나지 않는 경우에는 발파모선의 손상, 절연 불량, 파손 등 불량원인을 조사하여 보수한 후 사용할 것

    ③ 소정의 저항값을 나타내지 않는 경우 다음 작업을 진행하지 않을 것

    ④ 불량개소 없으면 각 전기뇌관에 대한 도통시험을 개별적으로 실시

    ⑤ 발파모선의 저항은 기록하여 보관할 것

제20조(정전기 대책)

1. 전기 발파 시 정전기에 의한 재해예방 대책

    1) 일반기준

        ① 도전성의 의류(면 등의 소재로 제작된 의류를 말한다)를 착용

        ② 도전성의 정전기용 안전화를 착용

        ③ 내정전성 전기뇌관을 사용

    2) 낙뢰의 대책

        ① 기상 상황 파악

        ② 낙뢰 예상 시 작업중지, 신속히 대피

        ③ 불가피하게 발파 실시할 경우 전기적 위험성이 낮은 비전기뇌관,전자뇌관 사용

    3) 강풍 시 등의 대책

        강풍으로 인해 정전기의 발생이 예상되는 경우 전기발파는 하지 않는다

제20조(정전기 대책)

1. 전기발파 시 천공작업 및 기포약포 만드는 작업시 정전기에 의한 재해예방 대책

    1) 천공작업

        - 천공 장소에서 전기뇌관이나 폭약을 충분히 이격시켜 둔다.

    2) 기폭약포 만드는 작업

        ① 천공 장소, 초유폭약 장약 장소, 고무호스 등의 대전하기 쉬운 장소, 철관이나 레일 등의 전류가 흐르기 쉬운 장소의 인접 거리에서 작업을 하지 않는다.

        ② 작업 전, 작업 중에는 맨손을 가끔 지면에 대서 신체의 정전기를 제거

        ③ 각선이나 보조모선을 훑지 않는다

제20조(정전기 대책)

1. 전기발파 시 초유폭약 장약작업시 정전기에 의한 재해예방 대책

   ① 장전기는 사용 전후에 잘 청소하고 접지장치의 접속을 확실히 한다.
   ② 장전기 호스는 충분한 도전성을 갖는 것을 사용
   ③ 장전기 호스는 발파공의 길이보다 60cm 이상 긴 것을 사용
   ④ 장전기 호스는 계속 연결한 호스를 사용하지 않는다.
   ⑤ 장약할 때는 장전기를 충분히 접지한다
   ⑥ 장전기 접지선은 철관, 레일 등 누설전류가 유입 쉬운 곳에 가까이하지 않는다.
   ⑦ 갱내 장약 장소에서 통기를 충분히 하여 ANFO 분진을 부유시키지않도록 한다.
   ⑧ 컨트롤 밸브는 가능한 한 급격한 개폐를 하지 않는다.
   ⑨ 장약 중에는 발파공에서 ANFO의 분출이 없도록 한다.
   ⑩ 장약 종료 후 장전기 호스의 끝을 장약 면에 꾹 눌러서 장약 면의 제전을한다.

제20조(정전기 대책)

1. 전기발파 시 기포약포장약 및 결선작업시 정전기에 의한 재해예방 대책

   ① 갱내에서는 초유폭약의 부유분진이 제거된 후 기폭약포 장약작업을 한다
   ② 작업 전, 작업 중에는 맨손을 가끔지면에 대어서 신체의 정전기를 제거한다
   ③ 각선, 보조모선, 발파모선을 설치, 간추릴 때 훑지 않도록 하고 맨손으로한다.
   ④ 각선이나 보조모선 등의 결선장소의 나선 부분은 절연테이프를 사용하고 발파공 속에 삽입한 부분은 특히 주의한다.

제21조(전기발파 안전기준)

1. 전기발파 시 준수사항

   ① 전원은 전용 발파기만을 사용하고, 발파작업책임자 외 개폐할 수 없도록 할 것
   ② 다수의 전기뇌관을 일제히 발파하는 때에는 발파기의 용량, 발파모선, 전기뇌관의 모든 저항을 고려하여 필요한 수준의 전류가 흐르게 할 것
   ③ 발파기 및 건전지는 건조한 곳에 보관하고 사용 전에 전압, 전류 등 확인할 것
   ④ 낙뢰경보기, 누설전류측정기 사용, 뇌전 가능성과 정전기 배출 가능성 확인할 것
   ⑤ 발파기의 스위치는 기폭하는 때를 제외하고는 잠금장치를 하거나(고정식), 발파작업책임자가 휴대하게(이탈식) 할 것
   ⑥ 발파모선은 절연효력이 있고, 기계적으로 안전한 것으로서, 그 길이가 30m 이상의 것을 사용하여야 하며 사용 전에는 단선의 유무를 확인할 것
   ⑦ 발파모선은 기폭이 될 때까지 항상 단락하여 둘 것
   ⑧ 보조모선은 피복이 안전하고 절연성능이 높은 것을 사용하고, 여러 개의 선을 이었거나 길이가 지나치게 길어 저항이 크게 된 것은 사용하지 말 것

제22조(작업 순서)

1. 개요

   비전기발파 작업은 천공, 장약, 결선(비전기뇌관에 표면연결뇌관 또는 번치커넥터 연결), 연결상태 등 회로점검, 근로자 대피, 발파기와 스타터뇌관의 연결, 기폭, 발파결과 확인의 순서로 시행한다.

제23조(발파기재의 검사)

1. 개요

   비전기뇌관, 스타터뇌관, 발파기, 번치커넥터 등 발파기재를 준비하여 건조한 곳에 보관하여야 한다.

2. 비전기발파 작업 전 발파기재의 확인사항

   ① 사용하고자 하는 비전기식 발파기의 능력을 측정하고 이상 유무를 확인할 것

   ② 육안으로 시그널튜브 손상여부 및 비전기뇌관의 결합상태 등 발파회로의 이상 유무를 점검할 것

제24조(뇌관의 삽입)

1. 개요

   ① 비전기뇌관은 뇌관의 상태 및 시그널튜브의 손상 여부를 확인한 후 약포에 삽입하여야 한다.

   ② 뇌관의 삽입작업은 발파작업 현장에서 하고, 화약류취급소 등에서 미리 수행해서는 아니 된다.

제25조(시그널튜브의 배선)

1. 개요

   ① 시그널튜브를 배선할 때는 심하게 잡아당기지 말아야 하고, 꼬임, 매듭 등이 없도록 주의하여야 한다.

   ② 시그널튜브를 밟거나 차량 등이 지나지 않도록 하여야 한다. 다만, 시그널튜브의 손상을 방지하기 위하여 적절한 방호조치를 한 경우에는 그러하지 아니하다.

제26조(비전기발파 안전기준)

1. 비전기발파 시 준수사항

   ① 기폭하기 직전까지 스타터뇌관을 발파기로부터 분리하여 둘 것

   ② 장약 또는 결선작업을 할 때는 시그널튜브에 손상이 가지 않도록 취급할 것

   ③ 흡습에 의한 불발을 방지하기 위해 스타터를 사용할 때를 제외하고는 시그널튜브의 밀봉된 끝 부위를 잘라내지 않도록 할 것

   ④ 습한 장소에서는 결선 후 장기간 방치하지 말고 신속하게 발파할 것
   결선 여부를 육안으로 철저히 확인할 것

   ⑤ 지발식 발파작업을 할 때는 표면연결뇌관 또는 번치커넥터의 비산 파편에 의해 인접한 시그널튜브가 손상 방지(헝겊이나 비닐 등으로 감싸는 등) 조치

   ⑥ 시그널튜브는 제조사에서 정하는 온도 이상의 환경에서는 사용하지 않을 것

제27조(작업 순서)

1. 개요

　전자발파 작업은 천공, 장약, 결선, 초시입력, 회로점검 테스트, 근로자 대피,
　발파기와 발파모선 연결, 통신상태 점검, 기폭, 발파결과 확인의 순서로 시행한다.

제28조(발파기재의 검사)

1. 개요

　전자발파를 할 때는 전자뇌관, 발파기, 초시입력장치, 발파모선, 보조모선,
　회로점검기 등 발파기재를 준비하여 건조한 곳에 보관하여야 한다

2. 전자발파 작업 전 발파기재의 확인사항

　① 발파기와 전자뇌관, 초시입력장치, 회로점검기 등 발파기재 간의 통신상태 및
　　 발파기의 충전상태를 확인할 것
　② 원활한 통신상태를 유지하기 위해 제조사에서 정한 보조모선을 사용할 것
　③ 결선작업 중 회로점검기 연결하여 뇌관의 이상 유무, 연결상태 등 수시로 확인

제29조(뇌관의 삽입)

1. 개요

　① 전자뇌관은 각 뇌관의 상태와 통신 여부 등을 확인한 후 약포에 삽입하고,
　　 작업계획에 따른 초시를 정확히 입력하고 확인하여야 한다.
　② 뇌관의 삽입작업은 발파작업 현장에서 하고, 화약류취급소 등에서 미리
　　 수행해서는 아니 된다.

제30조(발파모선의 배선)

1. 개요

　발파모선을 배선하는 경우 기폭장소에서 발파장소까지의 주 통로에는 철제기재 등
　장해물을 두지 않도록 하고 갱내의 측벽에 달아매는 등 통행에 방해가 되지 않도록
　배선하여야 한다

제31조(전자발파 안전기준)

1. 전자발파 시 준수사항
   - ① 전기발파 안전기준 준수
   - ② 뇌관의 연결장치와 연결용 보조모선을 연결하는 결선작업을 할 때는 반드시 병렬 결선회로를 가지도록 정확히 연결할 것
   - ③ 각 뇌관의 시차를 부여하여 발파 순서를 결정하는 초시입력 작업은 발파작업책임자의 지휘에 따라 수행하고, 초시입력을 완료한 후에는 초시 입력된 뇌관의 수량과 실제 사용된 뇌관의 총 수량의 일치 여부를 확인할 것
   - ④ 회로점검기를 통해 결선회로의 단선, 단락, 누설 여부 및 불량뇌관, 통신이 되지 않는 뇌관, 초시 미입력 뇌관의 유무를 확인하여 필요한 조치를 할 것

제32조(기폭)제1항

1. 기폭장소 선정 시 준수사항
   - ① 발파장소에서 충분히 떨어져 있고, 발파에 의한 비석 또는 낙석 등의 위험이 없는 장소로 할 것
   - ② 발파장소가 잘 보이는 장소로 할 것
   - ③ 물기나 철관, 궤도 등이 없는 장소로 할 것

제32조(기폭)제2항

1. 기폭작업 시 준수사항
   - ① 발파작업책임자의 지휘에 따라 기폭을 실시할 것
   - ② 발파예고, 기폭, 발파완료 등 상황에 대한 신호 정하고, 근로자에게 주지시킬 것
   - ③ 위험구역을 정하여 출입을 금지하고 감시자를 배치할 것
   - ④ 비상상황에 대비하여 대피경로를 정하고 관계자에게 알릴 것
   - ⑤ 기폭에 앞서 사업장 및 그 주변에 있는 사람이 들을 수 있도록 사이렌을 울려야 하며, 필요한 경우 주민 대피, 교통통제 등의 조치를 할 것
   - ⑥ 위험구역 내 모든 근로자의 대피상태를 확인한 후 기폭을 실시할 것

제33조(발파 후 조치)

1. 발파 후 준수사항
   - ① 즉시 발파모선을 발파기에서 분리하여 단락시키는 등 재기폭되지 않도록 조치
   - ② 발파기재는 발파작업책임자의 지휘에 따라 지정된 장소에 보관할 것
   - ③ 폭발하지 않은 뇌관의 수량을 확인하여 불발한 화약을 확인할 것
   - ④ 발파 후 다음 각 호의 경우에는 사람의 접근을 금지
     - 불발된 화약이 폭발하거나 추가적인 낙석 등의 우려가 있는 때
     - 불발된 화약의 확인이 곤란한 때에는 기폭 후 15분 이상

제34조(불발에 따른 조치)

1. 불발에 따른 조치사항
   ① 발파 후 불발된 화약이 있는 경우에는 그 원인을 조사하고 대책을 수립
   ② 불발한 화약류를 회수 불가능한 경우 출입금지 등의 조치
   ③ 불발공으로부터 회수한 뇌관이나 폭약은 모두 제조사의 시방에 따라 처리하여야 하며, 임의로 매립하거나 폐기하여서는 아니 된다.
   ④ 불발의 원인 및 안전한 후속 조치계획을 수립하기 어려운 경우에는 관계 전문가의 도움을 받아서 처리하여야 한다.
   ⑤ 불발된 장약을 확인할 수 없거나, 적절하게 처리되지 않은 경우에는 해당 발파장소에 근로자의 출입을 금지하여야 한다.

제34조(불발에 따른 조치)제2항

1. 불발된 장약 처리 시 준수사항
   ① 불발된 천공 구멍에서 60cm 이상 간격으로 천공 후 다시 발파
   ② 물의 힘으로 전색물과 화약류를 흘러나오게 하여 불발된 화약류를 회수할 것
   ③ 불발된 화약류 회수할 수 없을 때 표시를 하고, 인근 장소에 출입을 금지할 것
   ④ 불발된 발파공에 압축공기 넣어 전색물을 뽑아내거나 뇌관에 영향을 미치지 아니하게 하면서 조금씩 장약하고 다시 기폭할 것
   ⑤ 전기뇌관 불발공은 저항측정기를 사용하여 회로를 점검하고 재발파하고 단락된 불발공은 압축공기,물로 제거 후 기폭약포를 재장약하여 발파할 것
   ⑥ 비전기뇌관 불발공의 회로 육안점검하고 재발파
   ⑦ 전자뇌관 불발공은 회로점검기를 사용하여 점검하고 재발파

전기발파 시 불발의 원인

1. 전기발파 시 불발의 유형별 원인
   1) 발파회로의 뇌관이 1발도 기폭되지 않음(도통 불량)
      ① 모선과의 결선 누락
      ② 기폭약포 장약 시 각선의 단선
      ③ 발파모선 또는 보조모선의 단선
      ④ 각선의 단선
   2) 발파회로 전체 뇌관 중 1발밖에 기폭되지 않음
      ① 결선부의 벗김, 단선
      ② 불발된 뇌관의 결선 탈락
      ③ 기폭약포 장약시 각선이 손상되어 단선
   3) 발파기 출력부족 및 결선부 녹슬어 있을 때의 발파회로의 산발적 불발
   4) 발파회로의 결선부 침수 및 결선불량으로 뇌관 불발
   5) 근접공 발파의 영향에 의해서 뇌관 불발
      ① 천공 간격이 비교적 가까울 때
      ② 발파공 부근 암석에 균열, 절리, 단층이 있을 때
      ③ 수중발파를 할 때

전기발파 시 불발의 방지대책

1. 전기발파 시 불발의 방지대책
   ① 기폭약포 장약 중 각선이 손상되지 않도록해야 한다.
   ② 발파모선과 뇌관회로를 연결하기 전에 모선의 단선이나 손상 여부를 확인
   ③ 발파모선의 양쪽 끝을 저항측정기로 측정하여 규정 저항이 나타나는지 확인
   ④ 모선을 분리하였을 때 무한대 저항이 나타나지 않으면 모선의 손상, 절연불량, 파손 등 불량원인을 조사하고 보수한 후 사용
   ⑤ 발파기의 능력을 측정하여이상 유무를 확인
   ⑥ 타사 제품과 혼용해서 사용금지
   ⑦ 결선부에 비닐테이프를 감아서 방수 조치
   ⑧ 결선이 잘못된 부분이 없는지 확인 후 필요한 조치
   ⑨ 사전에 천공 간격 및 암반 조건을 고려하여 작업계획을 수립
   ⑩ 수중발파 시 결선부에 비닐테이프를 감아서 방수 조치

비전기발파 시 불발의 원인

1. 비전기발파 시 불발의 유형별 원인
    1) 비전기발파 기재의 화약류취급소 등에서의 보관 불량으로 인한 불발
    2) 시그널튜브의 길이가 60cm 이하로 짧아 수분 흡수 등의 원인으로 불발
    3) 시그널튜브 파손으로 인한 불발
        ① 수평 발파에서 지발 발파 시 먼저 기폭된 번치커넥터 파편에 의해 파손
        ② 벤치발파에서 비전기뇌관의 시그널튜브가 파편에 맞아 절단 또는 손상
    4) 표면연결뇌관 또는 번치커넥터의 연결상태 및 설치상태 불량으로 인한 불발
        - 시그널튜브가 커넥터에서 빠지거나 뇌관에 연결된 시그널튜브가 빠짐

비전기발파 시 불발의 방지대책

1. 비전기발파 시 불발의 방지대책
    ① 장시간 햇볕에 노출방지 및 열을 차단할 수 있는 것으로 덮개 조치
    ② 시그널튜브 연결부위의 길이를 충분히 유지
    ③ 번치커넥터 또는 표면연결뇌관과 시그널튜브의 간격을 평행거리로 충분히 유지
    ④ 시그널 튜브에 헝겊이나 비닐등으로 덮어 파편이 비산 되지 않도록 조치
    ⑤ 시그널튜브가 빠지지 않도록 묶어주거나, 기폭된 뇌관이 공중으로 날아가지 못하도록 복토 조치

전자발파 시 불발의 원인

1. 전자발파 시 불발의 유형별 원인
    1) 발파회로의 뇌관이 1발도 기폭 되지 않음
        ① 연결용 보조모선과 발파기의 결선 누락
        ② 발파모선 또는 보조모선의 단선
        ③ 전용 발파기 불량
        ④ 통신 불량
    2) 발파회로의 산발적 불발
        ① 발파기의 규격용량 이상으로 발파하였을 때
        ② 타사 제품의 뇌관과 혼용하였을 때
        ③ 결선부의 벗김 또는 단선
        ④ 기폭약포 장약 시 각선이 손상되어 단선

전자발파 시 불발의 방지대책

1. 전자발파 시 불발의 방지대책
    ① 뇌관을 연결하기 전에 연결용 보조모선의 단선이나 단락 여부를 확인
    ② 연결용 보조모선의 한쪽 끝을 회로점검기로 측정하여 통신 상태를 확인
    ③ 발파기재는 최상의 상태로 관리
    ④ 발파 전에 회로점검기로 뇌관과 상호 통신을 통해 뇌관 및 결선 상태를 확인
    ⑤ 사용하고자 하는 발파기재는 제조사의 사용 지침 준수
    ⑥ 타사 제품과 혼용해서 사용
    ⑦ 기폭약포 장약 중 각선이 손상되지 않도록 조치
    ⑧ 발파 전에 회로점검기로 뇌관과 상호 통신을 통해 뇌관 및 결선 상태 확인

한권으로 끝내는
산업안전지도사 2차 건설안전공학

제 12 장

산업안전보건법

1. 총칙
2. 안전보건관리체제 등
3. 안전보건교육
4. 유해. 위험 방지 조치
5. 도급 시 산업재해 예방
6. 유해. 위험 기계 등에 대한 조치
7. 유해. 위험물질에 대한 조치
8. 근로자 보건관리
9. 산업안전지도사 및 산업보건지도사
10. 근로감독관 등

제12장 산업안전보건법

1. 총칙

12-1-1 산업안전보건법의 체계

1. 개요

산업현장 노무자의 안전.보건 유지. 증진을 위해 국가에 의한 법적 강제력이 발휘되는 법령

2. 산업안전보건법령의 체계도

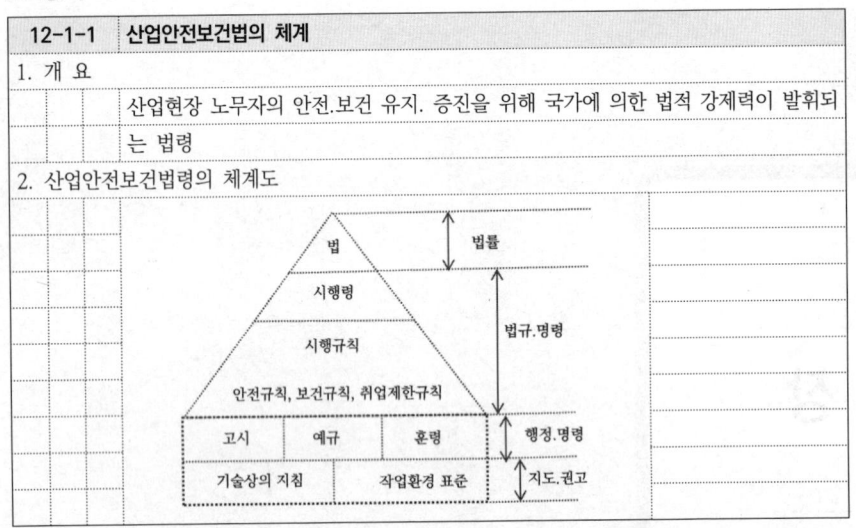

12-1-2 산업안전보건법의 목적

1. 개요

산업안전.보건에 관한 기준 확립하고 그 책임의 소재를 명확하게 하여 산업재해를 예방하고 쾌적한 작업환경 조성함으로 노무자의 안전.보건유지 증진 목적

2. 산업안전보건법의 목적

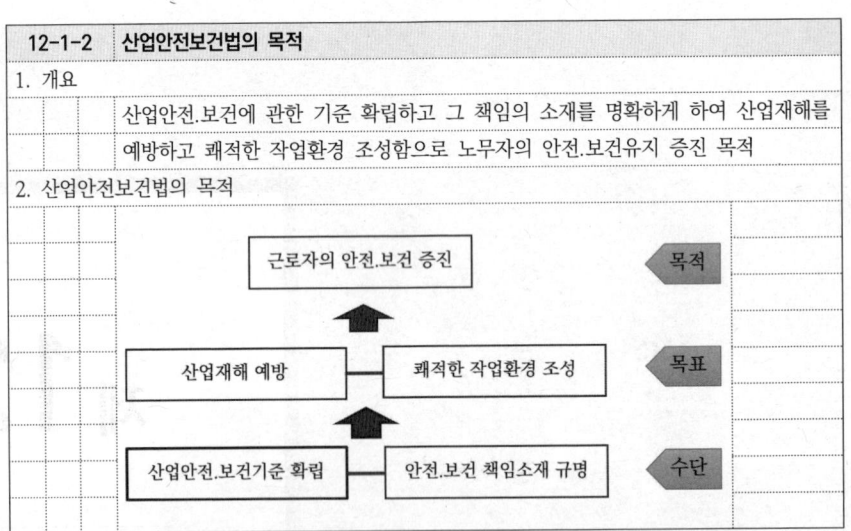

12-1-3 중대재해

1. 개요

산업재해 중 재해정도가 심하거나 다수의 재해자가 발생한 경우로 고용노동부령으로 정하는 재해

2. 중대재해 범위

① 사망 1명
② 3개월이상 요양 부상 2명
③ 부상.직업성질병자 동시 10명

12-1-4 각종 법령에 따른 재해범위

1. 산업안전보건법

- 중대재해
  ① 사망 1명이상
  ② 3개월이상 요양이 필요한 부상자 2명이상
  ③ 부상자, 직업성 질병자 동시 10명이상

2. 건설기술진흥법

- 중대한 건설사고
  ④ 사망 3명이상
  ⑤ 부상 10명이상
  ⑥ 건설중, 완공시설물 붕괴.전도 재시공

- 건설사고
  ⑦ 사망 1명이상
  ⑧ 3일이상 휴업 부상
  ⑨ 천만원이상의 재산피해

3. 중대재해처벌법

- 중대산업재해
  ⑩ 사망 1명이상
  ⑪ 동일사고로 6개월이상 치료 필요한 부상자 2명이상
  ⑫ 동일 유해요인으로 직업성 질병 1년이내 3명이상

- 중대시민재해
  ⑬ 사망 1명이상
  ⑭ 동일사고로 2개월이상 치료가 필요한 부상자 10명이상
  ⑮ 동일원인 3개월이상 치료가 필요한 질병자 10명이상

12-1-5 정부의 책무

1. 개요
   - 산업안전보건법의 목적을 달성 하기 위해 의무 부여

2. 정부의 책무
   - ① 안전보건정책수립. 집행
   - ② 재해예방지원. 지도
   - ③ 직장 내 괴롭힘 예방기준 마련. 지도
   - ④ 자율안전보건경영체제 확립. 지원
   - ⑤ 안전문화확산 추진
   - ⑥ 안전보건 기술연구 개발
   - ⑦ 재해조사 통계유지. 관리
   - ⑧ 안전보건단체 지원. 지도. 감독
   - ⑨ 노무자 안전. 건강보호. 증진

12-1-6 사업주 및 근로자의 의무

1. 사업주 의무
   - ① 산업재해예방 시책 준수
   - ② 산업재해발생보고
   - ③ 산업재해기록 보존
   - ④ 산업안전보건법령 요지 게시
   - ⑤ 유해 위험한 장소에 안전보건표지 부착
   - ⑥ 안전.보건상 필요한 조치
   - ⑦ 근로자 안전보건 유지 증진
   - ⑧ 안전보건규정 작성 및 게시

2. 근로자 의무
   - ① 사업주 행한 안전보건상의 조치사항 준수
   - ② 근로자 건강진단 실시
   - ③ 사업주 제공한 보호구 착용

12-1-7 산업재해 발생건수 등 공표

1. 개요
   - 고용노동부장관은 도급인의 재해건수 등은 수급인의 건수 등 포함 공표

2. 공표대상 사업장
   - ① 사망 2명이상
   - ② 같은업종의 평균 사망만인율이상
   - ③ 중대산업사고
   - ④ 산재 은폐
   - ⑤ 3년이내 2회이상 산재 미보고

$$\text{사망만인율}‱ = \frac{\text{사고사망자수}}{\text{상시근로자수}} * 10,000$$

$$\text{상시근로자수} = \frac{\text{연국내공사실적액} * \text{노무비율}}{\text{건설업 평균임금} * 12}$$

2. 안전보건관리체제 등

12-2-1 안전보건관리체제

1. 개요
   산업안전보건법은 효과적인 안전보건 활동을 위해 구성원의 역할을 규정

2. 안전보건관리체제 구성도

```
              14조
             이사회
               │
           사업주/ 대표이사
               │
        24조 산업안전보건위원회/ 75조 노사협의체
               │
   62조            15조
안전보건총괄책임자 ── 안전보건관리책임자 ── 17조     18조       19조          22조
                                    안전관리자 보건관리자 안전.보건관리담당자 산업보건의
               │
             16조
           관리감독자
               │
             근로자
```

12-2-2 이사회 보고 및 승인

1. 개요
   대표이사는 매년 안전보건계획수립하여 이사회에 보고 및 승인

2. 대상
   ① 상시근로자 500명 이상을 사용하는 회사
   ② 시공능력의 순위 상위 1천위 이내의 건설회사

3. 안전보건계획수립시 포함 내용
   ① 안전보건경영방침
   ② 안전보건관리조직 구성.인원 및 역할
   ③ 안전보건 예산 및 시설 현황
   ④ 안전보건활동실적 및 활동계획

   FLOW
   매년 안전보건계획 수립.검토
       ↓
   이사회 보고 및 승인
       ↓
   안전보건계획 이행
       ↓
   안전보건계획 이행실적 평가
       ↓
   차년도 안전보건계획 수립에 반영

12-2-3 안전보건관리책임자

1. 개요
   건설업 20억이상 사업주는 산재예방관련 업무 총괄관리 하도록 선임

2. 업무
   ① 재해예방계획수립
   ② 안전보건관리규정 작성. 변경
   ③ 안전보건교육
   ④ 작업환경점검. 개선
   ⑤ 근로자 건강관리
   ⑥ 재해원인조사. 재발방지대책수립
   ⑦ 재해통계기록.유지
   ⑧ 안전장치.보호구 적격품 여부 확인
   ⑨ 유해위험방지조치(위험성평가실시/ 안전보건규칙에서의 위험.건강장해 방지사항)

12-2-4 관리감독자

1. 개요
   건설업 직장조장 및 반장지위에서 작업 직접 지휘 감독하는 관리감독자 지정
   안전 및 보건업무 수행

2. 업무
   ① 기계.기구점검. 이상유무 확인
   ② 보호구. 방호장치 점검.착용 교육.지도
   ③ 재해보고 및 응급조치
   ④ 작업장 정리정돈.통로확보 확인.감독
   ⑤ 안전/보건관리자 지도.조언에 협조
   ⑥ 유해위험요인파악 및 개선조치시행 참여
   ⑦ 그 외 고용노동부령으로 정한사항
   (유해위험방지/작업시작전 점검사항/점검결과 이상발견시 즉시조치)

12-2-5 안전관리자

1. 개요
- 안전의 기술적 사항을 사업주, 안전보건관리책임지 보좌 및 관리감독자 지도.조언
- 120억(토목 150억) 전담안전관리자 선임

2. 업무
- ① 산업안전보건위원회/노사협의체 심의의결업무, 안전보건관리규정 및 취업규칙 정한 업무
- ② 위험성평가에 관한 보좌.지도
- ③ 안전인증대상기계등 구입시 적격품선정에 관한 보좌,지도
- ④ 안전교육계획의 수립에 관한 보좌,지도
- ⑤ 순회점검. 지도 및 조치건의
- ⑥ 산재원인조사 및 재발방지사항 보좌,지도
- ⑦ 산재통계 유지.관리 보좌,지도
- ⑧ 안전 관련 이행에 관한 보좌,지도
- ⑨ 업무수행 기록.유지

12-2-6 보건관리자

1. 개요
- 보건의 기술적 사항을 사업주, 안전보건관리책임지 보좌 및 관리감독자 지도.조언
- 건축800억/토목1000억 선임

2. 업무
- ① 안전관리자와 공통직무(①/②/⑤/⑥/⑦/⑨)
- ② 보건보호구 구입 적격품 선정에 관한 보좌,지도
- ③ 보건교육계획의 수립에 관한
- ④ 물질안전보건자료의 게시 또는 비치에 관한 보좌,지도
- ⑤ 산업보건의 직무
- ⑥ 의료행위
- ⑦ 환기장치등 설비점검.작업방법의 공학적 개선에 관한 보좌,지도
- ⑧ 보건 관련 이행에 관한 보좌,지도

12-2-7 안전.보건관리자 공통사항

1. 둘이상의 사업장 공동선임
- ① 같은 시.군.구 지역 소재
- ② 경계 15km이내

2. 증원.교체임명 명령사유
- ① 평균재해율 2배이상
- ② 중대재해 2건이상
- ③ 3개월이상 직무수행불가
- ④ 질병자(화학적인자)3명이상

12-2-8 안전보건관리담당자

1. 개요
- 안전 및 보건에 관하여 사업주 보좌, 관리감독자에게 지도.조언하는 업무

2. 안전관리자 선임대상

상시근로자 20인이상 50인 미만	① 제조업	② 임업
	③ 하수, 폐수 및 분뇨 처리업	④ 환경 정화 및 복원업
	⑤ 폐기물 수집, 운반, 처리 및 원료 재생업	

3. 업무
- ① 안전보건교육 보좌, 지도.조언
- ② 위험성평가에 관한 보좌, 지도.조언
- ③ 작업환경측정 및 개선에 관한 보좌, 지도.조언
- ④ 각종 건강진단에 관한 보좌, 지도.조언
- ⑤ 산재원인조사, 재해통계 기록 유지사항 보좌, 지도.조언
- ⑥ 안전장치 및 보호구 구입시 적격품 선정에 관한 보좌, 지도.조언

12-2-9 안전관리자 등의 지도.조언

1. 개요
   - 사업주, 안전보건관리책임자 및 관리감독자는 안전.보건 기술적인 사항 지도.조언에
   - 상응하는 적절한 조치

2. 안전관리자 등의 지도.조언
   - ① 안전관리자
   - ② 보건관리자
   - ③ 안전보건관리담당자
   - ④ 안전관리전문기관
   - ⑤ 보건관리전문기관

12-2-10 안전관리전문기관 등의 지정취소 등의 사유

1. 개요
   - 고용노동부장관은 지정을 취소하거나 6개월 이내의 기간동안 정지 명할수 있으며
   - 취소 2년이내 지정 불가

2. 지정취소 등 사유

① 거짓, 부정한 방법 지정	• 안전관리 업무 서류 거짓 작성
② 업무정지 중 업무수행	• 정당한 사유 없이 업무 수탁 거부
③ 지정요건 불충분	• 업무 차질
④ 지정받은 사항 위반	• 업무수행 않고 수수료 받은 경우
⑤ 그 외 대통령령으로 정한 사유 →	• 비치 서류 미보존
	• 대가 외에 금품
	• 관계 공무원의 지도. 감독 거부

12-2-11 산업보건의

1. 개요
   - 근로자의 건강관리나 보건관리자의 업무를 지도하는 사람을 선임

2. 선임 및 선임하지 않아도 되는 기준

선임	선임하지 않아도 되는 경우
- 상시근로자수 50명이상	- 보건관리자를 의사로 선임
- 건설업 800억이상	- 보건관리전문기관에 위탁시

3. 산업보건의 직무
   - ① 건강보호 조치
     - • 건강진단결과의 검토
     - • 결과에 따른 작업배치
     - • 작업전환 또는 근로시간 단축 등
   - ② 건강장해 원인조사 및 재발방지의 의학적 조치
   - ③ 건강유지 및 증진 위해 고용노동부장관이 정한 사항

12-2-12 명예산업안전감독관

1. 개요
   - 노동부장관은 산재예방활동에 참여와 지원 촉진을 위해 위촉

2. 위촉
   - ① 근로자대표가 사업주의견 반영 추천
   - ② 노동조합 추천
   - ③ 사업주단체 추천
   - ④ 산재예방단체 추천

3. 업무

① 자체점검 및 근로감독관감독 참여	② 산재예방계획수립참여 및 기계기구 자체검사 참석
③ 법령위반사항 개선요청 및 감독기관에 신고	④ 급박한위험시 작업중지 요청
⑤ 작업환경측정. 건강진단 참석 및 결과 설명회참여	⑥ 질병자 발생시 임시건강진단 실시요청
⑦ 근로자 안전수칙준수 지도	⑧ 법령 및 산재예방정책 개선 건의
⑨ 안전보건의식 북돋우기 위한 활동에 참여와 지원	⑩ 그 외 산재예방 홍보등 노동부장관이 정한 업무

12-2-13 산업안전보건위원회

1. 개요
- 건설120억/토목150억 사업주는 근로자와 사용자 동수로 구성

2. 심의.의결사항
① 산재예방계획수립
② 안전보건관리규정 작성 및 변경
③ 안전보건교육
④ 작업환경점검 및 개선
⑤ 근로자 건강관리
⑥ 산재통계 기록.유지
⑦ 중대재해원인조사 및 재발방지대책
⑧ 유해.위험 기계.기구.설비의 안전 및 보건관련 조치사항
⑨ 그 외 근로자 안전 및 보건을 유지.증진의 필요한 사항

근로자위원	사용자위원
-근로자대표 -명예산업안전감독관 -근로자대표 지명 9명 이내의 근로자	-대표자 -안전관리자1명 -보건관리자1명 -산업보건의 -대표자 지명 9명이내 부서의 장

12-2-14 안전보건관리규정

1. 개요
- 작성대상 : 상시근로자 100명 이상인 건설업
- 산업안전보건위원회의 심의 의결하여 작성.변경

2. 포함되어야 할 사항
① 안전보건관리조직과 직무
② 안전보건교육
③ 작업장 안전보건관리
④ 사고조사 및 대책수립
⑤ 그 외 안전 및 보건사항

3. 유의사항
① 단체협약이나 취업규칙에 반할 수 없다.
② 30일 이내 작성 및 변경
③ 산업안전보건위원회 미설치시 근로자 대표 동의

3. 안전보건교육

12-3-1	안전보건교육
1. 개요	
	사업주는 소속 근로자에게 안전보건교육을 실시해야 한다.
1. 근로자 안전보건교육 교육과정	
	① 정기교육
	② 채용 시 교육
	③ 작업내용 변경 시 교육
	④ 특별교육
	⑤ 건설업 기초 안전·보건교육
2. 사업주 자체적 안전보건교육의 자격 기준	
	① 안전보건관리책임자/관리감독자/안전관리자/보건관리자/산업보건의
	② 공단의 강사요원 교육과정 이수자
	③ 산업안전지도사/산업보건지도사
	④ 산업안전보건 학식과 경험자로 고용노동부장관이 정한 기준에 해당자

12-3-2	근로자 정기교육	
1. 근로자 정기교육 대상 및 시간		
	① 사무직	매반기 6시간 이상
	② 판매업무	매반기 6시간 이상
	③ 판매업무 외	매반기 12시간 이상
2. 근로자 정기교육 내용		
	① 산업안전 및 산업재해 예방에 관한 사항	
	② 산업보건 및 건강장해 예방에 관한 사항	
	③ 위험성 평가에 관한 사항	
	④ 건강증진 및 질병 예방에 관한 사항	
	⑤ 유해·위험 작업환경 관리에 관한 사항	
	⑥ 산업안전보건법령 및 산업재해보상보험 제도에 관한 사항	
	⑦ 직무스트레스 예방 및 관리에 관한 사항	
	⑧ 직장 내 괴롭힘 등의 건강장해 예방 및 관리에 관한 사항	

12-3-3	채용 시 및 작업내용 변경 시 교육	
1. 채용 시 교육 대상 및 시간		
	① 일용근로자 및 1주일 이하인 기간제근로자	1시간 이상
	② 1주일 ~ 1개월 이하인 기간제근로자	4시간 이상
	③ 그 밖의 근로자	8시간 이상
2. 작업내용 변경 시 교육 대상 및 시간		
	① 일용근로자 및 1주일 이하인 기간제근로자	1시간 이상
	② 그 밖의 근로자	2시간 이상

12-3-4	채용 시 및 작업내용 변경 시 교육내용
1. 채용 시 및 작업내용 변경 시 교육내용	
	① 산업안전 및 산업재해 예방에 관한 사항
	② 산업보건 및 건강장해 예방에 관한 사항
	③ 위험성 평가에 관한 사항
	④ 산업안전보건법령 및 산업재해보상보험 제도에 관한 사항
	⑤ 직무스트레스 예방 및 관리에 관한 사항
	⑥ 직장 내 괴롭힘 등의 건강장해 예방 및 관리에 관한 사항
	⑦ 기계·기구의 위험성과 작업의 순서 및 동선에 관한 사항
	⑧ 작업 개시 전 점검에 관한 사항
	⑨ 정리정돈 및 청소에 관한 사항
	⑩ 사고 발생 시 긴급조치에 관한 사항
	⑪ 물질안전보건자료에 관한 사항

12-3-5 특별교육

1. 교육대상 및 시간

	① 일용근로자 및 1주일 이하인 기간제근로자	2시간 이상
	② 일용근로자 및 1주일 이하인 기간제근로자 (타워크레인 신호작업)	8시간 이상
	③ 일용근로자 및 1주일 이하인 기간제근로자 외	16시간 이상 2시간 이상(단기간/간헐적작업)

12-3-6 건설현장 특별교육 대상 작업

1. 건설현장 특별교육 대상 작업의 종류

	① 건설용 리프트·곤돌라를 이용한 작업
	② 전압이 75볼트 이상인 정전 및 활선작업
	③ 콘크리트 파쇄기 사용작업
	④ 굴착면의 높이가 2미터 이상이 되는 지반 및 암석 굴착작업, 터널 굴착작업
	⑤ 흙막이 지보공의 보강 또는 동바리를 설치하거나 해체하는 작업
	⑥ 거푸집 동바리의 조립 또는 해체작업
	⑦ 비계의 조립·해체 또는 변경작업
	⑧ 밀폐공간에서의 작업
	⑨ 타워크레인을 설치·해체하는 작업
	⑩ 석면해체·제거작업
	⑪ 가연물이 있는 장소에서 하는 화재위험작업
	⑫ 타워크레인을 사용하는 작업시 신호업무를 하는 작업

12-3-7 특별교육 내용

1. 특별교육 내용

	① 공통내용 - 채용 시 및 작업변경 시 교육내용과 동일	
	② 작업별 교육내용 (시행규칙 별표 5 라목)	
	가연물이 있는 장소에서 하는 화재위험작업	- 작업준비 및 작업절차에 관한 사항
		- 작업장 내 위험물, 가연물의 사용·보관·설치 현황에 관한 사항
		- 인화성 액체 방호조치 및 불꽃, 불티 등 흩날림 방지 조치 사항
		- 인화성 증기가 남아 있지 않도록 환기 등 조치에 관한 사항
		- 화재감시자의 직무 및 피난교육 등 비상조치에 관한 사항
	타워크레인 신호작업	- 타워크레인의 기계적 특성 및 방호장치 등에 관한 사항
		- 화물의 취급 및 안전작업방법에 관한 사항
		- 신호방법 및 요령에 관한 사항
		- 인양 물건의 위험성 및 낙하·비래·충돌재해 예방에 관한 사항
		- 인양하중, 풍압 등이 인양물과 타워크레인에 미치는 영향

12-3-8 건설업 기초안전보건교육

1. 교육대상 및 시간

교육대상	교육시간
건설 일용근로자	4시간 이상

2. 교육내용 및 시간

교육 내용	시간
건설공사의 종류(건축.토목 등) 및 시공절차	1시간
산업재해 유형별 위험요인 및 안전보건조치	2시간
안전보건관리체제 현황 및 산업안전보건 관련 근로자 권리.의무	1시간

12-3-9 관리감독자 안전보건교육

1. 관리감독자 안전보건교육 교육과정 및 교육시간

교육과정	교육시간
① 정기교육	연간 16시간 이상
② 채용 시 교육	8시간 이상
③ 작업내용 변경 시 교육	2시간 이상
④ 특별교육	16시간 이상(단기간/간헐적작업-2시간)

12-3-10 관리감독자 정기교육 내용

1. 관리감독자 정기교육 내용

① 산업안전 및 산업재해 예방에 관한 사항
② 산업보건 및 건강장해 예방에 관한 사항
③ 위험성평가에 관한 사항
④ 유해·위험 작업환경 관리에 관한 사항
⑤ 산업안전보건법령 및 산업재해보상보험 제도에 관한 사항
⑥ 직무스트레스 예방 및 관리에 관한 사항
⑦ 직장 내 괴롭힘, 고객의 폭언 등으로 인한 건강장해 예방 및 관리에 관한 사항
⑧ 작업공정의 유해·위험과 재해 예방대책에 관한 사항
⑨ 사업장 내 안전보건관리체제 및 안전·보건조치 현황에 관한 사항
⑩ 표준안전 작업방법 결정 및 지도·감독 요령에 관한 사항
⑪ 근로자와의 의사소통능력 및 강의능력 등 안전보건교육 능력 배양에 관한 사항
⑫ 비상시 또는 재해 발생 시 긴급조치에 관한 사항

12-3-11 관리감독자 채용 시 교육 및 작업내용 변경 시 교육

1. 관리감독자 채용 시 교육 및 작업내용 변경 시 교육 내용

① 산업안전 및 산업재해 예방에 관한 사항
② 산업보건 및 건강장해 예방에 관한 사항
③ 위험성평가에 관한 사항
④ 산업안전보건법령 및 산업재해보상보험 제도에 관한 사항
⑤ 직무스트레스 예방 및 관리에 관한 사항
⑥ 직장 내 괴롭힘, 고객의 폭언 등으로 인한 건강장해 예방 및 관리에 관한 사항
⑦ 기계·기구의 위험성과 작업의 순서 및 동선에 관한 사항
⑧ 작업 개시 전 점검에 관한 사항
⑨ 물질안전보건자료에 관한 사항
⑩ 사업장 내 안전보건관리체제 및 안전·보건조치 현황에 관한 사항
⑪ 표준안전 작업방법 결정 및 지도·감독 요령에 관한 사항
⑫ 비상시 또는 재해 발생 시 긴급조치에 관한 사항

12-3-12 관리감독자 특별교육 내용

1. 관리감독자 특별교육 내용

① 공통내용 - 채용 시 및 작업변경 시 교육내용과 동일
② 작업별 교육내용 (시행규칙 별표 5 라목)과 동일

작업	교육내용
굴착면의 높이가 2미터 이상이 되는 지반 굴착(터널 및 수직갱 외의 갱 굴착은 제외)작업	- 지반의 형태·구조 및 굴착 요령에 관한 사항 - 지반의 붕괴재해 예방에 관한 사항 - 붕괴 방지용 구조물 설치 및 작업방법에 관한 사항 - 보호구의 종류 및 사용에 관한 사항
거푸집 동바리의 조립 또는 해체작업	- 동바리의 조립방법 및 작업 절차에 관한 사항 - 조립재료의 취급방법 및 설치기준에 관한 사항 - 조립 해체 시의 사고 예방에 관한 사항 - 보호구 착용 및 점검에 관한 사항 - 그 밖에 안전·보건관리에 필요한 사항

12-3-13 안전보건관리책임자 등에 대한 직무교육

1. 교육대상 및 교육시간

교육대상	교육시간	
	신규교육	보수교육
① 안전보건관리책임자	6시간	6시간
② 안전관리자, 안전관리전문기관 종사자	34시간	24시간
③ 보건관리자, 보건관리전문기관 종사자		
④ 건설재해예방전문지도기관 종사자		
⑤ 석면조사기관 종사자		
⑥ 안전검사기관, 자율안전검사기관 종사자		
⑦ 안전보건관리담당자	-	8시간

2. 교육이수 시기

① 신규교육 : 선임/채용된 후 3개월이내 이수

② 보수교육 : 신규교육 이수 후 매2년이 되는 날을 기준으로 전후 6개월 사이

12-3-14 안전보건관리책임자에 대한 직무교육

1. 안전보건관리책임자에 대한 직무교육 내용

   1) 신규교육

      ① 관리책임자의 책임과 직무에 관한 사항

      ② 산업안전보건법령 및 안전.보건조치에 관한 사항

   2) 보수교육

      ① 산업안전.보건정책에 관한 사항

      ② 자율안전.보건관리에 관한 사항

4. 유해. 위험 방지 조치

12-4-1 법령 요지 등의 게시 등

1. 개요
   - 본 법령요지 및 안전보건관리규정을 게시하여 근로자로 하여금 알게 해야함.

2. 법령 요지
   - ① 안전보건관리체제
   - ② 안전보건교육
   - ③ 위험성평가
   - ④ 안전.보건조치
   - ⑤ 작업중지
   - ⑥ 산업재해 발생보고
   - ⑦ 도급인의 의무
   - ⑧ 건설업 산업재해 예방
   - ⑨ 기계.기구 안전조치
   - ⑩ 화학물질 재해예방 및 건강장해 예방

12-4-2 근로자대표의 통지 요청

1. 개요
   - 근로자대표는 사업주에게 산업안전보건위원회가 의결한 사항 등을 요청하면 사업주는 이에 응해야함.

2. 근로자대표의 통지 요청할수 있는 사항
   - ① 산업안전보건위원회 의결한 사항
   - ② 안전보건진단결과
   - ③ 안전보건개선계획의 수립, 시행 내용
   - ④ 도급인의 산업재해 예방조치 이행 사항
   - ⑤ 물질안전보건자료
   - ⑥ 작업환경측정
   - ⑦ 그 외 고용노동부령으로 정한 안전.보건에 관한 사항

12-4-3 위험성 평가

1. 정의
   - ① 위험성평가 : 사업주가 스스로 유해·위험요인을 파악하고 해당 유해·위험 요인의 위험성 수준을 결정하여, 위험성을 낮추기 위한 적절한 조치를 마련하고 실행하는 과정
   - ② 유해.위험요인 : 유해.위험을 일으킬 잠재적 가능성의 고유한 특징.속성
   - ③ 위험성 : 유해·위험요인이 사망, 부상 또는 질병으로 이어질 수 있는 가능성과 중대성 등을 고려한 위험의 정도
   - 가능성 : 작업자의 부상·질병 발생의 확률
   - 중대성 : 부상 질병 발생했을 때 미치는 영향의 정도

12-4-4 위험성평가 실시주체 및 대상

1. 위험성평가 실시주체
   - ① 사업주 : 위험성평가 총괄
   - ② 도급인 사업주, 수급인 사업주 각각 위험성평가 실시

2. 위험성평가의 대상
   - ① 업무중 관련 유해.위험요인이 대상
   - ② 아차사고도 포함

12-4-5 위험성평가 근로자 참여

1. 위험성평가 근로자 참여시켜야 하는 경우
   ① 유해·위험요인의 위험성 수준을 판단하는 기준을 마련하고, 유해·위험요인별 허용 가능한 위험성 수준을 정하거나 변경하는 경우
   ② 해당 사업장의 유해·위험요인을 파악하는 경우
   ③ 유해·위험요인의 위험성이 허용 가능한 수준인지 여부를 결정하는 경우
   ④ 위험성 감소대책을 수립하여 실행하는 경우
   ⑤ 위험성 감소대책 실행 여부를 확인하는 경우

12-4-6 위험성평가의 방법

1. 위험성평가의 수행체계 구성 및 운영방법
   1) 구성
      ① 안전보건관리책임자에게 위험성평가의 실시를 총괄 관리하게 할 것
      ② 안전관리자, 보건관리자는 위험성평가에 관한 보좌 및 지도·조언하게 할 것
      ③ 유해·위험요인을 파악하고 그 결과에 따른 개선조치를 시행할 것
      ④ 기계·기구, 설비 등 위험성평가에는 전문 지식을 갖춘 사람을 참여하게 할 것
      ⑤ 안전·보건관리자 선임의무 없는 경우 제2호에 따른 업무를 수행할 사람을 지정하는 등 그 밖에 위험성평가를 위한 체제를 구축할 것
   2) 위험성평가를 실시하기 위해 필요한 교육을 실시하여야 한다
   3) 산업안전·보건 전문가 또는 전문기관의 컨설팅을 받을 수 있다
   4) 위험성평가 방법 선정 시 사업장의 규모와 특성을 고려

12-4-7 위험성평가를 갈음하는 조치 관련 규정

1. 개요
   사업주가 다음 각 호의 어느 하나에 해당하는 제도를 이행한 경우에는 위험성평가를 실시한 것으로 본다.
2. 위험성평가를 갈음하는 조치 관련 규정
   ① 위험성평가 방법을 적용한 안전·보건진단(법 제47조)
   ② 공정안전보고서(법 제44조) : 공정위험성 평가서 4년 이내에 정기적 작성된 경우
   ③ 근골격계부담작업 유해요인조사(안전보건규칙 제657조부터 제662조까지)
   ④ 그 밖에 법과 이 법에 따른 명령에서 정하는 위험성평가 관련 제도

12-4-8 위험성평가 방법

1. 개요
   사업주는 사업장의 규모와 특성 등을 고려하여 선정
2. 위험성평가 방법
   ① 위험 가능성과 중대성을 조합한 빈도·강도법
   ② 체크리스트(Checklist)법
   ③ 위험성 수준 3단계(저·중·고) 판단법
   ④ 핵심요인 기술(One Point Sheet)법
   ⑤ 그 외 규칙 제50조제1항제2호 각 목의 방법
   - 상대위험순위 결정(Dow and Mond Indices)

- 작업자 실수 분석(HEA)	- 사고 예상 질문 분석(What-if)
- 위험과 운전 분석(HAZOP)	- 이상위험도 분석(FMECA)
- 결함 수 분석(FTA)	- 사건 수 분석(ETA)
- 원인결과 분석(CCA)	

12-4-9 위험성평가의 절차	
1. 위험성평가의 절차	

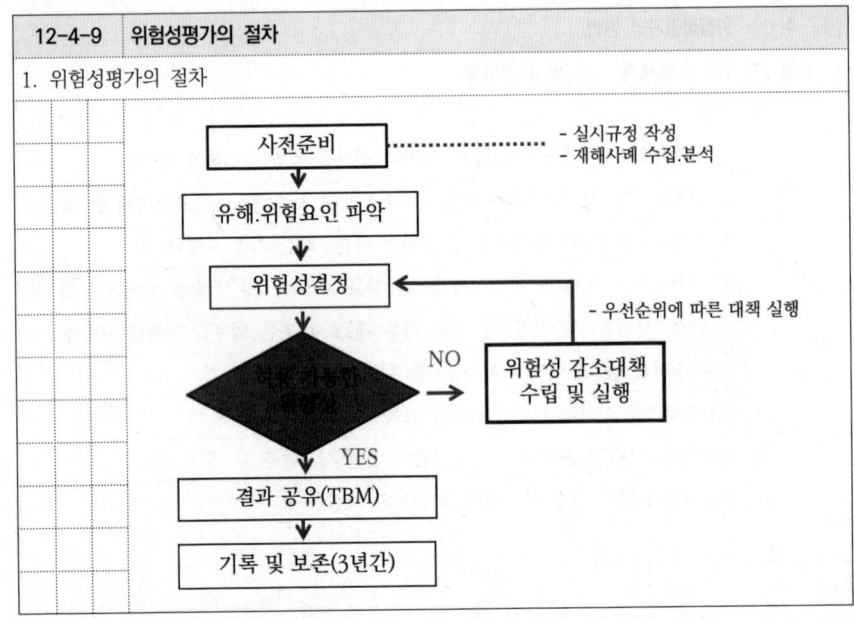

12-4-10 유해.위험요인	
1. 개요	

사람에게 부상을 입히거나 질병을 일으킬 수 있는 잠재적 가능성이 있는 모든 요인

2. 유해.위험요인 파악하는 방법

① 사업장 순회점검에 의한 방법(필수)
② 근로자들의 상시적 제안에 의한 방법
③ 설문조사·인터뷰 등 청취조사에 의한 방법
④ MSDS, 작업환경측정결과, 특수건강진단결과 등 안전보건 자료에 의한 방법
⑤ 안전보건 체크리스트에 의한 방법
⑥ 그 밖에 사업장의 특성에 적합한 방법

12-4-11 위험성 감소대책 수립 및 실행	기출 15회-3
1. 개요	

사업주는 허용 가능한 위험성이 아니라고 판단 시 위험성의 수준, 영향을 받는 근로자 수 및 다음 각호의 순서를 고려하여 위험성 감소대책 수립, 실행해야 함.

2. 위험성 감소대책 수립 및 실행 시 우선순위

① 위험한 작업의 폐지·변경, 유해·위험물질 대체 등의 조치 또는 설계나 계획 단계에서 위험성을 제거 또는 저감하는 조치
② 연동장치, 환기장치 설치 등의 공학적 대책
③ 사업장 작업절차서 정비 등의 관리적 대책
④ 개인용 보호구의 사용

12-4-12 위험성평가의 실시 시기	
1. 위험성평가의 실시 시기	

① 최초평가 : 착공 후 1개월 이내
② 수시평가 : 기계,기구 설비 등 도입,변경/ 재해발생 등
③ 정기평가 : 최초평가 후 1년마다
④ 상시평가 : 월.주.일 단위의 주기적 평가

12-4-13 안전보건표지의 설치.부착

1. 개요
- 유해.위험 장소.시설.물질에 대한 경고.비상시 대처 지시.안내, 안전의식 고취등
- 그림 기호 및 글자 나타낸 표지 쉽게 볼수있도록 설치.부착 (외국인 모국어로 작성)

2. 안전보건표지 제작
① 근로자가 쉽게 알아볼수 있는 크기
② 그림 또는 부호크기 : 전체규격의 30%이상
③ 파손.변형되지 아니하는 재료사용
④ 야간용 표지 : 야광물질 사용
⑤ 글자표기 : 흰색바탕에 검은색 한글 고딕체

3. 안전보건표지 설치기준
① 쉽게 볼 수 있는 장소, 시설, 물체에 부착
② 견고하게 설치,부착
③ 설치,부착 곤란시 해당물체에 직접도색

12-4-14 안전보건표지

1. 안전보건표지의 종류와 형태 (시행규칙 별표6)

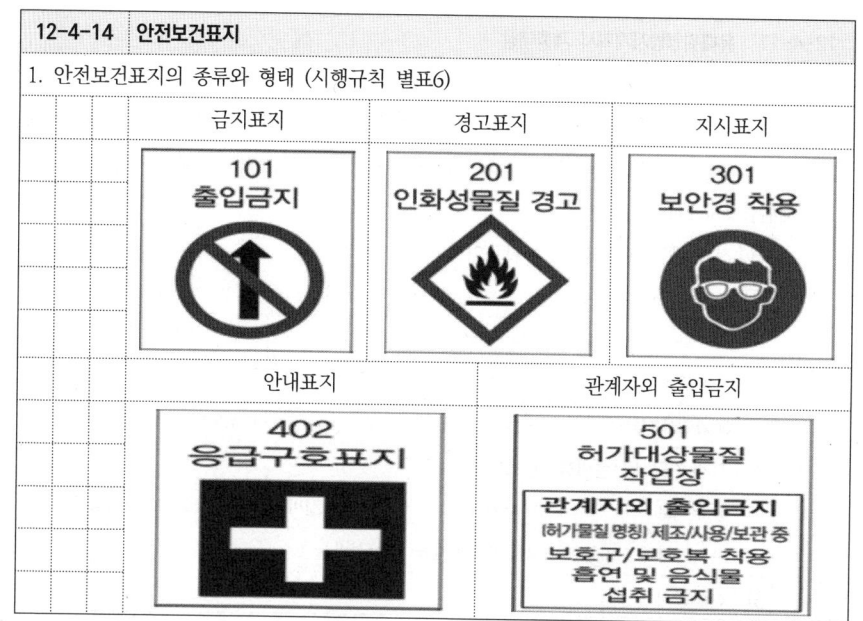

12-4-15 안전조치

1. 개요
- 사업주는 위험요인으로 인한 산업재해를 예방하기 위해 필요한 조치를 해야함.

2. 안전조치를 해야 하는 위험요인
① 기계, 기구, 설비 등에 의한 위험요인
② 폭발성, 발화성, 인화성. 부식성 물질 등에 의한 위험요인
③ 전기, 열 등의 에너지에 의한 위험요인
④ 굴착. 해체. 중량물 취급 등 불량한 작업방법 등에 의한 위험요인
⑤ 작업장소에 관계된 위험요인
　가. 추락위험이 있는 장소
　나. 토사.구축물 등 붕괴 우려 장소
　다. 물체 떨어지거나 날아올 위험 장소
　라. 천재지변으로 인한 위험 발생우려 장소

12-4-16 보건조치

1. 개요
- 사업주는 유해요인으로 인한 건강장해를 예방하기 위해 필요한 조치를 해야함.

2. 보건조치를 해야 하는 유해요인
① 원재료.가스.증기.분진 등에 의한 유해요인
② 방사선.유해광선.고열.한랭.소음.진동.이상기압 등에 의한 유해요인
③ 사업장에서 배출되는 기체.액체 등에 의한 유해요인
④ 계측감시, 정밀공작 등 작업에 의한 유해요인
⑤ 단순반복작업 또는 인체 과도한 부담작업에 의한 유해요인
⑥ 환기.채광.조명 등의 적정기준 미준수로 인한 유해요인
⑦ 폭염·한파에 장시간 작업함에 따라 발생하는 건강장해 (시행 25.6.1)

12-4-17 유해위험방지계획서 제출대상

1. 개요
건설물, 기계.기구 및 설비 등 설치.이전.주요구조부 변경하는 경우 작업전 작성하여 사전 안전성을 심사하고 현장 확인을 실시하여 안전성 확보를 위한 법정제도

2. 유해위험방지계획서 제출대상

1) 전기 계약용량 300킬로와트 이상 사업

① 금속가공(기계 및 가구제외)	② 비금속광물제품 제조업	③ 기타 기계 및 장비 제조업
④ 자동차 및 트레일러 제조업	⑤ 식료품	⑥ 고무 및 플라스틱제품
⑦ 목재 및 나무제품	⑧ 기타 제품 제조업	⑨ 1차금속 제조업
⑩ 가구 제조업	⑪ 화학제품 제조업	⑫ 반도체 /⑬ 전자부품 제조업

2) 기계.기구 및 설비를 설치.이전, 변경

① 용해로	② 화학설비	③ 건조설비	④ 가스집합 용접장치

⑤ 건강장해 야기물질의 밀폐.환기.배기를 위한 설비

3) 건설공사

12-4-18 건설공사 유해위험방지계획서의 작성.제출 등 (기출 9회-2)

1. 개요
재해발생 위험이 높은 건설공사 착공 전에 설계도서, 안전보건관리계획 등의 적정성 여부를 심사 및 이행 여부 확인하여 재해예방을 위한 법정 제도

2. 유해위험방지계획서 제출대상 공사

① 31m이상 건축물,인공구조물
② 연면적 3만㎡ 이상인 건축물
③ 연면적 5천㎡ 이상인 문화 및 집회시설 등
④ 연면적 5천㎡ 이상 냉동.냉장창고시설의 설비 및 단열공사
⑤ 10m 이상인 굴착공사
⑥ 지간 50m 이상인 교량
⑦ 터널
⑧ 다목적댐, 발전용댐, 2천만톤 이상의 용수 전용 댐 지방상수도 전용 댐 공사

12-4-19 유해위험방지계획서 첨부 서류 (기출 15회-7-1)

1. 공사개요 및 안전보건관리계획
① 공사개요서
② 주변현황 및 주변관계 도면
③ 전체공정표
④ 산업안전보건관리비 사용계획
⑤ 안전관리조직표
⑥ 재해위험시 연락 및 대피방법

2. 작업공사 종류별 유해위험방지계획

1) 공통
① 해당작업 공사종류별 작업개요 및 재해예방계획
② 위험물질의 종류별 사용량과 저장.보관 및 사용시 안전작업계획

2) 공통 외- 시행규칙 별표 10 비고사항

12-4-19 작업공사 종류별 유해위험방지계획 (기출 15회-7-2)

1. 건축물 또는 시설 등의 건설 · 개조 또는 해체공사

주요 작성대상	첨부 서류
가. 비계 조립 및 해체 작업(외부비계 및 높이 3미터 이상 내부비계만 해당한다) 나. 높이 4미터를 초과하는 거푸집동바리 조립 및 해체작업 또는 비탈면 슬래브의 거푸집 동바리 조립 및 해체 작업 다. 작업발판 일체형 거푸집 조립 및 해체 작업 라. 철골 및 PC(Precast Concrete) 조립 작업 마. 양중기 설치 · 연장 · 해체 작업 및 천공 · 항타 작업 바. 밀폐공간 내 작업 사. 해체 작업 아. 우레탄폼 등 단열재 작업[취급장소와 인접한 장소에서 이루어지는 화기(火器) 작업을 포함한다] 자. 같은 장소에서 둘 이상의 공정이 동시에 진행되는 작업	1. 해당 작업공사 종류별 작업개요 및 재해예방계획 2. 위험물질의 종류별 사용량과 저장 · 보관 및 사용 시의 안전작업계획 비고 1. 바목의 작업에 대한 유해위험방지계획에는 질식 · 화재 및 폭발 예방 계획이 포함되어야 한다. 2. 각 목의 작업과정에서 통풍이나 환기가 충분하지 않거나 가연성 물질이 있는 건축물 내부나 설비 내부에서 단열재 취급 · 용접 · 용단 등과 같은 화기작업이 포함되어 있는 경우에는 세부계획이 포함되어야 한다.

12-4-19 작업공사 종류별 유해위험방지계획

2. 냉동·냉장창고시설의 설비공사 및 단열공사

주요 작성대상	첨부 서류
가. 밀폐공간 내 작업 나. 우레탄폼 등 단열재 작업(취급장소와 인접한 곳에서 이루어지는 화기 작업을 포함한다) 다. 설비 작업 라. 같은 장소(출입구를 공동으로 이용하는 장소를 말한다)에서 둘 이상의 공정이 동시에 진행되는 작업	1. 해당 작업공사 종류별 작업개요 및 재해예방계획 2. 위험물질의 종류별 사용량과 저장·보관 및 사용 시의 안전작업계획 비고 1. 가목의 작업에 대한 유해위험방지계획에는 질식·화재 및 폭발 예방 계획이 포함되어야 한다. 2. 각 목의 작업과정에서 통풍이나 환기가 충분하지 않거나 가연성 물질이 있는 건축물 내부나 설비 내부에서 단열재 취급·용접·용단 등과 같은 화기작업이 포함되어 있는 경우에는 세부계획이 포함되어야 한다.

12-4-19 작업공사 종류별 유해위험방지계획 기출 15회-7-3

3. 다리 건설등의 공사

주요 작성대상	첨부 서류
가. 하부공 작업 1) 작업발판 일체형 거푸집 조립 및 해체 작업 2) 양중기 설치·연장·해체 작업 및 천공·항타 작업 3) 교대·교각 기초 및 벽체 철근조립 작업 4) 해상·하상 굴착 및 기초 작업 나. 상부공 작업 1) 상부공 가설작업[압출공법(ILM), 캔틸레버공법(FCM), 동바리설치공법(FSM), 이동지보공법(MSS), 프리캐스트 세그먼트 가설공법(PSM) 등을 포함한다] 2) 양중기 설치·연장·해체 작업 3) 상부슬래브 거푸집동바리 조립 및 해체(특수작업대를 포함한다) 작업	1. 해당 작업공사 종류별 작업개요 및 재해예방계획 2. 위험물질의 종류별 사용량과 저장·보관 및 사용 시의 안전작업계획

12-4-19 작업공사 종류별 유해위험방지계획

4. 터널 건설등의 공사

주요 작성대상	첨부 서류
가. 터널굴진(掘進)공법(NATM) 1) 굴진(갱구부, 본선, 수직갱, 수직구 등을 말한다) 및 막장내 붕괴·낙석방지 계획 2) 화약 취급 및 발파 작업 3) 환기 작업 4) 작업대(굴진, 방수, 철근, 콘크리트 타설을 포함한다) 사용 작업 나. 기타 터널공법[(TBM)공법, 쉴드(Shield)공법, 추진(Front Jacking)공법, 침매공법 등을 포함한다] 1) 환기 작업 2) 막장내 기계·설비 유지·보수 작업	1. 해당 작업공사 종류별 작업개요 및 재해예방계획 2. 위험물질의 종류별 사용량과 저장·보관 및 사용 시의 안전작업계획 비고 1. 나목의 작업에 대한 유해위험방지계획에는 굴진(갱구부, 본선, 수직갱, 수직구 등을 말한다) 및 막장 내 붕괴·낙석 방지 계획이 포함되어야 한다.

12-4-19 작업공사 종류별 유해위험방지계획

5. 댐 건설등의 공사

주요 작성대상	첨부 서류
가. 굴착 및 발파 작업 나. 댐 축조[가(假)체절 작업을 포함한다] 작업 1) 기초처리 작업 2) 둑 비탈면 처리 작업 3) 본체 축조 관련 장비 작업(흙쌓기 및 다짐만 해당한다) 4) 작업발판 일체형 거푸집 조립 및 해체 작업(콘크리트 댐만 해당한다)	1. 해당 작업공사 종류별 작업개요 및 재해예방계획 2. 위험물질의 종류별 사용량과 저장·보관 및 사용 시의 안전작업계획

12-4-19 작업공사 종류별 유해위험방지계획

6. 굴착공사

주요 작성대상	첨부 서류
가. 흙막이 가시설 조립 및 해체 작업(복공작업을 포함한다) 나. 굴착 및 발파 작업 다. 양중기 설치·연장·해체 작업 및 천공·항타 작업	1. 해당 작업공사 종류별 작업개요 및 재해예방계획 2. 위험물질의 종류별 사용량과 저장·보관 및 사용 시의 안전작업계획

12-4-20 유해위험방지계획서 심사   기출 15회-4

1. 심사 FLOW

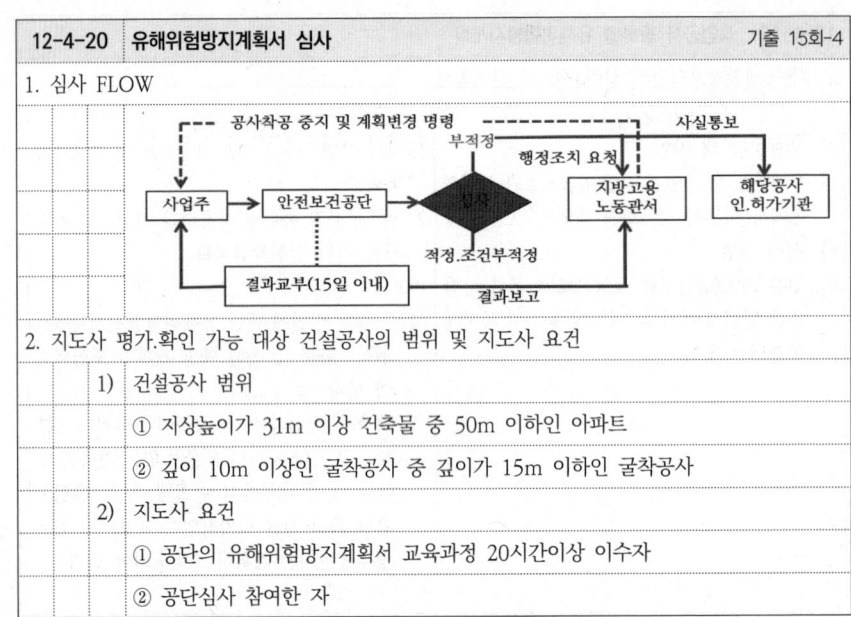

2. 지도사 평가·확인 가능 대상 건설공사의 범위 및 지도사 요건

   1) 건설공사 범위
      ① 지상높이가 31m 이상 건축물 중 50m 이하인 아파트
      ② 깊이 10m 이상인 굴착공사 중 깊이가 15m 이하인 굴착공사
   2) 지도사 요건
      ① 공단의 유해위험방지계획서 교육과정 20시간이상 이수자
      ② 공단심사 참여한 자

12-4-21 유해위험방지계획서 이행의 확인 등

1. 확인 FLOW

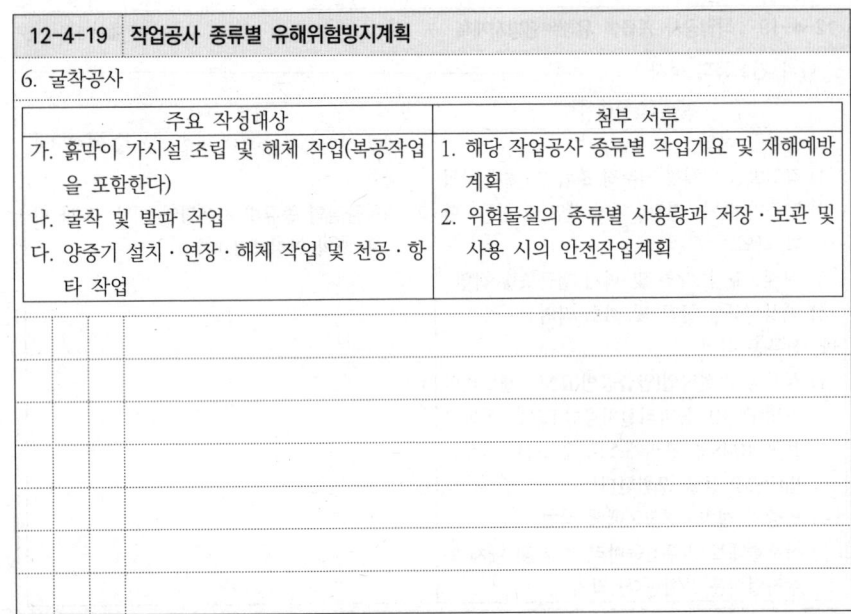

2. 확인사항
   ① 실제공사 내용이 부합하는지 여부
   ② 유해위험방지계획서 변경내용의 적정성
   ③ 추가적인 유해위험요인의 존재 여부

12-4-22 유해위험방지계획서 자체심사 및 확인

1. 자체심사 및 확인업체의 기준
   ① 시공능력 200위 이내
   ② 3년간 평균산재율 이하
   ③ 3명이상의 안전전담과·팀조직 구성(안전관리자1명포함)
   ④ 산재예방활동 실적평가점수 70점 이상
   ⑤ 2년간 사망재해 없는 업체

2. 자체심사 및 확인업체 지정 해제
   ① 동시 2명이상 사망 재해
   ② 안전관리 부실문제로 사회적 물의 야기

3. 자체심사 및 확인방법
   ① 자체심사 및 확인 인력기준 ---> • 산업안전지도사(건설안전분야)
   ② 자체확인결과서 작성 및 비치   • 건설안전기술사
                                    • 건설안전기사(실무3년) 유해위험방지계획서 심사전문화 교육이수

12-4-23	공정안전보고서의 작성.제출
1. 개요	
	유해위험물질 제조.취급.저장 설비로부터 유해위험물질 누출 및 화재.폭발 등의 중대산업사고 예방을 위한 법정제도
2. 공정안전보고서의 제출 대상	
	① 원유 정제처리업
	② 석유정제물 재처리업
	③ 석유화학계 기초화학물질 제조업
	④ 질소질 비료 제조
	⑤ 농약 원제 제조
	⑥ 복합비료 제조
	⑦ 화약 및 불꽃제품 제조업

12-4-24	공정안전보고서의 내용
1. 공정안전보고서 포함되어야 할 사항	
	① 공정안전자료
	② 공정위험성 평가서
	③ 안전운전계획
	④ 비상조치계획
	⑤ 그 외 고용노동부장관이 필요하다고 인정하는 사항

12-4-25	공정안전보고서 위험성평가 기법
1. 공정위험성평가서의 위험성평가 기법	
	① 체크리스트
	② 상대위험순위 결정(DMI)
	③ 작업자 실수 분석(HEA)
	④ 사고 예상 질문 분석(What-if)
	⑤ 위험과 운전 분석(HAZOP)
	⑥ 이상위험도 분석(FMECA)
	⑦ 결함수 분석(FTA)
	⑧ 사건수 분석(ETA)
	⑨ 원인결과 분석(CCA)
	⑩ 규정과 같은 수준 이상의 기술적 평가기법

12-4-26	공정안전보고서의 심사 및 확인

1. 공정안전보고서의 심사 및 확인 절차

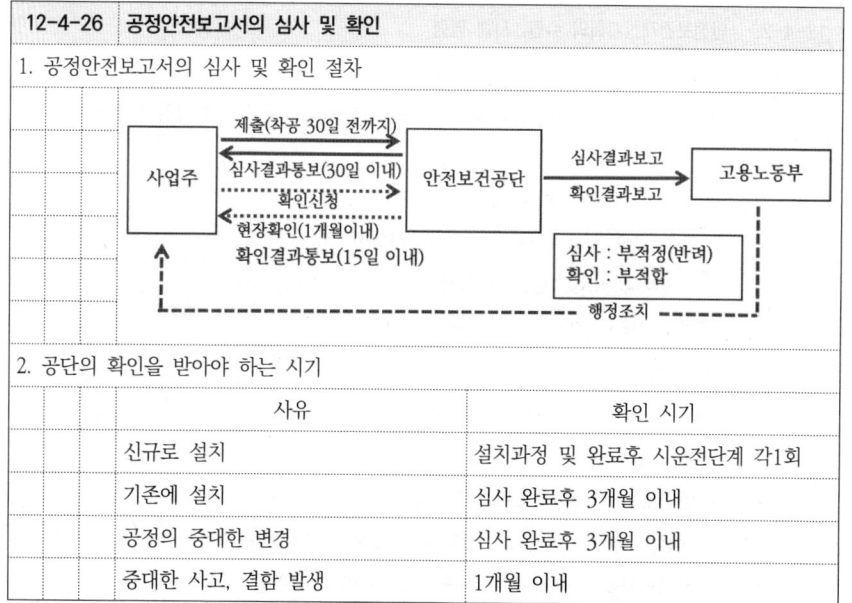

2. 공단의 확인을 받아야 하는 시기

사유	확인 시기
신규로 설치	설치과정 및 완료후 시운전단계 각1회
기존에 설치	심사 완료후 3개월 이내
공정의 중대한 변경	심사 완료후 3개월 이내
중대한 사고, 결함 발생	1개월 이내

12-4-27 공정안전보고서의 이행 상태의 평가

1. 공정안전보고서의 이행 상태평가 종류 및 시기
   ① 신규평가 : 보고서 심사 및 확인후(시운전단계) 1년 경과한 날부터 2년 이내
   ② 정기평가 : 신규평가 후 4년마다
   ③ 재평가 : 신규, 정기 평가일로부터 1년이 경과

12-4-28 안전보건진단

1. 개요
   산업재해를 예방하기 위해 사업장 내 잠재적 위험성을 발견, 그 개선대책을 수립할 목적으로 조사·평가하는 것을 말한다.

2. 안전보건진단의 종류 및 내용

종합진단	안전진단	보건진단
① 경영.관리적 사항 평가	X	X
② 재해,사고 원인	O	O
③ 작업조건 및 방법 평가	O	O
④ 유해.위험요인 측정 및 분석	위험요인	유해요인
⑤ 보호구, 안전.보건장비 및 작업환경 개선시설의 적정성	O	O
⑥ MSDS의 작성 및 교육,경고표시 부착의 적정성	X	O
⑦ 그 외 작업환경 및 보건관리개선 사항	X	O

12-4-29 안전보건개선계획의 수립. 시행 명령

1. 개요
   사업장 내 잠재된 위험요인을 제거하여 산재예방을 위해 종합적인 개선조치

2. 안전보건개선계획 수립대상 사업장
   ① 동종 규모 평균산재율 보다 높은 사업장
   ② 중대재해(안전보건조치 미이행)
   ③ 연간 2명이상의 직업성 질병자
   ④ 유해인자 노출기준 초과

3. 안전보건진단을 받아 안전보건개선계획을 수립할 대상
   ① 평균 산재율 2배 이상
   ② 안전보건조치 미이행으로 중대재해
   ③ 직업성 질병자 연간 2명이상(상시근로자 1천명이상-3명이상)
   ④ 작업환경불량, 화재.폭발,누출사고등 주변 피해확산

12-4-30 안전보건개선계획서의 제출 등

1. 안전보건개선계획서 포함사항
   ① 시설의 개선에 필요한 사항
   ② 안전보건관리체제 개선에 필요한 사항
   ③ 안전보건교육 개선에 필요한 사항
   ④ 산업재해 예방 및 작업환경개선에 필요한 사항

2. 안전보건개선계획서 제출방법 및 시기
   ① 작성 시 근로자대표 및 산업안전보건위원회의 의견 수렴
   ② 제출명령을 받은 날로부터 60일 이내
   ③ 안전보건공단의 검토 및 기술지도를 득할 것

12-4-31 작업중지

1. 사업주의 작업중지
   - ① 산재 발생할 급박한 위험
   - ② 중대재해 발생

2. 근로자 요청에 의한 작업중지 범위
   - ① 2M이상 장소에 안전시설 미설치로 인한 추락사고 우려 높음
   - ② 가시설물의 설치기준 미준수로 인한 붕괴사고 우려 높음
   - ③ 토사,구축물 변형,변위로 붕괴사고 우려 높음
   - ④ 가연성,인화성물질 취급과 동시에 화기작업으로 화재 및 폭발 우려 높음
   - ⑤ 밀폐공간 작업의 적정공기 미준수로 질식사고 우려 높음

3. 고용노동부장관의 작업중지 요건
   - ① 중대재해 발생한 해당작업
   - ② 중대재해작업과 동일한 작업
   - ③ 토사.구축물붕괴, 화재.폭발, 유해물질누출 등 주변 확산 높은 경우

12-4-32 작업중지 범위 및 해제절차

1. 작업중지 범위
   - 1) 전면 중지 : 토사.구축물붕괴, 화재.폭발 등 주변으로 확산 우려 높은 경우
   - 2) 부분 중지
     - ① 중대재해 발생 해당작업
     - ② 중대재해와 동일한 작업

2. 작업중지 해제절차

안전보건실태점검 및 개선작업 허용 요청(사업주) → 점검 및 개선작업 허가(근로감독관) → 안전보건 개선조치(사업주) → 안전작업계획수립 및 작업중지 해제요청(사업주)

현장확인 및 근로자 인터뷰 실시(근로감독관) → 작업중지해제 여부 결정(심의위원회 4일이내) → 안전작업 이행확인(근로감독관) → 안전작업 이행상황 보고(1개월 내 매주1회)

12-4-33 중대재해 발생 시 사업주의 조치

1. 개요
   - 재해자 발견시 조치사항 및 발생보고, 기록보존 및 재발방지를 위한 종합적인 개선 조치

2. 중대재해 발생 시 사업주의 조치
   - ① 해당작업을 중지. 근로자 대피
   - ② 재해자 발견시 조치

재해발생 → 기계정지 및 재해자 긴급병원 후송 → 지체없이 보고 → 현장보존
- 발생개요 및 피해상황
- 조치 및 전망
- 그 밖의 중요한 사항

12-4-34 중대재해 원인조사 등

1. 개요
   - 고용노동부장관은 원인규명 또는 재해예방대책 수립위해 원인 조사/ 사업주에게 안전보건개선계획수립.시행을 명할수 있다.

2. 중대재해 원인조사의 내용
   - 현장방문하여 조사하며 안전보건관련 서류 및 목격자 진술등을 확보
   - 원인이 사업주의 법위반으로 발생한것인지 조사

12-4-35 산업재해 은폐 금지

1. 개요
   - 산업재해 발생원인 등을 기록 보존(3년간)

2. 산업재해 기록
   - ① 사업장 개요 및 근로자 인적사항
   - ② 재해 일시 및 장소
   - ③ 재해원인 및 과정
   - ④ 재해 재발방지 계획

3. 산업재해 은폐 시 처벌

은폐 경우	처 벌
산업재해 은폐, 교사, 공무	1년이하 징역 또는 1천만원 이하 벌금
산업재해 미보고	재해발생 시 1500만원 과태료
	중대재해 시 3000만원 과태료

12-4-36 산업재해 발생 보고

1. 개요
   - 3일이상 휴업의 부상, 질병자 발생시 1개월 이내에 재해조사표를 작성하여
   - 지방고용노동관서의 장에게 제출

2. 산업재해 조사표 작성시 주의사항
   - ① 근로자 대표 확인필요
   - ② 재해자 본인 확인 필요 ---→ (근로자 대표 없을 시)
   - ③ 질병재해 사고시점 특정할수 없으므로 ---→ 근로복지공단 요양승인 후 30일이내

5. 도급 시 산업재해 예방

12-5-1 안전보건총괄책임자

1. 개요
   - 도급을 주는 사업은 안전보건관리책임자를 안전보건총괄책임자로 지정
2. 지정대상
   - 건설업 20억이상
3. 업무
   ① 위험성평가 실시
   ② 급박한 위험,중대재해 시 작업중지
   ③ 도급시 산재 예방조치
   ④ 산업안전관리비 협의 및 집행감독
   ⑤ 안전인증대상기계등과 자율안전확인대상 기계등의 사용여부 확인

12-5-2 도급인의 안전조치 및 보건조치

1. 개요
   - 도급인은 관계수급인 근로자가 도급인 사업장에서 작업시 산재예방을 위한 안전 및 보건시설의 설치 등 조치를 해야함
2. 도급인의 안전보건조치 책임 부담 범위(=도급인 사업장)
   ① 도급인이 지배.관리하는 장소(시행령 11조)
   ② 도급인의 안전.보건조치 장소(시행규칙 6조)

12-5-3 도급에 따른 산업재해 예방조치   기출 7회-6-1)

1. 개요
   - 도급인은 관계수급인의 근로자가 도급인의 사업장에서 작업 시 재해예방조치
2. 도급인의 산재예방조치
   ① 안전보건 협의체 구성 및 운영
   ② 작업장 순회점검(1회/2일)
   ③ 안전보건교육 장소 및 자료제공 등 지원
   ④ 관계수급인의 안전보건교육 실시 확인
   ⑤ 발파작업 및 화재.폭발 등의 경보체계 운영과 대피방법 등 훈련
   ⑥ 위생시설 설치 등 장소제공 및 이용협조
   ⑦ 혼재작업의 작업시기.내용,안전조치 및 보건조치등 확인
   ⑧ 작업혼재로 위험발생 우려시 관계수급인의 작업시기.내용 조정
   ⑨ 정기,수시 안전보건점검 실시

12-5-4 안전보건협의체 구성 및 운영

1. 구성
   - 도급인 및 수급인 전원
2. 운영
   - 매월 1회 이상
   - 회의결과 기록.보존
3. 협의내용
   ① 작업시작 시간
   ② 작업장 간의 연락방법
   ③ 대피방법
   ④ 위험성평가
   ⑤ 연락방법 및 작업공정의 조정

12-5-5 합동 안전.보건점검   기출 7회-6-2),3)

1. 구성
① 도급인
② 관계수급인
③ 도급인 및 관계수급인(해당 공정)의 근로자 각1명

2. 점검실시 주기
2개월에 1회이상

12-5-6 도급인의 안전 및 보건정보 제공

1. 개요
도급인은 수급인 근로자가 작업 시작 전에 수급인에게 안전 및 보건에 관한 정보 문서로 제공 후 안전보건조치 이행 확인

2. 안전보건 정보 제공해야 하는 작업
① 위험물질 및 관리대상 유해물질의 배관 개조,해체작업
② 위험물질 및 관리대상 유해물질 설비 내부에서 이루어지는 작업
③ 질식, 붕괴위험 작업
 - 산소결핍, 유해가스 등의 질식위험장소의 밀폐공간에서 이루어지는 작업
 - 토사.구축물.인공구조물등 붕괴 우려 장소에서 이루어지는 작업

3. 안전.보건 정보
① 위험물질 및 관리대상 유해물질의 명칭과 유해성.위험성
② 안전.보건상의 주의사항
③ 유해물질 누출 등 사고 시 조치내용

12-5-7 도급인의 관계수급인에 대한 시정조치

1. 개요
도급인은 관계수급인 근로자가 도급인 사업장에서 작업시 안전보건정보 제공 해야하는 작업을 도급시 수급인이 도급받은 작업의 법령위반시 시정하도록 조치

12-5-8 건설공사발주자의 산업재해 예방조치

1. 개요
발주자는 건설공사 계획, 설계 등 단계별로 안전보건상의 조치의무를 해야함.

2. 대상
총 공사금액 50억원 이상

3. 각 단계별 조치사항

단계	안전보건관리대장	작성자	조치사항
계획	기본안전보건관리대장	발주자	기본안전보건관리대장 작성
설계	설계안전보건관리대장	설계자	최종 설계도서 납품 시 확인
공사	공사안전보건관리대장	시공자	안전작업 이행 여부 확인

4. 안전보건관리대장 확인 및 조치
① 확인자 : 발주자
② 확인주기 : 매 3개월마다 1회이상
③ 작업중지 요청 : 시공사가 미이행으로 급박한 위험 시

12-5-9 기본안전보건대장

1. 기본안전보건대장에 포함되어야 하는 사항
   ① 건설공사 계획단계에서 예상되는 공사내용, 공사규모 등 공사 개요
   ② 공사현장 제반 정보
   ③ 건설공사에 설치·사용 예정인 구조물, 기계·기구 등 고용노동부장관이 정하여 고시하는 유해·위험요인과 그에 대한 안전조치 및 위험성 감소방안
   ④ 산업재해 예방을 위한 건설공사발주자의 법령상 주요 의무사항 및 이에 대한 확인

12-5-10 설계안전보건대장

1. 설계안전보건대장에 포함되어야 하는 사항
   ① 안전한 작업을 위한 적정 공사기간 및 공사금액 산출서
   ② 건설공사 중 발생할 수 있는 유해·위험요인 및 시공단계에서 고려해야 할 유해·위험요인 감소방안
   ③ 산업안전보건관리비의 산출내역서

12-5-11 공사안전보건대장

1. 공사안전보건대장에 포함하여 이행여부 확인해야 할 사항
   ① 설계안전보건대장의 유해·위험요인 감소방안을 반영한 건설공사 중 안전보건 조치 이행계획
   ② 유해위험방지계획서의 심사 및 확인결과에 대한 조치내용
   ③ 고용노동부장관이 정하여 고시하는 건설공사용 기계·기구의 안전성 확보를 위한 배치 및 이동계획
   ④ 건설공사의 산업재해 예방 지도를 위한 계약 여부, 지도결과 및 조치내용

12-5-12 안전보건조정자

1. 개요
   2개이상의 건설공사를 도급한 발주자는 같은 장소에서 행해지는 작업의 혼재로 인한 재해예방을 위해 선임 또는 지정

2. 안전보건조정자 선임대상
   각 건설공사 금액의 합이 50억원 이상

3. 안전보건조정자 지정. 선임기준
   ① 지정 - 공사감독자, 책임감리자
   ② 선임 - 산업안전지도사, 건설안전기술사
      - 실무경력 : 안전보건관리책임자 3년/ 건설안전기사, 산업안전기사 5년/ 건설안전산업기사, 산업안전산업기사 7년

4. 업무
   | ① 혼재된 작업 파악 | ② 혼재작업의 위험성 파악 |
   | ③ 작업시기.내용 안전조치 등 조정 | ④ 작업내용 정보 공유 여부 확인 |

12-5-13 건설공사 기간의 연장

1. 연장 사유
   - ① 불가항력의 사유
     - 태풍, 홍수 등 악천후
     - 전쟁, 사변, 지진, 화재 등
     - 그 밖에 계약 당사자의 통제범위 초월 사태 발생
   - ② 발주자에게 책임이 있는 사유로 착공 지연 및 시공 중단

2. 연장요청 절차

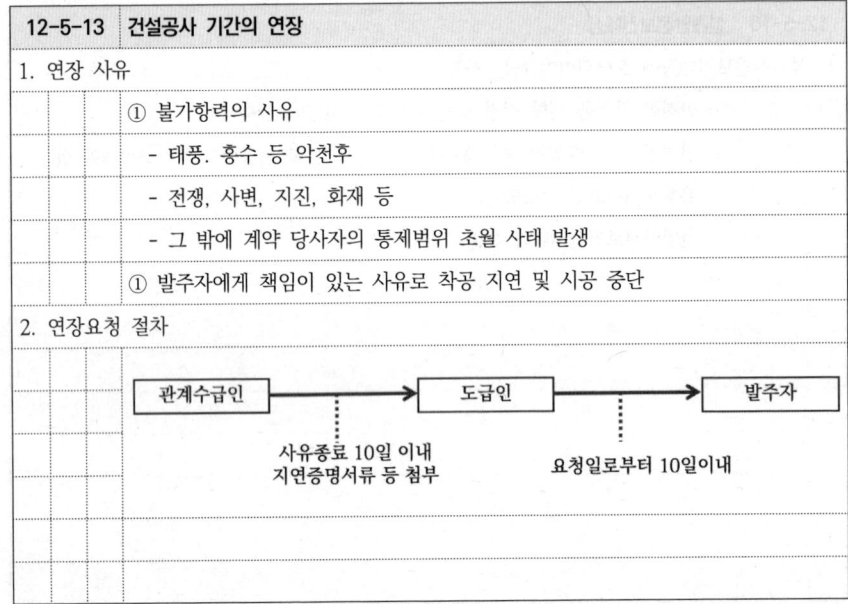

12-5-14 설계변경의 요청   기출 7회-9

1. 개요
   수급인은 가설구조물의 붕괴위험이 있다고 판단시 전문가의 의견을 들어 도급인에게 설계변경 요청

2. 설계변경 요청 대상
   - ① 31m이상인 비계
   - ② 작업발판 일체형 거푸집 또는 5m이상 거푸집 동바리
   - ③ 터널지보공 또는 2m이상인 흙막이 지보공
   - ④ 동력 이용하여 움직이는 가설구조물

3. 수급인이 의견을 들어야 하는 전문가
   - ① 건축구조기술사(토목공사 및 ③항 구조물 제외)
   - ② 토목구조기술사(토목공사 한정)
   - ③ 토질 및 기초기술사(③항 구조물 한정)
   - ④ 건설기계기술사(④항 구조물 한정)

12-5-15 산업안전보건관리비

1. 개요
   발주자가 도급계약을 체결하거나 자기공사자가 사업계획 수립 시 산업재해 예방을 위해 사용하는 비용을 도급금액 또는 사업비에 계상

2. 적용
   - ① 총 공사금액 2천만원 이상
   - ② 단가계약에 의한 공사-총계약금액 기준

3. 사용
   도급인은 매월 사용명세서 작성
   공사 종료 후 1년간 보존

12-5-16 산업안전보건관리비 계상기준

1. 개요
   대상액은 산업안전보건관리비 산정의 기초가 되는 금액으로 공사내역의 구분 여부에 따라 대상액을 산정해야 함.

2. 대상액 산정

① 공사내역 구분	② 공사내역 미구분
- 재료비+직접노무비	- 총공사금액 * 70%

3. 산업안전보건관리비 계상방법
   - ① 대상액 5억원 미만/ 50억원 이상 : 대상액*요율
   - ② 대상액 5억원 이상- 50억원 미만 : (대상액*요율)+기초액
   - ③ 대상액 미구분(㉠㉡ 중 작은금액 이상 계상)
     - ㉠ 총공사금액 * 70% * 요율
     - ㉡ (총공사금액 * 70% - 완제품 가액) * 요율 *1.2

12-5-17 산업안전보건관리비의 조정계상

1. 개요
   - 설계변경, 물가변동, 관급자재의 증감 등으로 대상액의 변동이 있는 경우에는
   - 변경시점을 기준으로 다시 계상하여야 하며, 800억 원 이상으로 증액된 경우에는
   - 증액된 대상액에 기준 요율을 적용하여 새로 계상하여야 함

2. 설계변경 시 안전관리비 조정. 계상 방법
   ① 안전관리비 = 설계변경 전 안전관리비 + 설계변경 안전관리비 증감액
   ② 설계변경 안전관리비 증감액 = 설계변경 전 안전관리비 * 대상액 증감 비율
   ③ 대상액 증감 비율 = (변경 후 대상액-변경 전 대상액)/변경 전 대상액 * 100%

12-5-18 산업안전보건관리비 사용항목

1. 산업안전보건관리비 사용항목
   ① 안전관리자. 보건관리자 임금 등
   ② 안전시설비 등
   ③ 보호구 등
   ④ 안전보건진단비 등
   ⑤ 안전보건교육비 등
   ⑥ 근로자 건강장해예방비 등
   ⑦ 건설재해예방전문지도기관의 지도에 대한 대가로 지급하는 비용
   ⑧ 본사인건비
   ⑨ 산업안전보건위원회 또는 노사협의체(안전보건협의체)에서 결정한 사항 이행 비용

12-5-19 산업안전보건관리비 항목별 사용기준

1. 안전관리자. 보건관리자 임금 등
   ① 전담 안전.보건관리자의 임금과 출장비 전액(비전담자는 2분의 1 비용)
   ② 산업재해 예방 업무만을 수행하는 작업지휘자, 유도자, 신호자 등의 임금 전액
   ③ 관리감독자의 안전보건업무 수행시 업무수당

2. 안전시설비
   ① 추락방호망, 안전대 부착설비, 방호장치 등 안전시설의 구입·임대 및 설치 비용
   ② 스마트 안전장비 구입·임대 비용
   ③ 용접 작업 등 화재 위험작업 시 사용하는 소화기의 구입·임대비용

3. 보호구 등
   ① 보호구의 구입·수리·관리 등에 소요되는 비용
   ② 보호구를 직접 구매·사용하여 합리적인 범위 내에서 보전하는 비용
   ③ 안전관리자 등의 업무용 피복, 기기 등을 구입하기 위한 비용
   ④ 안전 및 보건관리자가 점검 시 사용하는 차량의 유류비·수리비·보험료

12-5-20 산업안전보건관리비 항목별 사용기준

4. 안전보건진단비 등
   ① 유해위험방지계획서의 작성 등에 소요되는 비용
   ② 안전보건진단에 소요되는 비용
   ③ 작업환경 측정에 소요되는 비용
   ④ 재해예방을 위해 법에서 지정한 전문기관에서 실시하는 진단, 검사, 지도 비용

5. 안전보건교육비 등
   ① 건설공사 현장의 교육 장소 설치·운영 등에 소요되는 비용
   ② 이외 산업재해 예방이 주된 목적인 교육을 실시하기 위해 소요되는 비용
   ③ 구조 및 응급처치에 관한 교육
   ④ 안전보건관리책임자 등 업무수행 정보를 취득 위한 목적의 도서 구입 비용
   ⑤ 안전기원제 등 산업재해 예방을 기원하는 행사를 개최하기 위해 소요되는 비용
   ⑥ 건설공사 현장의 유해·위험요인을 제보, 개선방안을 제안한 근로자 격려 비용

12-5-21 산업안전보건관리비 항목별 사용기준

6. 근로자 건강장해예방비 등
   - ① 법·영·규칙에서 규정하는 각종 근로자의 건강장해 예방에 필요한 비용
   - ② 중대재해 목격으로 발생한 정신질환을 치료하기 위해 소요되는 비용
   - ③ 감염병 예방을 위한 마스크, 손소독제, 체온계 구입 비용
   - ④ 휴게시설의 온도, 조명 설치·관리를 위해 소요되는 비용
   - ⑤ 근로자 심폐소생 자동심장충격기(AED) 구입 비용
   - ⑥ 임시 휴게시설 설치·해체·임대 비용 및 냉·난방기기의 임대 비용

7. 기술지도비
   - 건설재해예방전문지도기관의 지도에 대한 대가로 자기공사자가 지급하는 비용

8. 본사 인건비
   - 본사 안전전담조직에 소속된 근로자의 임금 및 출장비

9. 산업안전보건위원회 또는 노사협의체(안전보건협의체)에서 결정한 사항 이행 비용
   - 위험성평가 발굴 품목 등

12-5-22 산업안전보건관리비 사용기준

1. 공사진척에 따른 안전관리비 사용기준

공정율	50%-70% 미만	70%-90% 미만	90% 이상
사용기준	50% 이상	70% 이상	90% 이상

2. 사용 불가 내역 포함된 내용
   - ① 예정가격 작성기준 19조 경비(전력비, 운반비 등)에 해당되는 비용
   - ② 다른 법령에서 의무사항으로 규정한 사항 이행하는데 필요한 비용
   - ③ 재해예방 외의 시설·장비나 물건 등을 사용하기 위해 소요되는 비용
   - ④ 환경관리, 민원 또는 수방 대비 등 목적이 포함된 경우

12-5-23 건설공사의 산업재해 예방 지도

1. 개요
   건설공사발주자는 건설재해예방전문지도기관과 산업재해 예방을 위한 지도계약을 착공 전날까지 체결

2. 대상 사업장
   공사금액 1억원이상 120억원 미만(토목 150억원 미만)

3. 제외공사
   - ① 공사기간이 1개월 미만인 공사
   - ② 육지와 연결되지 않은 섬 지역(제주도 제외)에서 이루어지는 공사
   - ③ 전담안전관리자 선임 현장
   - ④ 유해위험방지계획서를 제출해야 하는 공사

12-5-24 건설재해예방전문지도기관의 지도 기준   기출 9회-1

1. 건설재해예방전문지도기관의 업무수행 절차
   - ① 계약 : 기술지도 계약체결 ---> 착공신고서에 계약서 첨부
   - ② 기술지도 : 기술지도실시 (월2회) ---> 지도결과서작성 ---> K2B 입력
   - ③ 기술지도 종료 : 기술지도 완료증명서 발부 ---> 서류보관(3년)

2. 기술지도의 수행방법

   1) 기술지도 횟수
   - ① 공사시작 후 15일마다 1회
   - ② 40억이상 : 기술사 또는 지도사 8회마다 1회이상 방문

   2) 기술지도 한계
   - ① 요원 1명당 : 일 4회, 월 최대 80회 제한
   - ② 지역 : 지방고용노동관서 관할지역

12-5-25 건설재해예방전문지도기관의 기술지도 업무내용

1. 기술지도 범위 및 준수의무
   - ① 기술지도 담당자 지정 - 공사종류, 규모 등 고려
   - ② 기술지도 담당자에게 최근 사망사고 사례 등 연1회이상 교육 실시
   - ③ 산안법 등 관계 법령에 따라 지도
   - ④ 도급인(시공사)이 적절한 조치를 하지 않은 경우 발주자에게 그 사실을 통보

2. 기술지도 결과 관리
   - ① 결과보고서 작성 후 안전보건총괄책임자에게 통지
   - ② 7일이내 전산시스템(K2B 프로그램) 입력
   - ③ 50억이상-도급인 사업주와 경영책임자에게 매 분기1회이상 결과보고서 송부
   - ④ 공사 종료시 발주자에게 기술지도 완료증명서 발급

12-5-26 건설재해예방전문지도기관

1. 설립기준
   1) 인력
      - ① 산업안전지도사 (건설) 또는 건설안전기술사 1명 이상
      - ② 2명이상 : 건설안전기사 5년, 건설안전산업기사 7년경력
              토목,건축기사 5년, 토목,건축산업기사 7년 경력
      - ③ 2명이상 : 건설안전기사 1년, 건설안전산업기사 3년경력
              토목,건축기사 1년, 토목,건축산업기사 3년 경력
      - ④ 1명이상 : 안전관리자 자격 + 실무경력 2년
   2) 직무교육 - 신규교육 34시간, 보수교육 24시간
   3) 사무실 장비
      - ① 가스농도측정기
      - ② 산소농도측정기
      - ③ 접지저항측정기
      - ④ 절연저항측정기
      - ⑤ 조도계

12-5-27 안전 및 보건에 관한 협의체 등의 구성.운영에 관한 특례(노사협의체)

1. 개요
   도급인이 노사협의체 구성.운영(2개월 마다) 시 산업안전보건위원회 및 안전 및 보건에 관한 협의체를 각각 구성.운영한 것으로 갈음

2. 노사협의체의 설치대상
   120억 이상 건설업(토목업 150억 이상)

3. 노사협의체 구성(동수)

사용자위원	근로자 위원
• 사업 대표자 • 안전관리자 1명 • 공사금액 20억원이상 사업주	• 근로자 대표 • 명예산업안전감독관 또는 근로자대표가 지명한 근로자 1인 • 공사금액 20억원이상 사업의 근로자대표

4. 협의사항
   - ① 작업의 시작시간
   - ② 작업장 간 연락방법
   - ③ 산업재해 예방방법 및 대피방법

12-5-28 기계.기구 등에 대한 건설공사 도급인의 안전조치

1. 개요
   도급인은 기계.기구, 설비 등의 설치.해체.조립 작업 시 안전.보건조치 해야함

2. 대상 기계.기구
   - ① 타워크레인
   - ② 건설용 리프트
   - ③ 항타기 및 항발기

3. 설치.해체.조립 작업 시 확인 또는 조치사항
   - ① 작업 전 기계.기구 등 소유 또는 대여하는 자와 합동 안전점검실시
   - ② 작업계획서 작성 및 이행여부 확인(리프트 제외)
   - ③ 자격.면허.경험.기능을 가지고 있는지 여부 확인(리프트 제외)
   - ④ 안전보건규칙에서 정하고 있는 안전.보건조치
   - ⑤ 결함, 작업방법과 절차 미준수, 강풍 등 이상 환경시 작업중지

12-5-29 특수형태근로종사자에 대한 안전조치 및 보건조치

1. 개요
   - 특수형태근로종사자로부터 노무를 제공받는 자는 산재예방을 위해 안전.보건조치

2. 범위
   - 건설기계관리법에 따라 등록된 건설기계(27종)를 직접 운전하는 사람

3. 안전.보건조치(산업안전보건기준에 관한 규칙 제672조 제2항)
   ① 작업장 관련 전반(전도방지, 작업장 청결 등)
   ② 통로 관련 전반(조명 및 통로 설치 등)
   ③ 보호구 관련 전반
   ④ 추락 또는 붕괴에 의한 위험 방지 관련 전반
   ⑤ 기계.기구 및 그 밖의 설비 위험예방 전반
   ⑥ 건설기계 위험예방 전반
   ⑦ 중량물 취급 및 하역작업 등에 의한 위험방지
   ⑧ 벌목작업에 의한 위험방지

12-5-30 특수형태근로종사자에 대한 안전보건교육

1. 개요
   - 특수형태근로종사자에게 노무를 제공받는 자는 안전 및 보건교육을 실시해야 함

2. 특수형태근로종사자에 대한 안전보건교육

교육과정	교육시간
① 최초 노무제공 시 교육	2시간 이상
② 특별교육	16시간 이상

3. 특수형태근로종사자에 최초 노무제공 시 교육내용

① 산업안전 및 산업재해 예방	② 산업보건 및 건강장해 예방
③ 건강증진 및 질병 예방	④ 유해.위험 작업환경 관리
⑤ 직무스트레스 예방 및 관리	⑥ 작업 개시 전 점검에 관한 사항
⑦ 직장 내 괴롭힘 등의 건강장해 예방	⑧ 정리정돈 및 청소에 관한 사항
⑨ 물질안전보건자료에 관한 사항	⑩ 교통안전 및 운전안전에 관한 사항
⑪ 기계·기구의 위험성과 작업의 순서 및 동선에 관한 사항 등	

6. 유해. 위험 기계 등에 대한 조치

12-6-1 유해하거나 위험한 기계.기구에 대한 방호조치

1. 유해.위험 방지를 위한 방호조치가 필요한 기계. 기구

종류	방호장치
① 예초기	날접촉 예방장치
② 원심기	회전체 접촉 예방장치
③ 공기압축기	압력방출장치
④ 금속절단기	날접촉 예방장치
⑤ 지게차	헤드가드, 백레스트, 전조등, 후미등, 안전벨트
⑥ 포장기계(진공포장기, 래핑기)	구동부 방호 연동장치

12-6-2 방호조치를 해체 시 안전조치

1. 방호조치

	위험기계.기구 부위에 접근하지 못하도록 하는 제한조치
	방호망, 방책, 덮개, 각종 방호장치

2. 방호조치 해체 등에 필요한 조치내용

① 방호조치를 해체 : 사업주의 허가를 받아 해체할 것
② 방호조치 해체 사유가 소멸 : 방호조치를 지체 없이 원상으로 회복
③ 방호조치의 기능이 상실 : 지체 없이 사업주에게 신고

12-6-3 기계.기구 등의 대여자 등의 조치   기출 14회-1

1. 대여자 등이 안전조치를 해야하는 기계.기구

1) 양중기		타워크레인, 이동식크레인, 리프트
2) 차량계 하역운반		지게차, 고소작업대
3) 차량계 건설기계	도저형	불도저, 스크레이트 도저
	굴착	크램쉘, 드래그라인, 버킷굴착기
	천공용	어스드릴, 어스오거, 천공기
	지반 압밀침하	페이퍼드레인머신
	지반 다짐	롤러기
	기타	항타기 및 항발기, 파워셔블, 모터그레이더, 로더, 스크레이퍼, 트렌치, 콘크리트 펌프

12-6-4 기계등 대여하는 자의 조치

1. 타인에게 대여하는 자의 조치

① 점검, 보수 등 정비
② 방호조치 내용등의 서면발급
  - 성능 및 방호조치 내용
  - 특성 및 사용 주의사항
  - 수리.보수 및 점검내역과 주요부품 제조일
  - 안전점검내역, 주요안전부품 교환이력
③ 설치.해체 작업을 위탁 시 준수사항
  - 법령상 자격과 필요한 장비 여부 확인
  - 방호조치 내용 등의 내용 주지
  - 안전보건규칙에 따른 기준 준수 여부 확인
④ 대여자에게 설치, 해체 작업시의 준수사항의 확인결과 통보
⑤ 대여에 관한 사항 기록.보존

12-6-5 기계등을 대여받는 자의 조치

1. 대여받는자의 조치
① 조작하는 사람의 자격.기능 여부 확인
② 조작자에게 작업내용 등 주지
  - 작업내용
  - 지휘계통
  - 연락.신호 등 방법
  - 운행경로, 제한속도 등
  - 조작에 따른 재해방지 위한 사항

2. 타워크레인 대여받을 시 조치
① 장비 간, 인접구조물 간에 충돌방지장치 설치
② 설치.해체 시 작업과정 전반을 영상 기록.보관

12-6-6 안전인증

1. 안전인증대상

기계.기구	방호장치	보호구
(설치.이전/주요구조부 변경시)	① 프레스 및 전단기	① 안전모(추락.감전방지용)
① 프레스	② 양중기용 과부하방지	② 안전화
② 전단기 및 절곡기	③ 보일러 압력방출용 밸브	③ 안전장갑
③ 크레인(설치.이전)	④ 압력용기 압력방출용 밸브	④ 방진마스크
④ 리프트(설치.이전)	⑤ 압력용기 압력방출용 파열판	⑤ 방독마스크
⑤ 압력용기	⑥ 절연용방호구 및 활선작업용기구	⑥ 송기마스크
⑥ 롤러기	⑦ 방폭구조 전기기계.기구 및 부품	⑦ 전동식 호흡보호구
⑦ 사출성형기	⑧ 추락.낙하 및 붕괴방지 가설기자재	⑧ 보호복 ⑨ 안전대
⑧ 고소작업대		⑩ 차광, 비산방지 보안경
⑨ 곤돌라(설치.이전)	⑨ 산업용 로봇 방호장치	⑪ 용접용 보안면
		⑫ 방음용 귀마개/귀덮개

12-6-7 안전인증 절차 및 심사 종류

1. 안전인증 절차

예비심사 7일 → 서면심사 15일 → 기술능력 및 생산체계심사 30일 → 제품심사 - 개별 : 15일 - 형식별 : 30일 → 확인 2년에 1회이상

2. 안전인증 심사의 종류
① 예비심사 : 기계 및 방호장치·보호구가 유해·위험기계 인지 확인하는 심사
② 서면심사 : 제품기술과 관련된 문서가 안전인증기준에 적합한지 심사
③ 기술능력 및 생산체계 심사
④ 제품심사 : 서면심사 내용 일치와 기계 성능이 인증기준에 적합한지 심사
 - 개별 제품심사 : 서면심사 결과가 적합할 경우에 기계 모두에 대한 심사
 - 형식별 제품심사 : 서면심사와 기술능력 및 생산체계 심사 결과가 적합할 경우에 기계등의 형식별로 표본을 추출하여 하는 심사

12-6-8 자율안전확인의 신고

1. 자율안전인증대상

기계.기구	방호장치	보호구
① 연삭기/ 연마기	① 아세틸렌 및 가스집합 용접장치용 안전기	① 안전모(낙하방지용)
② 산업용 로봇	② 교류 아크용접기용 자동전격방지기	
③ 혼합기	③ 롤러기 급정지장치	② 차광 및 비산방지 외 보안경
④ 파쇄기/ 분쇄기	④ 연삭기 덮개	
⑤ 컨베이어	⑤ 목재가공둥근톱 반발 및 날 접촉 예방장치	③ 용접용외 보안면
⑥ 식품가공용 기계		
⑦ 자동차정비용 리프트	⑥ 동력식 수동대패용 칼날 접촉 방지장치	
⑧ 공작기계	⑦ 추락.낙하 및붕괴 가설기자재 (안전인증제외)	
⑨ 고정형 목재가공용기계		
⑩ 인쇄기		

12-6-9 안전검사대상 및 주기

1. 안전검사대상 및 주기

대 상	최초 안전검사	정기검사	비고
크레인 리프트 곤돌라	-설치 후 3년이내	-최초 검사 후 2년마다	-건설현장 설치후 6개월마다
이동식크레인 고소작업대	-신규등록 후 3년이내	-최초 검사 후 2년마다	
프레스/전단기/원심기 롤러기/압력용기/사출성형기/산업용로봇/컨베이어/국소배기장치	-설치 후 3년이내	-최초 검사 후 2년마다	-압력용기 : 공정안전보고서 확인 후 4년마다
혼합기 파쇄기 또는 분쇄기			-24.6.25 개정 -26.6.26 시행

12-6-10 자율검사프로그램에 따른 안전검사

1. 개요
   - 안전검사대상 사업주가 근로자대표와 협의하여 자율검사프로그램을 정함
   - 고용노동부장관의 인정시 안전검사 면제(2년간)

2. 자율검사프로그램 인정요건
   ① 검사원을 고용하고 있을 것
   ② 검사를 할 수 있는 장비를 갖추고 이를 유지·관리할 수 있을 것
   ③ 안전검사 주기의 2분의 1에 해당하는 주기마다 검사를 할 것
   ④ 자율검사프로그램의 검사기준이 안전검사기준을 충족할 것

7. 유해. 위험물질에 대한 조치

12-7-1	물질안전보건자료 작성 및 제출
1. 개요	
	물질안전보건자료대상물질을 제조 및 수입하려는 자는 물질안전보건자료를 작성해 고용노동부장관에게 제출
2. 물질안전보건자료에 포함되어야 할 사항	
	① 제품명
	② 화학물질의 명칭 및 함유량
	③ 안전 및 보건상의 취급 주의 사항
	④ 건강 및 환경에 대한 유해성, 물리적 위험성
	⑤ 물리·화학적 특성 등 고용노동부령으로 정하는 사항
	- 독성정보/ 폭발.화재시의 대처방법/ 응급조치 요령 등

12-7-2	물질안전보건자료의 제공	
1. 개요		
	물질안전보건자료대상물질을 양도하거나 제공하는 자는 이를 양도받거나 제공받는 자에게 물질안전보건자료를 제공	
2. 물질안전보건자료 작성항목(16개항목)		
	① 화학제품과 회사정보	② 유해성.위험성
	③ 구성성분명칭 및 함유량	④ 응급조치요령
	⑤ 폭발.화재시 대처방법	⑥ 누출사고시 대처방법
	⑦ 취급 및 저장방법	⑧ 노출방지 및 개인보호구
	⑨ 물리화학적 특성	⑩ 안정성 및 반응성
	⑪ 독성 정보	⑫ 환경에 미치는 영향
	⑬ 폐기시 주의사항	⑭ 운송 정보
	⑮ 법적규제 현황	⑯ 그 외 참고사항

12-7-3	물질안전보건자료의 게시
1. 개요	
	사업주는 물질안전보건자료를 물질안전보건자료대상물질을 취급하는 작업장내에 근로자가 쉽게 볼수 있는 장소에 게시 (작업공정별로 관리요령 게시)
2. 물질안전보건자료 게시장소	
	① 물질안전보건자료대상물질을 취급하는 작업공정이 있는 장소
	② 작업장 내 근로자가 가장 보기 쉬운 장소
	③ 근로자가 작업 중 쉽게 접근할 수 있는 장소에 설치된 전산장비
3. 물질안전보건자료대상물질의 관리요령 게시	
	① 제품명
	② 건강 및 환경에 대한 유해성, 물리적 위험성
	③ 안전 및 보건상의 취급주의 사항
	④ 적절한 보호구
	⑤ 응급조치 요령 및 사고 시 대처방법

12-7-4	물질안전보건자료의 교육
1. 개요	
	물질안전보건자료대상물질 취급 근로자에게 물질안전보건자료에 관한 교육
2. 물질안전보건자료에 관한 교육시기	
	① 물질안전보건자료대상물질 제조.사용.운반.저장 작업에 근로자 배치
	② 새로운 물질안전보건자료대상물질이 도입된 경우
	③ 유해성·위험성 정보가 변경된 경우
3. 물질안전보건자료에 관한 교육내용	
	① 제품명
	② 물리적위험성 및 건강 유해성
	③ 취급상의 주의사항
	④ 적절한 보호구
	⑤ 응급조치 요령 및 사고시 대처방법
	⑥ 물질안전보건자료 및 경고표지를 이해하는 방법

12-7-5 물질안전보건자료대상물질 용기 등의 경고표시 기출 11회-4

1. 개요
   - 물질안전보건자료대상물질을 양도.제공하는 자는 이를 담은 용기 및 포장에 경고표시를 해야함

2. 경고표시 방법 및 기재항목
   - ① 부착 - 화학물질 담은 용기 및 포장 (소분통 포함)
   - ② 색상 : 바탕- 흰색, 그림문자 테두리- 빨간색, 글씨-검정색
   - ③ 경고표시 포함되어야 할 사항
     - 명칭
     - 그림문자
     - 신호어
     - 유해.위험문구
     - 예방조치문구
     - 공급자 정보

12-7-6 석면조사

1. 개요
   - 건축물. 설비소유주는 철거.해체시 석면조사 한 후 그 결과 기록.보존

2. 석면조사의 종류
   - ① 일반석면조사 : 석면함유 여부 및 함유자재 종류, 위치 및 면적
   - ② 기관석면조사 : 일정 규모 이상 시 석면조사기관을 통하여 조사

3. 기관석면조사 실시 대상
   - ① 건축물 연면적 50M²이상 이면서 철거면적 50M²이상
   - ② 주택 연면적 200M² 이상이면서 철거면적 200M²이상
   - ③ 단열재/보온재 등 자재면적15M²이상/부피1M³이상의 설비 철거부분
   - ④ 파이프길이의 합 80M이상이면서 보온재길이 합 80M이상

4. 기관석면조사 방법
   - ① 예비조사(건축도면/자재이력 확인)
   - ② 해체 자재의 성질별로 구분
   - ③ 자재의 성질별로 크기고려 시료채취

12-7-7 석면의 해체.제거

1. 석면해체. 제거업자를 통한 석면해체. 제거대상(석면함유 중량비율 1%이상)
   - ① 벽체, 바닥재, 천장재 및 지붕재 등 자재 면적합 50M²이상
   - ② 분무재 또는 내화피복재
   - ③ 단열재, 개스킷, 패킹재, 실링재 등 면적 합15M²이상/부피1M³이상
   - ④ 파이프 보온재 길이 합 80M이상

2. 석면해체.제거업자의 준수사항
   - ① 해체, 제거 작업 7일전 고용노동청에 신고
   - ② 해체, 제거 시 작업기준 준수(산업안전보건기준에 관한 규칙)
   - ③ 작업완료 후 작업장 공기 중 석면농도 측정(0.01개/㎤이하)
   - ④ 서류보존(30년간)

12-7-8 석면농도기준의 준수

1. 개요
   - 석면해체.제거업자는 작업이 완료된 후 작업장 공기 중 석면농도를 기준이하가 (0.01개/㎤)되도록 하며, 증명자료 관할지방노동관서에 제출

2. 석면 농도측정자의 자격
   - ① 석면조사기관 소속된 산업위생관리산업기사 또는 대기환경산업기사 이상
   - ② 작업환경측정기관 소속된 산업위생관리산업기사 이상

3. 석면농도의 측정방법
   - ① 작업장 내 청소 완료 후 건조한 상태
   - ② 침전된 분진 비산
   - ③ 지역 시료채취방법(멤브레인 여과지)

8. 근로자 보건관리

12-8-1 작업환경측정

1. 개요

작업환경측정이란 작업환경 실태를 파악하기 위하여 해당 근로자 또는 작업장에 대하여 사업주가 유해인자측정계획을 수립 후 시료를 채취하고 분석·평가

2. 작업환경측정 FLOW

유해인자확인 → 작업환경측정 → 노동관서 제출 → 개선대책수립 → 서류보존

- 측정주기 준수
- 노출기준 초과
- 5년간/30년간

12-8-2 작업환경측정 대상 작업장

1. 개요

작업환경측정 대상 유해인자에 노출되는 근로자가 있는 작업장

2. 작업환경 측정 대상 유해인자

구분	내용
화학적 인자 (183종)	① 유기화합물 : 메탄올, 톨루엔, 벤젠 등
	② 금속류 : 구리, 니켈, 망간, 납, 카드뮴 등
	③ 산 및 알칼리류 : 황산, 질산, 불화수소, 수산화나트륨 등
	④ 가스상태 물질류 : 염소, 암모니아, 황화수소 등
	⑤ 허가대상 유해물질 : 크롬산 아연, 베릴륨, 벤조트리클로라이드
	⑥ 금속가공유
물리적 인자 (2종)	① 소음 (8시간 시간가중평균 80dB이상)
	② 고열 : 열경련, 열탈진, 열사병 등 건강장해 유발 온도
분진(7종)	- 용접 흄, 석면, 유리, 목재, 면, 곡물, 광물성 분진
기타	- 고용노동부장관 고시(허가대상 및 특별관리 물질)

12-8-3 작업환경측정 방법 및 자격

1. 작업환경측정 방법
   ① 측정전 예비조사실시
   ② 정상적 작업시간에 실시
   ③ 개인시료채취방법(곤란시 지역시료채취방법)

2. 작업환경측정자 자격

   사업장 소속된 산업위생관리산업기사 이상

3. 작업환경측정 주기

최초측정	측정대상 작업장 신규·변경 30일 이내	
정기측정	6개월 1회	
실시 주기 조정	3개월 1회	발암성물질 기준초과
		화학물질 노출기준 2배이상
	1년에 1회	소음 최근 2회 연속 85데시벨 미만
		소음외 최근 2회 연속 노출기준 미만

12-8-4 작업환경측정 후 조치

1. 측정 후 조치
   ① 측정결과 지방고용노동관서에 보고
   ② 결과에 대한 설명회 개최
   ③ 결과 노출기준 초과시 시설·설비의 설치·개선
   ④ 건강진단 실시
   ⑤ 측정결과 기록 5년간 보존/노동부 고시 물질 30년간 보존

12-8-5 휴게시설의 설치

1. 개요
- 사업주는 근로자가 신체적 피로와 정신적 스트레스를 해소할 수 있도록 휴식시간에 이용할수 있는 휴게시설을 설치

2. 휴게시설설치 대상 사업장
- ① 상시근로자 20명이상
- ② 건설업- 총공사금액 20억원이상

3. 휴게시설 설치.관리기준
- ① 크기- 최소바닥면적 6M²*사업장 개수/천장높이: 2.1M이상
- ② 위치- 휴식시간 20%미만/ 화재.폭발위험/유해물질취급/분진 장소와 이격
- ③ 온도(18-28도)유지,냉난방기능 구비/ 습도(50-55%)/ 조명(100-200럭스)
- ④ 환기가능/ 의자등 비품 구비/ 물/식수설비 구비
- ⑤ 휴게시설표지 부착/ 청소.관리담당자 지정
- ⑥ 목적외 용도 사용금지

12-8-6 일반건강진단

1. 개요
- 사업주는 근로자 건강보호.유지 위한 실시시기. 주기 및 대상에 따라 실시

2. 건강진단의 종류 및 실시 대상

종류	일반	특수	배치전	수시	임시
대상	전체근로자	특수건강진단 대상 업무 종사		건강장해 의심	노동관서 명령

3. 일반건강진단 대상 및 주기
- ① 사무직: 2년에 1회이상
- ② 기타: 1년에 1회이상

4. 건강진단 절차

대상근로자 선정 → 건강진단기관의뢰 → 진단결과 통보 → 사후조치 관리 → 서류보존
　　　　　　　　　　　　　　　　　　사업주와 근로자에게 통보　작업전환/시설.설비 개선　5년간/30년간

12-8-7 특수건강진단

1. 특수건강진단 대상 유해인자

화학적 인자 (164종)	① 유기화합물 : 메탄올, 톨루엔, 벤젠 등	
	② 금속류 : 구리, 니켈, 망간 등	
	③ 산 및 알칼리류 : 황산, 질산, 불화수소 등	
	④ 가스상태 물질류 : 염소, 일산화탄소, 황화수소 등	
	⑤ 허가대상 유해물질 : 크롬산 아연, 베릴륨, 벤조트리클로라이드	
	⑥ 금속가공유	
물리적 인자 (8종)	- 소음, 강렬한소음, 충격소음, 진동, 방사선, 고기압, 저기압 유해광선	
분진(7종)	- 용접 흄, 석면, 유리, 목재, 면, 곡물, 광물성 분진	
야간작업 (2종)	① 6개월간 (밤 12시- 오전 5시) 8시간 작업을 월 평균 4회 이상	
	② 6개월간 (오후 10시 -오전 6시) 사이의 시간 중 작업을 월 평균 60시간 이상 수행하는 경우	

12-8-8 특수건강진단의 시기 및 주기

1. 특수건강진단의 시기 및 주기

유해인자	첫 번째 시기	주기
① N,N-디메틸아세트아미드	1개월 이내	6개월
② 벤젠	2개월 이내	6개월
③ 사염화탄소/염화비닐 등	3개월 이내	6개월
④ 석면,면분진	12개월 이내	12개월
⑤ 광물성/목재/소음	12개월 이내	24개월
⑥ 그외	6개월 이내	12개월 이내

12-8-9	임시건강진단 명령 등
1. 개요	
	고용노동부장관은 같은 유해인자에 노출되어 유사한 증상이 발생한 경우 등 임시건강진단을 명할수 있다.
2. 임시건강진단 명령 대상	
	① 같은부서 근무자
	② 같은 유해인자 노출로 유사한 증상
	③ 직업병 유소견자 발생

12-8-10	건강진단에 관한 사업주의 의무
1. 사업주 의무	
	① 근로자대표 요구시 참석
	② 건강진단 결과 설명회 개최
	③ 건강진단 결과에 따른 사후관리
	-작업장소 변경 및 작업전환
	-근로시간 단축 및 야간근로 제한
	-작업환경측정 및 시설.설비 설치.개선
	-건강상담
	-보호구 지급 및 착용지도
	-추적검사
	-근무 중 치료조치
	④ 결과기록 5년간보존
	⑤ 허가대상유해물질 및 특별관리물질 취급 결과기록 30년간 보존

9. 산업안전지도사 및 산업보건지도사

12-9-1 산업안전지도사 등의 직무

1. 산업안전지도사 등의 직무

구분	산업안전지도사	산업보건지도사
개별 직무	① 공정상의 안전에 관한 평가.지도 ② 유해.위험의 방지대책에 관한 평가.지도 ③ 공정안전 및 유해.위험방지 관련 계획서 및 보고서 작성 ④ 산업안전에 관한 사항 - 자문에 대한 응답 및 조언 - 위험성평가의 지도 - 안전보건개선계획서 작성	① 작업환경의 평가 및 개선 지도 ② 작업환경개선과 관련된 계획서 및 보고서작성 ③ 근로자 건강진단에 따른 사후관리 지도 ④ 직업성 질병 진단 및 예방지도 ⑤ 산업보건에 관한 조사.연구 ⑥ 산업보건에 관한 사항 - 자문에 대한 응답 및 조언 - 위험성평가의 지도 - 안전보건개선계획서 작성

12-9-2 산업안전지도사 업무 영역별 종류 및 범위

1. 산업안전지도사 업무 영역별 종류 및 업무 범위

   1) 기계.전기.화공안전 분야
      ① 유해위험방지계획서,안전보건개선계획서,공정안전보고서,기계,기구.설비작업계획서 및 MSDS 작성지도
      ② 설계.시공.배치.보수.유지 안전성평가 및 기술지도
      ③ 정전기.전자파로 인한 재해예방, 자동화설비,자동제어,방폭전기설비 및 전력시스템 등 기술지도
      ④ 인화성가스,인화성액체, 폭발성 물질, 급성독성물질 및 방폭설비에 안전성평가 및 기술지도
      ⑤ 크레인 등 기계.기구, 전기작업의 안전성 평가

   2) 건설안전 분야
      ① 유해위험방지계획서, 안전보건개선계획서, 건축.토목작업계획서 작성 지도
      ② 가설구조물, 시공중인 구축물, 해체공사, 건설공사 현장의 붕괴우려장소 등 안전성평가
      ③ 가설시설,가설도로 등 안전성평가
      ④ 굴착공사의 안전시설, 지반붕괴, 매설물 파손예방의 기술지도
      ⑤ 토목,건축에 관한 교육

12-9-3 산업보건지도사 업무 영역별 종류 및 업무 범위

1. 산업보건지도사 업무 영역별 종류 및 업무 범위

   1) 산업위생 분야
      ① 유해위험방지계획서, 안전보건개선계획서, 물질안전보건자료 작성 지도
      ② 작업환경측정 결과의 공학적 개선대책 기술지도
      ③ 작업장 환기시설의 설계 및 시공의 기술지도
      ④ 작업환경개선에 직업환경의학적 지도
      ⑤ 갱내, 터널, 밀폐공간의 환기.배기시설의 안전성평가 및 기술지도
      ⑥ 석면 해체.제거 작업 기술지도
      ⑦ 산업보건에 관한 교육

   2) 직업환경의학 분야
      ① 유해위험방지계획서, 안전보건개선계획서 작성 지도
      ② 건강진단결과에 따른 근로자 건강관리 지도
      ③ 직업병 예방을 위한 작업관리, 건강관리 지도
      ④ 보건진단결과에 따른 개선에 필요한 기술지도
      ⑤ 직업환경의학, 건강관리에 교육.기술 지도

10. 근로감독관 등

12-10-1	근로감독관의 권한

1. 개요

　　근로감독관은 산업안전보건법에 따른 명령을 시행하기 위해 검사 및 점검을 하며 관계서류의 제출 요구할 수 있다.

2. 근로감독관의 권한

　　① 사업장의 관계인에게 질문, 서류검사, 점검 등 관계서류의 제출 요구할 수 있다.

　　② 기계.설비등 검사 및 무상으로 제품,기구 수거할 수 있다.

　　③ 관계인에게 보고 또는 출석을 명할 수 있다.

3. 감독기준(질문.검사.점검 및 관계 서류 제출 요구할 수 있는 경우)

　　① 산업재해가 발생하거나 산업재해 발생의 급박한 위험이 있는 경우

　　② 근로자의 신고 또는 고소·고발 등에 대한 조사가 필요한 경우

　　③ 사법경찰관리의 직무를 수행하기 위하여 필요한 경우

　　④ 법에 따른 명령의 위반 여부를 조사하기 위하여 필요하다고 인정하는 경우

MEMO

한권으로 끝내는
산업안전지도사 2차 건설안전공학

제 13 장

건설기술진흥법

1. 총칙
2. 건설공사의 관리
3. 건설공사 참여자 안전관리

제13장 건설기술진흥법

1. 총칙

13-1-1 법 제1조 건설기술진흥법의 목적

1. 개요

건설기술의 연구·개발을 촉진하여 건설기술 수준을 향상시키고 이를 바탕으로 관련 산업을 진흥하여 건설공사가 적정하게 시행되도록 함과 아울러 건설공사의 품질을 높이고 안전을 확보함으로써 공공복리의 증진과 국민경제의 발전에 이바지함을 목적

2. 건설기술진흥법 목적

```
        공공복리증진
        경제발전기여        ◁ 목적
       ─────────────
      건설공사품질향상       ◁ 목표
        및 안전확보
    ─────────────────
    건설기술 연구.개발 촉진   ◁ 수단
```

13-1-2 시행령 제4조의2 건설사고의 범위

1. 건설사고의 범위

① 사망
② 3일 이상의 휴업이 필요한 부상의 인명피해
③ 1천만원 이상의 재산피해

2. 건설공사의 관리

13-2-1 법 제54조(건설공사현장 등의 점검)제1항

1. 개요

국토교통부장관 또는 특별자치시장, 특별자치도지사, 시장·군수·구청장, 발주청은 건설공사의 부실방지, 품질 및 안전 확보가 필요한 건설공사에 대하여는 현장 등을 점검할 수 있다.

2. 건설공사현장 점검 대상 건설공사

① 재해, 재난이 발생한 건설공사
② 중대한 결함이 발생한 건설공사
③ 인·허가기관의 장이 점검이 필요하다고 인정하여 요청하는 건설공사
 - 부실에 대한 민원 제기, 안전사고 예방 점검이 필요하다고 인정
④ 국토교통부장관, 특별자치시장, 시장·군수·구청장, 발주청이 필요하다고 인정

13-2-2 법 제54조(건설공사현장 등의 점검)제3항

1. 개요

발주청은 안전사고, 부실공사가 우려되어 민원이 제기되는 경우 그 민원을 접수한 날부터 3일 이내에 현장 등을 점검하여야 하고, 점검결과 및 조치결과를 국토교통부장관에게 제출하여야 한다.

2. 안전사고, 부실공사 우려되어 발주청의 점검 대상

① 건설공사의 주요 구조부 및 가설구조물
② 건설공사로 인한 지하 10미터 이상의 굴착지점
③ 건설공사에 사용되는 천공기, 항타·항발기 및 타워크레인
④ 건설공사의 인근 지역에 위치한 시설물

13-2-3 법 제62조(건설공사의 안전관리)제1항

1. 개요

   건설사업자와 주택건설등록업자는 안전관리계획을 수립하고, 착공 전에 이를 발주자에게 제출하여 승인을 받아야 하며, 발주청이 아닌 발주자는 미리 안전관리계획의 사본을 인·허가기관의 장에게 제출하여 승인을 받아야 함.

2. 안전관리계획을 수립해야 하는 건설공사

   ① 1종시설물 및 2종시설물의 건설공사 ② 지하 10m 이상 굴착하는 건설공사
   ③ 폭발물 사용으로 주변에 영향 예상되는 공사(20m 내 시설물, 100m 내 가축사육)
   ④ 10층 이상 16층 미만인 건축물의 건설공사
   ⑤ 10층 이상인 건축물의 리모델링 또는 해체공사
   ⑥ 수직증축형 리모델링
   ⑦ 천공기(10m 이상), 항타 및 항발기, 타워크레인 건설기계가 사용되는 건설공사
   ⑧ 건진법시행령 제101조의2제1항의 가설구조물을 사용하는 건설공사
   ⑨ 발주자, 인허가기관의 장이 필요하다고 인정하는 건설공사

13-2-4 법 제62조(건설공사의 안전관리)제1항

1. 안전관리계획 수립기준

   ① 건설공사의 개요 및 안전관리조직
   ② 공정별 안전점검계획(계측장비 등 안전 모니터링 장비의 설치 및 운용계획)
   ③ 공사장 주변의 안전관리대책(발파 등 주변의 피해방지대책과 굴착 계측계획)
   ④ 통행안전시설의 설치 및 교통 소통에 관한 계획
   ⑤ 안전관리비 집행계획
   ⑥ 안전교육 및 비상시 긴급조치계획
   ⑦ 공종별 안전관리계획(대상 시설물별 건설공법 및 시공절차)

13-2-5 법 제62조(건설공사의 안전관리)제1항   기출 11회-9

1. 총괄 안전관리계획의 수립기준

   1) 건설공사의 개요

      공사 전반에 대한 개략을 파악하기 위한 위치도, 공사개요, 전체공정표 및 설계도서

   2) 현장 특성 분석

      ① 현장여건 분석 ② 시공단계의 위험요소, 위험성 및 그에 대한 저감대책
      ③ 공사장 주변 안전관리대책 ④ 통행안전시설의 설치 및 교통소통계획

   3) 현장운영계획

      ① 안전관리조직 ② 안전관리비 집행계획
      ③ 공정별 안전점검계획 ④ 안전교육계획
      ⑤ 안전관리계획 이행보고 계획

   4) 비상시 긴급조치계획

      ① 비상사태 대비 내·외부 비상연락망, 비상동원조직, 경보체제, 응급조치사항
      ② 화재 대피로 확보 및 비상대피 훈련계획에 관한 사항

13-2-6 법 제62조(건설공사의 안전관리)제2항

1. 개요

   안전관리계획을 제출받은 발주청, 인허가기관의 장은 안전관리계획의 내용을 검토하여 그 결과를 건설사업자와 주택건설등록업자에게 통보하여야 함.

2. 안전관리 제출 및 검토시스템

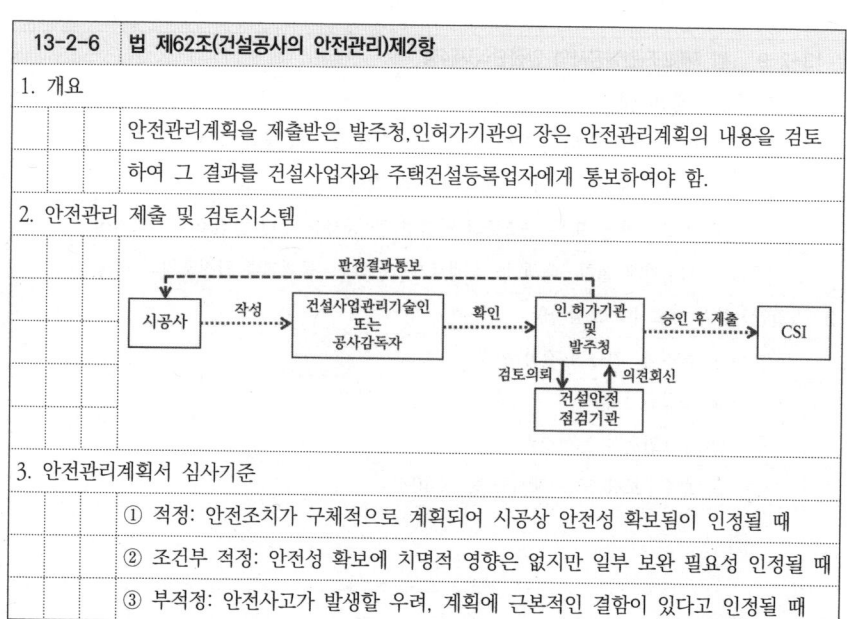

3. 안전관리계획서 심사기준

   ① 적정: 안전조치가 구체적으로 계획되어 시공상 안전성 확보됨이 인정될 때
   ② 조건부 적정: 안전성 확보에 치명적 영향은 없지만 일부 보완 필요성 인정될 때
   ③ 부적정: 안전사고가 발생할 우려, 계획에 근본적인 결함이 있다고 인정될 때

13-2-7 법 제62조(건설공사의 안전관리)제3항

1. 개요
발주청 또는 인·허가기관의 장은 제출받아 승인한 안전관리계획서 사본과 검토결과를 국토교통부장관에게 제출하여야 한다.

2. 안전관리계획서 제출시기

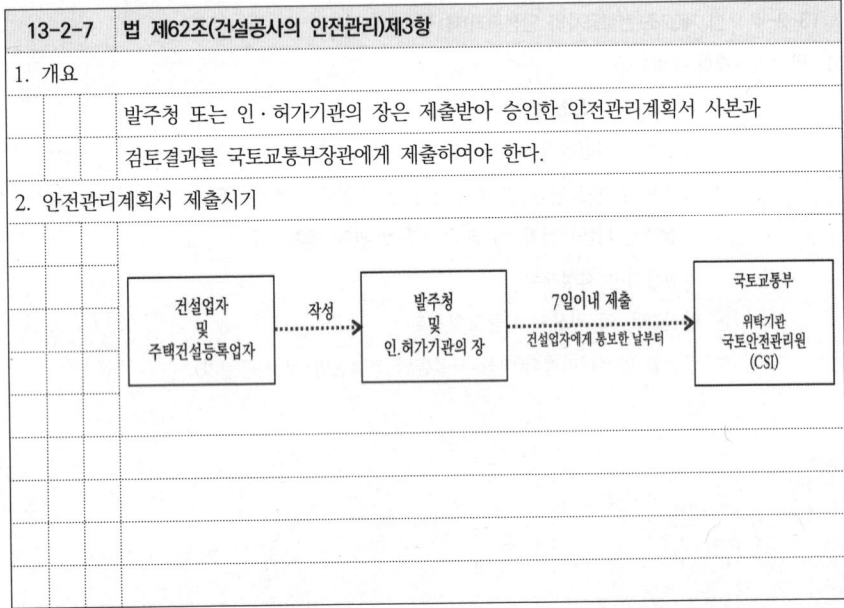

13-2-8 법 제62조(건설공사의 안전관리)제4항

1. 개요
건설사업자와 주택건설등록업자는 안전관리계획에 따라 안전점검을 하여야 한다.
정기안전점검 및 정밀안전점검 등의 안전점검은 발주자가 기관을 지정하여야 함.

2. 안전점검의 종류 및 시기

안전점검 종류	점검시기	점검자
① 자체 안전점검	매일	건설업자
② 정기 안전점검	안전관리계획에서 정한 시기, 횟수	건설안전 점검기관
③ 정밀 안전점검	정기안전점검결과 보수보강필요시	건설안전 점검기관
④ 초기 점검	준공 직전	건설안전 점검기관
⑤ 공사재개 전 안전점검	공사중단후 1년이상 방치된 시설물 공사재개 전 실시	건설안전 점검기관

3. 건설안전점검기관
① 안전진단전문기관
② 국토안전관리원

13-2-9 법 제62조(건설공사의 안전관리)제4항

1. 정기안전점검 점검사항
① 공사목적물의 안전시공을 위한 임시시설 및 가설공법의 안전성
② 공사 목적물의 품질, 시공상태 등의 적정성
③ 인접 건축물 또는 구조물의 안정성 등 공사장 주변 안전조치의 적정성
④ 건설기계 설치·해체 등 작업절차 및 전도·붕괴예방 안전조치의 적정성

2. 정밀안전점검 보고서에 포함사항
① 물리적·기능적 결함 현황
② 결함원인 분석
③ 구조안전성 분석결과
④ 보수·보강 또는 재시공 등 조치대책

13-2-10 법 제62조(건설공사의 안전관리)제4항

1. 정기안전점검 실시시기

건설공사 종류	정기안전점검 차수별 점검시기				
	1차	2차	3차	4차	5차
교량	기초 타설 전	하부공사 시공시	상부공사 시공시	-	-
터널	굴착 초기단계	굴착 중기단계 시공시	라이닝콘크리트치기 중간단계	-	-
콘크리트댐	유수전환 시공시	굴착, 기초 시공시	댐 하상기초 완료 후	댐 축조 중기	댐 축조 말기
필댐	유수전환 시공시	굴착, 기초 시공시	댐 축조 초기단계	댐 축조 중기	댐 축조 말기
하천수문	가시설공사 완료시	되메우기, 호안 시공시	-	-	-
하천제방	기초처리공사 완료시	흙쌓기 시공시	-	-	-
항만계류시설	기초, 사석 시공시	거치, 항타 시공시	철근콘크리트 공사시	속채움, 뒷채움	-
항만외곽시설 (방파제, 호안)	기초, 사석 시공시	제작, 거치 시공시	철근콘크리트 공사시	속채움, 뒷채움	-
건축물	기초공사	구조체 초·중기단계	구조체 말기단계		
해체공사	총공정 초·중기단계	총공정 말기단계	-	-	-
옹벽	가시설, 기초 시공시	구조체 시공시			
절토/사면	발파, 굴착	비탈면 보호공 시공시			
10m 이상굴착	기초 타설 전	되메우기 완료			
폭발물 사용	총공정 초·중기단계	총공정 말기단계	-	-	-

13-2-11 법 제62조(건설공사의 안전관리)제4항

1. 정기안전점검 실시시기- 건설기계, 가설구조물 사용 건설공사 최소 2회 이상

종 류		정기안전점검 차수별 점검시기		
		1차	2차	3차
건설기계	천공기 (10m이상)	조립 후 최초 작업 시	천공 작업 말기	
	항타 및 항발기	조립 후 최초 작업 시	작업 말기	
	타워크레인	설치작업 시	인상 시 마다	해체작업 시
가설구조물	31m이상인 비계	최초 설치 완료 시		
	작업발판 일체형 거푸집	최초 설치 완료 시	설치 말기단계 시	
	5m이상인 거푸집 및 동바리	설치높이가 가장 긴 구간 설치 완료 시	타설 단면이 가장 큰 구간 설치 완료 시	
	터널 지보공	설치 초기단계 시	설치 말기단계 시	
	2m이상인 흙막이 지보공	최초 설치 완료 시	설치 완료 말기단계 시	
	브라켓 비계	브라켓 최초설치완료 시	브라켓 비계 설치 시	
	작업발판 및 안전시설물 일체화 가설구조물(10m이상)	최초 설치 완료 시	가설구조물 사용 말기단계 시	-
	현장 조립 복합가설구조물	조립.설치 최초 완료 시	가설구조물 사용 말기단계 시	-

13-2-12 법 제62조(건설공사의 안전관리)제4항

1. 안전점검 현장조사의 조사항목 및 세부시험 종류

   1) 안전점검 현장조사 조사항목

육안조사	균열, 재료분리, 누수, 콜드조인트 발생여부 등
기본조사	콘크리트 비파괴강도, 철근탐사, 구조부재의 변위 등
추가조사	지질조사, 지반조사, 콘크리트 제체 시추조사, 콘크리트 재료시험 수중조사, 강재 비파괴시험, 비파괴재하시험, 계측, 측량 등

   2) 기본조사 및 추가조사를 위한 각종시험

콘크리트 시험	강재 시험	실내 시험
① 반발경도 ② 초음파법 ③ 자기법 ④ 레이다법 ⑤ 방사선법	① 방사선 투과시험 ② 자분탐상시험 ③ 침투탐상시험 ④ 초음파탐상시험	① 콘크리트시험 : 강도, 수분함량, 공기량, 염화물 함유량 등 ② 강재시험 : 강도 등 측정 ③ 토질시험 : 입도, 함수비, 투수, 액터버그 한계, 다짐, 압밀 등

13-2-13 법 제62조(건설공사의 안전관리)제4항

1. 초기점검 개요

   1종시설물 및 2종시설물의 건설공사에 대해서는 그 건설공사를 준공하기 직전에 정기안전점검 수준 이상의 초기안전점검을 해야 함.

2. 초기점검 점검항목

   ① 문제점 발생부위 및 붕괴유발부재
   ② 문제점 발생 가능성이 높은 부위 등의 중점유지관리사항을 파악
   ③ 향후 점검·진단시 구조물 안전성 평가기준 초기치 산정

3. 초기점검 조사내용

   ① 기본조사 : 콘크리트 비파괴강도, 철근탐사, 구조부재의 변위 등
   ② 외관 조사망도 작성
   ③ 추가조사 : 지질조사, 지반조사, 콘크리트 제체 시추조사, 콘크리트 재료시험 등

13-2-14 법 제62조(건설공사의 안전관리)제11항

기출 8회-4

1. 개요

   건설사업자 또는 주택건설등록업자는 동바리, 거푸집, 비계 등 가설구조물 설치 시 관계전문가에게 가설구조물의 구조적 안전성을 확인 받아야 함.

2. 가설구조물의 구조적 안전성 확인 대상

   ① 높이가 31미터 이상인 비계
   ② 브라켓(bracket) 비계
   ③ 작업발판 일체형 거푸집 또는 높이가 5미터 이상인 거푸집 및 동바리
   ④ 터널의 지보공 또는 높이가 2미터 이상인 흙막이 지보공
   ⑤ 동력을 이용하여 움직이는 가설구조물
   ⑥ 높이 10m 이상 외부작업의 작업발판 및 안전시설물 일체화 가설구조물
   ⑦ 공사현장에서 제작하여 조립·설치하는 복합형 가설구조물
   ⑧ 그 밖에 발주자, 인·허가기관의 장이 필요하다고 인정하는 가설구조물

13-2-15 법 제62조(건설공사의 안전관리)제14항

1. 개요

   국토교통부장관은 건설공사의 안전을 확보하기 위하여 건설공사 참여자의 안전관리 수준을 평가하고 그 결과를 공개할 수 있다

2. 건설공사 참여자의 안전관리 수준 평가기준

   1) 발주청 또는 인·허가기관의 장에 대한 평가기준
      - ① 안전한 공사조건의 확보 및 지원
      - ② 안전경영 체계의 구축 및 운영
      - ③ 건설현장의 법적 요건 준수 및 안전관리 체계 운영 실태
      - ④ 수급자의 안전관리 수준
      - ⑤ 건설사고 발생 현황

   2) 건설엔지니어링사업자, 건설사업자 및 주택건설등록업자에 대한 평가기준
      - ① 안전경영 체계의 구축 및 운영
      - ② 관련 법에 따른 안전관리 활동 실적
      - ③ 자발적 안전관리 활동 실적
      - ④ 건설사고 위험요소 확인 및 제거 활동
      - ⑤ 사후관리 실태

13-2-16 법 제62조(건설공사의 안전관리)제14항

1. 건설공사 참여자의 안전관리수준 평가목적
   - ① 참여주체별 안전관리 수준을 파악
   - ② 자발적인 안전관리 역량강화 유도

2. 건설공사 참여자의 안전관리수준 평가대상

   총공사비 200억원 이상 건설공사 참여자 대상

3. 건설공사 참여자의 안전관리수준 평가시기
   - ① 발주청 : 공기 20% 진행 시 회계연도 별로 1회
   - ② 시공사 — 현장평가 : 공기 20% 진행 시 1회
   - ③ 건설사업관리용역사업자 — 본사평가 : 회계연도 별로 1회

   | 시스템평가 | 모든 건설공사 참여자
- 자료제출을 통한 평가 실시 | 현장평가 | 시공사 현장 참여자
- 안전관리계획서
- 안전관리비 집행실적 현황 등 평가 실시 |

13-2-17 법 제62조(건설공사의 안전관리)제15항

1. 개요

   국토교통부장관은 건설사고 통계 등 건설안전 자료를 효율적으로 관리하고 공동활용 촉진을 위한 건설공사 안전관리 종합정보망 구축·운영할 수 있다

2. 건설공사 안전관리 종합정보망(Construction Safety Management Integrated Information, CSI)

   CSI 건설공사 안전관리 종합정보망 구성업무:
   - 설계안전성 검토
   - 안전관리계획서 검토
   - 아차사고 신고
   - 현장점검결과 관리
   - 스마트 건설안전정보
   - 건설품질시험 검사.관리
   - 안전관리수준 평가.관리
   - 건설기술평가 관리
   - 건설공사 참여자 안전관리 수준평가
   - 위험요소 프로파일
   - 건설사고신고 및 통계
   - 안전관리계획서 및 안전점검 결과 관리

13-2-18 법 제62조(건설공사의 안전관리)제18항

1. 개요

   발주청은 설계의 안전성을 검토하고 그 결과를 국토교통부장관에게 제출해야 함.

2. 설계의 안전성 검토

   1) 정의

      설계단계에서 시공중 위험요소를 사전에 발굴하여 위험성 저감대책을 설계에 반영하여 위험요소를 제거.저감하는 활동

   2) 대상

      -안전관리계획수립대상 중 발주청 발주공사의 실시설계

      (천공기 등 건설기계 사용되는 건설공사 제외)

13-2-19	법 제62조(건설공사의 안전관리)제18항
1. 설계안전검토보고서 작성 기준	

- 발주자
  - 설계안전성검토 과정의 관련자료 제공
  - 위험요소의 도출과 관련된 정보의 제공
  - 설계안전검토보고서의 작성 검토 및 승인업무가 제대로 이행되고 있는지를 총괄관리

- 설계자
  - 설계서의 설계조건을 바탕으로 표준시방서, 설계기준을 활용하여 설계과정 중에 건설안전에 치명적인 위험요소를 도출
  - 위험요소를 제거 또는 감소시킬수 있는 저감대책 마련

13-2-20	법 제62조(건설공사의 안전관리)제18항
1. 설계안전검토보고서 제출 FLOW	

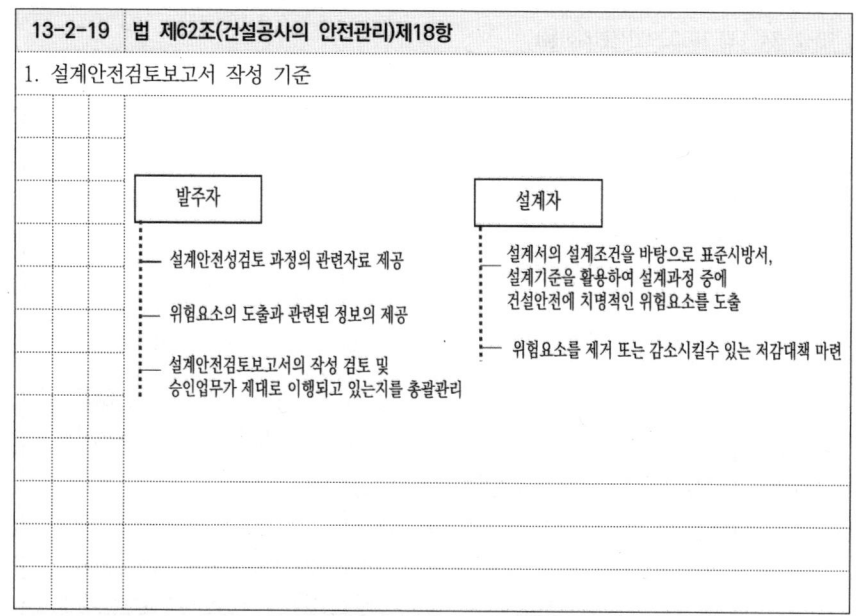

13-2-21	법 제62조(건설공사의 안전관리)제18항
1. 설계안전보고서에 포함되어야 하는 내용	

① 대상 사업 개요
② DFS 목표, 수행절차, 일정, 참여자
③ 발생번호, 위험성, 심각성의 기준
④ 공종별 위험요소 도출 및 관리주체
⑤ 위험요소별 위험성 평가
⑥ 위험성 및 위험 요소에 대한 저감 대책
⑦ 기타 발주자와 설계자 협의 내용

13-2-22	법 제62조의2(소규모 건설공사의 안전관리)
1. 개요	

건설사업자와 주택건설등록업자는 안전관리계획의 수립 대상이 아닌 건설공사 중 건설사고가 발생할 위험이 있는 공종이 포함된 경우 착공 전에 소규모안전관리계획을 수립하고, 이를 발주자에게 제출하여 승인을 받아야 한다.

2. 소규모안전관리계획을 수립해야 하는 건설공사

2층~9층 건축물 중	① 연면적 1천m2 이상인 공동주택, 근린생활시설, 공장
	② 연면적 5천m2 이상인 창고

3. 소규모안전관리계획서 절차

작성 ---→ 제출 ---→ 발주자 승인 ---→ 착공

4. 소규모안전관리계획의 수립 기준

① 건설공사의 개요
② 비계 설치계획
③ 안전시설물 설치계획

13-2-23 법 제63조(안전관리비용)

1. 개요
   발주자는 건설공사 계약을 체결할 때에 건설공사의 안전관리에 필요한 비용을 공사금액에 계상하여야 함.

2. 안전관리비에 포함사항
   ① 안전관리계획의 작성 및 검토 비용 또는 소규모안전관리계획의 작성 비용
   ② 안전점검 비용
   ③ 발파·굴착 등의 건설공사로 인한 주변 건축물 등의 피해방지대책 비용
   ④ 공사장 주변의 통행안전관리대책 비용
   ⑤ 계측장비, 폐쇄회로 텔레비전 등 안전 모니터링 장치의 설치·운용 비용
   ⑥ 가설구조물의 구조적 안전성 확인에 필요한 비용
   ⑦ 무선설비 및 무선통신을 이용한 건설공사 현장의 안전관리체계 구축·운용 비용

13-2-24 법 제63조(안전관리비용)

1. 안전관리비 계상 및 사용기준

항 목	내역
1. 안전관리계획 작성 및 검토 비용	① 안전관리계획 작성 비용 ② 안전관리계획 검토 비용
2. 안전점검 비용	① 정기안전점검 비용 ② 초기점검 비용
3. 발파·굴착공사 주변건축물등의 피해방지대책 비용	① 지하매설물 보호조치 비용 ② 발파진동소음으로 인한 주변지역 피해방지 대책 비용 ③ 지하수 차단 등으로 인한 주변지역 피해방지 대책 비용 ④ 기타 발주자가 안전관리에 필요하다고 판단되는 비용
4. 공사장 주변통행 안전관리대책 비용, 신호수 배치 비용	① 공사 중 통행 안전 및 교통 소통 안전시설의 설치 및 유지관리 비용 ② 공사장 내부의 주요 지점별 건설기계.장비의 전담유도원 배치 비용 ③ 기타 발주자가 안전관리에 필요하다고 판단되는 비용
5. 공사 중 구조적 안전성 확보 비용	① 계측장비의 설치 및 운영 비용 ② CCTV 설치 및 운영 비용 ③ 가설구조물 안전성 확보를 위해 관계전문가에게 확인받는 비용 ④ 무선설비, 무선통신 이용한 건설현장 안전관리체계 구축·운용 비용

13-2-25 법 제67조(건설공사 현장의 사고조사 등)

1. 개요
   건설사고가 발생한 것을 알게 된 건설공사 참여자는 지체 없이 그 사실을 발주청 및 인·허가기관의 장에게 통보하여야 한다.

2. 건설사고 보고 내용
   ① 사고발생 일시 및 장소
   ② 사고발생 경위
   ③ 조치사항
   ④ 향후 조치계획

3. 건설사고의 정의

건설사고 범위	중대한 건설사고 범위
① 사망 ② 3일 이상의 휴업이 필요한 부상의 인명피해 ③ 1천만원 이상의 재산피해	① 사망자가 3명 이상 발생한 경우 ② 부상자가 10명 이상 발생한 경우 ③ 건설 중이거나 완공된 시설물이 붕괴, 전도로 재시공이 필요한 경우

13-2-26 건설사고 신고 (CSI)

1. 개요
   건설공사 참여자가 모든 건설사고를 국토교통부로 신고토록하여 건설사고 통계를 관리하고 정책자료로 활용하기 위함

2. 건설공사 참여자별 건설사고 신고 절차

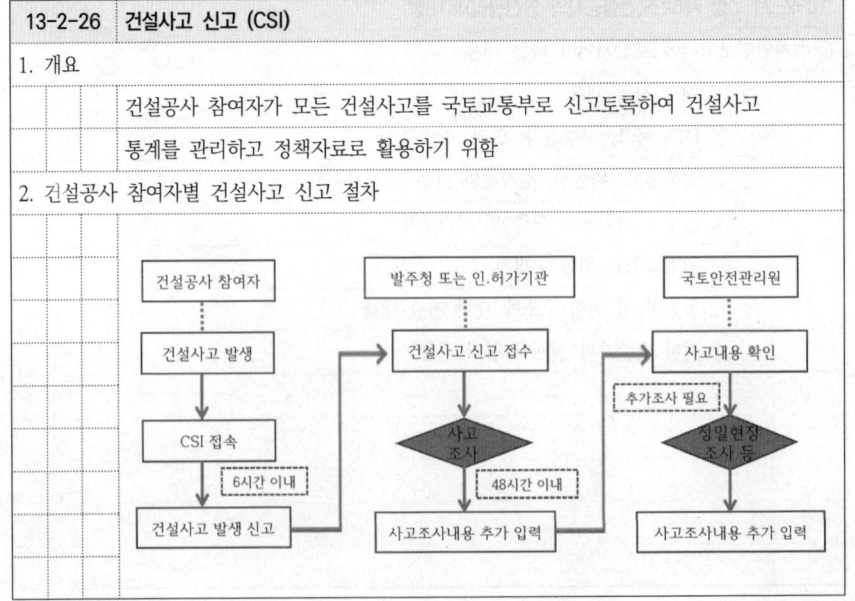

3. 건설공사 참여자 안전관리

13-2-27 법 제68조(건설사고조사위원회)

1. 개요

국토교통부장관, 발주청 및 인·허가기관의 장은 중대건설현장사고 조사를 위하여 필요하다고 인정하는 경우에는 건설사고조사위원회를 구성·운영할 수 있다.

2. 건설사고조사위원회 구성

① 12명이내 위원(위원장 1인 포함)

② 위원자격

- 건설공사업무 관련 공무원
- 건설공사업무 관련 단체 및 연구기관 임직원
- 건설공사업무에 관한 학식과 경험이 풍부한 사람

13-3-1 건설공사 참여자 안전관리업무

1. 발주자의 단계별 안전관리

사업계획	▪ 설계안전성 검토 대상 공사 확인 ▪ 위험요소 및 저감대책 발굴(건설사고 자료 등)
설계발주	▪ 설계조건 작성
설계	▪ 저감대책 확인. 검토 ▪ 설계도서, 안전관리문서 확인 ▪ 설계안전검토보고서 심의(국토안전관리원)
시공중	▪ 시공사의 안전관리문서 및 이행결과 확인

13-3-2 건설공사 참여자 안전관리업무

1. 설계자의 안전관리업무

① 설계조건의 안전관리 요구사항 확인 및 검토

② 위험요소 자료수집

③ 발생빈도, 심각성, 허용수준 기준 설정

④ 저감대책 반영 위험성평가 실시- 위험성추정평가, 위험성 허용여부 결정

⑤ 저감대책 설계도서 반영

⑥ 잔존 위험요소 문서 기록

13-3-3 건설공사 참여자 안전관리업무

1. 건설사업관리기술자의 안전관리업무

① 건설사고 보고 및 조치

② 안전관련문서 반영 확인

③ 잔존 위험요소 저감대책 실행 확인

④ 보완사항에 대해 시공자가 보완토록 조치

⑤ 안전관리문서의 적정성 검토 후 발주자에게 제출

13-3-4	건설공사 참여자 안전관리업무

1. 시공자의 안전관리업무

　　　　　① 안전관리계획서 작성

　　　　　② 가설구조물 안전성 확인

　　　　　③ 안전관리비의 관리

　　　　　④ 건설사고 보고

　　　　　⑤ 안전관리문서 작성 및 제출 → 발주자

　　　　　⑥ 잔존 위험요소 저감대책 수립 이행

MEMO

한권으로 끝내는
산업안전지도사 2차 건설안전공학

산업안전지도사 2차 건설안전공학(단답형 및 논술형)

제14장

기출문제

01. 2025년 제15회 기출문제
02. 2024년 제14회 기출문제
03. 2023년 제13회 기출문제
04. 2022년 제12회 기출문제
05. 2021년 제11회 기출문제
06. 2020년 제10회 기출문제
07. 2019년 제9회 기출문제
08. 2018년 제8회 기출문제
09. 2017년 제7회 기출문제
10. 2016년 제6회 기출문제
11. 2015년 제5회 기출문제
12. 2014년 제4회 기출문제
13. 2013년 제3회 기출문제

01 2025년 제15회 기출문제

※ 다음 단답형 5문제를 모두 쓰시오(각 5점)

문제 1 산업안전보건기준에 관한 규칙상 사전조사 및 작업계획서 내용에서 건물 등의 해체작업 시 작업계획서 내용 5가지만 쓰시오.
(단, 그 밖에 안전, 보건에 관련된 사항은 제외함)

답 산업안전보건기준에 관한 규칙 [별표 4]

가. 해체의 방법 및 해체 순서도면
나. 가설설비·방호설비·환기설비 및 살수·방화설비 등의 방법
다. 사업장 내 연락방법
라. 해체물의 처분계획
마. 해체작업용 기계·기구 등의 작업계획서
바. 해체작업용 화약류 등의 사용계획서

문제 2 산업안전보건기준에 관한 규칙상 이동식비계를 조립하여 작업을 하는 경우에 사업주가 준수하여야 할 사항 5가지만 쓰시오.

답 산업안전보건기준에 관한 규칙 제68조(이동식비계)

1. 이동식비계의 바퀴에는 뜻밖의 갑작스러운 이동 또는 전도를 방지하기 위하여 브레이크·쐐기 등으로 바퀴를 고정시킨 다음 비계의 일부를 견고한 시설물에 고정하거나 아웃트리거를 설치하는 등 필요한 조치를 할 것

2. 승강용사다리는 견고하게 설치할 것

3. 비계의 최상부에서 작업을 하는 경우에는 안전난간을 설치할 것

4. 작업발판은 항상 수평을 유지하고 작업발판 위에서 안전난간을 딛고 작업을 하거나 받침대 또는 사다리를 사용하여 작업하지 않도록 할 것

5. 작업발판의 최대적재하중은 250킬로그램을 초과하지 않도록 할 것

문제 3

사업장 위험성평가에 관한 지침상 사업주는 위험성의 수준이 허용 가능한 위험성의 수준인지 결정한 결과 허용 가능한 위험성이 아니라고 판단한 경우에는 위험성의 수준, 영향을 받는 근로자 수 및 순서를 고려하여 위험성 감소를 위한 대책을 수립하여 실행하여야 한다. 위험성 감소대책 수립 및 실행에 있어 고려하여야 할 순서에 포함되는 사항 4가지만 쓰시오.

답

사업장 위험성평가에 관한 지침 제12조(위험성 감소대책 수립 및 실행)

1. 위험한 작업의 폐지·변경, 유해·위험물질 대체 등의 조치 또는 설계나 계획 단계에서 위험성을 제거 또는 저감하는 조치

2. 연동장치, 환기장치 설치 등의 공학적 대책

3. 사업장 작업절차서 정비 등의 관리적 대책

4. 개인용 보호구의 사용

문제 4

건설업 유해위험방지계획서 중 지도사가 평가 확인할 수 있는 대상 건설공사의 및 지도사의 요건 중 일부이다. ( )에 들어갈 알맞은 것을 쓰시오.

1. [산업안전보건법 시행규칙] 제44조제4항의 규정에 따라 "고용노동부장관이 정하는 건설공사의 경우"라 함은 다음 각목의 건설공사로 한다.

   가. [산업안전보건법 시행령] 제42조제2항제1호에 따른 지상높이가 (①)미터 이상인 건축물 중 지상높이가 (②)미터 이하인 아파트 건설공사
   ※ 아파트의 범위는 [건축법 시행령][별표1] 제2호 가목에 따름.

   나. [산업안전보건법 시행령] 제42조제2항제6호에 따른 깊이 (③)미터 이상인 굴착공사 중 깊이가 (④)미터 이하인 굴착공사

답

고용노동부고시 제2020-1호

건설업 유해·위험방지계획서 중 지도사가 평가·확인 할 수 있는 대상 건설공사의 범위 및 지도사의 요건

① 31m
② 50m
③ 10m
④ 15m

문제 5	산업안전보건기준에 관한 규칙상 추락의 방지에서 사업주는 작업발판 및 추락 방호망을 설치하기 곤란한 경우에는 근로자로 하여금 3개 이상의 버팀대를 가지고 지면으로부터 안정적으로 세울 수 있는 구조를 갖춘 이동식 사다리를 사용하여 작업을 하게 할 수 있다. 이 경우 사업주가 근로자에게 준수하도록 조치해야 할 사항 중 일부이다. ( )에 들어갈 알맞은 것을 쓰시오.
	○ 이동식 사다리의 제조사가 정하여 표시한 이동식 사다리의 (①)을 초과하지 않는 범위내에서만 사용할 것 ○ 이동식 사다리를 설치한 바닥면에서 높이 (②)미터 이하의 장소에서만 사용할 것 ○ 안전모를 착용하되, 작업 높이가 (③)미터 이상인 경우에는 안전모와 안전대를 함께 착용할 것
답	산업안전보건기준에 관한 규칙 제42조(추락의 방지) ① 최대사용하중 ② 3.5미터 ③ 2미터

※ 다음 논술형 2문제를 모두 답하시오. (각 25점)

문제 6	철골공사 표준안전작업지침상 철골공사 안전에 대하여 다음 물음에 답하시오.
답	철골공사표준안전작업지침 제3조(설계도 및 공작도 확인)제7호, 제9조(기둥의 인양), 제12조(보의 설치)
물음 1)	설계도 및 공작도 확인에서 건립 중 강풍에 의한 풍압 등 외압에 대한 내력이 설계에 고려되었는지 확인하여야 하는 구조안전의 위험이 큰 철골구조물 5가지만 쓰시오. 가. 높이 20미터 이상의 구조물 나. 구조물의 폭과 높이의 비가 1:4 이상인 구조물 다. 단면구조에 현저한 차이가 있는 구조물 라. 연면적당 철골량이 50킬로그램/평방미터 이하인 구조물 마. 기둥이 타이플레이트(tie plate)형인 구조물 바. 이음부가 현장용접인 구조물
물음 2)	기둥건립에서 철골기둥을 인양할 때 준수하여야 할 사항 5가지만 쓰시오. 1. 인양 와이어 로우프와 샤클, 받침대, 유도 로우프, 구명용 마닐라 로우프(기둥 승강용), 큰 지렛대, 드래프트핀, 조임기구 등을 준비 2. 발디딜 곳, 손잡을 곳, 안전대 설치장치 등을 확인 3. 기둥 윗쪽끝의 볼트 구멍을 이용하여 인양용 장방형의 덧댐 철판을 부착 4. 덧댐 철판에 와이어 로우프를 설치할 때에는 샤클을 사용 5. 보의 브라켓 부재의 밑쪽에 와이어 로우프를 걸 경우는 밑에 보호용 굄재를 사용 6. 후크에 인양 와이어 로우프를 걸 때에는 중심에 걸도록 하여야 하며 기둥건립 작업중 요동에 의한 탈락을 방지하기 위하여 해지판 설치 등 탈락방지기능이 있는 것을 사용 7. 기둥을 일으켜 세울 때 옆으로 미끄러지는 등 위험 방지를 위한 준수사항 가. 기둥을 일으켜 세우기 전에 기둥의 밑부분에 깔판 삽입 나. 기둥을 일으켜 세울 때는 밑부분이 미끄러지지 않게 서서히 들어올려야 한다. 다. 좌우회전시 급히 움직이면 회전운동이 발생하므로 서서히 실시해야 한다. 라. 달아올린 기둥이 흔들릴 때는 일단 지면으로 내려 흔들림을 멈추게 한 다음 바로 잡아 다시 올려야 한다.

8. 권상, 수평이동 및 선회시에는 부재의 이동 범위안에 사람이 없는 것을 확인한 후 실시하여야 한다.
9. 인양 및 부재에 로우프를 매는 작업은 경험이 충분한 자가 하도록 해야 한다.
10. 철골인양시 통신, 신호체계를 수립하고 충분한 사전 교육을 하여야 한다.
11. 철골인양 작업시 작업책임자는 건립기계와 인양작업자를 동시에 관찰할 수 있는 지점에 위치하여야 한다.

물음 3) 보의 조립에서 철골보의 설치 시 준수할 사항 5가지만 쓰시오.

1. 안전대를 기둥의 본체부재 또는 기둥 승강용트랩에 걸어 추락 방지
2. 작업자는 한 곳에 2인, 다른 곳에 1인 또는 2인 한조가 되어 기둥에 올라가야 하며 기둥 상단부 및 보 연결부등에 안전대 부착설비를 하여야 한다.
3. 작업자가 기둥과 연결된 브라켓에 올라 앉은 자세로 보를 설치할 수 있는 브라켓 형태의 보는 다음 각 목의 순서에 따라 조립하여야 한다.
   가. 보의 인양에 앞서 브라켓의 플랜지 상단에 가체결한 이음철판(splice plate)의 볼트를 풀고 이 이음철판을 브라켓의 플랜지 하단으로 옮겨 다시 볼트로 체결한다.
   나. 인양된 보가 브라켓 가까이까지 인양되었으며 일단 멈추도록 해야 한다.
   다. 인양된 보의 흔들림, 설치방향을 확인하고 신호를 명확히 하여 브라켓의 바로 윗부분으로 정확하게 유도시킨다.
   라. 보 양단의 작업자는 서로 협력하면서 수공구를 이용하여 볼트 구멍을 맞추도록 해야 된다.
   마. 볼트 구멍이 맞지 않을 경우는 신속히 지지용 드래프트 핀을 타입해야 하며 이때 필요이상 무리한 힘을 가하여 볼트구멍이 손상되지 않도록 하여야 한다.
   바. 플랜지 상단, 웨브의 이음철판을 필요한 만큼의 볼트로 체결하여 이때 철판을 손에서 떨어뜨리지 않도록 주의해야 한다.
4. 작업자가 기둥에 매달린 자세로 설치하게 되는 브라켓이 없는 형태의 보의 경우도 위 3호의 브라켓이 있는 형태의 보에서만 적용되는 부분을 제외하고는 모두 같은 요령으로 조립하여야 한다.
5. 인양 와이어 로우프를 해체할 때에는 안전대를 사용하여 보위를 이동하여야 하며 안전대를 설치할 구명줄은 보의 설치와 동시에 기둥간에 설치하도록 해야 한다.
6. 해체한 와이어 로우프는 후크에 걸어 내리며 밑으로 던져서는 안된다.

문제 7 산업안전보건법령상 유해위험방지계획서 작성대상 건설공사에서 첨부서류에 관하여 다음 물음에 답하시오.

답 산업안전보건법 시행규칙 [별표 10]

물음 1) 공사개요 및 안전관리계획에 첨부하여야 할 서류 5가지만 쓰시오.

가. 공사 개요서(별지 제101호서식)
나. 공사현장의 주변 현황 및 주변과의 관계를 나타내는 도면(매설물 현황을 포함한다)
다. 전체 공정표
라. 산업안전보건관리비 사용계획서(별지 제102호서식)
마. 안전관리 조직표
바. 재해 발생 위험 시 연락 및 대피방법

물음 2) 작업 공사 종류별 유해위험방지계획 중 건축물 또는 시설 등의 건설, 개조 또는 해체(이하 "건설 등"이라 한다.) 공사에서 주요 작성대상 5가지만 쓰시오.

가. 비계 조립 및 해체 작업(외부비계 및 높이 3미터 이상 내부비계만 해당한다)
나. 높이 4미터를 초과하는 거푸집동바리[동바리가 없는 공법(무지주공법으로 데크플레이트, 호리빔 등)과 옹벽 등 벽체를 포함한다] 조립 및 해체작업 또는 비탈면 슬래브(판 형상의 구조부재로서 구조물의 바닥이나 천장)의 거푸집동바리 조립 및 해체 작업
다. 작업발판 일체형 거푸집 조립 및 해체 작업
라. 철골 및 PC(Precast Concrete) 조립 작업
마. 양중기 설치·연장·해체 작업 및 천공·항타 작업
바. 밀폐공간 내 작업
사. 해체 작업
아. 우레탄폼 등 단열재 작업[취급장소와 인접한 장소에서 이루어지는 화기(火器) 작업을 포함한다]
자. 같은 장소(출입구를 공동으로 이용하는 장소를 말한다)에서 둘 이상의 공정이 동시에 진행되는 작업

| 물음 3) | 작업 공사 종류별 유해위험방지계획 중 다리 건설등의 공사에서 주요 작성대상 (상부공과 하부공을 포함) 5가지만 쓰시오. |

가. 하부공 작업
1) 작업발판 일체형 거푸집 조립 및 해체 작업
2) 양중기 설치·연장·해체 작업 및 천공·항타 작업
3) 교대·교각 기초 및 벽체 철근조립 작업
4) 해상·하상 굴착 및 기초 작업

나. 상부공 작업
1) 상부공 가설작업[압출공법(ILM), 캔틸레버공법(FCM), 동바리설치공법(FSM), 이동지보공법(MSS), 프리캐스트 세그먼트 가설공법(PSM) 등을 포함한다]
2) 양중기 설치·연장·해체 작업
3) 상부슬래브 거푸집동바리 조립 및 해체(특수작업대를 포함한다) 작업

※ 다음 논술형 2문제 중 1문제를 선택하여 답하시오. (각 25점)

문제 8 산업안전보건기준에 관한 규칙상 건설작업 등에 의한 위험 예방에서 콘크리트 타설에 관하여 다음 물음에 답하시오.

답 산업안전보건기준에 관한 규칙 제334조, 제335조

물음 1) 콘크리트 타설작업을 하는 경우 사업주가 준수해야 하는 사항 5가지 쓰시오.

1. 당일의 작업을 시작하기 전에 해당 작업에 관한 거푸집 및 동바리의 변형·변위 및 지반의 침하 유무 등을 점검하고 이상이 있으면 보수할 것
2. 작업 중에는 감시자를 배치하는 등의 방법으로 거푸집 및 동바리의 변형·변위 및 침하 유무 등을 확인해야 하며, 이상이 있으면 작업을 중지하고 근로자를 대피시킬 것
3. 콘크리트 타설작업 시 거푸집 붕괴의 위험이 발생할 우려가 있으면 충분한 보강조치를 할 것
4. 설계도서상의 콘크리트 양생기간을 준수하여 거푸집 및 동바리를 해체할 것
5. 콘크리트를 타설하는 경우에는 편심이 발생하지 않도록 골고루 분산하여 타설할 것

물음 2) 콘크리트 타설작업을 하기 위하여 콘크리트 플레이싱 붐, 콘크리트 분배기, 콘크리트 펌프카 등을 사용하는 경우 사업주가 준수해야 하는 사항 4가지만 쓰시오.

1. 작업을 시작하기 전에 콘크리트타설장비를 점검하고 이상을 발견하였으면 즉시 보수할 것
2. 건축물의 난간 등에서 작업하는 근로자가 호스의 요동·선회로 인하여 추락하는 위험을 방지하기 위하여 안전난간 설치 등 필요한 조치를 할 것
3. 콘크리트타설장비의 붐을 조정하는 경우에는 주변의 전선 등에 의한 위험을 예방하기 위한 적절한 조치를 할 것
4. 작업 중에 지반의 침하나 아웃트리거 등 콘크리트타설장비 지지구조물의 손상 등에 의하여 콘크리트타설장비가 넘어질 우려가 있는 경우에는 이를 방지하기 위한 적절한 조치를 할 것

문제 9	굴착공사 표준안전 작업지침에 관하여 다음 물음에 답하시오.
답	굴착공사 표준안전 작업지침 제3조, 제28조, 제32조
물음 1)	지질조사 등에서 기본적인 토질에 대한 사전 조사 시 기준으로 하는 조사내용 5가지만 쓰시오.
	가. 주변에 기 절토된 경사면의 실태조사
	나. 지표, 토질에 대한 답사 및 조사를 하므로써 토질구성(표토, 토질, 암질), 토질구조(지층의 경사, 지층, 파쇄대의 분포, 변질대의 분포), 지하수 및 용수의 형상 등의 실태 조사
	다. 사운딩
	라. 시추
	마. 물리탐사(탄성파조사)
	바. 토질시험 등
물음 2)	부석 등의 처리내용 중 토석붕괴 외적원인 6가지와 내적원인 3가지를 쓰시오.
	1. 토석이 붕괴되는 외적 원인
	① 사면, 법면의 경사 및 기울기의 증가
	② 절토 및 성토 높이의 증가
	③ 공사에 의한 진동 및 반복 하중의 증가
	④ 지표수 및 지하수의 침투에 의한 토사 중량의 증가
	⑤ 지진, 차량, 구조물의 하중작용
	⑥ 토사 및 암석의 혼합층두께
	2. 토석이 붕괴되는 내적 원인
	① 절토 사면의 토질·암질
	② 성토 사면의 토질구성 및 분포
	③ 토석의 강도 저하
물음 3)	부석 등의 처리 내용 중 토사붕괴의 발생을 예방하기 위하여 점검하여야 하는 사항 6가지만 쓰시오.
	1. 전 지표면의 답사
	2. 경사면의 지층 변화부 상황 확인
	3. 부석의 상황 변화의 확인
	4. 용수의 발생 유·무 또는 용수량의 변화 확인
	5. 결빙과 해빙에 대한 상황의 확인
	6. 각종 경사면 보호공의 변위, 탈락 유·무
	7. 점검시기는 작업전 중·후, 비온 후, 인접 작업구역에서 발파한 경우에 실시한다.

02. 2024년 제14회 기출문제

※ 다음 단답형 5문제를 모두 쓰시오(각 5점)

문제 1 산업안전보건법령상 대여자 등이 안전조치 등을 해야 하는 기계·기구·설비 및 건축물중 양중기에 해당하는 3가지를 쓰시오.
(단, 그 밖에 산업 재해보상보험 및 예방심의위원회심의를 거쳐 고용노동부장관이 정하여 고시하는 기계·기구·설비 및 건축물 등은 제외함)

답 산업안전보건법 시행령 [별표 21]

대여자 등이 안전조치 등을 해야 하는 기계·기구·설비 및 건축물 등
1. 사무실 및 공장용 건축물
2. **이동식 크레인**
3. **타워크레인**
4. 불도저
5. 모터 그레이더
6. 로더
7. 스크레이퍼
8. 스크레이퍼 도저
9. 파워 셔블
10. 드래그라인
11. 클램셸
12. 버킷굴착기
13. 트렌치
14. 항타기
15. 항발기
16. 어스드릴
17. 천공기
18. 어스오거
19. 페이퍼드레인머신
20. **리프트**
21. 지게차
22. 롤러기
23. 콘크리트 펌프
24. 고소작업대

문제 2 산업안전보건기준에 관한 규칙상 강관비계의 구조에 관한 내용이다. ( )에 들어갈알맞은 것을 쓰시오.

물음 1) 비계기둥의 간격은 띠장 방향에서는 (ㄱ) 미터 이하, 장선(長線) 방향에서는 (ㄴ)미터 이하로 할 것.

물음 2) 띠장 간격은 (ㄷ) 미터 이하로 할 것. 다만, 작업의 성질상 이를 준수하기가 곤란하여 쌍기둥틀 등에 의하여 해당 부분을 보강한 경우에는 그러하지 아니하다.

답 산업안전보건기준에 관한 규칙 제60조(강관비계의 구조)

(ㄱ) 1.85

(ㄴ) 1.5

(ㄷ) 2.0

▶강관비계의 설치기준

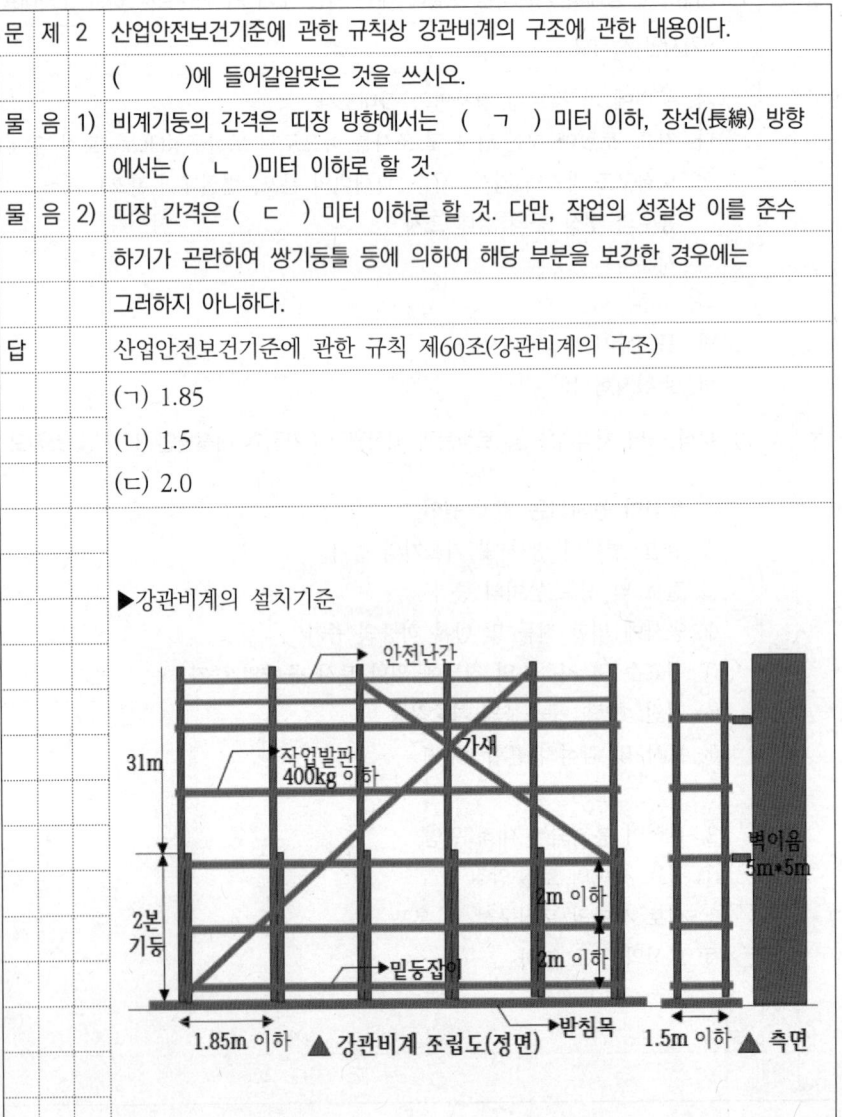

문제 3	흙막이 가시설 버팀 지지공법 5가지를 쓰시오.
답	KCS 21 30 00 ① 자립식 ② 버팀구조 형식 ③ 지반앵커 형식 ④ 네일링 형식 ⑤ 경사고임대 형식

문제 4	산업안전보건기준에 관한 규칙상 사업주가 구축물 등에 구조검토, 안전진단 등의 안전성 평가를 하여 위험성을 미리 제거해야 하는 경우 5가지를 쓰시오. (단, 그 밖의 잠재위험이 예상될 경우는 제외함)
답	산업안전보건기준에 관한 규칙 제52조(구축물등의 안전성 평가) ① 구축물등의 인근에서 굴착·항타작업 등으로 침하·균열 등이 발생하여 붕괴의 위험이 예상될 경우 ② 구축물등에 지진, 동해(凍害), 부동침하(不同沈下) 등으로 균열·비틀림 등이 발생했을 경우 ③ 구축물등이 그 자체의 무게·적설·풍압 또는 그 밖에 부가되는 하중 등으로 붕괴 등의 위험이 있을 경우 ④ 화재 등으로 구축물등의 내력(耐力)이 심하게 저하됐을 경우 ⑤ 오랜 기간 사용하지 않던 구축물등을 재사용하게 되어 안전성을 검토해야 하는 경우 ⑥ 구축물등의 주요구조부(「건축법」 제2조제1항제7호에 따른 주요구조부를 말한다. 이하 같다)에 대한 설계 및 시공 방법의 전부 또는 일부를 변경하는 경우

문제 5 산업안전보건기준에 관한 규칙상 타워크레인을 벽체에 지지하는 경우 준수사항 4가지를 쓰시오.

답 산업안전보건기준에 관한 규칙 제142조(타워크레인의 지지)
① 서면심사에 관한 서류 또는 제조사의 설치작업설명서에 따라 설치
② 건축구조·건설기계·기계안전·건설안전기술사 또는 건설안전분야 산업안전지도사의 확인을 받아 설치 또는 기종별·모델별 공인된 표준방법으로 설치할 것
③ 콘크리트구조물에 고정시키는 경우에는 매립이나 관통하여 고정 또는 이와 같은 수준 이상의 방법으로 충분히 지지되도록 할 것
④ 건축 중인 시설물에 지지하는 경우에는 그 시설물의 구조적 안정성에 영향이 없도록 할 것

※ 다음 논술형 2문제를 모두 답하시오. (각 25점)

문제 6 산업안전보건 기준에 관한 규칙상 건설현장에서 사용되는 굴착기에 관하여 다음 물음에 답하시오.

답 산업안전보건기준에 관한 규칙 제221조의2, 제221조의5

물음 1) 굴착기에 사람이 부딪히는 것을 방지하기 위한 충돌위험 방지조치에 관하여 설명하시오.

① 사업주는 굴착기에 사람이 부딪히는 것을 방지하기 위해 후사경과 후방영상표시장치 등 굴착기를 운전하는 사람이 좌우 및 후방을 확인할 수 있는 장치를 굴착기에 갖춰야 한다.
② 사업주는 굴착기로 작업을 하기 전에 후사경과 후방영상표시장치 등의 부착상태와 작동 여부를 확인해야 한다.

물음 2) 굴착기를 사용하여 화물 인양작업을 하는 경우 굴착기가 갖추어야 할 사항 3가지를 쓰시오.

① 굴착기의 퀵커플러 또는 작업장치에 달기구(훅, 걸쇠) 부착되어 있는 인양작업이 가능하도록 제작된 기계일 것
② 굴착기 제조사에서 정한 정격하중이 확인되는 굴착기를 사용할 것
③ 달기구에 해지장치가 사용되어 인양물의 낙하 우려가 없을 것

물음 3) 굴착기를 사용하여 인양작업을 하는 경우 준수해야 할 사항 5가지를 쓰시오.

① 굴착기 제조사에서 정한 작업설명서에 따라 인양할 것
② 사람을 지정하여 인양작업을 신호하게 할 것
③ 인양물과 근로자가 접촉할 우려가 있는 장소에 근로자의 출입을 금지시킬 것
④ 지반의 침하 우려가 없고 평평한 장소에서 작업할 것
⑤ 인양 대상 화물의 무게는 정격하중을 넘지 않을 것

문제 7	사면 파괴 및 붕괴에 관하여 다음 물음에 답하시오.
답	굴착공사표준안전작업지침
물음 1)	사면 파괴의 종류 3가지를 쓰시오. ① 사면 내 파괴 ② 사면 선단파괴 ③ 사면 저부파괴
물음 2)	사면 붕괴(활동)의 원인 중 내적원인(전단응력 감소 원인)에 대하여 5가지만 쓰시오. ① 절토 사면에 의한 토질·암질 ② 성토 사면의 토질구성 및 분포 ③ 토석의 강도 저하 ④ 간극수압의 증가 ⑤ 동결융해
물음 3)	사면 붕괴(활동)의 원인 중 외적원인(전단응력 증가 원인)에 대하여 5가지만 쓰시오. ① 사면, 법면의 경사 및 기울기의 증가 ② 절토 및 성토 높이의 증가 ③ 공사에 의한 진동 및 반복 하중의 증가 ④ 지표수 및 지하수의 침투에 의한 토사 중량의 증가 ⑤ 지진, 차량, 구조물의 하중작용 ⑥ 토사 및 암석의 혼합층 두께

※ 다음 논술형 2문제 중 1문제를 선택하여 답하시오. (각 25점)

문제 8	산업안전보건기준에 관한 규칙상 화재감시자에 관하여 다음 물음에 답하시오.
답	산업안전보건기준에 관한 규칙 제241조의2
물음 1)	화재감시자의 업무 3가지를 쓰시오. ① 용접·용단 작업장소에 가연성물질이 있는지 여부의 확인 ② 가스검지 및 경보 장치의 작동 여부의 확인 ③ 화재 발생 시 사업장 내 근로자의 대피 유도
물음 2)	용접·용단 작업을 하는 경우 화재감시자를 지정하여 배치해야 할 장소 3가지를 쓰시오. ① 작업반경 11미터 이내에 건물구조 자체나 내부(개구부 등으로 개방된 부분을 포함한다)에 가연성물질이 있는 장소 ② 작업반경 11미터 이내의 바닥 하부에 가연성물질이 11미터 이상 떨어져 있지만 불꽃에 의해 쉽게 발화될 우려가 있는 장소 ③ 가연성물질이 금속으로 된 칸막이·벽·천장 또는 지붕의 반대쪽 면에 인접해 있어 열전도나 열복사에 의해 발화될 우려가 있는 장소
물음 3)	사업주가 배치된 화재감시자에게 지급해야 할 3가지를 쓰시오. ① 확성기 ② 휴대용 조명기구 ③ 화재 대피용 마스크

문제 9 교량작업에 관하여 다음 물음에 답하시오.

답 KOSHA C-41-2011/ 산업안전보건기준에 관한 규칙 제369조

물음 1) 콘크리트교 상부구조 가설공법의 종류 4가지만 쓰시오.

① FSM 공법 (동바리 공법 : Full Staging Method)

② ILM 공법 (압출공법 : Incremental Launching Method)

③ MSS 공법 (이동식 지보 공법 : Movable Scaffolding System)

④ FCM 공법 (외팔보 공법 : Free Cantilever Method)

물음 2) 거더(Girder) 인양 및 거치 후 전도방지를 위한 고정방법을 3가지만 쓰시오.

① 와이어로프로 고정

② 삼각프레임으로 고정

③ 전도방지철근으로 고정

▲ PSC거더 전도방지 설치 예

KOSHA C - 41 - 2011

물음 3) 산업안전보건기준에 관한 규칙상 교량의 설치·해체 또는 변경작업 시 준수사항 4가지를 쓰시오

① 작업을 하는 구역에는 관계 근로자가 아닌 사람의 출입을 금지할 것

② 재료, 기구 또는 공구 등을 올리거나 내릴 경우에는 근로자로하여금 달줄, 달포대 등을 사용하도록 할 것

③ 중량물 부재를 크레인 등으로 인양하는 경우에는 부재에 인양용 고리를 견고하게 설치하고, 인양용 로프는 부재에 두 군데 이상 결속하여 인양하여야 하며, 중량물이 안전 하게 거치되기 전까지는 걸이로프를 해제시키지 아니할 것

④ 자재나 부재의 낙하·전도 또는 붕괴 등에 의하여 근로자에게 위험을 미칠 우려가 있을 경우에는 출입금지구역의 설정, 자재 또는 가설시설의 좌굴(挫屈) 또는 변형 방지를 위한 보강재 부착 등의 조치를 할 것

03 2023년 제13회 기출문제

※ 다음 단답형 5문제를 모두 쓰시오(각 5점)

문제 1 구조물의 해체공사에서 대형브레이커 설치·사용 시 준수사항 5가지

답 해체공사 표준안전작업지침 제4조

① 대형 브레이커는 중량, 작업 충격력을 고려, 차체 지지력을 초과하는 중량의 브레이커부착을 금지하여야 한다.
② 대형 브레이커의 부착과 해체에는 경험이 많은 사람으로서 선임된 자에 한하여 실시하여야 한다.
③ 유압작동구조, 연결구조 등의 주요구조는 보수점검을 수시로 하여야 한다.
④ 유압식일 경우에는 유압이 높기 때문에 수시로 유압호오스가 새거나 막힌 곳이 없는가를 점검하여야 한다.
⑤ 해체대상물에 따라 적합한 형상의 브레이커를 사용하여야 한다.

문제 2 사업장에 설치하는 국소배기장치 덕트의 설치기준 5가지

답 산업안전보건기준에 관한 규칙 제73조

① 가능하면 길이는 짧게 하고 굴곡부의 수는 적게 할 것
② 접속부의 안쪽은 돌출된 부분이 없도록 할 것
③ 청소구를 설치하는 등 청소하기 쉬운 구조로 할 것
④ 덕트 내부에 오염물질이 쌓이지 않도록 이송속도를 유지할 것
⑤ 연결 부위 등은 외부 공기가 들어오지 않도록 할 것

문제 3
기계에 의한 굴착작업 시 작업 전에 기계의 정비상태를 정비기록표 등에 의해 확인하고 점검하여야 할 사항 3가지만 쓰시오

답 굴착공사 표준안전작업지침 제10조

① 낙석, 낙하물 등의 위험이 예상되는 작업시 견고한 헤드가아드 설치상태
② 브레이크 및 클러치의 작동상태
③ 타이어 및 궤도차륜 상태
④ 경보장치 작동상태
⑤ 부속장치의 상태

문제 4
콘크리트 타설 작업에서 거푸집과 동바리의 존치기간에 영향을 미치는 요인 3가지만 쓰시오

답 KCS 14 20 12

① 시멘트의 성질
② 콘크리트의 배합
③ 구조물의 종류와 중요도
④ 부재의 종류 및 크기
⑤ 부재가 받는 하중
⑥ 콘크리트 내부의 온도와 표면 온도의 차이

문제 5		철골공사에서 외압에 대한 내력 설계 검토대상 구조물 5가지만 쓰시오.
답		철골공사 표준안전작업지침 제3조
		① 높이 20미터 이상의 구조물
		② 구조물의 폭과 높이의 비가 1:4 이상인 구조물
		③ 단면구조에 현저한 차이가 있는 구조물
		④ 연면적당 철골량이 50킬로그램/평방미터 이하인 구조물
		⑤ 기둥이 타이플레이트(tie plate)형인 구조물
		⑥ 이음부가 현장용접인 구조물

※ 다음 논술형 2문제를 모두 답하시오. (각 25점)

문제 6		강재구조물의 용접결함을 찾기 위해서 시행하는 비파괴검사법에 관하여 다음 물음에 답하시오.
답		KCS 14 31 20
물음 1)		비파괴검사법 종류 5가지를 쓰시오.
		① 침투탐상시험(PT)
		② 자분탐상검사(MT)
		③ 방사선투과시험
		④ 자동초음파탐상검사(PAUT)
		⑤ 초음파탐상검사(UT)
물음 2)		비파괴검사법 종류 5가지 방법에 대하여 각각 설명하시오.
		① 침투탐상시험(PT)
		- 표면 결함 탐지하는 기법으로 침투액이 모세관현상에 의하여 침투하게 한 후 현상액을 적용하여 육안으로 식별
		② 자분탐상검사(MT)
		- 검사대상을 자화시키면 불연속부에 누설자속이 형성되며 이 부위에 자분을 도포하면 자분이 집속됨
		③ 방사선투과시험
		- 투과성 방사선을 시험체에 조사하였을 때 투과 방사선의 강도의 변화 건전부와 결함부의 투과선량의 차에 의한 필름상의 농도차로 결함 검출
		④ 자동초음파탐상검사(PAUT)(위상배열 초음파검사)
		- 여러 초음파 진동자 배열 후, 각 진동자의 초음파 발진시간 지연을 제어 기존 UT와 달리 여러 개의 탐촉자로 구성된 배열 탐촉자를 사용하여 전파 각도와 집속위치를 조절하고 신호처리를 통해 시험체 내부의 영상 확인
		⑤ 초음파탐상검사(UT)
		- 초음파를 시험체에 내보내어 시험체 내에 존재하는 불연속부를 검출

물	음	3)	비파괴검사법 종류 5가지의 특성을 각각 2가지만 쓰시오.

1. 침투탐상시험(PT)
   ① 거의 모든 재료에 적용 가능
   ② 현장 적용이 용이, 제품의 크기 형상 등에 크게 제한 받지 않음
   ③ 장비 및 방법이 단순

2. 자분탐상검사(MT)
   ① 강자성체에만 적용 가능
   ② 장치 및 방법이 단순
   ③ 결함의 육안 식별 가능
   ④ 신속하고 저렴

3. 방사선투과시험
   ① 영구적인 기록 수단
   ② 표면결함 및 내부결함 검출가능
   ③ 방사선안전관리 요구

4. 자동초음파탐상검사(PAUT)
   ① 시험체 내부 영상 실시간 확인 가능
   ② 검사결과 영구 기록 및 보존
   ③ 공기단축 및 방사선 피폭 위험 감소

5. 초음파탐상검사(UT)
   ① 결함의 위치 및 크기 추정 가능
   ② 표면 및 내부결함 탐상 가능
   ③ 자동화 가능

문	제	7	건설현장에 발생하는 추락을 방지하기 위한 조치에 관하여 다음 물음에 답하시오.
답			산업안전보건기준에 관한 규칙 제43조
물	음	1)	개구부 등의 방호조치(안전난간, 울타리, 수직형 추락방망 또는 덮개 등)시 준수해야 할 사항 3가지만 쓰시오.

① 방호 조치를 충분한 강도를 가진 구조로 튼튼하게 설치하여야 하며,
② 덮개를 설치하는 경우에는 뒤집히거나 떨어지지 않도록 설치하여야 한다.
③ 수직형 추락방망은 한국산업표준에서 정하는 성능기준에 적합한 것을 사용해야 한다.

물	음	2)	추락하거나 넘어질 위험이 있는 장소에서 작업발판을 설치하기 곤란한 경우 추락방호망의 설치기준 3가지를 쓰시오.

① 추락방호망의 설치위치는 가능하면 작업면으로부터 가까운 지점에 설치하여야 하며, 작업면으로부터 망의 설치지점까지의 수직거리는 10미터를 초과하지 아니할 것
② 추락방호망은 수평으로 설치하고, 망의 처짐은 짧은 변 길이의 12퍼센트 이상이 되도록 할 것
③ 건축물 등의 바깥쪽으로 설치하는 경우 추락방호망의 내민 길이는 벽면으로부터 3미터 이상 되도록 할 것.

※ 다음 논술형 2문제 중 1문제를 선택하여 답하시오. (각 25점)

문제 8 다음 콘크리트 교량 건설공법을 설명하고, 각 건설공법의 경제적 장점을 쓰시오.

답

물음 1) 동바리(완전지보)공법(FSM, Full Staging Method)

① 개요
- 경간 전체 동바리나 벤트를 설치하고 콘크리트 타설 및 프리스트레스 주는 공법

② 경제적 장점
- 별도의 가설 장비가 필요 없어 공사비 저렴
- 교량 높이(형하고)가 낮은 소교량 일수록 경제적

물음 2) 연속 압출 공법(ILM, Incremental Launching Method)

① 개요
- 작업장에서 일정 길이의 Segment 제작 후 추진 잭으로 밀어 교량을 가설

② 경제적 장점
- 교각의 높이가 높을수록 경제적
- 반복 공정으로 노무비 절감

물음 3) 캔틸레버 공법(FCM, Free Cantilever Method)

① 개요
- 교각 위에 Form Traveller를 설치해 교각을 중심으로 좌우 1 Segment씩 상부 구조물을 가설하는 공법

② 경제적 장점
- 경간 길이가 길수록 경제적
- 반복 공정으로 노무비 절감

물음 4) 이동식비계 공법(MSS, Movable Scaffolding System)

① 개요
- 거푸집이 부착된 특수한 이동식 지보(비계보와 추진보)를 이용하여 한 경간씩 이동하면서 시공하는 공법

② 경제적 장점
- 기계화 시공으로 급속 시공이 가능하여 공기 단축
- 다경간 일수록 경제적

물음 5) 프리캐스트 세그멘트공법(PSM, Precast Segment Method)

① 개요
- 제작장에서 세그먼트를 제작한 후 가설 장비를 이용하여 가설

② 경제적 장점
- 기후 영향이 없으므로 공기 단축
- 기계화로 노무비 절감

문제 9 건설현장에서 사용되는 이동식 크레인에 관하여 다음 물음에 답하시오.

답 KOSHA C – 69 – 2012

물음 1) 이동식 크레인의 종류 3가지만 쓰시오.

① 트럭 크레인
② 크롤러 크레인
③ 트럭탑재형(카고 크레인)
④ 험지형 크레인
⑤ 전지형 크레인

물음 2) 이동식 크레인의 선정 시 고려사항 3가지만 쓰시오.

① 중량물 작업계획 등 작업과 관련된 위험성평가를 수행하여 장비를 선정하여야 한다.
② 이동식 크레인은 작업 조건, 주변의 환경, 공간 확보, 제작사의 사용 기준 등을 사전에 검토하여 적합한 장비를 선정하여야 한다.
③ 크레인 반출입로와 장비 조립 및 설치 장소, 작업장 지지력과 작업장 주변의 장애물 지하매설물 등을 확인하여야 한다.
④ 지브와 인양물 및 기존 구조물의 상호 간섭을 고려하여 크레인의 설치 위치를 선정하여야 한다.

물음 3) 이동식 크레인의 작업 전 확인사항 3가지만 쓰시오.

① 크레인의 수평도를 확인하고 아웃트리거를 설치할 위치의 지반 상태를 점검하여야 한다.
② 작업 시작 전에 권과방지장치나 경보장치, 브레이크, 클러치 및 조정장치 와이어로프가 통하고 있는 곳의 상태 등을 점검하여야 한다.
③ 작업 장소 주변의 인양작업에 간섭될 수 있는 장애물 여부를 점검하여야 한다.
④ 크레인 인양작업 시 신호수를 배치하여야 하며 운전원과 신호수가 상호 신호를 확인할 수 있는 장소에서 작업을 하여야 한다.
⑤ 이동식 크레인의 정격하중과 인양물의 중량을 확인하여야 한다.
⑥ 이동식 크레인 작업 반경 내에 관계자 외의 출입을 통제 조치를 확인하여야 한다.

04 2022년 제12회 기출문제

※ 다음 단답형 5문제를 모두 쓰시오(각 5점)

문제 1 근로자의 추락위험방지를 위한 안전난간의 구조 및 설치요건 5가지를 쓰시오.

답 산업안전보건기준에 관한 규칙 제13조

① 상부 난간대, 중간 난간대, 발끝막이판 및 난간기둥으로 구성할 것.

② 상부 난간대는 바닥면·발판 또는 경사로의 표면으로부터 90센티미터 이상 지점에 설치하고, 상부 난간대를 120센티미터 이하에 설치하는 경우에는 중간 난간대는 상부 난간대와 바닥면등의 중간에 설치하여야 하며, 120센티미터 이상 지점에 설치하는 경우에는 중간 난간대를 2단 이상으로 균등하게 설치하고 난간의 상하 간격은 60센티미터 이하가 되도록 할 것.

③ 발끝막이판은 바닥면등으로부터 10센티미터 이상의 높이를 유지할 것.

④ 난간기둥은 상부 난간대와 중간 난간대를 견고하게 떠받칠 수 있도록 적정한 간격을 유지할 것

⑤ 상부 난간대와 중간 난간대는 난간 길이 전체에 걸쳐 바닥면등과 평행을 유지할 것

⑥ 난간대는 지름 2.7센티미터 이상의 금속제 파이프나 그 이상의 강도가 있는 재료일 것

⑦ 안전난간은 구조적으로 가장 취약한 지점에서 가장 취약한 방향으로 작용하는 100킬로그램 이상의 하중에 견딜 수 있는 튼튼한 구조일 것

문제 2 콘크리트 구조물의 내구성능 평가 시 고려해야 하는 성능저하인자 5가지를 쓰시오.

답 콘크리트 구조 내구성 설계기준

① 염해
② 탄산화
③ 동결융해
④ 화학적 침식
⑤ 알칼리 골재 반응

문제 3
산업안전보건기준에 관한 규칙상 지반 등의 굴착 시 위험방지를 위한 굴착면의 기울기 기준을 쓰시오.

답 산업안전보건기준에 관한 규칙

물음 1) 보통흙의 습지
1 : 1 ~ 1 : 1.5

물음 2) 보통흙의 건지
1 : 0.5 ~ 1 : 1

물음 3) 암반의 풍화암
1 : 1.0

물음 4) 암반의 연암
1 : 1.0

물음 5) 암반의 경암
1 : 0.5

문제 4
건설기계 중 항타기 또는 항발기 조립 시 점검사항 5가지를 쓰시오.

답 산업안전보건기준에 관한 규칙

① 본체 연결부의 풀림 또는 손상의 유무
② 권상용 와이어로프·드럼 및 도르래의 부착상태의 이상 유무
③ 권상장치의 브레이크 및 쐐기장치 기능의 이상 유무
④ 권상기의 설치상태의 이상 유무
⑤ 버팀의 방법 및 고정상태의 이상 유무

문제	5	철골공사에서 제3자의 위해 방지를 위한 비래 낙하 및 비산방지 설비 5가지를 쓰시오.
답		철골공사 표준안전작업지침 ① 방호철망 ② 방호시트 ③ 방호울타리 ④ 방호선반 ⑤ 안전망

※ 다음 논술형 2문제를 모두 답하시오. (각 25점)

문제	6	해체공사에 관하여 다음 물음에 답하시오.
답		해체공사 표준안전작업지침
물음	1)	해체대상 구조물 조사사항 10가지를 쓰시오. ① 구조(철근콘크리트조, 철골철근콘크리트조 등)의 특성 및 생수, 층수, 건물높이 기준층 면적 ② 평면 구성상태, 폭, 층고, 벽 등의 배치상태 ③ 부재별 치수, 배근상태, 해체시 주의하여야 할 구조적으로 약한 부분 ④ 해체시 전도의 우려가 있는 내외장재 ⑤ 설비기구, 전기배선, 배관설비 계통의 상세 확인 ⑥ 구조물의 설립연도 및 사용목적 ⑦ 구조물의 노후정도, 재해(화재, 동해 등) 유무 ⑧ 증설, 개축, 보강 등의 구조변경 현황 ⑨ 해체공법의 특성에 의한 비산각도, 낙하반경 등의 사전 확인 ⑩ 진동, 소음, 분진의 예상치 측정 및 대책방법 ⑪ 해체물의 집적 운반방법 ⑫ 재이용 또는 이설을 요하는 부재현황 ⑬ 기타 당해 구조물 특성에 따른 내용 및 조건
물음	2)	부지상황 조사사항 5가지를 쓰시오. ① 부지내 공지유무, 해체용 기계설비위치, 발생재 처리장소 ② 해체공사 착수에 앞서 철거, 이설, 보호해야 할 필요가 있는 공사 장애물 현황 ③ 접속도로의 폭, 출입구 갯수 및 매설물의 종류 및 개폐 위치 ④ 인근 건물동수 및 거주자 현황 ⑤ 도로 상황조사, 가공 고압선 유무 ⑥ 차량대기 장소 유무 및 교통량(통행인 포함.) ⑦ 진동, 소음발생 영향권 조사

물음 3)	해체공법의 종류 중 기계력에 의한 공법 5가지를 쓰시오.
	① 핸드 브레이커에 의한 공법
	② 대형 브레이커에 의한 공법
	③ 절단기에 의한 공법
	④ 강구에 의한 공법
	⑤ 다이아몬드 와이어 쏘 공법
물음 4)	해체공법의 종류 중 유압력에 의한 공법 3가지를 쓰시오.
	① 유압식 확대기에 의한 공법
	② 잭에 의한 공법
	③ 압쇄기에 의한 공법

문제 7 콘크리트공사의 안전작업에 관하여 다음 물음에 답하시오.

답 콘크리트공사 표준안전작업지침

물음 1) 거푸집 및 지보공(동바리) 설계(구조검토)시 고려해야할 하중 5가지에 관하여 설명하시오.

① 연직방향 하중 : 거푸집, 지보공(동바리), 콘크리트, 철근, 작업원, 타설용 기계기구, 가설설비등의 중량 및 충격하중

② 횡방향 하중 : 작업할때의 진동, 충격, 시공오차 등에 기인되는 횡방향 하중이외에 필요에 따라 풍압, 유수압, 지진 등

③ 콘크리트의 측압 : 굳지않은 콘크리트의 측압

④ 특수하중 : 시공중에 예상되는 특수한 하중

⑤ 상기 1~4호의 하중에 안전율을 고려한 하중

물음 2) 거푸집 등을 조립할 때 준수사항 5가지를 쓰시오.

① 거푸집 지보공을 조립할 때에는 안전담당자를 배치하여야 한다.

② 거푸집의 운반, 설치 작업에 필요한 작업장 내의 통로 및 비계가 충분한가를 확인하여야 한다.

③ 재료, 기구, 공구를 올리거나 내릴 때에는 달줄, 달포대 등을 사용하여야 한다.

④ 강풍, 폭우, 폭설 등의 악천후에는 작업을 중지시켜야 한다.

⑤ 작업장 주위에는 작업원 이외의 통행을 제한하고 슬라브 거푸집을 조립할 때에는 많은 인원이 한곳에 집중되지 않도록 하여야 한다.

⑥ 사다리 또는 이동식 틀비계를 사용하여 작업할 때에는 항상 보조원을 대기시켜야 한다.

⑦ 거푸집을 현장에서 제작할때는 별도의 작업장에서 제작하여야 한다.

물	음	3) 펌프카에 의해 콘크리트를 타설 시 안전수칙 준수사항 5가지를 쓰시오.
		① 레디믹스트 콘크리트(이하 레미콘이라 함.) 트럭과 펌프카를 적절히 유도하기 위하여 차량안내자를 배치하여야 한다.
		② 펌프배관용 비계를 사전점검하고 이상이 있을 때에는 보강 후 작업하여야 한다.
		③ 펌프카의 배관상태를 확인하여야 하며, 레미콘트럭과 펌프카와 호스선단의 연결작업을 확인하여야 하며 장비사양의 적정호스 길이를 초과하여서는 아니된다.
		④ 호스선단이 요동하지 아니하도록 확실히 붙잡고 타설하여야 한다.
		⑤ 공기압송 방법의 펌프카를 사용할 때에는 콘크리트가 비산하는 경우가 있으므로 주의하여 타설하여야 한다.
		⑥ 펌프카의 붐대를 조정할 때에는 주변 전선 등 지장물을 확인하고 이격 거리를 준수하여야 한다.
		⑦ 아웃트리거를 사용할 때 지반의 부동침하로 펌프카가 전도되지 아니하도록 하여야 한다.
		⑧ 펌프카의 전후에는 식별이 용이한 안전표지판을 설치하여야 한다.

※ 다음 논술형 2문제 중 1문제를 선택하여 답하시오. (각 25점)

문	제	8	흙막이공법 작업 시 안전 계획 및 관리에 관하여 다음 물음에 답하시오.
답			가설흙막이 설계기준/ 계측관리 기술지침/ 산업안전보건기준에 관한 규칙
물	음	1)	흙막이공법 선정 시 고려사항 5가지를 쓰시오.
			① 가설흙막이 벽과 지지구조의 형식에 대한 설계 시 지형, 지반조건, 지하수 처리, 교통하중, 인접 건물하중, 작업 장비하중 등 굴착면의 붕괴를 유발시키는 인자뿐만 아니라, 지반변형에 의해 야기될 수 있는 주변 구조물 및 지하 매설물의 피해 가능성, 공사비, 공기 등의 경제성 및 시공성 영향 가능성, 환경 등의 민원발생 가능성 등을 종합적으로 고려하여야 한다. 즉, 가설흙막이 벽의 안정성, 지지구조의 안정성, 굴착저면의 안정성에 대한 검토는 필수항목이며, 주변 구조물에 대한 안정성 검토와 지하수처리에 관한 문제도 반드시 고려하여야 한다.
			② 가설흙막이 벽체 후면 지하수위가 조사수위 이상으로 상승될 가능성이 있는 경우에는 가설흙막이 벽체 설계 시 현장 여건을 감안하여 침투해석을 실시하고 변경된 지하수위를 적용하여 설계하여야 한다.
			③ 지반침하(함몰) 관련사항을 검토하여야 한다.
			④ 지층조건과 지하수위 등을 고려하여 차수공법 적용을 검토하여야 한다.
			⑤ 가설흙막이 구조물 설계에서는 굴착 단계별로 벽체자체의 안정성을 검토뿐만 아니라 해체 시 안정성도 검토하고 지하매설물과 인접구조물에 미치는 영향을 검토하여야 한다.
			⑥ 설계 시 현장여건에 부합하는 계측 및 분석계획을 수립하여 시공 중 안전성을 확보해야 한다.

물	음	2) 흙막이 및 굴착공사 계측기의 종류 10가지를 쓰시오.
		① 지중경사계(Inclinometer) : 지반 변위의 위치, 방향, 크기 및 속도를 계측하여 지반의 이완 영역 및 흙막이 구조물의 안전성을 계측
		② 지하수위계(Water level meter) : 지하수위 변화를 계측
		③ 간극수압계(Piezometer) : 굴착공사에 따른 간극수압의 변화를 측정
		④ 토압계(Soil pressure meter) : 주변지반의 하중으로 인한 토압 변화를 측정
		⑤ 하중계(Load cell) : 스트럿(Strut) 또는 어스앵커(Earth anchor)등의 축하중 변화를 측정
		⑥ 변형률계(Strain gauge) : 흙막이 구조물 각 부재와 인접 구조물의 변형률을 측정
		⑦ 건물경사계(Tiltmeter) : 인접한 구조물에 설치하여 구조물의 경사 및 변형상태를 측정
		⑧ 지표침하계(Surface settlement system) : 지표면의 침하량을 측정
		⑨ 층별침하계(Differential settlement system) : 지반의 각 지층별 침하량을 측정
		⑩ 균열계(Crack gauge) : 주변구조물 및 지반 등의 균열 발생 시에 균열의 크기와 변화 상태를 정밀 측정하여 균열속도 등을 파악
물	음	3) 흙막이 지보공을 설치하였을 때 정기적으로 점검할 사항 4가지를 쓰시오.
		① 부재의 손상·변형·부식·변위 및 탈락의 유무와 상태
		② 버팀대의 긴압(緊壓)의 정도
		③ 부재의 접속부·부착부 및 교차부의 상태
		④ 침하의 정도

문	제	9	시스템 동바리의 안전성 확보를 위한 시공에 관하여 다음 물음에 답하시오.
답			KCS 21 50 05
물	음	1)	지주 형식 동바리 시공 시 준수사항 8가지를 쓰시오.
			① 수급인은 동바리 시공 시 공급자가 제시한 설치 및 해체 방법과 안전수칙을 준수하여야 한다.
			② 동바리는 구조설계 결과를 반영한 시공상세도에 따라 정확히 설치한 후 검사하여 안전성을 확인하여야 한다.
			③ 동바리를 지반에 설치할 경우에는 연직하중에 견딜 수 있도록 지반의 지지력을 검토하고 침하 방지 조치를 하여야 한다.
			④ 수직재와 수평재는 직교되게 설치하여야 하며 이음부나 접속부 등은 흔들림이 없도록 체결하여야 한다.
			⑤ 수직재, 수평재 및 가새재 등의 여러 부재를 연결한 경우에는 수직도를 유지하도록 시공하여야 한다.
			⑥ 시스템 동바리는 연직 및 수평하중에 대해 구조적 안전성이 확보되도록 구조설계에 의해 작성된 조립도에 따라 수직재 및 수평재에 가새재를 설치하고 연결부는 견고하게 고정하여야 한다.
			⑦ 동바리를 설치하는 높이는 단변길이의 3배를 초과하지 말아야 하며, 초과 시에는 주변구조물에 지지하는 등 붕괴방지 조치를 하여야 한다. 다만, 수평버팀대 등의 설치를 통해 전도 및 좌굴에 대한 구조 안전성이 확인된 경우에는 3배를 초과하여 설치할 수 있다.
			⑧ 콘크리트 두께가 0.5 m 이상일 경우에는 동바리 수직재 상단과 하단의 경계조건 및 U헤드와 조절형 받침철물의 나사부 유격에 의한 수직재 좌굴하중의 감소를 방지하기 위하여, U헤드 밑면으로부터 최상단 수평재 윗면, 조절형 받침철물 윗면으로부터 최하단 수평재 밑면까지의 순 간격이 400 mm 이내가 되도록 설치하여야 한다.
			⑨ 수직재를 설치할 때에는 수평재와 수평재 사이에 수직재의 연결부위가 2개소 이상 되지 않도록 하여야 한다.

⑩ 가새재는 수평재 또는 수직재에 핀 또는 클램프 등의 결합방법에 의해 견고하게 결합되어 이탈되지 않도록 하여야 한다.

⑪ 동바리 최하단에 설치하는 수직재는 받침철물의 조절너트와 밀착하게 설치하여야 하며, 편심하중이 발생하지 않도록 수평을 유지하여야 한다.

⑫ 멍에는 편심하중이 발생하지 않도록 U헤드의 중심에 위치하여야 하며, 멍에가 U헤드에서 전도되거나 이탈되지 않도록 고정시켜야 한다.

⑬ 동바리 자재의 반복 사용으로 인한 변형 및 부식 등 심하게 손상된 자재는 사용하지 않도록 한다

⑭ 경사진 바닥에 설치할 경우 고임재 등을 이용하여 동바리 바닥이 수평이 되도록 하여야 하며, 고임재는 미끄러지지 않도록 바닥에 고정시켜야 한다.

물음 2) 보 형식 동바리 시공 시 준수사항 5가지를 쓰시오.

① 수급인은 동바리 시공 시 공급자가 제시한 설치 및 해체 방법과 안전수칙을 준수하여야 한다.

② 동바리는 구조설계 결과를 반영한 시공상세도에 따라 정확히 설치한 후 검사하여 안전성을 확인하여야 한다.

③ 보 형식 동바리의 양단은 지지물에 고정하여 움직임 및 탈락을 방지하여야 한다.

④ 보와 보 사이에는 수평연결재를 설치하여 움직임을 방지하여야 한다.

⑤ 보조 브라켓 및 핀 등의 부속장치는 소정의 성능과 안전성을 확보할 수 있도록 시공하여야 한다.

⑥ 보 설치지점은 콘크리트의 연직하중 및 보의 하중을 견딜 수 있는 견고한 곳이어야 한다.

⑦ 보는 정해진 지점 이외의 곳을 지점으로 이용해서는 아니 된다.

05 2021년 제11회 기출문제

※ 다음 단답형 5문제를 모두 쓰시오(각 5점)

문제 1 원지반의 굴착 또는 절토작업 시 토량의 변화를 평가하는 토량변화율에 대한 팽창률(L), 압축률(C)과 토량환산계수(f)를 설명하시오.

답

1) 토량변화율에 대한 팽창률(L), 압축률(C)

   토량변화율
   - 자연상태를 기준으로 다져진상태, 흐트러진상태의 토량 체적비

L값	C값
$L = \dfrac{\text{흐트러진상태의토량}(m^3)}{\text{자연상태의토량}(m^3)}$	$C = \dfrac{\text{다져진상태의토량}(m^3)}{\text{자연상태의토량}(m^3)}$
- 일반 토사 1.1~1.4	- 일반토사 0.85~0.95
- 운반토량 산출 이용	- 성토 시 반입물량 산출 이용

2) 토량환산계수(f)

   ① 정의 : 자연상태의 흙을 운반, 다짐 시 흙의 체적변화에 따라 토량변화율을 나타내는 계수

   ② f = 구하고자 하는 변화율 / 기준이 되는 토량의 변화율

	자연상태 토량 (1)	느슨한 토량 (L)	다짐 토량 (C)
자연상태 토량 (1)	1	L	C
느슨한 토량 (L)	1/L	1	C/L
다짐 토량 (C)	1/C	L/C	1

   ③ 적용
   - 굴착, 적재운반량 산정
   - 토공장비 작업량 계산
   - 다져진 성토량 계산

문제 2 절토면에 설치되는 기대기(계단식)옹벽의 안정조건 5가지를 쓰시오.

답 KDS 11 80 20

① 활동에 대한 안정성

② 전도에 대한 안정성

③ 지지력에 대한 안정성

④ 전단파괴에 대한 안정

⑤ 모멘트에 대한 안정

문제	3	터널 콘크리트 라이닝의 구조적 역할(기능) 5가지를 쓰시오.
답		

① 터널의 변형이 수렴하지 않은 상태에서 콘크리트라이닝을 시공하는 경우에는 터널의 안정에 필요한 구속력

② 콘크리트라이닝 시공 후 수압, 상재 하중 등에 의한 외력에 지지

③ 지질의 불균일성, 지보재 품질의 저하, 록볼트의 부식 등 불확정 요소의 안전성

④ 사용 개시후 외력의 변화와 지반, 지보재의 열화에 대한 구조물로서의 내구성

⑤ 비배수형 터널에서의 내압기능

문제	4	GHS(Globally Harmonized System of Classification and Labelling of Chemicals)의 경고표지 구성요소 5가지만 쓰시오.
답		산업안전보건법 시행규칙 170조

① 명칭: 제품명

② 그림문자: 화학물질의 분류에 따라 유해·위험의 내용을 나타내는 그림

③ 신호어: 유해·위험의 심각성 정도에 따라 표시하는 "위험" 또는 "경고" 문구

④ 유해·위험 문구: 화학물질의 분류에 따라 유해·위험을 알리는 문구

⑤ 예방조치 문구: 화학물질에 노출되거나 부적절한 저장·취급 등으로 발생하는 유해·위험을 방지하기 위하여 알리는 주요 유의사항

⑥ 공급자 정보: 물질안전보건자료대상물질의 제조자 또는 공급자의 이름 및 전화번호 등

문제 5	교량 상부구조 형식 분류 중 트러스트교의 종류 5가지를 쓰시오.
답	

① 와렌(Warren)트러스 : 수직재가 없고 경사재가 상·하향이 교대로 연속 배치 되어있는 트러스
② 프랫(Pratt)트러스 : 경사재가 중앙을 향하여 하향으로 배치하여 경사재는 인장력, 수직재는 압축력을 받는 트러스
③ 하우(Howe)트러스 : 트러스의 사재(斜材)응력이 압축응력을 받도록 부재를 구성한 트러스
④ K 트러스 : 래티스재가 K형상인 트러스
⑤ 곡현 프랫 트러스 : 상현재가 포물선으로 구성되고 양쪽 끝이 하현재와 결합하는 형식
⑥ 래티스 트러스 : 경사재로만 이루어지고 있는 복재를 중복하여 꾸민 형식의 트러스

※ 다음 논술형 2문제를 모두 답하시오. (각 25점)

문제 6	산업안전보건기준에 관한 규칙상 붕괴 등에 의한 위험 방지에 관하여 다음 물음에 답하시오.
답	50조, 51조, 52조

물음 1) 사업주가 지반의 붕괴, 구축물의 붕괴 또는 토석의 낙하 등에 의하여 근로자가 위험해질 우려가 있는 경우 그 위험을 방지하기 위한 조치사항 3가지를 쓰시오.

① 지반은 안전한 경사로 하고 낙하의 위험이 있는 토석을 제거하거나 옹벽, 흙막이 지보공 등을 설치할 것
② 지반의 붕괴 또는 토석의 낙하 원인이 되는 빗물이나 지하수 등을 배제할 것
③ 갱내의 낙반·측벽 붕괴의 위험이 있는 경우에는 지보공을 설치하고 부석을 제거하는 등 필요한 조치를 할 것

물음 2) 사업주가 구축물 또는 이와 유사한 시설물에 대하여 자중(自重), 적재하중, 적설, 풍압(風壓), 지진이나 진동 및 충격 등에 의하여 전도·폭발하거나 무너지는 등의 위험을 예방하기 위한 조치사항 3가지를 쓰시오.

① 설계도서에 따라 시공했는지 확인
② 건설공사 시방서에 따라 시공했는지 확인
③ 「건축물의 구조기준 등에 관한 규칙」에 따른 구조기준을 준수했는지 확인

물	음	3)	사업주가 구축물 또는 이와 유사한 시설물의 안전진단 등 안전성 평가를 해야 하는 경우 6가지를 쓰시오.
			① 구축물 또는 이와 유사한 시설물의 인근에서 굴착·항타작업 등으로 침하·균열 등이 발생하여 붕괴의 위험이 예상될 경우
			② 구축물 또는 이와 유사한 시설물에 지진, 동해, 부동침하 등으로 균열·비틀림 등이 발생하였을 경우
			③ 구조물, 건축물, 그 밖의 시설물이 그 자체의 무게·적설·풍압 또는 그 밖에 부가되는 하중 등으로 붕괴 등의 위험이 있을 경우
			④ 화재 등으로 구축물 또는 이와 유사한 시설물의 내력이 심하게 저하되었을 경우
			⑤ 오랜 기간 사용하지 아니하던 구축물 또는 이와 유사한 시설물을 재사용하게 되어 안전성을 검토하여야 하는 경우
			⑥ 그 밖의 잠재위험이 예상될 경우

문	제	7	보강토 옹벽의 안정성 검토에 관하여 다음 물음에 답하시오.
답			KDS 11 80 10
물	음	1)	내적안정성 검토사항 5가지를 쓰시오.
			① 인발파괴
			② 보강재파단
			③ 내적활동
			④ 보강재와 전면벽체의 연결부 파단
			⑤ 앵커체와 보강재체의 결부의 안전성 검토
물	음	2)	외적안정성 검토사항 4가지를 쓰시오.
			① 저면활동에 대한 검토
			② 전도에 대한 검토
			③ 지지력에 대한 검토
			④ 전체안정성에 대한 검토
			⑤ 기초지반의 침하에 대한 안정성 검토

※ 다음 논술형 2문제 중 1문제를 선택하여 답하시오. (각 25점)

문제 8 도로공사의 노상 성토 작업 시 안전상태를 확인하기 위한 다짐도 판정방법 5가지를 설명하시오.

답

① 건조밀도로 규정하는 방법
- 실내 다짐 시험의 최대건조밀도에 대한 백분율로 다짐 후의 건조밀도를 규정하는 방식
- 다짐도 : 노체 ; 90%, 노상 95% 이상
- 사질토에 적용

② 포화도 또는 공기간극율로 규정하는 방법
- 규정된 건조밀도로 할 수 있는 함수비보다 자연함수비가 높은 흙
- 토질의 변화가 큰 현장에서 각종 흙의 혼합비가 변동할 경우
- 포화도 : 85~95%, 공기간극율 : 10~2%

③ 강도특성에서 규정하는 방법
- 안정된 재료(암괴, 호박돌, 모래, 사질토 등)에 사용
- 강도특성으로서 지반지지력계수, K 치, CBR 치, cone 지수 등에 사용

④ 다짐기종, 다짐횟수에 의하여 규정하는 방법
- 토질, 함수비가 변하지 않는 현장에서 사용

⑤ 변형량에 의하여 규정하는 방법
- 덤프트럭, 타이어롤러 등을 노상면에 주행시켜 변형량으로 판정
- Proof Rolling에 의한 노상면 변형률 5mm 이하
- Benkelman Beam에 의한 노상 5mm, 보조기층 3mm이하
- 연약지반 구간에 사용

문제 9 건설기술 진흥법 시행규칙에서 정하고 있는 총괄 안전관리계획의 수립기준에 관하여 다음 물음에 답하시오.

답 58조 안전관리계획의 수립기준 (별표 7)

물음 1) 건설공사의 개요에 관하여 설명하시오.

- 공사 전반에 대한 개략을 파악하기 위한 위치도, 공사개요, 전체 공정표 및 설계도서

물음 2) 현장 특성 분석 4가지를 쓰시오.

① 현장 여건 분석
- 주변 지장물여건(지하 매설물, 인접 시설물 제원 등), 지반 조건, 지하수위, 시추주상도, 현장시공 조건, 주변 교통 여건 및 환경요소 등

② 시공단계의 위험 요소, 위험성 및 그에 대한 저감대책
  가) 핵심관리가 필요한 공정으로 선정된 공정의 위험 요소, 위험성 및 그에 대한 저감대책
  나) 시공단계에서 반드시 고려해야 하는 위험 요소, 위험성 및 그에 대한 저감대책
  다) 가) 및 나) 외에 시공자가 시공단계에서 위험 요소 및 위험성을 발굴한 경우에 대한 저감대책 마련 방안

③ 공사장 주변 안전관리대책
- 공사 중 지하매설물의 방호, 인접 시설물 및 지반의 보호 등 공사장 및 공사현장 주변에 대한 안전관리에 관한 사항

④ 통행안전시설의 설치 및 교통소통계획
  가) 공사장 주변의 교통소통대책, 교통안전시설물, 교통사고예방대책 등 교통안전관리에 관한 사항
  나) 공사장 내부의 주요 지점별 건설기계·장비의 전담유도원 배치계획

물음 3) 현장운영계획 5가지를 쓰시오.

① 안전관리조직
 - 공사관리조직 및 임무에 관한 사항으로서 시설물의 시공안전 및 공사장 주변안전에 대한 점검·확인 등을 위한 관리조직표

② 공정별 안전점검계획
　가) 자체안전점검, 정기안전점검의 시기·내용, 안전점검 공정표, 안전점검 체크리스트 등 실시계획 등에 관한 사항
　나) 계측장비 및 폐쇄회로 텔레비전 등 안전 모니터링 장비의 설치 및 운용계획에 관한 사항

③ 안전관리비 집행계획
 - 안전관리비의 계상, 산출·집행계획, 사용계획 등에 관한 사항

④ 안전교육계획
 - 안전교육계획표, 교육의 종류·내용 및 교육관리에 관한 사항

⑤ 안전관리계획 이행보고 계획
 - 위험한 공정으로 감독관의 작업허가가 필요한 공정과 그 시기, 안전관리계획 승인권자에게 안전관리계획 이행 여부 등에 대한 정기적 보고계획 등

물음 4) 비상시 긴급조치계획 2가지를 쓰시오.

① 공사현장에서의 사고, 재난, 기상이변 등 비상사태에 대비한 내부·외부 비상연락망, 비상동원조직, 경보체제, 응급조치 및 복구 등에 관한 사항

② 건축공사 중 화재발생을 대비한 대피로 확보 및 비상대피 훈련계획에 관한 사항

06 2020년 제10회 기출문제

※ 다음 단답형 5문제를 모두 쓰시오(각 5점)

문제 1 건설재료 양중용 와이어로프의 폐기기준 5가지를 쓰시오.

답 산업안전보건기준에 관한 규칙

① 이음매가 있는 것
② 와이어로프의 한 꼬임[(스트랜드(strand)를 말한다. 이하 같다)]에서 끊어진 소선(素線)[필러(pillar)선은 제외한다]의 수가 10퍼센트 이상(비자전로프의 경우에는 끊어진 소선의 수가 와이어로프 호칭지름의 6배 길이 이내에서 4개 이상이거나 호칭지름 30배 길이 이내에서 8개 이상)인 것
③ 지름의 감소가 공칭지름의 7퍼센트를 초과하는 것
④ 꼬인 것
⑤ 심하게 변형되거나 부식된 것
⑥ 열과 전기충격에 의해 손상된 것

문제 2 건축구조물 해체공사 전 해체대상구조물의 조사사항 5가지를 쓰시오.

답 해체공사 표준안전작업지침

① 구조(철근콘크리트조, 철골철근콘크리트조 등)의 특성 및 생수, 층수, 건물높이 기준층 면적
② 평면 구성상태, 폭, 층고, 벽 등의 배치상태
③ 부재별 치수, 배근상태, 해체시 주의하여야 할 구조적으로 약한 부분
④ 해체시 전도의 우려가 있는 내외장재
⑤ 설비기구, 전기배선, 배관설비 계통의 상세 확인
⑥ 구조물의 설립연도 및 사용목적
⑦ 구조물의 노후정도, 재해(화재, 동해 등) 유무
⑧ 증설, 개축, 보강 등의 구조변경 현황
⑨ 해체공법의 특성에 의한 비산각도, 낙하반경 등의 사전 확인
⑩ 진동, 소음, 분진의 예상치 측정 및 대책방법
⑪ 해체물의 집적 운반방법
⑫ 재이용 또는 이설을 요하는 부재현황
⑬ 기타 당해 구조물 특성에 따른 내용 및 조건

문제 3	굴착공사 안전을 위한 계측기 배치위치 선정시 고려사항 5가지를 쓰시오.
답	KCS 21 30 00 가설흙막이 공사 ① 굴착이 우선 실시되어 굴착에 따른 지반거동을 미리 파악할 수 있는 곳 ② 지반조건이 충분히 파악되어 있고, 구조물의 전체를 대표할 수 있는 곳 ③ 중요구조물 등 지반에 특수한 조건이 있어서 공사에 따른 영향이 예상되는 곳 ④ 교통량이 많은 곳. 다만, 교통 흐름의 장해가 되지 않는 곳 ⑤ 지하수가 많고, 수위의 변화가 심한 곳 ⑥ 시공에 따른 계측기의 훼손이 적은 곳

문제 3	굴착공사 안전을 위한 계측기 배치위치 선정시 고려사항 5가지를 쓰시오.
답	굴착공사 계측관리 기술지침 ① 원위치 시험 등에 의해서 지반조건이 충분히 파악되어 있는 곳에 배치 ② 흙막이구조물의 전체를 대표할 수 있는 곳에 배치 ③ 중요 구조물이 인접한 곳에 배치 ④ 주변구조물에 따라 선정된 계측항목에 대해서는 그 구조물의 위치를 중심으로 계기를 배치 ⑤ 공사가 선행하는 위치에 배치 ⑥ 흙막이 구조물이나 지반에 특수한 조건이 있어서 공사에 영향을 미칠 것으로 예상되는 곳에 배치 ⑦ 교통량이 많은 곳(단, 교통 흐름의 장해가 되지 않으며, 계측기 보호가 가능한 곳)에 배치 ⑧ 하천 주변 등 지하수가 많고, 수위의 변화가 심한 곳에 배치 ⑨ 가능한 한 시공에 따른 계측기의 훼손이 적은 곳에 배치 ⑩ 예측관리를 하는 경우, 필요한 항목의 계측치가 연속해서 얻어지도록 배치 ⑪ 연관된 계측항목에 따른 계기는 집중 배치 ⑫ 계기의 설치 및 배선을 확실히 할 수 있는 곳에 배치

문제 4. 거푸집 및 지보공(동바리) 설계 시 고려하는 하중의 종류 5가지를 쓰시오.

답)

KDS 21 50 00

① 연직하중
② 콘크리트 측압
③ 수평하중
④ 풍하중
⑤ 편심하중
⑥ 특수하중

문제 5. 커튼월 조립방식 분류 3가지와 구조방식 분류 2가지를 쓰시오.

답)

1) 커튼월 조립방식 분류 3가지

① Stick wall : 구성부재를 현장에서 조립하여 창틀이 구성되는 방식
② Unit Wall : 구성부재 전부 공장 제작 후 현장에서 설치하는 방식
③ Window Wall : 창호 주변이 패널로 구성되어 창호의 구조가 패널 트러스에 연결

2) 구조방식 분류 2가지

① Mullion : 수직부재 구조체에 구축하고 패널 설치
② Panel : 벽유닛을 하나의 패널로 제작

※ 다음 논술형 2문제를 모두 답하시오. (각 25점)

문제 6 매스(Mass)콘크리트 타설에 관하여 다음을 설명하시오

답 KCS 14 20 42 매스콘크리트

물음 1) 매스콘크리트의 정의

- 부재 혹은 구조물의 치수가 커서 시멘트의 수화열에 의한 온도 상승 및 강하를 고려하여 설계·시공해야 하는 콘크리트이다.

물음 2) 매스콘크리트의 내부구속과 외부구속

① 내부구속
- 콘크리트 단면 내의 온도 차이에 의한 변형의 부등분포에 의해 발생하는 구속작용

② 외부구속
- 새로 타설된 콘크리트 블록의 온도에 의한 자유로운 변형이 외부로부터 구속되는 작용

물음 3) 매스콘크리트의 온도균열 방지대책

- 설계측면

① 신축이음이나 수축이음을 계획
② 온도철근 배치
③ 온도균열 지수관리 (ICR)

- 콘크리트 생산(재료 및 배합) 측면

① 저발열형 시멘트, 냉각수, 저온 골재
② 굵은골재 최대치수 크게
③ AE감수제 지연형, 고성능 AE감수제 지연형, 감수제 지연형 사용
④ 단위시멘트량 최소화

- 콘크리트의 시공측면

① 블록분할 및 이음위치 검토
② 레미콘 운반시간 준수
③ 타설온도 가능한 한 낮게
④ pre cooling(시멘트, 골재, 물 사전 냉각)
⑤ pipe cooling(냉각수 파이프를 통해 순환)
⑥ 단열보온양생(겨울철)
⑦ 차양막 설치

문제 7. 토목 터널공사에 대하여 다음을 설명하시오.

물음 1) 숏크리트(Shotcrete)의 기능 4가지

① 낙석방지
- 암괴를 막으려는 힘은 숏크리트와 암괴사이의 부착력과 전단력으로 이루어지며 부착강도와 전단강도가 중요한 역할을 한다. 숏크리트는 굴착면 지반의 전단 저항력을 증가시켜 굴착면 표면에 형성되는 삼각형 등 불연속면의 암괴가 중력 작용으로 분리되는 것을 막아준다.

② 내압효과
- 휨압축 또는 축력에 대한 저항을 높여 주변 지반에 내압을 발생시켜 줌으로써 지반의 강도약화를 방지한다. 특히 연암이나 토사 지반 등에 작용효과가 크다.

③ 응력 집중의 완화
- 굴착면의 요철부분을 메우고, 연약층의 깊은 곳까지 접착함으로써 응력집중을 막고 연약층을 보강하는 효과가 크다.

④ 풍화(약화) 방지
- 굴착면을 피복하여 풍화방지, 지수, 세립자 유출방지 등의 피복효과가 크다.

⑤ 지반 아치(Ground Arch) 형성
- 암반과의 부착력에 의해 숏크리트에 작용하는 외력을 지반에 분산시키고, 터널 주변의 틈이나 균열에 전단저항을 줌으로써 터널 벽면부근에 그라운드 아치를 형성한다. 이외에도 강재지보공의 블록킹(Blocking), 좌굴방지의 역할을 하므로 절리가 많은 경암 등에도 작용효과가 크다.

물음 2) 배수 및 지수(차수) 공법 5가지

배수공법 : 지하수위를 저하시켜 터널에 작용하는 수압을 해소

① Deep Well공법(깊은우물공법)
- 심정(deep well)을 설치하고 우물(well)로 유입되는 지하수를 수중펌프를 이용하여 배수하는 공법

② Well Point공법(강제배수공법)
- 지중에 집수관을 박고 웰포인트를 사용하여 진공펌프로 흡입, 탈수하여 지하수위 저하시키는 공법

③ 물빼기공(수발공)
- 터널 막장면에 유공관이나 다발집속관 등을 천공후 침투수를 자연배수시킴

지수공법 : 터널 내 지하수 유입 차단

① 약액주입공법
- 화학약액을 지반내의 주입관을 통해 지중에 그라우팅하여 지반을 고결시키는 공법(LW, SGR공법)

② 동결공법
- 지반을 일시적으로 동결시켜 차수

③ 압기공법
- 지하 수압에 대응한 압축 공기를 갱내에 봉입하고, 그 압기 압력에 의해 용수를 밀어 붙여 굴착 현장의 안정을 꾀하면서 굴착 시공하는 공법

물	음	3) 기계굴착 방법 5가지
		① TBM 굴착
		- 대형 TBM을 사용하여 암반을 압쇄하거나 절삭하는 전단면 굴착공법
		- 굴착 단면이 원형인 굴착기를 사용하여 굴진함으로써 소음과 진동으로 인한 환경피해를 최소화
		- 주변 암반을 지지대로 활용해 역학적으로 안정된 원형 구조를 형성하여 낙반이 적고 비교적 안전성이 높다
		- 장대터널 공사 시 공기단축과 공사비 절감효과
		② SHIELD 굴착
		- 지반 내에 쉴드(shield)라 부르는 강제 원통모양의 외각을 가진 굴진기를 추진시켜 터널을 구축하는 공법.
		- 커터헤드가 장착된 강제 원통내에 버력처리를 위한 컨베이어 시스템을 갖추고 후방에서 세그먼트를 조립하며 터널을 축조하는 방법
		- 연약토사지반에서 시공이 가능한 안정성을 갖춘 방법
		- 하천과 해저, 지하구조물 통과 용이
		- 소음과 진동 공해 적으며 연속굴착 작업 시공관리 용이
		③ Road Header 굴착
		- 톱니형 비트가 장착된 커팅헤드부가 회전하면서 터널굴진방향으로 암반을 분쇄시켜 굴착
		- 주변지반에 진동, 균열 적음
		- 원격조작이 가능하며 안정성이 크다.
		④ ITC 굴착
		- 버켓과 브레이커를 동시 장착하여 굴착 및 버력처리 작업 병행하여 굴착
		- 버켓이 좌우로 회전가능하므로 정밀작업가능
		- 지반변화에 대처능력 용이
		⑤ 브레이커 굴착
		- 쇼벨계통의 유압식 굴착장비에 브레이커를 장착하여 대상지반을 유압에 의해 타격하여 굴착
		- 단면의 부분 굴착 가능

※ 다음 논술형 2문제 중 1문제를 선택하여 답하시오. (각 25점)

문	제	8	건축물 외벽 치장벽돌의 정의, 탈락의 원인 및 방지대책에 대하여 설명하시오.
답			
		1)	정의
			건물 외부에 마감의 일부로 시공되며 구조체로는 고려되지 않은 벽돌
		2)	탈락의 원인
			① 외벽과 내벽의 미결속에 의한 균열
			- 치장 적벽돌 시공시 외벽인 적벽돌과 내벽사이에 두벽의 벌어짐을 방지하기 위한 철물을 설치한다. 이때 설치된 철물의 노후화 및 부식으로 인해 외벽과 내벽의 결속이 끊어질 때 균열이 발생한다.
			② 온도변화에 따른 적벽돌의 수축,팽창에 따른 균열
			- 치장 적벽돌도 온도에 따라 수축, 팽창을 하며, 공사 초기에는 벽 내부의 수분에 의해서도 수축, 팽창에 영향을 주게 된다. 이러한 온도변화에 따른 수축팽창 현상을 흡수할 수 있도록 통상 신축줄눈을 설치하는데, 신축줄눈 능력 이상의 수축팽창 현상이 발생할 때 벽돌벽면에 균열이 발생한다.
			③ 치장 적벽돌 지지부 부실에 의한 균열
			- 치장 적벽돌 시공은 외벽(치장 적벽돌 0.5B)과 내벽(시멘트벽돌 1.0B, 콘크리트벽, 파라펫, 수벽 등)을 보통 공간 쌓기로 시공하며, 콘크리트 받침 턱 또는 받침앵글(지지앵글)을 설치하여 하중을 지지한다. 이러한 경우 콘크리트 받침 턱 또는 지지앵글의 내력이 부족하여 파손 또는 처짐이 발생될 경우, 이로 인해 외벽에 균열이 발생한다.
			④ 몰탈 접착력 저하에 의한 상인방 처짐
			- 창문위 인방부분이 0.5B 평아치 쌓기로 되어 있고 대부분이 몰탈의 접착력으로 지지된 경우, 시간이 지나면서 몰탈의 접착력이 약해져 처짐이 발생하여 균열이 발생되며, 심할 경우 인방이 무너지는 현상이 발생한다.

	3) 방지대책	
	① 콘크리트 받침턱과 지지앵글의 응력을 사전에 산정해 처짐이나 파손이 발생되지 않도록 철저한 구조검토	
	② 지지 받침부 돌출부 길이 확보	
	③ 연결철물의 수분침투 억제를 위한 시공관리 및 부식방지조치	
	④ 온도변화에 따른 현상을 흡수를 위한 신축줄눈 설치 및 간격 준수	
	⑤ 연결철물 엇갈림 시공 및 시공간격 준수	
	⑥ 치장벽돌 하부 배수구 설치	
	⑦ 침투방수제 도포	
	⑧ 모르타르 양생 철저	

문제 9	강구조공사 안전에 관한 내용으로 다음을 설명하시오.
답	KDS 14 30 05
물음 1)	유효좌굴길이의 정의
	압축재 좌굴공식에 사용되는 등가좌굴길이로서, 좌굴해석으로부터 결정
	유효좌굴길이 $\ell_e = k * \ell$
	단부조건에 따른 계수 (k)를 적용하여 유효좌굴길이 산정
	단부조건 / 계수: K=2.0, K=1.0, K=0.7, K=0.5
물음 2)	세장비의 정의
	① 기둥에 있어서 휨 축과 동일한 축의 단면 2차 반경에 대한 기둥 유효길이의 비
	② 세장비는 유효좌굴길이를 단면2차반지름으로 나눈 값
	$$\lambda = \frac{K\ell}{\gamma}$$
	③ 세장비는 축압축 부재의 좌굴 내력을 결정한다. 즉 세장비가 커지면 좌굴응력(좌굴할 때의 압축 응력)은 작아져 좌굴이 쉬워진다

물음 3)	부재의 좌굴내력을 저감시키는 요인 3가지

임계좌굴하중(오일러 공식)

$$P_{cr} = \frac{\pi^2 EI}{(KL)^2}$$

E : 탄성계수   I : 단면2차모멘트
K : 유효좌굴길이
L : 부재길이

① 부재길이가 길수록
② 좌굴계수(K)가 클수록
③ 휨강성(EI)이 작을수록

물음 4)	단면의 형상에 따른 좌굴 종류 3가지

① 압축좌굴(Compressive Buckling)
- 기둥의 압축력 작용위치 또는 기둥재의 결함 등에 의해 발생하는 좌굴 현상
- 기둥 길이가 길수록 하중을 많이 견디지 못해 압축좌굴이 발생하기 쉽다.

② 국부좌굴(Local Buckling)
- 판재 및 형강과 같은 부재에서 두께에 비해 폭이 넓은 경우 부재 전체가 좌굴하기 전에 부재의 구성재 일부가 먼저 좌굴을 일으키는 현상
- 폭, 두께의 비가 일정 한도 이내에 있도록 부재를 설계하여 국부좌굴을 방지해야함
- 평판보의 경우 폭, 두께의 비가 일정 한도를 넘은 경우 스티프너 보강

③ 횡좌굴(Lateral Buckling)
- 철골보에 휨모멘트 작용 시 처음에는 휨변형을 하게 되지만 모멘트가 한계값에 도달하면 압축측 플랜지가 압축재와 함께 횡방향으로 좌굴하는 현상
- 가새(Bracing), 슬래브 등으로 구속하여 횡방향 변형을 방지해야함

07 2019년 제9회 기출문제

※ 다음 단답형 5문제를 모두 쓰시오(각 5점)

문제 1 건설업 재해예방전문지도기관의 기술지도 횟수를 공사금액 40억 이하, 40억 이상으로 구분해서 쓰시오.

답 산업안전보건법 시행령 60조 별표18
- 기술지도 횟수는 특별한 사유가 없으면 횟수 = 공사기간/15일
① 40억원 이하 : 월 2회
② 40억원 이상 : 월 2회
- 8회 마다 산업안전지도사(건설분야) 또는 건설안전기술사가 한번 이상 방문하여 기술지도

문제 2 건설업 유해·위험방지계획서 작성대상공사 5가지를 쓰시오.

답 산업안전보건법 시행령 42조

① 다음 각 목의 어느 하나에 해당하는 건축물 또는 시설 등의 건설·개조 또는 해체(이하 "건설등"이라 한다) 공사
  가. 지상높이가 31미터 이상인 건축물 또는 인공구조물
  나. 연면적 3만제곱미터 이상인 건축물
  다. 연면적 5천제곱미터 이상인 시설로서 다음의 어느 하나에 해당하는 시설
   1) 문화 및 집회시설(전시장 및 동물원·식물원은 제외한다)
   2) 판매시설, 운수시설(고속철도의 역사 및 집배송시설은 제외한다)
   3) 종교시설
   4) 의료시설 중 종합병원
   5) 숙박시설 중 관광숙박시설
   6) 지하도상가
   7) 냉동·냉장 창고시설
② 연면적 5천제곱미터 이상인 냉동·냉장 창고시설의 설비공사 및 단열공사
③ 최대 지간길이가 50미터 이상인 다리의 건설등 공사
④ 터널의 건설등 공사
⑤ 다목적댐, 발전용댐, 저수용량 2천만톤 이상의 용수 전용 댐 및 지방상수도 전용 댐의 건설등 공사
⑥ 깊이 10미터 이상인 굴착공사

문제 3	건설현장에서 근로자가 상시 작업하는 장소의 작업면 조도(照度)기준 4가지를 쓰시오.
답	산업안전보건기준에 관한 규칙 8조 ① 초정밀작업: 750럭스(lux) 이상 ② 정밀작업: 300럭스 이상 ③ 보통작업: 150럭스 이상 ④ 그 밖의 작업: 75럭스 이상

문제 4	건설공사 현장에서 공사 전 안전을 확보하기 위하여 안전작업허가서 (permit to safety work)를 작성해야 하는 작업종류 5가지를 쓰시오.
답	공공공사 추락사고 방지에 관한 보완지침 ① 고소작업(2m) ② 굴착공사(1.5m이상) ③ 철골 구조물 공사 ④ 외부 도장공사(2m이상) ⑤ 승강기 설치공사

문제 5 대규모 암반 비탈면활동 검토방법 3가지를 쓰시오.

답

① 현장 조사(지표지질조사, 지구물리탐사 및 시추조사)

② 현장 시험 및 암석시험(일축압축강도, 삼축압축강도)

③ 사면안정해석(평사투영법, SMR평가, 한계평형법)

- 평사투영법 : 지표지질조사 결과 대상사면 방향성, 불연속면의 방향성 및 불연속면의 전단저항각으로 파괴가능성과 파괴형태 판단
- SMR평가 : 대상사면 및 불연속면의 방향성과 RMR점수로 개략적평가
- 한계평형법 : 판정된 파괴형태에 따라 절리면의 전단강도 암괴의 자중, 활동면의 면적 및 경사각 등으로 활동력에 대한 저항력의 비로 안전율을 산정하여 평가

※ 다음 논술형 2문제를 모두 답하시오. (각 25점)

문제 6 건설공사용 차량계 고소작업대에 관하여 다음 사항을 설명하시오.

답 산업안전보건기준에 관한 규칙 제186

물음 1) 작업 시 재해 유형 4가지와 각각의 유형에 따른 원인 1가지씩

① 전도 - 지반 보강재 미사용으로 인한 전도

② 추락 - 안전장비 미착용 건설기계에서 추락

③ 협착 - 신호수 미배치로 장비와 작업자간 협착

④ 감전 - 장비의 특고압선 접촉에 의한 감전

물음 2) 설치 시 기준 5가지

① 작업장소의 지형 및 지반상태 조사

② 지반의 침하방지, 노폭의 유지

③ 아웃트리거의 적정 설치 및 밑받침목 설치

④ 작업시작 전에 브레이크, 클러치 등의 기능 점검

⑤ 마대, 가설대등의 사용시 충분한 폭, 강도, 경사 확보

물음 3) 이동 시 기준 3가지

① 작업대를 가장 낮게 내릴 것

② 작업대를 올린 상태에서 작업자를 태우고 이동하지 말 것

③ 이동통로의 요철상태 또는 장애물의 유무 등을 확인할 것

문제 7. 건설구조물의 부등침하(부동침하, uneven settlement)에 관하여 다음 사항을 설명하시오.

답

물음 1) 구조물의 손상 유형 3가지

① 상부구조물의 균열
② 구조물의 누수
③ 구조물의 내구성 저하

물음 2) 구조물의 손상 원인 5가지

① 액상화, Boiling, Heaving 현상 발생
② 지하수위 변화
③ 부마찰력 발생
④ 건축물 증축에 의한 과하중 발생
⑤ 연약지반 시공 불량(개량공법 미적용, 뒷채움불량, 층다짐불량)

물	음	3) 방지대책 5가지
		① 연약지반 개량공법 적용을 통한 액상화, Boiling, Heaving 방지
		② 배수공법, 약액주입공법 적용
		③ 구조물 중량 경감
		④ 기초말뚝 본수 증가, 사항 추가, 복합기초 시공
		⑤ Underpinning공법으로 기존 구조물의 기초 보강

※ 다음 논술형 2문제 중 1문제를 선택하여 답하시오. (각 25점)

문제	8	도심지 건설공사 중 탑다운(top down)공법에 관하여 다음 사항을 설명하시오.
답		KOSHA C - 60 - 2015
물음	1)	공법의 장점 3가지
		① 지상, 지하 동시작업으로 공기단축
		② 1층 슬래브 선시공하여 우천시 시공가능
		③ 1층바닥 작업장으로 활용
		④ 인접건물에 악영향(소음.진동) 적음
물음	2)	공법의 종류 3가지
		① 완전 탑다운 공법(Full Top Down)
		- 지하층 전체를 탑다운 공법으로 시공하는 공법
		② 부분 탑다운 공법(Partial Top Down)
		- 지하층 일부분만 탑다운 공법을 적용하고 나머지 구간은 오픈 컷 공법을 적용하여 시공하는 공법
		③ S.P.S 공법(Strut as Permanent System Method)
		- 지하 구조물용 철골기둥과 보를 이용하여 지보공 역할을 담당케 하여 콘크리트를 구축하는 공법
		④ C.W.S 공법(Buried Wale Continuous Wall System)
		- 매립형 띠장공법(C.W.S)은 매립형 철골띠장과 슬래브 강막작용(Rigid Diaphragm Action)을 이용한 역타공법

물	음	3) 작업공종 5가지와 각 공종별 안전관리요인 1가지씩
		① 지하연속벽 공사
		- 지하수위 변동 및 지반변위 확인
		- 굴착 운반 차량 낙하·비래 방지 등 안전관리
		② R.C.D공사
		- 공벽 붕괴 방지를 위한 공내 정수압을 0.02 Mpa로 유지
		- 케이싱내부 추락사고방지를 위한 안전시설물 설치
		③ 1층바닥 콘크리트공사
		- 작업장의 바닥 구조검토 실시 장비,자재 등의 적재하중 보강
		④ 지상·지하 골조공사
		- 접합부 사전 구조검토 및 보강작업
		⑤ 마감공사
		- 고소작업으로 인한 추락방지를 위한 안전시설물 설치
		- 밀폐공간 보건 프로그램 시행

문	제	9	최근 심각하게 발생하는 미세먼지가 건설현장 옥외작업자의 시야 미확보, 장시간 노출시 중작업(重作業)근로자의 안전 위협, 건설기계·기구 오작동 등에 따라 건설현장별 안전대응 매뉴얼이 필요하게 되었다. 다음 사항을 설명하시오.
답			미세먼지 대응 건강보호 가이드
물	음	1)	미세먼지의 농도에 따른 경보 발령기준

구분	미세먼지(PM10)	초미세먼지(PM2.5)
미세먼지 주의보	150 $\mu g/m^3$ 이상	75 $\mu g/m^3$ 이상
미세먼지 경보	300 $\mu g/m^3$ 이상	150 $\mu g/m^3$ 이상

「대기환경보전법 시행규칙」 [별표7]에 따라 일정수준 이상의 미세먼지가 2시간 이상 지속될 때 발령됩니다.

물음 2) 건설현장의 3단계별 미세먼지 예방조치

① 사전준비단계

미세먼지 예보기준 '나쁨' 단계부터 적용

(PM10 81μg/㎥ 이상 또는 PM2.5 36μg/㎥ 이상)

- 민감군 사전 확인(폐질환자, 심장질환자, 고령자 등)
- 비상연락망 구축
- 유해서 주지 및 마스크 착용 교육 및 훈련
- 미세먼지 농도 수시 확인
- 마스크 비치(자율착용)

② 주의보 단계

미세먼지 예보기준 '매우나쁨' 단계부터 적용

- 미세먼지 정보 제공
- 마스크 지급 및 착용
- 민감군에 대해 중작업 단축 또는 휴식시간 추가 배정

③ 경보 단계

- 미세먼지 정보 제공
- 마스크 지급 및 착용
- 적절한 휴식
- 중작업 일정 조정 또는 단축
- 민감군에 대해 작업 단축 또는 휴식시간 추가 부여

08 2018년 제8회 기출문제

※ 다음 단답형 5문제를 모두 쓰시오(각 5점)

문제 1 철골건립 작업 시 철골승강용 트랩의 안전대책 5가지를 쓰시오.

답

① 공작도에 포함시켜 기둥 제작시 공장에서 설치
② D16 이상의 철근 등으로 트랩 설치
③ 모든 기둥에 트랩 설치
④ 30㎝ 이내의 간격, 30㎝ 이상의 폭으로 설치
⑤ 안전대 부착설비설치 지상에서 조립.설치
⑥ 일정간격으로 참을 설치

문제 2 암반분류법 중 Q-System(Q-분류법)의 요소 5가지를 쓰시오.

답

① RQD
② 절리수(Jn)
③ 지하수(Jw)
④ 거칠기(Jr)
⑤ 풍화도(Ja)
⑥ 응력저감계수(SRF)

문제 3. 기초지반의 하중-침하 거동에서 파괴의 종류 3가지를 쓰시오.

답

① 전반전단파괴(general shear failure)
 - 기초지반 전체에 걸쳐 뚜렷한 전단파괴면을 형성하는 지반의 파괴형태
② 국부전단파괴(local shear failure)
 - 기초지반에 전체적인 활동 파괴면이 발생하지 않고, 지반응력이 파괴응력에 도달한 부분에서 국부적으로 전단파괴가 발생하는 지반의 파괴형태
③ 관입전단파괴(punching shear failure)
 - 기초 아래에서만 큰 변형량이 발생하고, 지표면의 융기량은 일어나지 않음

문제 4. 건설기술진흥법령상 가설구조물의 구조적 안전성확인 사항 5가지를 쓰시오.

답 건설기술진흥법 시행령 101조의 2

① 높이가 31미터 이상인 비계
① 의2. 브라켓(bracket) 비계
② 작업발판 일체형 거푸집 또는 높이가 5미터 이상인 거푸집 및 동바리
③ 터널의 지보공 또는 높이가 2미터 이상인 흙막이 지보공
④ 동력을 이용하여 움직이는 가설구조물
④ 의2. 높이 10미터 이상에서 외부작업을 하기 위하여 작업발판 및 안전시설물을 일체화하여 설치하는 가설구조물
④ 의3. 공사현장에서 제작하여 조립·설치하는 복합형 가설구조물
⑤ 그 밖에 발주자 또는 인·허가기관의 장이 필요하다고 인정하는 가설구조물

문제 5. 콘크리트 타설 시 철근하부의 수막(水膜)현상 방지대책 5가지를 쓰시오.

답

① 단위수량 적게하고 된비빔콘크리트
② 물결합재비 적게
③ AE제 및 감수제를 사용
④ 1회 타설높이 낮게하고 과도한 다짐 방지
⑤ 타설속도 빠르지 않고 적당하게

※ 다음 논술형 2문제를 모두 답하시오. (각 25점)

문제 6. 건축골조공사 갱폼해체 및 반출작업 시 위험성 평가의 위험요인과 관련하여 다음 사항을 쓰시오.

답

물음 1) 인적요인

① 반출차량 적재함에 적재중 차량 적재함에서 추락
② 안전모 등 개인보호구 미착용하고 작업중 부딪히거나 추락
③ 작업자가 무리하게 갱폼 외부로 나와 작업중 추락
④ 안전대 미착용하고 갱폼 해체작업 중 갱폼과 벽체 사이로 추락

물음 2) 물적요인

① 인양용 보조로프가 파단되면서 갱폼 낙하
② 갱폼 해체중 갱폼상의 볼트등의 낙하
③ 전동공구로 절단 및 볼트 해체중 누전으로 감전
④ 고압가스절단기로 갱폼 해체중 화재

물음	3) 작업방법
	① 해체작업 하부에 통제조치하지 않고 갱폼 해체중 자재 낙하
	② 해체 인양하여 운반중 돌풍에 의한 갱폼 낙하
	③ 타워크레인으로 갱폼 체결하지 않고 볼트 해체하던 중 갱폼과 함께 낙하
	④ 관리감독자 미배치 상태에서 작업중 갱폼 또는 자재 낙하
	⑤ 갱폼을 1줄걸이로 체결하여 갱폼 요동에 의한 충돌
물음 4) 기계장비	
	① 지게차로 상차작업 중 후진하는 지게차에 충돌
	② 인양용 후크에 해지장치 없이 사용중 로프가 후크에서 탈락하면서 갱폼 낙하

문제 7	골조공사 철근작업 중 발생하는 사고와 관련하여 다음 사항을 쓰시오.
답	KOSHA C - 43 - 2012
물음 1) 철근 운반 시 안전사고 발생원인	
	- 인력운반
	① 무리한 무게를 1인이 운반
	② 긴철근을 묶지않은 상태로 운반
	③ 공동작업 시 신호 미준수
	④ 철근을 던지는 행위
	⑤ 주변 전선과의 이격거리 미준수
	- 기계운반
	① 작업책임자 미 배치
	② 신호체계 미준수
	③ 관계근로자 이외 출입통제 미조치
	④ 허용하중 미검토로 과다 인양
	⑤ 1줄걸이 체결로 인한 낙하
	⑥ 비계나 거푸집에 대량의 철근운반하여 과다적재
	⑦ 권양기의 운전 미숙
물음 2) 철근 가공 시 안전사고 발생원인	
	① 가공기의 접지시설 미설치로 인한 감전
	② 가공장 주변 작업원 이외 출입 통제 미조치
	③ 밴딩작업중 가공장 울타리 미설치로 인한 주변 근로자와 충돌
	④ 무리한 자세로 절단
	⑤ 훼손된 햄머 사용
	⑥ 가공 고정틀에 철근 접합 미확인으로 탄성에 의한 스프링 작용
	⑦ 안전보호구 미착용
	⑧ 가연성 물질 인접 시 소화기 미비치

물음 3) 철근 조립 시 안전사고 발생원인

① 버팀재 등 도괴방지 미조치
② 2인 1조 조립작업 미실시
③ 작업발판 미설치

물음 4) 철근작업 중 안전대책

① 작업책임자 상주
② 안전모, 안전대 등 안전보호구 착용
③ 1인당 무게 25kg 이하 유지
④ 표준신호 준용 및 유도 Rope 사용
⑤ 가공전선로 방호조치
⑥ 가공장 주변 작업원 이외 출입금지
⑦ 가스절단시 유자격자 배치 및 호스 이상유무 확인
⑧ 철근 가공시 고정틀에 접합 확인
⑨ 철근가공기 및 용접기 접지상태 확인
⑩ 철근도괴 방지조치
⑪ 조립작업 2인1조로 실시
⑫ 적합한 작업발판 설치

※ 다음 논술형 2문제 중 1문제를 선택하여 답하시오. (각 25점)

문제 8	건축물 외벽에 설치하는 금속 커튼월의 설치 시 안전조치 사항에 관하여 설명하시오.
답	KOSHA C - 55 - 2015

1) 설치 시 안전조치 사항

① 설치 전 위험성평가를 실시
② 양중방법 및 작업반 구성 등의 안전작업계획서 작성
③ 커튼월 낙하사고 예방을 위한 콘크리트 설계압축강도 이상일 때 실시
④ 40cm이상의 작업발판 설치
⑤ 고령자 고소작업 배치 제한
⑥ 구조물 먹메김 시 돌출물 사전 확인
⑦ 크레인 전담 신호수 배치 및 양중용 로프이상 유무 점검
⑧ 공구 낙하방지를 위한 공구함 사용

2) 작업공정 단위별 안전조치사항

① 고정용 부착철물 설치
- 타 작업공종에 지장이 없도록 견고히 설치
- 콘크리트 타설전 철물변형 수정조치
- 강풍 등 커튼월변형 및 낙하 방지를 위한 접합부 처리 철저

② 유니트 설치
- 유니트 각종 철물들의 부착여부 확인
- 양중시 줄걸이 안전작업 규정 준수
- 유니트 가조립하여 전도, 도괴 방지를 위해 긴결재 설치
- 추락방지 시설 설치
- 유니트 부재 지지보조용 로프 안전시설 설치

③ 실란트 작업
- 추락재해 예방을 위한 안전대 부착설비 설치
- 개인보호구 지급 및 착용

④ 부재 보호 및 청소
- 청소에 필요한 약품 사용 시의 유해여부 확인
- 유해요인에 의한 보호구 착용
- 결함 등의 보수 및 보강시 안전작업계획 수립

문제 9 건설현장에서 건설기계 작업 시 발생되는 사고와 관련하여 다음 사항을 쓰시오.

답

물음 1) 충돌 발생원인

① 유도자 미배치
② 운전자 부주의
③ 운행경로구간 미확보
④ 작업반경내 출입제한 미조치
⑤ 과다적재로 인해 운전시야 미확보
⑥ 후방경보장치 등 안전장치 미설치
⑦ 작업지휘자 미지정

물음 2) 전도 발생원인

① 굴착 단부 및 경사지 등에서 운전미숙
② 지반침하 등 불안전한 장소에서 불시 작동
③ 작업대 적재하중 초과
④ 급선회 등 운전조작
⑤ 갓길 붕괴방지 미조치
⑥ 아웃트리거 등 전도방지 미조치
⑦ 지반상태 미확인 및 다짐작업 미실시
⑧ 단부 작업시 안전거리 미확보
⑨ 임계하중 및 작업범위도 안전성 미검토

물	음	3) 추락 발생원인
		① 운전석 외 근로자 탑승
		② 작업대 안전난간대 등 안전시설물 미설치
		③ 붐과 작업대 연결부분 파단
		④ 고소작업대 안전대 미착용
		⑤ 정비,수리 시 안전조치 미실시

물	음	4) 낙하·비래 발생원인
		① 줄걸이 작업방법 불량
		② 불균형 자재 적재
		③ 버킷 이탈방지용 안전핀 미체결
		④ 권상용 와이어로프 파단
		⑤ 신호수 미배치 및 신호체계 미준수
		⑥ 후크 해지장치 미설치

물	음	5) 감전 발생원인
		① 고압 선로 이격거리 미확보
		② 고압 선로에 대한 방호조치 미실시
		③ 고압 선로 주변 작업시 감시자 미배치

09 2017년 제7회 기출문제

※ 다음 단답형 5문제를 모두 쓰시오(각 5점)

문제 1 흙막이벽을 구조체로 시공한 다음 점차 지하로 진행하면서 동시에 지상 구조물을 축조해 가는 것으로 안전관리에 유의해야 하는 공법을 쓰시오.

답 KOSHA C - 60 - 2015
　　　(Top Down 공법)

탑다운 공법의 단위작업 안전관리

① 지하연속벽 공사
　- 지하수위 변동 및 지반변위 확인
　- 굴착 운반 차량 낙하.비래 방지 등 안전관리

② R.C.D공사
　- 공벽 붕괴 방지를 위한 공내 정수압을 0.02 Mpa로 유지
　- 케이싱내부 추락사고방지를 위한 안전시설물 설치

③ 1층바닥 콘크리트공사
　- 작업장의 바닥 구조검토 실시 장비,자재 등의 적재하중 보강

④ 지상.지하 골조공사
　- 접합부 사전 구조검토 및 보강작업

⑤ 마감공사
　- 고소작업으로 인한 추락방지를 위한 안전시설물 설치
　- 밀폐공간 보건 프로그램 시행

문제 2 교각 시공 후 교각 위에서 이동식 거푸집 작업차(Form Traveller)를 이용하여 교각을 중심으로 좌우대칭을 유지하면서 상부구조를 전진 가설해 나가는 교량건설 공법을 쓰시오.

답 (FCM 공법, Free Cantilever Method)

- 동바리 없이 기 시공되어 있는 교각을 이용하여 교각의 좌·우로 하중의 균형을 맞추면서 이동식 작업대차(Form traveller)나 이동식 가설 트러스(Moving gantry)를 이용하여 3m~5m 길이의 세그먼트(Segment)를 순차적으로 콘크리트 타설, 프리스트레싱(Prestressing) 도입을 반복하여 교각과 교각 사이의 경간 중앙 연결부에 도달하여 교량 상부 구조를 완성하는 공법

① 이동식 가설 트러스 방식(Moving gantry)
교각위에 트러스 거더를 설치 후 이를 지지하는 거푸집을 이동시키면서 한 세그먼트씩 현장타설 실시

② 이동식 작업대차 공법(Form traveller)
교각 상부에 주두부를 시공 후 양측에 폼 트레블러를 이용하여 한 세그먼트씩 현장타설 실시

③ 프리캐스트 세그먼트 방식(Precast Segment)
제작장에서 세그먼트를 미리 제작한 후 좌우 균형에 맞게 접합해 나가는 방식

문제 3. 언더피닝(Underpinning)공법 적용을 필요로 하는 경우 3가지를 쓰시오.

답
① 기존 건축물의 침하에 따른 복원을 위해
② 기존 건축물의 증축으로 인한 지지력 보강을 할 때
 - 사용목적이나 구조적 요구사항이 변경되는 경우
 - 지하 상황의 변화에 의한 지지력이 저하되는 경우
③ 터파기 시 인접건물의 침하 사전에 방지하고자 할 때
 - 인접건물보다 깊게 터파기 시 히빙, 보일링현상에 의해 흙막이가 붕괴되어 인접건물 주위지반이 침하될수 있는 것을 사전에 막기 위해

문제 4. 지하연속벽공사에 사용하는 안정액에서 요구되는 성능 3가지를 쓰시오.

답
① 물리적 안정(10시간 방치시 물과 분리 되지 않아야 함)
② 비중(굴착시는 높게, 콘크리트 타설시는 낮게)
③ 점성, 여과성, 사분(시방서에 준할 것)

문제 5
흙막이공사의 가시설에서 안전을 확보하기 위하여 설치하는 계측기의 종류 5가지를 쓰시오.

답

① 지중경사계(Inclinometer) : 지반 변위의 위치, 방향, 크기 및 속도를 계측하여 지반의 이완 영역 및 흙막이 구조물의 안전성을 계측
② 지하수위계(Water level meter) : 지하수위 변화를 계측
③ 간극수압계(Piezometer) : 굴착공사에 따른 간극수압의 변화를 측정
④ 토압계(Soil pressure meter) : 주변지반의 하중으로 인한 토압 변화를 측정
⑤ 하중계(Load cell) : 스트럿(Strut) 또는 어스앵커(Earth anchor)등의 축하중 변화를 측정
⑥ 변형률계(Strain gauge) : 흙막이 구조물 각 부재와 인접 구조물의 변형률을 측정
⑦ 건물경사계(Tiltmeter) : 인접한 구조물에 설치하여 구조물의 경사 및 변형상태를 측정
⑧ 지표침하계(Surface settlement system) : 지표면의 침하량을 측정
⑨ 층별침하계(Differential settlement system) : 지반의 각 지층별 침하량을 측정
⑩ 균열계(Crack gauge) : 주변구조물 및 지반 등의 균열 발생 시에 균열의 크기와 변화 상태를 정밀 측정하여 균열속도 등을 파악

※ 다음 논술형 2문제를 모두 답하시오. (각 25점)

문제 6
산업안전보건법령상에서 정하고 있는 도급사업 시의 안전·보건조치에 관하여 다음 사항을 쓰시오.

답 산업안전보건법 64조

물음 1) 산업재해를 예방하기 위한 조치 3가지

① 도급인과 수급인을 구성원으로 하는 안전 및 보건에 관한 협의체의 구성 및 운영
② 작업장 순회점검
③ 관계수급인이 근로자에게 하는 안전보건교육을 위한 장소 및 자료의 제공 등 지원
④ 관계수급인이 근로자에게 하는 특별교육의 실시 확인
⑤ 다음 각 목의 어느 하나의 경우에 대비한 경보체계 운영과 대피방법 등 훈련
 가. 작업 장소에서 발파작업을 하는 경우
 나. 작업 장소에서 화재·폭발, 토사·구축물 등의 붕괴 또는 지진 등이 발생한 경우
⑥ 위생시설 등 고용노동부령으로 정하는 시설의 설치 등을 위하여 필요한 장소의 제공 또는 도급인이 설치한 위생시설 이용의 협조
⑦ 같은 장소에서 이루어지는 도급인과 관계수급인 등의 작업에 있어서 관계급인 등의 작업시기·내용, 안전조치 및 보건조치 등의 확인
⑧ 제7호에 따른 확인 결과 관계수급인 등의 작업 혼재로 인하여 화재·폭발 등 대통령령으로 정하는 위험이 발생할 우려가 있는 경우 관계수급인 등의 작업시기·내용 등의 조정

물음 2)	합동 안전·보건점검반의 구성방법
	① 도급인(같은 사업 내에 지역을 달리하는 사업장이 있는 경우에는 그 사업장의 안전보건관리책임자)
	② 관계수급인(같은 사업 내에 지역을 달리하는 사업장이 있는 경우에는 그 사업장의 안전보건관리책임자)
	③ 도급인 및 관계수급인의 근로자 각 1명(관계수급인의 근로자의 경우에는 해당 공정만 해당한다)
물음 3)	건설업에서의 정기안전점검 실시 횟수
	- 2개월에 1회 이상

문제 7	기성콘크리트말뚝공사 시 말뚝머리(두부)파손에 관하여 다음 사항을 쓰시오.
답	
물음 1)	원인 5가지
	① 운반 및 취급 부주의
	② 말뚝의 강도 부족
	③ 편심항타
	④ 타격에너지 과다
	⑤ 축선 불일치
	⑥ Hammer의 과대 용량
	⑦ Cushion재 부족
	⑧ 연약지반에서 타격 시
	⑨ 이음부 불량
	⑩ 타격횟수 과다
	⑪ 경사지반에서 타격 시
	⑫ 지중 장애물 존재 시

물	음	2) 대책 5가지
		① 말뚝 운반 및 보관 시 취급 주의
		② 적정 강도의 말뚝재 확보
		③ 편타 금지
		④ Hammer와 말뚝의 축선 일치 상태로 타격
		⑤ 적정 Hammer의 선정
		⑥ Cushion 두께 확보 및 보강
		⑦ 지반 조건에 맞는 시공법을 선정
		⑧ 이음부위 용접 철저
		⑨ 총 타격 횟수 엄수
		⑩ 타입 저항이 적은 말뚝을 선정
		⑪ 말뚝 두부 파손 시 보강재로 보강

※ 다음 논술형 2문제 중 1문제를 선택하여 답하시오. (각 25점)

문제 8	타워크레인의 인상작업(Telescoping Work)과 관련하여 다음 사항을 쓰시오.
답	KOSHA M - 82 - 2011
물음 1)	작업방법
	(가) 타워크레인의 구조 및 종류에 따라 작업방법에 다소 차이가 있기 때문에 반드시 해당 매뉴얼을 참고하여 작업한다.
	(나) 텔레스코픽 케이지는 4개의 핀 또는 볼트로 연결되는데 설치가 용이하도록 보조핀이 있는 경우가 있으므로 텔레스코핑 작업 시 사용하고 작업이 종료되면 정상 핀 또는 볼트로 교체해야 한다.
	(다) 보조핀이 체결된 상태에서는 어떠한 권상작업도 해서는 안 된다.
	(라) 텔레스코핑 유압펌프가 작동 시에는 타워크레인의 작동을 해서는 안 된다.
	(마) 마스트를 체결하는 핀은 정확히 조립하고, 볼트 체결인 경우는 토크렌치 등으로 해당 토크 값이 되도록 체결한다.
	(바) 설치가 완료되면 작업책임자는 타워크레인 설치확인서(기초앵커 및 시공상태 및 주요 구조부의 외관상태 등의 검사항목관련)를 받아야 한다.
물음 2)	붕괴원인 및 문제점
	1) 붕괴원인
	① 텔레스코픽 중 양쪽 지브 균형 불일치
	② 텔레스코픽 케이지 상부 고정핀 2개소 미체결
	③ 마스트 대차레일 상차상태 불량
	④ 마스트가 대차레일에서 이탈
	⑤ 텔레스코픽 케이지 좌굴
	⑥ 선회링 서포트 체결 볼트 파단
	⑦ 텔레스코픽 슈 장착 불완전
	⑧ 마스트 받침목지지, 고정 불량

		2) 문제점	
		① 관리, 검사, 감독 등의 전문인력이 부족	
		② 노후장비 관리부실	
		③ 외주검사제도의 부실	
		④ 건설공정에 따른 무리한 작업지시	
		⑤ 전문실무습득 부족	
		⑥ 신기술에 대한 교재, 매뉴얼 부족 등	
물	음	3) 안전대책	
		① 작업책임자는 작업인원의 구성 및 역할범위에 따른 작업을 지휘 감독	
		② 작업근로자의 자격여부를 확인하고 안전교육을 실시	
		③ 고소작업으로 추락재해방지 조치	
		④ 볼트 및 공구 등의 낙하방지 조치	
		⑤ 순간풍속이 10 m/s를 초과 시 작업중지	
		⑥ 반드시 매뉴얼에서 제시한 작업순서 준수하여 작업 실시	
		⑦ 작업구역에 관계 근로자외 출입금지 조치	
		⑧ 양쪽 지브 균형을 유지하면서 인상작업 실시	
		⑨ 인상작업중 지브선회, 트롤리 주행등의 작업 일체 작동금지	
		⑩ 텔레스코픽 슈 장착 및 마스트 레일 상차 상태 등 이상유무 확인	
		⑪ 마스트 안착 후 볼트.핀 체결 철저	

문	제	9	산업안전보건법령상에서 정하고 있는 건설공사 중 가설구조물의 설계변경 요청에 관하여 다음 사항을 쓰시오.
답			산업안전보건법 시행령 58조
물	음	1)	대상 가설구조물 4가지
			① 높이 31미터 이상인 비계
			② 작업발판 일체형 거푸집 또는 높이 5미터 이상인 거푸집 동바리
			③ 터널의 지보공 또는 높이 2미터 이상인 흙막이 지보공
			④ 동력을 이용하여 움직이는 가설구조물
물	음	2)	수급인이 의견을 들어야 하는 전문가 자격 4가지
			① 건축구조기술사
			② 토목구조기술사
			③ 토질및기초기술사
			④ 건설기계기술사
물	음	3)	설계변경요청서의 첨부서류 4가지
			① 설계변경 요청 대상 공사의 도면
			② 당초 설계의 문제점 및 변경요청 이유서
			③ 가설구조물의 구조계산서 등 당초 설계의 안전성에 관한 전문가의 검토 의견서 및 자격증 사본
			④ 그 밖에 재해발생의 위험이 높아 설계변경이 필요함을 증명할 수 있는 서류

2016년 제6회 기출문제

※ 다음 단답형 5문제를 모두 쓰시오(각 5점)

문제 1 굳지 않는 콘크리트에서 물-결합재비와 물시멘트비의 정의를 쓰시오.

답

① 물결합재비(W/B)
- 혼화재로 고로 슬래그 미분말, 플라이 애시, 실리카 퓸 등 결합재를 사용한 모르타르나 콘크리트에서 골재가 표면 건조 포화상태에 있을 때에 반죽 직후 물과 결합재의 질량비

② 물시멘트비(W/C)
- 모르타르나 콘크리트에서 골재가 표면 건조 포화 상태에 있을 때에 반죽 직후 물과 시멘트의 질량비

문제 2 흙의 다짐 시 영공기간극곡선(zero air void curve)이 형성되는 조건과 구성요소 2가지를 쓰시오.

답

1) 흙의 다짐 시 영공기간극곡선(zero air void curve)이 형성되는 조건

다짐으로 간극 속의 공기를 완전히 배출해서 간극에 공기가 zero인 상태 이때의 포화건조밀도

2) 영공기간극곡선의 구성요소 2가지

① 건조밀도(rd)
② 함수비(w)

문제 3	배수형식에 따른 배수형 터널과 비배수형 터널의 적용조건을 모두 쓰시오.
답	

1) 배수형 : 유입되는 지하수를 배수하는 터널

① 지반조건이 양호하여 유입수가 적은 반면 지하수위는 높은 지반조건일 경우
② 지하수위가 비교적 높은(수압이 0.6MPa 이상) 경우
③ 주변지반 조건 상 과다한 유입수가 예상되는 경우

2) 비배수형 : 지하수가 터널 내부로 유입될 수 없도록 차단하는 방수형식

① 터널주위의 지반에 침하가 발생하고, 인근 시설물에 영향을 미쳐 사회적 또는 경제적인 손실이 발생할 우려시
② 식생의 고사 또는 지하수원의 고갈방지 등의 목적으로 지하수위를 보전하여야 하는 경우
③ 배수형 방수형식 터널을 적용할 조건이라 할지라도 지하수 유입을 차수그라우팅으로 효과적으로 감소시킬 수 없는 경우
④ 배수계통 기능유지가 현실적으로 불가능한 경우
⑤ 작용하는 지하수 수압이 0.6MPa 이하인 경우

문제 4	터널이나 비탈면 등을 보강하는 록볼트(rock bolt)를 설치했을 때 록볼트가 어떤 작용을 하는지 기능 5가지를 쓰시오.
답	

① 봉합작용: 발파 등에 의하여 이완된 암괴를 이완되지 않은 원지반에 고정하여 낙하를 방지하는 기능이다.

② 보형성작용: 터널주변의 층을 이루고 있는 지반의 절리면 사이를 조여 줌으로써 절리면에서의 전단력의 전달을 가능하게 하여 합성보로서 거동시키는 효과이다.

③ 내압작용: 록볼트의 인장력과 동등한 힘이 내압으로 터널 벽면에 작용하면 2축응력 상태에 있던 터널주변 지반이 3축응력 상태로 되는 효과가 있으며, 이것은 3축 시험 시 구속력(측압)의 증대와 같은 의미를 가지며 지반의 강도 혹은 내하력 저하를 억제하는 작용을 한다.

④ 아치형성작용: 시스템 록볼트의 내압효과로 인하여 굴착면주변의 지반이 내공 측으로 일정하게 변형하는 것에 의하여 내하력이 큰 아치를 형성한다.

⑤ 지반보강작용: 지반 내에 록볼트를 설치하면 지반의 전단 저항능력이 증대하여 지반의 내하력을 증대시키고 지반의 항복 후에도 잔류강도 향상을 도모한다.

문제 5 구조물의 강도와 하중관계식을 참고하여 다음 용어의 정의를 쓰시오

(구조물의 강도와 하중관계식 : $R_d = \varnothing R_n \geq U = \sum \gamma_i L_i$)

답

물음 1) 공칭강도
- 하중에 대한 구조체나 구조부재 또는 단면의 저항능력을 말하며 강도감소계수 또는 저항계수를 적용하지 않은 강도

물음 2) 설계강도
- 단면 또는 부재의 공칭강도에 강도감소계수 또는 저항계수를 곱한 강도

물음 3) 소요강도
- 하중조합에 따른 계수하중을 저항하는데 필요한 부재나 단면의 강도

물음 4) 강도감소계수
- 재료의 설계기준강도와 실제강도의 차이; 부재를 제작 또는 시공할 때 설계도와 완성된 부재의 차이; 부재 강도의 추정 및 해석에 관련된 불확실성 등을 고려하기 위한 안전계수

물음 5) 하중계수
- 하중의 공칭값과 실제 하중 간의 불가피한 차이, 하중을 작용외력으로 변환시키는 해석상의 불확실성, 예기치 않은 초과하중, 환경작용 등의 변동을 고려하기 위하여 사용하중에 곱해주는 안전계수

※ 다음 논술형 2문제를 모두 답하시오. (각 25점)

문제 6 작업발판 일체형 거푸집의 종류와 조립·이동·양중·해체 등의 작업 시 필요한 안전조치를 쓰시오.

답 산업안전보건기준에 관한 규칙 337조

1) 작업발판 일체형 거푸집의 종류

① 갱 폼(gang form)

② 슬립 폼(slip form)

③ 클라이밍 폼(climbing form)

④ 터널 라이닝 폼(tunnel lining form)

⑤ 그 밖에 거푸집과 작업발판이 일체로 제작된 거푸집 등

2) 조립·이동·양중·해체 등의 작업 시 안전조치

- 갱폼 작업 시 안전조치

① 조립등의 범위 및 작업절차를 미리 그 작업에 종사하는 근로자에게 주지시킬 것
② 근로자가 안전하게 구조물 내부에서 갱 폼의 작업발판으로 출입할 수 있는 이동통로를 설치할 것
③ 갱 품의 지지 또는 고정철물의 이상 유무를 수시점검하고 이상이 발견된 경우에는 교체하도록 할 것
④ 갱 품을 조립하거나 해체하는 경우에는 갱품을 인양장비에 매단 후에 작업을 실시하도록 하고, 인양장비에 매달기 전에 지지 또는 고정철물을 미리 해체하지 않도록 할 것
⑤ 갱 품 인양 시 작업발판용 케이지에 근로자가 탑승한 상태에서 갱품의 인양작업을 하지 아니할 것

갱폼 외 작업 시 안전조치

① 조립등 작업 시 거푸집 부재의 변형 여부와 연결 및 지지재의 이상 유무를 확인할 것
② 조립등 작업과 관련한 이동·양중·운반 장비의 고장·오조작 등으로 인해 근로자에게 위험을 미칠 우려가 있는 장소에는 근로자의 출입을 금지하는 등 위험 방지 조치를 할 것
③ 거푸집이 콘크리트면에 지지될 때에 콘크리트의 굳기정도와 거푸집의 무게, 풍압 등의 영향으로 거푸집의 갑작스런 이탈 또는 낙하로 인해 근로자가 위험해질 우려가 있는 경우에는 설계도서에서 정한 콘크리트의 양생기간을 준수하거나 콘크리트면에 견고하게 지지하는 등 필요한 조치를 할 것
④ 연결 또는 지지 형식으로 조립된 부재의 조립등 작업을 하는 경우에는 거푸집을 인양장비에 매단 후에 작업을 하도록 하는 등 낙하·붕괴·전도의 위험 방지를 위하여 필요한 조치를 할 것

문제 7 지하철 및 터널공사의 수직구 작업 시 위험성 평가방법을 활용한 공정별 위험요인(작업방법 및 기계장비)을 쓰시오.

답

공종	공종별 위험요인
수직구 보강	· 보링기 Rod등 회전부 신체 접촉에 의한 협착 · 보링기 Rod 이음작업시 Rod가 넘어지면서 부딪히거나 협착 · 약액주입호스 사용시 신체접촉에 의한 피부 질병 · 약액주입시 안전모, 보호장갑, 장화등 개인보호구 미착용하고 부딪히거나 추락
수직구 굴착	· 장비조작 실수에 의한 충돌 · 수직구 굴착 벽면에 있던 부석의 낙하 · 크램셀 버켓 하강시 하부 장비 또는 작업자와 충돌 · 장비 작업반경내에서 작업중 운행 장비 및 차량 충돌 · 지하 굴착 작업중 지하매설물 손상
수직구 토사반출	· 적재차량 운행중 토사석 낙하 · 토사반출 유도작업중 운반차량에 충돌 · 토사운반 차량 후진시 스토퍼 미설치에 의한 추락
수직구 흙막이 지보공	· 토류판 설치 작업중 배면 토사 붕괴 · 하부 작업장 이동 통로 미확보로 무리하게 내려가다 실족 · 흙막이 지보공 조립 미비에 의한 붕괴 · 토류판 설치 작업중 차수 불량에 의한 설치된 토류판 낙하 · 자재 하역시 후크 해지장치 미설치로 로프 탈락, 낙하

※ 다음 논술형 2문제 중 1문제를 선택하여 답하시오. (각 25점)

문제 8 지하철 공사장과 같은 밀폐된 지하공간에서 금속의 용접·용단 또는 가열 작업 중 발생 가능한 화재 및 폭발사고의 원인과 안전대책을 쓰시오.

답

1) 화재 및 폭발사고의 원인

   ① 불이 붙어 있는 착화된 취관을 작업자 주변에서 부주의하게 사용하는 행위
   ② 취관을 가연물에 너무 가까이 접근하여 사용하는 행위
   ③ 가연성물질이 들어 있거나 포함되어 있는 탱크 혹은 드럼을 절단하거나 수리하는 작업
   ④ 호스, 밸브 그리고 연료가스통에서 누출되는 가스
   ⑤ 산소통에서 누출되는 산소
   ⑥ 역화와 화염역류 등

2) 안전대책

   ① 불꽃받이나 방염시트를 사용
   ② 불꽃비산구역내 가연물을 제거하고 정리·정돈
   ③ 소화기를 비치
   ④ 용접부 뒷면을 점검
   ⑤ 작업종료후 점검
   ⑥ 가스누설이 없는 토치나 호스를 사용
   ⑦ 좁은 구역에서 작업할 때는 휴게시간에 토치를 공기의 유통이 좋은 장소에 보관
   ⑧ 호스접속시 실수가 없도록 호스에 명찰을 부착
   ⑨ 내부에 가스나 증기가 없는 것을 확인
   ⑩ 정비된 토치와 호스를 사용
   ⑪ 역화방지기를 설치

문제 9	건설현장의 가설공사와 관련하여 다음 사항을 쓰시오.

답

물음 1) 가설구조물의 특징

① 적은 연결구조
② 불완전 결합
③ 정밀도 낮은 조립
④ 작업의 편의성을 위해 부재 미설치 및 임의 해체
⑤ 과소단면의 재료 사용

물음 2) 가설구조물의 문제점

① 부재 결합의 불안전 결합이 많다
② 구조물 조립의 정밀도가 낮다.
③ 전체구조에 대한 구조계산기준이 부족하여 구조적으로 문제점이 많다.
④ 결함이 있는 재료를 사용하기 쉽다.

물음 3) 가설공사의 일반적 안전수칙

① 관리감독자 지정하에 작업
② 안전보호구 착용
③ 재료.기구.공구 등 불량품 없을 것
④ 작업순서 등 사전 주지
⑤ 출입금지 안전표지 부착
⑥ 악천후 시 작업중지
⑦ 추락재해 방지시설 설치
⑧ 상하동시 작업 시 유도자 배치
⑨ 재료.기구 등 인양시 달줄,달포대 사용
⑩ 부근 전력선 절연방호조치
⑪ 통로에 기자재 적치금지
⑫ 정리정돈

2015년 제5회 기출문제

※ 다음 단답형 5문제를 모두 쓰시오(각 5점)

문제 1 굴착공사 시 지하 매설물로 인해 발생할 수 있는 사고 유형 5가지를 쓰시오.

답
① 가스배관 폭발사고
② 기름유출로 인한 환경오염 및 화재폭발
③ 감전사고
④ 통신선로 파손에 의한 통신두절
⑤ 상.하수도관 파열로 인한 지반 함몰

문제 2 철근 피복두께 유지 목적 5가지를 쓰시오.

답
① 내구성 확보
② 내화성 확보
③ 철근과 콘크리트와의 부착성 증대
④ 방청성 확보
⑤ 콘크리트의 유동성 확보

문제 3	철골공사에서 철골공작도에 포함되어야할 안전시설 5가지를 쓰시오.
답	철골공사표준안전작업지침 3조 ① 외부비계받이 및 화물승강설비용 브라켓 ② 기둥 승강용 트랩 ③ 구명줄 설치용 고리 ④ 건립에 필요한 와이어 걸이용 고리 ⑤ 난간 설치용 부재 ⑥ 기둥 및 보 중앙의 안전대 설치용 고리 ⑦ 방망 설치용 부재 ⑧ 비계 연결용 부재 ⑨ 방호선반 설치용 부재 ⑩ 양중기 설치용 보강재

문제 4	말비계의 조립·사용 시 준수사항 5가지를 쓰시오.
답	산업안전보건기준에 관한 규칙 67조 ① 지주부재의 하단에는 미끄럼 방지장치 ② 근로자가 양측 끝부분에 올라서서 작업하지 않도록 할 것 ③ 지주부재와 수평면의 기울기를 75도 이하 ④ 지주부재와 지주부재 사이를 고정시키는 보조부재를 설치할 것 ⑤ 말비계의 높이가 2미터를 초과하는 경우에는 작업발판의 폭을 40센티미터 이상으로 할 것

문제 5

산업안전보건법령상 추락방지를 위한 안전방망(추락방지망)을 설치해야할 경우에 설치기준을 쓰시오.

답

산업안전보건기준에 관한 규칙 42조

① 추락방호망의 설치위치는 가능하면 작업면으로부터 가까운 지점에 설치하여야 하며, 작업면으로부터 망의 설치지점까지의 수직거리는 10미터를 초과하지 아니할 것

② 추락방호망은 수평으로 설치하고, 망의 처짐은 짧은 변 길이의 12퍼센트 이상이 되도록 할 것

③ 건축물 등의 바깥쪽으로 설치하는 경우 추락방호망의 내민 길이는 벽면으로부터 3미터 이상 되도록 할 것.

※ 다음 논술형 2문제를 모두 답하시오. (각 25점)

문제 6

보강토 옹벽의 구성요소, 공법의 장단점, 파괴형태와 안전대책을 쓰시오.

답

1) 보강토 옹벽의 구성요소

① 전면판 : 보강재와의 연결하여 토사유출방지
② 보강재 : 흙과 마찰증대 효과
③ 뒤채움 흙 : 입도분포 양호, 소성지수 6이하인 흙

2) 공법의 장단점

장점	단점
① 시공이 신속함	① 보강재 부식 발생 우려
② 용지폭이 작게 소요	② 내적, 외적파괴에 따른 불안정
③ 높은 옹벽축조 가능	③ 뒤채움 토사 선정에 주의
④ 연약지반에 시공 가능	④ 수직도유지 곤란(1/200이내)

3) 파괴형태

외적파괴 형태	내적파괴 형태
① 활동	① 수평움직임의 인발파괴
② 전도	② 보강재 파단
③ 침하	③ 인발파괴
④ 원호활동	

4) 안전대책

① 설계도서 및 시방서 내용 확인
- 보강재의 역학적 특성이 현장 적용성 적합 여부 조사
② 주요 구성 재료의 품질 확보(시방 규정에 적합한 뒤채움)
③ 지표수 유입 및 지하수 차단을 위한 대책 수립
④ 시방 규정에 맞게 다짐 관리
⑤ 공사 진행에 따른 수시 육안 관찰실시 (배부름 및 지반침하 등)
⑥ 계측관리 철저
⑦ 토공 기계에 의한 작업시 안전관리 대책 수립 준수
⑧ 상하 동시 작업 금지
⑨ 추락 재해 예방조치 및 교육

문제 7 산업안전보건법령상 타워크레인을 자립고 이상의 높이로 설치하는 경우에 다음 지지방법별 준수사항을 쓰시오.

답 산업안전보건기준에 관한 규칙 142조

물음 1) 벽체에 지지하는 방법

① 안전인증 서면심사에 관한 서류 또는 제조사의 설치작업설명서 등에 따라 설치할 것

② 제1호의 서면심사 서류 등이 없거나 명확하지 아니한 경우에는 「국가기술자격법」에 따른 건축구조·건설기계·기계안전·건설안전기술사 또는 건설안전분야 산업안전지도사의 확인을 받아 설치하거나 기종별·모델별 공인된 표준방법으로 설치할 것

③ 콘크리트구조물에 고정시키는 경우에는 매립이나 관통 또는 이와 같은 수준 이상의 방법으로 충분히 지지되도록 할 것

④ 건축 중인 시설물에 지지하는 경우에는 그 시설물의 구조적 안정성에 영향이 없도록 할 것

물	음	2) 와이어로프로 지지하는 방법
		① 제2항제1호 또는 제2호의 조치를 취할 것
		② 와이어로프를 고정하기 위한 전용 지지프레임을 사용할 것
		③ 와이어로프 설치각도는 수평면에서 60도 이내로 하되, 지지점은 4개소 이상으로 하고, 같은 각도로 설치할 것
		④ 와이어로프와 그 고정부위는 충분한 강도와 장력을 갖도록 설치하고, 와이어로프를 클립·샤클(shackle, 연결고리) 등의 고정기구를 사용하여 견고하게 고정시켜 풀리지 않도록 하며, 사용 중에는 충분한 강도와 장력을 유지하도록 할 것. 고정기구는 한국산업표준 제품 및 이에 준하는 규격을 갖춘 제품이어야 한다.
		⑤ 와이어로프가 가공전선(架空電線)에 근접하지 않도록 할 것

※ 다음 논술형 2문제 중 1문제를 선택하여 답하시오. (각 25점)

문	제	8	안전모의 종류를 구분하여 설명하고, 사용 시의 유의 사항과 성능 시험 방법들을 쓰시오.
답			보호구 안전인증 고시

1) 안전모의 종류

종류	사용 구분	비고
A	물체의 낙하 또는 비래위험 방지 및 경감	
AB	물체의 낙하 또는 비래, 추락위험 방지 및 경감	
AE	물체의 낙하 또는 비래, 감전위험 방지 및 경감	내전압성
ABE	물체의 낙하, 비래, 추락, 감전위험 방지 및 경감	내전압성

*내전압성 : 7,000V 이하의 전압에 견디는 것

2) 사용 시의 유의사항
① 작업용도에 맞는 안전모 ·등급 선택
② 안전인증제품 사용
③ 착용 전 모체의 파손·변형 등 이상 유무 확인 후 사용
④ 신체조건 등 사용자에게 적합한 사이즈 선택
⑤ 사용자 머리 크기에 맞도록 착장체의 머리고정대를 조절
⑥ 턱끈을 조여서 안전모가 벗겨지지 않도록 고정 사용
⑦ 사용기간이 오래된 제품, 손상·파손된 제품 등은 사용금지
⑧ 한번이라도 충격받은 안전모 교체
⑨ 제조사가 권장하는 주기에 맞추어 교체

3) 안전모 성능 시험방법

① 내관통성
- 머리 모형에 장착 후 450g 철체추를 높이 3m에서 자유 낙하시켜 관통 거리 측정

② 충격흡수성
- 머리 모형에 장착 후 3.6kg 충격추를 높이 1.5m에서 자유 낙하시켜 전달 충격력 측정

③ 내전압성
- 모체 내외의 수위가 동일한 물을 넣고 수중에 전극을 담그고, 20kV의 전압을 가하여 충전전류를 측정 1분간 절연파괴여부 확인

④ 내수성
- 모체를 25℃ 수중에 24시간 담가놓은 후, 마른 천으로 표면의 수분을 닦아내고 질량 증가율(%) 산출

$$질량증가율(\%) = \frac{담근후의질량 - 담그기전의질량}{담그기전의질량} \times 100$$

⑤ 난연성
- 프로판 가스 분젠버너로 10초간 연소시킨 후 불꽃을 제거한 후 모체가 불꽃을 내고 계속 연소 되는 시간 측정

⑥ 턱끈풀림
- 머리모형에 장착하고 원형롤러에 초기 150N의 하중 가하고 이후 턱끈이 풀어질 때까지 힘을 가하여 최대하중 측정하고 턱끈 풀림여부 확인

문제 9 터널 갱구부의 기능과 붕괴원인 및 안전대책을 쓰시오.

답

1) 터널 갱구부의 기능

① 지표수 유입 차단
② 사면활동에 대한 보호
③ 지반의 이완현상 발생 방지
④ 이상응력 발생에 대한 대응

2) 터널 갱구부의 붕괴원인

① 토피고 부족으로 인한 불안정
② 편토압 발생
③ 지반의 지지력 부족
④ 과다 용수로 인한 강지보재 및 숏크리트 기초부 지반 파괴
⑤ 사면 붕괴

3) 안전대책

① 토피고 부족으로 인한 안정성 확보
 - 굴착 전 : JSP공법, 차수그라우팅공법, Pipe Roof공법,
   강관다단그라우팅공법 등
 - 굴착 후 : Shotcrete타설, Wire Mesh 등

② 편토압 발생에 대한 대책
 - 사면보강공법 : 압성토공법, Soil Nailing, 억지말뚝공법
 - 지보공에 의한 보강공법 : Rock Bolt, Pipe Roof 등

③ 지반 지지력 부족에 대한 대책
 - 약액 주입공법 : JSP, LW, SGR

④ 과다용수로 인한 강지보재 및 숏크리트 기초부 지반 파괴에 대한 대책
 - 배수 공법 : Deep Well, Well Point

⑤ 사면 붕괴에 대한 대책
 - 압성토 공법, 억지말뚝 공법, Soil Nailing공법, Earth Anchor 공법
 - 식생대, 식생매트 시공

12 2014년 제4회 기출문제

※ 다음 단답형 5문제를 모두 쓰시오(각 5점)

문제 1 기대기 옹벽의 종류와 안정성 검토항목 5개를 쓰시오

답

KDS 11 80 20

1) 기대기 옹벽의 종류
   ① 밑다짐식
   ② 합벽식 옹벽
   ③ 계단식 옹벽

2) 안정성 검토항목
   ① 활동
   ② 전도
   ③ 지지력
   ④ 전단파괴
   ⑤ 휨파괴

문제 2 철골 가우징(Gouging)을 정의하고, 종류 4가지를 쓰시오.

답

1) 철골 가우징(Gouging)을 정의

'파낸다'라는 뜻으로 소재의 표면에 홈이 생기도록 파내는 작업을 말한다. 가우징은 가용접부의 제거 및 용접결함을 제거할 경우에 이용

2) 종류
   ① 산소 연료 공정
   ② 플라즈마 아크(Plasma Arc)
   ③ 수동 금속 아크(Metal Arc)
   ④ 공기 탄소 아크(Air Carbon Arc)

문제 3. 토공작업시 흙의 상태에 따른 토량환산계수와 토량변화율에 대하여 쓰시오.

답

1) 토량환산계수

① 정의 : 자연상태의 흙을 운반, 다짐 시 흙의 체적변화에 따라 토량변화율을 나타내는 계수

② f = 구하고자 하는 변화율 / 기준이 되는 토량의 변화율

	자연상태 토량 (1)	느슨한 토량 (L)	다짐 토량 (C)
자연상태 토량 (1)	1	L	C
느슨한 토량 (L)	1/L	1	C/L
다짐 토량 (C)	1/C	L/C	1

③ 적용
  - 굴착, 적재운반량 산정
  - 토공장비 작업량 계산
  - 다져진 성토량 계산

2) 토량변화율

① 정의 : 자연상태를 기준으로 다져진상태, 흐트러진상태의 토량 체적비

L값	C값
$L = \dfrac{\text{흐트러진상태의토량}(m^3)}{\text{자연상태의토량}(m^3)}$	$C = \dfrac{\text{다져진상태의토량}(m^3)}{\text{자연상태의토량}(m^3)}$
- 일반 토사 1.1~1.4	- 일반토사 0.85~0.95
- 운반토량 산출 이용	- 성토 시 반입물량 산출 이용

문제 4. 항타기 및 항발기의 도괴방지 5가지를 쓰시오.

답 산업안전보건기준에 관한 규칙 209조

① 연약한 지반에 설치하는 경우에는 아웃트리거·받침 등 지지구조물의 침하를 방지하기 위하여 깔판·깔목 등을 사용할 것

② 시설 또는 가설물 등에 설치하는 경우에는 그 내력을 확인하고 내력이 부족하면 그 내력을 보강할 것

③ 아웃트리거·받침 등 지지구조물이 미끄러질 우려가 있는 경우에는 말뚝 또는 쐐기 등을 사용하여 해당 지지구조물을 고정시킬 것

④ 궤도 또는 차로 이동하는 항타기 또는 항발기에 대해서는 불시에 이동하는 것을 방지하기 위하여 레일 클램프(rail clamp) 및 쐐기 등으로 고정시킬 것

⑤ 상단 부분은 버팀대·버팀줄로 고정하여 안정시키고, 그 하단 부분은 견고한 버팀·말뚝 또는 철골 등으로 고정시킬 것

문제 5 건축물의 부동침하(even settlement)의 발생원인 5가지를 쓰시오.

답
① 액상화, Boiling, Heaving 현상 발생
② 지하수위 변화
③ 부마찰력 발생
④ 건축물 증축에 의한 과하중 발생
⑤ 연약지반 시공 불량(개량공법 미적용, 뒷채움불량, 층다짐불량)

※ 다음 논술형 2문제를 모두 답하시오. (각 25점)

문제 6 건설현장의 밀폐공간 작업 시 사전 안전조치 사항 및 재해예방 대책을 쓰시오.

답
산업안전보건기준에 관한 규칙 619조~644조

1) 밀폐공간 작업 시 사전 안전조치 사항

① 관리감독자 및 감시인 지정
② 밀폐공간 작업 관계자외 출입금지 표지판 게시
③ 산소 및 유해가스 측정
④ 환기시설 설치 및 환기 실시
⑤ 특별교육실시

2) 재해예방 대책
   ① 밀폐공간의 확인과 출입금지조치
   ② 작업허가사항의 준수 및 확인
   ③ 작업 시 안전보건 조치 준수
   - 산소. 유해가스 농도 측정
   - 환기
   - 유해가스 발생장소 등에 대한 조치
   ④ 점검과 관리 철저
   - 관리감독자의 점검사항 준수
   - 감시인을 통한 작업상황 감시
   - 밀폐공간 출입시 인원 점검
   ⑤ 보호구 지급 및 대피용 기구 비치
   - 공기호흡기 또는 송기마스크
   - 안전대, 구명줄, 구조용 삼각대 등
   ⑥ 교육·훈련 및 정보제공
   - 긴급구조훈련
   - 작업시 안전한 작업방법의 주지
   - 도급인의 안전보건제공(유해요인종류와 위험성 등)
   ⑦ 밀폐공간 작업 프로그램수립 및 시행

문제 7 건설현장에서 사용하는 차량계 건설기계의 종류, 재해유형 및 안전대책에 대하여 쓰시오.

답 산업안전보건기준에 관한 규칙

1) 차량계 건설기계의 종류
   ① 도저형 건설기계
   ② 모터그레이더
   ③ 로더
   ④ 스크레이퍼
   ⑤ 크레인형 굴착기계
   ⑥ 굴착기
   ⑦ 항타기 및 항발기
   ⑧ 천공용 건설기계
   ⑨ 지반 압밀침하용 건설기계
   ⑩ 지반 다짐용 건설기계
   ⑪ 준설용 건설기계
   ⑫ 콘크리트 펌프카
   ⑬ 덤프트럭
   ⑭ 콘크리트 믹서 트럭
   ⑮ 도로포장용 건설기계
   ⑯ 골재 채취 및 살포용 건설기계(쇄석기, 자갈채취기, 골재살포기 등)

2) 재해유형
   ① 지반침하에 장비 넘어짐
   ② 노견의 무너짐으로 장비 굴러 떨어짐
   ③ 작업반경 내 근로자 출입으로 부딪힘
   ④ 고압전선에 접촉으로 감전
   ⑤ 미숙한 운전 조작으로 인한 근로자 깔림
   ⑥ 과적재로 인한 근로자 맞음
   ⑦ 정비.수리 시 안전조치 미실시로 끼임
   ⑧ 기계적 결함으로 인한 붐 파손에 맞음
   ⑨ 작업장치 장착 시 안전핀 잠금장치 미체결로 인한 맞음
   ⑩ 승차석 이외 근로자 탑승으로 인한 떨어짐

3) 안전대책

① 운행경로, 작업 방법 등의 작업계획수립
② 지반침하 방지 조치
③ 유자격 운전자 배치 및 안전교육 실시
④ 작업범위 내 관계자 외 출입금지 조치
⑤ 유도자 배치 및 신호방법 준수
⑥ 운전석 이탈 시 시동키 분리
⑦ 수리,점검시 안전지주, 안전블록 설치
⑧ 후진경보장치 및 후방 감시카메라 상태 확인
⑨ 지정된 제한속도 준수
⑩ 고압선 절연방호구 설치 및 작업지휘자 지정
⑪ 노폭 유지 및 노견의 붕괴방지 조치
⑫ 작업 전 장비 이상유무 점검
⑬ 장비의 주행,이탈 방지를 위한 조치
⑭ 주용도 외 사용금지
⑮ 조립,해체시 제조사의 작업설명서 준수
⑯ 작업장치 장착 시 안전 잠금장치 체결

※ 다음 논술형 2문제 중 1문제를 선택하여 답하시오. (각 25점)

문제 8 도로터널에서 화재예방 안전관리상 필요한 방재시설을 5가지로 분류하고 그 내용을 쓰시오.

답 도로터널 방재. 환기시설 설치 및 관리지침

1) 도로터널 방재시설

① 소화설비
- 차량 화재 시 화재의 진압·소화를 위한 설비
- 소화기구, 옥내소화전설비, 물분무소화설비

② 경보설비
- 화재·침수 등 긴급상황을 도로 관리자, 소방대, 경찰에게 전달하는 동시에 도로 이용자에게 사고 발생 통보하기 위한 설비
- 비상경보설비, 자동화재 탐지설비, 비상방송설비, 긴급전화, CCTV, 자동사고감지설비, 재방송설비, 정보표지판, 터널진입차단설비

③ 피난대피설비
- 안전지역으로 대피를 유도하기 위한 설비
- 비상조명등, 유도등, 피난.대피시설

④ 소화활동설비
- 화재를 진압, 인명구조 활동을 위해서 소방대나 관리자가 사용하는 설비
- 제연설비, 무선통신 보조설비, 연결송수관설비, 비상콘센트 설비, 제연보조설비

⑤ 비상전원설비
- 비상조명설비 기능유지, 소화펌프의 전원공급을 위한 설비
- 무정전 전원설비, 비상발전설비,

13 2013년 제3회 기출문제

※ 다음 단답형 5문제를 모두 쓰시오(각 5점)

문제 1 건설공사에서 사용되는 시스템 비계의 장·단점을 쓰시오.

답

1) 장점
   ① 일체화되어 상대적으로 안전성이 높다
   ② 공장 규격화하여 품질의 확보
   ③ 작업발판 및 안전난간을 동시에 설치되므로 안정성이 확보

2) 단점
   ① 구조가 복잡한 현장 사용 제한
   ② 강관비계에 비해 자재 고가
   ③ 규격화된 조립품으로 돌발상황등에서 수정이 용이하지 않다.

문제 2 철근의 인장강도 시험으로 얻어지는 응력-변형률 곡선을 그림으로 나타내고 항복강도, 극한강도 및 파괴강도를 그림에 표시하시오.

답

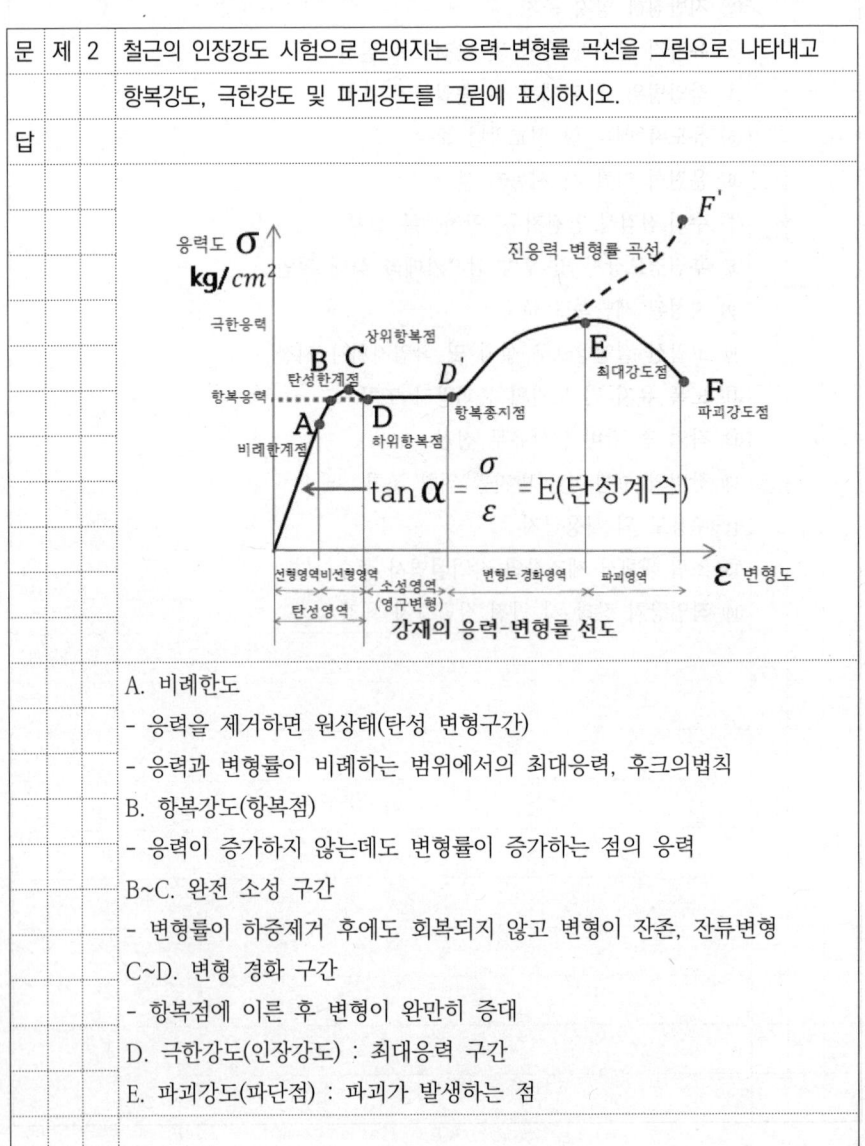

A. 비례한도
- 응력을 제거하면 원상태(탄성 변형구간)
- 응력과 변형률이 비례하는 범위에서의 최대응력, 후크의법칙

B. 항복강도(항복점)
- 응력이 증가하지 않는데도 변형률이 증가하는 점의 응력

B~C. 완전 소성 구간
- 변형률이 하중제거 후에도 회복되지 않고 변형이 잔존, 잔류변형

C~D. 변형 경화 구간
- 항복점에 이른 후 변형이 완만히 증대

D. 극한강도(인장강도) : 최대응력 구간

E. 파괴강도(파단점) : 파괴가 발생하는 점

문제 3	토사사면과 암사면의 사면붕괴 형태를 쓰시오.

답

1) 토사 사면붕괴 형태

① 사면 천단부 붕괴
② 사면 중심부 붕괴
③ 사면 하단부 붕괴

2) 암반 사면붕괴 형태

① 평면파괴 : 경사면에 절리면이 평행
② 쐐기파괴 : 2개이상의 불연속면이 교차
③ 원호파괴 : 일정한 지질구조 형태를 보이지 않는 표토 또는 파쇄암반
④ 전도파괴 : 불연속면과 경사면의 방향이 평행한 수직절리 발달

원호파괴 / 평면파괴 / 쐐기파괴 / 전도파괴

문제 4	크레인을 사용하여 작업할 때 안전사고 예방을 위한 근로자 준수사항 5가지를 쓰시오.

답 산업안전보건기준에 관한 규칙 146조

① 인양할 하물(荷物)을 바닥에서 끌어당기거나 밀어내는 작업을 하지 아니할 것

② 유류드럼이나 가스통 등 운반 도중에 떨어져 폭발하거나 누출될 가능성이 있는 위험물 용기는 보관함(또는 보관고)에 담아 안전하게 매달아 운반할 것

③ 고정된 물체를 직접 분리·제거하는 작업을 하지 아니할 것

④ 미리 근로자의 출입을 통제하여 인양 중인 하물이 작업자의 머리 위로 통과하지 않도록 할 것

⑤ 인양할 하물이 보이지 아니하는 경우에는 어떠한 동작도 하지 아니할 것 (신호하는 사람에 의하여 작업을 하는 경우는 제외한다)

문제 5 지진에 저항하는 구조의 형태 3가지와 그 의미를 간단히 쓰시오.

답

① 내진구조
- 구조물의 강도나 강성을 증가시켜 구조물 자체의 내력으로 지진에 대항

② 면진구조
- 구조물과 지반 사이에 고무나 볼베어링 장치 등을 삽입해 지반의 진동이 구조물에 전달되는 정도를 저감

③ 제진구조
- 구조물에 진동을 제어하기 위한 장치나 기구를 설치해 영향을 상쇄

※ 다음 논술형 2문제를 모두 답하시오. (각 25점)

문제 6 콘크리트 공사에서 거푸집과 동바리 설계시 고려하여야 할 하중과 구조검토 사항을 설명하시오.

답 콘크리트공사 표준안전작업지침

1) 거푸집과 동바리 설계시 고려하여야 할 하중

① 연직방향 하중 : 거푸집, 지보공(동바리), 콘크리트, 철근, 작업원, 타설용 기계기구, 가설설비등의 중량 및 충격하중

② 횡방향 하중 : 작업할때의 진동, 충격, 시공오차 등에 기인되는 횡방향 하중이외에 필요에 따라 풍압, 유수압, 지진 등

③ 콘크리트의 측압 : 굳지않은 콘크리트의 측압

④ 특수하중 : 시공중에 예상되는 특수한 하중

⑤ 상기 1~4호의 하중에 안전율을 고려한 하중

2) 거푸집과 동바리 구조검토 사항

　① 하중계산

　-거푸집 동바리에 작용하는 하중 및 외력의 종류, 크기 산정

　② 응력계산

　-하중.외력에 의하여 각부재에 발생되는 응력 계산

　③ 단면, 배치간격계산

　- 각부재에 발생되는 응력에 대하여 안전한 단면 및 배치간격 결정

문제 7 건설현장에서 작업중 발생할 수 있는 화재발생유형과 예방대책에 대하여 설명하시오.

답

1) 화재 발생유형

① 용접 시 불꽃에 의한 발화로 인한 화재

② 콘크리트 보온양생 중 과열에 의한 화재

③ 전기 사용 기계. 기구 과부하에 의한 화재

④ 유기용제 사용한 도장작업 중 기계적 및 전기적인 스파크에 의한 화재

⑤ 방수작업 중 화기 취급으로 인한 화재

⑥ 대형품 절단시 불꽃 낙하에 의한 낙하물 방지망 발화로 인한 화재

⑦ 데크 절단 시 불꽃에 의한 단열재 발화로 인한 화재

⑧ 분전반 전기누전에 의한 발화

2) 화재 예방대책

① 화재 감지 및 소화 시스템 구축
② 가연성 건축자재의 건설공사장 내 보관 제한
③ 화재 예방 계획의 수립
④ 화기작업허가 및 관리.감독 철저
⑤ 용접.용단 작업 시 화재예방 안전수칙 준수
  - 화재감시자 배치
  - 작업장 주변 가연물 제거
  - 용접 불꽃비산 방지조치
  - 잔류가스 확인 및 환기 철저
  - 소화설비 비치
⑥ 전기케이블 절연조치 및 피복 손상부 교체
⑦ 전기기계기구 누전차단기 설치
⑧ 인화성 물질 취급 밀폐공간의 화기작업 금지

문제 9 거푸집 및 거푸집지보공의 해체공사에 대한 안전대책을 설명하시오.

답 콘크리트공사 표준안전작업지침

1) 거푸집 및 거푸집지보공의 해체공사에 대한 안전대책

① 거푸집 및 지보공(동바리)의 해체는 순서에 의하여 실시하여야 하며 안전담당자를 배치하여야 한다.

② 거푸집 및 지보공(동바리)은 콘크리트 자중 및 시공중에 가해지는 기타 하중에 충분히 견딜만 한 강도를 가질 때까지는 해체하지 아니하여야 한다.

③ 해체작업을 할 때에는 안전모등 안전 보호장구를 착용토록 하여야 한다.

④ 거푸집 해체작업장 주위에는 관계자를 제외하고는 출입을 금지시켜야 한다.

⑤ 상하 동시 작업은 원칙적으로 금지하여 부득이한 경우에는 긴밀히 연락을 위하며 작업을 하여야 한다.

⑥ 거푸집 해체때 구조체에 무리한 충격이나 큰 힘에 의한 지렛대 사용은 금지하여야 한다.

⑦ 보 또는 슬라브 거푸집을 제거할 때에는 거푸집의 낙하 충격으로 인한 작업원의 돌발적 재해를 방지하여야 한다.

⑧ 해체된 거푸집이나 각목 등에 박혀있는 못 또는 날카로운 돌출물은 즉시 제거하여야 한다.

⑨ 해체된 거푸집이나 각 목은 재사용 가능한 것과 보수하여야 할 것을 선별, 분리하여 적치하고 정리정돈을 하여야 한다.

⑩ 기타 제3자의 보호조치에 대하여도 완전한 조치를 강구하여야 한다.

저 자 약 력

안 우 현 (안길웅)

*안우현(안길웅) 24.8월에 개명함

건설안전기술사/건축시공기술사 · 산업안전지도사
인하공업전문대학 건축과 졸업 · 서울산업대 건축공학과 편입
(現) 안전명장지도사 사무소 대표(세종)
(現) 강남건축토목학원, 모든공부 건설안전 강사
(現) 건축 및 토목현장 등 다수의 안전컨설팅 업무 수행
(現) 건설안전기술사, 산업안전지도사 등 건설안전분야 및 국가기관, 기업 등 다수의 강의 경력(10년 이상)

산업안전지도사 2차 전공필수
건설안전공학(단답형 및 논술형)

2025년 10월 2일 3판 1쇄 발행
2025년 01월 10일 2판 발행
2024년 04월 30일 초판 2쇄 발행
2024년 03월 15일 초판 발행

저 자	안우현(안길웅)
발 행 인	김은영
발 행 처	오스틴북스
주 소	경기도 고양시 일산동구 백석동 1351번지
전 화	070)4123-5716
팩 스	031)902-5716
등록번호	제396-2010-000009호
e-mail	ssung7805@hanmail.net
홈페이지	www.austinbooks.co.kr
I S B N	979-11-994572-8-7 (13500)
정 가	36,000원

* 이 책은 저작권법에 따라 보호받는 저작물이므로 무단 전재와 무단복제를 금합니다.
* 파본이나 잘못된 책은 교환해 드립니다.
※ 저자와의 협의에 따라 인지 첨부를 생략함.